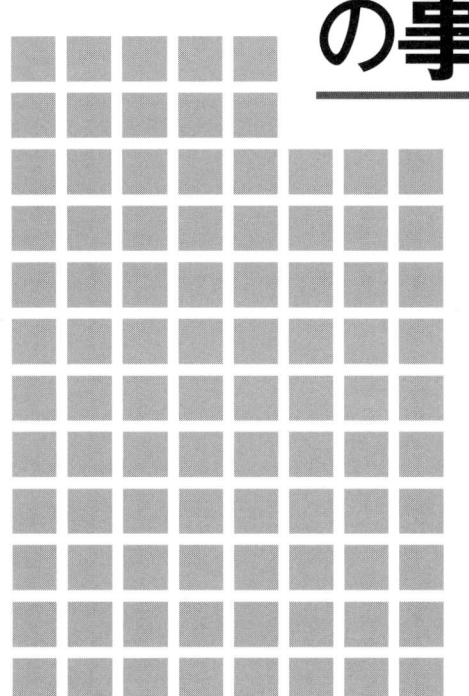

セラミックスの事典

山村　博
米屋勝利
［監修］

植松敬三
岡村清人
掛川一幸
北村健二
葛生　伸
熊代幸伸
高橋　実
［編集］

朝倉書店

まえがき

　近年の科学・技術の発展は材料の進化なしには成り立ちません．なかでもセラミックス材料は従来の陶器・磁器などの窯業製品に加え，ニューセラミックスとしてめざましく発展し，電子機器を始め，食品，医薬・医療，環境・エネルギー分野などの非常に広い分野で活躍しております．このことは，逆にセラミックス材料を使用する人の専門領域が多岐にわたっているともいえます．

　一口にセラミックスといいましても，用途に応じた化学組成が多様であるのみならず，粉末，焼結体，膜，単結晶，繊維など種々の形態があり，その製造工程は全く異なる一方，この形態の違いが特徴ある物性を示すことになります．したがって，このようなセラミックスの技術内容を把握するには膨大な量の解説書と時間を必要とします．そこでセラミックス材料に関わる知識が必要なとき，直ちに，しかも手軽にその概要の把握に役立つ本を目指し，その実現のため可能な限り豊富な図・表の掲載を試みた結果，この『セラミックスの事典』が誕生しました．本書はセラミックスの中でも，特に合成や製造，評価に関わる項目に重点をおいて，1項目あたり1ページを原則とし，重要項目については2ページにまとめる編集方針を採用しております．

　本書の内容を大きく分類しますと，まず粉末に関わる事項を整理しました．さらに成形，焼結体に関しては原理も含めて可能な限り整備いたしました．特に成形手法は焼結体の特性を左右するセラミックス特有の製造工程であり，また加工が困難であるため最終製品に限りなく近づけるニアネットシェイプに向けた成形技術が重要となっております．このため，鋳込み成形や押し出し成形などの従来からの成形法に加え，射出成形やテープ成形法が新たに発達しております．

　単結晶は光機能の利用に不可欠な形態にも関わらず，その育成法は日頃なかなか目にする機会が少ない技術でありますが，単結晶の育成法および育成のための制御技術などを中心として，光機能との関係でまとめてあります．光応用技術の中で重要になりつつある石英ガラスはガラスの製造という点で単結晶と

は異なるため，別途取り上げました．

　セラミック膜は製法，キャラクタリゼーションの手法も含めて他のバルクとは異なるため，デバイスや応用に向けて，膜の性質をまとめております．

　一方，省エネルギー・環境といった少ないエネルギー消費とクリーンな環境を前提とした快適性が要求される現代生活の中で，セラミック繊維，多孔体などはますます重要な位置を占めるようになってきております．また，セラミックスの特徴である強度や硬さゆえに，逆に加工が非常にむずかしく，特殊な技術が要求されています．そこで，これらの技術を解説するとともに，普遍的なセラミックスの評価技術もまとめました．

　このような多岐にわたるセラミックスの特徴はまたその結晶構造とも密接に関係しております．そこで，本書に記載されている結晶構造を最後の章で代表的な結晶構造について図を中心にまとめたことも，本書の特徴の一つとして挙げられるのでは，と自負しております．なお，説明文中に出てくる用語で本事典に項目として採用されているものには*を付して読者の便宜をはかりました．

　本書がセラミックスと関連が深い様々な分野で活躍する方々の座右の本として少しでも役に立てればと監修者・編集者一同，心より願っております．

　2009年3月

山村　博
米屋勝利

まえがき

執筆者一覧

監　修

山村　　博　　神奈川大学工学部
米屋　勝利　　横浜国立大学名誉教授

編　集

植松　敬三　　長岡技術科学大学　　　　葛生　　伸　　福井大学
岡村　清人　　㈱超高温材料研究所　　　熊代　幸伸　　横浜国立大学名誉教授
掛川　一幸　　千葉大学　　　　　　　　高橋　　実　　名古屋工業大学
北村　健二　　㈱物質・材料研究機構

執筆者　(五十音順)

秋山　　隆　　高度職業能力開発促進センター　　掛川　一幸　　千葉大学
阿部　浩也　　大阪大学　　　　　　　　　　　加島　宜雄　　芝浦工業大学
幾原　雄一　　東京大学　　　　　　　　　　　勝亦　　徹　　東洋大学
伊熊　泰郎　　神奈川工科大学　　　　　　　　神谷　秀博　　東京農工大学
生駒　俊之　　㈱物質・材料研究機構　　　　　川村　史朗　　㈱物質・材料研究機構
市川　　宏　　日本カーボン㈱　　　　　　　　神田　久生　　㈱物質・材料研究機構
植松　敬三　　長岡技術科学大学　　　　　　　北村　健二　　㈱物質・材料研究機構
海野　邦昭　　職業能力開発総合大学校　　　　北脇　裕士　　全国宝石学協会
大井　健太　　㈱産業技術総合研究所　　　　　葛生　　伸　　福井大学
大司　達樹　　㈱産業技術総合研究所　　　　　工藤　正和　　東ソー・クオーツ㈱
大谷　茂樹　　㈱物質・材料研究機構　　　　　熊代　幸伸　　横浜国立大学名誉教授
大橋　正夫　　徳山工業高等専門学校　　　　　古賀　和憲　　京セラ㈱
大森　　守　　東北大学　　　　　　　　　　　小玉　展宏　　秋田大学
大柳　満之　　龍谷大学　　　　　　　　　　　米屋　勝利　　横浜国立大学名誉教授
岡村　清人　　㈱超高温材料研究所　　　　　　近藤　信一　　東ソー㈱
小川　光惠　　㈶ファインセラミックスセンター　近藤　祥人　　前 香川県産業技術センター
奥田　高士　　前 名古屋工業大学　　　　　　　阪井　博明　　日本ガイシ㈱
香川　　豊　　東京大学　　　　　　　　　　　坂口　茂樹　　セントラル硝子㈱
柿沼　克良　　山梨大学　　　　　　　　　　　阪口　修司　　㈱産業技術総合研究所
柿本　浩一　　九州大学　　　　　　　　　　　佐々木孝友　　大阪大学

佐々木高義	㈱物質・材料研究機構	平島　碩	慶應義塾大学
篠崎和夫	東京工業大学	福澤　康	長岡技術科学大学
島井駿蔵	中国科学院上海硅酸塩研究所	藤　正督	名古屋工業大学
島田　忠	前 岐阜県セラミックス技術研究所	藤川隆男	㈱神戸製鋼所
島村清史	㈱物質・材料研究機構	藤ノ木　朗	信越石英㈱
末次　寧	㈱物質・材料研究機構	牧島亮男	北陸先端科学技術大学院大学
須藤　一	前 東ソー㈱	松尾陽太郎	東京工業大学名誉教授
関野　徹	東北大学	松本明彦	豊橋技術科学大学
千田哲也	㈱海上技術安全研究所	三友　護	㈱物質・材料研究機構名誉研究員
高橋　実	名古屋工業大学	三宅雅也	㈱アライドマテリアル
滝澤博胤	東北大学	向江和郎	湘南工科大学
武井　孝	首都大学東京	武藤睦治	長岡技術科学大学
竹川俊二	㈱物質・材料研究機構	元島栖二	岐阜大学
多々見純一	横浜国立大学	森　利之	㈱物質・材料研究機構
田中　諭	長岡技術科学大学	森　勇介	大阪大学
田中順三	東京工業大学	門間英毅	工学院大学
田中英彦	㈱物質・材料研究機構	安永暢男	東海大学
渡村信治	㈱産業技術総合研究所	山岸千丈	太平洋セメント㈱
内藤周式	神奈川大学	山下洋八	東芝リサーチコンサルティング㈱
内藤牧男	大阪大学	山村　博	神奈川大学
長友隆男	芝浦工業大学	山本武志	稲盛財団学術部
中村勝光	日本大学	横川　弘	ユニオンマテリアル㈱
野城　清	ホソカワミクロン㈱	吉尾哲夫	岡山大学名誉教授
林　滋生	秋田大学	吉村政志	大阪大学
平尾喜代司	㈱産業技術総合研究所		

執筆者一覧

目　　次

I　粉末・粉体　　［山村　博］　1

1) 形態・構造
- 1.1　一次粒子 ……………………………（門間英毅）…… 3
- 1.2　核生成 ………………………………（門間英毅）…… 4
- 1.3　コロイド粒子 ………………………（門間英毅）…… 5
- 1.4　凝集粒子 ……………………………（門間英毅）…… 6
- 1.5　安息角 ………………………………（山村　博）…… 7
- 1.6　造　粒 ………………………………（山村　博）…… 8
- 1.7　圧粉体 ………………………………（山村　博）…… 9
- 1.8　粉体表面 ……………………………（秋山　隆）…… 10
- 1.9　表面電位 ……………………………（秋山　隆）…… 11
- 1.10　分　散 ………………………………（秋山　隆）…… 12
- 1.11　レオロジー …………………………（秋山　隆）…… 13
- 1.12　粒度分布測定 ………………………（柿沼克良）…… 14
- 1.13　ストークスの式 ……………………（柿沼克良）…… 16
- 1.14　分　級 ………………………………（柿沼克良）…… 17
- 1.15　混　合 ………………………………（柿沼克良）…… 18
- 1.16　粉　砕 ………………………………（柿沼克良）…… 19

2) 合　成
- 1.17　固相反応 ……………………………（米屋勝利）…… 21
- 1.18　熱分解法 ……………………………（米屋勝利）…… 22
- 1.19　イミド熱分解法 ……………………（森　利之）…… 23
- 1.20　バイヤー法 …………………………（森　利之）…… 24
- 1.21　アチソン法によるα-炭化ケイ素（SiC）粉末の合成法
　　　　……………………………………（森　利之）…… 25
- 1.22　熱炭素還元法 ………………………（森　利之）…… 26
- 1.23　直接窒化法 …………………………（森　利之）…… 27
- 1.24　固溶体 ………………………………（山村　博）…… 28
- 1.25　共沈法 ………………………………（山村　博）…… 29
- 1.26　水熱合成 ……………………………（山村　博）…… 30
- 1.27　ゾル・ゲル法 ………………………（山村　博）…… 31
- 1.28　噴霧乾燥法 …………………………（門間英毅）…… 33
- 1.29　凍結乾燥法 …………………………（門間英毅）…… 34
- 1.30　メカノケミカル効果 ………………（山村　博）…… 35

3) 粉末・粉体特性
- 1.31　吸　着 ………………………………（内藤周弌）…… 36
- 1.32　熱伝導 ………………………………（山村　博）…… 38

		1.33	粉末による光散乱	(柿沼克良)	39
		1.34	光触媒	(内藤周弌)	40
		1.35	イオン交換	(佐々木高義)	41
		1.36	浸液透光法	(秋山　隆)	42
4)	材　料	1.37	アルミナ	(秋山　隆)	43
		1.38	安定化ジルコニア	(秋山　隆)	44
		1.39	カーボン	(米屋勝利)	45
		1.40	窒化ケイ素（Si_3N_4）	(森　利之)	48
		1.41	炭化ケイ素（SiC）	(森　利之)	49
		1.42	酸化チタン（TiO_2）	(佐々木高義)	50
		1.43	窒化アルミニウム（AlN）	(米屋勝利)	51

II　焼結体　　　　　　　　　　　　　　　　　　　　　　　　［米屋勝利］53

1)	成　形	2.1	分散技術	(神谷秀博)	55
		2.2	アトライター	(内藤牧男)	57
		2.3	遊星ボールミル	(内藤牧男)	58
		2.4	ジェットミル	(内藤牧男)	59
		2.5	スプレードライヤー	(内藤牧男)	60
		2.6	成形方法	(米屋勝利)	61
		2.7	バインダー	(高橋　実)	63
		2.8	金型プレス成形	(松尾陽太郎)	64
		2.9	冷間静水圧プレス（CIP）	(松尾陽太郎)	65
		2.10	ろくろ［轆轤］成形	(島田　忠)	66
		2.11	押出し成形	(阪井博明)	67
		2.12	射出成形	(高橋　実)	68
		2.13	鋳込み成形法	(島田　忠)	69
		2.14	鋳込み成形型	(島田　忠)	70
		2.15	ドクターブレード法	(古賀和憲)	71
		2.16	回路基板	(古賀和憲)	72
		2.17	同時焼成（コファイヤ）	(古賀和憲)	73
		2.18	ラピッドプロトタイピング	(阿部浩也)	74
		2.19	フロックキャスティング	(植松敬三)	75
		2.20	ゲルキャスティング	(高橋　実)	76
2)	焼　結	2.21	焼結機構	(植松敬三)	77
		2.22	体積拡散焼結	(植松敬三)	79
		2.23	粒界拡散	(植松敬三)	80
		2.24	表面拡散	(植松敬三)	81
		2.25	蒸発凝縮	(植松敬三)	82
		2.26	粘性流動焼結	(植松敬三)	83
		2.27	液相焼結	(多々見純一)	84

2.28	拡　散	(伊熊泰郎)	85
2.29	マスター焼結曲線	(多々見純一)	87
2.30	粒成長	(多々見純一)	88
2.31	接触角・二面角	(多々見純一)	89
2.32	焼結助剤	(多々見純一)	90
2.33	洗　浄	(阿部浩也)	91
2.34	乾　燥	(滝澤博胤)	92
2.35	脱　脂	(滝澤博胤)	93
2.36	焼成炉	(米屋勝利)	94
2.37	焼成部材	(米屋勝利)	95
2.38	発熱体	(米屋勝利)	96
2.39	温度計測	(多々見純一)	97
2.40	焼結方法	(米屋勝利)	98
2.41	常圧焼結	(三友　護)	100
2.42	反応焼結	(三友　護)	101
2.43	ポスト反応焼結	(三友　護)	102
2.44	雰囲気焼結	(向江和郎)	103
2.45	雰囲気加圧焼結	(三友　護)	104
2.46	高温（熱間）静水圧成形	(藤川隆男)	105
2.47	ホットプレス	(米屋勝利)	106
2.48	放電プラズマ焼結	(大森　守)	107
2.49	マイクロ波焼成	(島田　忠)	108
2.50	燃焼合成焼結	(山本武志・大柳満之)	109
2.51	超高圧焼結	(神田久生)	110
2.52	ゾーンシンタリング	(島井駿蔵)	111
2.53	微構造	(田中英彦)	112
2.54	粒界（粒界構造）	(幾原雄一)	114
2.55	粒界特性（電気的特性）	(向江和郎)	116
2.56	粒界特性（機械的性質）	(幾原雄一)	117
2.57	生体親和性	(生駒俊之・田中順三)	118
2.58	バリスター	(向江和郎)	120
2.59	PTCサーミスター	(向江和郎)	121

3) 材　料

2.60	窒化ケイ素（Si_3N_4）	(米屋勝利)	122
2.61	サイアロン	(多々見純一)	123
2.62	SiC	(田中英彦)	124
2.63	窒化アルミニウム（AlN）	(米屋勝利)	125
2.64	アルミナ	(田中　諭)	126
2.65	ジルコニア	(田中　諭)	127
2.66	アパタイト	(末次　寧・田中順三)	128
2.67	ニューガラス	(牧島亮男)	129
2.68	圧電材料	(山下洋八)	130

	2.69	MMC ………………………………………	(山岸千丈)…	131
	2.70	ナノコンポジット …………………………	(関野　徹)…	133

III　単結晶　　　　　　　　　　　　　　　　　　　　　　［北村健二］　135

1) 単結晶育成法	3.1	引き上げ法（チョクラルスキー法，CZ 法） …	(柿本浩一)…	137
	3.2	磁場印加 CZ 法 ………………………………	(柿本浩一)…	140
	3.3	EFG 法・キャピラリー法 …………………	(竹川俊二)…	141
	3.4	融剤法（フラックス法）………………(川村史朗・森　勇介)…		142
	3.5	浮遊帯域溶融法（フローティング・ゾーン法）	(大谷茂樹)…	143
	3.6	ベルヌーイ法（火炎溶融法）………………	(小玉展宏)…	145
	3.7	タンマン - ブリッジマン法 …………………	(勝亦　徹)…	146
	3.8	水熱法 …………………………………………	(横川　弘)…	148
	3.9	水溶液法 ………………………(川村史朗・森　勇介)…		149
	3.10	化学輸送法（閉管化学輸送・開管化学輸送）	(勝亦　徹)…	150
	3.11	固相法 …………………………(川村史朗・森　勇介)…		151
	3.12	高圧合成 ………………………………………	(神田久生)…	152
2) 要素・制御技術	3.13	過飽和・成長速度 ……………………………	(大谷茂樹)…	153
	3.14	相図と溶融組成 ………………………………	(大谷茂樹)…	154
	3.15	偏析・分配係数 ………………………………	(島村清史)…	155
	3.16	成長縞 …………………………………………	(島村清史)…	156
	3.17	固液界面形状 …………………………………	(柿本浩一)…	157
	3.18	組成的過冷却 …………………………………	(大谷茂樹)…	158
	3.19	晶癖（モルフォロジー）………(川村史朗・森　勇介)…		159
	3.20	転位・含有物 …………………………………	(島村清史)…	160
	3.21	ファセット（成長様式）……………………	(島村清史)…	161
	3.22	融液対流と制御 ………………………………	(柿本浩一)…	162
	3.23	直径制御 ………………………………………	(竹川俊二)…	163
	3.24	温度分布制御 …………………………………	(竹川俊二)…	164
	3.25	不純物制御 ……………………………………	(竹川俊二)…	165
	3.26	ポーリング ……………………………………	(竹川俊二)…	166
3) 応　　用	3.27	固体レーザー材料 ……………………………	(小玉展宏)…	167
	3.28	非線形光学材料 ……(森　勇介・吉村政志・佐々木孝友)…		169
	3.29	電気光学結晶 …………………………………	(島村清史)…	170
	3.30	磁気光学結晶 …………………………………	(島村清史)…	171
	3.31	圧電焦電材料 …………………………………	(勝亦　徹)…	172
	3.32	電子放射材料 …………………………………	(大谷茂樹)…	173
	3.33	光回路，窓材 …………………………………	(勝亦　徹)…	174
	3.34	人工宝石 ………………………………………	(北脇裕士)…	175
4) 材　　料	3.35	Si ……………………………………………	(柿本浩一)…	177
	3.36	SiO$_2$ ………………………………………	(横川　弘)…	179

3.37	SiC（炭化ケイ素）	(川村史朗・森　勇介)	180
3.38	Al$_2$O$_3$	(小玉展宏)	181
3.39	YAG	(小玉展宏)	182
3.40	ニオブ酸リチウム（LiNbO$_3$），タンタル酸リチウム（LiTaO$_3$）		
		(北村健二)	183
3.41	ダイヤモンド	(神田久生)	185
3.42	窒化ホウ素	(神田久生)	186
3.43	III-V 族半導体	(勝亦　徹)	187
3.44	II-VI 族半導体	(勝亦　徹)	188

IV　シリカガラス（石英ガラス）　　　　　　　　　［葛生　伸］　189

1) シリカガラスの種類と製造方法	4.1	シリカガラスの分類と名称	(葛生　伸)	191
	4.2	溶融石英ガラス	(葛生　伸)	192
	4.3	直接法合成シリカガラス	(葛生　伸)	193
	4.4	スート法合成シリカガラス	(葛生　伸)	194
	4.5	VAD 法	(坂口茂樹)	195
	4.6	プラズマ法合成シリカガラス	(葛生　伸)	196
	4.7	ゾル・ゲル法シリカガラスの応用	(平島　碩)	197
2) シリカガラスの構造	4.8	シリカガラス構造の概略	(葛生　伸)	198
	4.9	短距離構造と中距離構造	(葛生　伸)	199
	4.10	シリカガラスの欠陥構造 I（常磁性欠陥）	(葛生　伸)	200
	4.11	シリカガラスの欠陥構造 II（反磁性欠陥）	(葛生　伸)	201
	4.12	SiOH, SiCl などの末端構造	(葛生　伸)	202
	4.13	シリカガラスに溶存しているガス	(葛生　伸)	203
3) シリカガラスの熱的性質	4.14	ガラスの特性温度	(須藤　一)	204
	4.15	シリカガラスのガラス転移および仮想温度	(葛生　伸)	205
	4.16	シリカガラスの粘度	(須藤　一)	206
	4.17	熱膨張	(須藤　一)	207
	4.18	シリカガラスの熱の三特性（比熱，熱伝導，熱拡散）		
			(須藤　一)	208
	4.19	シリカガラスの結晶化	(葛生　伸)	209
	4.20	シリカガラスの高温での性質	(葛生　伸)	210
4) シリカガラスの光学的性質	4.21	光学的性質の概略	(葛生　伸)	211
	4.22	屈折率およびその分散	(葛生　伸)	212
	4.23	シリカガラスの屈折率の均一性	(藤ノ木　朗)	213
	4.24	脈理などの光学的欠陥	(藤ノ木　朗)	215
	4.25	シリカガラスの複屈折	(葛生　伸)	217
	4.26	紫外可視光透過特性	(葛生　伸)	218
	4.27	真空紫外分光特性	(葛生　伸)	219
	4.28	赤外分光特性	(葛生　伸)	220

	4.29	光散乱……………………………………………（葛生　伸）… 221
	4.30	欠陥構造および溶存分子による光吸収………（葛生　伸）… 222
	4.31	伝送損失特性……………………………………（坂口茂樹）… 223
5）シリカガラスの化学的性質	4.32	シリカガラス中の金属不純物…………………（葛生　伸）… 224
	4.33	シリカガラスの化学的耐久性…………………（葛生　伸）… 225
6）シリカガラスの応用	4.34	シリカガラスの用途……………………………（葛生　伸）… 226
	4.35	半導体製造とシリカガラス……………………（工藤正和）… 227
	4.36	LCDとシリカガラス……………………………（近藤信一）… 228
	4.37	光ファイバーとシリカガラス…………………（坂口茂樹）… 229
	4.38	光通信ファイバー………………………………（加島宜雄）… 230
	4.39	コネクター………………………………………（加島宜雄）… 231

V　膜
　　　　　　　　　　　　　　　　　　　　　　　　　　　　［熊代幸伸］　233

1）膜作成	5.1	膜作製概要………………………………………（熊代幸伸）… 235
	5.2	真空蒸着法………………………………………（中村勝光）… 237
	5.3	反応性蒸着………………………………………（中村勝光）… 238
	5.4	スパッタリング現象……………………………（中村勝光）… 239
	5.5	直流二極スパッタリング………………………（中村勝光）… 240
	5.6	高周波スパッタリング…………………………（中村勝光）… 241
	5.7	マグネトロンスパッタリング…………………（中村勝光）… 242
	5.8	反応性スパッタリング…………………………（中村勝光）… 243
	5.9	イオンプレーティング…………………………（中村勝光）… 244
	5.10	イオンプロセス…………………………………（中村勝光）… 246
	5.11	クラスターイオンビーム蒸着…………………（中村勝光）… 247
	5.12	イオン化蒸着……………………………………（中村勝光）… 248
	5.13	レーザーアブレーション………………………（篠崎和夫）… 249
	5.14	プラズマ溶射……………………………………（熊代幸伸）… 250
	5.15	バリヤー層………………………………………（熊代幸伸）… 251
	5.16	分子線エピタキシー（MBE）…………………（熊代幸伸）… 252
	5.17	化学液相析出法（CSD法）……………………（篠崎和夫）… 253
	5.18	液相エピタキシー（LPE）……………………（奥田高士）… 254
	5.19	CVD………………………………………………（熊代幸伸）… 255
	5.20	熱CVD……………………………………………（熊代幸伸）… 256
	5.21	光CVD……………………………………………（熊代幸伸）… 257
	5.22	プラズマCVD……………………………………（熊代幸伸）… 258
	5.23	有機金属化学蒸着法（MOCVD）………………（篠崎和夫）… 259
	5.24	電　着……………………………………………（熊代幸伸）… 260
	5.25	エアロゾルデポジション（AD）………………（熊代幸伸）… 261
	5.26	泳動電着（EPD）………………………………（熊代幸伸）… 262
	5.27	塗布膜……………………………………………（篠崎和夫）… 263

	5.28	ゾル・ゲル膜／ゾル・ゲル法 ……………………（篠崎和夫）…	264
	5.29	超臨界流体成膜法 ………………………………（熊代幸伸）…	265
2）膜特性・応用	5.30	膜厚測定法 ………………………………………（熊代幸伸）…	266
	5.31	付着性・付着強度 ………………………………（熊代幸伸）…	268
	5.32	膜の光学物性 ……………………………………（熊代幸伸）…	269
	5.33	硬度・ヤング率 …………………………………（熊代幸伸）…	271
	5.34	内部応力 …………………………………………（熊代幸伸）…	273
	5.35	結晶配向性の評価法 ……………………………（篠崎和夫）…	274
	5.36	薄膜の応力測定法 ………………………………（篠崎和夫）…	275
	5.37	導電膜 ……………………………………………（熊代幸伸）…	276
	5.38	透明電導膜 ………………………………………（熊代幸伸）…	277
	5.39	誘電体膜 …………………………………………（熊代幸伸）…	278
	5.40	ジョセフソン素子 ………………………………（熊代幸伸）…	279
	5.41	表面弾性波（SAW）素子 ………………………（熊代幸伸）…	280
	5.42	圧電薄膜 …………………………………………（熊代幸伸）…	281
	5.43	強誘電体メモリー（FeRAM, FRAM）………（篠崎和夫）…	282
	5.44	薄膜の磁気異方性 ………………………………（奥田高士）…	283
	5.45	薄膜の磁区と磁壁 ………………………………（奥田高士）…	285
	5.46	垂直磁化膜 ………………………………………（奥田高士）…	287
	5.47	磁気記録媒体 ……………………………………（奥田高士）…	289
	5.48	磁気・電波シールド材料 ………………………（奥田高士）…	292
	5.49	耐食性 ……………………………………………（熊代幸伸）…	294
	5.50	摩耗特性 …………………………………………（熊代幸伸）…	295
	5.51	電気特性測定 ……………………………………（熊代幸伸）…	296
	5.52	高周波誘電率測定 ………………………………（熊代幸伸）…	297
	5.53	熱特性測定，熱伝導率，熱拡散率 ……………（熊代幸伸）…	298
	5.54	熱膨張係数 ………………………………………（熊代幸伸）…	299
3）材 料	5.55	窒化ガリウム（GaN）青色発光ダイオード …（熊代幸伸）…	300
	5.56	超伝導薄膜 ………………………………………（熊代幸伸）…	301
	5.57	ダイヤモンド薄膜 ………………………………（中村勝光）…	302
	5.58	ダイヤモンド状炭素膜（DLC）………………（中村勝光）…	304
	5.59	光触媒膜 …………………………………………（熊代幸伸）…	305
	5.60	立方窒化ホウ素（cBN）薄膜 …………………（中村勝光）…	306
	5.61	酸化亜鉛（ZnO）光学素子 ……………………（熊代幸伸）…	307
	5.62	炭化ケイ素膜 ……………………………………（熊代幸伸）…	308
	5.63	水晶膜 ……………………………………………（熊代幸伸）…	309

VI　繊維とその複合材料　　　　　　　　　　　　　　　［岡村清人］　311

	6.1	繊維の分類 ………………………………………（岡村清人）…	313
	6.2	繊維の製法 ………………………………………（岡村清人）…	314

	6.3	炭素繊維 ………………………………………	(市川　宏)…	316
	6.4	ピッチ系炭素繊維 ……………………………	(市川　宏)…	317
	6.5	PAN 系炭素繊維 ………………………………	(市川　宏)…	318
	6.6	炭化ケイ素繊維 ………………………………	(市川　宏)…	319
	6.7	ボロン繊維 ……………………………………	(市川　宏)…	321
	6.8	アルミナ系繊維 ………………………………	(市川　宏)…	322
	6.9	ガラス繊維 ……………………………………	(岡村清人)…	323
	6.10	セラミック繊維 ………………………………	(岡村清人)…	325
	6.11	複合材料 ………………………………………	(香川　豊)…	326
	6.12	複合材料の製法 ………………………………	(市川　宏)…	327
	6.13	複合材料の強化機構（高靱化機構）…………	(香川　豊)…	329
	6.14	繊維強化複合則 ………………………………	(香川　豊)…	330
	6.15	破壊靱性 ………………………………………	(香川　豊)…	331
	6.16	繊維とマトリックスの界面 …………………	(香川　豊)…	332
	6.17	FRP ……………………………………………	(市川　宏)…	333
	6.18	CMC……………………………………………	(市川　宏)…	334
	6.19	C/C コンポジット(炭素繊維／炭素複合材料)	(市川　宏)…	335
	6.20	MMC …………………………………………	(市川　宏)…	336
	6.21	複合材料の応用 ………………………………	(市川　宏)…	337

VII　多孔体　　　　　　　　　　　　　　　　　　　　　　　［高橋　実］　339

1) 現象・物性	7.1	細　孔 …………………………………………	(松本明彦)…	341
	7.2	気孔量とその分布測定 ………………………	(藤　正督)…	342
	7.3	吸着現象 ………………………………………	(藤　正督)…	343
	7.4	毛管凝縮・マイクロ(ミクロ)ポアフィリング	(渡村信治)…	344
	7.5	透過現象（ダルシー則，クヌーセン拡散）……	(渡村信治)…	345
	7.6	分　離 …………………………………………	(藤　正督)…	346
	7.7	イオン交換 ……………………………………	(大井健太)…	347
2) 機能・用途	7.8	機械的特性 ……………………………………	(高橋　実)…	348
	7.9	断熱性 …………………………………………	(高橋　実)…	349
	7.10	吸音性 …………………………………………	(高橋　実)…	350
	7.11	触媒担体—ハニカム構造 ……………………	(阪井博明)…	351
	7.12	セラミックスフィルター ……………………	(高橋　実)…	352
	7.13	吸着剤 …………………………………………	(藤　正督)…	353
	7.14	調湿材料 ………………………………………	(渡村信治)…	354
	7.15	防・脱臭材料 …………………………………	(渡村信治)…	355
	7.16	徐放材料 ………………………………………	(藤　正督)…	356
	7.17	イオン鋳型材料 ………………………………	(大井健太)…	357
3) 構造・合成・素材	7.18	トンネル構造 …………………………………	(元島栖二)…	358
	7.19	層状構造 ………………………………………	(元島栖二)…	359

7.20	かご型構造	(元島栖二)	360
7.21	架橋多孔体	(渡村信治)	361
7.22	ナノポーラス物質	(松本明彦)	362
7.23	中空粒子の合成法（シラスバルーン含む）	(渡村信治)	363
7.24	多孔体の合成（マクロポア）	(藤　正督)	364
7.25	多孔体の合成（メソポア）	(武井　孝)	365
7.26	多孔質ガラス	(藤　正督)	366
7.27	インターカレーション（合成粘土を含む）	(渡村信治)	367
7.28	ゼオライト	(松本明彦)	368
7.29	シリカゲル	(武井　孝)	369
7.30	チタン酸アルカリ	(大橋正夫)	370
7.31	活性炭	(元島栖二)	371
7.32	カーボンナノチューブ	(元島栖二)	372
7.33	フラーレン	(元島栖二)	373
7.34	カーボンマイクロコイル/ナノコイル	(元島栖二)	374

VIII　加工・評価技術　　［植松敬三］　375

1）加工技術

8.1	研削砥石	(近藤祥人)	377
8.2	切削工具	(近藤祥人)	378
8.3	砥粒加工	(近藤祥人)	379
8.4	電着砥石	(近藤祥人)	381
8.5	絶縁性セラミックスの放電加工	(福澤　康)	382
8.6	評価のためのエッチング	(田中　諭)	384
8.7	超音波加工	(海野邦昭)	385
8.8	超音波研削	(海野邦昭)	386
8.9	電解研削	(海野邦昭)	387
8.10	放電加工	(安永暢男)	388
8.11	レーザー加工	(安永暢男)	389
8.12	トライボロジー	(千田哲也)	390
8.13	接合（概論）	(野城　清)	392
8.14	機械的接合	(野城　清)	394
8.15	化学的接合	(野城　清)	395
8.16	固相-液相接合（ソルダー法）	(野城　清)	396
8.17	固相加圧接合	(野城　清)	397
8.18	レーザー溶接	(野城　清)	398
8.19	鋳ぐるみ法	(野城　清)	399
8.20	接合界面	(野城　清)	400
8.21	サーメット工具	(三宅雅也)	401

2）評価技術

8.22	微構造評価	(植松敬三)	402
8.23	圧縮強さ	(武藤睦治)	403

8.24	硬　度	(阪口修司)	404
8.25	引っかき硬さ	(長友隆男)	405
8.26	はく離強度	(長友隆男)	406
8.27	摩擦係数	(平尾喜代司)	407
8.28	摩　耗	(平尾喜代司)	408
8.29	密　度	(林　滋生)	409
8.30	気孔率	(林　滋生)	410
8.31	表面粗さ	(平尾喜代司)	411
8.32	熱伝導率	(小川光惠)	412
8.33	熱膨張率	(小川光惠)	413
8.34	引張り強さ	(大司達樹)	414
8.35	曲げ強さ	(武藤睦治)	415
8.36	破壊靱性	(武藤睦治)	416
8.37	高温強度	(大司達樹)	417
8.38	ヤング率／ポアソン比	(阪口修司)	418
8.39	強度分布（ワイブル係数）	(松尾陽太郎)	419
8.40	耐摩耗性	(平尾喜代司)	420
8.41	腐食と耐環境性	(吉尾哲夫)	421
8.42	非破壊検査	(米屋勝利)	423
8.43	超音波探傷	(千田哲也)	425
8.44	蛍光探傷	(田中　諭)	426
8.45	X線探傷	(千田哲也)	427
8.46	浸液透光法	(植松敬三)	428
8.47	マシナブルセラミックス	(田中　諭)	429

IX　結晶構造　　　　　　　　　　　　　　　　　　　［掛川一幸］　431

9.1	岩塩型構造	(掛川一幸)	433
9.2	閃亜鉛鉱型構造	(掛川一幸)	434
9.3	ウルツ鉱型構造	(掛川一幸)	435
9.4	コランダム型構造	(掛川一幸)	436
9.5	ルチル型構造	(掛川一幸)	438
9.6	蛍石型構造	(掛川一幸)	439
9.7	タングステンブロンズ	(掛川一幸)	440
9.8	ReO_3型構造	(掛川一幸)	442
9.9	希土類酸化物	(掛川一幸)	443
9.10	ダイヤモンド型構造	(掛川一幸)	445
9.11	グラファイト	(掛川一幸)	446
9.12	ブラウンミラライト型構造	(掛川一幸)	447
9.13	ペロブスカイト型結晶	(掛川一幸)	448
9.14	スピネル型構造	(掛川一幸)	450

9.15　イルメナイト型構造 ……………………………(掛川一幸)… 452
9.16　オリビングループ ………………………………(掛川一幸)… 454
9.17　ガーネット ………………………………………(掛川一幸)… 456
9.18　パイロクロア ……………………………………(掛川一幸)… 458
9.19　Si_3N_4 ……………………………………………(掛川一幸)… 460
9.20　ゼオライト ………………………………………(掛川一幸)… 462

索　引……………………………………………………………………… 463

I

粉末・粉体

一次粒子

1.1

primary particle

多くの粒子が存在する状態（粉体）の中で，個々の粒子が他の粒子と凝集しないで，単独で存在している状態の粒子を一次粒子という．粉体の構成単位という意味で単位粒子，単一粒子といった呼び方もある．一次粒子は必ずしも単結晶に限らず，微細な単結晶がしっかり凝結した多結晶の場合もある．一次粒子として，超微粒子（$0.1\ \mu m$以下），微粒子（$0.1 \sim$ 約 $1\ \mu m$），それ以上のサイズの粒子もつくられている．粒子サイズが小さくなると，表面エネルギーが大きくなり，ミクロンオーダーになると凝集粒子*（二次粒子）をつくりやすくなる．図1と図2にカルサイト（$CaCO_3$）とフッ素アパタイト（$Ca_5F(PO_4)_3$）結晶の粒径と比表面積および表面エネルギーの計算値をそれぞれ示す．粒径が小さくなるほど単位質量当たりの表面エネルギーは増大し，また粉体の全エネルギーに対する表面エネルギーの割合は多くなり，バルクとは異なる粉体特有の物性・機能が際だってくることになる．

凝集粒子を一次粒子に分散させる方法には，界面活性剤の吸着による一次粒子間反発分散，超音波分散，ミキサー分散，ボールミル分散，高圧空気分散などがある．

セラミックス粉体に望まれる粒子は，一次粒子径がある程度小さく，粒度分布幅が狭く，凝集していても破壊されやすく，粒子形状が複雑でないこと，などである．粉体のつくり方には，粗粒子を粉砕して小さくしていくブレークダウン法と原子やイオンを集合させていくビルドアップ法がある．気相法や噴霧熱分解法などのビルドアップ法によって種々のファインセラミックス超微粒子がつくられている．ブレークダウン法によってもサブミクロン領域の粉砕までできるようになってきた．

なお，環境用語としての一次粒子は発生源から粒子の形で大気中に排出されるもので，舞い上がった土壌粒子，煤煙，火山灰，自動車走行時の排出ススやタイヤ摩耗粉などのことである．浮遊粒子状物質（suspended particular matter, SPM）といわれる粒子は直径 $10\ \mu m$ 以下と定義されている．

（門間英毅）

文献
1) 日本セラミックス協会編，セラミック工学ハンドブック第2版，［基礎・資料］，pp. 98-107 (2002)
2) 工業調査会編，加藤昭夫：ファインセラミックス技術，pp. 166-177 (1984)

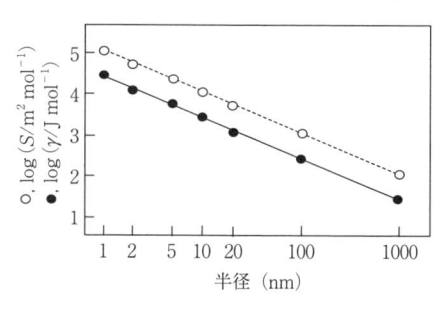

図1 カルサイト（$CaCO_3$）の微粒子化に伴う比表面積（S）と表面エネルギー（γ）の増大（γ を $0.230\ J\ m^{-2}$ として計算）

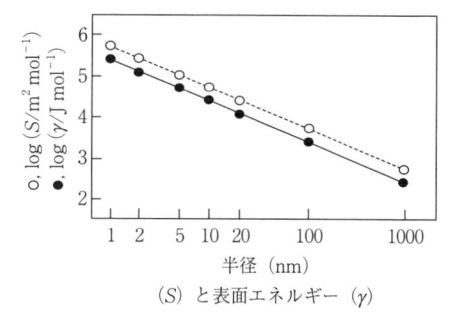

図2 フッ素アパタイト（$Ca_5F(PO_4)_3$）の微粒子化に伴う比表面積（S）と表面エネルギー（γ）の増大（γ が $0.480\ J\ m^{-2}$ として計算）

核生成

nucleation

1.2

均一な母相（α相）の中に核（nucleus）またはエンブリオ（embryo）とよばれる微小な新しい相（β相）（単位面積当たりの界面エネルギー γ をもつ）が生成すると考える．α相中に β 相の半径 r の球状の核が生成するときのギブスエネルギー変化 ΔG_r は

$$\Delta G_r = \left(\frac{4}{3}\right)\pi r^3 \Delta G_v + 4\pi r^2 \gamma \quad (1)$$

で与えられる．ここで，ΔG_v は α 相→β 相反応に対するギブスエネルギー変化を β 相の単位体積当たりで表したものである．右辺第1項は，α 相が β 相より安定であれば正，β 相のほうが安定であれば負である．第2項はつねに正である．平衡からずれて（過飽和*あるいは過冷却になって），$\Delta G_v<0$ になったときの r が，①きわめて小さいときには第2項の界面エネルギーの寄与が大きいので $\Delta G_r>0$，②大きくなると第1項の r^3 が利いてくるので $\Delta G_r<0$ となる．この様子を図1に示す．図中の $d(\Delta G_r)/dr=0$ の極大値 ΔG^* に対応する $r=r^*$ の核は"臨界核（critical nucleus）"とよばれ，核が成長するか消失するかの核の大きさの境界で，分子数は一般に100程度である．これより小さい核の成長は ΔG_r の増加をもたらすので，成長より縮小の傾向をとり，大きい場合にはさらに大きくなるほうが安定であるので結晶成長することになる．r^* に達するまでが核生成の過程である．核生成の過程ではいろいろな原因による系自体のゆらぎ現象や系内の異種物質の存在によって臨界核サイズに達する状態が生まれる．臨界核 r^* および極大値 ΔG^* は，式 (1) を r で微分することで

$$r^* = \frac{-2\gamma}{\Delta G_v} \quad (2)$$

$$\Delta G^* = \left(\frac{4}{3}\right)\pi r^{*2}\gamma = \frac{16\pi\gamma^3}{3\Delta G_v^2} \quad (3)$$

が得られる．

液相（L）から基板（S）上に固相が析出するような不均一核生成に対しては，基板上の球冠状結晶核（C）の曲率半径（r），各相間での界面エネルギー（γ_{LC}, γ_{SL}, γ_{SC}）および結晶核の接触角*（θ）を与えれば，

$$r^* = \frac{-2\gamma_{LC}}{\Delta G_v} \quad (4)$$

$$\Delta G_i^* = \Delta G^* f(\theta)$$
$$= \frac{16\pi\gamma_{LC}^3}{3\Delta G_v^2} \cdot \frac{(2+\cos\theta)(1-\cos\theta)^2}{4} \quad (5)$$

のように求められる．r^* は均一核生成の場合と同じであるが，ΔG_i^* は均一核生成の ΔG^* より $f(\theta)$ 分だけ小さくなる．したがって，基板の表面自由エネルギーが大きく，核と基板との界面自由エネルギー（γ_{SC}）が小さい（ぬれやすい）ほど $f(\theta)$ は小さくなり，不均一核生成は起こりやすくなる．求める結晶の種子結晶を使えば，核生成過程をとばして結晶成長の過程になるから，核生成のためのエネルギー ΔG_i^* は不要になる．

〔門間英毅〕

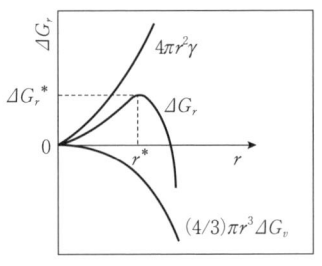

図1 均一核生成の核の大きさ（r）とギブスエネルギー（ΔG_r）

1.3 コロイド粒子

colloid particle

　コロイド（colloid）は物質（分散媒）中にコロイド粒子（直径1nm～約1μmの粒子）が，煙（空気中に固体），霧（空気中に液体），色ガラス（固体中に固体），牛乳やデンプン溶液（コロイド溶液，ゾル），寒天やゼリー（半固体状，ゲル）などのように分散している状態である．ミクロな状態からは，①分子1個からなるデンプンなどの分子コロイド，②多数の粒子が集合した石鹸のような会合コロイド，③金属などのコロイド粒子による分散コロイドがある．コロイドの中には，ゼラチンや寒天のように温度が高いときはゾル，温度が下がると固まってゲルになるものがある．コロイドに関する現象あるいは利用にはつぎのようなものがある．

　乾燥剤・脱臭剤：ゲルを乾燥させたものは多孔質で表面積が大きく，水蒸気や臭い分子をよく吸着するので，シリカゲル*や活性炭*などのように利用される．

　凝析：硫黄や粘土のコロイド粒子に少量の電解質を加えると沈殿する（疎水コロイド，hydrophobic colloid）．

　透析：ろ紙は通り抜けるが，セロハンは通り抜けない性質を利用してコロイド粒子を分離する．

　塩析：石鹸などのコロイド粒子を多量の電解質を加えて沈殿させる（親水コロイド，hydrophilic colloid）．

　保護コロイド：墨汁中のニカワのように，疎水コロイドを沈殿しにくくしたコロイド．

　限外顕微鏡：通常の顕微鏡では見ることができない微小粒子を，反射光線を利用して，輝かせてみる顕微鏡．

　イオンや分子が溶解した溶液は透明であるが，透明なコロイドでも光線を当てると光の散乱によって光路が光って見える．これをチンダル現象（Tyndall phenomenon）という．厚さ L のセル容器中のコロイド（粒子半径 r，吸収係数 ε，濁り度 τ）に入射光 I_0 を入れて透過光 I が出てきたとき，

$$\ln(I_0/I) = (\varepsilon + \tau)L ; \varepsilon = \pi N r^2 Q_A,$$
$$\tau = \pi N r^2 Q_S \qquad (1)$$

の関係がある．Q_A と Q_S はそれぞれ吸収因子と散乱因子である．

　1827年，植物学者ブラウンにより，水の中で見られる草花の花粉微粒子の不規則な運動は，水分子が花粉などの微粒子に衝突した結果であることが明らかにされ，ブラウン運動と名付けられた．ブラウン運動は数μm以下のコロイド粒子でもチンダル現象として観測できる（図1）．アインシュタインは，分子運動論と結び付けて，この現象を明快に説明した．x 軸方向へ動く粒子（半径 r）の平均距離 x は，時間 t と式(2)で関係づけられる．

$$x = \frac{RTt}{(3\pi \eta r N_A)^{1/2}} \qquad (2)$$

ここで，η：分散媒の粘度，N_A：アボガドロ数である[1]．　　　　　　**（門間英毅）**

文献
1) 北原文雄：界面・コロイド化学の基礎，p.130, 講談社サイエンティフィク（1999）

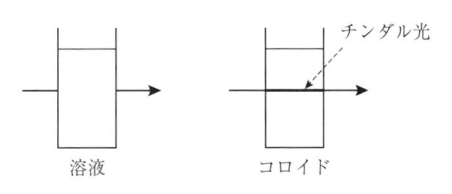

図1 チンダル現象

1) 形態・構造

1.4 凝集粒子
aggregate

凝集粒子とは粒子と粒子が凝集した粒子で,二次粒子ともいう.単一粒子(一次粒子*)は凝集し,凝集粒子を形成する.粒子間の凝集(付着)には図1のように,ファンデルワールス力(分子間力),静電引力,毛管凝縮力による液膜架橋,微結晶架橋(吸湿固結),結合剤凝集といった要因が働く.凝集力の程度によって,凝結粒子(aggregate),集合粒子(agglomerate),軟集合粒子(flocculate)といった呼び方がある.図2に一次粒子が凝集して凝集粒子をつくっている模式図を示す.凝集粒子の細孔*は一次粒子間の空隙である.

粉体の分散をよくするためには界面活性剤を粒子に吸着させて粒子間を反発させたり,超音波分散などが使われるが,凝集を促進するためには反対電荷イオンの添加による帯電粒子の中和,分子量の大きい高分子凝集剤自身の凝集効果の利用,バインダー*(結合剤)の添加などが有効である.セラミックスの作製では,一般に凝集粒子は好ましくないが,成形密度を上げるために造粒*(granulation)して型への充てん性を向上させる.造粒された凝集粒子を顆粒(granule)とよぶ.圧粉成形時に顆粒が壊れやすい凝集粒子にすることが必要である.顆粒をつくるためには粉体を溶媒(水系,非水系)中にバインダーとともに均一に分散させたスラリーを噴霧乾燥*(スプレードライ)する.図3はZrO_2沈殿の一次粒子の凝集状態が洗浄溶媒の種類によって違ってくる様子を示す(水洗浄のほうが凝集している).凝集状態は粒度分布*によっても見ることができる.

凝集性の強さの程度は,超音波分散,ミキサー分散,ボールミル粉砕といった力学的作用を加えたのち,凝集粒子の破壊の状態を粒度測定,かさ密度測定,タップ密度測定,圧粉密度の圧力依存性などによって評価できる.また,凝集粒子の強さは圧縮密度の圧力依存性からも調べられる.圧力増加によって,ある圧力で凝集が壊れ始めれば,その点で粒子の充てんが急によくなり,空隙率は急減するからである.

(門間英毅)

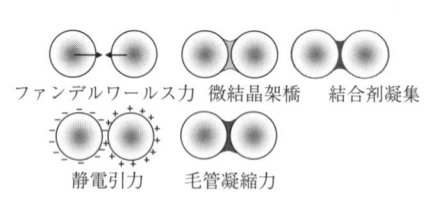

図1 凝集力の種類

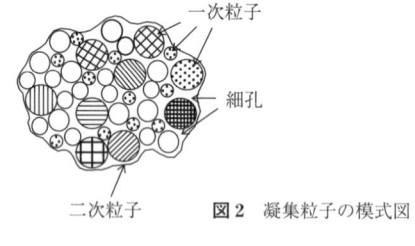

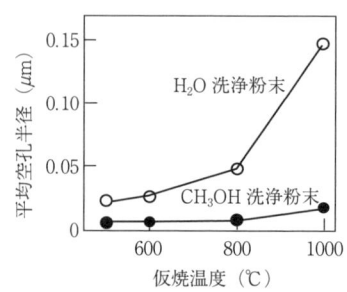

図2 凝集粒子の模式図

図3 Y_2O_3添加Zr_2O_3粉末を水とメタノールで洗浄後の水銀圧入法による空孔半径
(出典) 山口 喬:セラミックス, **18**, 1, pp. 62-66 (1983)

安息角

1.5

angle of repose

　粉末の流動性は粉末の摩擦特性および付着力などの力学的特性と密接に結び付いており，成形性やホッパーによる粉末の供給との関連において重要な特性である．この流動性の評価の一つに粉末の安息角（息角または休止角ともいう）（angle of repose）の測定が知られている．この値は粉体の内部摩擦の大きさの尺度を意味している．

　安息角とは，粉体層の自由表面が重力と平衡状態にあるとき，その粉体表面と水平面とのなす角である．具体的には，粉体を一定の水平板上（たとえば，直径8 cmの円板）に静かに堆積していくと，ある体積以上になったとき粉体は滑り落ちるようになり，粉体の形状は円錐状になる．このときの円錐の母線と水平面とのなす角が安息角とよばれ，安息角を測定するもっとも一般的な方法であり，この手法は注入法（図1）とよばれている．この場合，注入速度や注入時の粉体の落下速度などにより安息角が変わるので注意が必要である．

　安息角の測定法には，上述の注入法以外に，排出法（図2），傾斜法（図3）などが知られている．

排出法：容器内に充てんした粉体を容器底部の排出口から自然に流出させ，容器内に残った粉体層の傾斜角を測定する方法である．

傾斜法：容器内に充てんした粉体の表面を水平にならしたのち，容器を傾斜させたとき，粉体層の表面で粉体粒子が滑り始めたときの傾斜角で表す．

　一方，容器を一定速度で回転させた場合は動的な状態での安息角が得られる．この動的な安息角は静的なそれに比較すると，1〜5°小さくなることが知られている．

　安息角に影響を及ぼす因子には粉末の粒径，粒度分布，粒子形状，粒子の粗さ，粉体層の空隙率などが知られている．粒子が小さくなると流動性が減少し，付着性や凝集性が増大する．これは粒子が小さくなると接触点の数が粒子径の3乗に逆比例して増大するためである．さらに水分が多いと粒子どうしが結合するため，内部摩擦が大きくなり，したがって安息角も大きくなる．

　一般に安息角θが30°以下の場合，流動性はとくに良好であり，30°<θ<40°の範囲では良好，もしくはかなり良好と判断され，45°<θでは流動性は悪くなり，66°以上では非常に悪いと判断されている．

　流動性を総合的に評価するには，安息角のみならず，圧縮度，スパチュラー角，凝集度などの測定値から判断すべきである．

（山村　博）

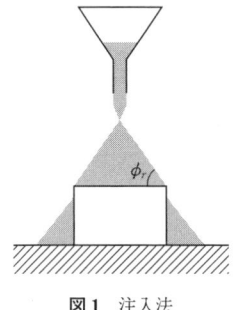

図1 注入法 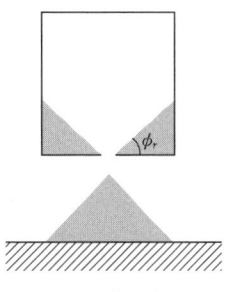　　**図2** 排出法 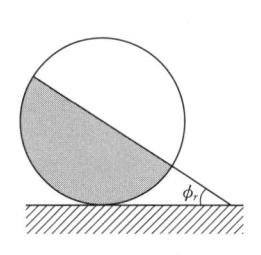　　**図3** 傾斜法

1）形態・構造

造粒

1.6

granule

　造粒とは，粉末の取り扱いに便利な粉末形態になるように一次粒子*を凝集させる操作をいう．固体の分散系において，100 μm以下は粉，数mm以上は塊と呼び，その中間が粒である．したがって，造粒とは100 μm以上，数mm以下の固体をつくる操作であるといえる．造粒品には，顆粒，丸薬，ペレットなどがあるが，セラミックスでは成形工程をスムーズに行うため，流動性の付与や圧力伝達性の向上，さらには粉末の散逸を防ぐための中間体としての顆粒が重要である．

　代表的な顆粒の製造法には，粒子どうしの凝集により粒径を増大させる凝集造粒（転動増粒，流動層造粒，撹拌造粒），機械的な力により，原料を圧縮成形する強制造粒（圧縮造粒，押出造粒）および噴霧液滴の溶媒蒸発や溶融物質の冷却固化などの熱利用造粒（噴霧乾燥造粒）が知られている．代表的な造粒法について以下に示す．

　撹拌造粒：原料に結合液を加えたうえ，撹拌羽根により高速撹拌すると，最初団粒と微粉が混在するが，団粒は細分化し，微粉は造粒されていく．
　転動造粒：基本的には撹拌造粒と同じであるが，回転する円筒形ドラム（パン）や皿の中に粉末を投入し，撹拌しながら結合液をスプレーして，しだいに造粒を進行させる点が異なる．
　流動層造粒：粉体原料を空気中で浮遊懸濁させ，そこにバインダー*を噴霧して粉体どうしを付着凝集させる方法である．
　噴霧乾燥造粒（スプレードライ）：液状の原料を高温気流中で微粉化すると同時に乾燥を行い，粉粒体製品を得る造粒法である．

　セラミックスの成形プロセスおよび成形体特性の観点から，顆粒に必要な特性として，優れた流動性，良好な塑性変形性，粉体粒子間の優れた圧力伝達性と密着性，金型との低い接着性などが求められている．

　工業的にセラミック顆粒を得るには，一般にスプレードライ法が用いられる．この方法はバインダー，分散材，潤滑剤などを加えた原料粉体に溶媒を加えてスラリー化したものを，スプレードライにより熱風を送って微小な液滴形状を保ったまま乾燥して得られる．この場合，スラリーの粘度，噴霧圧力あるいはスラリーの供給速度とロータリーの回転速度などが顆粒の大きさと密度に影響する．

　球状顆粒の評価には，通常，圧壊試験法が用いられる．当然，圧縮方向には圧縮応力が，圧縮の垂直方向では引張り応力が働く．そこで，粒子集合体の引張強度をσ_t，粒子集合体の空隙率をε，粒子1個の付着力をF，粒子の平均直径をdとすると，次式で示されるようなRumpfの式[1]が知られている．

$$\sigma_t = \frac{1-\varepsilon}{\varepsilon}\frac{F}{d^2}$$

（山村　博）

文献
1) H. Rumpf : Chem-Ing-Techn, **42**, p. 538 (1970)

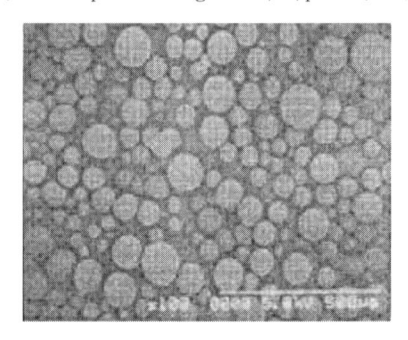

図1　AlNの造粒粉（トクヤマのホームページより）

圧粉体　1.7

powder compact

　粉体は通常なんらかの容器に入れられるか，あるいは特定の形状に成形して使用される場合が多い．このため，粉体粒子の個々の性質以外に，粒子間の空隙の量と形，接触点の数など粉体粒子の集合体としての性質が重要になる．集合体の性質を表す量として，見掛け比容積（apparent specific volume），見掛け密度（apparent density），空隙率（porosity）などがあり，このほか空隙径の分布（pore size distribution），接触点の数（number of contact）などが重要な因子となっている．

　以下，圧粉体に関する代表的な量について説明する．

○見掛け密度（かさ密度）（ρ_B）：粉体を自然落下させて容器内に充てんし，重量とかさ体積から求めた密度を見掛け密度あるいはかさ密度という．なお，この見掛け密度の逆数を見掛け比容積という．

○タップ密度：粉体に衝撃を与えながら容器内に充てんし，重量とかさ体積から求めた密度をタップ密度という．目盛りを付けた平底のガラス管に粉体を静かに入れて，毎分30～50回タップする．一定容積を得るのに要するタップ数は，粒子が小さいほど多くなる．

○圧縮密度（グリーン密度）：粉体を加圧によって容器内に充てんさせ，重量とかさ体積から求めた密度を圧縮密度，あるいは焼結体の密度に対してグリーン密度ともいう．内径10 mm程度の金型に粉体を入れて，所定の圧力をかけて成形し，成形体の寸法と重量から算出する．なお，圧縮密度／見掛け密度を圧縮比とよび，圧縮によって粉体中の空隙がどれだけ除去されたかを示す尺度になる．

○充てん率（ϕ）と空隙率（ε）：充てん率は粉体のかさ密度（ρ_B）を真密度（ρ_S）で割った値，$\phi = \rho_B/\rho_S$ で定義され，空隙率（ε）は $\varepsilon = 1 - (\rho_B/\rho_S)$ で定義される．

　これらの種々の密度は粉体の充てん構造と密接に関係している．均一で，球状の粒子からなる粉体粒子が最密充てんした場合の充てん率は，粒子の大きさにかかわらず，74％に達することが理論的に知られているが，実際にはガラス球や球形に近い砂でも，充てん率はたかだか61％程度にとどまり，粒子の表面が粗くて摩擦の多い場合や粒径が球からはずれるときは，さらに充てん率は低くなる．

　微粉体に圧力をかけると，ある程度の圧力までは凝集体が保持されたまま充てんが進むが，それ以上の圧力下では凝集体が破壊され，緻密化が進む．この時の成形圧と相対密度の関係を図1に示す．k は充てん定数で，屈曲点は凝集体の破壊に対応する．一方，この過程を解析するのにCooperの式[1]が知られている．　　　　（山村　博）

文献
1) A. R. Cooper, Jr., L. E. Eaton : J. Am. Ceram. Soc., **45**, p. 97 (1962)

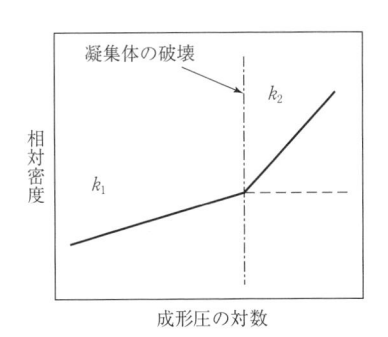

図1　凝集粉体の圧密曲線

1.8 粉体表面
powder surface

粉体の表面では，粉体の内部とは異なり原子の規則的配列が切断されており，電子状態の変化や表面原子の配置の緩和などが生じている．このため，粉体表面はきわめて不安定な状態で，粉体内部に比べてエネルギーが高く，表面に気体や液体の吸着*，酸化が起きる．切断単位面積当たりの系の内部エネルギーの変化を表面エネルギー（surface energy）というが，表面張力（surface tension）を γ とすると，表面張力と表面エネルギー E_S の間には，

$$E_S = \gamma - T\frac{d\gamma}{dT} \quad (1)$$

という関係がある．

とくに粉体は，その粒子径が小さくなるほど，単位質量当たりの粉体表面の面積は大きくなり，表面エネルギーは高くなる．したがって粉体の粒径やその分布，表面積の大きさは，セラミックスの製造プロセスにとって重要な項目である．

粉体の表面積を評価する場合，一般に単位質量の粉体に含まれる全粒子の表面積の総和，すなわち比表面積（specific surface area）で評価し，S_w（cm^2/g）で示す．

比表面積を評価する方法としては，気体吸着法，気体透過法が一般的に用いられる．このうち，気体吸着法による測定の原理は，粒子表面に分子の断面積がわかっている気体（通常は N_2 ガス）を吸着させ，その量から比表面積を求めるものである．吸着は，温度と圧力の関数であるが，通常は等温吸着により圧力と吸着の関係を求め，BETの多分子吸着理論によるBET式を用いて粒子の表面積を求める．この方法をBET法とよぶ．BET式を次に示す．

$$\frac{p}{V(p_0-p)} = \frac{1}{V_m C} + \frac{C-1}{V_m C} \cdot \frac{p}{p_0} \quad (2)$$

ここで，V は圧力 p における吸着気体量，p_0 は飽和蒸気圧，V_m は粒子表面に単分子層吸着が完了したときの吸着量，C は吸着質，吸着媒，温度などによって決まる定数である．図1に測定例を示すが，BET式の左辺の p/p_0 による変化は直線となり，この結果から，V_m と C を求める．p/p_0 の値は，少なくとも4点前後ほど測定する必要がある．

また，C が十分大きい値の場合には，$1/V_m C \fallingdotseq 0$，$C-1 \fallingdotseq C$ となり，BET式は原点を通る直線に近似される．

そこで，一点だけの p/p_0 の測定結果から比表面積の概略値を求める簡便な方法があり，これを一点法とよんでいる．前述の多点法と比較し値は小さくなるが，その差は数%以内であり，実用的な市販の測定器には一点法によるものが多い．

気体透過法では粉体充てん層を流体が透過する際の流量と圧力損失から，Kozeny-Carmanの式を用いて比表面積を求める．粒子間隙を細孔*とみなして粒子群のぬれ表面積を求め，解析する測定法であり，表面の微細な凹凸や小孔などは測定にかからない．そのため，透過法による比表面積の値は吸着法によるそれより一般に小さな値を示す．

（秋山　隆）

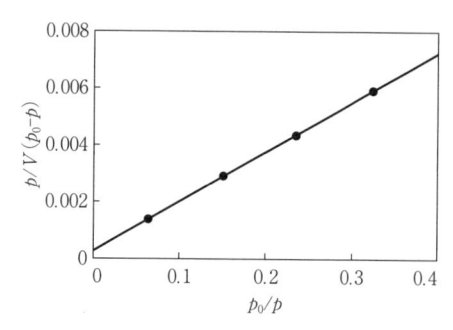

図1　BETプロットの例

表面電位

surface potential

1.9

電解質溶液中に分散している粉体の粒子表面は，多くの場合，正もしくは負の電荷を帯びている．粒子表面を電気的に中和しようとして，粒子表面と反対符号をもったイオン（これを対イオンとよぶ）が，粉体の粒子表面に引き寄せられる．この時，対イオンは自身の熱運動によって粒子表面に雲を形成したようになっている．この状態を拡散電気二重層（diffused electric double layer）が形成されているという．図1に電気二重層のモデルと電位の変化を示す．対イオンの分布は電気的に強固に結び付いた固定層と，結合力が比較的弱い拡散層とが不均質に分布した状態となっている．

液体に分散した粉体粒子に外部から電場が与えられると粉体粒子が液体中を移動する様子が観察でき，これを電気泳動とよぶ．粉体粒子は近傍の対イオンの固定相と，固定相に隣接する拡散層の一部を伴って移動する．粉体粒子に伴われて移動する対イオンと移動しない対イオンの境界面を滑り面（または，ずり面）とよぶが，この滑り面の電位をゼータ電位（zeta-potential）とよび，おもに粒子の液体中での分散性の指標の一つとして用いられる．

ゼータ電位を測定する方法には，電気泳動法や電気浸透法，流動電位法，超音波法，ESA法などがあるが，このうちもっとも一般的なものは電気泳動法である．電気泳動法で，セラミックス粉末のゼータ電位（ζ）を求めるには多くの場合，Smoluchowskiの式を用いて次のように求められる．

$$\zeta = \frac{\eta U}{\varepsilon_r \varepsilon_o} \tag{1}$$

ここで，ηは溶媒の粘度，ε_oは真空の誘電率，ε_rは溶媒の比誘電率，Uは電気泳動移動度で，粉体粒子の泳動速度（v）を電場（E）で除したもの（$U=v/E$）である．

電解質溶液中に分散している粒子のゼータ電位の絶対値が大きい場合，粒子どうしの反発力が強くなり分散が安定的になる．逆に小さくなってゼロに近くなると，粒子は互いに引き合って凝集しやすくなり，粒子の分散性は低下するので，ゼータ電位は粉体粒子の分散性の指標として用いられる．

多くの酸化物系セラミックス粉末のゼータ電位は，分散している液体のpHによりプラスからマイナスに変化するが，変化の過程で電気泳動速度がゼロを示すpHが存在する．この電気泳動速度がゼロを示す点を等電点（isoelectric point）という．等電点はセラミックス粉末の種類により異なり，セラミックス粉体の分散と凝集や表面処理などの条件を検討する際の目安となる．

（秋山　隆）

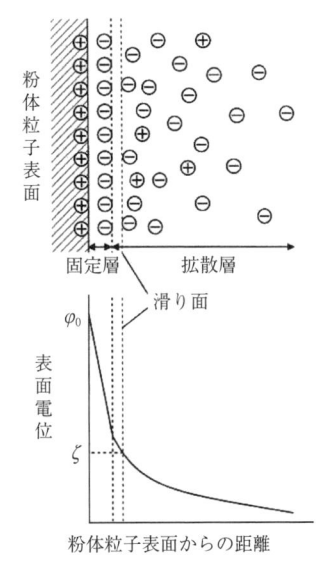

図1　電気二重層のモデルと電位の変化

1）形態・構造

1.10 分 散
dispersion

多くの工業的なセラミックス製造プロセスでは，粉体を液体に高濃度に分散（dispersion）させたスラリーを用いている．しかし，微細で大きな比表面積（specific surface area）をもつセラミックス粉体は粒子間の凝集力が大きく，液体に高濃度に分散させることは難しい．そこで，粉体を液体に高濃度に分散させる場合や，分散状態を安定させたり，スラリーの粘度を下げたりすることを目的に使用されるのが分散剤（dispersing agent）である．分散剤は，セラミックス粉末の液体に対するぬれを促進し，粉体表面に吸着＊して分散系の粒子の再凝集を防止し，分散系の安定性を向上させる機能をもった物質である．

分散剤が粉体の分散に寄与するメカニズムは，大別して静電斥力によるものと立体的安定化によるものがあるが，いずれのメカニズムをとる場合でも，粉体粒子の表面（固－液界面）に分散剤が吸着して粉体表面の性質を変化させる必要がある．

粉体粒子への分散剤の吸着のモデルを図1に示す．静電斥力による分散のメカニズムは，図1の(a)に示したものである．このメカニズムをとる分散剤には界面活性剤（surface active agent）があるが，図に示すように粉体表面に吸着した分散剤（界面活性剤）が，粉体粒子の表面電荷をより大きくし，界面の電気二重層の厚さを増大させ，その結果，静電斥力による反発で粒子の分散性を向上させるものである．

界面活性剤は，親水基の性質により，アニオン系，カチオン系，ノニオン系に分類されるが，一般的にはポリカルボン酸塩やスルホン酸塩に代表されるアニオン系の分散剤やオキシエチレン鎖を有するエーテル型やエステル型のノニオン系分散剤が用いられる．

これに対して，立体的安定化による分散のメカニズムは，図1の(b)に示すように吸着した高分子分散剤の立体障害効果により粉体の分散性を向上させるものである．しかし，分散剤の添加量が少ないと，図1の(c)のように高分子が粒子間架橋を形成し，粉体を凝集（coagulation）させる場合があるので注意を要する．安定した分散性を得るには高分子分散剤が臨界凝集濃度を超えた条件で添加され，粒子界面に厚い吸着層を形成させる必要があるが，一般に分散作用が極大となる分散剤濃度が存在する例が多い．

このメカニズムの分散剤には，分子量が数千から数万の合成高分子の分散剤が用いられるが，一般的には，ポリアクリル酸塩やポリスチレンスルホン酸塩，ポリビニルピロリドンなどホモポリマー系，（メタ）アクリル酸-マレイン酸，アクリル酸-アクリル酸メチルやアクリル酸-アクリル酸ブチルなどコポリマー系のものが使用される．

(秋山　隆)

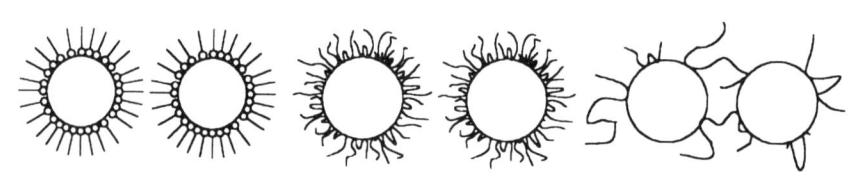

(a) 静電斥力による分散　　(b) 立体的安定化による分散　　(c) 粒子の橋かけ凝集

図1　分散剤の粒子への吸着モデル

レオロジー

1.11

rheology

　レオロジーとは，物体の変形や流動に関する学問をいう．液体に外力を加えると一定の変形速度で流れるが，水や油など流体の種類によって流れやすさに差がある．これは各流体で変形に対する抵抗に違いがあるからで，この性質を粘性（viscosity）という．図1に外力（せん断力；F）による液体の流動について示す．ニュートン流体では，液体の変形速度（速度勾配；$D=dv/dy$）の大きさは，液体に加えたせん断応力（$S=F/A$）の大きさに比例（$S=\eta D$）する性質がある．このときの比例定数（η）を粘度という．粘度が高い液体は流れにくく，低い液体は流れやすい．

　セラミックススラリーなど粉体が液体に高濃度に分散*した系では，粘度はニュートン流体の式には従わず，特異な挙動を示す．チクソトロピー（thixotropy）やダイラタンシー（dilatancy）とよばれる現象が有名である．図2にその粘性挙動を示す．

　チクソトロピーとは，外力を加えないと粘度は高くあたかも固体のようであるが，外力を加えると粘度が下がり，外力を除くとまた元の状態に戻るような性質をいう．これは，静止状態のときに形成されている粉体の凝集構造が，外力により破壊され，外力がなくなると再び凝集構造が復元される等温可逆的な変化に基づいている．図に示すように流動曲線が，ヒステリシスループを描く．

　またダイラタンシーは，スラリーに外力を加えると粘度が急激に増大して流動性を失う現象である．これは外力を加えることによって，溶液中の充てん体の充てん構造が変化し充てん体の体積が膨張することによって生じる．外力がなくなると元の構造に戻り，流動性が回復する．ダイラタンシーは粒度分布が狭い粉体を用いた濃厚なスラリーでしばしば起こることが観察される．

　チクソトロピーやダイラタンシーの粘度も $\eta=S/D$ で与えられる．しかし，その値は変形速度（または，せん断応力）によって変化するので，見掛けの粘度（apparent viscosity）とよんでいる．

　このほかに，粘性流動による永久変形に瞬間弾性変形と遅れ弾性変形が重畳して起きる場合があり，このような挙動を粘弾性（viscoelasticity）とよんでいる．流体に与える外力を除くと瞬間弾性変形は瞬時に回復し，遅れ弾性変形は時間を要して回復するが，粘性流動による変形は回復しないでそのまま残る．粘弾性の模型的な表現として瞬間弾性をばね，遅れ弾性をばねとダッシュポット，粘性変形をダッシュポットで表すが，実際にこれらがどのように配列・結合しているかは，実験的に求める必要がある．

　　　　　　　　　　　　　　　（秋山　隆）

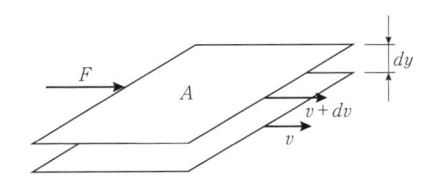

図1　粘性の説明図

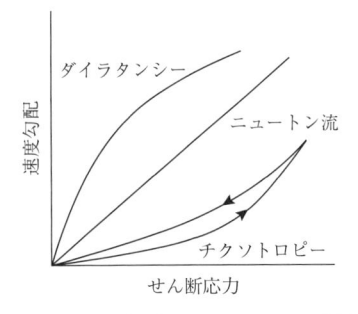

図2　チクソトロピーとダイラタンシーの粘性挙動

1) 形態・構造

1.12 粒度分布測定

particle size distribution measurement

一般に粉体は数 mm 以下の固体粒子の集合体でありその大きさは正規分布もしくはワイブル分布に従う．したがってその分布の平均値をその粉体の代表的な粒子径として取り扱う．粒子径には表1に示すようにさまざまな定義があり，各粒度分布測定方法により使用する定義が異なる．測定方法にはふるい分けや顕微鏡によるものや粒子の物理現象を利用したものがある．そのうち物理現象を利用した方法を表2にまとめた．

粉末濃度が比較的薄い場合，粒子の沈降速度はストークスの式に従うため，粒子の投影面積と個数濃度が光透過量に依存する．よって，重力（遠心力）で粒子を沈降させた際の光透過量の変化から粒度分布および粒子径（ストークス径）を求めることができる．この原理を用いた測定として重量（遠心）沈降式光透過法がある．この手法では，粒径が 10 μm 以下になると粒子の吸光係数が粒子の屈折率にも依存するため補正が必要となる．その補正を不要にするため，波長のさらに小さい X 線を用いたものが X 線透過法である．

また，液体クロマトグラフィーの手法を応用した粒度分布測定方法として FFF（field flow fractionation）法と HDC（hydrodynamic chromatography）法がある．FFF 法では，溶離液を層流の状態で流し，その流れに垂直に外力を作用させる．そこに粉末を導入すると，粉体の大きさに応じて粉末の平均滞留時間が変化する．この性質を利用して分級*を行い粒径およびその分布を求める．一方，HDC 法では，狭い通路において粒子は大きいほど流れの中心を通る現象を利用して，粉体を分級して粒径およびその分布を測定する．

一方，粒子はブラウン運動をするため，粒子と検出器までの光路長がそれぞれの散乱光で異なる．したがって，粒子にレーザーを当てるとその散乱光の干渉作用で揺らぎを生じる．揺らぎは数 μs から数 ms 程度あり，その時間はブラウン運動の運動性すなわち拡散係数に関係する．粒子の拡散係数と粒子径との関係（ストークス・アインシュタイン式）を利用して粒子径を算出するのが光子相関法である．

一方，粒子に光が当たると散乱が生じるが，粒径が小さくなるにつれて回折も生じるようになる．この回折によるパターンは粒子の大きさと使用した光の波長の関数となる．とくに粒子の大きさが光（おもにレーザー）の波長に比べ十分に大きい場合，フラウンホーファー（Fraunhofer）回折理論による回折パターンの解析で粒子径分布が求まる．この方法をレーザー回折法という．なお，入射光と同程度の大きさをもつ粒子（サブミクロン以下）の場合，フラウンホーファー回折理論から逸脱するため回折パターンのみで粒径を推定できなくなる．この場合，Lorenz-Mie の散乱理論を用いて粒径を解析する．この方法をレーザー散乱法という．

また，1 nm～0.1 μm 程度の粒子に X 線を入射すると，入射方向に散漫散乱が生じる．この散乱線は 0°～5° 位の範囲で測定され，粒子構造に関係なく粒子が小さいほ

表1 単一粒子の粒子径の定義

分類	定義
平均径	粒子の輪郭の短軸，長軸および粒子の厚さをさまざまな方法で平均した値
統計的径	ある一定方向に対する粒子の長さ
球相当径	粒子の投影像と同じ面積となる球の直径
有効径	測定する粒子と密度が同じで沈降速度も等しい球の直径（ストークス径）

ど広がる性質がある．X線小角散乱法では粒径が均一な場合Guinier法，不均一な場合Fankuchenh法を用い，散乱強度の解析から粒径を求める．

遮光法は，粒子に遮られた光量を検知して粒子径を測定する方法である．通常，光が1個の粒子で遮られる場合の測定法であり，粒子集団で光を遮る場合は光透過法として区別される．得られた粒子径は投影像の短軸，長軸および粒子の厚さを平均した値になる．

電解質溶液の抵抗はその電解質に依存する．しかし，細孔をもった電極を用いて測定した抵抗は粒径と相関するようになる．これは，細孔部を通過する粒子により電解質が排除されて電気抵抗が変動するためである．この原理を用いて電解質溶液中での粉末の粒径を測定する手法を電気的検知法（コールター法）という．この手法は個々の粒子を測定することができ，測定感度も高い特徴をもつ．

上記までの粒度分布測定方法では粉末の濃度が問題となる．とくに光を用いる手法では多重散乱などの問題を避けるため，粉末濃度を充分低くすることが求められる．

この問題に対し，荷電粒子による電場と音場の相互作用を利用すると高濃度の粉末が分散しても粒径を測定することが可能となる．音波を利用した電気音響効果法では50％程度の高濃度のスラリーでも測定ができる．ESR法（electroacoustic sonic amplitude）法では，ある周波数帯の電場により発生する音圧を利用し，その振幅と位相差から粒径を測定する．また，超音波減衰法ではある周波数帯の超音波をスラリーに加えた際のその音場の減衰の仕方から粒径を求めることができる．

以上のように測定方法は多くの種類があり，それぞれ粒子径の定義も異なる．そのため，粒径の表記には測定方法や換算方法を付記する必要がある．また，さまざまな粒径に整えられたガラスビーズや白色溶融アルミナが試験用粉体として作製されており，これら機器類の性能評価もできるようになっている．

(柿沼克良)

表2 代表的な測定方法の一覧

測定対象	利用原理	名称	測定量	測定粒子径	測定範囲
移動速度	粒子の沈降速度（ストークスの式）	重力沈降式光透過法 遠心沈降式光透過法 X線透過法	透過光量 透過光量 透過X線量	ストークス径 ストークス径 ストークス径	$10\sim0.1\,\mu m$
	クロマトグラフ	FFF法 HDC法	透過光量 透過光量	ストークス径 ストークス径	$100\sim0.01\,\mu m$
	ブラウン運動	光子相関法	散乱光強度変動	ストークス径	$0.1\,\mu m\sim1\,nm$
光の吸収・散乱	Fraunhofer現象 Lorenz-Mieの散乱理論 散漫散乱現象	レーザー回折法 レーザー散乱法 X線小角散乱法	回折パターン強度 散乱パターン強度 散漫散乱強度	球相当径 球相当径 球相当径	$2000\sim1\,\mu m$ $1\sim0.1\,\mu m$ $0.1\,\mu m\sim1\,nm$
	光の直進性	遮光法	遮光量	統計的粒子径	$100\sim0.1\,\mu m$
電気信号	電気抵抗や電圧の変動	電気的検知法（コールター法）	抵抗，電圧	球相当径	$1000\sim0.1\,\mu m$
音波の吸収・反射	電気音響効果	ESA法 超音波減衰法	音圧 音圧	動的音圧径 音波減衰径	$10\sim0.1\,\mu m$ $10\sim0.1\,\mu m$

1) 形態・構造

ストークスの式

1.13

Stokes equation

　静止流体中に分散させた粉末は規則運動やランダム運動を行い沈降する．しばらくすると流体抵抗，重力および粒子間相互作用などの力がつり合い，その沈降速度は一定値（終末沈降速度）になる．直径 $1\,\mu m$ 以上の球形粉末が比較的薄い濃度で静止流体中に分散した場合，粒子間の相互作用を無視できる．そして，粉末はそれぞれ均一に分散しており，独立にかつ自由に運動すると考えられる．このとき，粒子の運動方程式は以下のようになる．

$$m\frac{dv}{dt} = -F_D + F_e \quad (1)$$

ここで，F_D は流体抵抗，F_e は粒子に働く外力（おもに重力），m は粒子の質量，v は粒子の沈降速度である．

　ところで，静止流体で粉末が沈降する場合，その流体を押し退けるためその粉体の体積と同じ体積の流体が上方へ押し上げられる．この流れを置換流とよぶ．その置換流の速度を v_t，粒子の見かけの速度を $v_r (= v - v_t)$，静止流体の粘度を μ，粒子の直径を D_p としたとき流体抵抗

$$F_D = 3\pi\mu D_p v_r \quad (2)$$

となる．この式は流体抵抗を求めるために多用されており，とくにストークスの式（ストークスの抵抗則）とよばれている．

　この粒子が静止流体中で重力により沈降する場合，粒子に働く外力は粒子密度を ρ_p，液体密度を ρ_f として

$$F_e = m\left(1 - \frac{\rho_f}{\rho_p}\right)g \quad (3)$$

となり，粒子の質量 m は式(4)で表される．

$$m = \frac{\pi}{6}\rho_p D_p^3 \quad (4)$$

　これらを式(1)の運動方程式に代入して，終末沈降速度を求めると，

$$u = \frac{(\rho_p - \rho_f)D_p^2 g}{18\mu} \quad (5)$$

と表される（図1）．

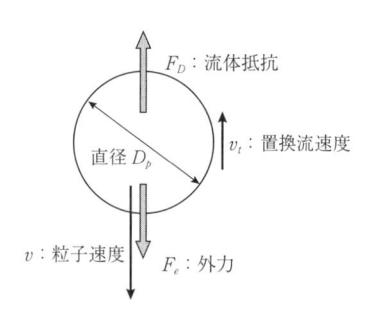

図1　重量沈降させる際の外力，流体抵抗粒子速度の方向

　また，遠心力が作用する場合，その円運動の半径を r，角速度を ω とすると終末沈降速度は

$$u = \frac{(\rho_p - \rho_f)D_p^2 r\omega^2}{18\mu} \quad (6)$$

となる（図2）．なお，ストークス則は粒子間の相互作用を無視できるほど粒子の濃度が小さい場合に成立する．粒子の濃度が大きい場合，粒子間の相互作用が無視できない．その相互作用を補正した終末沈降速度 (μ_t) は，粒子の体積濃度を ϕ とした場合，

$$\mu_t = \mu(1-\phi)^2 \times 10^{-1.82\phi} \quad (7)$$

となる．この式をシュタイナー式とよぶ．

（柿沼克良）

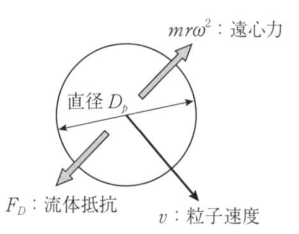

図2　遠心沈降をさせる際の粒子に働く遠心力，流体抵抗，粒子速度の方向

分　級

1.14

classification

粉砕処理を行った粉末にはさまざまな粒径のものが含まれるため，それらを選別する必要がある．その粉末を粒径もしくは密度別に分ける操作を分級という．とくに，粒径で分ける場合を粒径分級，密度で分ける場合を密度分級という．分級する際には，液体の分散媒を使用する場合（湿式法）もしくは気体を用いる場合（乾式法）がある．湿式法は凝集を防ぎながら分級できる利点をもつが，乾式法と異なり乾燥処理，ろ過といった処理を必要とする．

粒径分級にはふるい分けを利用する．この方法は粉末を適当な媒体に分散させたのち，金網の目開きの大きさ（空孔の一辺の長さ）で分級する．目開きの大きさはISO規格により20〜125 μm までそろえられており，粗粉が混入することなく高精度の分級を行うことができる．目開きの大きさを a，粒子の直径を D_p とした場合，正方形の編目を利用した場合（図1），粉末の通過確率（P）は次式で表される．

$$P = \frac{(a-D_p)^2}{a^2} \quad (1)$$

一方，粉末にさまざまな力を作用させると，粉末の大きさや密度の違いでその沈降速度や移動速度が異なる．したがって，ある媒体に粉末を分散し，外力を作用することで分級することができる．とくに重力による沈降速度の差を利用したものを重量分級，風力や水力による移動速度の違いを利用したものを風力分級，水力分級とよんでいる．重力分級の場合，媒体に微量に分散させた粒子の沈降速度は瞬時に終末沈降速度に到達して一定速度になる．この終末沈降速度が粉末の密度と粒径に依存することを利用して分級を行う．なお，球粒子の終末沈降速度（u）はストークスの式により，次式で求まる．

$$u = \frac{(\rho_p - \rho_l)gD_p^2}{18\mu} \quad (2)$$

この式は粒径が数十 μm 程度の粒子まで適用できる．サブミクロンの粉末については遠心力を用いる（→ストークスの式参照）．これに対し，風力分級では，粉末の静止流体中での終末沈降速度（u）とそれと逆向きの媒体の流速（v）との相関を利用して分級する．つまり，$u>v$ の場合は外力の方向へ移動し，$u<v$ の場合は流体の方向へ移動することを利用する．なお，$u=v$ の場合は平衡状態となるためこのときの粒径が分離限界粒子径となる．

分級結果は分離粒子径（分級点）を示す場合が多い．分離粒子径の表記にはふるいの目開きや50%分離粒子径を用いる．50%分離粒子径を求めるには部分分離効率（$\Delta \eta_i$）を利用する．部分分離効率とは，分級機への粉末供給量（F）に対して，回収量（P）の中に評価する粒度範囲内でどれだけの粉末があるかを意味しており，

$$\Delta \eta_i = \frac{p_i P}{f_i F} \quad (3)$$

として表される．ここで，p_i, f_i は評価する粒度範囲における回収粉，供給粉の割合である．なお，部分分離効率が50%になるとは粗粉と細粉とが半々に混合した状態を意味する．

（柿沼克良）

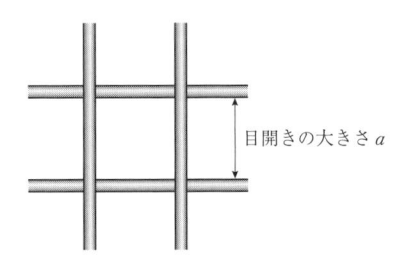

図1　ふるいの目開き

混 合

1.15

mixing

　混合とは，量り取った複数の粉末を混ぜ合わせる操作であり，大きく二つの手法に分かれる．一つはナノレベルでの混合であり，もう一つはミクロレベルでの混合である．ナノレベルでの混合例には共沈法*，アルコキシド法，噴霧熱分解法などがあり，これらは原子レベルから混合して粒子を作製するためビルドアップとよばれる．均一な組成の試料を作製できることが特徴である．共沈法では金属硝酸塩，塩化物などの水溶液を目的組成に混合したのち，シュウ酸やクエン酸などの沈殿剤を加え，目的物質の前駆体を作製することができる．複数の元素を同時に沈殿させるにはpHの調整が必要であり，アンモニア水，トリエタノールアミンが用いられる．ゾル・ゲル法*の一種であるアルコキシド法では，金属アルコキシドを加水分解によって重合させ，目的元素を含むゲルを作製する．それを熱処理することで目的物質を合成できる．この方法では金属有機酸塩を必要とするため使用元素が限定される場合もあるが，粉体，薄膜，繊維などへ容易に成形できる利点がある．また，錯体重合法もゾル・ゲル法の一種であるが，多くの元素に適応することができる利点をもつ．まず，金属硝酸塩水溶液にクエン酸を加え金属錯体にしたのち，エチレングリコールを加えエステル重合させる．その結果生成したゲルを熱処理することで目的物を得ることができる．
　一方，ミクロレベルの混合では，各目的元素の酸化物，炭酸塩の粉末を利用し，機械的な力を加えて粉砕*と同時に混合を行う．これらは粒子をミクロレベルまで粉砕することで混合を促進させる方法であるため，ブレイクダウンとよばれる．粉体に外力を加える際にはボールミルなどの機器が利用される（図1）．その際の混合条件で混合粉末の粒径，混ざり具合に大きな差が生じる．粉体が小さくなるほど相互作用が大きくなり凝集が生じるため，均一な混合を妨げる．したがって，少量の液体を添加して混合を行う．この液体を混合助剤とよぶ．混合助剤には水もしくは有機溶媒を用いるが，どちらを用いるかは粉末の反応性およびつぎの工程（乾燥，分級*など）で扱いをかんがみて判断する．通常，水と反応して水酸化物を生成しやすいものは有機溶媒を用いる．また，混合機などから混入する不純物に注意を払う必要があり，たとえば，樹脂製ポットおよびボールを使用するなど工夫を必要とする場合もある．
　また，セラミックの素地を密にするために，粗粒の隙間を中粒，細粒で充てんするように各粉末を混合する場合がある．これを粒度配合とよぶ．通常，粗粒と細粒を10：1〜100：1程度の割合で混合する．なお焼結性の観点から，粒度区分をより細密化するか，ミクロオーダーの粉末を使用することで素地を密にする場合も多い．

〈柿沼克良〉

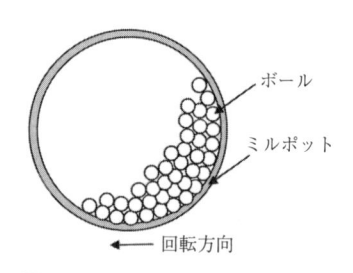

図1 ボールミルの概念図

1.16 粉砕

grinding

微細化した粉末を得る方法には，機械的な力を用いて固体を微細化するブレイクダウン法と，原子および分子から化学的に微粒子を合成するビルドアップ法とがある．そのうち，ブレイクダウン法で使用される単位操作が粉砕である．この方法は低コストで比較的簡便であることから多くの研究，工業分野で使用されている．ただし，粒子の形状や大きさを制御するのが困難であるため，処理後に分級*する必要がある．また，雰囲気や粉砕器の摩耗による汚染に注意を要する．

粉砕が始まると，平均粒子径が減少し比表面積が増大するが，しだいに平均粒径はある一定値になる．これを限界粒径という．粉砕を続けると凝集が生じて粒子の粗大化が生じる．このような凝集を防ぐとともに粉砕効率を上げるため，粉砕助剤を原料に添加する．粉砕助剤としては，気体，液体，固体などがあり，おもに液体（水，アルコール，ケトン類，脂肪酸など）を使用する場合が多い．

粉砕処理中，粉末には圧縮，せん断，衝撃，摩擦の力が作用する．一般に粗粒子に対しては圧縮などの力が作用しており，ミクロンレベル以下になると衝撃，せん断，摩擦などの力がさらに作用する．粉末の粒径が小さくなるにつれて，粉末の強度 (S) が大きくなり（$S=KV^{-1/m}$, V:粒子体積, m:ワイブル係数, K:定数），作用する力や粉砕に使用される仕事量も異なるため，各装置により限界粒径が異なる．これらの粉砕現象については粉砕に要する仕事量と粒子体積と比表面積との関係（Bondの理論）で解析される場合が多い．近年，ミクロンオーダー以下の粒子径を製造する超微粉砕機とよばれる機器も登場しており，その粉砕現象について研究が進められている．

粉砕粉の粒度によって粉砕機を分類して表1にまとめた．粉砕機にはそれぞれ限界粒径があり，原料粉と得られる粉砕粉の粒径に大きな差がある場合，いくつかの段階を経て粉砕を行う．通常，数cm程度に粗く粉砕するものを粗砕機，数mmから数百μmのオーダーに粉砕するものを中砕機，数百μm未満に粉砕するものを微粉砕機とよんでいる．ジョークラッシャーやジャイレトリークラッシャーなどは粗砕機とよばれ，主に圧縮力による粉砕を行うものである．この装置では原料を数cm程度まで細かくすることができる．ロールクラッシャー，エッジランナー，カッターミ

表1 粉砕機の種類と作用する力

分類	粉砕機名	作用する力				
		圧縮	衝撃	摩擦	せん断	曲げ
粗砕機	ジョークラッシャー	●				
	ジャイレトリークラッシャー	●				●
中砕機	ロールクラッシャー	●			●	
	エッジランナー	●		●	●	
微粉砕機	カッターミル		●			
	ボールミル		●	●		
	ジェットミル		●	●		

（出典）柳田博明編：微粒子工学大系，第一巻，p.695, 富士テクノシステム（2001）

1) 形態・構造

ルなどの中砕機は圧縮力と衝撃，摩擦，剪断などのいずれかの力を作用させて，数mmから数百μm程度に粉砕することができる．

近年，性能向上が著しい微粉砕機について，粉末の硬度および粉砕粉の粒径との関係を図1に示す．ボールミル（容器駆動ミル）とは円筒状容器（ミル）に粉体と粉砕用ボール（鋼球，磁器ボール，ガラスビーズなど）を入れ，ミルの運動で粉砕を行うものである．ミルが自転するものを転動ボールミルとよぶ．通常，投入するボールの直径が小さくなるほど得られる粉末の粒径は小さくなるが，粉砕時間が長くなる傾向がある．そのため遠心加速度を大きくして粉体に加わる力を増やす傾向にある．転動の他にミルを円振動させるものを振動ミル，軸の異なる自転および公転を同時に行うものを遊星ミルとよぶ．遠心加速度は転動，振動，遊星の順に大きくなり，生成する粉砕粉の限界粒径が小さくなる．なお，粉砕性能はミルの直径，回転数，ボールの質と投入量，粉末の投入量，粉砕助剤でも変化する．

固定した容器内に撹拌機を挿入した粉砕機を媒体撹拌ミルとよぶ．撹拌機を高速回転させると，容器内のビーズと粉体が撹拌され，大きなせん断力が生じる．その遠心加速度は遊星ミルの数倍，ボールミルの数百倍にもなる．その容器の形状から塔型，撹拌槽型，流通管型，アニューラー型などに分けられる．とくにアニューラー型は粉砕機構に分級ローターを取り付け，サブミクロンレベルの粉体を得ることも可能となっている．また，ビーズと粉体との分離機構を組み入れて，連続的な粉砕もできるようになってきた．

ジェットミル（気流式粉砕機）は高速の気流で粉体同士を衝突させ，その衝撃力や摩擦で粉砕するものである．粉砕機によりどちらかの力が支配的となり，主に摩擦による粉砕が行われる装置の方が粒子を微細化できる．この方法では再凝集やそれに伴う粒径の不均一性がなく，湿式の粉砕機にない利点がある．ただし，粉砕時間が供給する原料粉の粒度に強く依存することに注意が必要である．

ローラーが転動するローラーミルは微粉砕に有効な摩擦による粉砕が行われ，比較的大量な連続処理が可能な粉砕機である．最近では風力分級機と組み合わせ，サブミクロンレベルの粉体を得る装置も登場している．また，高速回転ミルでは，高速回転するローターに原料を衝突させることによる衝撃力とローターとの摩擦により粉砕を行う．

このような粉末の粉砕については有効成分の分離，目標の粒径や形状への調整，材料調整の前処理などに行われる．その一方で，粉体が微細化されると物質が活性化する場合がある．この要因として，粉砕に伴う格子欠陥の生成や表面エネルギーの増加が考えられる．その増加したエネルギーを用いて固体の形態や結晶構造，物理化学的な変化を起こさせる効果をメカノケミカル効果*とよぶ．

（柿沼克良）

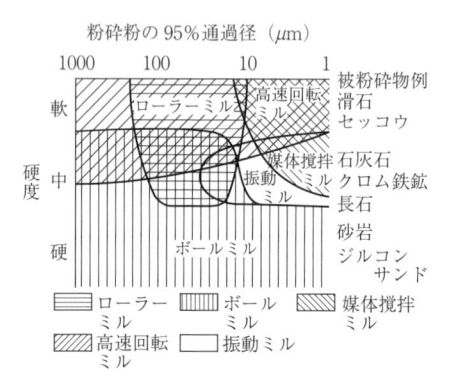

図1 粉末の硬度・粒径度と対応する機種
（出典）小沼栄一：機械設計，**34**，12，p.13（1990）

固相反応

1.17

solid state reaction

固体が関与する反応を固相反応といい，広義には，固相－固相，固相－液相，固相－気相間の三つに大別されるが，狭義には固相間の反応をいう．ここでは，もっとも一般的な固体間の反応について解説する．

固相反応は不均一反応であるので，気相や液相反応のように均一反応にはならないという特徴をもっている．

固相反応をAおよびBを接触させた図1の模式図によって説明する．図(a)は未反応状態であり，図(b)，(c)はある程度反応が進行しAとBの中間にABが生成した状態を示す．反応が進行するためには，反応物が生成物の層を通り相手方まで移動しなければならない．この場合，一般にはAとBのいずれか，あるいは双方が移動（一般には拡散*）することが必要である．ここで，固相内の拡散が反応速度を律速する場合には，生成物層の厚み（X）と反応時間（t）との間には，

$$X = Kt^{1/2} \quad (1)$$

の関係が成立する．反応の駆動力は反応の自由エネルギー変化（ΔG）である．

また，図2のようにB粉末が球状粒子で，微粒子Aがそれを囲んで十分に存在するモデルを考える．反応物ABの増加が式(1)に従うとすると，粉体間の固相反応速度式は，反応率をα，時間をtとして次式のように表される．これをヤンダーの式とよんでいる．

$$(1-\sqrt[3]{1-\alpha})^2 = K't \quad (2)$$

ここで，K'は(KD/r^2)に等しい反応速度定数であり，粒子半径の2乗に反比例する．Dは拡散係数，Kは反応層を拡散する拡散種，粒子形態とその配列などの幾何的因子である．

図3にSiO$_2$-BaCO$_3$粉末系の固相反応についてヤンダーの式を適用した一例を示しておく．

このヤンダーモデルはきわめて単純なモデルであるため，初期段階の生成層の厚みが小さい場合に限定され，反応によるモル体積の変化が考慮されていないなどの理由からこの式に従わない場合も多い．

（米屋勝利）

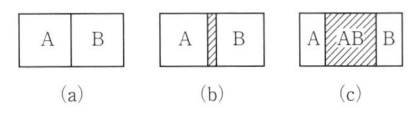

図1 A-Bの固相反応の進行状態の模式図

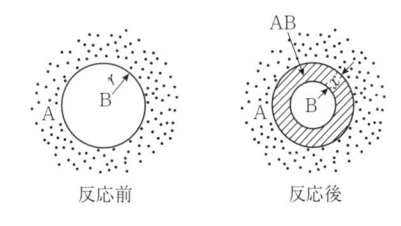

図2 固体粒子反応のモデル

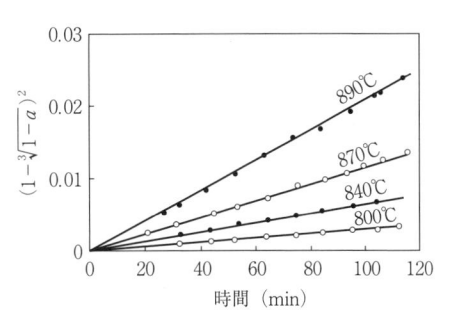

図3 シリカと炭酸カリウムの固相反応 $(1-\sqrt[3]{1-a})^2$と時間の関係

熱分解法

1.18

thermal decomposition method

熱分解法は，固相と気相の反応を経由した粉末合成法の一つであり，酸化物の主要な合成法として利用されている．

金属化合物は，多くの場合，空気中で加熱すると分解して金属酸化物になる．代表的な例として，マグネシウム化合物を熱分解してマグネシア（MgO）を合成する場合の変化を表1に示す．化合物の種類によって分解反応の過程が異なり，生成する粉末の形態と大きさが違ったものになる．一般的に低温で生成する粉末はより活性であり，高温で生成するほど粒径は大きくなって活性が低下する．分解温度は水酸化物や硝酸塩で比較的低く，炭酸塩，塩化物は中間的で，フッ化物や硫酸塩の分解温度は高いといわれているが例外も多い．水酸化物や炭酸塩などのように固相状態のままで分解する場合は，分解生成物の酸化物が元の形態を保つ場合が多い．また，分解温度が高温になると生成する酸化物の結晶化度が高くなり活性度が低下するので，得られる合成粉末の性状は分解温度によって大きく変化する．結果として，粉末の焼結性の良否は母塩からの合成履歴によって大きく変化することになる．そのため，原料として適切な粉末を作製するには，適切な母塩の選択と最適の分解温度を見いだす必要がある．

水酸化物などの分解によって酸化物を生成する場合には，母塩の結晶面と生成した酸化物粒子の間に，ある種の結晶学的な方位関係が成立するものがある．たとえば，ブルーサイト（$Mg(OH)_2$）の [0001] と [1120] が，生成するペリクレース（MgO）の [111] と [110] に受け継がれる．このような現象をトポタキシーとよび，水酸化物の分解によって酸化コバルト（CoO），アルミナ*（Al_2O_3），酸化マンガン（Mn_3O_4），酸化鉄（α-Fe_2O_3）などを生成する場合や，炭酸塩からのカルシア（CaO）やMgOなどの生成の際に見られる．この現象を利用して針状のγ-Fe_2O_3の磁性粒子が製造されている．

CaOやMgOは空気中で水酸化物になりやすいので，焼結原料組成としては$CaCO_3$や$MgCO_3$などの塩を用いる場合が多い（たとえば，AlN-CaO系の焼結では通常AlN-$CaCO_3$混合粉が用いられる）．この場合には，CO_2ガスの排出経路を十分確保しておくことが必要である．

（米屋勝利）

表1 マグネシウム化合物の空気中での熱分解過程

$Mg(OH)_2$	—— 400℃ ——					→MgO
$MgCl_2 \cdot 6H_2O$	— 120～350℃ →	$MgCl_2$ →	($MgCl_2$+MgO)	— 710℃ 共融？ —		→MgO
$4MgCO_3 \cdot Mg(OH)_2 \cdot 5H_2O$	— 110～370℃ →	$4MgCO_3 \cdot Mg(OH)_2$		— 370～430℃ —		→MgO
MgF_2	— 800～1000℃ →	(MgO+MgF_2)	— 1230℃ 融解 —		— 1320℃ —	→MgO
$Mg(CH_3COO)_2 \cdot 4H_2O$	— 200℃ →	$Mg(CH_3COO)_2$	— 320℃ 融解 —		— 380℃ —	→MgO
$MgSO_4 \cdot 7H_2O$	— 65℃ → 融解	— 350℃ →	$MgSO_4$	— 1100℃ —		→MgO
$Mg(NO_3)_2 \cdot 6H_2O$	— 95℃ → 融解	— 250℃ →	$2MgO \cdot Mg(NO_3)_2 \cdot 5H_2O$	— 430℃ —		→MgO
$MgC_2O_4 \cdot 2H_2O$	— 230℃ →	MgC_2O_4	— 500℃ →	$MgCO_3$	— 500～600℃ —	→MgO

（出典）日本セラミックス協会編：セラミックス工学ハンドブック（第1版），技報堂出版（1989）

1.19 イミド熱分解法

imide thermal decomposition method

　高純度であり，かつサブミクロンの均一粒径を有する窒化ケイ素粉末を作成する方法として，イミド熱分解法があげられる．この方法は，出発原料にシリコンジイミド($Si(NH)_2$)を用いることに由来している．

　本製造方法で作成される粉末の特徴は，
① 高純度であること（金属不純物総量が100 ppm以下であること）
② α相含有率が高いこと（97%以上）
③ 粉末の平均粒径が小さく（粒径：$0.2\sim0.3\,\mu m$程度），かつ粒径分布がシャープであること
④ 粒子形状が等軸的であること
などがあげられる．

　上記の特徴は，他の製造法から得られた窒化ケイ素粉末にない優れた特徴であるが，一方で，他の製造方法から得られた粉末と比較して，若干の問題点も有するといわれている．

　その第1点目は，成形性である．粒径が小さく，粒度分布がシャープであることから，金型を用いた一軸成形を行う場合に，金型内での充てん密度が高まらず，粒度分布がブロードな粉末に比較して，成形体密度が低くなるという問題点がある．大きさが小さく単純形状をした製品の成形を行う場合には，とくにこの違いは大きな問題にはならないが，小型でも複雑な形状をした成形体や大型の成形体を作成する場合には，大きな問題となるといわれている．

　この問題を克服するために，工業的に多用される射出成形などの方法に適するように，バインダーをあらかじめ配合しておき，成形性を改善した粉末の提供を行うなどの工夫も行われている．

　問題点の二つ目は，その製造プロセスにあるともいわれている．この製造法の特徴を簡単にまとめると次のような1）から3）の工程で表すことができる．
1) イミド合成工程：四塩化ケイ素（$SiCl_4$）とアンモニア（NH_3）を気相または液相で反応させて，$Si(NH)_2$を合成する工程．
2) イミド熱分解工程：$Si(NH)_2$を1000℃程度の温度において熱分解し，非晶質窒化ケイ素粉末（$60\sim300\,m^2/g$）を合成する工程．
3) 結晶化工程：上記2）で得られた非晶質粉末を1300～1500℃の温度において，α型の窒化ケイ素に結晶化させる工程．

　焼結体特性に影響を与える工程はおもに3番目の工程である．

　この工程では，すでに述べたように，雰囲気制御および焼成条件などの管理に気を使う必要があり，他の製造方法に比較して"手のかかる工程"であることから，最終的な粉末の値段が高くなるという問題点が指摘される．

　セラミックス原料が高価であることは，最終的なセラミックス製品の価格に反映してしまうために，たとえば窒化ケイ素セラミックスが高温環境（1000℃またはそれ以上の温度）に置かれるなど，高温強度が必要であることが強く求められる場合などの用途向けに，こうした粉末を用いる必要があると考えられている．

　しかし，最近では，非晶質窒化ケイ素粉末を出発原料とした窒化ケイ素系ナノ物質（リボン状ナノ物質など）の合成に関する研究も，研究レベルでは行われており，将来的には，従来の高温構造材料以外の新たな特性（発光特性など）の開拓が期待される窒化ケイ素粉末の合成方法であるとも考えられる．

〔森　利之〕

1.20 バイヤー法

Bayer process

　バイヤー法は，1888年にオーストリアのK.J.バイヤーにより考案された．ボーキサイトから高純度酸化アルミニウム（アルミナ：Al_2O_3）を合成するもっとも経済的な方法として知られている．また，アルミナの合成以外にも，このアルミナを原料として，電気分解（ホール＝エルー法）工程と組み合わせることで，金属アルミニウムを合成する電解精錬工程にも利用されることから，セラミックスおよび金属材料分野において，欠くことのできない原料製造方法として位置づけられている．

　アルミナは，現在でもセラミックス原料の中で中心的な役割を果たしており，「金属工業分野における鉄」にたとえられるほど，工業用（るつぼ，電気炉部材，粉砕部材，触媒担体，耐火物原料，各種セラミックス原料，スパークプラグなど），民生用（電子回路用基盤材料，高速道路用照明などのハロゲンランプ用材料，義歯，人工骨など）として広範に用いられている．

　アルミナ粉末が多用されてきた理由の一つに，価格が安く，緻密な焼結体（セラミックス）の作成が容易であったことがあげられる．さらに，取り扱いや入手しやすさが格段に向上したことで，1980～90年代にかけて，金属部品のアルミナセラミックスへの置き換えが活発に検討されるようになった．こうした置き換えの取り組みが，その後の構造用セラミックスとしての酸化ジルコニウム（ジルコニア）セラミックスをはじめとした多くの新しいセラミックスの実用化への道を開いたともいえる．

　α-アルミナ粉末は以下の工程により合成される．

1) ボーキサイト（Al_2O_3：45～60％，Fe：3～25％，SiO_2：2.5～18％）を加圧下で濃水酸化ナトリウム（NaOH）液に溶かして撹拌するとアルミン酸ナトリウム（$NaAlO_2$）が生成する．
2) 工程1)で，$NaAlO_2$およびSiO_2（ケイ酸塩の形となっている）は溶液側に溶出し，不純物である酸化鉄（Fe_2O_3）が不溶性であるために沈殿する．そこで，この沈殿をろ過により取り除く．
3) 空気を吹き込みながら撹拌することで，球状の水酸化アルミニウム（$Al_2O_3 \cdot 3H_2O$または$Al(OH)_3$と表される）が沈殿し，ケイ酸塩は溶液側に残る．この沈殿をろ過したのち，焼成する．

　アルミン酸ナトリウム由来のナトリウム（ソーダともよぶ）を除去した高純度アルミナ粉末が，一般的にセラミックス用原料などとして広く用いられている．

　また，アルミナ粉末合成工程の3)において得られる水酸化アルミニウムも，酸にもアルカリにも溶け，200℃までは安定に存在するという性質を利用して，凝集剤・洗剤・ガラス・触媒・触媒担体などの化学用原料や人造大理石，歯磨きなどの充てん剤・フィラー，電線，タイヤ，プリント基板などの難燃材・フィラーとして幅広く利用されており，その用途に応じて1 μm～数十 μmの粉末まで，さまざまなタイプの原料粉末が作成されている．

　さらに最近では，セラミックス用アルミナ粉末の生産方法として，アルミニウム硫酸塩と炭酸水素アンモニウム（$(NH_4)HCO_3$）を反応させて，水酸化アルミニウムのかわりに，アンモニウムドーソナイト（$NH_4AlCO_3(OH)_2$）を合成し，これを焼成することで，高純度易焼結性アルミナ微粉末を製造する方法も提案されているが，アルミナ粉末の製造法の主流はバイヤー法であり，セラミックス工業分野の代表的な基盤技術の一つである． 　　　　（森　利之）

アチソン法による α-炭化ケイ素（SiC）粉末の合成法

1.21

synthesis of α-SiC powder by Acheson method

アチソン（Acheson）法の名前の由来は，この粉末合成に用いる抵抗加熱炉がアチソン炉とよばれることに由来する．

この方法は，原料となる SiO_2 と炭素を電極間に敷き詰め，電極を通して原料内に発生するジュール熱により反応を進行させることに特徴がある．また，本方法により合成される α-SiC 粉末は，以下のような特徴をもつとされている．

① 大量合成が可能であること
② 合成粉末の品質が安定していること
③ 焼結体作成用の微粉末（平均粒径：0.4〜0.7 μm，遊離炭素：0.4〜1%，遊離ケイ素：0.2〜0.8%，酸素含有量：0.5〜1%）や，半導体工業用の Si 基板熱処理用に求められる超高純度 SiC 冶具用原料（金属不純物総量 ppm レベル以下）も，粉末の精製工程を工夫することで作成可能であること

この方法における合成反応式は，

$$SiO_2(固体) + 3C(固体) \rightarrow SiC(固体) + 2CO(気体)$$

で表される．この反応式からもわかるとおり，SiC の合成反応では，副生成物として一酸化炭素（CO）が発生するので，通常は原料の他に鋸くずを少量混ぜて原料層に通気性をもたせ，多量に発生する CO ガスの排出を容易にする工夫がなされている．

また，上記の反応過程において，1500〜1600℃ では，まず β-SiC が生成し，2000℃ 以上の高温において，高温で安定な α-SiC が生成するとされている．こうして生成した α-SiC は，温度を下げても β-SiC に戻ることなく安定に存在できる．

α-SiC 焼結体を得るためには，出発原料になるべく高純度な原料を用いるほか，原料に混入している Fe や Al 成分を揮発させて除去する目的で，NaCl が添加される．このようにして作成された α-SiC 粉末中の金属不純物，遊離炭素，遊離ケイ素および酸素などの各不純物量は，すべて 0.1% 以下に制御可能であるといわれている．しかし，高温構造用セラミックス原料として用いるためには，この α-SiC 粉末に，

① 粉砕工程（ボールミルなどを用いる）
② 粉砕工程で混入した鉄分や微細化に伴い SiC が酸化して増加したケイ酸成分などを化学的に除去する精製工程（鉄分除去には，塩酸や硝酸，ケイ酸成分除去にはフッ酸などが用いられる）
③ 酸を取り除く水洗工程，および
④ 粉末の凝集を減少させる解砕工程

などを経て，セラミックス用の微細粉末を作成することができる．上記の製造工程において，粉砕条件などを最適化することで，さまざまな粒度分布を有する粉末が得られることから，粒度，粒度分布の異なるセラミックス製造用粉末が提供されている．

半導体工業向けの超高純度 SiC を作成するためには，上記②の精製工程において，フッ酸と硝酸の混酸を用いてオートクレーブ中 140℃ 程度で処理を行うか，またはハロゲン系ガス（HCl や Cl_2）流通下，1100〜1400℃ の温度で精製処理を行う工程が用いられている．

このように，アチソン炉を用いて合成した α-SiC 粉末の後処理工程を工夫することで，現在ではさまざまな工業用 SiC が生産されており，とくに日本の半導体産業用の Si 基板熱処理用冶具原料を提供している本方法の役割はきわめて大きいといえる．

〔森 利之〕

文献

1) 日本学術振興会，高温セラミックス材料第 124 委員会編：SiC 系セラミックス新材料（最近の展開），内田老鶴圃（2001）

2) 合　成

1.22 熱炭素還元法

carbothermal reduction method

高い高温強度を有する窒化ケイ素粉末の作成方法として知られている方法で，別名をシリカ（SiO_2）還元法とよばれることもある．この製造法の名前は，出発原料として，カーボン，SiO_2，および種子結晶粉末としての窒化ケイ素粉末を一定の割合で混合した混合粉末を用いることに由来する．
この製造方法において作成された窒化ケイ素粉末の特徴は，
① α 相含有量が高いこと（98%以上）
② 粒子の形状が整っており，粒径分布が比較的シャープであること
③ 平均粒径は 1 μm 以下であること
④ 粉砕工程における不純物混入を抑制することで高純度粉末の作成が可能になること
⑤ 焼結体の高温強度が，他の合成法による窒化ケイ素粉末を用いた場合に比べて高くなる傾向にあること

などがあげられる．
本合成法により得られる粉末のメリットは，焼結体の高温強度が高くなりやすいことにあるといわれているが，一方で，他の合成法にはないプロセス制御上の難しさもあるとされている．
そこで，この窒化ケイ素粉末の合成法の特徴について簡単にまとめる．

1) カーボン，SiO_2，窒化ケイ素種子結晶混合工程：本合成法では，上記 3 種類の原料の配合比を決めることが一つのポイントになるといわれている．この 3 種類の原料を用いて窒化ケイ素ができるまでの反応式は，以下のように表される．

$$3SiO_2 + 6C + 2N_2 \rightleftharpoons Si_3N_4 + 6CO$$

この反応式からわかるように，SiO_2/C モル比は 3/6（重量比では 1/0.4）でよいように思われるが，高純度の窒化ケイ素を合成するためにはこの比よりも多くの炭素を加える必要があること，また先の反応式に現れてはいないが，製品の粒径や形状を制御するために，少量の窒化ケイ素粉末を種子結晶として添加したうえで焼成することで Si_3N_4 の核生成反応を促進させる必要がある．このために，種子結晶添加量や焼成条件の検討が重要なポイントになる．

2) Si_3N_4 合成工程：先に示した反応式は可逆反応であることが知られており，反応容器内の一酸化炭素（CO）の分圧を制御しないと，窒化率が高まらないという問題点がある．合成反応速度を高めるという観点からは，反応温度は高い方が有利であるが，従来の研究では，1435℃以上では，SiC が副生成物として生成するとされており，この温度以下に制御し，かつ逆反応を抑えて高窒化率を有する粉末を合成するために，CO ガス分圧は 0.345×10^5 Pa 以下にすることが好ましいと考えられている．

3) 脱炭素，粉砕処理工程：工程 1）でも触れたように，窒化率を高めるために過剰なカーボンを用いていることから，このカーボンを取り除き，反応後の粉末の凝集を低下させる必要がある．そのために行う粉砕工程において混入する不純物量を最小にする工夫が，この工程に求められる．残存カーボンは，650℃程度の温度において空気中で加熱することにより，二酸化炭素または，CO ガスの形で除去する方法が一般的である．この際に完全に残存カーボンを除去することは，必ずしも簡単ではないことから，工程管理が重要になるといわれている．

こうした各工程をしっかりと管理することで，不純物として残存する SiO_2 含有量が 1% またはそれ以下，金属不純物総量 0.1% 以下の高純度微粉末も得られている．

（森　利之）

1.23 直接窒化法

direct nitridation method

　汎用的な用途や自動車エンジン材料として広くその可能性の探索や開発に用いられてきた窒化ケイ素粉末は，この直接窒化法により得られた粉末である．

　直接窒化法という名前は，金属シリコン (Si) を窒化することで，窒化ケイ素粉末を合成するという本手法の特徴に由来する．本合成法による粉末が多くのユーザーに利用された理由は，粉末の価格の安さ，安定大量供給がいち早く可能になったこと，成形性がよく，部品の試作に向くなどの使いやすさが理由にあったと考えられる．価格を安くできた理由は，その製造工程が，他の合成法に比べて簡素化できた点にある．

　本合成法により得られる粉末の特徴をまとめると次のようになる．
① 粒度分布は比較的ブロードであるが，平均粒径をサブミクロン領域に制御することができる．
② 酸素含有量を比較的低く抑えることができる．
③ 高い α 相含有率（>92%）をもつ．
④ 金属不純物量も 180 ppm 程度にすることが可能である．
⑤ 等軸粒形の粉末を作成できる．
⑥ 成形体密度が高い．
⑦ 価格が安い．

　直接窒化反応のプロセスにはいくつかのタイプがあるが，もっとも一般的なプロセスの特徴をまとめると以下のようになる．
　1) 工業用 Si の生成工程：工業用の Si 原料には鉄，アルミニウム，カルシウムなどの金属不純物が 1000 ppm 以上含まれているといわれており，この Si をそのまま原料として用いると最終製品である窒化ケイ素粉末の純度も低下する．そこで，金属不純物を Si 粒界に濃縮させて，その後に酸処理をすることにより，金属不純物の残存量を低下させる手法が用いられる．こうした手法は製造メーカーのノウハウが多い分野であり，粉末の純度を高めるうえで重要な工程である．

　2) 窒化工程：$3Si + 2N_2 \rightarrow Si_3N_4$ で表される窒化工程は，発熱反応であることが知られている．このことは大量に粉末を合成する際には，自らの発熱により「暴走反応」を引き起こし，粒子の粗大化，α 化率の低下をもたらす危険があることを示唆している．この問題を解決するために，1100℃以上の温度から，多段階のステップ状に昇温を行い，反応温度である 1400℃程度の温度まで温度を高めるという工夫を凝らすことで，急激な発熱反応を抑制し，穏やかな反応環境をつくりだして，微細で高い α 化率を有する窒化ケイ素粉末の合成が可能になっている．こうした直接窒化反応により得られた窒化ケイ素が，現在もっとも一般的な窒化ケイ素セラミックス用原料として普及し，多くの研究開発者に利用されている点から，粉末製造プロセスを考えるうえで一つの重要なポイントを学ぶことができる．

　粉末の製造工程は，なるべく簡素化されたものである必要があり，そのうえで，安定に大量の粉末を合成するうえでのブレークスルーがなされることが求められる．実験室内において少量の粉末を，多段階の工程で作成することで，きわめて良質な微粉末が作成できても，その粉末合成工程が多段階でありかつ，雰囲気や温度管理が困難である場合は，最終的には，高品質な粉末を安定かつ安価に供給することはできない．こうした観点から，直接窒化法は窒化ケイ素粉末製造法として，工業的に優れているといえる．

〈森　利之〉

固溶体

1.24

solid solution

元の構造を保ったまま,別の結晶がある結晶に溶け込んでいる固体状態を固溶体(solid solution)(混晶ともいう)という.固溶体において,添加元素が元の結晶格子中に不規則に入る方法は2通りある.その一つは,正規の格子位置に添加原子(イオン)が入った場合であり,これは置換型固溶体とよばれている.もう一つは,添加原子が結晶格子の隙間に入った場合で,これは侵入型固溶体とよばれる.なお,全組成範囲で固溶体を形成するとき,これを全率固溶といい,ある組成範囲に限って固溶する場合,これを部分固溶という.固溶の状態を調べるには通常,格子定数の変化を調べればよい.図1に全率固溶体であるパイロクロア*組成の $(Y_{1-x}La_x)_2(Ce_{1-x}Zr_x)_2O_7$(YLa)系および $(Nd_{1-x}Yb_x)_2(Ce_{1-x}Zr_x)_2O_7$(NY)系における格子定数の変化を示した.このように格子定数が添加物の濃度の増加とともに直線的に変化する現象をベガードの法則(Vegard's law)という.一方,部分固溶の場合は,CaOに Gd_2O_3 や Yb_2O_3 を固溶した例に見られるように,固溶の限界で格子定数が一定になる場合が多い.

セラミックスにおいて,多くの置換型固溶体の例が知られている.たとえば,MgO中への Fe^{2+} や Ni^{2+} の固溶,Al_2O_3-Cr_2O_3系,ThO_2-UO_2系,さらに多くのスピネル型,ペロブスカイト型化合物なども置換型固溶体を形成しやすい系である.置換固溶できる度合いを決定する因子には以下の規則が知られている.

1) サイズ因子:二つのイオンのサイズの差が15%以下ならば,固溶体が形成しやすい.
2) 原子価因子:元のイオンと添加イオンの原子価が異なる場合,置換固溶は制限を受ける.しかし,欠陥の生成などによって,電気的中性条件が保たれるならば,広い範囲で置換固溶できる場合もある.ZrO_2-CaO系などはこの例である.
3) 結晶構造:全率固溶体を得るには,二つの端成分の結晶構造は同じ型の構造でなければならない.

一方,添加原子が水素,炭素,ホウ素などの小さな原子の場合,母結晶の結晶構造中の格子間位置に入りやすいので侵入型固溶体になる.侵入型固溶体のできやすさもサイズや原子価に依存する.たとえば,γ-Feの八面体隙間に炭素が入って得られる鋼も侵入型固溶体の典型例である.また,CaF_2 に YF_3 を添加すると固溶体を形成するが,電気的中性を保つためにFは格子間位置をしめている. (山村 博)

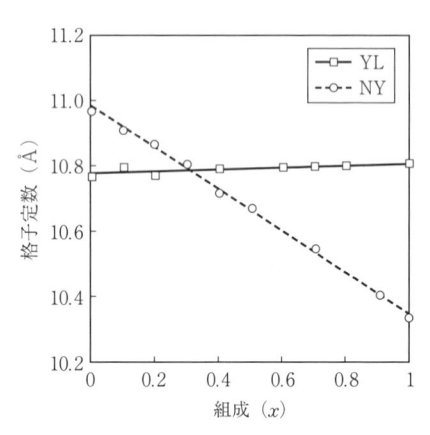

図1 $(Y_{1-x}La_x)_2(Ce_{1-x}Zr_x)_2O_7$(YLa)系および $(Nd_{1-x}Yb_x)_2(Ce_{1-x}Zr_x)_2O_7$ 系の格子定数の変化

(出典) H. Nishino et al.:J. Ceram. Soc. Jpn., **112**, p.541 (2004)

共沈法
1.25
co-precipitation method

　金属イオンを含む溶液から金属を分離する手法には，アンモニア水やカセイソーダを加えて金属水酸化物として沈殿させるアルカリ沈殿法，炭酸アンモニウムを加える炭酸塩沈殿法，さらには有機酸を加えて有機酸塩として沈殿させる有機塩沈殿法が知られている．

　共沈法とは，2種類以上の金属塩を含む溶液から，溶解度の小さい化合物を同時に沈殿させ，洗浄*，乾燥*により，均一で高純度で微粒子の粉末を得る方法である（図1）．とくに電子セラミックスは複数の金属イオンを含む複酸化物で，原料粉末は高純度で，組成が均一，焼結性のよい微粒子であることが要求されるため，本手法は電子セラミックスの合成に重要な方法である．

　もっともよく知られている共沈法にアルカリ共沈法がある．一例として$BaTiO_3$の合成を示す．BaとTiの原子比が1になるように$TiCl_4$と$BaCl_2$の混合水溶液を作製し，これにアンモニア水と炭酸アンモニウムを加えると，

$$BaCl_2 + TiCl_4 + 4NH_4OH + (NH_4)_2CO_3$$
$$\rightarrow TiO_2 \cdot 2H_2O + BaCO_3 + 6NH_4Cl$$

の反応が起きる．ここで，アルカリ共沈法で沈殿を形成する場合，水酸化物を形成するpHが金属イオンによって異なるため，沈殿剤を加えて徐々にpHを上げる方式よりも，沈殿剤を含む溶液に金属イオンを含む溶液を加えるほうが望ましい．得られた沈殿物を1000℃以上に加熱すれば，$BaTiO_3$が得られる．同様の手法でフェライトなど多くの複酸化物が合成されている．

　一方，有機酸による共沈法にシュウ酸を用いた$BaTiO_3$の合成の例が知られている．出発試料はアルカリ共沈法と同じであるが，シュウ酸と反応させることにより沈殿物が有機酸塩として得られ，原子レベルで混合できる点が異なっている．

$$BaCl_2 + TiCl_4 + 2(COOH)_2 + 5H_2O$$
$$\rightarrow BaTiO(C_2O_4)_2 \cdot 4H_2O + 6HCl$$

この$BaTiO(C_2O_4)_2 \cdot 4H_2O$を空気中で熱分解すれば，化学量論性が高く，しかも焼結性に優れた$BaTiO_3$が得られる．したがって，この手法は"化合物沈殿法"ともよばれる．また，金属シュウ酸塩がエタノールに難溶であることに着目し，溶媒にエタノールを使用するシュウ酸-エタノール法がある．これはPb, Zr, Tiの硝酸塩混合水溶液を原料とし，これをシュウ酸-エタノール溶液に滴下して共沈反応を行わせ，さらにアンモニア水でpH8以上にすることにより，残存するTi^{4+}をすべて水酸化物として沈殿させる方法である．得られた沈殿物を適当な温度で熱処理すると組成変動の少ない，結晶性に優れたPb($Zr_{0.5}Ti_{0.5}$)O_3が得られる[1]．このほか，シュウ酸のかわりにクエン酸を使用する例も知られている．
〔山村　博〕

文献
1) 山村　博他：窯業協会誌, **94**, p.470 (1986) および **94**, p.545 (1986)

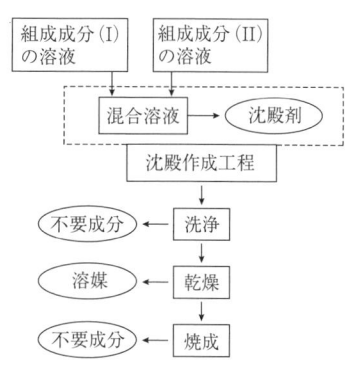

図1　共沈法のフローダイヤグラム

水熱合成

1.26

hydrothermal synthesis

高温・高圧下で溶解度や反応速度が増大することを利用して，常温・常圧下で溶解しにくい結晶を成長させる方法が水熱合成法（hydrothermal synthesis）である．図1に温度勾配を利用した水熱合成法による単結晶育成用の反応容器を模式的に示す．反応容器の上部と下部に温度差をつけ，溶解度の温度差を利用して単結晶を育成する．下部の高温部には母材を入れ，飽和溶液とする．一方，種子結晶をつるした枠を低温部に置く．また，低温部と高温部の境界に穴の空いた金属円盤を置き，上下部が均一な温度を保つようにする．反応容器の上部は下部に比べて温度が低いため，溶液は過飽和*になり種子結晶上に結晶が析出し成長する．温度差があるため，容器内の対流により溶液は循環し，結晶の成長が続くことになる．結晶を育成させるための溶媒を鉱化剤（mineralizer）という．この方法で得られた結晶は熱的ひずみが少なく，欠陥の濃度や転位密度も低いという特徴を有する．

この方法の代表例として水晶（石英）の単結晶育成が知られている．時計などに使用する振動子や表面弾性波（SAW）デバイスなどに広く使用されている α 型（三方晶系）水晶は，573℃ で β 型（六方晶系）に転移するので，直接融液から単結晶を育成することはできない．しかし，水にほとんど溶けない水晶は 400℃ のアルカリ水溶液にはかなり溶けることを利用して単結晶が育成され，広い分野での応用が可能となっている．たとえば，2% NaOH（1N-Na$_2$CO$_3$）溶液を用いて 1000 atm, 400℃ に溶かし，一方 300℃ の低温部の溶液中に種結晶をつるす．成長速度は1日当たり 1〜2 mm 程度である．現在では直径 600 mm 以上，内部深さが 14 m を超える大型高圧容器（オートクレーブ）を用いて，1回の生産で2トン以上の人工水晶の生産が可能となっている．

水晶以外に α-Al$_2$O$_3$（2〜3.4 M Na$_2$CO$_3$），ZnO（5.45 M KOH＋0.7 M LiOH），BeO（4 M KOH＋2.03 M NaOH），Y$_3$Fe$_5$O$_{12}$（20 M KOH），ZnS（2〜5 M NaOH），BaO・6H$_2$O（マグネトプランバイト）などの例がある．ここで，括弧内は鉱化剤を示す．

また，単結晶以外にも Y$_2$O$_3$ 添加 ZrO$_2$ の合成例が知られている[1]．すなわち，ZrCl$_2$ および YCl$_3$ を原料として，20％過剰の尿素を加え，約 200℃, 2〜7 MPa, 5〜24 時間の条件で水熱合成により，正方晶あるいは立方晶のジルコニア微粒子が得られる．

（山村　博）

文献

1) E. Tani, M. Yoshimura, S. Somiya, J. Am. Ceram. Soc, **66**, 11 (1983)

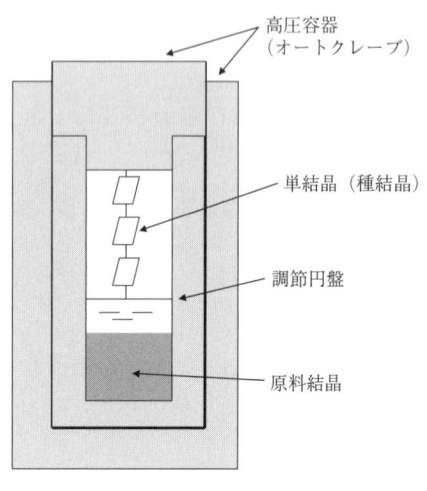

図1 水熱合成法の概念図

ゾル・ゲル法

1.27

sol-gel method

　ゾル・ゲル法とは，金属アルキシドなどを含む溶液に水や触媒(酸またはアルカリ)を加えて，加水分解・縮重合反応させることにより，ゾル状態にしたのち，ゲル状態を経由して，最後に熱処理によって高純度で均一なセラミックスやガラスをつくる方法である[1]．図1にゾル・ゲル法によって得られる種々のセラミックスの概念図を示した．

　とくに，通常高温の反応が求められるセラミックスを低温で合成が可能となる特徴を有する．用いる原料によって，金属アルキシド法あるいは有機酸塩沈殿法ともよばれる．ここで，ゾルとはコロイド粒子*(粒径1～100 nm)が分散懸濁している溶液であり，ゲルとはゾルが縮重合反応などにより，内部に溶媒を保持した粒子間架橋構造を形成し，粘性が増大し，流動性を失った状態をいう．また，ゲルから溶媒を蒸発させたものをキセロゲルともいう．

　原料として各種金属アルキシド，酢酸塩，無機塩などが使用される．なお，原料に適した溶媒の選択が重要となる．

　SiO_2 をはじめ Al_2O_3, TiO_2, ZrO_2 などの単純酸化物，さらには強誘電体・圧電体である $BaTiO_3$ や $Pb(Zr, Ti)O_3$(PZT)，透明導電膜である ITO(SnO_2 を添加した In_2O_3) などの複合酸化物に多くの適用例が知られている．

　ケイ素のアルキシドからゾル・ゲル法により SiO_2 を得るときの反応を以下に示す．

　　加水分解：$Si(OR)_4 + H_2O \rightarrow$
　　　$Si(OH)_4 + 4ROH$ （R：アルキル基）
　　重合：$Si(OH)_4 \rightarrow SiO_2 + 2H_2O$

　この加水分解・縮重合反応の際，酸やアルカリを触媒として用いることにより，粉末，ファイバーなどの形状制御が可能である．たとえば，テトラメトキシシラン($Si(OCH_3)_4$)を出発原料，溶媒にメタノールを用いて，加水分解・重合反応を制御する触媒として NH_4OH を使用すると，バルク体のシリカガラスが得られる．一方，触媒として HCl を用いると繊維状高分子となり，紡糸によりファイバーが得られる．Al_2O_3 ファイバーは $AlCl_3$ などの無機塩を出発原料とし，重合反応により粘度が高くなり紡糸が可能となる．

　また，ゾルを適当な基板上にディップ

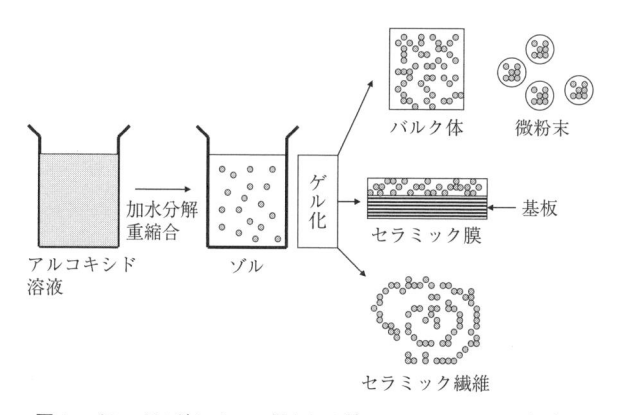

図1 ゾル・ゲル法によって得られる種々のセラミックスの概念図

2) 合　　成

コーティングすることにより，セラミック膜を得ることができる．このコーティング操作は，ディッピング，引き上げ，加熱の3段階からなる．膜の厚さは，①溶液中の成分濃度，②溶液の粘度，③引き上げ速度，④加熱処理条件などがあげられる．

この方法で得たセラミック膜の例に，強誘電体や圧電体として知られるPb(Zr, Ti)O$_3$(PZT)があげられる．これらの材料を不揮発性メモリーに使用するためにSiウエハー上に低温で製膜する必要から，ゾル・ゲル法が注目されている．しかも本手法により配向性をもつ膜を作製することも可能であるため，性能向上が期待されている．この場合，基板との親和性(ぬれ性)が重要になる場合があるので注意が必要である．また，1回のコーティングで亀裂なしで得られる膜の厚さは0.1～0.2μmであるので，必要な膜厚を得るには，コーティング操作を繰り返す必要がある．

また，セラミック膜を作成するには，ディップコーティング以外にスピンコート法が知られている．これは基板上に溶液を一定量滴下したのち，基板を回転させて溶液を均一に塗布する方法である．図2にゾル・ゲル法で作成した配向性ジルコニア膜の例を示す[2]．

さらに，多孔質などの組織制御も可能である．この例として，ゾルに界面活性剤を加えることによって，規則的に配列した分子集合体が生成し，熱処理するとメソ気孔が規則配列したメソ多孔体を得る手法などが知られている[3]．

ゾル・ゲル法を用いることにより，有機・無機材料のハイブリッド化なども可能である．とくにゾル・ゲル法による高分子フィルムへの無機質あるいは有機-無機ハイブリッド膜への応用は本手法の低温合成という特長を生かしたものであり，高分子フィルムの表面改質などの応用が期待されている．この場合も課題は高分子との接着性であり，あらかじめ高分子膜にSiO$_x$を蒸着し，その上に有機-無機ハイブリッド膜を形成するなどの工夫が必要となる．

〈応用例〉
○粉末：高純度アルミナ粉末，ムライト粉末，TiO$_2$含有シリカ粉末
○バルク体：透明シリカガラス，アルミナシート，マシナブルセラミックス*，木材改質複合材料
○コーティング膜：非線形光学ガラス，BaTiO$_3$，PZT，KTaO$_3$などの強誘電体膜，光反射防止膜，保護膜，TiO$_2$光触媒や太陽電池用膜
○ファイバー：シリカファイバー，アルミナファイバー，SiCファイバー，Si-N-Oファイバー，ZrO$_2$ファイバー
○多孔質体：液体クロマトのカラム用多孔質シリカ

(山村　博)

文献
1) 作花済夫：ゾル・ゲル法の科学，アグネ承風社(1994)
2) 山村・岩田・松野, J. Ceram. Soc., **105**, 918 (1997)
3) Y. Lu, et al.：Nature, **389**, pp.364-368 (1997)

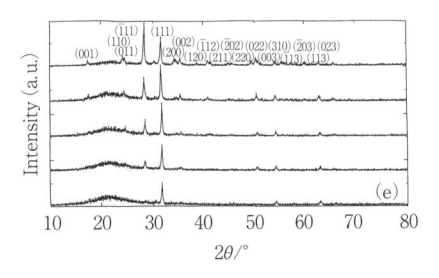

図2　ゾル・ゲル法によるZrO$_2$のX線回折図 Zr-プロポキシドとn-プロパノールの比が(a) 1/5, (b) 1/10, (c) 1/15, (d) 1/20, (e) 1/25

噴霧乾燥法

1.28

spray dry method

スプレードライ法（spray dry法）ともいわれ，もっとも広く利用されている物理的な粉体製造法である．原料液体を微細な霧状液滴にし，これを熱風中に噴出させ，溶媒を瞬間的に蒸発させて粉状の乾燥物を得る．液滴は表面張力で球状化するので，得られる粉体も液滴と同じ球状になる．熱に不安定な物質の乾燥も可能であり，もともとはスキンミルク，食品，薬品，粉乳，インスタントコーヒー，粉末調味料，粉末果汁，肥料，医薬品などの乾燥製造に使われ始めたが，いまでは各種セラミックスに応用されている．試料の温度は溶媒の蒸発潜熱によって50℃程度である．

図1に示す装置は，液体の噴霧部，噴霧液滴の乾燥部，乾燥粒子の集塵部の3部分からなる．原料液体としては溶質を溶解させた溶液，微粒子を分散させた泥しょう，エマルジョンが用いられる．

金属塩溶液としてはゾル・ゲル法*における出発物質の水溶液あるいはアルコール溶液が用いられる．泥しょうとしては原料セラミックス粉に水，結合剤，潤滑剤，解こう剤，焼結助剤*をボールミルでよく混合したスラリーが用いられる．

原料液体などを霧状にする方式には，圧力ノズル加圧噴霧方式，高粘性スラリーの液滴生成に広く使われる回転円盤遠心噴霧方式がある．乾燥部の温度によって，比較的低温で溶媒除去させる噴霧乾燥法，熱分解を伴わせる噴霧熱分解法，もっと高温の火炎中に噴霧する火炎噴霧法がある．

噴霧乾燥により生成する凝集粒子*は，溶媒，スラリー濃度，液滴サイズ，送風量を工夫することで，数十nm～数百μmに造粒できる．図2は高粘性スラリーを噴霧乾燥した粒子外形の例である．平滑な表面をもつ均一性のある球状凝集粒子で，流動性がよく，粒子間の滑りもよいので，圧粉成形性もよい．造粒粒子の内部構造は，噴霧液滴および乾燥速度の制御によって，中空状あるいは内実状になる．高密度成形体を得るには，造粒粒子が適当な成形圧力のもとで壊れて圧粉充てんされる必要がある．

（門間英毅）

文献
1) 三原敏広：セラミックス，**16**，10，pp.848-853（1981）
2) 平尾一之（監修）：ナノマテリアル工学大系 第1巻 ニューセラミックス・ガラス，pp.53-54，フジ・テクノシステム（2005）

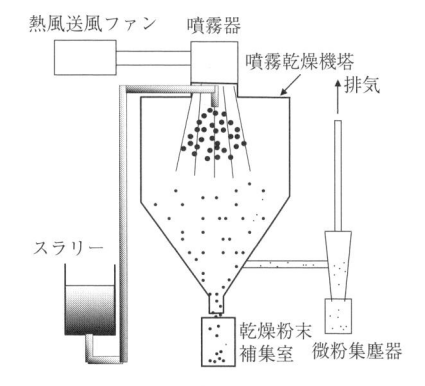

図1 噴霧乾燥装置

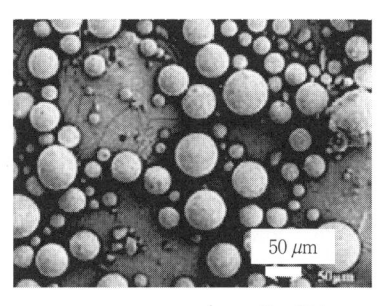

図2 アモルファスシリカ単分散粒子（直径0.3μm）の噴霧乾燥粒子
（出典） 松島ほか，北海道工試場報告，No.299，pp.59-66（2000）

1.29 凍結乾燥法

freeze-drying method

インスタントコーヒーでおなじみの凍結乾燥法(freeze-drying法)とは,食品をいったん凍結させ,減圧下水分を昇華させて乾燥物を得る方法である.図1に水の状態図とA→B→C→Dへと移動させて行う凍結プロセスを示す.水は三重点以下の圧力では氷(固体)から水蒸気(気体)に昇華する,という原理を利用している.通常の加熱乾燥では水(液体)の蒸発であるので水の表面張力によって凝集粒子*になりやすいが,昇華ではそれが作用しないので一次粒子*の微細粉体が得られやすい.

この方法は製品に熱がかからないため,もともとは生物学の分野での試料の低温保存を目的として発達してきたが,薬品や食品の保存あるいは微細化,さらに無機材料の微粉体の合成にも応用されている.図2に凍結粒子の作り方の原理図を示す.金属塩水溶液などを冷却された有機液体(ヘキサンがよく用いられる)中に噴霧して液滴を急速凍結して微細な結晶を析出させた凍結球状粒子とし,これを溶媒ごとステンレス網を通して分離,減圧・昇温して氷を昇華させる.数十nm程度の微粉体の生成が可能である.また,添加物の均一混合性に優れ,ボールミルなどの機械的混合に比べて不純物の汚染がないなどの利点がある.得られる粉体は,多孔性で表面積が大きく,組成均一性・反応性・焼結性がよい.表1に凍結乾燥法と通常の乾燥法の要点を比較した.　　　　　　**(門間英毅)**

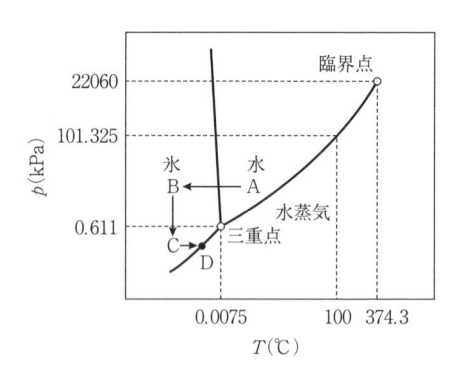

図1 水の状態図

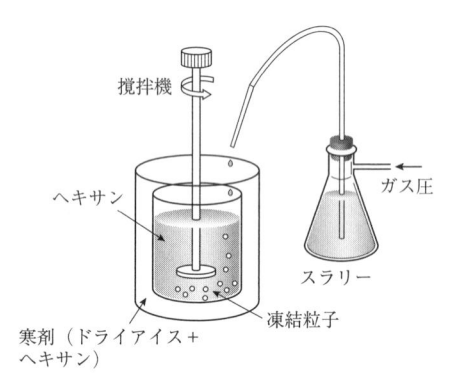

図2 凍結粒子の作製図

表1 凍結乾燥法と通常の乾燥法との比較

	凍結乾燥法	通常の乾燥法
乾燥温度	低温	加温
水分除去	凍結状態からの氷の昇華	水分の内部から表面への拡散・蒸発
乾燥状態	凍結粒子内の一次粒子は凝集せずに一次粒子として乾燥	水の表面張力の作用によって収縮,凝集粒子として乾燥

文献
1) 三原敏広:セラミックス, **16**, 10, pp. 848-853 (1981)

メカノケミカル効果
mechanochemical effect 1.30

メカノケミカル効果とは，粉末など固体に圧縮，せん断，摩擦，延伸，衝撃などの機械的エネルギーを加えることによって，物質の熱力学的性質，結晶化学的性質，化学的性質などに変化を誘起する現象である．この機械的エネルギーの付与は主として粉砕*による場合が多い．一般に固体を粉砕すると，粒子径，粒子形状の変化以外に，結晶が壊れて無定形（アモルファス）への変化や新しい結晶の生成などの現象が知られている．これらの現象を支配する因子として，粉砕による温度上昇，せん断応力，衝撃応力が粉体内の格子欠陥，格子不整（格子ひずみ），比表面積，表面エネルギーなどを変化させることがあげられる．具体的な研究例を以下に示す．

1. 結晶の構造変化

長時間粉砕により，石英やトリジマイトの無定形相への変化については多くの研究例が知られている（図1）[1]．また，PbO_2 には $\alpha-$（斜方晶系），$\beta-$（正方晶系）が知られているが，振動ボールミル摩砕では，そのいずれの相から出発しても，$\alpha-PbO_2$ が約90％の組成で平衡になる．同様に，$CaCO_3$ であるカルサイトとアラゴナイトとの間でも，一定の粉砕条件下で両相の比は一定になる．また，アナターゼ型 TiO_2 は摩砕工程だけで室温でもルチル型に転移することが知られている．

2. 結晶の熱分解

セッコウの摩砕による脱水反応への効果はせん断力で説明されている[2]．ボールミルや振動ミルによるボーキサイトの脱水温度の低下効果が振動ミルで効果が著しいことが報告されている[3]．

3. 化学反応

結晶粉末の粉砕による $Ag_2SO_4 + CdS \longrightarrow Ag_2S + CdSO_4$ や $ZnO + Fe_2O_3 \longrightarrow ZnFe_2O_4$ のような置換反応や加成反応，酸化されやすい金属が還元されやすい酸化物から酸素を奪う，いわゆる広義のテルミット反応などが知られている．さらに，Ni^{2+} と Fe^{3+} の共沈物の摩砕によりスピネル型酸化物が生成するが，その生成物が水熱合成*で得られたものときわめて類似していることは，摩砕における水の触媒的働きや圧力の効果に関して興味ある知見を示唆するものである．また，最近の研究例で，複合ペロブスカイト $(1-x)Pb(Mg_{1/3}Nb_{2/3})O_3-xPbTiO_3$ 系は単一相になりにくいが，原料混合物 PbO，TiO_2，Nb_2O_5，$Mg(OH)_2$ を摩砕することにより，850℃という低温で単一相が得られることが報告されている[4]．一方，ITO の焼結において，酸化インジウムを塩化スズ水溶液中で摩砕すると，摩砕時間とともに焼結密度が増大することも知られている[5]．　　　　　　　　　（山村　博）

文献

1) Schrader, et al.: Kristall u. Technik, **1**, 59 (1966)
2) 島津：鉱物学会誌, **8**, 14 (1966)
3) Schrader, et al.: Chem. Ingr. Tech., **39**, 843 (1967)
4) Shinihara, et al.: J. Am. Ceram. Soc., **83**, 3208 (2000)
5) Iwasa, et al.: Solid State Ionics, **101-103**, 387 (1997)

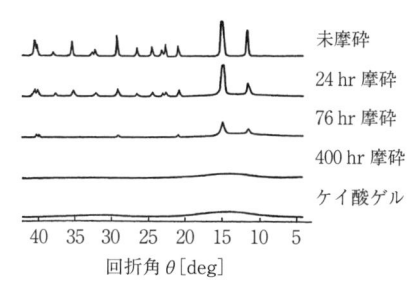

図1 石英の粉砕による X 線回折図の変化[1]

2）合　　　成

1.31 吸着

adsorption

　混じり合わない2相の界面で，一方の相の濃度が内部よりも大きくなる現象を吸着という．もっとも一般的な現象としては，固体表面への気体分子や液体分子の吸着がある．吸着する物質を吸着質，吸着する表面や界面を提供する物質を吸着媒という．吸着質が表面や界面にとどまらず，元の相から他の相に移動してその内部まで入り込む現象は吸蔵（または吸収）というが，吸着と吸蔵と合わせて収着ということもある．

　吸着は吸着媒と吸着質の相互作用の仕方によって，物理吸着と化学吸着に大別される．物理吸着は吸着質の液化温度付近でファンデルワールス力による弱い相互作用により起こるが，吸着に伴って生じる発熱量（吸着熱）は吸着質の凝縮熱に近い．また，吸着媒との弱い相互作用と同時に吸着質分子どうしに分子間力が働き，多分子層吸着を行う．吸着媒の性質にあまり依存しないことから，液体窒素温度での N_2 吸着など，粉体の表面積や細孔*の大きさの測定に利用される．Brunauer-Emmett-Tellerらにより定式化されたBET式は典型的な物理吸着の吸着等温式である．化学吸着は，吸着媒と吸着質の化学結合による強い相互作用で起こり，分子状吸着と解離吸着に分類される．金属表面への H_2 や O_2 などの2原子分子の吸着においては，100～200Kの低温ではおもに分子状で吸着するが，200K以上になると水素原子や酸素原子に解離して金属–Hや金属–O結合を形成し解離吸着に至る．

　吸着量の測定には，適切な前処理を施した吸着媒を一定体積の容器に入れ，吸着に伴う吸着質の分圧や濃度の減少を測定する容量法と，マイクロバランスを用いて，吸着媒の重量増加を測定する重量法がある．さらに，吸着に伴う吸着媒の物性変化（たとえば，電気伝導度や仕事関数）や，吸着分子を種々の分光法で測定しその吸光度変化からも吸着量を求めることができる．一定温度における吸着量と濃度あるいは分圧との関係を吸着等温線，一定圧力における吸着量と温度の関係を吸着等圧線という．吸着等温線はその形により図1のように分類される．I型は，外表面よりも細孔の寄与が非常に大きいゼオライト*や活性炭*に見られるもので，ラングミュア（Langmuir）型とよばれる．II型はマクロ細孔か無細孔の吸着媒において多分子層吸着が起こる場合で前述したBET型である．III型は，吸着質間に引力的相互作用のある場合，IV型はメソ細孔への毛管凝縮により吸着と脱離の間でヒステリシスの見られる場合である．V型はIII型に毛管凝縮*が加わった場合，VI型はグラファイト化活性炭への希ガスの低温吸着に見られる階段状の特殊な吸着等温線である．

　L. Langmuirにより理論的に導かれた単分子層吸着等温式（I型）はラングミュアの式とよばれるが，吸着質の圧力 p における吸着量 v は式（1）で表される．

$$v = v_m \cdot K \cdot p/(1+K \cdot p) \qquad (1)$$

ここに，v_m は単分子吸着量であり，K は吸着平衡定数である．ラングミュアの吸着理論では吸着質は吸着媒表面の所定の吸着点に独立して吸着し，吸着分子間にはエネルギー的相互作用はないと仮定すると，吸着平衡では吸着速度と脱離速度が等しいという速度論的解析から導出することができる．気体分子運動論によると，1秒間に表面の単位面積に衝突する気体分子数 n は $n = p/(2\pi mkT)^{1/2}$ で与えられる．衝突した分子のうち吸着点に捕そくされる割合を α，すでに吸着分子によりふさがれている

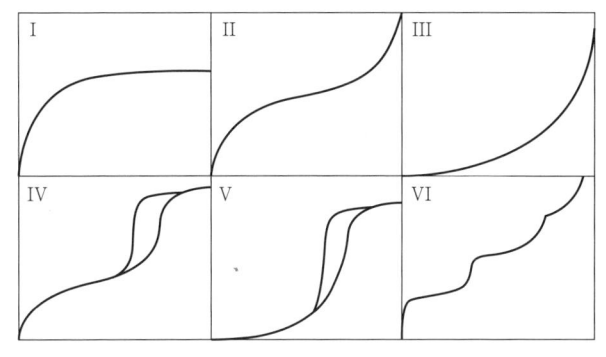

図1 吸着等温線の6つのタイプ
(出典) IUPAC, Pure Appl. Chem., **57**, p.630 (1985)

表面の割合をθとすると，吸着速度v_{ad}は式（2）で表される．

$$v_{ad} = \alpha \cdot n(1-\theta) \qquad (2)$$

一方，脱離速度v_dは式（3）で表される．

$$v_d = \beta \cdot \theta \qquad (3)$$

ただし，βは$\theta=1$（飽和吸着）における脱離速度である．吸着平衡において式（2）=式（3）とおけば，前述の式（1）を導出できる．

吸着質が吸着媒上に吸着するときに発生する熱量を吸着熱という．吸着熱を直接測定するためには，吸着ラインが直結している熱量計を用い，容量法で吸着量とその際に発生する熱量を同時に測る必要がある．間接的には，異なった温度での吸着等温線からクラウジウス-クラペイロン（Clausius-Clapeyron）の式，

$$q = RT^2 (\partial \ln p / \partial T)$$

を用いて求めることが可能である．吸着熱の測定は固体表面と吸着質の相互作用をもっとも端的に示す熱力学量であり，結合の本質を考えるうえで重要である．図2には固体表面への2原子分子の吸着に伴うエネルギー変化を模式的に示す．図の横軸は吸着分子の表面からの距離（Z）を示す．無限遠（エネルギーは零）から分子が近づくと，まず（1）の距離で分子状吸着が起こる．吸着種が解離吸着に必要なE^*以上

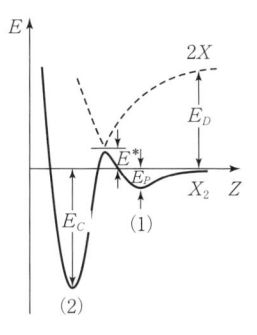

図2 2原子分子の吸着のポテンシャルエネルギー図

のエネルギーをもつときは，さらにエネルギー的に安定な（2）の解離吸着状態に変化する．E_PおよびE_Eは各々分子状および解離吸着の吸着熱である．

固体表面への酸素や水素，窒素の化学吸着熱とそれらの元素の酸化物，水素化物，窒化物の生成熱の間には，一次近似的に直線関係の存在することが知られている．しかし，同時にさまざまな単結晶表面での吸着熱の測定から，同一の吸着媒でも表面露出結晶面により吸着熱の著しく異なることもよく知られている．また，同一の表面でも吸着熱は被覆率θにより変化し，飽和吸着付近では非常に小さな値をとる．

（内藤周弌）

3) 粉末・粉体特性

熱伝導

1.32

thermal conduction

熱伝導とは,温度勾配が物質内に存在するときに生じる定常的な熱移動である.一次元で熱が伝導する場合,単位時間当たり,単位面積を通過する熱量を J とし,温度勾配を dT/dx とすると,J は次式で与えられる.

$$J = \mu \frac{dT}{dx} \tag{1}$$

ここで,比例定数 μ が熱伝導度であり,単位は $W\cdot m^{-1}\cdot K^{-1}$ である.ところで,熱伝導は個々の原子,イオンおよび分子間の相互作用によって熱が伝わるプロセスである.固体中で熱エネルギーを運ぶ担体には,伝導電子,格子振動,フォトンがある.1000℃ 以上の高温では熱伝導に及ぼすフォトンの効果が重要になるが,ここでは触れない.

伝導電子が熱伝導に寄与する金属の場合,自由電子で近似すると,デバイ(Debye)温度より高いとき,

$$\lambda_e = \pi^2 n k_B^2 T \tau_F / 3m \tag{2}$$

で与えられる.ここで,k_B,n,τ_F,m はそれぞれボルツマン定数,伝導電子密度,フェルミ準位での電子の緩和時間,電子の質量である.

一方,伝導電子密度が非常に低いセラミックスでは,格子振動による寄与が大きい.格子振動が完全に調和振動子の場合,熱伝導を妨げるものはないが,実際の結晶での非調和性成分が熱抵抗を生じ,熱伝導度を低下させる.格子の基準振動は量子化されているので,電磁波のフォトンと同様に,フォノンとして扱う.フォノンによる熱伝導は,気体分子の動力学を適用すると,

$$\lambda_p = \frac{1}{3} C_{vs} v_p l_p \tag{3}$$

で表される.ここで,C_{vs} は固体の定容比熱,v_p はフォノンの速度(弾性波の伝搬速度),l_p はフォノンの平均自由行程である.熱伝導の温度依存性は著しく,とくに低温ではフォノンの自由行程が非常に大きいので,熱伝導も急激に高くなる.一方,デバイ温度より高いとき,C_{vs} や v_p はほぼ一定で,フォノンの平均自由行程は $1/T$ に比例する.結晶構造の熱伝導に及ぼす効果はその非調和成分の程度に関係する.この非調和成分は格子に含まれるイオンの原子量が大きいほど大きくなるので,低原子量の陽イオンの酸化物や炭化物である MgO,BeO,SiC などは高い熱伝導度を示す.表1に代表的なセラミックスの室温における熱伝導度をまとめた.

熱伝導度の測定には,①試料に熱を定常的に加え,生じた温度勾配を測定する定常法,②試料の中心に熱線を埋め込み,加熱したときの熱線の温度変化を調べる加熱法,③円盤状試料の片面をパルス的に加熱し反対面の温度変化を調べるレーザーフラッシュ法などが知られている.

(山村 博)

表1 代表的なセラミックスの室温における熱伝導度

物質	$\lambda(W\cdot m^{-1}\cdot K^{-1})$
ダイヤモンド	9〜2300
Si	150
BeO	272
MgO	60
SiO$_2$ ガラス	1.38
TiO$_2$	8.4
Al$_2$O$_3$	36〜46
CaTiO$_3$	〜5
MgAl$_2$O$_4$	〜25

粉末による光散乱

1.33

light scattering for particle

物質に光が当たり散乱される現象（光散乱）は気泡，異物によるものと，粉末固有の性質によるものがある．粉末固有の散乱はその粉末粒子の粒径と入射する光の波長により，それぞれ3つの現象［レイリー（Rayleigh）散乱，ミー（Mie）散乱，フラウンホーファー（Fraunhofer）回折］があらわれる．各散乱光強度（I）と粒子体積（V）の比はレイリー散乱では粒径の3乗に比例し，ミー散乱では粒径に対して上下に変化し，フラウンホーファー回折では粒径に対して反比例する（図1）．

入射光の波長と同程度の粒径の粒子の場合，ミー散乱があらわれる．この散乱は入射光と散乱光の波長が変わらず（弾性散乱），前方になるほど強くなる．その散乱光強度（I）は入射光強度（I_0）に対して，以下の式で表される．

$$I(\theta) = I_0 \frac{\lambda(i_1 + i_2)}{8\pi^2 R^2} \quad (1)$$

なお，θ は散乱角，i_1, i_2 はミー散乱強度パラメーター，λ は入射光波長，R は粒子からの距離である．

一方，粒子径が波長の1/10程度になるとレイリー散乱が生じる．レイリー散乱も弾性散乱の一種であり，微粒子を中心とした球面波となる．その強度（I）は偏光していない入射光の強度（I_0）に対して以下の式（2）で求まる．

$$I = N \frac{8\pi^4 a^6}{r^2 \lambda^4} \left| \frac{m^2 - 1}{m^2 + 2} \right|^2 (1 + \cos^2\theta) I_0 \quad (2)$$

ここで，N は単位体積中の粒子数，r は光を散乱した粒子からの距離，a は粒子の半径，λ は入射光の波長，m は散乱体と媒体の屈折率の比，θ は散乱角である．これより，散乱光の強度は入射光の波長の4乗に反比例し，粒径の6乗に比例することがわかる．なお，この式は球状の微粒子が低濃度でランダムに分散する場合を想定している．

一方，同様な微粒子で入射光と異なる波長の光が散乱される（非弾性散乱）場合がある．その波数シフトが 1 cm^{-1} 以下のものをブリルアン（Brillouin）散乱，数 cm^{-1} 以上のものをラマン（Raman）散乱とよぶ．ブリルアン散乱は粉末の音響フォノン，ラマン散乱は分子の振動や回転と関係する．さらにラマン散乱強度はブリルアン散乱強度に比べ1～2桁小さい．

ここまでの光散乱は主に光の粒子性によるものだが，入射光の波長よりかなり大きな粒子系では，光の波動性に伴う回折現象（フラウンホーファー回折）が生じる．この回折光の強度は粒子の幾何学的な因子に大きく依存する．

なお，以下の式（3）で定義される散乱パラメータ（α）を利用すると，各現象が生じるおおよその波長域がわかる．

$$\alpha = \frac{\pi D}{\lambda} \quad (3)$$

ここで D は粒子径である．$\alpha < 0.4$ はレイリー散乱の領域，$0.4 < \alpha < 3$ はミー散乱の領域，$\alpha > 3$ は回折散乱の領域とされる．

（柿沼克良）

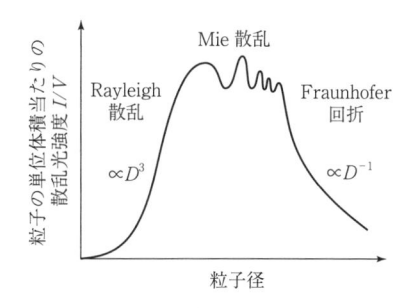

図1 粒子の単位体積当たりの散乱光強度と粒子径との関係

光触媒

photo catalyst

1.34

　光の照射により触媒機能を示す物質を光触媒といい，光の照射下，光触媒上で起こる触媒反応を光触媒反応という．図1に水の光分解反応を例として，光触媒の作用機構を示す．水の分解を光化学反応として起こさせるためには，水分子が光を吸収し結合を開裂する電子状態まで励起されなければならず，165 nm以下の真空紫外領域の短い波長の光を必要とする．

　図にはn型半導体であるTiO_2粉末にPtを担持した光触媒を示してある．n型半導体を水溶液中に浸すと表面および内部の伝導体の電子が溶液に移動し，半導体中には正電荷の分布が生じて，図のように伝導体と荷電子帯に折れ曲がりが生じる．このような状態にある半導体にバンドギャップエネルギーE_g以上のエネルギーをもつ光（TiO_2の場合380 nm以下の波長の紫外光）を照射すると，荷電子帯の電子e（黒丸）が伝導体に励起され，荷電子帯には正孔h（白丸）を生じる．ここでバンドの折れ曲がりのため，電子と正孔はおのおのの矢印の方向へと移動してH^+，OH^-と反応し，Pt上で水素，TiO_2上で酸素を発生する．結果として，TiO_2半導体を用いない直接的な水の光分解反応に比べ，低いエネルギーの光照射により水の分解が起こる．

　このような作用を示すTiO_2半導体を光触媒とよぶ．水の光分解触媒として利用できる半導体は，そのE_gが1.23 eV（水の理論電解電圧）よりも大きいのみならず，図に示すように伝導体電位はH^+の水素分子への還元電位よりも負に大きく，荷電子帯の電位はOH^-イオンの酸素分子への酸化電位より正に大きくなければならない．

　緑色植物のクロロフィルによる光合成は，2種類の色素を含む電子伝達系により光照射後の効率的な電荷分離で生成する電子と正孔がCO_2の還元と水の酸化を行い，糖と酸素を生成する光触媒反応とみなすことができる．均一系の光触媒としては，ポルフィリン，フタロシアニン，Ruビピリジン錯体などの金属錯体と，種々の電子メディエーターの組合せが研究されている．半導体光触媒においても，電荷分離の効率を上げるための電子伝達系の組合せとして前述のPt以外にRuO_2やNiO_xが用いられる．TiO_2以外にも$SrTiO_3$やZnO，CdSやZnSの硫化物も光触媒として利用されている．

(内藤周弌)

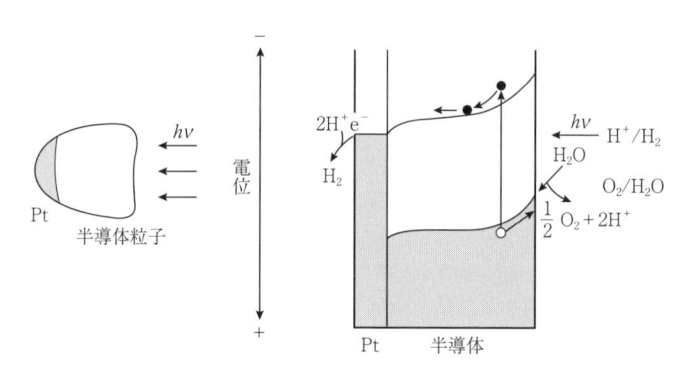

図1 光触媒のバンド構造

イオン交換

1.35

ion exchange

アルミナ*やシリカゲル*に代表されるように,酸化物や含水酸化物粉体は粒子表面の水酸基が次式のように関与してイオン交換性を示すことが多い.

$$M\text{-}OH + K^+ \rightleftarrows M\text{-}OK + H^+ \quad (1)$$
$$M\text{-}OH + Cl^- \rightleftarrows M\text{-}Cl + OH^- \text{ または}$$
$$M\text{-}OH_2^+ + Cl^- \rightleftarrows M\text{-}OH_2Cl \quad (2)$$

式(1)が陽イオン交換,式(2)が陰イオン交換の場合であり,ここではカウンターイオンとしてK^+, Cl^-を用いて表現している.含水酸化物は適当な塩を含む溶液にアルカリやアンモニアを加えて加水分解して合成される.通常はX線的には無定形～低結晶性のゲル状物質として得られ,多くの水酸基を含有する.酸化物は高温で焼成して合成されるが,吸着水などにより表面水酸基を生じることが多い.

粉体試料が陽イオン交換と陰イオン交換のどちらの反応性を示すかは中心金属Mの酸性度とM-O結合とO-H結合の相対的な強さに依存して決まる.一般的にはイオン半径が小さく,電気陰性度が高い金属イオンほど酸性度が高くなる.また,金属イオンの価数にも依存し$MO < M_2O_3 < MO_2 < M_2O_5 < MO_3$の順番に酸性度が高くなる傾向がある.具体的な物質をあげるとNb, Ta, Sb(V), Mo(VI), W(VI)などの酸化物,含水酸化物は陽イオン交換性を示し,陰イオン交換性はほとんど示さない.一方,Mg, La, Biなどは陰イオン交換性のみを示す.これに対して3～4価の金属イオン,たとえばAl, Ti, Snがつくる酸化物,含水酸化物には両性を示すものが多い.その場合,上記(1),(2)の平衡式より自明なように,陽イオン交換はアルカリ性の溶液内で,陰イオン交換は酸性溶液でおもに進行する.両方の反応性の境界が等電点に相当する.典型的な例として図1に含水酸化チタンのイオン交換挙動を示す.

一方,粉体粒子の表面の性質としてではなく,物質そのものとしてイオン交換性を示す物質も数多く知られている.これらは結晶格子内にイオンが拡散できるパスとイオン交換サイトを有しており,結晶構造的には層状構造*,トンネル構造*をもつものが大部分である.層状構造ではモンモリロナイトに代表される粘土鉱物,α-リン酸ジルコニウムなどの各種リン酸塩,遷移金属酸化物,硫化物など多種多様な化合物が知られている.一方,トンネル構造物質にはゼオライト*などの多孔体としても機能するものが知られている.以上はいずれも陽イオン交換体であり,陰イオン交換性を示す物質は比較的少ない.代表的な例としては2価,3価の金属イオン(たとえばMg, Al)からなる層状複水酸化物が知られている.

(佐々木高義)

文献
1) 阿部,伊藤:日化,**86**, p.1259 (1965)

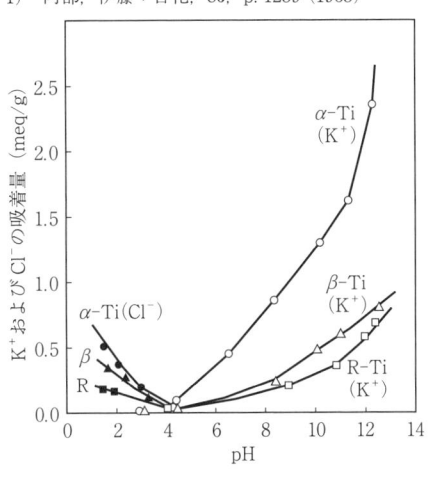

図1 含水酸化チタンのイオン交換性[1] α-, β-, R-Tiは無定形,アナターゼ型,ルチル型の含水酸化チタンを示す.

浸液透光法 1.36

liquid immersion micrograph

セラミックス焼結体は，耐熱性があり機械的強度も高く，高硬度であるので，構造用部材として理想的な材料であるが，材料強度の面で信頼性が低いという問題がある．

セラミックス焼結体の強度面の信頼性を低下させている原因の一つに，セラミックス焼結体内部に存在している欠陥がある．この欠陥は焼結前の成形体の状態から存在し，焼結後もセラミックス焼結体の微構造に引き継がれ，多くの場合，セラミックス焼結体の特性を決める要因となっている．

浸液透光法は，セラミックス製品の内部に存在する欠陥を評価する方法として考案されたものである．X線や超音波を利用するほかの欠陥検出法と比較して，安価に欠陥を調べることができるという特徴がある．

浸液透光法では，セラミックス成形体を構成している粉体粒子とほぼ同じ屈折率をもった浸液に浸し，粉体粒子間の空隙に浸液を満たすことで透明化し，その内部を光学顕微鏡で観察し欠陥を検出する．セラミックス材料は，多くの場合透明であるが，成形体が不透明であるのは，成形体を構成している粉体粒子表面で光の散乱*が生じているためである．浸液には，ヨウ化メチレンや，ブロモナフタレンなどが用いられる．

図1は，浸液透光法によりアルミナセラミックスの成形体を透光化したものである．アルミナと同じ屈折率（1.76）の浸液を用いた場合に成形体はもっとも透明となる．図2は，セラミックスの成形後と焼結後の内部欠陥を比較したものである．浸液透光法では屈折率の大きく異なる成分（バインダー*や空隙など）は，光を強く散乱するので黒色に観察されるが，図2左図から，成形体の欠陥が明瞭に確認できる．また，図2右図より成形体に生じた内部欠陥が焼結後も引き継がれている様子がわかる．

このように，浸液透光法は，セラミックスの成形プロセスの検討に活用が可能であり，有用な方法である． （秋山　隆）

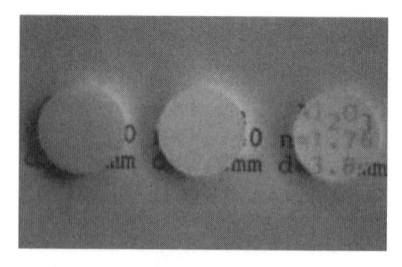

図1 浸液で透明化したアルミナ成形体

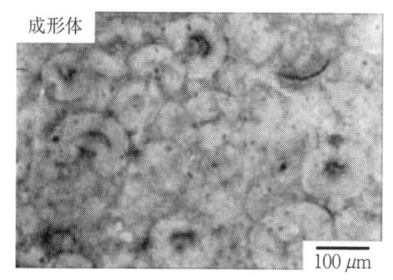

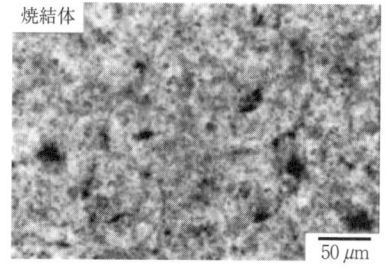

図2 成形体と焼結体の構造

（出典） http://www.nagaokaut.ac.jp/j/annai/vos/vos111/topics.html 研究トピックス VOS, No. 111 植松敬三

アルミナ

1.37

alumina

　アルミナには，無定形，α，γ，θアルミナなど結晶構造の異なる多くの種類が存在するが，セラミックス原料としては，一般的にαアルミナが用いられる．

　セラミックス原料用アルミナ粉末の大部分は，ボーキサイトを原料とするバイヤー法*によって合成されている．図1はバイヤー法によるアルミナ粉末の合成法である．これは，粉砕したボーキサイトを水酸化ナトリウム溶液中で加熱溶解し，不純物を除去してアルミン酸ナトリウム水溶液とし，これを分解して水酸化アルミニウム（ギブサイト）を析出させ，1100℃以上で加熱分解してアルミナ粉末を得るというものである．反応式を以下に示す．

$$Al_2O_3 \cdot nH_2O + 2NaOH$$
$$\longrightarrow 2NaAlO_2 + (n+2)H_2O \quad (1)$$
$$NaAlO_2 + 2H_2O$$
$$\longrightarrow Al(OH)_3 + NaOH \quad (2)$$
$$2Al(OH)_3 \longrightarrow Al_2O_3 + 3H_2O \quad (3)$$

バイヤー法では，水酸化アルミニウムの析出が，式（2）に示すように高濃度の水酸化ナトリウム溶液中で行われ，0.3％程度のNa_2Oが不純物として含まれる．電子部品などにはNa_2O濃度が0.1％以下の低ソーダアルミナが必要とされるが，Na_2O濃度0.1％以下の低ソーダアルミナを製造する場合には，バイヤー法で作製した水酸化アルミニウムからナトリウムを除去する改良バイヤー法などの方法が2～3考案されている．

　また，バイヤー法以外の方法で純度99.9％以上の高純度のアルミナ粉末を得る方法として数種の方法が考案されているので，以下にその代表例を示す．

・アンモニウムミョウバン熱分解法：数回再結晶させたアンモニウムミョウバン（$(NH_4)_2SO_4 \cdot Al_2(SO_4)_3 \cdot 12H_2O$）を1150℃以上で焼成して$\alpha$アルミナを得る．純度99.99％の粉末が得られる．

・アンモニウム・アルミニウム・カーボネイトハイドロオキサイド（AACH）法：炭酸水素アンモニウム溶液を硫酸アルミニウム，塩化アルミニウムの水溶液に加えるとAACHが析出するので，これを焼成してαアルミナを得る．この方法によると純度99.99％で，粒径が微細でそろった非常に焼結性のよいアルミナ粉末が得られる．

・有機アルミニウム加水分解法：アルキルアルミニウムやアルミニウムアルコラートを加水分解してアルミナゲルを得，これを焼成してアルミナ粉末を得る．

・放電酸化法：高純度の金属アルミニウムペレットを純水中で火花放電させると，はく離したアルミニウム粉末とラジカルな水酸基が反応してアルミナ水和物が生成される．これを高温で焼成してアルミナ粉末を得る．

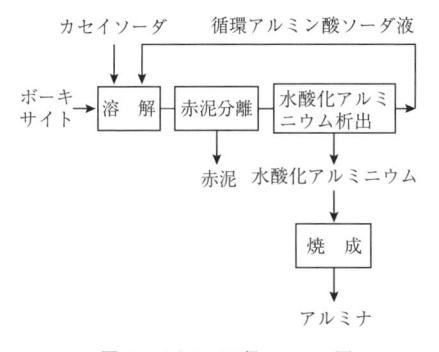

（秋山　隆）

図1　バイヤー工程のフロー図
（出典）山田興一：セラミックス，**17**, 10, p.810 (1982)

安定化ジルコニア

1.38

stabilized zirconia

純粋なジルコニア*は，低温から高温になるに従って単斜晶，正方晶，立方晶の3種の構造をとり，1000℃付近で相変化による大きな体積変化を起こし破壊してしまう．そこで，この体積変化を起こさないように，イットリア，セリア，カルシア，マグネシアなどの安定化剤を添加して，立方晶（あるいは正方晶）の固溶体*としたものを安定化ジルコニアとよぶ．熱力学的な意味においては，マグネシアやカルシア安定化ジルコニアは低温まで安定相ではないが，1000℃付近の体積変化がほとんど見られないので，一般にこのようなものを含めて安定化ジルコニアとよんでいる．

高純度の安定化ジルコニア粉末の工業的な製法には，中和共沈法，加水分解法，アルコキシド法が用いられているが，ここでは，イットリアを安定化剤に使用した例を用いて解説する．図1に工業的な安定化ジルコニアの製造プロセスを示す．

中和沈殿法：ジルコニウム塩（$ZrOCl_2 \cdot H_2O$）に安定化剤を混合溶解した水溶液に，アンモニア水などのアルカリ溶液を添加して，水酸化物の共沈ゾルを得る方法である．この共沈ゾルを焼成して安定化ジルコニア粉末を得る．ゾルの反応式は式(1)に従う．

$$[Zr(OH)_2]^{2+} + 2OH^- \longrightarrow Zr(OH)_4 \downarrow \quad (1)$$

加水分解法：ジルコニウムの塩（$ZrOCl_2 \cdot H_2O$）に安定化剤を混合溶解した溶液を加熱して加水分解反応を行ってゾルを生成し，焼成して安定化ジルコニア粉末を得る方法である．加水分解によるゾルの反応式は式(2)によると考えられている．

$$[Zr(OH)_2]^{2+} + nH_2O$$
$$\longrightarrow ZrO_2(n-2)H_2O \downarrow + 2H_3O^+ \quad (2)$$

アルコキシド法：ジルコニウムと安定化剤のアルコキシドを合成し，これを有機溶媒（ベンゼン，イソプロパノールなど）中に混合溶解したのち，得られた溶液を加水分解してゾルを生成させ，その後焼成して安定化ジルコニア粉末を得る方法で，高純度の微粒体が得られる．　　　〈秋山　隆〉

文献

1) 片山尚武，鈴木一：ジルコニアセラミックス3, pp. 1-13, 宗宮・吉村編，内田老鶴圃 (1984)

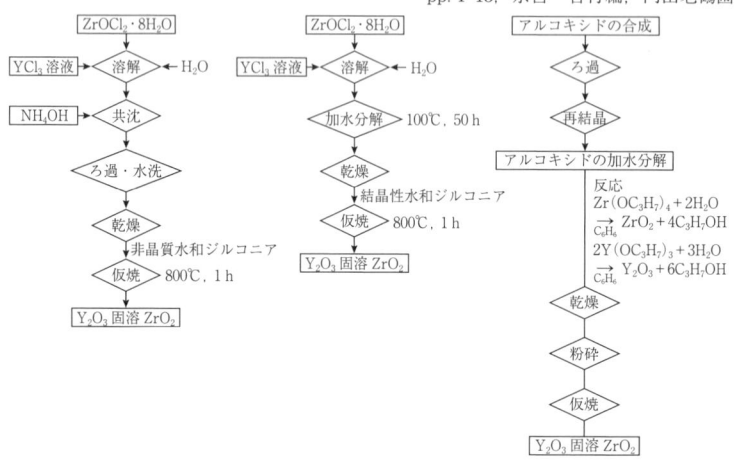

図1　工業的なジルコニアの製法

カーボン

1.39

carbon

炭素は原子番号6のIV族元素である．その基底状態の電子配置によって多様な同素体を生成することができる．また原子番号が小さいために軽く，電子雲の広がりが小さいので短い隣接原子間距離によって強固な結合を形成する．そのため，同族元素であるケイ素，ゲルマニウムに比べて融点や沸点が高い．

代表的な炭素同素体としては，sp^3混成軌道からなるダイヤモンド*，sp^2混成軌道からなるグラファイト*やフラーレン*，sp 混成軌道からなるカルビンがある．これら炭素同素体の種類を表1に，構造図を図1に示す．

このように，炭素材料は多様な構造をもち，その結果，同じ炭素材料といっても幅広い特性をもつ．これらの多様な炭素材料の構造と特性は原料の種類と炭素化・黒鉛化のプロセスによって決定される．さらに製造された素材の原子再配列制御によって，黒鉛，ダイヤモンド（3.41），ダイヤモンド状炭素膜（5.58），ガラス状炭素，活性炭（7.31），フラーレン（7.33），カーボンナノチューブ（7.32），炭素繊維（6.3）など種々の材料を製造することができる．上記のうち，（ ）で示したものは別項目で解説されているのでここでは省略し，黒鉛とガラス状炭素について合成法と特性を述べる．

a. 黒鉛（グラファイト，graphite）

sp^2混成軌道の代表的な炭素同素体であり，黒鉛と呼ばれている．4個のL殻電子のうち3個が同一平面内で隣の σ 電子と共有結合をして六角網平面を形成し，残りの1個は面と垂直方向に配向した π 電子の相互作用により弱い結合をしている．その結果として，グラファイトは積層構造を取り大きな異方性を示す．実際の黒鉛系材料は六角網面の積層体からなる多結晶体がほとんどであり，特性も多種多様である．理想的な結晶は六方晶系で，室温での基底面内および垂直方向での格子定数は $a = 0.2461$ nm, $c = 0.6708$ nm．網面内のC-C

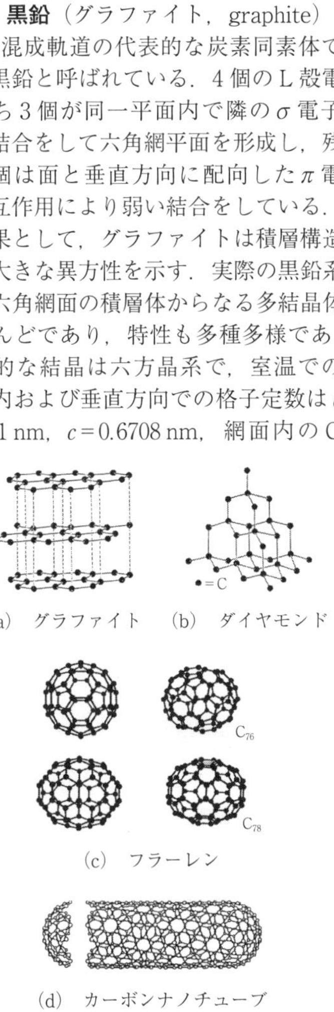

表1 炭素同素体の種類

結合の種類	配位数	炭素同素体
sp	2	カルビン（ポリイン，クムレン）
sp^2	3	グラファイト（六方晶，菱面体晶）
		フラーレン（C_{60}, C_{70} など）
		カーボンナノチューブ
sp^3	4	ダイヤモンド（立方晶，六方晶，菱面体晶*）
		ダイヤモンド多形体（6H など）
		ダイヤモンドライクカーボン（DLC）
イオンまたは金属的	6	単純立方晶*, β-スズ型*
	8	体心立方晶
	12	面心立方晶*, 六方最密充填*

* 実験的に未確定

(a) グラファイト　(b) ダイヤモンド

(c) フラーレン

C_{76}
C_{78}

(d) カーボンナノチューブ

図1 炭素材料の結晶構造

原子間距離は 0.142 nm, 基底面間距離は 0.335 nm である. このような2つの原子間距離の違いによって黒鉛結晶は大きな異方性を示す. たとえば, 熱膨張係数は, 網面に沿ったa軸方向では$-1.5\times10^{-6} \mathrm{K}^{-1}$であるが, 垂直方向($c$軸方向)は約$28\times10^{-6}\mathrm{K}^{-1}$である. また, 電気伝導率は$a$軸方向では約$2.8\times10^{6}\mathrm{Sm}^{-1}$であるのに対して, c軸方向ではその1/1000以下である. 積層構造による優れた潤滑性もグラファイトの特徴の一つである.

一般にグラファイトは, 図2に示すように有機物の加熱によって生じる炭素化・黒鉛化反応を経て製造される. すなわち, 有機物を酸素不足の状態で加熱すると熱分解を起こし, 炭素を主成分とする物質に変化する. この過程を炭素化という. これは炭素体を作製するための基礎的なプロセスである. この炭素体をさらに高温で熱処理すると黒鉛体が生成するが, 炭素材料の基本的な形態は炭素化プロセスで決定される. 炭素化には, 気相, 液相, 固相で進行するものなど様々であり, 目的に応じて適切な原料と炭素化の手法が選ばれている. 黒鉛化反応は図2に示されたように約1500℃から開始されるが, 2000～3000℃で炭素網面の発達や積層の成長が起こり黒鉛化が加速的に進行するものと考えられている. 黒鉛化反応をより低温で促進させるために種々の金属あるいは金属化合物触媒も用いられている.

図3に黒鉛材料の最も一般的な製造法を示しておく. 粉砕, 成形, 焼成などの工程を経て製造される点では一般のセラミッ

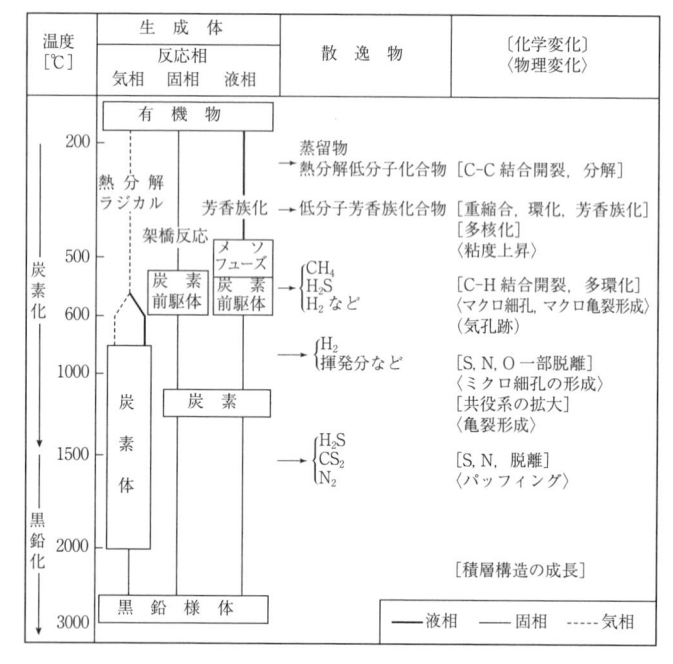

図2 炭素化反応と黒鉛化反応の様相

クス製品と同じであるが，原料であるフィラーコークスとバインダーピッチを用いることで，バインダが炭素化してできるバインダコークスがフィラー粒子を結合するという点で特徴がある．フィラーとして最もよく使われるのは石油コークスとピッチコークスであり，前者は石油重質油を，後者はコールタールピッチを熱分解してつくられる．原料中の重質分とコークス化条件を調節することによって，針状コークスや塊状コークスが得られる．焼成された黒鉛製品の異方性は，針状コークスの粉砕によって得られるコークスのアスペクト比によって決まり，その長軸方向に黒鉛結晶子が配向している．炭素材料は黒鉛化した後もかなりの気孔を含んでいるので，気密性や材料特性が不十分な場合がある．それを改善するために種々の材料を気孔に含浸して性能の向上を図り，広範囲の用途に適用されている．

b. ガラス状炭素（glassy carbon）

ガラス状炭素は，黒鉛リボンが不規則に絡まったような構造をもつ典型的な難黒鉛化性炭素のことをいう．密度は 1.5 gm^{-3} と炭素材料としては小さいが，気体不透過性を示す．フラン樹脂，フルフリールアルコール樹脂，フェノール樹脂などの熱硬化性樹脂などを原料として，所定の型に流し込んで，熱硬化させた後，1000～1500℃で炭素化，さらに高温で黒鉛化して作られる．ガラス状炭素は電子工業用ヒータ，特殊電極，金属工業用容器・治具などに使われている．
（米屋勝利）

文献

1) 日本セラミックス協会編：セラミックス工学ハンドブック（第2版）「応用」，技報堂出版（2002）

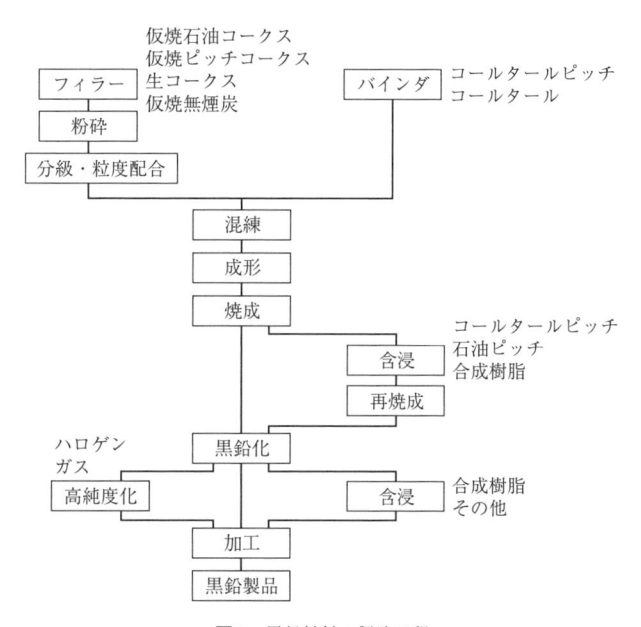

図3 黒鉛材料の製造工程

4) 材　　　料

窒化ケイ素（Si₃N₄）

1.40

silicon nitride

　高温構造材料としてのSi₃N₄セラミックス用粉末に求められる点は，以下の6項目である．
① 平均粒子径がサブミクロン程度と微細であること．
② 粒子の凝集が弱く，大きな二次粒子を含まないこと．
③ 粒度分布が狭いこと．
④ 球形であること．
⑤ α相含有率が高いこと．
⑥ 高純度であること．

　粒径が1ミクロンを下回るような小さな粉末の場合，成形体の焼結が容易になり，緻密な焼結体の作成が可能になる．
　特に5番目および6番目の項目がSi₃N₄セラミックス粉末に求められる特有の粉末特性である．
　低温安定型α相の粉末中における含有率が高いことが必要である理由は，このα相含有率が高い粉末ほど，焼結体中の粒子のアスペクト比（長軸／短軸比）が大きくなるとされており，このことが，結果的に焼結体の破壊靱性を向上させることにつながるとされているからである．このようにアスペクト比の高い粒子が，焼結体の破壊靱性を高める理由は，Si₃N₄が液相焼結により高密度化するというこの物質の特徴と深い関係を有する．Y₂O₃，Al₂O₃などの焼結助剤を用いて高密度化させる場合，こうした酸化物が粒界において液相をつくり，焼結を促進する．粒界には，焼結助剤どうしが高融点化合物相を形成して，Si₃N₄セラミックスの高温における強度の低下を妨げることに貢献する一方，粒内に比べて，粒界がわずかに弱いために，セラミックス中に発生した亀裂が，粒内ではなく粒界を伝わり伝搬しやすくなる．この際，焼結体中における粒子のアスペクト比が大きい微細構造では，亀裂はアスペクト比の大きな粒子を迂回して進むために，亀裂伝搬に要するエネルギーが消費され，さらなる亀裂の進展が妨げられ，破壊靱性値が高まるとされている．

　こうした目に見える微細構造への影響のほかに，目に見えにくい部分の影響として，不純物量の問題がある．この不純物量には，金属不純物量および酸素含有量の双方が含まれる．不純物金属が多く含まれると，この不純物金属が粒界に集まり，低融点の粒界相を形成し，高温強度の低下をもたらし，それ自身が破壊源になるので，強度の低下をもたらす．よって，その総量は十分に低いものでなければならない．Si₃N₄セラミックスの場合，酸素含有量も大きな問題となる．不純物酸素は，焼結中に粒界に低融点のSiO₂相をつくり，高温強度の低下につながるが，重要な点は，製造直後に低酸素含有量であっても，粉末を大気中に放置すれば，微粉末表面には酸化層が形成され，このわずかな酸素量の増加が，焼結体の高温特性に影響を与える可能性があるという点である．わずか0.1％程度の酸素含有量の増加が，たとえば1400℃といった高温における強度を問題にする場合は，大きな問題となるともいわれており，ガスタービンなど，その使用温度がきわめて高い部材への応用に際しては，Si₃N₄粉末の取り扱い，保存の仕方，および粉末の製品ロットごとの酸素含有量のばらつきにも注意を払うことが望まれるほど，酸素含有量という粉末特性値は大きな意味をもち，注意を必要とする特性である．

　こうした粉末特性値の，より高度な管理・制御法の開発が，今後のSi₃N₄セラミックスの用途拡大に資するものと期待される．

（森　利之）

炭化ケイ素（SiC）

1.41

silicon carbide

SiC セラミックス用粉末に求められる粉末特性も，Si_3N_4 セラミックス粉末に求められる粉末特性と共通する部分が多いが，一部，SiC の合成法由来の問題や，SiC の応用面の要求から求められる SiC 粉末特有の要求粉末特性がある．

そこで，Si_3N_4 粉末の中で記載した内容と一部重複をする部分もあるが，あらためて，以下に SiC 粉末に求められる粉末特性をまとめる．セラミックス用 SiC 粉末に求められる特性は以下の 3 項目である．

① 粉末の平均粒子径がサブミクロン程度であり，顆粒のつぶれ性がよいこと．
② 少量の焼結助剤が均一に分散し，かつ成形体密度が高いこと．
③ 原料粉末中の不純物量がごく少量に制御され，かつ粒度の最適化が図られていること．

上記①は，Si_3N_4 粉末特性のところでも記述したことであるが，SiC 粉末の場合，微粉末をそのまま焼結することが難しく，顆粒を作成するのが一般的なため，この顆粒が成形時につぶれやすいことも，成形体密度の向上の観点から重要である．

粉末特性の②は，SiC 粉末の焼結挙動に由来する問題である．SiC 粉末は，少量の B と C 助剤（おのおの 0.25～0.8 mass％と約 0.36 mass％）を添加し，2040℃程度の温度で焼結を行う．こうした非酸化物助剤を用いることで，SiC の常圧焼結が可能になることから，現在も工業的に広く用いられている．ただし，緻密で，均一な微細組織を作成するためには，これらの微量な焼結助剤を均一に SiC 粉末に分散させる必要がある．これに加えて，成形体密度を高めるような粉末粒度分布の調整を行うことが求められる．

上記③に関して，一般の構造材料向け SiC 粉末ならば，このような不純物は SiC 製造時の原料由来不純物を指し，Fe, Al および Ni などの主な金属不純物量と酸素含有量に注目し，これら不純物量が最小になるように注意すればよい．しかし，SiC 粉末の大きな用途の一つである半導体産業向けシリコンウエハー熱処理用の酸化・拡散炉用冶具に用いる場合には，より注意深い粉末中の不純物管理が必要になる．

こうした半導体産業向けの冶具の場合，先に述べた焼結助剤である微量助剤成分でさえ，シリコンウエハーに悪影響を与える不純物となる．そこで通常は，SiC 粒子の粒度を調整して，最密充てんを図ったのち，Si を含浸して作成する α-SiC-Si 複合材が用いられる．通常，SiC の粒度は，＃100～＃220 の細粒と 10～数ミクロン程度の微細粒が用いられている．この場合，微量不純物の分析精度の向上も求められる．Fe, Al, Ni および Cr といった主要金属不純物は数 ppm 以下になるように不純物除去工程を工夫し，さらに微量酸素量，微量窒素量，遊離炭素（および遊離 Si）量，全炭素（全 Si）量などが正確に分析され評価されることが求められる．

さらに，いくら原料の純度を高めても，金型成形時の不純物の混入や，鋳込み成型時の鋳込み型からの Ca の混入は，シリコンウエハーの熱処理にとって大きな問題になるので，冶具作成工程からの金属不純物の混入とその除去方法において工夫が必要になる．

以上のように，SiC 粉末のもつ特性を十分に生かした応用を展開するうえでも，粉末純度の向上とその管理はきわめて重要な課題である．こうした粉末特性の向上が，さらなる SiC の応用開発，用途拡大につながるものと期待される．　　　　（森　利之）

酸化チタン（TiO$_2$） 1.42

titanium oxide

酸化チタンは基礎，応用の両面からきわめて重要であり，セラミックスの基幹材料の一つである．結晶形としてはルチル（金紅石），アナターゼ（鋭錐石），ブルッカイト（板チタン石）が一般的である．そのなかでも前2者が研究，実用化のいずれの段階においても圧倒的に展開がなされている．実験室的にはアルコキシドなどチタン塩の加水分解やゾル・ゲル法＊など，さまざまな手法により，粉体，薄膜，単結晶など多様な形態での合成が行なわれている．一方，工業的には硫酸法と塩素法により製造されている．硫酸法はイルメナイトなどの鉱石を硫酸で溶解後，加水分解し，生成するゲルを焼成して酸化チタン（通常，アナターゼ）とする．これに対して塩素法はルチル鉱やチタンスラグと塩素ガスを反応させて得られる四塩化チタン蒸気を900℃前後の温度で酸素を吹き込み酸化チタンを製造するもので，副生成物が少なくプロセス管理が容易であること，環境負荷が低減できることから，近年は主流になってきている．

酸化チタンは，つぎのような有用な性質を示す．
① 化学的に安定で人体に無害である．
② 2.5を超える高い屈折率を示す．
③ ワイドギャップ半導体であり，紫外光を吸収する．この特性に関連して高い光触媒性を発揮する．
④ 高い誘電率をもち，大きな絶縁抵抗を示す．
⑤ 高い耐熱性を示す．

このような特性を活用して，酸化チタンはさまざまな用途に応用されている．最近の統計では全世界での消費量は年間400万トン強に及ぶ．消費量の大半をしめるのは顔料としての利用である．おもに②の特性を生かしたもので，0.2～0.3 μm の粒径にした粉体は光を強く散乱し，もっとも白い材料と位置づけられる．また，隠ぺい力，着色性にも優れていることから，塗料，合成樹脂，紙，インクなどに配合されて広く使われている．顔料のつぎに大きな用途としては脱硝触媒用の担体とチタン酸バリウムなどの電子材料の原料があげられる．また，顔料級より粒径が1桁小さい超微粒子酸化チタンはファンデーションなどの化粧品に用いられている．これは高い紫外線遮へい能を利用したもので，最近の有害紫外線による健康被害防止の意識の高まりから需要が急伸している．

さらに近年，展開が目覚ましいのは光触媒＊としての応用である．③の性質に基づいて酸化チタンの光励起により生成する正孔が非常に強い酸化力をもつことから，有機物の分解さらには殺菌などに効果があることが確かめられている．便器やタイル，テント，さらには手術室の壁へのコーティングなど，環境浄化材としてきわめて広範な応用展開が進められている．これに加えて酸化チタンに紫外線照射すると水滴が表面に薄く広がるという新しい性質（光誘起超親水化特性）が最近報告され，雨の日でも視界が良好な自動車用フェンダーミラー，水をかけるだけで汚れが簡単に落ちるセルフクリーニングコーティングなどへの応用が進みつつある．また，酸化チタンナノ粒子からなる多孔質膜に可視光域に強い吸収をもつルテニウム錯体などの色素を吸着させ，励起された電子を酸化チタンの伝導帯に注入することにより光電変換を行う湿式太陽電池がシリコン太陽電池より安価で同等の効率を発揮させることも可能とされるため盛んな研究が行われている．

（佐々木高義）

窒化アルミニウム (AlN)

1.43

aluminium nitride

窒化アルミニウム (AlN) はウルツ鉱型*の結晶構造からなり多形が存在しない化合物で，高い熱伝導率と電気絶縁性を特徴としている．1気圧下では融点をもたず，1900℃前後で分解するため，合成法は酸化物と異なり，①アルミニウム (Al) の直接窒化，②アルミナ* (Al_2O_3) の還元窒化，③有機アルミニウムからの合成などの方法がとられている．

そのうち前二者が広く実用に供されており，最近では③も高純微粉末の合成法として注目されている．以下その合成法の概略を紹介する．

① Al の直接窒化法

Al の窒化反応に伴う高い生成熱を利用する方法である．しかし，Al の融点は660℃と低いため，窒化反応時の自己発熱によって未反応 Al はメルトして他の未反応 Al 粒を凝集するため窒化反応の完結は困難である．この Al どうしの凝集を防ぐために希釈材を用いるなどの工夫がなされている．この合成法においては，生成した AlN の塊を解砕・微細化する必要があるため粒度分布が広く，不純物が混入しやすい．そのために不純物を除去して高純度化することが課題になっている．しかし，低温加熱で合成が可能であるため，省エネ型の合成法でありコスト面では有利である．

② Al_2O_3 の還元窒化法

Al_2O_3 と炭素粉末を混合して窒素気流中で焼成することによって次式に基づいて AlN 粉末が生成される．

$$Al_2O_3 + 3C + N_2 = 2AlN + 3CO \quad (1)$$

この場合，原料として用いられる Al_2O_3 の純度などの性状がそのまま AlN の特性に反映される．現在，高純度の AlN 粉末として製造・販売され，半導体素子基板や半導体製造用の重要な原料となっている．①に比べて品質はよいが，コスト高であるため，目的によって使い分けがなされている．

③ 有機アルミニウムからの合成法

アルコキシドなどの有機 Al を出発原料としてこれにアンモニアを反応させて (2) 式のように AlN が合成される．

$$AlR_3 + NH_3 = AlN + 3RH \quad (2)$$

ここで，R はアルキル基を示す．合成粉末は，高純度で微細であり，最近ではさらにナノサイズの AlN も合成されている．

④ その他最近の研究

近年では AlN の重要性によって多くの合成研究が進められている．たとえば，②において，微細な γAl_2O_3 粉末を $C_3H_8 + NH_3$ でガス還元窒化することによって γAl_2O_3 の形状を保持したままで高純度で微細な AlN 粉末が得られており，上記の技術は高純度薄膜や単結晶の合成にも適用されて研究が拡大している．

①②の方法で合成された AlN 粉末の特性の一例を表1に示しておく．

(米屋勝利)

表1 代表的な窒化ケイ素粉末の特性表

合成法	直接窒化法 $2Al + N_2 \rightarrow$ $2AlN$	還元窒化法 $Al_2O_3 + 3C + N_2$ $\rightarrow 2AlN + 3CO$
粒径/μm	1.2	1.15
比表面積/m^2g^{-1}	5	3
化学組成/%		
N	33.2	33.5
O	1	0.8
C	0.1	0.02
Si	0.012	0.004
Fe	0.012	0.001
粒度分布	広い	狭い
充てん率	高い	低い

4) 材料

II

焼結体

2.1 分散技術

dispersion technology

スラリー中での原料粉体の分散技術としては，大きく分けて
① コロイド科学的手法により粒子間斥力を発現させ凝集を防ぐ方法
② 超音波や撹拌など機械的・物理的作用を用いる方法

がある．セラミックス製造プロセスで用いられるスラリーは，一般にサブミクロン以下の微粉体を高濃度で分散する必要があるため，機械的な分散方法だけでは分散設計が困難になる．したがって，コロイド科学的手法で粒子の凝集原因となる粒子間に働くファンデルワールス（van der Waals）引力に打ち勝つ斥力を発現させる必要がある．コロイド科学的手法による粒子間斥力の発現機構には，1）界面電気二重層の重畳による静電的な作用，2）高分子分散剤などの表面吸着で発生する立体障害効果，3）粒子表面の分子からナノレベルで表面被覆・構造設計などがある．

液中で粒子表面が帯電し，溶媒中に表面電荷と反対符号をもつ対イオンが存在すると，表面電荷に引かれ対イオン濃度が増加する界面電気二重層が形成される．粒子が接近してこの電気二重層が重なると，粒子間の対イオン濃度が増加する．増加した対イオンは平衡濃度に戻るため粒子間から出ようとするが，粒子が邪魔をするので粒子に対して浸透圧に相当する圧力がかかり分散を促進する．この静電反発斥力作用が粒子の凝集の原因となるファンデルワールス引力を上回れば粒子の分散は維持される．この静電反発作用とファンデルワールス引力の関係を体系的に整理したDLVO理論[1]に基づいて両作用のポテンシャルエネルギーと表面間距離の関係を求めることで，凝集・分散の判定が可能となる．計算結果の一例を図1に示した．縦軸のポテンシャルは正が斥力，負が引力側を示しボルツマン（Boltzmann）定数と絶対温度の積

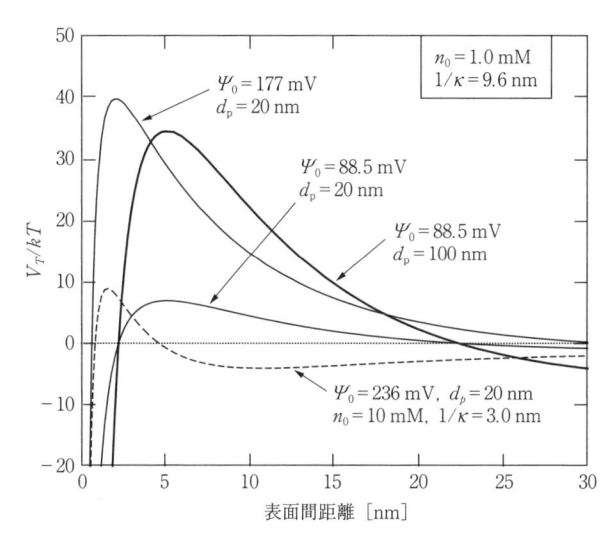

図1 DLVO理論で計算できる表面ポテンシャル曲線の事例

1）成 形

(kT)で無次元化している．表面間距離，数 nm で斥力ポテンシャルの極大値 $V_{T\max}$ が認められる．この $V_{T\max}$ が kT の 10〜20 倍以上あれば粒子は障壁を越えて接近できず分散が維持できるが，低いと障壁を越えて凝集を起こす．図 1 の例では，表面電位 ψ_0 を 88 mV にすると，粒子径 $d_p=$ 100 nm は十分分散するが，20 nm では凝集する．表面電位を 177 mV まで大きくすると 100 nm と同程度の障壁となり分散が維持できることが予測される．一方対イオン濃度 n_0 を 10 mM と 10 倍に増加すると高い表面電位でも分散域に達しない．分散の維持には，表面電位の上昇と対イオン濃度の低減が有効となる．

粒子濃度がきわめて高い場合やナノ粒子では，粒子表面間の平均距離が $V_{T\max}$ が現れる距離より短くなる．この場合には，静電的な作用で分散を維持する手法では粒子の分散は困難で，高分子分散剤の吸着による立体障害効果や粒子表面の構造設計による分散制御が必要となる．

サブミクロン程度の粒子では，分子量 10000 程度の分散剤が一般に使用され，粒子材質と溶媒の組合せにより分散に適した分散剤の分子構造は異なる．セラミックスの種類と溶媒の組合せでよく使用される分散剤の事例を表 1 にまとめた．また，粒子径が小さいほど分散効果の高い分散剤分子量は低い方にシフトすることが報告されている[2]．

このほか，セラミックス粒子表面は一般に親水性であるため，有機溶媒や樹脂などに高濃度分散する場合には，粒子表面に有機鎖を修飾する方法も用いられている．

(神谷秀博)

文献

1) E. Verwey and J. Th. G. Overbeek："Theory of the Stability of Lyophobic Colloids", Elsevier, Amsterdam, Netherlands (1948)
2) 神谷秀博，色材，**78**，304（2005）

表 1 高分子分散剤の事例

(a) 水系スラリー用分散剤の事例：ポリアクリル酸アンモニウム系（PAA）

$$-[CH-CH_2]_m-[CH-CH_2]_n-$$
$$\quad | \qquad\qquad\quad |$$
$$COO^-NH_4^+ \qquad COOR$$

R：有機鎖
・酸化物・窒化物系 CH_3, C_2H_5 など，・炭化物等疎水性粒子

(b) 有機溶媒系スラリー用分散剤の事例：ポリエタノールイミン系（PEI）

$H_2N-(CH_2CH_2N-CH_2CH_2)_m-CH_2CH_2NH_2$
　　　　　 $|\quad\quad\quad |$
　　　　 $CH_2\quad\quad CH_2$
　　　　 $CH_2\quad\quad CH_2$
　　　　 $NH\quad\quad\ N$
　　 $H-x(H_2N-H_2C-H_2C)\ (CH_2-CH_2-NH)_y-H$
　　　　 $H-y(H_2N-H_2C-H_2C)$

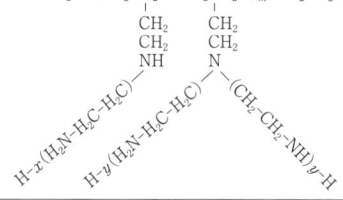

II. 焼結体

2.2 アトライター

attritor

粉体原料を粉砕することにより，数十〜数ミクロン以下の粉体を製造する方法を微粉砕という．アトライターとは，微粉砕を実現する粉砕機の一つであり，媒体撹拌型粉砕機として分類されるものである．媒体撹拌型粉砕機とは，粉砕容器中に媒体ボールと粉体原料を入れ，これらを撹拌翼などで強制的に撹拌することにより，媒体ボール間やボールと容器内壁間などに強いせん断力などを作用させる粉砕機である．1920年代に開発され，1940年代にアトライターの商品名で発売された．そこで媒体撹拌型粉砕機を総称して，アトライターとよぶことがある．図1にアトライターの代表的な構造を示す．

媒体撹拌型粉砕機は，当初塗料や顔料原料などを短時間で処理するために開発されたものであるが，粉体原料に高い機械的エネルギーを付与可能なことから，近年サブミクロンからナノサイズの粒子の粉砕や解砕，さらにはメカニカルアロイング（機械的合金法）や細胞破砕に至るまでの多様な目的に利用されるようになった．しかしながら，粉砕操作に伴う発熱量も多いので，弱熱性の材料を粉砕する際には，粉砕容器の冷却が必要となる．

媒体撹拌型粉砕機は，その機械的構造によって，塔式粉砕，撹拌槽型，流通管型，アニュラー型，アニュラー撹拌型に分類される．以下，それぞれのタイプについて説明する．

まず塔式粉砕とは，塔に充填されたボールなどの粉砕媒体を縦型スクリューで撹拌するものであり，タワーミルの名称で知られている．鉱石の粉砕に利用されるが，中和反応などの化学処理に使用されることもある．つぎに，撹拌槽型は，図に見るように容器に充填されたビーズなどの粉砕媒体を撹拌棒で強制撹拌するものである．一方流通管型は，縦または横の円筒容器内で粉砕媒体をディスクやピン付きアームなどにより強く撹拌するものである．アニュラー型は，二重円筒，二重円錐の内筒の回転により，ギャップ内の粉砕媒体を撹拌するものである．また，アニュラー撹拌型は，容器内壁とロータ間に狭いギャップを設けて撹拌することにより，粉砕を行うタイプである．

媒体撹拌型粉砕機は通常湿式にて操作されるが，最近では乾式による粉砕も増えており，連続乾式粉砕でサブミクロン以下の微粉体も製造されている．これらの粉砕機による粉砕品の粒子径制御は，粉砕時間に加えて，媒体ボール径や撹拌翼の形状，回転数，さらには撹拌翼と容器内壁とのギャップ調整などにより行われる．また，流通管型やアニュラー型では連続操作が可能なので，その場合には粒子滞留時間の制御も必要になる．

（内藤牧男）

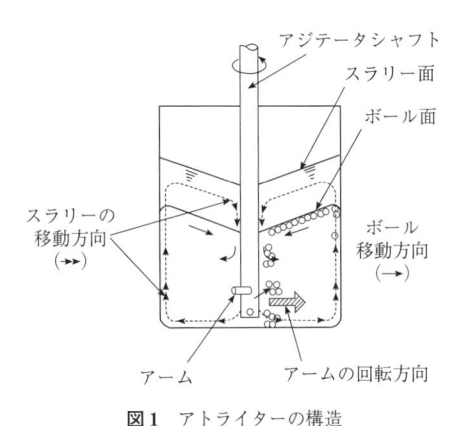

図1 アトライターの構造
(出典) 長岡 治：微粒子工学，p.143，朝倉書店(1994)

1) 成　　　形

2.3 遊星ボールミル

planetary ball mill

　ボールミルは，もっとも一般的な粉砕機であり，ボールなどの粉砕媒体を入れた円筒容器に回転，振動などを加えることにより，ボール間あるいはボールと容器内壁との間で作用する衝撃力，せん断力などを利用して粉体原料を粉砕する装置である．遊星ボールミルは，ボールミルに属する粉砕機であり，ボールミルを自転させると同時に公転させることにより粉砕を行うものである．ボールに容器公転に伴う遠心加速度を作用させるため，自転のみによるボールミル中のボールに作用する加速度では得られない強い力を粉体原料に作用できることから，微粉砕機として用いられることが多い．

　遊星ボールミルには，公転軸が重力に対して垂直の場合と平行の場合の二つがある．図1に，一例として前者の場合の構造を示す．通常は複数の容器が公転軸に対して対称に設置され，おもにバッチ式にて操作される．湿式，乾式いずれの操作にも用いられ，乾式では雰囲気調整も可能である．

　従来の遊星ボールミルは，その構造の複雑さから，おもに小規模生産用として使用されていたが，最近は容器径の大きい量産型装置も開発されている．その用途も粉体原料の微粉砕のみならず，メカニカルアロイングやメカノケミカル*反応など幅広い目的に使用されている．これらの粉砕操作においてポイントとなるのは，自転，公転の回転数に加えて，粉砕に使用されるボール径があげられる．通常のボールミルに加えてボールに作用する加速度は大きくなるので，通常よりも小さな媒体ボールによる粉砕が可能となる．このことは，粉砕到達粒子径を，通常のボールミルの場合よりも小さくできることを示している．また，遠心加速度の効果により，通常のボールミルよりも目的とする粒子径を得るための粉砕時間は短く，高い粉砕速度での微粉砕が可能である．

　粉砕時間とともに粉砕品の粒子径は小さくなるが，粒子径がある大きさ以下になると，媒体ボールによる外力が粉砕品の見掛けの粒子径を大きくする方向に作用することがある．このような現象を逆粉砕とよぶこともある．したがって，目的とする粒子径の粉砕品を得るためには，適切な媒体ボール径や粉砕時間の選定が必要となる．

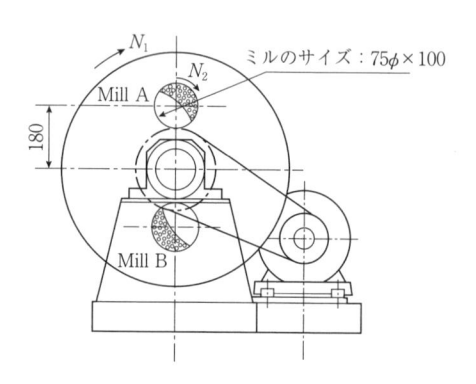

（内藤牧男）

図1 遊星ボールミルの構造
(出典) 趙千秋，山田茂樹，神保元二：粉体工学会誌，**25**，pp.297-302 (1988)

2.4 ジェットミル
jet mill

ジェットミルは，圧縮空気などを用いて原料粒子を加速させ，粒子どうしまたは粒子と衝突板などとの衝突などにより原料粒子を粉砕する粉砕機である．ジェットミルには，圧縮空気を用いる気体ジェットミルと，液体どうしを加速して合流させることにより液中粒子を粉砕する液体ジェットミルがある．

気体ジェットミルは，ボールのような粉砕媒体を使用しないため，一般的に粉砕に伴うコンタミが少ない．さらに，大量の気体を使用するために発熱による温度上昇も少ない．その結果，静電複写用トナーに見られるような弱熱性材料の粉砕にも適している．ジェットミルの一例として，流動層式ジェットミルを図1に示す．このミルは，圧縮空気を複数のノズルから粉体原料に対向照射することにより，粉体どうしに衝突，摩擦などの作用を加えて微粉砕を行うものである．

気体ジェットミルでは圧縮空気を用いるため，通常連続式での粉砕が行われる．そこで，粉砕機上部に風力分級機を設置する閉回路方式の粉砕を採用することが多い．この場合，粒子径の大きいものは分級機から粉砕室に戻されて再度粉砕されるが，所定の粒子径に達した微粒子は，風力分級機を通過してバグフィルターなどで回収される．このような粉砕方式は，過粉砕を避けることができるため，粉砕性能が向上するという利点がある．

気体ジェットミルは，このように微粉砕機として使用されるほかに，最近ではナノ粒子の気流中での分散装置としても活用されている．ナノ粒子は，通常凝集体を形成しているため，ジェットミルを用いて凝集体に強い機械的エネルギーを加えることにより，効果的な分散が可能になる．

一方，液体ジェットミルは，高圧ポンプなどにより，原料が分散された液体を加圧し，その後流路を二分割して再度合体させて粒子同士を衝突させることなどにより，粒子の粉砕を行うことを原理としている．このタイプのミルは，液体中の粒子の粉砕に加え，乳化や分散などの幅広い目的に使用されている．得られた処理品の粒子径も数十から数百 nm と大変細かいものが得られている．さらに，最近では，CMP（ケミカルメカニカルポリッシング）用の微粒子の分散調製などにも活用されている．湿式粉砕でありながら粉砕媒体を使用しないため，比較的摩耗が少ないなどの利点がある．

（内藤牧男）

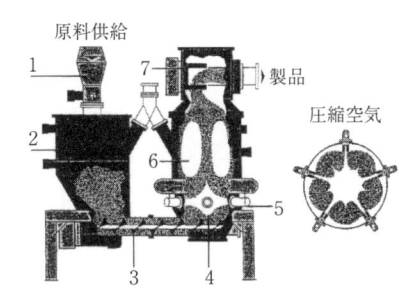

1. ホッパー
2. 原料槽
3. 供給用スクリューフィーダー
4. 原料床
5. 粉砕ノズル
6. 粉砕室
7. 分級ローター

図1 ジェットミルの一例
（出典）内藤牧男：ニューセラミックス，**1**, 7, pp.37-46（1988）

1）成　形

2.5 スプレードライヤー

spray dryer

　スプレードライヤーは噴霧乾燥装置であり，溶液またはスラリーなどの液体原料を微粒化装置により噴霧微粒化し，熱風と接触させることにより急速に乾燥して粉体を得る装置である．

　スプレードライヤーの構成の例を図1に示す．この装置では，スラリーから直接数十～数百ミクロンの顆粒体（造粒品）が得られることや，乾燥時間が数秒～数十秒と短いために製品への熱の影響が少ないなどの特徴がある．とくに，セラミックス原料粉体から成形体を作製する場合，原料粉体は通常ミクロンオーダー以下のため，乾燥粉体のままでは付着凝集などの影響により，乾式にて直接加圧成形を行うことはきわめて困難である．そこで通常は，原料粉体から顆粒体を作製することにより，型への流動性や充填性などを向上させて加圧成形を行うことになる．その際に，顆粒体の流動性や加圧による圧縮破壊特性などが成形体の均質性などの特性に影響するため，顆粒体の特性を制御することが不可欠になる．スプレードライヤーは，これらの特性制御を比較的容易に行うことが可能である．具体的には，原料としてのスラリーの濃度，粘度特性および噴霧乾燥条件などを変えることにより，顆粒特性の制御が行われている．

　スプレードライヤーにはさまざまなタイプがある．まず微粒化装置としては，高速回転するディスク上に液体原料を供給し，遠心力により液の微粒化を行う回転ディスク式が一般的である．そのほか，噴霧する液体に圧力をかけノズルから高速で噴出させ微粒化する加圧ノズル式や，原液を高速気流と衝突させ微粒化する二流体ノズル，加圧ノズルと二流体ノズルの組合せによる加圧二流体ノズルなどがあげられる．また，乾燥室の形式は，熱風と液滴との接触方法により並流型，向流型，混合流れ型に分類される．並流型がもっとも一般的であり，熱風は噴霧液滴とともに下降する方式である．

（内藤牧男）

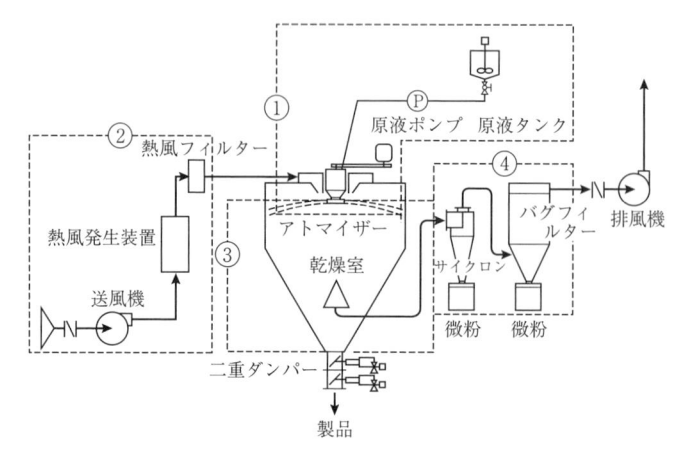

図1　スプレードライヤーの構成
（出典）　相嶋静夫：実用粉粒体プロセス技術, p.195, 粉体と工業社（1997）

2.6 成形方法

forming method

セラミックスが「焼き物」といわれるように，大部分は原料粉体を成形・焼結して製造される．製造工程においてもっとも重要なことは，材料や対象製品の仕様によって，多種多様の成形・焼結方法が選択されることである．この場合，セラミックスの製造工程が原料から製品まで一貫した工程をとることから，原料粉体の選択，分散・混合，成形は工程の要となっており，泥臭さと困難さが同居したノウハウの世界であるといわれている．とくに，最終部品に合ったネットシェイプ成形がつねに求められることから，材料の種類と機能，部品形状や数量などに応じて乾式から湿式まで種々の方法が開発され実施されている．

セラミックスの成形法の種類と特徴を表1に示し，以下に代表的な成形法について述べる．

a. 乾式成形

乾式成形は，セラミックスの成形の中でもっとも一般に行われている方法であり，通常顆粒体を作製した後外部から圧力を印加して成形する方法である．以下にその概要を述べる．

① 造粒*

一般にセラミックス粉末は，かさ高く，流動性が悪い．これは，微細な粉末を50～100 μm程度の球状顆粒にすることで解決することができる．代表的な造粒方法として噴霧乾燥法*がある．成形体の強度を保持するためにバインダー*（ポリビニルアルコールなど）を添加するが，バインダー量が多すぎると成形中に金型などに粉末が付着したり，焼結体中に炭素が残存したりする要因となるため注意が必要である．

② 一軸加圧成形法

もっとも簡便な成形法は一軸加圧成形法である．この方法では，金型に粉末を投入し，一方向に圧力をかけて成形する．顆粒を使用した成形では金型内に粉末を均一に投入することができるが，顆粒間の気孔や中空顆粒の内部気孔が残存する場合があり，これが焼結体中に残存して強度を低下させる原因となることが知られている．

③ 冷間静水圧成形法（CIP成形法）

CIP成形法では，あらかじめ所望の形状に成形した圧粉体*をゴム袋に入れて真空封入し，これを圧力容器に投入して，水や油などにより静水圧を印加して成形するか，ゴム型を用いて外部から加圧する．圧力は数百MPaまでかけることができるため，一軸加圧成形体よりも均質かつ緻密な成形体を得ることができる．

b. 湿式成形

湿式成形はスラリーなどを用いる成形法で，その特性から複雑形状のものも成形可能である．しかし，形状とサイズの影響が大きく，とくに大型部材では乾燥や脱脂バインダなどの除去が大変難しい．以下に，その特徴と概要について述べる．

① スラリー調整

湿式成形において重要なことは，原料粉末の均一な分散である．このために，原料粉末に適量の分散剤（ポリアクリル酸塩，ポリカルボン酸塩など）が添加される．また，成形体にある程度の強度をもたせるためのバインダー（ポリビニルアルコール，デンプン，パラフィンなど），押出し成形時の可塑性を制御するための可塑剤（グリセリン，ポリエチレングリコール，フタル酸エステルなど），粉体間の摩擦低減のための滑剤（ステアリン酸など）などを添加する．これらの最適添加量や種類は原料粉末の種類や粒度，スラリーの濃度やpHによっても変化する．

1) 成　形

② 鋳込成形法*

鋳込成形法はスリップキャスト成形法ともいう．鋳込成形法は，スラリーを石こう型に流し込み，スラリー中の分散媒を石こう型に吸収させることで原料を着肉させる手法である．伝統的セラミックスの成形法として古くから用いられ複雑形状品や大型部品を成形する方法として広く実施されている．最近では，用途に応じて，石こう以外に樹脂型や金属型なども用いられている．

③ ドクターブレード法*

鋳込成形で用いるような低粘度スラリーを，ドクターブレードとよばれる鋭い刃を用いて一定の厚みでフィルム上にシート成形する方法をドクターブレード法といいセラミックス基板や積層コンデンサーなどの成形に適している．成形体（グリーンシート）の厚さは数 μm から 1 mm 程度までで，ドクターブレードの高さ，スラリーの粘度，フィルムの送り速度などで制御できる．

④ 押出し成形法

押出し成形*はセラミックス原料粉末に溶媒（水，アルコールなど），バインダー，可塑剤，分散剤などを添加し，粘土のような可塑体を作製して，これをところてんのように口金から一方向に押し出して成形する手法である．触媒担体のハニカムや，電子回路基板などの成形法として用いられている．

⑤ 射出成形法

射出成形*は，プラスチックの成形と同様にセラミックス粉末と樹脂の混練物を加熱して流動性を付与したのち，金型に射出して充填し，冷却して成形体を得る方法である．この方法は工程が単純であり，複雑形状かつ高精度寸法の成形体を作製できる特徴があるが，大量の樹脂を除去するための脱脂技術が課題として残されている．

(米屋勝利)

表1 セラミックスの成形法

区分	成形法		長所	短所	製品形状
乾式成形	金型成形（あるいは一軸成形）	造粒粉末を用いた金型による加圧成形	量産性良好 密度均一	密度が均一 設備が高価	単純形状（平板，ブロック） 管状，球状
	冷間静水圧成形(CIP) ホットプレス(HP) 熱間静水圧成形(HIP)	ゴム型に粉末あるいは成形体を入れて静水圧を印加し成形 焼結を伴った熱間一軸加圧成形 焼結を伴った熱間等方加圧成形			
塑性成形	ロクロ成形	杯土を回転円盤上で押さえ付けて円形に成形	設備が簡単	生産性悪い	円筒状，皿，つぼ
	押出し成形	杯土を口金を通して押出して成形	連続生産 小～大まで可能 複雑形状，寸法精度良好	配向	棒，パイプ，シート状，ハニカム状
	射出成形	樹脂で可塑性をもたせて，型内に射出して成形	複雑形状，寸法精度良好，密度均一	金型高価，脱脂時間が長い	ターボロータなど複雑形状
鋳込成形	泥しょう鋳込み	泥しょうを型（石こうなど）に流し込み，着肉後に排泥あるいはそのまま固化	複雑形状，設備・作業が簡単	生産性，寸法精度が悪い	複雑形状，薄肉，立体品
	加圧鋳込み	加圧した泥しょうを型内に流し込み，着肉速度を速くする	生産性が高い，複雑形状	それなりの設備が必要	複雑形状，薄肉，立体品
	回転鋳込み	遠心力を用いて着肉させたのち排泥する	高密度・均質 多層構造体	それなりの設備が必要	円筒形
テープ成形	ドクターブレード法	高濃度の泥しょうをブレードで厚さを調整しつつベルト上に流してテープ板状に成形し固化する	生産性よい	設備投資が大，有機溶媒対策が必要	シート状製品（基板・パッケージ，積層コンデンサー）

II. 焼結体

2.7 バインダー

binder

　セラミックスの成形において，成形体強度を発現させかつ非可塑性粉体に可塑性を付与する目的で使用される添加剤の一種である．伝統的なセラミックス成形においては，無機系バインダーとして粘土を使用することが多い．用途によりケイ酸ソーダなどを用いることがある．また，無機系バインダーを使用できない用途には，加熱することにより除去できる有機材料を添加する．一般にファインセラミックスの成形においては有機系バインダーが用いられ，その多くは高分子系のバインダーである．バインダーは大別すると，水に可溶な水系バインダー，有機溶剤に溶かして使用する非水系バインダー，有機成分を水系エマルジョン化したバインダーがある．粘土のような可塑性粉体では，普通，水によって系の状態を変化させるので，水系バインダーが利用される．一方，非可塑性粉体では，溶媒に応じて水系および非水系のバインダーが使われる．

　溶液の粘性は，バインダーの種類と濃度に強く依存している．したがって，成形のための原料となる粉体と液体の混合物の粘性もバインダーに強く影響される．溶液の粘性 η (cP) とバインダーの濃度 C (wt%) の間には，以下の関係が近似的に成り立つことが知られている．

$$\log \eta = \kappa C$$

したがって，κ 値は粘性の指標となり得る．一般に，バインダーを κ 値で定義し，0〜0.133 を超低粘性度，0.133〜0.333 を低粘性度，0.333〜1.0 を中粘性度，1.0〜3.0 を高粘性度，3.0〜∞ を超高粘性度と大別される（表1に代表的な成形法と k 値の関係を示す）．それぞれの成形法には経験的に知られた適当な粘性範囲がある．たとえば，加圧成形では超低粘性度，鋳込み成形*では超低粘性度，低粘性度，押出し成形*では低粘性度，中粘性度のバインダーがよいとされている．しかしながら，バインダーを溶解した溶媒のレオロジー的性質は，粘性の測定方法や溶液の流速によって変化するので，バインダーの選定には，成形法の実際に即した注意が必要である．もっとも重要な事項は溶液のチクソトロピー性である．たとえば，テープ成形に好ましいスラリー粘度に調製していても，スラリーのチクソトロピー性により，成形開始後にせん断力がかかると著しい粘度低下により，たちまち成形不能となることがある．

(高橋　実)

表1　代表的成形法とバインダー κ 値

成形法	充填状態	保形手段	κ 値
加圧	ドライ〜ファニキュラー	粒子間距離短縮 (固/気分離，付着力)	0〜0.133
押出	キャピラリー	原料降伏値利用 (応力変化)	0.333〜3.0
射出	キャピラリー	分散媒固化 (温度変化)	0.333〜3.0
鋳込	スラリー	分散媒減少 (固/液分離，付着力)	0〜1.0
テープ	スラリー	乾燥 (付着力)	0〜1.0

1) 成形

2.8 金型プレス成形

mold pressing

金型プレス成形は，目的の製品に適した大きさと形状をした金型に粉体または坏土を所定量充填したのち，プランジャーを押し込んで加圧・成形し，離型して成形体を得る方法で，大量生産に向いている．しかし，成形体の密度は粉体どうしの摩擦に起因するブリッジング現象や金型面と粉体との摩擦により不均質になりやすい．もう少し詳しくいうと，粉体の性質上，プレス圧力が壁面に逃げるため，プランジャー加圧面から離れるに従って粉体に作用する圧力は減少し，結果として成形体の密度が低下する．同時に，壁面近傍の粉体はほかと比べて高密度化されるため，同じく密度むらを引き起こす．そのため，焼結体に密度むら，そり，亀裂などの欠陥が生じやすい．こうした欠陥が発生するのを防ぐために，粉体を顆粒状にし，金型成形に適した滑剤を用いるなど，種々の工夫が図られている．また，プランジャーに微小振動を生起させ，粉体粒子どうしや金型壁面との摩擦を軽減することにより均質な成形体を得る方法（振動プレス成形法）も実用化されている．しかし，先にあげた理由により，金型プレス成形は，肉厚製品の製造には適さない．

金型プレス法と原理的には同じ方法にロータリープレス法とフリクションプレス法がある．ロータリープレス法は，主として医薬品などの錠剤を成形するためのプレス法として開発されてきた．円形回転盤に数十組の上杵，臼，下杵のセットがアセンブリーされ，回転盤が一回転する間に粉体の充填，計量，圧密，離型が行われる．高速打錠が容易で，粉体の供給や製品の搬出をはじめとして全工程が高度に自動化されている．

フリクションプレス法は，回転ホイールの運動エネルギーを上下動ホイールとの接触摩擦により上下運動に変換し，ラムを介して金型に充填された粉体を圧密成形する方法で，油圧プレスより安価で大型化が容易なうえ，比較的に高速成形が可能なため，大型製品（大型耐火物など）の成形に適している．

実験室規模では，図1に示したような一軸金型プレスが多用されている．上下パンチおよびダイスの内面は超硬合金製が望ましい．超硬合金を用いると，「はめあい」を厳しくすることが可能で，結果として粉体がパンチとダイスの隙間に入り込むのを防ぐことができる．一度粉体をパンチで加圧して除荷したのち，図1中のスペーサーを取り除いて再度負荷すると，下パンチ側から加圧することができる．加圧処理後，成形体を無傷で取り出す必要がある．そのために，通常以下の手順が取られる．まず一軸金型プレスを逆さにし，下パンチを取り除く．次に，下パンチの代わりにダイスの内径より大きな穴を有する円筒を載せ，これを介して荷重を負荷する．上パンチをダイス中に押し込むことにより，成形体をダイス内部から押し出すことができる．

(松尾陽太郎)

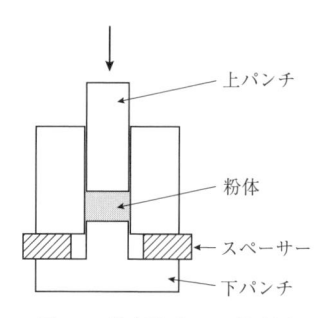

図1 一軸金型プレスの概念図

2.9 冷間静水圧プレス（CIP）

cold isotropic pressing

冷間静水圧プレス法には，セラミック粉体をゴム袋に封入したのち，圧力容器内に挿入し，常温で数百 MPa の静水圧を加えることにより，金型プレス成形*よりも均質で等方的な成形体を得る方法（湿式法）と，圧力媒体がクローズドシステムになっていて粉体を直接ゴム型中に充填する方法（乾式法といい，ほとんどの場合，金属製の中子を使用する）とがある．湿式法は大型，長尺，多種少量品の作製に有利であるが，大量生産には不向きである．一方，乾式法は自動化が可能で，大量生産向きであるが，理想的な静水圧とはならないため，湿式法に比べて成形体の均質性に劣る．冷間静水圧プレス法は CIP（cold isotropic pressing）と略称でよばれることが多い．CIP は実験室規模から大規模な生産現場まで広く用いられており，予備成形を併用することにより，複雑形状品にも適用が可能である．

CIP 成形において，圧力容器の耐圧設計はもっとも重要な要素の一つである．図1に実験室規模における圧力容器の概念図を示す．通常，圧力容器は肉厚の円筒形状をしており，両端はねじぶたを介してシールされている．使用中に疲労亀裂が発生するのを防ぐために，ほとんどの圧力容器は焼きばめなどの方法により内面に圧縮の残留応力を生じさせている．

圧力媒体には一般に取り扱いが容易な水が使用されるが，500 MPa 以上になると水の粘度が高くなって圧力伝達が悪くなるため，グリセリンやケロシンなどが使用される．

封入用ゴム袋には，工業的には数ミリ厚の天然ゴムやウレタンゴムなどが使用される．圧力媒体や粉体の種類により適したゴムを選択する．肉厚のゴム型を使用する場合は，とくに除圧過程においてゴム型の復元などにより成形体に過大な力が作用するのを防ぐために，最適な圧力-時間曲線を選択する必要がある．

複雑形状品や実験室規模の CIP においては，できるだけ薄肉のゴム袋ないしはゴムコーティングを使用し，十分脱気する必要がある．

CIP 成形においては通常，圧力の負荷・除荷は1回のみであるが，静水圧を繰り返し負荷する方法（サイクリック CIP 法という）が開発されている[1]．それによると，市販のアルミナ粉（AL-150SG）を使用し，最高圧力 100 MPa としたとき，通常の CIP では相対かさ密度が 64％であるのに対し，繰り返し数 100 回のサイクリック CIP では実に 72％に達し，成形体内の均質性も通常の CIP よりはるかに向上する．

（松尾陽太郎）

文献

1) 日本学術振興会第124委員会編：先進セラミックスー基礎と応用ー，pp. 74-81，日刊工業新聞社（1994）．

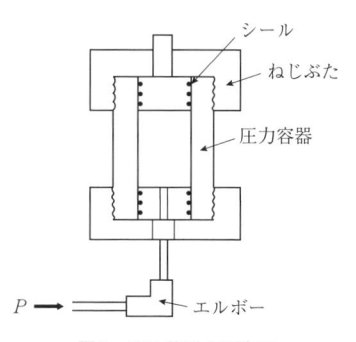

図1 CIP 装置の概念図

1) 成　　形

2.10 ろくろ［轆轤］成形

jiggering

　ろくろ［轆轤］成形は，図1に示すように可塑成形法の一つとして分類され，回転する円盤上に練り土を置いて，これに力を加え，変形させて形をなす成形法である．

　回転する円盤あるいは円盤の中心を棒状の物で支えて全体を回すものを轆轤という．回転させる方法で手轆轤，蹴り轆轤，踏み轆轤などと分類する．陶芸家が使用するものには木製などがあるが，一般的には円盤をモーターで回す金属製のものが普及している．

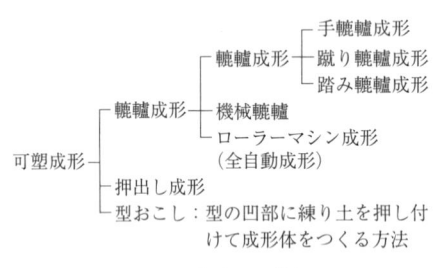

```
           ┌─手轆轤成形
     ┌轆轤成形─┼─蹴り轆轤成形
     │       └─踏み轆轤成形
可塑成形┤    ─機械轆轤
     │ 轆轤成形─ローラーマシン成形
     │       　（全自動成形）
     ├押出し成形
     └型おこし：型の凹部に練り土を押し付
            けて成形体をつくる方法
```

図1　可塑成形の種類

　粘土，陶石，長石，ケイ石などを配合してつくった素地土に水を加えて練ったものを練り土といい，主成分の粘土と同じように，これらの小塊を手にもって力を加えると，指の間から少し出て変形する．そのまま，手のひらから板に移すと，変形したままの形を保ってくれる．このように，力を加えると変形し，力を除去しても，変形した形を保ってくれる性質を可塑性という．成形される能力を示すとも考えられるので成形性ということがある．こういった能力を判断する方法として，水を保持した粘土や練り土の小さな塊を，両手でもみながら，どれだけ細くて長い丸棒になってくれるかで判断することがある．経験的な判断法であるが，きわめて有効で示唆に富んだ試験法である．このような練り土の性質を利用して成形することを練り土成形，可塑成形，塑性成形などということがある．このうち回転を利用して変形させる成形法をろくろ［轆轤］成形という．

　回転する円盤上に凹部をもった石こう型を固定し，この石こうの凹部に練り土を置き，回転時にそっと指で押さえると，凹部に沿った円形の湯飲みのような容器ができる．固定する石こう型を丸みを帯びた凸部にして，その上に練り土を置き，回転時に手のひらで抑えると，お皿のような成形物ができる．回転を止めてしばらく放置すると，これらの成形物は石こうに水を吸われて収縮し，石こう型から取り出すことができる．

　回転する円盤そのものを，凹凸部をもった石こう型とし，指や手のひらを硬い棒や型にして機械化を可能にしている．機械化したとき，指や手のひらに相当するものを鏝という．鏝が木型などででき，成形時に鏝を練り土に当てるときなどに人が介在するものを機械轆轤という．型や鏝が石こう型や石こう型のような多孔質の型材でつくられた自動成形機をローラーマシンということがある．

　また，凹部に入れる指に相当する鏝は，内側に入ることから内鏝，手のひらに相当する鏝は外側から覆うようにするので外鏝という．

　ローラーマシンは，練り土や型の自動供給から離型，成形体の乾燥までが自動化されたシステムの中で使用されることが多い．硬めの練り土が使用でき，成形スピードが速く，乾燥収縮が小さく，成形体にゆがみが少ないことから多くの工場で使用されている．これは轆轤成形の進化系と位置づけられる．

〔島田　忠〕

2.11 押出し成形

extrusion

　押出し成形は坯土の可塑性 (plasticity) を利用する成形法の一つである．原料粉を水で練った坯土を所定の構造を有する口金を通して押し出し，所定の長さで切断する．したがって，口金構造で決まる断面形状をもった長尺品の成形に適しており，連続的に成形できるため量産性に優れる．押出し成形を利用した製品は，セラミックファイバーのような数百 μm の細径のものから，直径約 2 m の大型がい管まで，大きさは広範囲にわたる．

　押出し成形用坯土には可塑性が必要であるが，可塑性とは，降伏値以上の力を加えたとき，破壊を伴わず永久に形状を変えることができる性質であり，力が加えられたときにキレなどを生じることなく変形できること，口金を通る際に滑らかに押し出されること，押し出された後はその形状を維持できることなどの性質が必要である．陶磁器用粘土は基本的にこれらの性質を有しているが，それは粘土の粒子が細かく扁平，水に対して水素結合を生じ厚い水膜を形成できるなどの条件を備えているからである．一方，アルミナ*などのファインセラミックス原料に水を加えても可塑性は生じないため，成形助剤などの添加により可塑性を付与する．成形助剤としては，焼成時に燃焼，揮散して最終組成に影響することがないメチルセルロースなどの有機高分子材料が用いられる．また，可塑剤を加えて高分子どうしを滑りやすくする．坯土の押出し成形性には，原料粒子の粒子径，助剤量，水分量，温度，混合均一性などが影響する．

　坯土の作製にあたって，固体粉末-水系の混合は重要であり，水分の均質化，気泡の除去などを行う．混合，均質化する混練装置としてはニーダーなどを用いる．押出し成形機には，オーガー型，プランジャー型がある．オーガー型はらせん状の羽根の回転によって坯土を口金方向に圧縮しながら送り出し，口金から押し出す．これに対し，プランジャー型は，別に真空土練機などで作製した坯土の圧密体を押し棒で押し出す．図1にオーガー型真空押出し成形機の模式図を示す．坯土を練り込み，脱気，温度調整する機能が一体化されている．押し出された成形物は種々の要因により曲がり，クラック，表面のささくれなどの不具合を生ずることがあるが，スクリューの羽根のピッチや軸との角度，スクリューの回転速度，バレルによる絞り，口金の形状などが調整される．最近では，2種類の原料坯土を別々に送り出し，口金を工夫することによって，複雑に積層した押出し成形体を得ることも可能となっている．

〔阪井博明〕

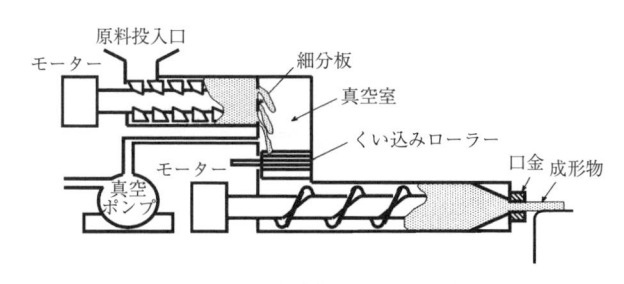

図1 オーガー型真空押出し成形機の模式図

1) 成　　　形

2.12 射出成形

injection molding

セラミック粉体／熱可塑性（あるいは熱硬化性）樹脂コンパウンドを高圧力を加えて金型に射出充填し，冷却固化（あるいは加熱固化）により成形体を作製する方法である．広義には可塑成形に属するが，分散媒自体の固化によって保形する点が押出し成形*と異なる．成形機はプランジャー式とスクリューインライン式（図1）に分かれる．

複雑形状，厳しい寸法精度かつ量産が要求される製品の成形法として，現状では，ノズル，歯車，光コネクター用フェルールなど小型精密品を中心に実用化されている．

コンパウンド調製では，有機原料の処方，粉末濃度の決定，混練機の選択が重要である．有機原料は主成分となる高分子樹脂（結合剤）のほかに可塑剤，滑剤，分散剤などからなる．また，溶融樹脂と粉体との良好なぬれが必要なため，場合によってはカップリング剤による表面改質が行われる．非キャビティ部の体積はキャビティ部に対して無視できず，再利用を考慮して熱可塑性樹脂が一般に利用される．ただし，再利用に際しては，樹脂の変質による流動性変化に注意する．主結合剤にワックスを用いた低圧射出成形法もある．

セラミックス原料と熱可塑性樹脂は，高せん断ミキサーを用いて，熱間混合（100～200℃）する．高粘性溶融樹脂への粉末分散は困難であるが，到達した分散状態は安定であり再凝集や偏析などは起こりにくい．この点に着目して，アルミナ*/ジルコニア*系などのコンポジットへの応用が期待される．

射出成形工程は，非等温過程である．等温下で測定したレオロジー特性値を用いて，成形性を評価するには困難が伴う．成形性の実践的評価には，一定荷重および一定時間におけるダイからの流出量測定やスパイラルフロー長が利用される．スパイラルフロー長は小型・単純形状で 10 cm，複雑形状で 20～30 cm が目安とされる．

充填過程では射出速度と温度が重要な制御変数である．冷却とともに原料が収縮するため，収縮補填を行う．保持圧力が高すぎれば過充填になり，残留応力は欠陥の原因となる．大型あるいは肉厚変化の大きな成形体では，脱脂により欠陥が生じやすい．成形体の割れ，ひずみ，変形などの防止には，脱脂時間の短縮が重要である．超臨界抽出脱脂など，種々の方法が検討されている．

（高橋　実）

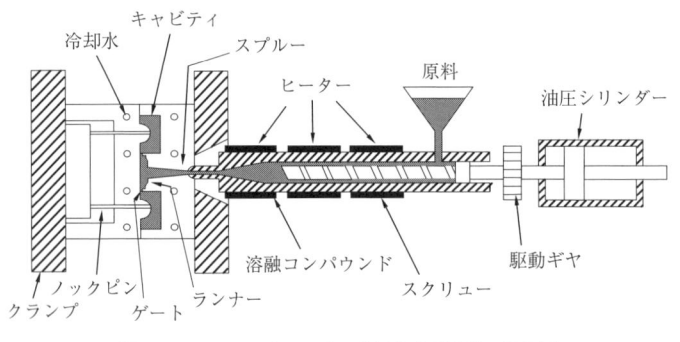

図1 スクリューインライン式射出成形装置の概念図

II. 焼結体

鋳込み成形法

2.13

slip casting

　不溶性の粉末（分散質）を分散媒に分散させてスラリー（泥しょう，スリップ）とし，これを所望形状の立体空間をもつ，吸水性多孔質鋳型に流し込み，そのまま固化あるいは型の壁面に形成させた着肉層を脱型して成形体を得る方法．

　粘土を使用した急須，花瓶などの袋物陶磁器製品や大型の衛生陶器などに用いられるが，適切な条件下では成形体の相対密度が上がること，石こう型を使用すれば比較的安価で自由に型製作ができること，均質な分散を助ける分散剤の進歩などにより，ファインセラミックスの成形にも多用される．

　鋳込み成形法の中でも多孔質鋳型の空間に流し込んだスラリーを鋳型の孔から分散媒のみ除去し，中実の成形体を得る方法を固形鋳込み（二重鋳込み）といい，鋳型の壁面の着肉層を残し，余分なスラリーを型から排出させて，中空の成形体を得る方法を排泥鋳込みという．

　スラリーには，分散媒への分散質の均一な分散，気泡の除去，流動性，高濃度化なども望まれるため，適切な分散剤やその量の選定，混合順番，脱泡操作などが必要になる．分散媒には水が用いられることが多い．分散剤は，分散質の無機粉末で異なる．粘土系では水ガラス，アルミナ*やジルコニア*などではポリアクリル（カルボン）酸系，窒化ケイ素*ではアミン系などが使用される．成形体の強度増強のためにバインダー*を用いることがある．

　スラリー供給時に圧力，振動，回転などの操作を用いることがあり，それぞれ圧力（高圧）鋳込み，振動鋳込み，回転鋳込みという．いずれも着肉層の成形密度を均一に上げるための操作で，さらに揺動を併用することがある．

　使用型には樹脂系型もあるが，石こうが用いられることが多い．

　陶磁器製品の鋳込み成形の場合，鋳込み成形で得た成形体には，20％に満たない分散媒が含まれていて，同質のスラリーを接着剤（のた）にして成形体どうしを接着することができる．これを「のた付け」ということがある．複雑な形をした人形などのノベルティは手，頭部，胴体などと各部位ごとに鋳込み成形をし，この手法で接着してつくられる．

　鋳込み成形時にはスラリー，型，操作方法を統合して考える必要がある．図1に，そのプロセス因子を示す．　　　**（島田　忠）**

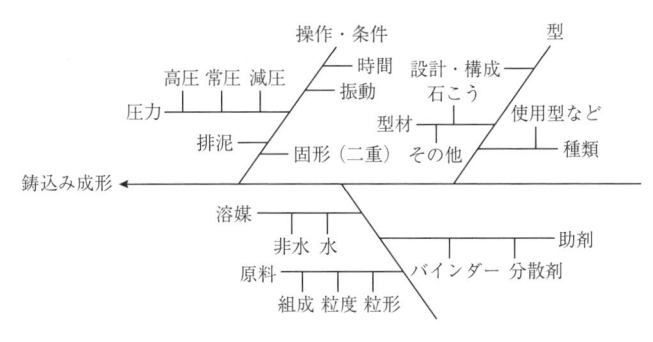

図1　鋳込み成形のプロセス因子

1）成　　　形

2.14 鋳込み成形型

casting mold

鋳込み成形型は石こうで作製されることが多い．これは安価で加工しやすいこと，原型の表面形状を転写しやすいこと，微細な孔を多くもち，吸水能に優れることなどの理由による．反面，型表面が柔らかく変質しやすいこと，強度が低いことなどの欠点をもつ．

型に用いられる石こうは，半水石こう（$CaSO_4 \cdot 1/2H_2O$）とよばれ，水と反応して硬化しながら二水石こう（$CaSO_4 \cdot 2H_2O$）になる．半水石こうにはαとβのタイプがあり，型をつくるときの水の添加量（混水率）の多少で石こう型の強度，緻密さ，堅さ，吸水性能が変わる．

石こう型の作製手順を図1に示す．焼成収縮を考慮して所望の形状より10～20％大きめの原型(1)をつくり，これをガラス板のような板の上にセットし，周囲を枠で囲い，隙間に石こうスラリーを流し込み(2)，捨て型(3)①をつくる．捨て型の周囲を粘土などの充填物で覆い，その周囲を枠で囲い石こうスラリーを流し込み(4)，ケース内型(5)②をつくる．(4)の充填物の位置に石こうスラリーを流し込めるように組み直して(6)，ケース外型をつくり，内型と外型を組み(7)，石こうスラリーを流し込み(8)，使用型(9)③をつくる．原型や捨て型は混水率60～70％程度の標準的な石こうを，ケース型は堅くて丈夫なケース用石こうを使用する．使用型は，排泥鋳込み用の型では混水率が多めの吸水性能に富んだ石こう型に，圧力鋳込み用の型では，α石こうが多く混水率が少なめの石こう型を用い，必要に応じて型内に針金などの補強材を入れることもある．

石こう型は，ゆがみの発生を防ぐために，乾燥温度をできるだけ低く（50℃以下がよい）すること，鋳込んだ後のクリーニングや異物の除去などに留意する必要がある．また，炭酸リチウムなどの可溶性成分を含むようなスラリーの場合，石こう型が使用できないことがある．

石こう以外の型では，エポキシなどの樹脂にフィラーを入れて多孔体にした型や古くは素焼きが用いられたこともある．高圧鋳込みなどでは，強度を向上させた樹脂型が使用される．

（島田　忠）

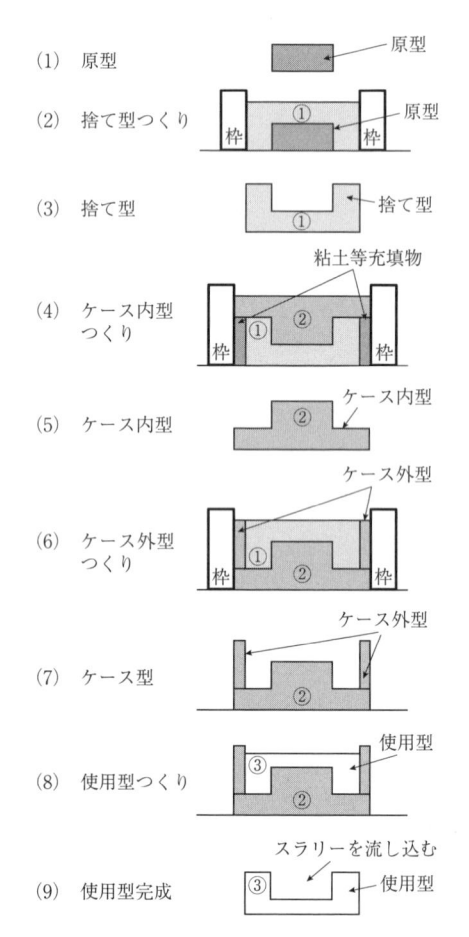

(1) 原型
(2) 捨て型つくり
(3) 捨て型
(4) ケース内型つくり
(5) ケース内型
(6) ケース外型つくり
(7) ケース型
(8) 使用型つくり
(9) 使用型完成

図1 石こう型の作製手順

2.15 ドクターブレード法

doctor blade method

セラミックグリーンシートを作製する方法の一つであり，電気素子収納用のセラミックパッケージ，多層セラミック配線基板，セラミックコンデンサーなどに用いる薄層セラミックグリーンシートを製造するのに使用されている．

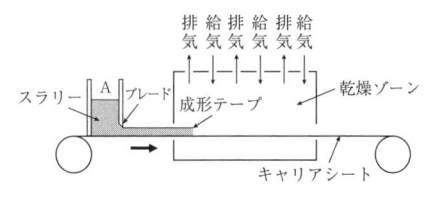

ドクターブレード法の原理を図1に示す．まず，セラミック原料粉末と有機系成分（有機樹脂結合剤，溶媒，可塑剤，分散剤など）をボールミル，ミキサーなどの分散機を用いて混合し，スラリーとよばれる泥しょうを作製する．スラリーを図1のAの部分に供給し，キャリアシートを一定の速度で矢印の方向に送ることにより，一定のギャップで設定されたブレードの部分からスラリーが排出，キャリアシート上に薄く延ばされて一定の厚さで塗布される．これが乾燥ゾーンで乾燥されることにより，スラリー中の溶剤が揮発し，セラミックグリーンシートとなる．

ドクターブレード法では，スラリー特性が重要となる．一般的にはずり速度に対して，粘度が変化しないニュートニアン流体が分散性に優れ，得られるグリーンシートの充填率は高いものの，スラリーの安定性が劣り，乾燥速度も遅いという課題がある．工業的には若干の降伏値をもつ塑性流体が使用される．均質かつ良好なシート特性を得るために，スラリー中のセラミック原料粉末，有機系成分が均一な分散系になっている必要がある．また，乾燥工程でのクラック発生を防止するために，有機樹脂結合剤には造膜性が求められる．さらには，グリーンシート工法であることから，成形以後の後工程では打抜き，印刷，積層，焼成といった工程を施すため，グリーンシートの生加工性，有機系成分の熱分解性を考慮した設計が必要となる．

ドクターブレード法でポイントとなる点は，厚さが均一で，ピンホール，クラックなどのないグリーンシートを作製することである．そのため，スラリー特性はもちろん，ドクターブレードの精度が重要である．ブレードとキャリアシートのギャップの寸法を正確にセットし，キャリアフィルムがつねに一定の速度で，振動することなく送られることが必要である．また，スラリーの入ったAの部分の液面高さによりスラリーの圧力が変わるため，つねに一定の高さにすることが望ましい．さらに，グリーンシート形成に用いるベルト，キャリアシートの表面粗さ，厚み精度なども品質に大きな影響を与える．これらは本技術のもっとも重要な項目であり，各塗工機メーカーによりさまざまな工夫が凝らされている．乾燥工程は恒率乾燥ゾーンと減率乾燥ゾーンの二つがある．減率乾燥ゾーンが始まるあたりからスラリーの弾性率が増大し応力緩和ができないとクラックが入りやすくなる．これらを高いレベルで制御できる高精度の塗工装置を用いて，スラリー組成，粘度および乾燥条件（温度，風量，雰囲気，送り速度）を厳密に管理することにより，高品質のグリーンシートを得ることができる．

〔古賀和憲〕

図1 ドクターブレード法の原理

1）成　形

回路基板

2.16

printed wiring board

　ここでは，グリーンシートと配線金属とを同時に構成するコファイア基板について説明する．絶縁基板上に所望の配線パターンを形成して，LSI チップ，抵抗およびコンデンサーなどの電子部品をつないで回路を構成する基板を指す．絶縁材料として耐熱性，電気的性質，放熱性，機械強度に優れたセラミックスが製品用途に応じて広く使われている．LSI の高集積化，高速化，電子部品の高密度実装化の動きに伴い，回路基板も大きく発展してきた．それぞれの電子部品の信号のやりとりを高速化にするには配線長さを短くし，高密度実装のためには配線密度を上げなければならない．これらを達成するために平面的に縮小された配線パターンを，シート状に成形されたセラミック粉末上に形成するとともにシート間の配線を電気的に接続する導通孔を形成し，これらを複数積層して多層回路を形成する技術の開発が進められた．

　導通孔はスルーホール（through hole）あるいはビアホール（via hole）とよばれ，グリーンシートに貫通孔を形成し，導体ペーストを充填して形成する．貫通孔の加工法としては超硬ピンなどによる打抜き加工が主流である．さらなる配線高密度化に伴いスルーホール径も小さくすることが要求されている．これに対応するためレーザーによる加工法が開発され，直径数十 μm の加工も可能になってきた．導体ペーストの貫通孔への充填は，スクリーン印刷によるプリント埋め込みや，ペーストに圧力をかけて押し込む方法が用いられる．これらに使用する導体ペーストは，絶縁材料との同時焼結を考慮してアルミナ*，窒化アルミニウム*などの焼結温度が高い絶縁材料にはタングステンやモリブデンを使用し，LTCC（Low Temperature Co-firied Ceramics）などの焼結温度が低い材料には Cu（銅）や Ag（銀）が主成分として用いられている．

　積層は配線やスルーホールを施したグリーンシートを積み重ねて接着することを指し，多層基板作製において重要な技術である．グリーンシートの軟化温度，生密度によって接着する条件が異なるため圧力，加圧時間，温度を変えて，そのグリーンシートにあった条件を決定する．積層面積の増加や積層数が多くなると，グリーンシート間に空気をかみこんだ積層不良が発生しやすくなる．これを回避するため，重ねたグリーンシートを密閉状態にして減圧しながら圧力をかける方法も開発されている．

　一方，焼成後のセラミック基板に金属を焼きつけたものは，ポストファイア基板とよばれ，Ag-Pd，Ag-Pt，酸化ルテニウムなどの導体や抵抗体をアルミナ基板に焼き付けたものを厚膜基板とよぶ．さらには，パワーデバイス用途には Cu-AlN，Al-AlN 基板も開発されている．**（古賀和憲）**

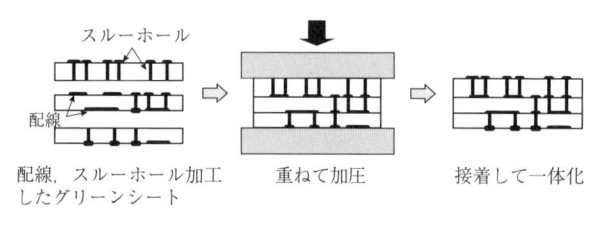

図1　積層技術

2.17 同時焼成（コファイヤ）

co-firing

　セラミックスの電気絶縁性，誘電特性が制御可能などの特徴を生かした工業製品に多層セラミック配線基板がある．これは，貫通孔やキャビティを形成したグリーンシートに金属ペーストを印刷することにより導通孔と配線を形成後積層し，同時に焼結させることにより得られる．

　セラミックスと金属導体の同時焼成では，異種材料を焼結させるためにセラミックス，金属導体の両者における収縮率および焼結過程での収縮挙動の差が小さいことがもっとも重要である．多層セラミック配線基板では，収縮率および焼結過程での収縮挙動の異なる異種材料の同時焼成を行うと，それらが原因となる基板反りや積層間のはく離などが発生するからである．

　ここで，セラミックスとしてホウケイ酸ガラスを用い900℃で焼結する低温焼成セラミックス，金属導体としてCuを用いたモデルにて両者の収縮率および焼結過程での収縮挙動を説明する．図1は，低温焼成セラミックス粉末とCu粉末にて作製したそれぞれの圧粉体*を加熱した際の収縮率測定結果の模式図である．横軸は加熱温度であるが，このモデルでは，Cuは低温焼成セラミックスと比較して，より低温から収縮が始まり，終了する．また，Cuは低温焼成セラミックスより収縮率が小さいことがわかる．

　このような低温焼成セラミックスとCuの同時焼成を行った一例を示す．図2は，厚さ0.4 mmの低温焼成セラミックスに印刷厚さ0.02 mmにてCuペーストを印刷した基板の焼成時の断面を示す模式図である．(A)：焼成開始時である．(B)：Cuは収縮するが，低温焼成セラミックスは収縮開始直後の状態である．(C)：Cuの収縮は終了しているが，低温焼成セラミックスの収縮はまだ進んでいる状態である．(D)：セラミックスの収縮完了状態である．Cuが低温焼成セラミックスより低温で収縮を開始/終了すること，収縮率が小さいことにより，(C)では収縮が終了したCuがCu側の低温焼成セラミックスの収縮を阻害するため，(D)のように基板反りが生じる．

　したがって，同時焼成では，異種材料における収縮率および焼結過程での収縮挙動の差を抑制することが重要である．上記モデルの場合には，Cuの収縮挙動を制御するためにCu粉末の粒子形状，サイズ，粒度分布などの調製，無機フィラーの添加，ペースト作製に用いる有機成分の添加量などを検討する必要がある．　　**（古賀和憲）**

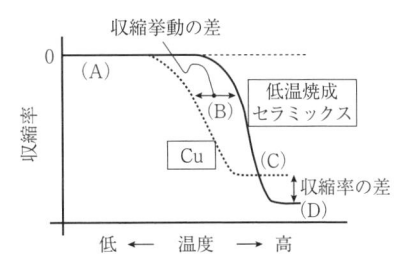

図1　低温焼成セラミックス粉末とCu粉末からなる圧粉体の収縮挙動

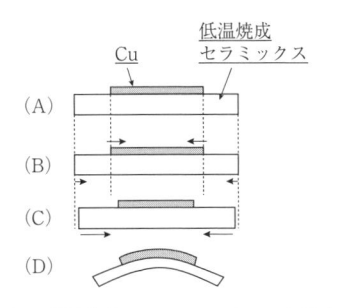

図2　低温焼成セラミックスとCuを同時焼成した場合の焼成時の断面変化

1）成　　形

ラピッドプロトタイピング 2.18

rapid prototyping

　ラピッドプロトタイピングとは，製品開発において試作品を高速に製造する技術をいう．とくに機械分野では，三次元CAD上で入力された形状データを用いて，機械加工することなく，一層ずつ積層しながら立体モデルを三次元積層造形する方法をさす．金型などを製造せずに部品を直接製造できるために，従来の製造手法と比べて時間，コストの削減を図る新しい技術として各産業分野で注目されている．

　ラピッドプロトタイピングには，光造形，粉体焼結，インクジェット，溶融樹脂押出し法，薄膜積層法などが用いられている．ここでは，とくにセラミックスの成形に関連する方法として，光造形，粉体焼結，インクジェットの3つについて説明する．

　光造形は，紫外線により硬化する感光性樹脂へ，紫外線レーザーを目的とする立体断面形状に走査・照射して樹脂を硬化させ，それらを積層することにより立体模型を形成する技術である．装置の一例を図1に示す．感光性樹脂中にセラミックスの微粒子を分散させることにより，セラミックスと樹脂の複合材料*などを作製することができる．たとえば，光硬化性樹脂にエポキシを用い，酸化チタン*の微粒子をこれに分散させることにより，三次元フォトニック結晶を作製することができる．

　粉体焼結による方法は，粉体の流動性を利用してローラーやブレードなどにより，粉体を水平移動させて薄い粉体層を形成させる．この粉体層上に，炭酸ガスレーザーなどの加熱用ビームを走査させながら照射する．その結果，照射された部分の粉体表面*は溶融し，それぞれ接合されて焼結された層を形成する．つぎに，焼結された層状に粉体層を再度供給し，同様の操作を繰り返し行うことで積層造形を行うものである．粉体としては，樹脂に加えて金属やセラミックス粉体などが使用できる．この方法で造形されたセラミックスの焼結を行うことにより，多孔質のシェルモールド鋳造法などの鋳型に利用されることもある．

　インクジェット法は，ノズルより加熱溶融されたワックスの液滴などを連続的に滴下後に堆積固化させるものであり，インクジェットのヘッドを平面内で走査させ，薄層を形成させて積層を行うものである．セラミックス粉体にバインダー*を吐き出させて接着させることによっても，積層造形を行うことができる． （阿部浩也）

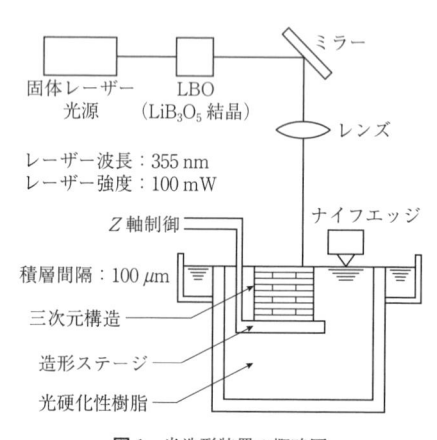

図1　光造形装置の概略図

（出典）宮本欽生，桐原聡秀：ナノパーティクル・テクノロジー，p. 97, 日刊工業新聞社（2003）

2.19 フロックキャスティング
floc-casting

　本手法の特長は，すでに実用化域にあるゲルキャスティング*や直接凝集成形法と同様，複雑な形状への対応や，非常に優れた材質特性とネットシェイプ製造が可能，大規模な装置や成形型を必要としない点に加えて，特殊な添加物なども不要なことである．

　本法は，アルミナ粉体-ポリアクリル酸分散剤などの系で認められる特異な温度-粘度関係を利用するものである．すなわち，この系のスラリーは図のとおり，特異な温度-粘度特性をもち，粘度最低となる分散剤濃度が温度の上昇とともに不可逆的に増加する．言い換えると，低温で粘度最小に調製されたスラリーでは，その粘度は高温になると急激に増し，いったん増加した粘度は温度を下げても元に戻らない．この粘度の温度変化の原因としては，分散剤の固体粒子表面への吸着*における特異な温度依存性や，粉体粒子や不純物などの溶媒中への溶解による分散剤作用の阻害などが考えられている．

　この現象を成形に応用するには，まず固体含有率50%程度以上の高固体含有量かつ低粘度のスラリーを低温で調製する．これを真空中で脱泡処理後に成形型に入れ，気密カバーなどによりその溶媒の蒸発を防ぎつつ徐々に加熱する．図中の点線で示すとおり，この加熱によりスラリーの粘度が上昇してある程度の強度をもつ固化体，すなわち成形体となる．次にこれを温度を保ったままカバーの一部を外すなどにより成形体中の水分量を均一に保ちつつゆっくりと乾燥させる．さらに高温で焼結して緻密化させることによりセラミックスが得られる．

　この方法では，加熱時の固化がスラリー中粒子の分散状態の変化で生じるため，成形体中の粒子充てん構造はスラリー中の均一な分散状態をほぼ保ったものとなる．また固化が溶媒の蒸発によるものではないため，成形時の収縮はほとんど生じない．さらに乾燥の際の収縮もほとんどない．したがって，通常の成形法において一般に成形体構造の不均質性をもたらす大きな問題となる粒子の配向や，局所的な密度変動は生じない．これによりニアネットシェイプ製造が実現されると期待できる．また均一な構造の成形体では焼結体中に破壊限となる粗大傷が生成しない．現在，原料や成形プロセスに起因にする粗大傷がセラミックスのもつ本来の特性を非常に大きく損なうと考えられているが，この成形法はその問題を根本的に解決する可能性をもつ．アルミナセラミックスでは実際，粗大傷の低減により強度が現在の平均的値の約3倍の1GPa程度に向上することが実証されている．粗大傷をさらに減らすことにより強度はさらに向上すると期待される．

　この方法のポイントは固体含有率を可能な限り高め，かつ気泡を含まないスラリーの調製である．そのようなスラリーはいわば「流れる成形体」である．そのため，粒子の分散状態をわずかに変え，液体を除くだけで成形体となるのである．　　(植松敬三)

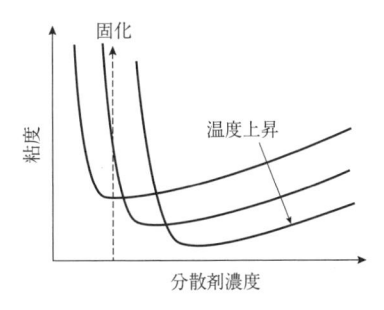

図1　ポリアクリル酸系分散剤を含むアルミナスラリーにおける粘度の温度変化

1) 成　　形

2.20 ゲルキャスティング

gelcasting

ゲルキャスティングは，ORNL（oak ridge national laboratory，米）グループによって開発された成形法である．その場固化成形法とよぶこともある．この方法は，モノマーを溶解させたセラミックススラリーを調製し，非多孔質の不透水型に流し込んだのち，モノマーを重合させる．その結果，分散媒中にポリマーのネットワークが形成され，湿潤成形体となる（図1）．この方法のおもな利点には次の点がある．

① スラリーの調製は基本的に鋳込み成形などと同じなため，高濃度スラリーを調製できれば適用可能であること．
② 複雑形状の型を用いることができ，ニアネットシェーピングが可能であること．
③ 流動過程と固化過程が分離でき，セラミック粒子はその場で固定されるため成形体中の不均一や欠陥が発生しにくいこと．
④ 成形体内の有機バインダー*の量が少なく，脱脂*が容易であること．

また，重合前のスラリーに気泡を導入させ重合を開始することにより，多孔質な成形体とすることも可能である．これをもとに，高気孔率でかつ気孔構造の制御可能なセラミックス多孔体を作製することができる．従来の方法では50％が限度であった気孔率を80％以上まで高めることが可能である．強度的な面からみても，この方法は低温焼成法やレプリカ法より優れている．これは，低温焼成ではマトリックス部が完全に緻密化されず，またレプリカ法では多量の有機物が分解する際にマトリックス部に微小クラックを形成するためである．

〔高橋　実〕

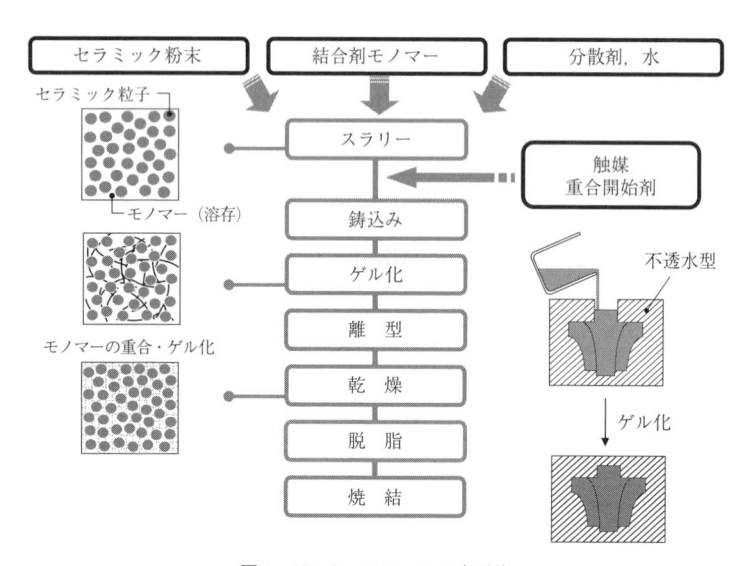

図1　ゲルキャスティング成形法

焼結機構 2.21

sintering mechanism

　焼結は，粒子の集合体がその主構成相の融点以下の温度での物質移動により，結合を生成または合体して，強度をもつ集合体へと変化する現象である．焼結は実際上，ほぼすべてのセラミックス材料の製造に用いられている．また粉末冶金においても焼結が広く利用されている．その機構は種々の観点から分類されるが，ここでは主に物質移動の原因となる駆動力と物質の移動経路また液相の存在の有無により分類する．

　焼結機構は駆動力の点では，常圧焼結*，加圧焼結，反応焼結*に大別される．常圧焼結では粉体集合体は常圧下で加熱され，その駆動力は系の表面および界面のエネルギーの焼結前後における差である．それらの値は一般にきわめて低いため，焼結には適切な駆動力を与える大きな表面積をもつ微粉体が必要である．加圧焼結は粉体を加圧下で加熱する方法で，その駆動力は常圧焼結におけるものに圧力仕事が加わったものである．加圧法には2種類あり，ホットプレス*では粉体は黒鉛など，耐熱性の物質でつくられた型中に入れられ，加熱しつつ一軸的に加圧される．熱間等方圧プレス（HIP）では，一般に粉末成形体をあらかじめ焼成して開気孔のない焼結体とし，この予備焼結体を高圧気体中で加圧しつつ焼成する．とくに高性能の材料が必要な場合には，粉体成形体をカプセル中に入れ，これを高温下で加圧する．一般的な圧力はホットプレスでは数～数十 MPa，HIP では数十～200 MPa 程度である．これらの加圧焼結の駆動力は常圧焼結のものと比べて数～数百倍程度に相当し，したがって焼結速度はその分増加する．このため加圧焼結では難焼結性の物質が焼結できる．また焼結の低温化により材料の特性向上が期待される．以上の焼結では，焼結には目的の物質のみ，あるいはそれに焼結助剤として若干の添加物を加えたものを用いる．一方，反応焼結は焼結後に得られる物質とは異なる物質を原料粉体に用いる．それらの原料粉体は加熱中に原料粉体相互間あるいは粒子と周囲の雰囲気との反応により目的に化合物に変化する．反応焼結では緻密化の駆動力として，通常の界面エネルギーのほかに，反応の自由エネルギー変化の一部が働くことが考えられるが，その詳細は不明である．なお窒化ケイ素の焼結では成形体を高圧気体中で加熱する方法も使われており，これを雰囲気加圧焼結*という．しかし，この高圧気体は窒化ケイ素の熱分解と抑制するためのものであり，焼結駆動力を直接与えるものではない．したがって，雰囲気加圧焼結は焼結駆動力の点からは常圧焼結である．

　焼結における物質移動には図に示すとおり，種々の経路と機構がある．粒子の間や表面に液体が存在する場合でも基本的に同様である．いずれの場合でも，物質の始点は粒界*あるいは表面であり，終点は粒子間に形成されたネックとよばれる領域である．物質はそれらの間を固相，液相または気相を介して，あるいは粘性流動によって移動する．移動機構はそれぞれ，固相中では体積拡散，粒界拡散および表面拡散，液相中では溶解-拡散-析出，気相中では蒸発-拡散-再凝縮である．また，粘性流動では粘性流れである．

　焼結機構はそれら駆動力，物質の始点と終点，物質移動の生じる相などの因子をもとに表現される．たとえば粒界からネックへの粒界拡散による固相焼結あるいは液相焼結などと表現される．駆動力については，とくに断りのないときには常圧焼結である．

2) 焼　　　結

焼結機構は焼結挙動や生成する焼結体の構造と密接に関係する．物質の始点は焼結における緻密化を決め，始点が粒界だと緻密化が生じて緻密な焼結体が，表面だと緻密化が起きずに多孔体が形成される．焼結体の構造は粒子集合体中の粉体充填構造が変化したもので，微構造*とよばれる．そのおもな構成要素は，結晶子，気孔，二次相，結晶子の界面の粒界，さらには粒子，気孔，二次相などの間の界面である．微構造は，焼結体の特性に支配的な影響を及ぼすため，焼結における制御の最重要な対象である．

固相焼結の進行は便宜的に初期，中期，終期の段階に分けられる．初期は粒子間のネック直径が粒径の30％程度まで，中期は孤立気孔の形成まで，終期はそれ以後の段階である．

固相焼結の理論的解析には，粒径 a，表面エネルギー γ，温度 T，時間 t，拡散種の体積 Ω，物質の拡散定数 D などのパラメーターが用いられる．初期焼結段階ではそれら因子と緻密化時の長さ変化との間には，一般につぎの関係がある．

$$\frac{\Delta L}{L_0} = \left(\frac{K\Omega\gamma D}{3a^l kT}\right)^m t^m$$

ここで，K は定数，l と m は粒界拡散機構ではそれぞれ，3 と 4，体積拡散機構では 3 と 2〜2.5 など，機構により決まる定数である．焼結の他の段階や機構についての理論式は，各焼結の項に記す．なお，理論式は多くの簡素化の仮定などをもとに導かれているため，半定量的な意味合いしかないが，l や m の値は焼結機構を決定する際の参考となる．

液相焼結も便宜上，3段階に分けられる．初期過程では液相生成時における粒子の再配列やほかの複雑な変化による体積変化，中期過程では粒子間の溶解-析出による物質移動での収縮，終期では粒子の粗大化が生じる．中期過程の収縮率は Kingery により律速過程別に次のとおり与えられている．

$$\left(\frac{\Delta L}{L_0}\right)^2 = \frac{4K_r\Omega\gamma Ct}{a^2 kT} \quad （界面反応律速）$$

$$\left(\frac{\Delta L}{L_0}\right)^3 = \frac{12\delta\Omega\gamma DCt}{a^4 kT} \quad （拡散律速）$$

ここで，K_r は反応定数，C は液相中の固相濃度である．界面反応律速とは粒子-液相界面での溶解や析出速度が律速する場合，拡散律速とは固相中の拡散が律速する場合を指す．

焼結は唯一の機構により起きることはほとんどなく，複数のものが同時に関与する．また，各機構の温度依存性や粒径依存性などが異なるため，焼結を支配する機構は温度，雰囲気あるいは粉体粒子の充填状況などにより変化する．　　　（植松敬三）

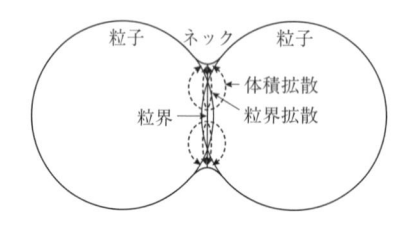

図1 収縮を伴う物質移動

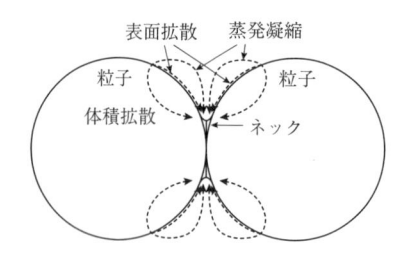

図2 収縮を伴わない物質移動

II. 焼　結　体

体積拡散焼結 2.22

sintering by bulk diffusion mechanism

　焼結を支配する物質移動が，体積中の拡散であるものをいう．金属など単体物質では，金属体積中の拡散により支配されるものである．一方，セラミックスなど複数のイオン種により構成された物質では，焼結時にはそれら総てのイオンが，物質の出発点から終点に移動しなくてはならない．この際には，焼結速度はそれらの中の移動速度が最低のイオン種の移動により支配される．したがって，複数のイオン種からなる物質では，体積拡散焼結は移動速度最低のイオン種の移動が体積拡散で起きる焼結を意味する．

　体積拡散焼結では，物質移動の始点は図に示すとおり粒界あるいは粒子表面，終点は粒子間のネック領域である．前者では，粒界部分の物質が削られるため，粒子中心間の距離は減少する．同時に粒子集合体は全体として収縮，すなわち緻密化が起き，得られる焼結体は高い密度と強度をもつものとなる．一方，物資が粒子表面から削られネック部分に移動するときには，粒子は細るがその中心間の距離は変化しない．したがって，粒子間に結合は生じるが，粒子集合体全体としての寸法の変化は起きない．この場合には，ある程度の強度をもつ多孔体が形成される．

　焼結の初期段階に関する理論式については，焼結機構の項で説明した．焼結中期段階に関する理論式はCobleによりはじめて与えられている．気孔が消滅するまでの時間 t_f，拡散種の体積 Ω，表面エネルギー γ，体積拡散係数 D_v，粒径 a，気孔率*P，微構造中における粒子を截頭十二面体とみなした際の稜の長さ l とするとき，つぎのとおりである．

$$P = \frac{10\Omega\gamma D_v}{l^3 kT}(t_f - t) \quad (1)$$

　終期段階に関する理論式は同様に，Cobleにより中空モデルについてつぎのとおり与えられている．

$$P = \frac{6\pi\Omega\gamma D_v}{2^{1/2} l^3 kT}(t_f - t) \quad (2)$$

　体積拡散は種々の物質移動機構の中で，一般にもっとも高い活性化エネルギーを要するものである．したがってすべての機構の中で，その速度は温度上昇とともにもっとも急激に増加する．したがって，この焼結機構はほかの機構より高温領域で働く傾向がある．また，この焼結機構は表面拡散や蒸発凝縮機構によるものと比較して，粒径の減少とともに顕著になる傾向がある．そのため緻密化の実現には，粒径を細かくすることが非常に重要である．粒径大のときに緻密化が達成できない系でも，粒系を小さくすると緻密化することが多い．

〔植松敬三〕

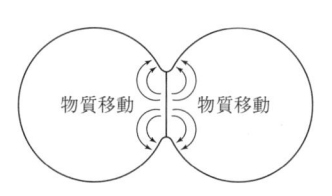

図1 粒界からネックへの体積拡散による焼結（収縮を伴う）

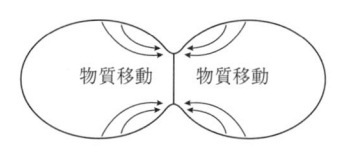

図2 表面からネックへの体積拡散による焼結（収縮を伴わない）

粒界拡散

2.23

sintering by grain boundary diffusion

一般に結晶固体中での物質移動には点欠陥の存在が必要であるが，多くの物質，とくに高い耐熱温度をもつものでは欠陥濃度は低く，物質の移動は容易ではない．焼結において高温が必要な原因は，点欠陥を生成させるとともに，それら欠陥を介する物質移動を促進させることにある．粒界*は結晶方位の異なる粒子の境界であり，その原子配列は結晶内での整然としたものとは違い，その配列の規則性や周期性の少なくとも一部は必然的に失われている．それは，原子配列の乱れた粒界は多数の欠陥を含む領域であり，温度を上げなくてもすでにかなりの濃度の欠陥が存在する特別な場所である．したがって，粒界は物質移動が結晶内と比べてはるかに容易であり，しばしば高速拡散路として振る舞う．粒界拡散焼結とは，物質移動が粒界拡散により進行する焼結をさす．なお，焼結は酸化物など，複数のイオン種から構成される物質では，それらの中の移動速度が最低のイオン種の移動により支配される．したがって，粒界拡散焼結とは，その移動速度最低のイオン種が粒界拡散で移動して起きる焼結を意味する．この焼結では，物質は粒界領域から優先的に削られるため，緻密化が生じる．

焼結速度の初期段階についての理論式は，すでに焼結機構の項で示した．中期段階では焼結体のモデルを体積拡散焼結と同様，粒子が稜の長さlの載頭十二面体の形状をもち，円柱形の気孔が粒子の稜に沿って存在すると仮定してモデルが構築されている．この場合，気孔が消滅するまでの時間t_f，拡散種の体積Ω，表面エネルギーγ，粒界幅w，粒界拡散係数D_b，粒径a，気孔率Pとするとき，つぎのとおり与えられる．

$$P = \left\{ \frac{2w\Omega\gamma D_b}{l^4 kT}(t_f - t) \right\}^{2/3}$$

酸化アルミでは，実験的に金属イオンの粒界拡散が焼結速度を決めることが見いだされている．これは一般に拡散速度は金属イオンが酸化物イオンより高いため，焼結が後者の移動速度で決定されると予測されるのとは逆の結果である．これは酸化物イオンが別の機構によりアルミイオンより高速で移動するためと説明されている．

粒界拡散は体積拡散と比べて活性化エネルギーが低いが，一方それが生じるのは粒界近傍のごく狭い領域に限定される．そのため粒界拡散は比較的低温から始まるが，温度の上昇によるその速度の上昇は比較的穏やかなものとなる．したがって，粒界拡散焼結は体積拡散焼結と比べて低温で進行可能であるが，高温では活性化エネルギーがより高い体積拡散が優先するようになり，目立たなくなることがある．低温領域では，種々の物質移動機構の中で活性化エネルギーがもっとも低い表面拡散焼結が支配的となる場合が多いが，この機構では成形体の緻密化は進まない一方，粉体のもつ活性は失われる．粒界拡散による焼結は粒径の減少とともに，表面拡散や蒸発凝縮による機構より顕著となる．そのため，粒径を細かくすることは緻密化を得る上で有利である．

（植松敬三）

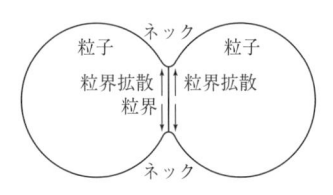

図1 粒界からネックへの粒界拡散による焼結

表面拡散

2.24

sintering by surface diffusion

　表面拡散による焼結では，物質は粒子の表面からネックへ粒子表面を拡散して移動する．この際，接触した粒子間の接触領域にある物質は削られないため，粉体成形体の全体としての収縮は起きない．しかし粒子間にはネックが形成されるため，ある程度の強度はもつ多孔体が得られる．同時に，以後の緻密化を伴う焼結などへの駆動力を反映する粉体の活性は低下する．表面拡散焼結によるこの粉体活性の低減は，緻密な焼結体を得るための焼結プロセスでは有害であり，その進行を最小限に抑制することが望ましい．一方フィルターや触媒担体などの多孔体が必要な場合はこの焼結機構を積極的に活用することも可能である．

　一般に表面拡散は種々の拡散機構の中で，もっとも活性化エネルギーが低く，低温から始まることができる．したがって，この拡散による焼結の開始温度は種々の機構の中でもっとも低い．しかし表面拡散が起きることのできる場所は表面だけに限定されるため，温度上昇に伴う焼結速度の増加は少ない．そのため高温域ではほかの拡散機構による焼結と比べて相対的に目立たなくなる傾向がある．多孔体の製造では，少なくとも屁理屈の上では，比較的低温での長時間の焼成が有利である．一方緻密体の製造において，表面拡散焼結を抑制するには，成形体の低温領域での滞留時間を極小とする必要がある．これには急速昇温が有効かつ不可欠である．成形体は何らかの手段で急速に加熱することにより，その内部の粉体の活性を高く保った状態のまま，粒界拡散機構や体積拡散機構など，緻密化を伴う焼結が働く温度域に到達させることができる．

　成形体の急速昇温では，加熱の均質性が非常に重要なポイントである．一部だけが高温になると，その部分では焼結が，したがって収縮が優先的に始まり，成形体に歪みを生じ，それに伴って内部応力が発生して亀裂や材質欠陥を形成するからである．成形体の熱伝導は一般にきわめて低いため，均一な加熱には特殊な方法が必要である．近年注目されているマイクロ波などによる加熱は，そのためにとくに有効である．この方法では，成形体の構成粒子が外部からのエネルギーを直接吸収し，それを熱に変換することにより昇温する．これにより成形体は内外部から同時に均質に熱せられ，急速加熱条件でもその内部の温度は均一となる．成形体を電気炉や燃焼炉を用いる通常の加熱技術で急速加熱すると，高温ガスや輻射熱により熱せられるのは成形体の外側だけであるとともに，粉末成形体中の熱伝導性がきわめて低い点から，その表面だけが優先的に高温となる．さらにまた，成形体が置かれた台側からの熱伝達は少なく，加熱はきわめて不均一なものとなる．低温の領域では緻密化は起きない一方，高温部分では緻密化が始まるため，不均一な加熱は成形体の極端な反りや曲がりを発生する．さらには亀裂が生じることさえある．

(植松敬三)

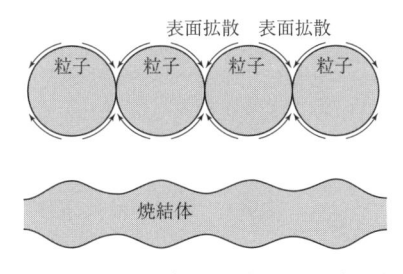

図1 物質の粒子表面からネックへの表面拡散による焼結と構造変化

2) 焼　　結

蒸発凝縮

2.25

sintering by evaporation-condensation mechanism

　蒸発凝縮による焼結とは，物質が粒子表面から蒸発し，気相を通ってネック部分へ移動し，再び固体として凝縮することにより焼結が進行するものである．この現象が起きるのは粒子表面では曲率が正であり，ケルビンの関係から，その平衡蒸気圧が平面上に比べて高い一方，ネックでは固体表面の曲率は負となり，その平衡蒸気圧が平面上に比べて低くなるためである．この蒸気圧の差は物質の濃度勾配を生じ，物質の拡散による移動を引き起こす．簡単なモデルによると，分子量，平面上での蒸気圧，密度などを含む定数 K，ネック半径 x，粒径 a，時間 t の間には，つぎの関係がある．

$$\left(\frac{x}{a}\right)^3 = Kt$$

　この焼結が認められるのは，焼結温度において蒸気圧が高く気相中での物質移動が可能な系である．具体的にはまず塩化ナトリウムなど，それ自体の蒸気圧の高い物質であり，上の理論式はこの物質で成立することが確認されている．また，自体の蒸気圧は低くても，塩化水素など，固体と反応して気体の生成物を生じる反応性ガスの存在下における焼結も広い意味での蒸発凝縮であり，この機構による焼結が進行することがある．塩化水素雰囲気中では，粒子表面の酸化物は塩化水素と反応して揮発性の塩化物と水蒸気を生成する一方，ネックではその逆反応により固体を生成するとともに，塩化水素を再生する．さらにまた，酸化スズなど，分解して酸素と揮発性の低級酸化物とを生じる酸化物，あるいは酸化クロムなど，酸素と結合して揮発性の高級酸化物を形成する系では，それぞれ酸素分圧が低いとき，また高いときにこの焼結が進行する．さらにまた，常圧では焼結がほかの機構で進行する系でも，真空中では気体の移動速度が著しく高まるため，焼結がこの機構で進行する可能性がある．

　蒸発凝縮による焼結では，粉体粒子は表面の物質が削られることにより細るが，粒子相互の中心間距離は変化しない．したがって，この焼結は緻密化を伴わず，得られる生成物は多孔体である．ここで得られるある程度の強度をもつ多孔性の焼結体はフィルターやガスセンサーなどに必要な構造である．この機構による焼結は，粒径が大きくなるにつれ相対的に他の焼結機構より顕著になる．

　蒸発凝縮機構による焼結では，焼結後の粒子にはしばしばその結晶の自形が認められ，粒子の形状は系に特有な特徴的なものとなる傾向がある．これは，焼結中の気体の過飽和度*が非常に小さく，気相中での単結晶育成と同様，気体から固体への凝縮がほぼ平衡状態のもとで進行するからである．

（植松敬三）

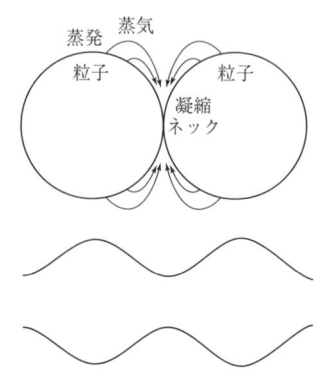

図1　物質の蒸発-凝縮による移動と形成する構造

2.26 粘性流動焼結

sintering by viscous flow

　ガラスなど，加熱すると粘凋な液体となる系では，焼結は粒子バルクからネック部分への流動による物質移動により起きる．このときネック部分へ向けて物質を流す力となるのは，粒界*部分に形成された負の曲率をもつ表面に作用する表面張力である．ネック部分には粒子系のほかの領域と比べて負の圧力が生じており，物質はこの部分に引きつけられる．

　粘性流動による焼結の速度式はフレンケルやクチンスキーにより提案されている．クチンスキーはネック部分に作用する応力 γ/ρ が物質移動を生じると考え，粒子の半径 a，ネックの半径 x，表面エネルギー γ，粘度 η，時間 t とするとき，つぎの式を導いている．

$$\frac{x^2}{a} = K\left(\frac{\gamma}{\eta}\right)t$$

式中 K は定数である．すなわち，焼結により粒子間に生じるネックの面積は，時間，表面エネルギーおよび粒径に比例し，粘性に逆比例する．この式は焼結速度の温度による変化は主に粘性の温度変化により生じ，温度上昇とともに著しく増すことを示す．また一般に多くの焼結機構において，焼結速度は粒径が増すと急激に低下するが，この粘性流動焼結では粒径の影響はそれらと比べて際だって少ないことを示す．この関係式はガラスの系において成立することが確認されている．また，ラテックス粒子など，高分子の粒子における焼結もこの機構が関与すると考えられる．

　粘性流動による焼結の大きな特長は，その速度がほかの焼結機構より著しく高くなり得る点である．また一般の固相焼結では，粉体粒子の寸法は最大でも 10 μm 程度以下であることが必要不可欠であるが，粘性流動による焼結では数 mm 以上の粒子であっても緻密化が可能な点である．それらの理由は，ほかの焼結機構では物質の移動単位が分子や原子であるのに対し，粘性流動では原子や分子の集団的に運動するマクロ流動により物質が移動するためである．このマクロ流動では結晶固体内での拡散などでは不可能である多量の物質をきわめて長距離にわたって移動させることが可能である．なお粘性流動による焼結は，高温域では，自重などによる変形に起因する緻密化と区別が困難となる．

　粘性流動による焼結はガラスフィルターの製造に利用されている．またブラウン管製造時のガラス部材の封着では，低軟化温度のガラス粉末をガラス部材の間に置き，加熱により気密な接着を行っている．この際，粘性流動による焼結がガラスの溶融に先立ち進行すると考えられる．

〔植松敬三〕

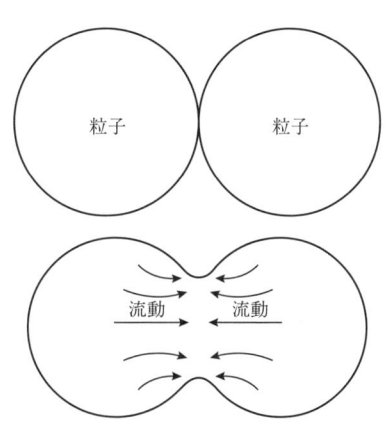

図1　粘性流動焼結における物質の移動とネックの成長

液相焼結

2.27

liquid phase sintering

炭化ケイ素*や窒化ケイ素*は，表面エネルギーは大きいが共有結合性が強いため拡散係数が低く，それ自身での固相焼結は起こりづらい．このような難焼結物質は，液相の毛細管力により生じる粒子の再配列と液相を介した物質移動を利用した液相焼結により緻密化される．このような液相焼結は，難焼結性物質だけでなく陶磁器や耐火物などで利用されてきた手法である．液相焼結により緻密化が可能な例として，TiC-Ni，ZrC-Ni，WC-Co，ZnO-Bi_2O_3-CoO，AlN-Y_2O_3，Si_3N_4-Y_2O_3-Al_2O_3，SiC-Y_2O_3-Al_2O_3などがある．液相焼結を行うためには，①液相が固相を十分ぬらすこと，②固相は液相にある程度溶解すること，③液相の粘度が低く，固相の原子の液相内の拡散が十分早く進むこと，④適量の液相が焼結の進行中に存在することが，必要条件となる．初期焼結の緻密化は液相の発生により粒子間に毛細管力が生じ（図1），粒子の再配列が起こる．そのときの焼結速度式は，経験的ではあるが，次式に従うことが知られている．

$$\Delta l/l \propto t^{1+y} \quad (1)$$

ここで，$\Delta l/l$は収縮率，$1+y$は1よりも若干大きい値で1.1〜1.3程度の値となる．中期焼結では，溶解再析出が支配的な焼結機構*となり，接触面の平滑化，微粒子の溶解などにより緻密化が進行する．溶解析出機構には，①溶解場所から析出場所への物質移動速度が律速する拡散律速と，②界面での固相の溶解や析出が律速する界面反応律速の2つの律速過程がある．それぞれの焼結速度式は次式で表される[2]．

$$\left(\frac{\Delta L}{L_0}\right)^3 = \frac{12\delta\Omega\gamma DC}{r^4 kT} t \quad (2)$$

$$\left(\frac{\Delta L}{L_0}\right)^2 = \frac{4K_r\Omega\gamma C}{r^2 kT} t \quad (3)$$

ここで，δは粒子間の液相の厚さ，Ωは原子の体積，γは気/液界面エネルギー，Dは固相の液相中の拡散係数，Cは液相中の固相濃度，tは焼結時間，kはボルツマン定数，Tは絶対温度，rは粒子の半径，K_rは反応定数である．

収縮率に及ぼす時間と粒径の効果は固相焼結と同様の形式であるが，その指数は律速過程により異なる．終期焼結では，粒成長*や粒子の形状緩和などの過程が進行し，微構造*が粗大化する．このようにして液相焼結により作製されたセラミックスは粒界に第二相を含む微構造を有しており，第二相は多くの場合ガラス相である．

(多々見純一)

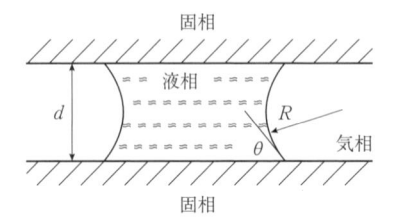

図1 2つの粒子間に作用する毛細管力

湾曲した液体表面を横切っての過剰圧力 ΔP は

$$\Delta P = \gamma\left(\frac{1}{R_1} + \frac{1}{R_2}\right)$$

上図のような場合には

$d = 2R_1 \cos\theta,\ R_2 = \infty$

とおけるので，

$$\Delta P = \frac{2\gamma_{LV}\cos\theta}{d}$$

液相内部の圧力が低いので付着圧力が生じ，固相間に引力が生じる．小さな接触角と大きな液/気界面エネルギーで緻密化が促進される．

2.28 拡散

diffusion

　拡散とは，異種の原子（あるいはイオン；以下同様）の混合系が熱平衡状態に近づく際に生じる濃度変化のプロセスである．セラミックス粉体や焼結体において，微構造*の変化や，化学反応が進行するには原子の拡散が起こる必要がある．したがって，セラミックスの焼結，固相反応*，イオン伝導，高温クリープなどを理解するのに拡散の知識は不可欠である．拡散の経路（場）によって，体積拡散，粒界拡散*，表面拡散*に分けられるが，ここではおもに体積拡散のことに絞る．

　固体内では原子は密に詰まっているから，満員電車の中を人間が一つの端から他の端まで移動するのが困難であるのと同様に，完全結晶中を原子が移動（拡散）するのは困難である．しかし，結晶中に点欠陥があると，図1に示すいくつかの機構によってその拡散は可能となる．(a) 空孔機構では，原子が空孔と位置を交換することにより移動する．(b) 格子間機構では，格子間に存在する原子が，別の格子間位置へ動くことにより移動する．(c) 準格子間機構では，原子は玉突き方式で移動する．つまり，格子間にあった原子がすぐ側の正規結晶サイトにある位置へ入り，その原子を別の格子間へ押し出すことによって移動する．これら以外に点欠陥なしで進むリング機構も考えられるが，この機構で拡散が実際に起こるかどうかは不明である．

　原子がある格子位置（安定位置）から隣の位置（安定位置）へ拡散する場合，その中間の高エネルギー状態を通過しなければならない．すなわち，拡散は熱活性過程であり，拡散速度を表す拡散係数 D は

$$D = D_0 \exp[-Q/RT] \qquad (1)$$

と書ける．ここで，D_0 は定数，Q は見掛けの活性化エネルギー，R は気体定数，T は絶対温度である．この Q は拡散機構，添加物量などに依存する．詳細は文献[1]を参照されたい．

　一定温度では，原子は一般に濃度 C が高い領域から，低い領域へ移動する．図2に示す濃度勾配があると，濃度勾配（$\partial C/\partial x$）と移動量（J，流束という）の間には

$$J = -D\, \partial C/\partial x \qquad (2)$$

が成立する．これをフィックの第1法則とよぶ．ここで，x は距離である．通常，式(2)は定常状態の拡散を表すのに適している．濃度勾配が大きいとその原子の流束も大きくなることを表している．

　非定常状態現象のように濃度分布が時間とともに変化する場合はフィックの第2法則：

$$\partial C/\partial t = D\, \partial^2 C/\partial x^2 \qquad (3)$$

が便利である．

　このフィックの第2法則は偏微分方程式なので，解を求めるには境界条件が必要である．一番簡単なのは，薄膜源からの拡散

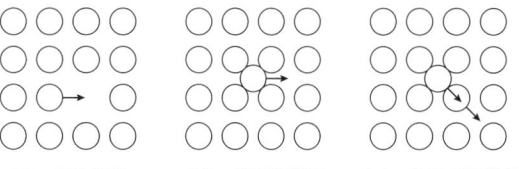

(a) 空孔機構　　(b) 格子間機構　　(c) 準格子間機構

図1　結晶中の拡散機構

2) 焼　　結

である．この場合，初期条件は

$$C = \begin{cases} \infty & (\text{全量は } a_0) \quad x=0, \ t=0 \\ 0 & x \neq 0, \ t=0 \end{cases} \quad (4)$$

境界条件は

$$C = \text{有限}, \quad t>0 \quad (5)$$

で表される．この条件で式（3）の解は，

$$C = a_0 (4\pi Dt)^{-1/2} \exp[-x^2/(4Dt)] \quad (6)$$

となる．これを図3に図示する．$t=0$で$x=0$の位置のみに存在した拡散原子が$t>0$で少しずつ広がっていくのがわかる．

2つ目の例として，拡散原子が半分の空間（固体）をしめ，残り半分には別の原子がしめる空間（固体）が広がっている場合を考えよう．初期条件は

$$C = \begin{cases} C_0 & x \geq 0, \ t=0 \\ 0 & x<0, \ t=0 \end{cases} \quad (7)$$

であり，境界条件は

$$C = \text{有限}, \quad t>0 \quad (8)$$

である．この条件で式（3）の解は，

$$C = 0.5\, C_0 \{1 + \text{erf}[x/(4Dt)^{1/2}]\} \quad (9)$$

となる．ここで，erfは誤差関数である．式（9）を図4に図示する．

式（4）や式（7）で表される初期条件の試料を用意し，拡散焼成後，拡散原子の濃度分布を測定し，その結果を式（6）や式（9）にあてはめて，Dが決定される．もちろん，上記以外の初期条件，境界条件ではフィックの第2法則の解は異なるものとなる．それらについては文献[2]を参照されたい．

式（9）において拡散が完全に終了するのは$t=\infty$のときで，セラミックス材料の場合，非常に長い時間を必要とすることが多い．拡散が進行している途中でも，ある程度の目安が必要となる．通常，erfの引数が1になるところ

$$x/(4Dt)^{1/2} = 1 \quad (10)$$

を用いる．これを書き換えて，

$$x = 2(Dt)^{1/2} \quad (10)'$$

となる．Dが既知であると，任意のtに対してxが求められる．このxは拡散が10〜20%終了した場所を示し，拡散距離とよばれる．拡散係数がわかっているとき，拡散がどれくらい進行したのか見積もるのに便利である． （伊熊泰郎）

文献

1) 伊熊泰郎：熱処理，**40**, 1, pp. 11-17（2000）
2) J. Crank : "The Mathematics of Diffusion," Clarendon Press, Oxford（1975）

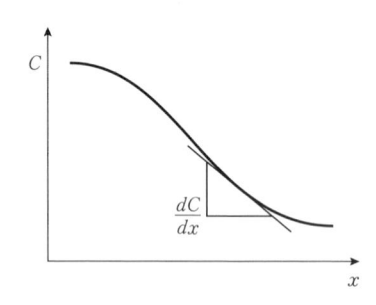

図2 濃度と距離の関係

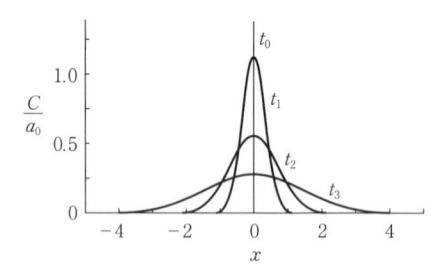

図3 薄膜源からの拡散（式（6））．$t_0 = 0 < t_1 < t_2 < t_3$

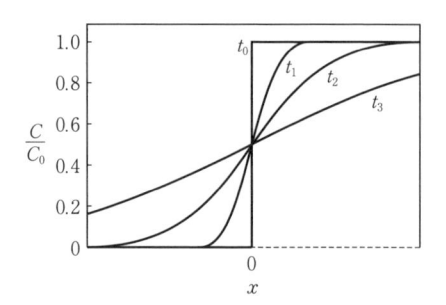

図4 半無限固体からの拡散（式（9））．$t_0 = 0 < t_1 < t_2 < t_3$

2.29 マスター焼結曲線

master sintering curve

一般に，焼結速度式は時間と粒径の関数として表され，その指数は焼結機構*により異なる値を示す．図1に示すように，一つの理論を仮定すれば，ある温度における収縮率と時間の関係である等温収縮曲線を測定することで，焼結機構を評価することができると考えられる．しかし，各焼結機構で異なる焼結速度式も提案されており，指数からの焼結機構の解明は必ずしも容易ではない．また，ほとんどの場合，時間と収縮率の両対数プロットは直線に乗らない．これは，①時間0の扱いと，②いくつかの機構が複合して焼結を支配していることが要因として考えられる．

さらに，この手法は，ある温度における焼結機構の評価などには効果的であるが，実際のセラミックプロセッシングでは昇温途中にも焼結による収縮が生じるため，昇温プロファイルも考慮した焼結挙動の解析が必要である．SuとJohnsonは焼結過程の粒子の幾何学的形状の変化に着目して，古典的な焼結理論から昇温プロファイルを考慮した初期から終期焼結まで扱うことのできる新しい焼結理論を提案した．この理論によれば，焼結体の密度は見掛けの焼結の活性化エネルギー Q，温度 T，時間 t の関数として，つぎのように表せる．

$$\Phi(\rho) = \int_0^t \frac{1}{T}\exp\left(-\frac{Q}{RT}\right)dt$$
$$\equiv \Theta(t, T(t))$$

ただし，

$$\Phi(\rho) \equiv \frac{k}{\gamma\Omega D_0}\int_{\rho_0}^{\rho}\frac{(G(\rho))^n}{3\rho\Gamma(\rho)}d\rho$$

である．上式は焼結体の密度の時間および温度変化が昇温プロファイルに依存しない一つの曲線（Master Sintering Curve, MSC）で表せることを意味している（図2）．この理論を用いて焼結挙動を評価することで，見掛けの焼結の活性化エネルギーの評価，所望の焼結収縮曲線を得るための昇温プロファイルの導出，共焼結における昇温プロファイルの最適化などを行うことができる． 　　　　　　　　　　（多々見純一）

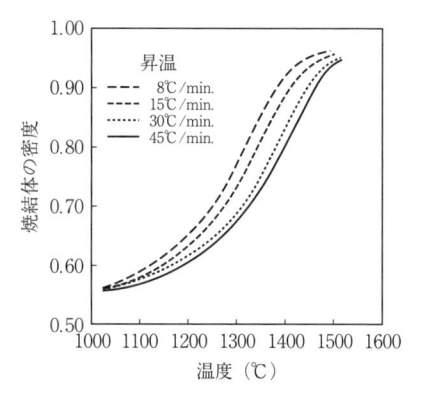

図1 焼結収縮曲線

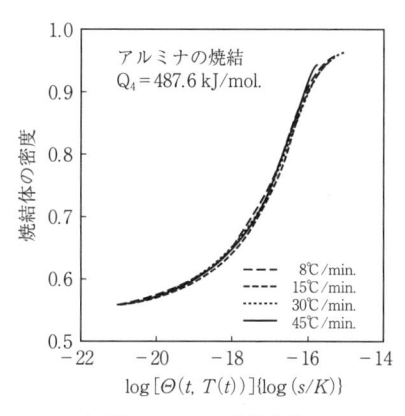

図2 マスター焼結曲線

2) 焼　　　結

粒成長

2.30

grain growth

焼結の終期段階では，気孔の消滅に加えて粒成長が起こる．粒成長では，小さな粒子が大きな粒子によって消費されて，時間とともに平均粒径は増加する．焼結体の結晶粒の粒界*は，さまざまな曲率半径を有している．辺の数が6の粒子の粒界は，動かず安定である．6より多い辺をもつ粒子の粒界は，粒界の曲率が負であるため粒界エネルギーにより膨張しようとするために成長する．これに対して，6より少ない辺をもつ粒子は収縮して消滅していく（図1）．この過程で，ある粒子だけがきわめて急速に成長する，いわゆる異常粒成長が起きて巨大粒子となることがある．この際に，粒内に気孔を取り込んでしまうことがしばしば起きるが，このような気孔は焼結中に焼結体外に排出することは困難なので，異常粒成長を抑制することは非常に重要である．また，セラミックスの機械的，電気的，磁気的，光学的特性は粒径に大きく依存するため，粒径の制御は不可欠である．

焼結における一般的な粒成長速度は，以下のように表される．

$$G^n - G_0^n = Kt \tag{1}$$

ここで，G_0 および G は初期および時刻 t における粒径，K は粒成長の活性化エネルギーを含む係数である．n は定数で真性的な粒成長の場合には 2 であるが，不純物の多い場合は一般に 3 となる．液相焼結*でも，粒成長速度式は式（1）と同様に表される．とくに，溶解析出過程において，拡散律速の場合には n は 3，界面反応律速の場合には n は 2 となる．

粒界の移動度 M は，つぎのように定義される．

$$M = \left(\frac{dG}{dt}\right) \Big/ \left(\frac{\gamma_b}{G}\right) \tag{2}$$

ここで，γ_b は粒界エネルギーである．式（1）を式（2）に代入すると，

$$M \approx \frac{G^2}{n\gamma_b t}$$

となり，粒界の移動度は粒径の2乗に比例することがわかる．

図2に酸化物の粒界の移動度のデータを示す．図からわかるように，多くの材料で，微量不純物の添加により粒界の移動度は小さくなる．

（多々見純一）

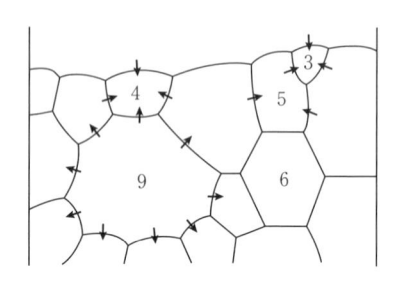

図1 微構造と粒界の移動

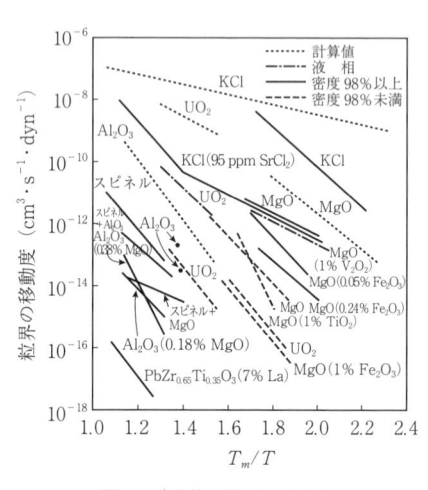

図2 酸化物の粒界の移動度

2.31 接触角・二面角

contact angle・dihedral angle

異なる物質の界面には，界面が存在することによる余剰エネルギーである界面エネルギー（固気界面では，表面エネルギーとよばれる）が生じる．液相焼結*において液相に固相がぬれることは緻密化の必要条件である．ぬれの程度は接触角で表される．接触角 θ は液相のなす角度であり，その大きさは界面エネルギーのベクトルのつり合いで決まる（図1）．3つのベクトルの水平成分の合成が0になることから，次式が得られる．

$$\gamma_{SV} = \gamma_{SL} + \gamma_{LV}\cos\theta \qquad (1)$$

ここで，γ_{SV} は固相の表面エネルギー，γ_{SL} は固/液界面エネルギー，γ_{LV} は液相の表面エネルギーである．接触角の減少により粒子間の引力は増加し，成形体の収縮を促進する．

また，図2は3相の一般的な交点を示したもので，界面エネルギーはベクトルで表されている．そこには，3つの界面エネルギーと角度があり，つり合いを保っている．この角度を二面角という．焼結体内の気孔表面の形状は固/気界面二面角で決定されるものである．以下では，液相焼結で重要となる固/液界面二面角について説明する．

図2中の相1を液相，相2と相3は同じ固相であるが，界面エネルギーはあると考えると，γ_{12} と γ_{13} は等しい．この条件下で，固/液界面エネルギーを γ_{SL}，粒界エネルギーを γ_{SS}，二面角を ϕ としてつり合いを考えると，

$$\frac{\gamma_{SL}}{\sin(\phi/2)} = \frac{\gamma_{SS}}{\sin(\phi)} \rightarrow 2\gamma_{SL}\cos(\phi/2) = \gamma_{SS} \qquad (2)$$

という，Young の式が得られる．これを変形すると，

$$\phi = 2\cos^{-1}\left(\frac{\gamma_{SS}}{2\gamma_{SL}}\right) \qquad (3)$$

となり，二面角は粒界と固/液界面エネルギーの比を特徴づけるものであることがわかる．二面角が0°に近づくとき，固/液界面エネルギーの比が2に近づく．固/液界面エネルギーの比が2以上の場合には，二面角は0となり，液相が固相の粒界に進入する．

二次元的な写真では接触した粒子に対して任意の方向を向いた断面しか観察することはできないので，微細組織写真から二面角を直接求めることはできない．しかし，Riegger と Van Vlack の解析によれば，二次元な断面で測定された二面角の平均値から真の二面角を推定することが可能となる．たとえば，固/液界面二面角を二次元断面で200個以上測定したときの平均値は，真の二面角と1%以内の誤差で等しくなることがわかっている．また，二面角の分布も明らかにすることも可能である．

(多々見純一)

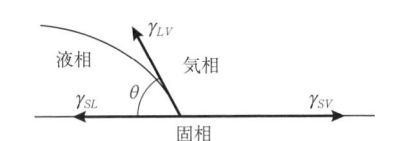

図1 接触角と界面エネルギーの関係

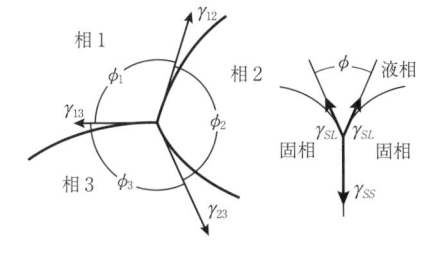

図2 3相交点における平衡

焼結助剤

2.32

sintering aid

　高温で拡散などにより物質移動が起こることによってセラミックス粉末の焼結は進行する．物質移動の適切な制御が緻密な焼結体の作製と所望の微構造*の発達には重要である．これまでに，これを実現するために各種セラミックスに対応した多くの焼結助剤が提案されてきた（表1）．

　代表的なセラミックスである Al_2O_3 には少量の MgO や NiO を添加することで粒界*の移動度が低下して粒成長*が抑制される．このため緻密な焼結体を得ることが可能となる．透光性 Al_2O_3 は MgO を添加して作製される．

　SiC は共有結合性が高く，自己拡散係数がきわめて小さいため，焼結助剤を用いた緻密化が不可欠である．焼結助剤としては，Al, Al_2O_3*, AlN*, B, Be, C, TiO_2*, Y_2O_3 が用いられる．固相焼結による緻密化のための典型的な焼結助剤の例は，0.5% B−1.5〜3.5% C の組合せである．また，原料粉末中の酸素量が低いこと（0.2%以下）が緻密化には必要である．Al_2O_3 や Y_2O_3 を添加することによる液相焼結*により，緻密化と板状の粒成長*による破壊靱性*の向上も可能となる．

　Si_3N_4* も SiC* と同様に高い共有結合性に起因して難焼結材料である．焼結助剤の添加により，焼結温度で Si_3N_4 粉末の表面に存在する SiO_2* と焼結助剤により生成したガラス相（液相）により緻密化が容易になる．典型的な焼結助剤は，Y_2O_3, Al_2O_3, MgO である．焼結初期には，これらのガラス相による粘性流動による緻密化が起こる．焼結中期から終期には，Si_3N_4 の液相への溶解と再析出による緻密化と α 相から β 相への相転移，およびこれらに伴う柱状の β-Si_3N_4 の粒成長が起こる．また，焼結助剤として用いた Al_2O_3 などが，Si_3N_4 中に固溶することで SiAlON を生成することも知られている．ガラス相は冷却後も粒界に残存するため高温強度*を低下させるなどの要因となるが，ガラス相を結晶化させることで高温強度を向上させるなどの研究もなされている． （多々見純一）

表1　焼結対象物質と焼結助剤の組合せ

焼結対象	焼結助剤
AlN	CaO, Y_2O_3, Ln_2O_3
Al_2O_3	LiF, MgO, Nb_2O_5, NiO, SiO_2, TiO_2
$BaTiO_3$	Al, Si, Ta, Ti
BeO	C, LiF, Li_2O, MgO-TiO_2
MgO	B, Fe, LiF, MgO, Mn, NaF
Pb(Zr, Ti)O_3	Al, Fe, La, Ta
SiC	Al, Al_2O_3, AlN, B, Be, C, TiO_2, Y_2O_3
Si_3N_4	Al_2O_3, MgO, Y_2O_3, Ln_2O_3
TaC	B, Cu, Si, Ti
ThO_2	Ca, F
TiB_2	Ni, B_4C, Fe
TiC	Co, Fe, Ni
UO_2	TiO_2
WC	Fe, Ni, Co, Ni_3Al
Y_2O_3	ThO_2
ZrB_2	Ni, Cr
ZrO_2	Cr, Ti, Ni, Mn

（注）Ln は希土類金属を表す．

2.33 洗浄
cleaning

　洗浄とは，目的に適合する表面を再現性よくつくることをいう．現在の最先端技術によっても表面に付着した汚れの完全な除去や，表面の損傷を完全に修復することはできない．しかし，材料やデバイスには必ず機能があり，その機能を損なわないレベルにまで汚れを減少させることが可能であり，それが洗浄である．洗浄はあらゆる工業製品に不可欠である．したがって，どのような表面が必要であるか，洗浄を考える前に明確にしておくことが必要である．除去すべき汚れは，形態面から粒子状，フィルム状，イオン状の汚れ，材料面から無機系，有機系，生物系の汚れ，性質の面から極性，非極性，イオン性の汚れ，また外部から付着した汚れのほかに，表面層に発生した傷や表面組成の変化，構造欠陥なども汚れとなる．洗浄自体により，表面汚染が発生する場合もあるので注意を要する．

　セラミックス粉体が成形プロセスの中で汚染され，結果として焼結体特性に大きな影響を及ぼすことも少なくない．たとえば，泥しょう鋳込み成形では，石こう成形型の成分である硫酸カルシウムが溶解して成形体中へ混入してしまい，これが焼結性を変えてしまうことがある．アルミナ鋳込み成形においては，成形体の仮焼後にHCl溶液にてこの汚染物を除去した場合，焼結体の透光性が向上したという結果が得られている[1]．詳細な分析によると，汚染物を取り除くことにより，異常粒成長が抑制されて均質な緻密化が進んだためとされている．緻密化において，粒成長*が遅ければ，粒界と気孔は同時に移動することができ，その間に気孔内のガスは粒界に沿った速い拡散によって，系外に出ていく．したがって，散乱源となる気孔の消滅が進む．

　PVDやCVDなどのドライプロセスによってセラミックス薄膜などを作製する場合，基板表面には外的要因により種々の汚染物質が吸着しており，これらを取り除いてやらないと，膜質や密着性などに著しい劣化や特性変動が生じる．汚染物質はウェット洗浄により除去できるが，最近ではUV光照射などのドライ洗浄法も実用化が進み，効果を上げている．UVドライ洗浄に利用される紫外光は「UV-C(100～280 nm)」という領域に属する波長の短いUV光である．この光はエネルギーが強く，その値は多くの有機物の化学結合エネルギーに近い．さらに，空気中の酸素からオゾンを生成し，速やかに活性酸素を生じるため，きわめて効果的に有機物が酸化される．したがって，固体表面の有機汚染物質はUV光照射により有機物の酸化が進行し，最終的にCO_2とH_2Oまで分解され，飛散して除去される．その洗浄効果は高く，油性の汚れ膜を単分子層以下にすることができるといわれている．

　また，TiO_2セラミックスはその高い光触媒能による表面の親水化効果により，セルフクリーニング作用がある．すでに，自動車ミラーやビル外壁やテントシートおよび住宅用窓ガラスなどへ応用されている．

（阿部浩也）

文献

1) Y. Hotta, T. Tsugoshi, T. Nagaoka, M. Yasuoka, K. Kanamura and K. Watari : J. Am. Ceram. Soc., **86**, pp. 755-760 (2003)

2) 焼　　結

2.34 乾　燥

drying

　鋳込み成形や押出し成形*などの湿式成形法によって作製された成形体では，焼成前に乾燥によって成形体内の水分を除去する必要がある．乾燥工程を経ないで焼成を行うと，焼成過程で成形体表面からの急速な水分の蒸発によって気孔が閉塞し，内部の水分の除去が困難になるばかりでなく，応力の発生によって破壊や亀裂，変形の要因となってしまう．

　セラミックス成形体の乾燥工程においては，不均一な乾燥応力による亀裂発生や，成形体内部での不均一な密度分布に基づくゆがみの発生に注意しなければならない．一般に，セラミックス成形体中の含水率は素材の性状や成形方法*によって異なるため，個々のプロセスに適した乾燥条件を見いだすには試行錯誤が必要となる．

　乾燥工程では，セラミックス成形体中での物質移動と熱移動が重要である．成形体中の気孔サイズが小さいため，乾燥中は内部の水分が毛細管現象によって表面に移動する．このとき，バインダー*を含む成形体では，乾燥温度の設定によっては有機物の表面への移動も起こり，これによる気孔の閉塞が問題となる場合もある．成形体内部での水分の拡散が十分に起こっている段階では，乾燥速度は成形体表面での蒸発速度に支配される．内部拡散が遅くなると，成形体表面は乾燥しているのに対し，内部では蒸発が起こり，水蒸気の拡散が進行する．この段階では乾燥速度が遅くなり，蒸発が成形体深部に及ぶに従っていっそう遅くなる．

　乾燥によって成形体は収縮するが，乾燥速度と収縮の割合は成形体の性状によって異なる．一般に，乾燥初期の毛細管現象によって成形体表面から水分が蒸発している段階では，蒸発に伴い成形体内部の粒子間接触が密になり，収縮率はほぼ一定（恒率乾燥）となる．恒率乾燥が進行し粒子間の接触がさらに進むと毛細管圧が増大する．この乾燥後期段階における局所的な毛細管圧の違いが亀裂やゆがみの要因となりやすい．複雑形状の成形体ではとくに注意を要する．

　乾燥にはおもに乾燥器が用いられるが，上に示したように，成形体内部と表面の乾燥をできるだけ均質に進行させる（表面での蒸発速度と内部拡散速度を合致させる）工夫をする．このためには乾燥器内の湿度や風量を調節することになる．乾燥速度が速いと表面と内部の温度勾配が生じる．一方で，乾燥速度を遅くすると内部拡散も遅くなる．内部拡散を進行させつつ，表面での蒸発速度を制御するには，初めに湿度の高い条件で加熱を行い，成形体内部温度が上昇した段階で湿度を下げて乾燥する方法がとられる．

　最近では，マイクロ波加熱による乾燥法が利用されている．マイクロ波は成形体内部にまで浸透するため，通常の外部加熱で懸念される表面と内部の温度勾配の問題が解消されやすい．

　　　　　　　　　　　　　　（滝澤博胤）

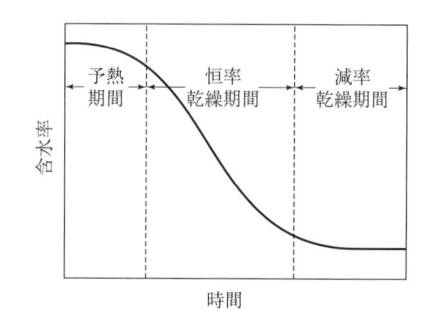

図1　固体物質の含水率の経時変化

2.35 脱　脂

dewaxing

　粉体の調整から成形に至るまで，セラミックス製造プロセスでは各種の分散剤，バインダー*，潤滑剤，可塑剤などが用いられる．これらの有機物成分が成形体中に残存していると，焼結過程で有機物の熱分解により大きな体積減少が起こり，亀裂や割れの原因となる．これを防ぐには，焼結温度よりも低い温度において，有機物成分を除去する脱脂が必要となる．

　脱脂には，高温の熱分解によって有機物を除去する方法と，溶媒中に成形体を浸漬してバインダーを抽出する方法があるが，通常は加熱炉中で焼結温度よりも低温でゆるやかに有機物成分のみを分解揮発させて行う．有機物の熱分解をゆるやかに行うことにより，成形体中での亀裂発生を抑制することができる．成形体内部に温度勾配が生じると熱応力の原因となるため，急速な昇温は避け，むしろ低温で長時間の熱処理で脱脂を行うのがふつうである．脱脂過程での有機物成分の分解反応は，添加したバインダーなどの種類や脱脂温度により異なる．このため，あらかじめ熱分析によって添加した有機物の熱分解プロファイルを調べておくとよい．熱分解が発熱を伴うのか吸熱反応なのかも，脱脂過程での成形体内部の温度勾配を支配する．

　高分子系バインダーの脱脂過程は，熱分解あるいは酸化分解による揮発性低分子量生成物の発生によるが，酸化分解では成形体内部への酸素の拡散が律速となることもある．また，加熱中に高分子の架橋が起こると脱脂速度は遅くなる．

　脱脂過程では雰囲気の選択も重要である．脱脂後に炭素成分が残さとして残存する場合があるが，大気中などの酸化雰囲気では800℃程度までの昇温で炭素成分を完全に除去できる．一方，対象とする試料が非酸化物であり酸化雰囲気での脱脂が不適切な場合，非酸化雰囲気での熱処理によって炭素成分の残存が避けられないこともある．炭化物系セラミックスでは問題とならない場合が多いが，窒化物セラミックスなどでは炭素成分の残留が焼結反応に影響を及ぼすため，バインダーの選択には注意しなければならない．非酸化雰囲気で完全に熱分解するバインダーにおいても，その熱分解挙動は酸化雰囲気における場合とは異なるのが一般的である．このため，目的に応じた雰囲気，昇温条件での熱分析データを解析しておく必要がある．

　非酸化雰囲気で脱脂を行う場合，有害大気汚染物質の排出にも注意しなければならない．酸化雰囲気での脱脂の場合は，最終的に熱分解生成物は水と二酸化炭素のみであることが多いが，非酸化雰囲気の場合はアルデヒドなどの有害大気汚染物質を発生することもある．したがって，非酸化物セラミックスを対象としたプロセッシングにおいては，有害物質を発生しないバインダーを選択することも重要である．

〔滝澤博胤〕

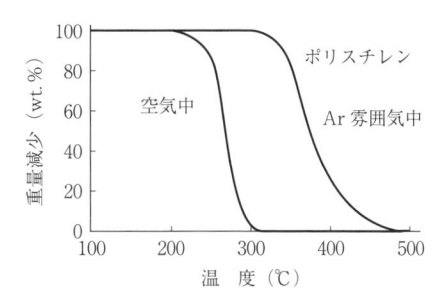

図1 脱脂雰囲気の違いによる熱分解特性の相違

2) 焼　　結

焼成炉

2.36

firing furnace

　セラミックスの焼成炉は被焼成物の材質によって異なるためその種類は非常に多いが，大別して伝統的セラミックス用とファインセラミックス用とに分けることができる．また，後者の炉構造は酸化物と非酸化物では大きく異なり，その熱源によって燃焼式と電気抵抗加熱式に大別される．

　伝統的セラミックスの焼成炉は燃料を熱源とする燃焼式が多い．炉内ガスの圧力は大気圧にほぼ近く，雰囲気は燃焼方式で可能な酸化，還元および中性雰囲気に限定される．それに対して，ファインセラミックスの場合は，複数の機能を要求することが多く，大気中に加えて真空や非酸化性雰囲気の制御，不純物の排除，焼成中の外圧の適用など，燃焼式では達成できない多くの焼成条件が必要であるため電気炉が広く使用されている．

　電気炉に関しても，炉内ガスの圧力は大気圧が大半であるが，雰囲気ガスなどの精密制御が要求されるものも多い．たとえば，低濃度の酸素雰囲気，組成成分の分解を防ぐための特殊な雰囲気制御（たとえば，圧電体のような PbO の蒸発防止用），あるいは非酸化物の焼成に用いる窒素，アルゴン，水素あるいは水素と窒素の混合ガスによる還元雰囲気などである．難焼結性物質である窒化ケイ素*，炭化ケイ素*，窒化ホウ素*などの非酸化物セラミックスでは，焼結を加速するためにホットプレス*や熱間等方加圧焼結（HIP）など外圧を利用する焼成法も行われており，最近では放電プラズマ焼結*（パルス通電焼結ともいう）やマイクロ波焼結も使用されている．

　用途と対象部品の大きさや生産量，仕様などから焼成炉を考えるときには，焼成炉の構造による分類がもっとも一般的である．焼成炉は連続炉とバッチ炉に大別され，前者はさらにプッシャー炉，ローラーハース炉，台車炉に大別される．そのうち，台車炉は耐熱性に優れた耐火物で保護された台車を用いることから，大型で重い陶磁器や耐火物などの焼成には適しているものの，小型で高い量産性と所望の焼成プロファイルを要するものには必ずしも適さない．そのため，電子セラミックスに対しては，主としてプッシャー炉とローラーハース炉が使用されている．一方，バッチ炉は試料の出し入れの仕方によってエレベーター型（あるいは昇降型）と正面から出し入れするシャトル型に大別される．バッチ炉は多品種で適当量の生産や微妙な焼成条件を必要とするなど，小回りが可能な炉として広く用いられている．フェライト，コンデンサーなどのような多種多様な小型部品に対しては，連続炉とバッチ炉を適当に使い分けて生産に対応している．

　焼成炉の概要を表1に示しておく．

(米屋勝利)

表1　各種焼成炉

炉の形式		熱源	方式	焼成部材
シンネル炉	プッシャー炉	電気（ヒーター：MoSi₂, SiC, Fe-Cr など）/ガス/ガス-電気	台車移送式（短路式，複路式）	台板，棚板，こう鉢，セッター，支柱（または枠）
	ローラーハース炉	電気/ガス	ローラー移送	棚板，こう鉢，セッター
	台車炉		台車移送式	棚板，こう鉢，セッター，支柱（または枠）
バッチ炉	昇降型焼成炉	電気/ガス/ガス-電気	昇降式	
	箱型炉	電気/ガス	シャトル型	
	非酸化物焼成炉	電気	各種	こう鉢

2.37 焼成部材
burning tool

焼成部材は窯道具とよび，被焼成物を有害なガスや不純物の混入から保護すると同時に被焼成物の変形を防ぎ，限られた容積の炉内において効率良い窯詰めを行うための耐火物道具であると定義することができる．過酷な条件で繰り返し使用することが求められるため，その型材や形状は焼成物のそれに依存し，候補材の中でもっとも経済的なものが選択される．しかし，均熱性，雰囲気制御などが必須であり，省エネルギーがさらに優先条件であることも十分考慮しなければならない．

通常のプッシャー炉で焼成物と窯道具材の搬送機能をつかさどるのが台板で，平板状とトレー状のものがある．材質はアルミナ*や炭化ケイ素*質などであるが，高アルミナ質の場合が多い．

棚板，こう鉢は焼成物を積載する道具材で，平板状のものを棚板，箱型のものをこう鉢という．棚板とこう鉢の材質と形状は焼成しようとするものの材質，形状，焼成炉の形態，焼成条件などによって選定される．そのため，使用される材質は，アルミナ質，ムライト質，ジルコニア質，コーディエライト質，マグネシア質，スピネル質，炭化ケイ素質などさまざまである．また，焼成物を直接棚板あるいはこう鉢と接触させることによって反応が生じる場合は，反応を抑制できる敷粉やコーティングが施されるほか，セッターも用いられる．容積低減と軽量化のためにセッターは薄肉形状のものが使われる．代表的な道具材の材質と用途を表1に示しておく．

焼結部材が具備すべき理想的な基本特性は，①反応しない，②へたらない（高温クリープ特性に優れる），③割れない（耐熱衝撃性に優れる），④軽い（熱容量が小さい）ことである．すなわち，焼結部材の材料特性としては，軽量性，熱伝導性，通気性，耐食性*，耐スポーリング性，耐熱衝撃性，耐高温クリープ性に優れるなどが強く求められる．軽いことは台板やロールへの負荷を軽くするし，通気性は軽量性と均熱性を高めるのに有利であるので，こう鉢の側面に通気窓を入れることも通常行われている．

（米屋勝利）

表1 被焼成物と焼成部材

焼結部材	被焼成物	備考
アルミナ質（Al_2O_3）	アルミナ基板，各種電子部品，誘電体，フェライト	耐侵食性，耐反応性に対しては高純度緻密質
ジルコニア（ZrO_2），ジルコニア被覆（ZrO_2＋基材）	アルミナ基板，各種電子部品，誘電体，フェライト	耐侵食性，耐反応性に対しては高純度緻密質
ムライト質（$3Al_2O_3 \cdot 2SiO_2$）	アルミナ基板，各種電子部品，誘電体，フェライト	耐侵食性，耐反応性に対しては高純度緻密質
スピネル質（$Mg Al_2O_4$），マグネシア（MgO）	圧電体	PbO に対する耐反応性
炭化ケイ素質（SiC）	炭化ケイ素	耐スポーリング性を向上
非酸化物系（BN, Si_3N_4，カーボン）	各種非酸化物	AlN, Si_3N_4 用として適宜選択

2.38 発熱体

heating element

セラミックスの焼成炉*は被焼成物の材質によって異なるためその種類は非常に多いが,その熱源によって,燃焼式と電気抵抗加熱式に大別される.ファインセラミックスの製造に広く使われているのが電気抵抗加熱式であり,その熱源として発熱体を利用している.

表1は非金属抵抗発熱体の種類と使用温度範囲を示す.通常の大気など酸化性雰囲気中では,1200～1300℃の温度で使用する炉にはニクロムまたは鉄クロムアルミ合金が使用される.これ以上の温度域では,1500℃付近までは炭化ケイ素が,さらに高温では二ケイ化モリブデン($MoSi_2$)あるいはランタンクロマイト($LaCrO_3$)が使用されるが,この場合の最高温度は約1800℃である.最近では高温電気炉用としてジルコニア発熱体が開発され,2000℃近辺まで使用可能とされている.しかし,窒化ケイ素*,窒化アルミニウム*,炭化ケイ素*などの多くの非酸化物は窒素,アルゴンなどの非酸化性雰囲気中,2000℃以上の高温加熱が必要であることから,カーボン発熱体が一般に用いられている.

また,真空,還元および不活性雰囲気中では,タングステン(W),タンタル(Ta),モリブデン(Mo)などの高融点金属発熱体も利用されている(表2).なお,研究としては,白金(Pt)あるいは白金-ロジウム(Pt-Rh)系が1600℃付近まで酸化性雰囲気で使用可能である.

電気炉としては抵抗加熱のほかに,①誘導加熱炉:黒鉛のような導電体を交流磁界内において生ずる渦電流により加熱する,②誘電加熱炉:絶縁体(誘電体)を高周波電場内において誘電損失により加熱する(マイクロ波加熱),③アーク放電加熱炉:電極間の電子とイオンのプラズマからなるアーク放電の熱を直接あるいは間接的に被加熱物に伝える加熱,④赤外線放射加熱炉:赤外線放射の吸収による加熱,⑤電子ビーム炉,⑥レーザービーム炉,⑦プラズマ炉などがある.とくに,①は抵抗加熱以外の方法として広く用いられ,黒鉛や金属が加熱媒体となっている.必要に応じては被焼成物が直接導電体としての役割を果たすこともある.マイクロ波は近年研究用として盛んに利用されている.　　　　(米屋勝利)

表1　非金属発熱体の種類と特徴

種類	使用温度と雰囲気	形状	融点あるいは分解温度(℃)
炭化ケイ素 SiC	空気中　1650℃ H_2　　1300℃ N_2　　1450℃ 真空中　1100℃	棒,管 らせん管 U字形 W字型(3φ)	2400℃
モリブデンシリサイド $MoSi_2$	空気中　1800℃ H_2　　1350℃ N_2　　1600℃ 真空中　1300℃	U字形 W字形(3φ)	2030℃
ランタンクロマイト $LaCrO_3$	10%以上のO_2雰囲気1800℃,真空,還元,中性は不可	棒	2490℃
カーボンまたはグラファイト C	非酸化性雰囲気で2600℃ 真空中で2200℃	棒,板管 U字形 粒,繊維	3500℃

表2　高融点単体金属発熱体の種類と特性

種類	最高使用温度(℃)	使用可能な雰囲気
タングステン(W)	2400	還元または中性　真空
タンタル(Ta)	2200	中性　真空
モリブデン(Mo)	1800	還元または中性　真空
白金(Pt)	1600	酸化

温度計測

temperature measuring

2.39

　さまざまなセラミックスのプロセスで，もっとも多く行われている基本的計測分野の一つである．温度計測法は，接触式と非接触式に大別される．

　接触式は，測定対象に検出部を直接接触させて，両者が熱平衡に達したときの検出部の電気的特性によって温度を測定する．検出部は，熱電対と測温抵抗体に大きく分類される．熱電対は，2本の異種金属の一端を溶接し，ゼーベック効果による熱起電力を他方の2端子から測定するものである．熱起電力は，組み合わせる金属の種類と両接点の温度差に依存するが，金属の形状と大きさには無関係である．熱電対はJISで規格化されており，使用温度や雰囲気により最適なものを選択する．また，貴金属などを用いることが多いため，測定器までの導線に熱電対の種類に応じた補償導線を用いる．出力電圧は両端の温度の影響を受けるので，測定器の接点の温度補償を測定器内部あるいは0℃接点を用いて行う．測温抵抗体は，抵抗値の温度変化特性を利用するもので，白金，ニッケル，銅，サーミスタが用いられている．

　非接触式の代表的なものは放射温度計である．放射温度計は物体からの熱放射により温度を計測するものである．測定できる温度範囲により多種の温度計が用意されている．熱放射は物体の種類により異なり，黒体では放射率1，鏡面体では熱放射を完全に反射するため放射率は0となる．同一物質でも表面が粗いと放射率は高くなる．物体からの熱放射エネルギーは短波長側にずれていくことと，放射率の温度指示への影響は短波長側のほうが小さいことから，短波長での測定が望ましい．測温される領域に遮へい物が入ると熱放射エネルギーの減少により指示温度が低くなるので注意する必要がある．これは，二つの波長で測温する2色温度計を用いることで回避することができる．最近では，電気炉からの電磁誘導の影響を受けることなく，防爆機器を必要とする雰囲気でも用いることができる光ファイバー型もある．　　**(多々見純一)**

表1　JIS熱電対の種類と特徴

	+側	-側	使用温度（℃）	過熱限度（℃）	特徴
K	クロメル	アルメル	-200〜1000	1200	温度と熱起電力との関係が直線的であり，工業用としてもっとも多く使用されている．
J	Fe	コンスタンタン	0〜600	750	E熱電対についで熱起電力特性が高く，工業用として中温域で使用されている．
T	Cu	コンスタンタン	-200〜300	350	電気抵抗が小さく，熱起電力が安定しており，低温での精密測定に広く利用されている．
E	クロメル	コンスタンタン	-200〜700	800	JISに定められた熱電対の中でもっとも高い熱起電力特性を有している．
N	ナイクロシル	ナイシル	-200〜1200	1250	低温から高温まで，広い範囲にわたって熱起電力が安定している．
R	Pt-13% Rh	Pt	0〜1400	1600	高温での不活性ガスおよび，酸化雰囲気での精密測定に適している．精度が良くバラツキや劣化が少ないため，標準熱電対として利用されている．
S	Pt-10% Rh	Pt	0〜1400	1600	
B	Pt-30% Ph	Pt-6% Rh	0〜1500	1700	JISに規定された熱電対でもっとも使用温度が高い．

焼結方法 2.40

sintering method

　セラミックスはその形態から，粉体，焼結体，単結晶，薄膜，繊維などに大別される．現在，工業材料として利用されているセラミックスの大半は焼結体であることから，焼結技術はセラミックス製造の要として位置づけられている．電子，光学，力学，生化学などの諸機能を付与させた先進セラミックスにおいては，精度の高い特性の制御が必須であり，そのためには焼結体を構成する結晶相，粒子形態，粒径とその分布，粒界相，粒界構造などの設計・制御がきわめて重要になっている．微構造*は原料および組成の選択と製造プロセスにおける各工程すべてに依存する．焼結技術はその一工程であるので，その前工程である組成の選択，原料粉末の吟味，成形時の粉末の充填状態，成形体の大きさと形状の違いによる成形法の違いなどに大きく影響される．そのため，製造プロセスとしての焼結方法の選択とその条件設定は，物質組成，粉体性状や成形技術と一体化して検討されなければならない．

　焼結とは，一般に「粉体の集合体を加熱すると粒子の接触部が結合して強固になる現象」であり，そのメカニズムから固相焼結（表面拡散*，体積拡散，粒界拡散*，粘性拡散，蒸発・凝縮），液相焼結（粒子再配列，溶解・析出）に大別される．上記のうち，粘性流動と蒸発・凝縮に関しては固相焼結とは切り離して取り扱うこともあり，あいまいになっている．いずれも二粒子間接触ネック部の曲率半径に起因する物質移動に基づいている．固相焼結は拡散や粘性流動，蒸発・凝縮を物質移動の主流とするものであり，金属や酸化物などの焼結過程で生ずる物質移動の形態である．それに対して，液相焼結は焼成時に液相を発生させ，これを利用して固液界面でのぬれを利用した粒子の再配列と曲率半径差に由来した溶解度の違いによって溶解・析出を生じさせて緻密化を加速させるものである．陶磁器，耐火物をはじめ，電子セラミックスや機械的・熱的・生化学的環境下で用いる大半のセラミックスの製造においては液相を利用する焼結方法がとられている．とくに，難焼結性物質である非酸化物セラミックスの焼結においては液相の利用がもっとも重要な焼結手段となっている．

　一般に酸化物は易焼結性物質であり大気中で安定であることから常圧下，大気中での焼結方法が適用できる．しかし，酸化物でも材料の種類や目的とする機能出現のためには雰囲気制御を必要とする場合もある．一方，非酸化物は大気中で加熱すると酸化されるため，焼成は非酸化性雰囲気下で行われる．しかも難焼結性物質であることが多いため，焼結助剤*を添加したり外部から圧力を印加するなどの工夫がなされている．

　これまで種々の焼結方法が開発され利用されているが，一般には表1に示すように①無加圧焼結，②加圧焼結，③その他の焼結法に大別される．①には，常圧焼結*，反応焼結*，雰囲気焼結*，②には，ガス圧焼結，ホットプレス*，熱間等方加圧焼結（HIP），放電プラズマ焼結*（あるいはパルス通電焼結）などがある．③のその他の焼結法としては，マイクロ波焼結，プラズマ焼結，燃焼合成焼結*などがある．常圧焼結*が経済的にもっとも有効な方法であるので，焼結性に優れる酸化物の焼結に対してはこの方法が用いられている．非酸化物，複合材料，その他の新材料など最近注目されている材料には，難焼結性物質が多いので，焼結助剤を添加したり，圧力を利用するホットプレス法などのほかにも多

彩な焼結法が検討されている．表2に代表的なセラミックス材料（アルミナ，窒化アルミニウム，炭化ケイ素，チタン酸バリウム）について無加圧焼結法の事例を紹介しておく．各焼結方法の詳細に関しては，それぞれの解説記事を参照されたい．

（米屋勝利）

表1 セラミックスの焼結方法

番号	大分類	中分類	適用事例	補足説明
①	無加圧焼結法	常圧焼結	Al_2O_3 ほか各種酸化物，AlN-焼結助剤系	低コストであり，もっとも一般的な方法
		反応焼結	Si_3N_4, SiC	たとえば，$3Si+2N_2 \rightarrow Si_3N_4$
		雰囲気焼結	PZT（$PbO-ZrO_2-TiO_2$）	成分の中にPbのような蒸気圧の高い物質が存在する場合
②	加圧焼結法	ホットプレス焼結	Si_3N_4, SiC	一軸成形でモールドが必要
		ガス圧焼結	Si_3N_4-焼結助剤系	主として窒化ケイ素用
		熱間等方加圧焼結（HIP）	Si_3N_4, Al_2O_3, WC-Co	カプセルHIPとカプセルフリーHIPとがある
③	その他の焼結法	放電プラズマ焼結	Si_3N_4, Al_2O_3, SiAlON, 傾斜機能材料ほか多様	パルス通電焼結ともいう
		マイクロ波焼結	Si_3N_4, Al_2O_3, ZrO_2, PZTなど	電磁波を利用した加熱法で，電子レンジと同じ原理
		プラズマ焼結	SiC, Al_2O_3	プラズマがもつ高温度，高エネルギーを利用
		燃焼合成焼結	TiC, TiN, AlN, Si_3N_4 など	発熱反応を利用
		超高圧焼結	ダイヤモンド，cBN	超高圧下での焼結

表2 代表的なセラミックス材料の無加圧焼結法の事例紹介

材料名	組成系	焼結機構	焼結過程	応用分野
アルミナ	Al_2O_3-MgO	固相焼結：拡散	Al_2O_3 中に存在する格子欠陥や金属イオンの拡散によって緻密化が進行．MgOの添加はムライトを形成して粒成長を抑制	耐熱部品，Naランプ外套管
窒化ケイ素	Si_3N_4-Y_2O_3-Al_2O_3	液相焼結	焼成過程で SiO_2-Y_2O_3-Al_2O_3 系の液相が生成，緻密化と高強度化を促進	各種耐熱，耐摩耗部品：エンジン部品，ベアリングボールなど
窒化アルミニウム	AlN-Y_2O_3	液相焼結	焼成過程で Y_2O_3-Al_2O_3 系の液相が生成，緻密化と高熱伝導化を促進	各種素子基板，半導体製造用部材
多孔質炭化ケイ素	SiC	固相焼結：蒸発凝縮	SiC圧粉体を2200℃以上の高温で焼成し，SiCの蒸発・凝縮によるネック成長を利用して多孔体を作製	フィルター
チタン酸バリウム	$BaTiO_3$	固相焼結：拡散	$BaTiO_3$ 粉体を一軸成形した圧粉体あるいはテープ成形したシート状成形体を焼成して誘電体素子を作製	各種コンデンサー：単板コンデンサー，積層コンデンサー

2.41 常圧焼結

pressureless sintering or normal sintering

成形体を1気圧の雰囲気下で焼結するのを常圧焼結という。もっとも簡単な方法なので特殊な装置を必要とせず連続生産が容易で、比較的低価格で部品が提供できる。

酸化物は焼結性に優れているので、アルミナ (Al_2O_3)* やジルコニア (ZrO_2)* などが1気圧の空気中で高密度まで焼結される。ただし、無添加では気孔の拡散が粒成長*より遅く粒内に取り込まれ、それ以上の密度上昇は不可能となる。焼結の駆動力である表面エネルギーは焼結と粒成長の両方で消費されるが、焼結助剤*を添加すると粒成長が抑制され焼結は促進される。たとえば、アルミナに MgO を少量加えて常圧焼結するが、MgO 添加と無添加の場合の粒成長速度／焼結速度の比を相対密度に対してプロットしたのが図1である。この速度比で助剤としての有効性や組織発現挙動を評価できる。このような焼結助剤の作用機構を解明することにより GE 社では透光性アルミナセラミックスを開発し、その粒径は約 30 μm である。機械部品の場合は強度を高める要請から粒径はもっと小さい数 μm に制御される。

非酸化物は自己拡散係数が小さく、常圧焼結が困難と考えられてきた。最初に炭化ケイ素 (SiC)* の焼結が開発され、それは 1972 年とそう昔ではない。高純度の微粉末にホウ素 (B) とカーボン (C) を添加し、固相状態で焼結したもので固相焼結ともよばれる。固溶範囲内の焼結助剤量であれば、焼結後完全に粒内に固溶する。高分解能電顕で粒界を観察すると偏析相はなく、粒子どうしが直接接合している。このため強度は 1600℃ 程度まで低下しない。

窒化アルミニウム (AlN)* や窒化ケイ素 (Si_3N_4)* は焼結を促進する酸化物を添加し、液相焼結*で高密度焼結体とする。窒化アルミニウムにおいては CaO や Y_2O_3 を少量加え、窒素雰囲気中で焼結する。高密度化とともに粒内の酸素や不純物が粒界に集まるので粒子が高純度化され、熱伝導率の高いセラミックスが得られる。窒化ケイ素では MgO や Y_2O_3 を加え、やはり窒素気流中で高温において液相焼結する。高温すぎると窒化ケイ素が熱分解するので、1750℃ 以下で焼結する必要があり多量の焼結助剤を添加する。焼結後、液相は固化して粒界のガラス相となり、高温ではその粘性が低下するため実用は 800℃ 以下に限定される。

〈三友　護〉

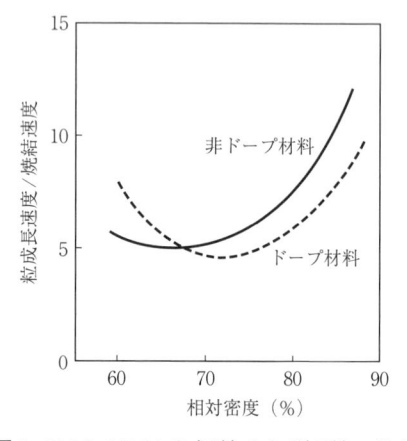

図1 アルミナに MgO を添加および無添加の場合の粒成長速度／焼結速度と相対密度の関係
(出典) R. J. Brook, E. Gilbart, N. J. Shaw and U. Eisele : Pow. Metall., 28, p. 105 (1985)

反応焼結

reaction bonding

2.42

　化学反応に伴って密度が上昇する手法を反応焼結とよぶ．焼結性の低い炭化ケイ素(SiC)*や窒化ケイ素(Si_3N_4)*の焼結体を製造するために開発された．焼結に伴う収縮が小さい特徴がある．

　炭化ケイ素ではSiCとCの混合物を所定の形状に成形後，溶融Siまたは気相のSiと接触させる．Siは毛細管力で吸引され粒子間の空間を満たす．この過程でCは浸入したSiと反応してSiCを生成するが，過剰のSiはそのまま粒界に残る．したがって，得られた焼結体は高密度であるが，SiCと少量のSiからなる複合材である．溶融シリコンを用いるのが一般的なので，この方法は溶融シリコン含浸法(molten silicon infiltration method)ともいわれる．この種の焼結体はシリコンの融点の1410℃近くまで高強度を維持するが，それ以上の温度では粒界のシリコンの粘性が下がるため急激に強度が低下する．

　窒化ケイ素ではシリコン粉末を成形し，窒素気流中で加熱して窒化ケイ素焼結体とする．シリコンの窒化で体積は増加するが，成形体の寸法をほぼ維持し，その増加分は粒子間に吸収される．この挙動は初期窒化のメカニズムによって図1のように説明される．最初に気相の窒素とシリコン表面の反応で窒化層が形成される．ついで，この層を通って内部のシリコンが気相となって粒子間の空間に拡散する．窒化反応のメカニズムは数多く発表され，窒化の条件によって変わると考えられる．しかし，どのような条件で窒化しても体積が一定に保たれる．この寸法精度がよいことと窒化反応が1400〜1450℃と低温で進むのが反応焼結法の特徴で，安価に部品が製造できる．一方，窒化を完全に進めるには，成形体密度に上限があるため得られる焼結体の相対密度は75〜85％程度であり，曲げ強度300 MPa以下と低い問題がある．この方法は反応焼結法とよばれているが，英語ではreaction bondingといい，得られた材料は反応焼結体(reaction bonded silicon nitride：RBSN)という．

　反応焼結では，成形体内でなんらかの化学反応が起こる．生成物のモル体積は原料のそれより大きいが，その増加分は粒界に吸収される．焼結の初期に粒子間に強固な結合が形成され，さらに焼結が進行しても粒子間距離が小さくなる(焼結する)のを妨害するためである．このため成形体と焼結体の寸法があまり変化しないので，寸法精度の高い部品が得られる．　　　〈三友　護〉

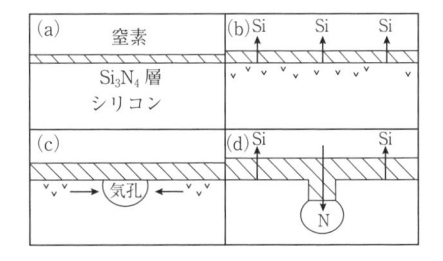

図1　シリコンの初期窒化挙動
(出典)　A. Atkinson, P. J. Leatt, A. J. Moulson and E. W. Roberts：J. Mater. Sci., **9**, p. 981 (1974)

ポスト反応焼結

2.43

post-reaction-bonding

　粉末を種々の方法で成形すると相対密度は50～60％である．この成形体を焼結すると，15～20％の線収縮がないと理論密度に達しない．そのうえ，成形体内の密度分布，粒子配向や焼結炉内の温度分布のため焼成収縮は必ず不均一になる．このような多くの因子の影響で，いくら精密に成形しても焼結体はひずんでしまう．とくにセラミックローターのような回転部品では部品の寸法精度を高くする必要がある．そこで，最終寸法より少し大きめの焼結体をつくり，研削や研磨などの仕上げ加工を施して製品とする．セラミックスのような硬い材料では，加工にダイヤモンド工具を使用するがその消耗も激しい．したがって，製品の価格はその加工量に大きく依存する．

　寸法精度の向上の要請に対応して窒化ケイ素の焼結法として開発されたのが，ポスト反応焼結（post-reaction-bonding）法で，得られた焼結体は一般的にポスト反応焼結体（sintered reaction-bonded silicon nitride：SRBSN）とよぶ．これは相対密度が70～80％程度の反応焼結体に焼結助剤*である酸化物を添加し，常圧焼結*または雰囲気加圧焼結*で高密度焼結体とする．焼結助剤は原料のSiにあらかじめ混合しておくか，助剤を含む溶液を反応焼結体に含侵後乾燥する．

　反応焼結体に5 mass％のY_2O_3と焼結の難しい焼結助剤系で焼結した場合の到達密度を図1に示す．図のE，A，DはSi原料の純度の違いで，不純物の多い方が焼結体が高密度になっている．この図で常圧焼結とは1気圧の窒素中，1780℃で2時間焼結したもので，雰囲気加圧焼結とは1875℃で90分予備焼結して開気孔をなくし，第2段として100気圧の窒素中に1920℃に90分加熱した結果である．焼結助剤をもっと多量に加えれば，比較的容易に高密度化が達成できる．酸化物を加えて焼結しているので他の焼結法と同じように，粒界に低融点のガラス相が残留する．高温強度は粒界相の融点と量に大きく依存する．焼結体の高温特性を改良するためには，高純度の原料を使用し，少量の焼結助剤で高密度化する必要がある．

　成形体としての反応焼結体の密度が窒化ケイ素粉末を成形した圧粉体*に比べ高いので，4～7％の焼成収縮だけで理論密度になる．したがって，寸法精度の高い部品を製造するのに適している．この方法では原料として窒化ケイ素を必要とせず，Siから直接焼結体が得られる利点もある．

〔三友　護〕

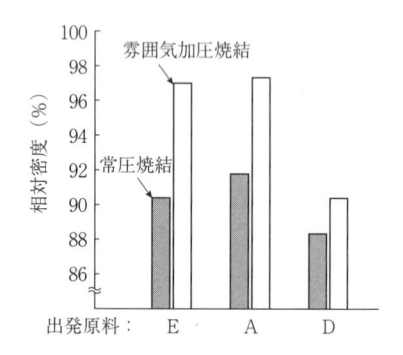

図1　反応焼結体を常圧焼結または雰囲気加圧焼結でポスト反応焼結した場合の到達相対密度（E，A，Dは純度の異なるSi粉末からのもの）

（出典）　H. J. Kleebe and G. Ziegler：J. Am. Ceram. Soc., **72**, p. 2314（1989）

2.44 雰囲気焼結

gas-pressure sintering

大気中で焼成を行うと所望のセラミックスや性能が得られない場合がある．このような場合，炉内の雰囲気を調整した雰囲気焼結が行われる．炉中において被焼結体と雰囲気との相互作用は酸化，還元，蒸発，窒化，硫化，分解などの熱解離反応の平衡反応であるといえる．この反応がどちらに進むかは焼結される物質の平衡解離圧と雰囲気中の分圧によって制御される．これらの平衡反応の進行によりセラミックス中には酸化物などの異相が形成されたり，結晶粒中にさまざまな結晶欠陥が発生する．結晶欠陥の発生は一部のイオンの帯電荷を変化させ，電気的特性を変化させる．このような現象を防止したり逆に積極利用するのが雰囲気焼結である．

雰囲気焼結は，セラミックスの特性制御のためと単にプロセス上の要請から雰囲気焼結を行うものとの2種類に分けられる．前者に属するものとして，酸化物半導体を作成する場合があげられる．酸化物を還元性雰囲気で焼成すると結晶中の酸素が解離し，酸素欠陥が発生する．酸素欠陥は禁制帯中にドナー準位を形成するためにセラミックスを半導体化する．圧電体として用いられるPZTセラミックスの焼成においては，焼成中のPbの蒸発を防止するためにアルミナ製やマグネシア製の容器中でPbO粉末とともに焼成を行う．この方法も一種の雰囲気焼結といえる．

プロセス上の要請による例としては，透光性セラミックス，積層セラミックコンデンサー，非酸化物系セラミックスなどの焼結があげられる．透光性セラミックスは気孔の発生を防止するために雰囲気焼結が行われる．$Al_2O_3^*$系あるいはY_2O_3系の場合にはセラミックス中でも拡散しやすいH_2雰囲気中で焼結を行う．$Si_3N_4^*$系セラミックスやSiC^*系セラミックスなどの非酸化物系セラミックスの焼結には，N_2や不活性ガスなどの雰囲気中あるいは真空中で焼結を行い酸化を防止するのが一般的である．

雰囲気焼結の適用例を表1に掲げる．

〔向江和郎〕

表1 雰囲気焼結の適用例

雰囲気焼結の種類	焼結体	目的	雰囲気
特性制御	酸化物半導体（NiO, ZnO, SnO_2, CuO 他）	半導体化	N_2
	セラミック半導体コンデンサー（$BaTiO_3$, $SrTiO_3$ など）	絶縁化	N_2+O_2
	PZTセラミックス	Pb蒸発防止	PbO粉末中
	Mn-Znフェライト	磁気特性向上	O_2 ($10^{-3}\sim10^{-5}$ atm)
プロセス制御	非酸化物（Si_3N_4, SiC など）	酸化防止	N_2 He, Ar など不活性ガス
	積層セラミックコンデンサー（$BaTiO_3$系, $SrTiO_3$系など）	電極酸化防止	$N_2+H_2+H_2O$
	透光性セラミックス（Al_2O_3系, Y_2O_3系）	気孔発生防止	H_2

雰囲気加圧焼結

2.45

gas-pressure sintering

　一般にはガス圧焼結 (gas-pressure sintering) という。窒化ケイ素*(Si_3N_4)は高温で，

$$Si_3N_4(s) \rightleftharpoons 3Si(l) + 2N_2(g)$$

と解離し，1700℃以上の焼結温度ではその分圧が無視できなくなる。また，窒化ケイ素の焼結には助剤として MgO, Al_2O_3* などの酸化物を加えて液相焼結する。この際，高温で窒化ケイ素と酸化物が反応し SiO* などの気相を生成し，助剤量が減ってしまう。これらの反応は焼結中における重量減少と直結し，表面からの気孔成長を引き起こすので焼結を阻害する。したがって，重量減少が5重量％以下の条件で焼結する必要がある。

　焼結の際に雰囲気の窒素圧を高くすると，窒化ケイ素は熱力学的に安定性が高くなる。したがって，常圧焼結*に比べ高温での焼結が可能となり，焼結助剤量の低減や耐熱性助剤の使用によって高温強度*に優れたセラミックスが得られる。機械用セラミックスとしては 1000℃ 程度の耐熱性窒化ケイ素がまず実用化され，その後，1400℃に耐える材料も開発されている。この雰囲気加圧焼結は日本で開発されたものである。一般には5～50気圧の窒素雰囲気で1800～2100℃の条件で焼結する。

　焼結はα粉末に焼結助剤を添加し，成形後加熱する。常圧焼結と同様，液相焼結によって気孔が除去される。高温焼結により拡散が促進されるので，常圧焼結より平均粒径が大きくなる。ただし，図1のように小さな粒子の中に六角柱状に発達した異常成長粒子が成長する。このような組織は複合組織または自己強化組織 (self-reinforced microstructure) とよばれる。これは不均一な微構造*であり，焼結の点からは高密度化は容易ではない。しかし，複合組織内の柱状粒子は複合組織の強化材と同じ作用をして，亀裂の成長に対する抵抗となる。このため，セラミックスは高靭性となり，また強度分布も狭くなり信頼性の高い材料となる。

　ガス圧焼結で製造したセラミックス部品は，上記のような耐熱性，高靭性，高信頼性から機械用セラミックスとしてはもっとも機械的特性のバランスがとれた材料となった。自動車用ターボチャージャーローターもこの特性を利用して実用化されたもので，900℃で10万回転以上の厳しい条件に耐えることができる。そのほか，ボールベアリングとして高精密や高速回転の特徴があり，使用量は増加しつつある。このように温度と応力および酸化などの腐食条件に耐えるセラミックスである。

〔三友　護〕

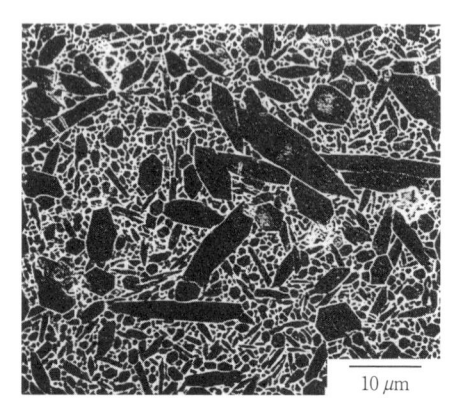

図1　雰囲気加圧焼結で得られた窒化ケイ素の複合組織

(出典)　M. Mitomo and S. Uenosono: J. Am. Ceram. Soc., **75**, p. 103 (1992)

2.46 高温（熱間）静水圧成形

hot isostatic pressing

高温下で 100〜200 MPa の高圧ガスの圧力を作用させて材料を強圧縮する高温（熱間）静水圧成形（hot isostatic pressing：HIP）法は，とくに難焼結性のセラミックス材料の製造に有利であり，また気孔状欠陥が許容されない製品の製造に広く利用されるに至っている．

このプロセスで使用される HIP 装置は，図1に示すように，高圧容器の中に電気炉が組み込まれた構造をしており，1400℃，100 MPa 程度（モリブデンヒーター）や 2000℃，150 MPa（黒鉛ヒーター）を使用した装置が多く採用されている．

この HIP 法をセラミックス粉末の焼結に利用する方法に関しては，図2に示すような「カプセル法」と「カプセルフリー法」の2種類が知られている．

カプセル法では，粉末原料もしくは粉末の成形体をカプセルと称するガス気密性材料でできた容器の中に封入した後全体を HIP 装置の中で高温高圧下にさらして，このカプセルの外側から全体を圧縮して焼結を行う．この方法ではカプセル材料の選定が重要で，HIP 処理温度に応じて，軟鋼やタンタルなどの金属またはパイレックスや石英などのガラス材料が用いられる．実験室的に小さくて単純な形状の焼結体を製作するのに適した方法である．

カプセルフリー法は，通常の焼結炉で，焼結体内部の気孔が表面と連通しない閉気孔状態となる相対密度95％以上まで焼結したのち，高温高圧ガス雰囲気下で残留する気孔を完全に消滅させる方法である．また，このカプセルフリー法では，処理品が圧媒ガスに直接接触するため，通常の HIP 処理ガスであるアルゴンで HIP 処理を行うと，一部の窒化物では熱分解反応を生じることがある．これを防止するため窒化ケイ素*などの窒化物セラミックスでは窒素ガスが使用される．とくに信頼性や疲労強度が問題となる切削工具や軸受用のボールなどのセラミックス製品の生産には，この方法は不可欠な技術となっている．

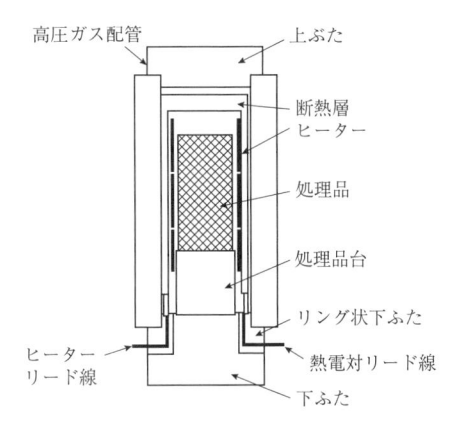

〔藤川隆男〕

図1 HIP 装置本体部の概念図

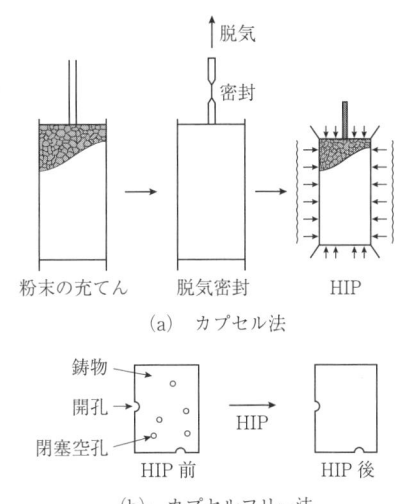

図2 HIP の利用法

(a) カプセル法

(b) カプセルフリー法

2) 焼　　結

ホットプレス

2.47

hot press

高温で粉末成形体（圧粉体*）に圧力をかけることによって，焼結を加速させる方法をホットプレス法とよぶ．図1のように，型に入った粉末をヒーターで加熱し，同時に上下から圧力を印加する．真空中や非酸化性ガス中で焼結する場合は装置全体を密閉容器の中に収納する．

一般に取扱いの容易さと型の強度の関係から，加える圧力は10〜30 MPa程度が用いられる．さらに，高圧で実験するには高強度の型が必要になる．ダイヤモンド*の安定領域である数GPaの超高圧下での焼結もホットプレスの一種であるということができる．

型の材料としては，温度と圧力に耐える十分な強度，焼結しようとする材料との化学的な安定性，型加工の容易さ，所定雰囲気内での安定性といった観点から選択される．型としては酸化雰囲気ではアルミナ*が，不活性雰囲気ではカーボン*がおもに利用される．後者の場合，型の内面に窒化ホウ素を塗布して試料との反応を防ぐことが一般に行われる．最近では強度と靭性の点から優れた特性をもつC/Cコンポジット*でつくられた強靭なホットプレス型が開発され，高圧力の印加あるいは大型部材の作製に利用されている．アルミナやジルコニア*のような酸化物のホットプレス*は空気中や真空中で行い，窒化ケイ素*，炭化ケイ素*などは窒素，アルゴンなどの非酸化性雰囲気中で行われる．加熱は焼結雰囲気や焼結条件によって異なるが，炭化ケイ素やカーボンなどの抵抗加熱や高周波誘導加熱が広く用いられる．

ホットプレスは通常の焼結法に比べて，つぎのような利点をもっている．まず，外部からの圧力によって焼結性が向上するため，非酸化物系の難焼結物質やウィスカなどを添加した複合材料*の焼結に有効である．外部からの圧力の印加によって低温で緻密化が加速され，粒成長の制御が可能になる点でも有用な焼結手段であり広く利用されている．ナノレベルの微細粉末を用いると，さらに低温で緻密な焼結体を作製することができる．また，一軸方向に加圧するので，結晶異方性を利用して材料特性に配向性をもたせることができる．たとえば，フェライト系磁性材料ではホットプレスを利用して結晶方位をそろえることが可能であり，多結晶体で単結晶に近い特性を実現することができる．

他方では，型を用いるために焼結体の形状が板状や柱状などの単純形状に限定され，高価で量産性に劣ることが最大の欠点である．焼結体を機械加工することが必要であるため生産性はさらに低下する．しかし，品質に優れた試料を比較的簡単につくることができるので，高品質で付加価値の高い部材の製造に利用されている．

〔米屋勝利〕

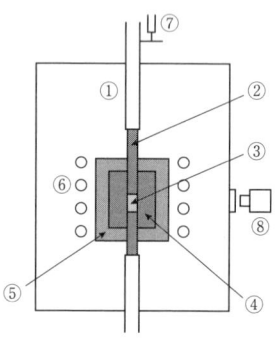

① プレスパンチ，② カーボン押し棒，③ 試料，④ カーボン型，⑤ 断熱材，⑥ ヒーター，⑦ 変位計，⑧ 光温度計

図1 ホットプレス装置の模式図

2.48 放電プラズマ焼結

spark plasma sintering：SPS

1960年代にジャパックス社の井上潔らは，放電加工機の電源を利用し，パルス直流を導電性の型に直接流して焼結を行う放電焼結機（spark sintering）を完成させた．この装置のパルス直流の出力は500Aで，同時に直流を流すことで高温での焼結を可能にした．これを使いWCはCo助剤なしでも焼結できることが明らかになった．1980年代になり，ジャパックス社により普及型のプラズマ活性化焼結機（plasma activated sintering：PAS）が開発された．この装置は1000秒間だけ800Aのパルス直流を流し，それ以降は同時に直流を流して焼結を行っている．同時期にパルス直流のみを流す装置が住友石炭鉱業社により開発され，放電プラズマ焼結機（spark plasma sintering）の名前で売り出された．その後中国精工社はプラズマン名のパルス周波数可変の装置を作った．商品名を使うのを避けるためパルス通電焼結（pulse electric current sintering）の名称を使うことが提唱された．これら以外にもパルス抵抗焼結（impulse resistance sintering），電気焼結（electroconsolidation），放電プラズマシステム（spark plasma system）の名称も使われたことがあった．

本装置は加圧熱処理炉であり，直接加熱のホットプレス*ともいえるが，通常の間接加熱ホットプレスとは次の効果で異なっている．

① 塑性変形の促進：アメリカやロシアにおいては，パルス電場中での金属やセラミックスの物性が研究され，電界塑性（electroplasticity）といわれるパルス電場中での転移の移動促進現象が明らかにされている．

② 物質の拡散促進：電気の流れが導体中の原子の拡散を促進する現象は電子流動（electromigration）といわれている．金属粉が拡散の促進によって焼結されること，加圧することなく金属の接合ができることはこの効果によるものである．

③ 放電プラズマ発生：この現象はいまだ直接的な証拠をもって解明されたわけではないが，粉体からの急速な脱ガスやある種の有機化合物の反応により，電磁波の発生が間接的に考えられている．

④ 表面電流による分子・物質移動促進：粉体試料の表面を電流が流れ，それが分子の移動を促進して結晶成長を促し，短時間での大きい結晶育成に貢献し，さらに，固相反応*もこれによって促進される．

⑤ 放電の圧力：パルス電流による放電プラズマの発生に伴って放電圧力が発生するが，物質の状態に影響を及ぼすほどの大きさにはならない．

⑥ 急速昇温：間接加熱ホットプレスとは異なり加熱用ヒーターや断熱材がないため全体の熱容量が小さく，急速に温度を上げることが可能で冷却も早くなる．

（大森　守）

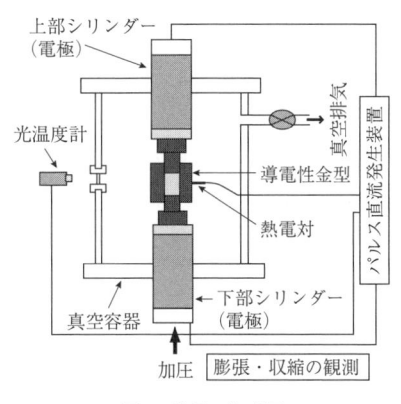

図1　装置の概略図

マイクロ波焼成

2.49

microwave sintering

マイクロ波は，周波数が 300 MHz～300 GHz の範囲の電磁波の総称である．マイクロ波が，被照射物に吸収されて，分子の双極子に振動・回転が生じたとき，その運動中に発生した摩擦エネルギーが熱となって，自己発熱が生じると考えられている．そのときの局所における温度上昇（$\Delta T/\Delta t$）は次式で示される．

$$\Delta T/\Delta t = 8 \times 10^{-3} \cdot f \cdot E^2 \cdot \varepsilon_r \cdot \tan\delta /s \cdot c$$
$$(\text{deg/min})$$

ここで，ε_r：比誘電率，$\tan\delta$：誘電正接，f：周波数（GHz），E：電界強度（V/cm），s：密度（g/cm³），c：比熱（cal/g·℃）

マイクロ波の照射口以外は，反射板で構成した空間内に被照射物を設置すると，程度の差はあるが，被照射物に照射されたマイクロ波は反射，吸収，透過される．吸収分は熱になり，反射や透過されたマイクロ波は，周囲の反射板で反射されてまた被照射物に戻っていくことになる．これを繰り返すことによって，被照射物はマイクロ波を吸収し，急速に発熱（急速発熱）する．

被照射物が多成分で構成される場合，構成成分はマイクロ波の照射を受けて，おのおのの特性に応じた吸収やそれに伴う発熱が生じる（選択発熱）．したがって，被照射物内のきわめて微細な領域での成分間に，大きな温度差が存在すると考えるのが自然であるが，微細領域内では，成分間に伝導，ふく射，対流などの熱の収受による温度の平均化（平均発熱）が起こるとも考えられる．また，微細領域内の熱の収受による平均発熱を凌駕するような，局所的な特定成分や液相のような特定相による爆発的な発熱が生じる（熱暴走）こともも考えられる．

被照射物がセラミックス成形体の場合，マイクロ波照射時に調合物質の成分に応じて発熱し，選択発熱，急速発熱，平均発熱などが生じる．すなわち，成形体自身の発熱（体積発熱）により焼成される．しかし，成形体周辺の空間には自発的な温度発生がなく，成形体の表面は空間に熱をとられ，内部に比べて温度が低くなる．とくに内部における温度上昇が激しい場合，内部と表面に大きな温度勾配が生じ，見掛け上内部に熱がこもるようになる（内部発熱）．

そのため成形体からセラミックスとしての機能を具備する均質な焼成体を得るためには，選択発熱，急速発熱，内部発熱，熱暴走などを考慮して，マイクロ波を照射するとともに，被照射体とその周辺の空間との熱的バランスをとることが必要である．

被照射物の表面とその外部空間との熱バランスをとる方法として，ガスやヒーターを用いた外部加熱併用タイプのハイブリッド炉や被照射物と同じような発熱挙動を示す材料で周辺の空間を覆い，被照射物表面との間に均熱ゾーンを設ける炉などがある．図1にマイクロ波焼成炉の一例を示す．

また，マイクロ波照射条件の一つに使用周波数の選択がある．数十 GHz を使用する研究もあるが，現実には，電子レンジなどで一般化している 2.45 GHz の発振器を使用したマイクロ波焼成炉が，連続炉，単独炉の両者とも上梓されている．

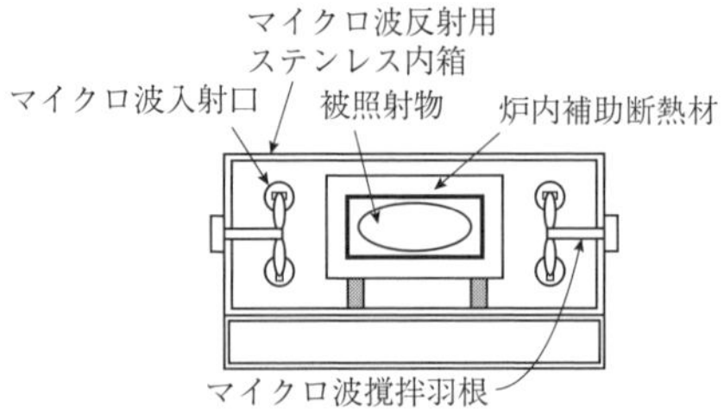

図1 マイクロ波焼成炉の構成例

（島田　忠）

2.50 燃焼合成焼結

combustion synthesis

　発熱反応を起こし得る組合せで元素粉末および化合物を混合成形し，その一端を励起することによって，発熱反応帯が燃焼波（固体炎）となって成形体中を伝搬する．この燃焼波が自己伝搬する現象を利用して材料を合成する手法を燃焼合成法（combustion synthesis）とよび，合成と同時に焼結を達成することを燃焼合成焼結とよぶ．

　この手法は1967年にロシアのMerzhanovらによって考案された手法であり，国内においては，1980年に遠心テルミット反応を利用した鋼管内壁のアルミコーティング技術が旧東北工業技術試験所（元産業技術総合技術研究所東北センター）関連の研究で開発されたのが始まりで，焼結体作製への応用は1984年に大阪大学産業技術研究所と住友電気工業との加圧自己燃焼の共同研究がきっかけとなっている．

　当初は固相間の反応が主であったが，近年では気相-固相間の反応についても頻繁に行われるようになってきている．燃焼合成のおもな特徴は，燃焼波の自己伝搬現象が伴うために，いったん反応が開始すると迅速に燃焼波が伝搬するために，外部からの熱量供給を必要としないという点にあり，また反応種によっては超高温状態を達成できる．

　たとえばTi-C系燃焼合成においては，燃焼最高温度（combustion temperature）が生成物の融点（3210 K）付近にまで達し，約10 mm/sの速度で燃焼波が試料中を伝搬する．

　しかし，これらの反応は迅速であるとともに冷却も急速であるために，冷却時の焼結体収縮が不完全になり，結果として生成物の形態は粉体か多孔体であることが多い．そのため，緻密化を促進するために，反応中にHIP（hot-isostatic press）やHP（hot press）などによる加圧が必要とされる．現在では，高周波コイルによって誘導加熱を行いながら加圧を行い，燃焼合成と同時に緻密化を行う手法（誘導場活性化燃焼合成法：induction field activated combustion synthesis）もあり（図1），また気相-固相間反応の燃焼合成においては，高圧反応性ガス雰囲気下で燃焼合成を行い，反応と同時にガス圧を加えることで緻密化を図る手法もある．

〈山本武志，大柳満之〉

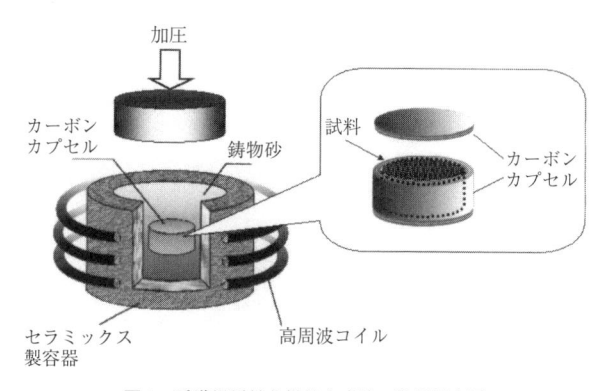

図1 誘導場活性化燃焼合成法の装置概念図

超高圧焼結 2.51

superhigh pressure sintering

　超高圧での焼結は現在,ダイヤモンド*,立方晶窒化ホウ素*(cBN)に限られる.ダイヤモンドは物質中もっとも高い硬度*を示すため切削工具*,耐摩耗工具などとして広く利用されている.単結晶は,{111}面でへき開しやすいこと,硬度に方位依存性があることが工具応用のうえでの弱点である.そのため,微結晶が集合した焼結体のほうが機械的特性に方位依存性がないため工具としては優れている.また,単結晶より大型サイズを作製することもはるかに容易である.ダイヤモンドとほぼ同じ硬度のcBNも同様で,工具としては焼結体が優れている.これらの焼結体はつぎのように合成される.

　ダイヤモンドもcBNも高圧安定相であるため,焼結体の作製は5GPa,1500℃以上の超高圧高温条件で行われる.この条件は,ダイヤモンドを合成する条件とほぼ同じであるために,ダイヤモンド合成用の超高圧装置が用いられる.

　ダイヤモンドの焼結用原料には,ダイヤモンド粉末が用いられる.粉末のサイズは数十 μm から 1 μm 以下.黒鉛を原料として,超高圧高温下でダイヤモンドへの相転移と同時に多結晶体を得るという方法もある.

　粉末の焼結を容易にするため助剤が用いられる.助剤としてはCo金属が一般的である.最近では,炭酸塩も助剤としての効果があることが見いだされている.これら助剤は黒鉛をダイヤモンドに変換するためのダイヤモンド合成溶媒でもある.ダイヤモンド粉末を助剤なしに焼結することはまだ実現されていないが,黒鉛を高温高圧で直接固相転移し,同時に焼結体を得ることが実験室規模では成功している.これは無色透明の多結晶体であるが,20 GPa 以上の圧力を必要とするため,大型化が困難であり,実用化にはまだ距離がある.

　現在実用化されている焼結体は,Co金属を助剤にした黒色不透明のものであり,構成粒子も数 μm 以上である.Co金属はダイヤモンド合成触媒に使われるだけあって,炭素と反応しやすい.それで,焼結体を工具として使う1気圧の環境では,Coはダイヤモンドを黒鉛に変換する働きも強い.したがって,Coを助剤とした焼結体は耐熱性が低く1000℃以下でダイヤモンドの黒鉛化がおきる.それに対して最近開発された非金属助剤の焼結体は,1 μm 以下の微粒からなり,また耐熱性,耐摩耗性*も高く,切削工具*としての高い性能を示す.作製には8GPaというより高い圧力を必要とすることから,現在,実用化に向けた開発が進められている.

　cBN焼結体もダイヤモンド焼結体と同様に作製される.異なる点は,助剤にTiN,TiC,Al$_2$O$_3$ などのセラミックスが用いられる点である.cBNは鉄に対して反応性が低いため,鉄系材料の切削に重宝されており,多量に生産されている.

〔神田久生〕

図1　Mg$_2$CO$_3$ を助剤としたダイヤモンド焼結体破断面(物質・材料研究機構 赤石實氏提供)

2.52 ゾーンシンタリング
zone sintering

ゾーンシンタリング（ZS）法は，大きいセラミックスや長いセラミックスを焼成するのに有利な方法である．ZS法は，被焼成物より小さい最高温度部内を，被焼成物を移動通過させながら，一部ずつ焼成する方法である．その原理を図1に示す．

焼成炉*の形式として，バッチ炉，連続炉が一般的である．このうち連続炉で焼成される被焼成物も低温側から最高温度保持部へ移動し，焼結後に低温部に移動し，炉外に取り出される．このような焼成方法では，被焼成物には低温側から高温側への温度勾配がつく．またバッチ法で焼成される被焼成物も，肉厚方向に外側から内側あるいは肉厚中央部に向かって温度勾配をもっている．セラミックスの焼成において，被焼成物各部において焼結の同時進行ということはあり得ないのである．そういう意味で，ZS法はセラミックス製品が得られる範囲で，温度の傾きと昇温下降速度を設定して，できるだけ最高温度部の容積を小さくして焼成しようという主旨で設計される．

大型あるいは長尺セラミックスをバッチ炉で焼成しようとすると，多くの困難に直面し，問題が発生する．たとえば，焼成炉の大きさとエネルギーコストのいずれも大きくなり，炉の運転サイクルが長くなる．高価で時間のかかる焼成となる．つぎに製品の精度が低くなる．これは炉内の温度分布範囲が大きくなること，炉床あるいは吊り下げ冶具などの変形量の絶対値が大きくなることによる．さらに，複数製品を炉に入れて焼成する際，一つの製品の破壊が他に影響するという問題も発生しやすい．

ZS法は，これらの問題点を大幅に軽減できる方法である．

ZS法を科学的に把握するためには，被焼成物内の温度分布，熱膨張率*，弾性率，ポアソン比と焼結に伴う収縮から被焼成物内の応力分布を知り，この応力に耐える各部の強度を知り，応力によって引き起こされるクリープ変形速度を知る必要がある．焼成中に刻々と変化する上記データの測定は実際には困難で，いくつかの実験による試行錯誤を経て，焼成可能な条件を見つけることにより実際のZS炉は実現化されている．ZS法により，2m近い長尺透光性アルミナ管や1.5m長の多孔質SiC管が焼成されている．前者においては，高純度で微細構造の制御された真密度焼結体が安定的に得られている．前述の利点のうち，バッチ式高温水素雰囲気炉における炉全体の伸びによる問題軽減，不純物の排出挙動の明確化，開発期間の短縮を特筆したい．後者においては，多孔質という微細構造が焼成中に発生する応力を緩和することから，炉の設計は容易であった．　　　（島井駿蔵）

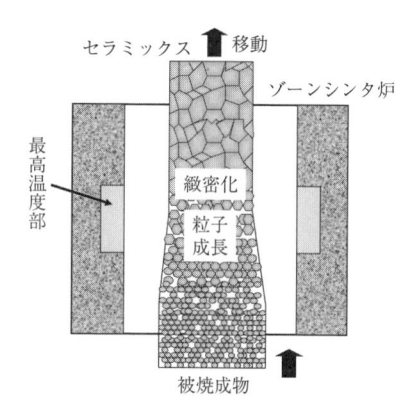

図1　ゾーンシンタリングの原理

	2.53
微構造	
micro structure	

a. 結晶粒度分布

結晶粒の大きさ（粒度）を厳密に表すのは三次元で測定した粒子の直径（粒径，grain size），表面積あるいは体積であるが，三次元の測定は困難で通常は結晶体の断面積から二次元か一次元で測定する．結晶粒度には粒子の断面積，それの平方根，等面積の円の直径，または粒子を切断する切片の平均長さなどがある．あとの3者は一次元で，いわゆる粒径である．

結晶粒度の全範囲をいくつかの級（class）に分け，その中に入る個数 n_i を全体数 N で割ったのが度数 f_i で，結晶粒度分布はその累積分布（cumulative distribution）F_i として計算される．

$$f_i = \frac{n_i}{N}, \quad F_i = \sum_{j \leq i} f_j \quad (1)$$

個数が十分大きく連続とみなすなら，粒度 X を確率変数，$f(X)$ を頻度として，粒度分布（size distribution）$F(X)$ は

$$F(X) = \int_0^X f(X) dX \quad (2)$$

となる．

b. 二次元粒度の対数正規分布

三次元や二次元平面で測った粒度，断面積またはそれから求めた粒径 d_A の分布は，対数正規（log-normal）分布式(3)で近似できると金属学，鉱物学や生物学で認められている[1]．

$$F(\ln d_A) = \frac{1}{\ln s_{gdA}\sqrt{2\pi}}$$
$$\times \int_{-\infty}^{\ln d_A} \exp\left[-\frac{(\ln d_A - \overline{\ln d_A})^2}{2(\ln s_{gdA})^2}\right] d(\ln d_A) \quad (3)$$

ここで，$\overline{d}_A$ と s_{gdA} はおのおの幾何平均と幾何標準偏差である．したがって，測定した粒度分布は粒度の片対数目盛でプロットすると見やすい．二次元の平均粒度の測定で代表的なものは Jeffries の方法で，まず多結晶体断面写真で任意の円を描く．その中に含まれる粒子を1，円周上の粒子を1/2として総数を数え，面積を割って平均結晶面積 $\overline{A}$ とし，その平方根 $\sqrt{\overline{A}}$ を粒径とする．最近では画像解析が簡便に利用できるようになったので，断面積とその分布が測定できる．等価面積の円の直径はHeywood 径という．

c. 一次元の平均粒径

重要な粒径として，粒子断面が切り取られる切片（intercept）の平均値がある．標準規格 CEN（Comité Européen de Normalisation）EVN623-3 では，粒径として平均切片長さを計測する．まず，焼結体の断面をエッチングして粒界*を出す．75 mm に 20 粒子以下が入る倍率 m で 100 mm×75 mm サイズ以上の画像を 3 視野以上撮る．画像に 75 mm 以上 $l(t)$(mm) の直線（試験線）を5本（全長375 mm，100 粒子）以上，または粒径の10倍以上の直径の円を2個以上描き，それと交差する粒子境界の点を1，3重点を1.5とし

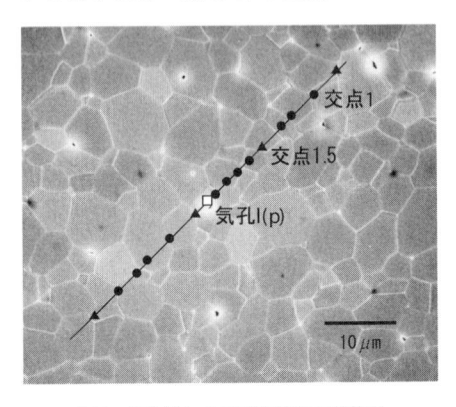

図1 切片法による平均粒径の計算例
$(l(t)-l(p))\times 10^3/m = 48.9\ \mu m,\ n(i) = 17,\ g(\text{mli}) = 2.9\ \mu m$

て総数 $n(i)$ を数え，また気孔の切片 $l(p)$ (mm) を計測する．平均粒径 $g(\text{mli})$ (μm) は式 (4) で計算する (図1)[2]．

$$g(\text{mli}) = \frac{(l(t) - l(p)) \times 10^3}{n(i) \times m} \quad (4)$$

ここで，焼結体断面画像から得られる形状パラメーターとそれらの重要な関係を記しておく．

$$L_A = (\pi/2)\bar{N}_L \text{ and } S_V = 2\bar{N}_L \quad (5)$$

ここで，L_A：単位面積当たりの粒子外形線，$\bar{N}_L$：試験線単位長さ当たりの外形線の交点数の平均，S_V：単位体積当たりの界面の面積 (単位はいずれも mm^{-1})．

切片長さから測定した平均粒径 $g(\text{mli})$ は，物理的には S_V に対応しており，簡便に測定され実用的な粒度である[1]．

また，三次元の平均粒径 $\bar{D}$ と切片法による平均粒径 $\bar{g}$ が比例して $\bar{D} = k\bar{g}$ とすると，等粒の tetrakaidecahedra では $k = 1.776$，球で 1.5，立方体で 2.25，形と大きさに分布のある等方的粒子で 1.126，分布のある柱粒子で 1.273 と計算され，セラミックスの実験値では 0.981〜1.268 の値が報告されている[3]．

d. 配向性

粒子の配向性 (orientation) は，焼結体断面で粒子の外形線を等方的な部分と配向している部分とに分けそれらの割合で決められる．一軸配向を例にとると，配向軸に対して θ 傾く試験線を引き，線との交点の密度 $N_L(\theta)$ と外形線の線密度 $L_A(\theta)$ をパラメーターとして配向性を定量化する．$N_L(\theta)$ は等方的な線の交点密度 $(N_L)_{\text{is}}$ と密度線密度 $(L_A)_{\text{is}}$ と，配向した線のそれら $(N_L)_{\text{or}}$ と $(N_A)_{\text{or}}$ の和からなる．

$$N_L(\theta) = (N_L(\theta))_{\text{or}} + (N_L)_{\text{is}}$$
$$= \sin\theta (L_A)_{\text{or}} + \frac{2}{\pi}(L_A)_{\text{is}} \quad (6)$$

ここで，$N_L(\theta)$ を θ の関数として極座標表示 (花形グラフ) で表すとわかりやすい (図2)．そこで，配向軸に平行な試験線と粒子外形線との交点の密度 $(N_L)_{\#}$ と垂直な試験線の交点の密度 $(N_L)_{\perp}$ を用いれば，配向度 w (%) は 式 (7) で表すことができる．

$$w = \frac{100(L_A)_{\text{or}}}{(L_A)_{\text{or}} + (L_A)_{\text{is}}}$$
$$= \frac{100[(N_L)_{\perp} - (N_L)_{\#}]}{(N_L)_{\perp} + 0.571(N_L)_{\#}} \quad (7)$$

ただし，式 (6) より，$(L_A)_{\text{is}} = (\pi/2)(N_L)_{\#}$ と $(L_A)_{\text{or}} = (N_L)_{\perp} - (N_L)_{\#}$ である．三次元の場合では，柱状の線配向，板状の面配向と板柱状の面-線配向があるが，配向は面で定義する．それぞれ，配向の計測面と式(7)に類似した配向度の計算式がある[1]．

(田中英彦)

文献

1) 牧島邦夫他：計量形態学，内田老鶴圃 (1983)
2) ファインセラミックス協会：「石油代替電源用新素材の試験・評価方法の標準化に関する調査研究」成果報告書，p. 482 (2003)
3) M. I. Mendelson：J. Am. Ceram. Soc., **52**, p. 443 (1969)

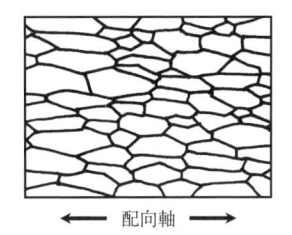

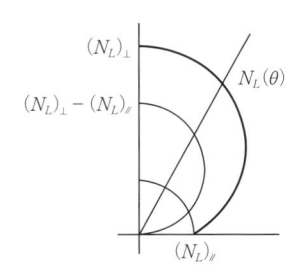

図2 粒子の配向

粒界（粒界構造）

2.54

grain boundary structure

　セラミックスの機械的特性や電気的特性はその粒界構造と密接に関係している．したがって，その粒界構造を理解しこれを制御することが，セラミックスの材料設計に有用である．

　粒界構造は，粒界を挟む2つの結晶の相対的な回転角θと粒界面の方位に依存しているが，回転角の大きさにより，小角粒界と大角粒界に分類される．一般に転位芯が互いに重なり合う角度（10～15°）が小角粒界で記述できる限界であるとされている．一方，大角粒界においては，ある特定の角度において幾何学的に整合性の高い粒界が出現する．このような粒界は対応粒界とよばれるが，そのエネルギーは一般に低く構造的にも安定であり，しばしば特異な性質を示す．これらの粒界は結晶どうしが直接接合している粒界であるが，セラミックスの場合，不純物が偏析した粒界やアモルファス相を有する粒界なども存在する．以下種々の粒界の構造について述べる．

a. 小角粒界

　小角粒界は，2つの結晶の相対角度が小さく，転位が周期的に導入されることによってその相対角度を補償している．図1(a)に単純な小傾角粒界の模式図を示す．傾角がθの小傾角粒界においてバーガースベクトルbの刃状転位がhの間隔で周期的に並んでいるとすると，θ, hおよびbとの間には，

$$\theta = \tan^{-1} b/h \fallingdotseq b/h \tag{1}$$

の関係がある．小傾角粒界の粒界エネルギーは傾角θの関数として，以下の式で求められることが知られている．

$$\gamma = \frac{Gb}{4\pi(1-\nu)}\theta(A-\ln\theta) \tag{2}$$

ここで，Aは転位芯の大きさに依存する定数，Gは剛性率，νはポアソン比である．一方，ねじり粒界についても小さいねじり角の場合，転位粒界として記述できるが，この場合は粒界面にらせん転位のネットワークを形成することが知られている．

b. 対応粒界

　2つの結晶の1つをある回転軸nの周囲にθだけ回転させた場合の2つの結晶の重なりを考える．この際，回転軸と回転角度によって原点以外にも互いの格子が重なる格子点が周期的に形成される．これを対応格子点とよぶ．元の結晶格子の単位胞の体積とここで形成される対応格子の単位胞の体積の比をΣ値とよぶ．粒界は，この格子の重ね合わせに対して，その方位と位置を決定することによって記述できる．もし，対応格子点密度の高い面を粒界にすれば，この粒界は対応格子点と同じ二次元周期構造を有することになる．Σ値が物理的な意味をもつのは，比較的小さなΣ値の粒界であり，これを対応粒界とよんでいる．たとえば，$\Sigma 3$は双晶を示す．図1(b)は，単純立方格子を〈001〉軸周りに36.87°回転させて作製した粒界である．この場合，$\Sigma 5$粒界となるが，図に示すように粒界に沿って特徴的な周期構造が形成される．この構造の単位を構造ユニットとよんでいる．すなわち，対応粒界は複数の構造ユニットの周期的配列で記述することができる．また，粒界エネルギーは，構造ユニットのひずみと密接に関係しているものと考えられている．最近の高分解能電子顕微鏡法による観察結果より，構造ユニットモデルが妥当であることが実証されている．

c. 粒界偏析

　小角粒界や対応粒界は，純粋な結晶どうしが直接接合している粒界である．しかし，多くのセラミックス多結晶体の場合，不純

物が粒界に偏析し，その特性にしばしば影響を及ぼす．たとえば，アルミナ*に微量の希土類元素を添加すると，希土類元素は粒界に偏析しその高温強度*特性を大きく改善することも知られている．図1 (c) に偏析粒界の模式図を示す．このように，粒界偏析は多結晶体の諸特性と直結しているので，添加するドーパントを上手く選択することによって高性能な材料を設計することも可能となる．

一般に粒界エネルギーの低い粒界ほど偏析量は小さく，高エネルギーの粒界においては偏析量が大きくなる．また，偏析元素と母相のイオン半径の差が大きくなるほど粒界偏析しやすくなる傾向がある．McLeanは粒界偏析に関して熱力学的な考察を行い，粒内の溶質濃度をX_c，粒界の溶質濃度をX_b，粒界の飽和溶質濃度をX_b^0としたとき，以下の関係が成り立つことを示した．

$$X_b/(X_b^0 - X_b) = X_c/(1 - X_c)\exp\left(\frac{Q}{RT}\right) \quad (3)$$

ここで，Qは溶質原子が粒内に存在する場合のひずみエネルギーと粒界に存在する場合のひずみエネルギーの差である．これより，粒界の偏析量を半定量的に推測することができる．

d. アモルファス粒界

焼結助剤*を用いて焼結したセラミック材料においては，粒界にアモルファス粒界が形成される場合が多い．たとえば，窒化ケイ素*など非酸化物セラミックスでは，焼結助剤として添加した酸化物を主成分とするアモルファス相が存在し，これが高温強度特性を支配しているとされている．アモルファス相の厚みは高分解能電子顕微鏡法で直接計測できるが，通常，数nm程度である．Clarkeは，粒界アモルファス相の厚みは，粒子間に作用するファンデルワールス力とアモルファス相の立体障害力とのバランスによって一定になるという理論を提唱している．この理論によれば，粒子間のファンデルワールス力は粒子とアモルファス相の誘電的性質と関連し，また立体障害力はアモルファス相の組成に依存することになるが，実際にいくつかの実験結果をよく説明している．一方，添加助剤などを加えない純粋な系でも，とくに共有結合性セラミックスの場合には粒界にアモルファス的な構造がしばしば出現する．これは結合手の異方性に伴う高い粒界エネルギーを下げるために，粒界がある厚さにわたって緩和したために形成されたものと考えられており，"拡張粒界"とよばれている．

(幾原雄一)

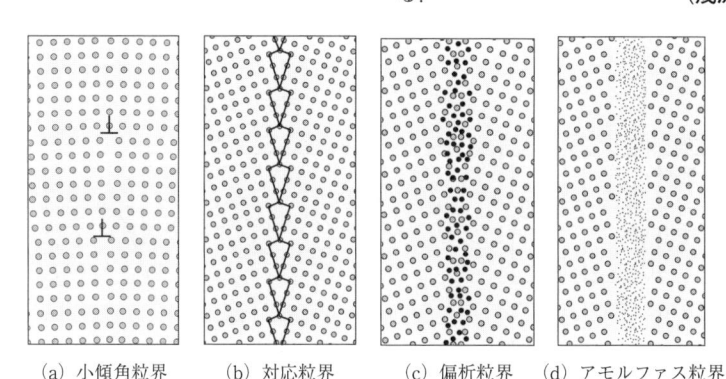

(a) 小傾角粒界　(b) 対応粒界　(c) 偏析粒界　(d) アモルファス粒界

図1 セラミックスにおける種々の粒界構造

粒界特性（電気的特性）

2.55

grain boundary characteristic

多結晶体のセラミックスは粒界*が存在するので，その電気的特性は粒界の電気的特性に大きく依存する．セラミックスの微細構造を図1のように単純化すると，セラミックス全体の抵抗は r_{GB1} のような粒界に沿った経路の抵抗と，結晶粒および粒界を横切る経路の抵抗（$r_{Grain} + r_{GB2}$）の2つの経路の抵抗に分離することができる．r_{Grain} または r_{GB2} が r_{GB1} に比べてきわめて大きい場合は，セラミックスの導電性はおもに r_{GB1} によって決定され，r_{GB1} が r_{Grain} および r_{GB2} 両者に比べてきわめて大きい場合は（$r_{Grain} + r_{GB2}$）によって決定される．とくに，r_{Grain} が低い場合は r_{GB2} によって決定される．前者の場合は通常のオーミックな抵抗特性を呈する場合が多いが，後者の場合は粒界の特性があらわになりオーミックな特性とは異なる特異な性質をもつ場合が多々ある．セラミック半導体の場合もこのケースとなり特異な導電特性をもつ．セラミック半導体の粒界では粒界準位に電子が捕獲される．この電子は図2および式(1)のような二重ショットキー（Schottky）障壁とよばれる電位障壁を形成する．

$$\phi = \frac{qN_d}{2\varepsilon_s}(|x|-l)^2 \qquad (1)$$

ここで，ϕ は障壁の電位 (V)，N_d は結晶粒のドナー密度，ε_s は結晶粒の誘電率，x は粒界からの距離，l は空乏層の幅である．この式からわかるように，二重ショットキー障壁は放物線を粒界に対し対称的につなぎ合わせた形状をもっている．この障壁の両側に電圧を印加したときの電流-電圧 (I-V) 特性は，式 (2)，(3) で示され，図3で示すように正負ともに対称的に飽和電流値に近づく特性をもつので，結晶粒の抵抗が低い場合でも高抵抗値をもつ．

$$I = I_s \tanh\left(\frac{qV}{2kT}\right) \qquad (2)$$

$$I_s = AT^2 \exp\left(-\frac{q\phi}{kT}\right) \qquad (3)$$

ここで，A はリチャードソン定数である．このような粒界特性を利用した素子としてPTCサーミスター*やバリスター*がある．

〔向江和郎〕

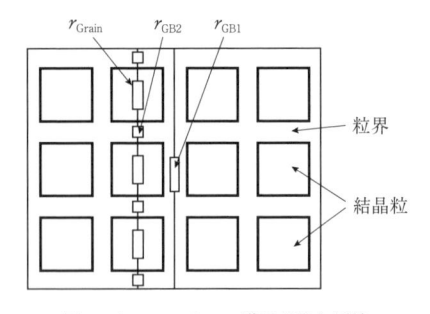

図1 セラミックスの導電経路と抵抗

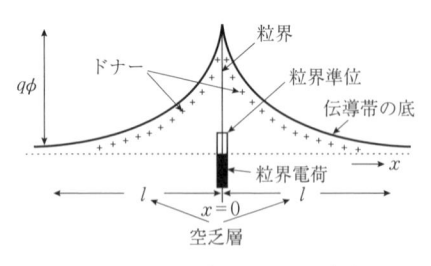

図2 粒界の二重ショットキー障壁

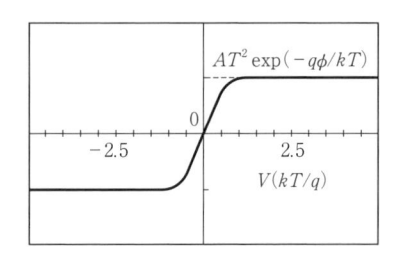

図3 粒界二重ショットキー障壁の I-V 特性

粒界特性（機械的性質）

2.56

grain boundary properties (mechanical properties)

セラミックスの機械的性質はその粒界と密接に関係している．その機械的性質に影響を及ぼす粒界の因子としては，マクロな因子として粒径や粒形状が，またミクロな因子として粒界構造がある．さらにその機械的性質は，試験条件であるひずみ速度（荷重負荷速度）や温度，雰囲気の影響も受ける．したがって，セラミックスの粒界と機械的性質の相関性を理解するためには種々の因子を検討する必要がある．

図1は，MgO 多結晶の粒径とそのへき開破壊（粒内破壊）および粒界破壊の割合を示した図である（Rice による）．これより，粒径が小さい場合は粒界破壊が支配的であるが，粒径が大きくなるにつれてへき開破壊が支配的になる様子がわかる．このような破壊形態に関する特徴は多結晶体では一般的に見受けられるが，その挙動はさらに試験条件の影響を多分に受ける．たとえば，ひずみ速度が小さい場合，粒径が大きくても粒界破壊を示し，ひずみ速度が大きい場合，粒径が小さくてもへき開破壊を示す傾向がある．また，その挙動は粒界結合強度とも相関性がある．つまり，粒界結合強度が小さければ粒径が大きくとも粒界破壊を示し，粒界結合強度が大きければ粒径が小さくともへき開破壊を示す．

粒界結合強度はさらに粒界構造によって決まる．小角粒界や対応粒界の場合は一般に粒界エネルギーも低く，粒界結合強度も大きいとされている（一部例外はある）．一方，大角度粒界（ランダム粒界）においては，粒界エネルギーも高くその結合強度は小さい．したがって，結合強度の高い粒界のみで多結晶を作製できれば材料の高強度化につながるが，金属材料における集合組織はこれを応用したものである．一方，焼結をおもな手法とするセラミックスではあまりその手法は用いられていないが，最近はセラミックスを配向させて焼結する試みもなされており，近い将来は実用化される可能性も高いと考えられている．また，粒界偏析を利用した粒界結合力の改善も行われている．たとえば，アルミナ*に微量の Y_2O_3 や Lu_2O_3 などの希土類酸化物*元素を添加すると，それが粒界に偏析し，粒界結合力を効果的に高めることが知られている．したがって，粒界破壊を抑制することが可能になり，これを利用した高強度工具材などがすでに実用化されている．

セラミックスの焼結に際して焼結助剤を用いる場合は，粒界にはしばしばアモルファス相が形成される．たとえば，窒化ケイ素を焼結する際は酸化物の助剤を添加するが，この助剤が粒界に約1nm厚みのアモルファス相を形成する．この場合，アモルファス相の組成や構造がその粒界強度を支配するものと考えられている．実際，SiO_2*を主成分とする助剤に希土類酸化物を添加することにより，希土類元素がアモルファス／結晶間の界面に偏析し，その強度を大きく変えることが報告されている．この分野では，とくに焼結助剤*の組成や配合比を変えることによる粒界設計が行われている．

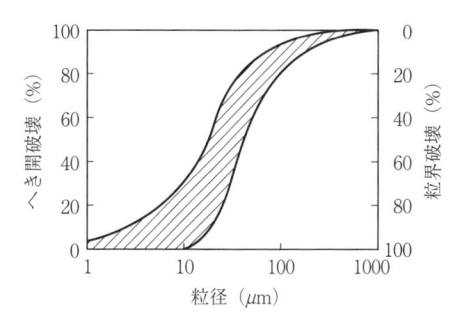

（幾原雄一）

図1 MgO 多結晶の粒径とへき開破壊の関係

2.57 生体親和性

biocompatibility

バイオセラミックスは，おもに私たちの身体の支持器官である骨格系の疾患治療に使われる．バイオセラミックスが，長期間にわたって身体を支持するためには機械的強度だけでなく生体親和性といった"生体によくなじむ性質"が求められる．生体親和性と生体適合性はともに英語の"biocompatibility"に対応し，日本語でもほぼ同義である．生体組織と材料の間には，さまざまな相互作用が存在する．たとえば，生体組織と材料表面で発生する原子・分子レベルの化学結合からマクロな材料と生体組織の力学的な相互作用まで存在する．その結果，材料と生体との親和性が変化し，材料の組成・形態によっては組織に対して刺激的であったり，逆に優れた接着性を示すようになったりする．生体親和性は生体材料（セラミックス，金属，高分子）全般に対して使われるが，それぞれの材料の用途によって異なるため，ここではとくにセラミックスに限定してまとめる．

1986年，生体親和性は"the ability of a material to perform with an appropriate host response in a specific application"と定義された．生体親和性に対する一般的な評価尺度がないため，現段階ではこれ以上の定義は不可能であると考えられる．しかし，個々の生体材料を実用化するためには，厚生労働省の定めた「薬事法」と同時に，その用途に適した生体親和性の基準を定義して適切に評価する必要がある．たとえば，もっとも一般的な方法として細胞を用いた毒性試験が用いられている．生体材料は毒性反応や異物反応を示さないことが重要であるが，この毒性反応には溶血反応，発熱反応，炎症反応，変異原性，アレルギー反

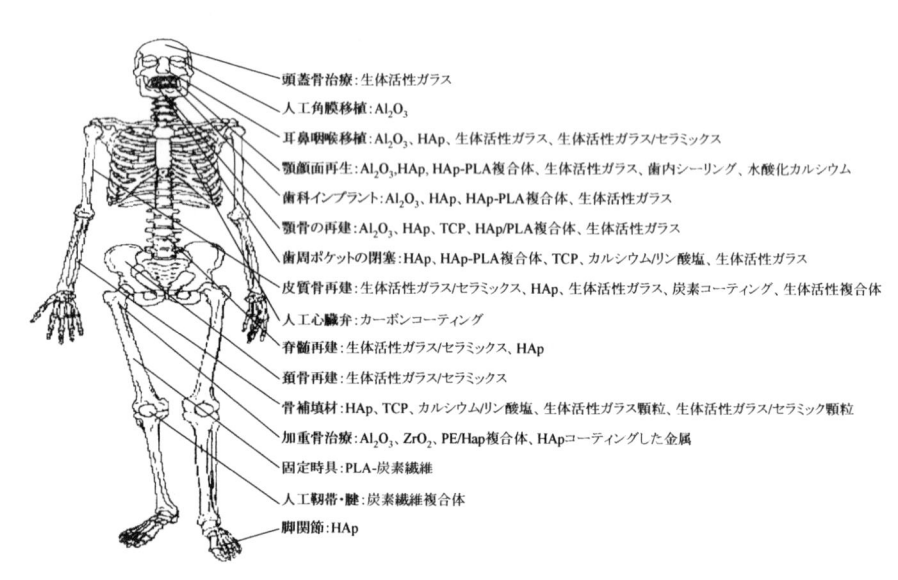

頭蓋骨治療：生体活性ガラス
人工角膜移植：Al$_2$O$_3$
耳鼻咽喉移植：Al$_2$O$_3$、HAp、生体活性ガラス、生体活性ガラス/セラミックス
顎顔面再生：Al$_2$O$_3$、HAp、HAp-PLA複合体、生体活性ガラス、歯内シーリング、水酸化カルシウム
歯科インプラント：Al$_2$O$_3$、HAp、HAp-PLA複合体、生体活性ガラス
顎骨の再建：Al$_2$O$_3$、HAp、TCP、HAp/PLA複合体、生体活性ガラス
歯周ポケットの閉塞：HAp、HAp-PLA複合体、TCP、カルシウム/リン酸塩、生体活性ガラス
皮質骨再建：生体活性ガラス/セラミックス、HAp、生体活性ガラス、炭素コーティング、生体活性複合体
人工心臓弁：カーボンコーティング
脊髄再建：生体活性ガラス/セラミックス、HAp
頚骨再建：生体活性ガラス/セラミックス
骨補填材：HAp、TCP、カルシウム/リン酸塩、生体活性ガラス顆粒、生体活性ガラス/セラミック顆粒
加重骨治療：Al$_2$O$_3$、ZrO$_2$、PE/Hap複合体、HApコーティングした金属
固定具材：PLA-炭素繊維
人工靭帯・腱：炭素繊維複合体
脚関節：HAp

図1 バイオセラミックスの応用部位と素材（L.L. Hench and J. Wilson ed. (1993)：*An Introduction to Bioceramics*, World Scientific, Singapore, p.2 の図を改変）

応などが含まれる．

現在，アルミナ*，ジルコニア*，リン酸カルシウムなどのバイオセラミックスが臨床応用されている．図1にバイオセラミックスの用途をまとめた．これらのセラミックスは毒性の少ない材料であるが，材料開発の進展に伴って生体親和性は生体内不活性，生体内活性，生体内崩壊性の3つに大きく分類される．

生体内不活性（bioinert）は，生体組織と材料が化学反応しない性質であり，アルミナ，チタニア，ジルコニアなどの酸化物焼結体がこの性質を示す．酸化物は化学的に安定な化合物で，生体内の生理活性分子やタンパク質と結合を形成しにくい．細胞はこのような材料に接しても生き続けることができるが，生体内に移植すると多くの場合，材料は繊維性組織によって覆われる．生体内不活性セラミックスは骨・歯科補綴材料として用いられ，現在でも人工股関節の素材として用いられている．材料を生体内に移植すると機械的強度の違いにより周りの組織を損傷する可能性がある．

生体内活性（bioactive）は，材料界面において生体と反応して生体組織と材料が結合を形成する性質であり，結晶化ガラスやアパタイト焼結体などがこれに属する．アパタイト*は骨や歯の無機主成分であり，生体骨と直接結合して骨形成を促進するため硬組織代替材料として実用化されている．生体内不活性材料に比べて機械的強度が低いため，顆粒・緻密体・多孔体として利用されている（図2）．リン酸カルシウム系材料の中には，新生骨の形成を促進させる骨伝導能（osteoconductivity）をもつ材料が存在し，骨補てん材料などとして広く整形外科・歯科・脳外科で利用されている．私たちの骨は，骨を吸収する破骨細胞（osteoclast）と骨を形成する骨芽細胞が連携（カップリング）して代謝（骨リモデリング）される．骨伝導能は，材料表面に骨芽細胞が直接新生骨を形成することと考えられる．これに対して，元来骨組織でない部位に骨を形成する骨誘導能（osteoinductivity）をもった生理活性因子（bone morphogenetic protein：BMP）が知られている．BMPは骨芽細胞の増殖を促進し，骨基質（高分子コラーゲン）の産出を加速させる．骨伝導能・骨誘導能を兼ねそなえた材料は，セラミックス・高分子・薬剤などを複合化した生体親和性の高い材料によって実現されると予想される．

生体内崩壊性（biodegradable）は，生体内で徐々に溶解・吸収され，たとえば新生骨と置換するような性質である．リン酸三カルシウム（$Ca_3(PO_4)_2$）多孔質焼結体が知られている（リン酸三カルシウムは，アパタイトより溶解度が高く，1140℃付近に $\beta \rightarrow \alpha$ への相転移を伴うリン酸カルシウム化合物である．水酸アパタイトの溶解度と β 型リン酸三カルシウムを比較すると約2倍，α 型と比較すると10倍程度高いことが知られている）．生体内崩壊性は，生体内で材料が溶解・吸収する"生分解性"とは異なる定義である．生分解性は"酵素などの生体物質の働きにより材料が分解されること"として定義される．

（生駒俊之・田中順三）

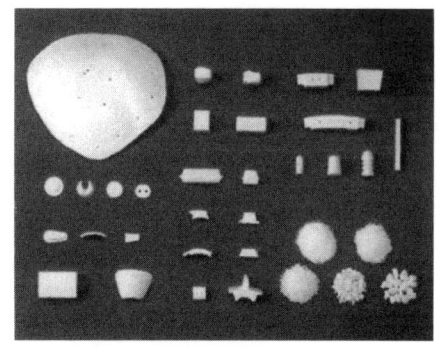

図2 水酸アパタイト焼結体（ペンタックス社（現HOYA）の許可を得て掲載）

バリスター

2.58

varistor

バリスターとは，variable resistor からとった名前で印加電圧によって抵抗値が変化する抵抗素子のことで，電圧依存非直線抵抗素子ともよばれる．通常の抵抗素子はその抵抗値が不変であるため電流と電圧の関係（I-V特性）はオームの法則に従い，比例関係すなわち直線的である．これに対しバリスターの場合は直性的な関係をもたず，式（1）で示すような電圧のべき乗で近似される非直線的関係をもっている．

$$I = kV^\alpha \tag{1}$$

このような I-V 特性を電圧依存非直線抵抗特性，略して非直線抵抗特性とよび，α を非直線性の性能を示す尺度として非直線指数とよぶ．α が高いバリスターの I-V 特性は図1の例に示すように，印加電圧が低い場合は電流が僅少であるが，ある電圧を超えると急激に電流が流れるようになる．このときの電流増加が始まる電圧をバリスター電圧とよび，通常，1 mA 流れたときの電圧で表し，V_{1mA} と称する．セラミックバリスターには ZnO バリスターや SiC バリスターがあるが後者の SiC は α が 3～5 程度で非直線特性が低い．このため最近ではあまり使用されてはいない．一方，ZnO バリスターは，α が 30～50 以上に達し理想的なバリスターとしておもに使用されている．非直線特性の発生機構は ZnO セラミックスの粒界特性*に起因しており，PTC サーミスター*とともに，単結晶では得られない粒界特性を積極的に利用したセラミック素子の代表的なものである．ZnO バリスターの粒界には図2で示すような二重ショットキー障壁とよばれる電位障壁が形成されている．この二重ショットキー障壁の両側に電圧を印加すると二重飽和 I-V 特性を呈するが，電圧が高くなると粒界電子準位に捕獲された電子がトンネル電流となって流れる．トンネル電流はわずかな電圧の増加で急増するので，図1に示されたような非直線電流が流れる．この導電機構がバリスター特性の発生機構である．ZnO バリスターの製法は高純度のZnO 粉末に Bi_2O_3 あるいは Pr_6O_{11} を主体とする添加物を加えて 1200～1350℃ 程度で空気中焼成し，セラミックスとしたものに電極を取り付けたものである．ZnO バリスターの用途はおもに異常電圧吸収素子であり，テレビジョンやパソコンなどの電気製品に用いられている．これらの製品に外部から耐電圧以上の異常電圧が侵入した場合，ZnO バリスターがこれを吸収して電気製品を破壊から保護する働きをもつ．また，高圧の変電所に避雷器として用い，落雷による電力系統の停電を防止する目的にも用いられている． （向江和郎）

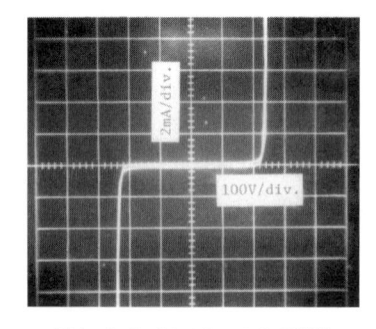

図1 ZnO バリスターの I-V 特性

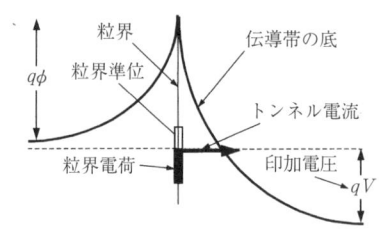

図2 粒界二重ショットキー障壁を流れるトンネル電流

2.59 PTC サーミスター

PTC thermistor

PTC サーミスターは半導体化した BaTiO$_3$ セラミックスでつくられており，セラミックスの粒界特性*を積極的に利用したセラミック半導体素子である．PTC 特性は PTCR（positive temperature coefficient of resistance）特性のことで，抵抗の温度係数が正であるサーミスター特性のことである．通常，半導体は負の抵抗温度係数をもつため PTC サーミスターは特異な特性をもつ素子として多用されている．この特性は粒界特性に起因しているので，単結晶の BaTiO$_3$ では得られずセラミックスでのみ得られる特性である．La や Ce などの稀土類元素を添加して半導体化した BaTiO$_3$ セラミックスは，図1で示すように 120℃ 付近で抵抗率が約 10^4 倍程度急増する．この現象は次のように説明できる．セラミック半導体の粒界には式（1）で示すような二重ショットキー障壁が形成されており，セラミックスの比抵抗は式（2）で表すことができる．

$$\phi = \frac{qN_d}{2\varepsilon_s} l^2 \quad (1)$$

$$\rho = C \exp\left(\frac{q\phi}{kT}\right) \quad (2)$$

ここで，ϕ は障壁の高さ（V），ρ はセラミックスの抵抗率，N_d，ε_s は BaTiO$_3$ 結晶粒のドナー密度および誘電率，l は空乏層の幅，C は定数である．

式（1）より障壁の高さは誘電率に反比例することがわかる．一方，BaTiO$_3$ は 120℃ 付近にキュリー点をもつ強誘電体のため，120℃ 前後で強誘電体から常誘電体に転移する．このため低温領域では低周波大振幅誘電率は図1に示すように，10000 程度の大きな値をもちほぼ一定であるが，キュリー点を越えると誘電率はキュリー・ワイスの法則に従い，急速に減少する．このため障壁の高さは急増し，式（2）により抵抗率は指数関数的に増大する．この現象が PTC 特性である．PTC サーミスタは高感度の温度センサーやセラミックヒーターとして多くの家電製品などに利用されている．

（向江和郎）

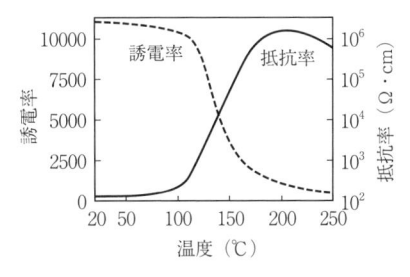

図1 PTC サーミスターの抵抗率-温度特性と BaTiO$_3$ の誘電率-温度特性

$$\phi = \frac{qN_d}{2\varepsilon_s} l^2$$

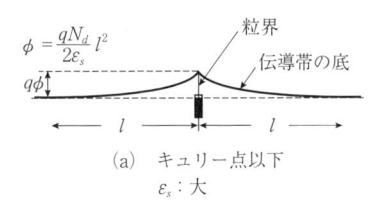

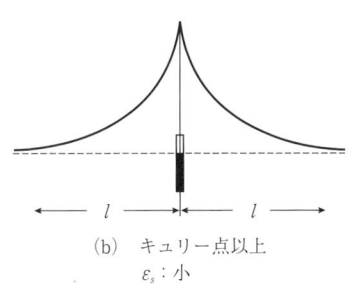

(a) キュリー点以下
ε_s：大

(b) キュリー点以上
ε_s：小

図2 PTC サーミスターの粒界二重ショットキー障壁の温度変化

2）焼結

窒化ケイ素（Si_3N_4） 2.60

silicon nitride

　窒化ケイ素（Si_3N_4）は共有結合性が高い化合物で，結晶構造は六方晶系であり，α型とβ型が存在する．融点をもたず常圧では1800～1900℃で分解する．熱膨張係数*は$3\times10^{-6}K^{-1}$と非酸化物セラミックス中でもっとも小さい値である．Si_3N_4のSiとNの一部がAlとOで置換されたSi-Al-O-N系の化合物はサイアロン（Sialon）とよばれ，同様にα型とβ型が存在する．β-サイアロンは$Si_{6-z}Al_zO_zN_{8-z}$（$z=0\sim4.2$）で表される．α型Si_3N_4には，結晶内に大きな空間が存在しているので，Y，Caなどのイオンを取り込むため，α-サイアロンは，$M_xSi_{12-(m+n)}Al_{m+n}O_nN_{16-n}$（M：Ca，Y，Yb…，$x:m/v$（$v$：イオンの価数），$n$：固溶酸素の数）で表される．図1に$Si_3N_4$およびサイアロンの相関係図を示しておく．

　Si_3N_4は難焼結性物質であることから，焼結体の作製には酸化物とは異なる種々の焼結方法がとられており，それらは反応焼結*と焼結助剤*を用いた緻密化焼結に大別される．

　Si_3N_4の反応焼結の場合は，シリコン粉末成形体を窒素雰囲気中で1250～1450℃に加熱することでSi_3N_4焼結体が得られる．この場合，窒化反応に伴って体積が増加し，その増加分は気孔内に吸収されるので窒化反応による重量増加分だけ緻密になるが，寸法はほとんど変化しない．一方，緻密化のための焼結助剤としてはイットリアに代表される希土類酸化物*が有効であり，さらにアルミナを添加することによって優れた機械特性をもつ焼結体が開発されている．Si_3N_4-Y_2O_3-Al_2O_3系圧粉体*を焼結すると，柱状結晶粒が成長して強度や靭性が向上する．添加物は焼結中にSi_3N_4および表面に存在するシリカと反応し液相を形成して緻密化に貢献するが，これらは粒界部に存在して高温では強度低下の原因となる．その後，粒界相の改善による高温強度*が向上し，種結晶の利用と柱状晶の配向制御によって高い靭性が得られている．

　材料の開発と製造プロセスの進歩により1985年のターボチャージャーローターなどの自動車部品を中心に実用化が活発化している．そのほか切削工具*，発熱体*，半導体素子用基板，アルミニウム溶湯用治具などで実用化された．近年特に注目されるのがベアリングに代表される摺動部材への応用である．金属製の軸受鋼（SUJ2）と同等以上の優れた転がり疲労特性を活かし，工作機械用軸受として実用化された．このことはSi_3N_4のもつ高強度・高靭性に加え軽量，低熱膨張性，高弾性，高熱伝導性，電気絶縁性といった魅力的な機能を備えていることによる．

〔米屋勝利〕

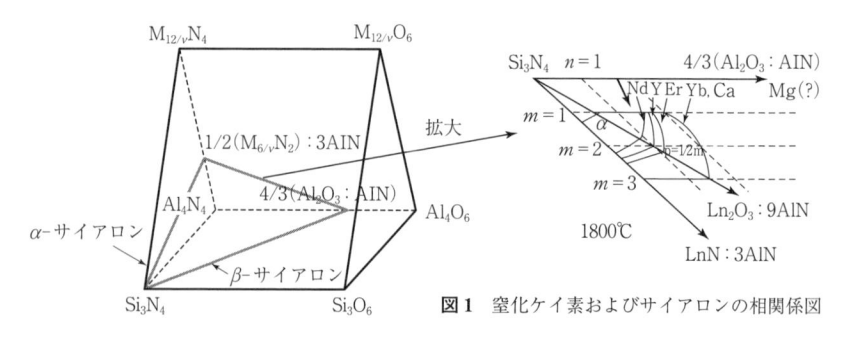

図1　窒化ケイ素およびサイアロンの相関係図

2.61 サイアロン

SiAlON

SiAlONはSi-Al-O-Nからなる化合物の総称である．Y-Si-Al-O-N系状態図を示す．Si_3N_4*の焼結助剤の研究から，Si_3N_4の格子内にAlとOが固溶することが日英同時に発見された．そののち，この物質は，$β-Si_3N_4$のSiとNの一部がAlおよびOと置換固溶している固溶体*として$β$-SiAlONとなった．一般式は$Si_{6-z}Al_zO_zN_{8-z}$であり，zは0～4.2の値をとる．$β$-SiAlONは，粒界にガラス相が残らないので高温強度*やクリープ抵抗に優れ，耐食性や耐酸化性がよいことが特徴である．破壊靱性*が低いことが今後解決するべき課題となっている．

図1の状態図中のAlN*近傍に，AlNを基本構造とする長周期構造をもつポリタイポイドとよばれる化合物群がある．たとえば，27Rは9層の単位が3回繰り返される構造であり，長周期構造に起因して結晶粒が板状に成長することが知られている．これも$β$-SiAlONと同様に粒界ガラス相が少ないことから，高温強度に優れることが報告されている．また，板状の結晶成長を利用した多孔体の生成も研究されている．

また，典型的なSiAlONとして$α$-SiAlONが知られており，多くの研究がなされている．$α$-SiAlONは$α$-Si_3N_4構造を基本としており，一般式は$M_x(Si, Al)_{12}(N, O)_{16}$で示される．Mは電荷のバランスをとるためのカチオンで，Li, Mg, Ca, Y, ランタニド金属が格子内の空隙に侵入固溶している．カチオンの固溶上限はイオン半径が小さいほど大きく固溶範囲が広い．$β$-SiAlONよりも高い硬度*をもつことが知られている．近年では，$α$-SiAlONの柱状粒子を発達させることによる高靱化が報告されている．さらに，$α$-SiAlONを低温で熱処理することにより，$β$-SiAlONに変化する$α$-$β$相転移も注目されている．最近では，希土類元素をドープしたSiAlON蛍光体なども研究されており，機能性材料としての利用も検討されている．また，SiAlONナノ粒子を放電プラズマ焼結法により緻密化することで，ガラス相のないSiAlONセラミックスの作製もなされている．

(多々見純一)

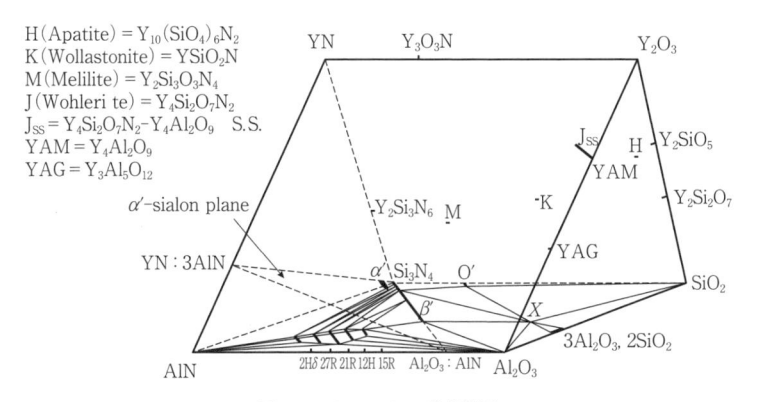

図1　Y-Si-Al-O-N系状態図

H(Apatite) = $Y_{10}(SiO_4)_6N_2$
K(Wollastonite) = $YSiO_2N$
M(Melilite) = $Y_2Si_3O_3N_4$
J(Wohlerite) = $Y_4Si_2O_7N_2$
J_{SS} = $Y_4Si_2O_7N_2$-$Y_4Al_2O_9$ S.S.
YAM = $Y_4Al_2O_9$
YAG = $Y_3Al_5O_{12}$

3) 材料

2.62 SiC

silicon carbide

　SiC（炭化ケイ素）は軽元素からなる単純な構造をもった共有結合性物質である．そのため，耐熱性がある（高温に強くて変形しにくい），堅い（高い硬度と耐摩耗性），熱伝導率が大きい，熱膨張率が小さい，化学的に安定（高温では酸化される）などの特徴がある．

　SiC結晶は，Si-C正四面体が積み重なった構造からなるが，積み重なり方で，立方晶の3Cと六方晶の2H，4H，6Hや15Rなどの結晶形が多数ある（結晶多形，polytype）．立方晶をβ型，非等軸の六方晶と菱面体晶をα型といっている．

　SiC結晶粗粒はケイ砂（SiO_2）とカーボンの混合粉末に大電流を通電して大規模に合成され（アチソン法），それを粉砕・精製して工業原料にしている．

　SiCの用途の代表は研磨用粉末と製鉄用耐火物の原料で，大量に利用されている．SiCの粉末は焼結して耐熱・耐摩耗材料として重要な工業材料になる．高温炉のヒーターや棚板，高温部品，原子炉部品，摺動部品に，多孔体はディーゼルエンジン排ガス粒子フィルター（DPF）に利用されている．

　焼結方法には，粉末をそのまま高温で焼成する再結晶法（recrystallization），SiCとCの粉末成形体に溶融Siを反応させる反応焼結法（reaction sintering），SiC粉末にBとCを添加して焼結する常圧焼結法（normal sintering），黒鉛型で加圧する加圧焼結法（hot-pressing），シランとメタンガスなどから化学蒸着するCVD法，カルボシラン重合体を焼成する繊維の合成法などがある．

　研磨材と耐火物を除くと，重要なSiC材料は反応焼結体と常圧焼結体である．高温で高強度であることからガスタービンなどの金属を代替えし，作動温度を上げて熱効率を高めようした．1970年代から開発競争が全世界で始まった．

　最近では，汚染元素がないことから半導体を製造する炉の部品に使われている．SiC繊維複合材料はスペースシャトル用断熱材や航空宇宙部品に開発されている．また，SiC単結晶は半導体でバンドギャップが大きい．それを利用してパワーデバイスに応用する試みもあり，巨大な市場がある．

　各種SiC焼結体の代表的な特性を表1に記す．

（田中英彦）

表1　各種焼結体の特性

焼結方法	再結晶	反応焼結*	常圧焼結	加圧焼結	CVD	繊維複合**
密度（g/cm³）	2.5〜3.0	2.6〜3.0	3.1〜3.15	3.1	3.2	2.0〜2.3
硬度（GPa）			24〜31	25	35	
ヤング率（GPa）	171〜350	247〜250	392〜450	351	490	35〜110
曲げ強度（MPa）	108〜226	260〜270	441〜813	392〜500	392	110〜550
靭性値（MPa·m^{1/2}）	2.2〜4.8	3.0〜3.1	3〜5.6			
熱膨張係数（10^{-6}K^{-1}）	4.2〜4.6	4.2〜5.0	4.0〜4.6	3.7〜3.9	4.5	3.2〜4.0
熱伝導（W/m·K）	29〜174	180〜185	43〜125	160〜270	67	2.9〜4.7
比熱（J/kg·K）	700〜1225	500〜700	628〜795			650〜1470
比抵抗（Ω·m）	$10^{-3}\sim10^4$		$10^4\sim10^7$	$5\times10^{-3}\sim10^{11}$	10^6	

＊Siを含む，＊＊繊維に方向性がある．

2.63 窒化アルミニウム (AlN)

aluminium nitride

窒化アルミニウム (AlN) は窒化物の中では比較的イオン性が高い共有結合性化合物である．結晶構造はウルツ鉱型であり，OあるいはSiとOが置換固溶することによって多くの擬似多形が形成される．AlNは理論値 320 W/mK の高い熱伝導率を示し，優れた電気絶縁性を有することから，列車用サイリスター冷却用ヒートシンク，IC/LSI 基板・パッケージ材料，光ディスクなどの光ピックアップ用半導体レーザー用サブマウント，ハイブリッドカー用コントロールモジュール基板として開発・実用化されている．また，ハロゲンやプラズマに対して優れた耐性を示すことから，シリコン半導体ウエハーや素子を製造するための構造部材（ウエハー加熱ヒーターやサセプター）としても重要な材料になっている．また AlN 粉末は高熱伝導性樹脂のフィラー材としても注目されている．しかし，常温近辺でも水と反応して $Al(OH)_3$ と NH_3 を生成することが最大の欠点となっている．

AlN は難焼結性物質であるので緻密化するためには焼結助剤*が用いられる．焼結助剤としては希土類酸化物*やアルカリ土類化合物が有効である（表1）が，工業的にはイットリアがもっとも広く用いられている．以下に，イットリア添加系を代表例として焼結過程を解説する．

AlN-Y_2O_3 系を窒素などの雰囲気下で加熱すると，AlN 粒子の表面に存在するアルミナ*とイットリアが次式に従ってアルミネートを生成し，液相化して緻密化を促進させる．

$$Al_2O_3 + Y_2O_3 \rightarrow Y_4Al_2O_9 (Y/Al=2) \quad (1)$$
$$Al_2O_3 + Y_2O_3 \rightarrow YAlO_3 (Y/Al=1) \quad (2)$$
$$Al_2O_3 + Y_2O_3 \rightarrow Y_3Al_5O_{12} (Y/Al=0.6) \quad (3)$$

このとき，一部のアルミナは AlN に置換固溶して液相とのぬれ性を向上させ緻密化を加速させる．アルミナの AlN 格子への置換固溶によって熱伝導率は低下するが，Al_2O_3-Y_2O_3 系に3種類のアルミネート相が存在するため，焼結過程で AlN 粒子中に固溶していたアルミニウムと酸素が液相にトラップされてアルミナリッチのアルミネート（最終的には $Y_3Al_5O_{12}$）に変化してゆき，その分だけ AlN 粒子は高純度化される（熱伝導率：150～200 W/mK）．すなわち，緻密化後は熱処理時間の経過によって熱伝導率が向上する．さらに高熱伝導化するためには，上記焼結体を炭素を含む窒素雰囲気下で焼成する．この場合，次式のような還元窒化反応によって，粒界相が表面に排出され，さらに高純度な結晶粒からなる焼結体が得られる．

$$xAl_2O_3 \cdot yY_2O_3 + 3(x+y)C + (x+y)N_2$$
$$\rightarrow 2xAlN + 2yYN + 3(x+y)CO \quad (4)$$
$$YN + 3H_2O \rightarrow Y(OH)_3 + NH_3 \quad (5)$$

このようにして 250 W/mK 以上の高い熱伝導率が得られている． （米屋勝利）

表1 AlN の緻密化に及ぼす各種添加物の影響：添加量 5 wt%，1800℃，2 h，N_2

区分	添加物	相対密度 (g/cm³)	区分	添加物	相対密度 (g/cm³)
	無添加	82.5	影響小	$NiCO_3$	87.3
	BN	77.3		ZrC	80.8
緻密化阻害	Si_3N_4	71.3		TiC	80.8
	SiC	66.1		$CaCO_3$	98.0
	SiO_2	66.8		$SrCO_3$	95.0
	MnO_2	75.6		$BaCO_3$	97.5
	MgO	67.2		Y_2O_3	97.6
影響小	TiN	82.2	緻密化促進	La_2O_3	98.0
	ZrN	82.3		CeO_2	96.8
	HfN	79.1		PrO_2	97.0
	TiO_2	79.4		Nd_2O_3	97.8
	ZrO_2	83.2		Sm_2O_3	97.2
	Al_2O_3	82.1		Gd_2O_3	95.8
	Cr_2O_3	82.8		Dy_2O_3	95.3

2.64

アルミナ

alumina

アルミナは焼結性に優れる代表的な酸化物である．ダイヤモンド*につぐ硬度(ビッカース硬度1500〜2000，モース硬度9)を有し，融点は2050℃と高く，弾性率も約400 GPaと高いことから，構造材料や，砥粒などの研磨材料に応用されている．密度は$3.98×10^3 kg/m^3$である．また，高い優れた絶縁性（比抵抗$>10^{12}Ω·m$）を利用して絶縁材料に，熱伝導率*は20W/m・Kと優れ，熱膨張率は$7×10^{-6}℃^{-1}$と比較的低いことから，基板材料にも広く利用されている．アルミナは，物性値では他の絶縁材料であるAlN*やSiC*と比較すると熱伝導率は一桁低く，熱膨張*は2倍とやや劣るが，電気的，熱的，機械的性質が平均して優れ，かつ他の材料と比較して安価，大気中での焼結が可能なこと，製造技術的な完成度の高さから，広く使用されている．

約1000℃以上の安定相は$α$相（三方晶コランダム型，酸素配置は六方晶）である．1000℃以上の製造プロセスを経て作製されたアルミナは$α$相である．また，液相プロセスで合成された場合，$γ$相，$δ$相，$θ$相などが存在する．水酸化アルミニウムなどの加熱分解してできる場合の多くは$γ$相（立方晶スピネル型）である．なお，$β$アルミナとよばれるものは，アルミナ相にNa₂O層が入った複合酸化物で，$(1-x)Na_2O·11Al_2O_3$ ($x≦0.2$)と表されるが，アルミナとは別の酸化物である．

多結晶アルミナの焼結温度は，粒径にも依存するが1300〜1700℃である．高純度で0.5$μm$以下の微細なアルミナ粉を焼結すると，焼結初期では粒子どうしの合体が起こり，緻密化が進行する．焼結中期以降は，粒界の移動が起こり粒成長が進む．この際に粒子間に存在した気孔が結晶粒内に取り残される．そこで，粒子成長を抑制して，気孔を粒界拡散*させて外に排除するためにマグネシア（MgO）を添加することがある．さらに，焼結を水素気流中で行い，粒内での気孔の体積拡散を容易にする．このような製造法で製造すると透光性アルミナができる．これはナトリウムランプの発光管に利用されている．

一方，基板用の多結晶アルミナについては，焼結温度の低下が必要とされ，液相焼結が可能かつ絶縁特性などが低下しない助剤の添加が行われている．アルミナ成分比は全体の90％以上に保ちつつ，そのほかの助剤成分にはガラス成分が用いられる．基板の誘電率を下げ，かつSiの熱膨張係数$3.5×10^{-6}℃^{-1}$に近づけるために，ホウケイ酸ガラスなどが加えられる．ただし，アルミナに比べ曲げ強度および熱伝導率が低くなるため，実装設計の際には放熱などの考慮が必要である．

単結晶アルミナは無色かつ高温安定性に優れることから，高温高圧炉窓材，光学機器窓材などに用いられる．サファイアともよばれる．製造はベルヌーイ法*のほか，チョコラルスキー法（Cz法），EFG法*などの引上げ法でも製造される． （田中　諭）

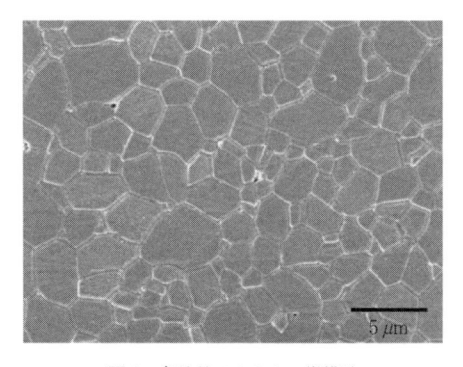

図1　多結晶アルミナの微構造

ジルコニア
2.65

zirconia

ジルコニアセラミックスの優れたイオン伝導性は固体電解質や酸素センサーに，室温での機械的性質は構造用部品や粉砕用メディアに，耐摩耗性や表面の平滑性は光ファイバー用フェルールなどにそれぞれ応用される。"ジルコニアセラミックス"としたのは，純ジルコニア（ZrO_2）ではなく，イットリア（Y_2O_3），セリア（CeO_2），カルシア（CaO），あるいはマグネシア（MgO）などの酸化物が添加されて固溶体*となっているためで，これらは部分安定化ジルコニア（partially stabilized zirconia：PSZ）および安定化ジルコニア*（fully stabilized zirconia：FSZ）とよばれている。密度は5.9～6.05 kg/m³である。純ジルコニアの室温での安定相は単斜相で，1114℃で正方相に相変態が起こり，さらに2369℃で立方相（蛍石型）に相変態する。単斜相と正方相との間の相変態では約4.6%の体積変化を伴う。正方相の高温度域で焼結されたジルコニアは冷却時（950℃）に単斜相へ相変態し，このときの体積変化によってき裂や破壊が起こる。

安定化ジルコニアFSZは室温付近まで立方相が安定相であり，イオン導電性を示す。これは，添加した金属イオンM^{2+}またはM^{3+}がZr^{4+}サイトに置換し，その結果，電気的中性を保つために酸素イオン空孔（Vö）が形成され，この空孔を媒介として酸素イオンが拡散することによる。イットリアおよびカルシアで安定化されたものはそれぞれYSZ，CSZとよばれる。YSZの伝導度は700℃で10^{-2} S·cm^{-1}程度であり，固体電解質型燃料電池（SOFC）の電解質への応用が期待されている。

酸化物の添加量が数%のとき，その立方相系の母相の中に正方相が析出した部分安定化ジルコニアPSZが得られる。これは高靭性セラミックスとして知られる。立方相中の正方相は拘束されているため，室温で安定な単斜相へ相変態できないが，外部応力などにより単斜相へ変態すると，部材内に圧縮応力が発生し高靭化される。一方，部材内にき裂が発生して，母相による拘束がなくなり相変態が起こる場合もある。このとき体積膨張によりき裂は閉口するため部材が高靭化される。さらに，添加量3%程度のとき，室温で準安定相の正方相のみの正方ジルコニア（tetragonal zirconia polycrystals：TZP）が得られる。これらの部分安定化ジルコニアの室温での曲げ強度は1200 MPa，破壊靭性*は5～7 GPa·m$^{1/2}$と高い。また，他のアルミナなどと複合化すると，強度や靭性はさらに向上する。

（田中　諭）

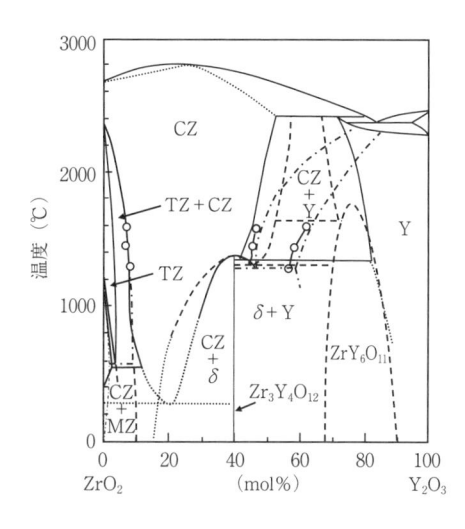

図1 ZrO_2-Y_2O_3系状態図
（出典） M. Jayaratna, M. Yoshimura, and S. Somiya：J. Am. Ceram. Soc., **67**, 11, pp. c240-c242（1984）

3）材料

アパタイト

2.66

apatite

アパタイト (apatite) は鉱物名で，図1に示すような基本構造をもつ無機結晶の総称である．広義の組成は $M_{10}(ZO_4)_6X_2$ であるが，一般には M が Ca^{2+}，ZO_4 が PO_4^{3-} であるリン酸カルシウムアパタイトを指すことが多い．とくに，生体材料として応用されている水酸アパタイト (hydroxyapatite : $Ca_{10}(PO_4)_6(OH)_2$) が注目されている．

水酸アパタイトは脊椎動物の骨や歯の無機主成分であり，生体に対する為害性が低く，生体内に埋入すると骨と直接結合する生体活性を示す．緻密体，多孔体，顆粒，セメントなどの形態で骨や歯の欠損を補てんする材料として利用されている．また，金属製の人工歯根・人工関節に生体活性を付与するためのコーティングとして用いられている．また，有機物を吸着する性質があるため，タンパク質や核酸などの吸着分離材・クロマトグラフィー用カラム充填剤として用いられている．さらに，生体高分子との親和性が高いため，それらの素材と複合化した生体材料，あるいは薬剤徐放担体としての応用が期待されている．そのほかに歯磨き剤の添加物やガスセンサー素子基板などとして広範な用途がある．

水酸アパタイトの構造は，図1の M/ZO_4/X がそれぞれ Ca^{2+}/PO_4^{3-}/OH^- であり，空間群は六方晶系 $P6_3/m$ と記載される．格子定数は $a=0.942$ nm, $c=0.688$ nm である．ただし，厳密な化学量論組成を有し，なおかつ OH^- イオンが一方向に規則的に配列した場合は，空間群が単斜晶系 $P2_1/b$ となり，$b=2a$ の関係が成立する．密度は 3.16 g/cm³ であり，水に対する溶解度はきわめて小さく，溶解度積は 10^{-110}〜$^{-120}$

である．

水酸アパタイトセラミックスの原料粉は湿式法で合成される．水酸化カルシウム懸濁液とリン酸水溶液の中和反応による方法と，カルシウム塩とリン酸塩の反応による方法の2つに分けられるが，いずれの場合も pH およびカルシウムとリン酸の濃度の制御が重要である．そのほかの方法として，カルシウム化合物とリン化合物の混合粉末を加熱して直接反応させる乾式法や，牛や魚の骨から有機物を除去する方法が知られている．

焼結体は，原料粉末にバインダー*などを加えて成型したのち，常圧で1200℃前後に加熱して得るのが一般的である．緻密体の焼結にはホットプレス*法や熱間等方加圧 (hot isostatic press : HIP) 法も用いられる．水酸アパタイト緻密体の曲げ強度は 50〜200 MPa，弾性率は 40〜90 GPa，結晶粒が微細なものでは1000℃以上で超塑性を示すことも報告されている．

多孔体は成型前のスラリー状態で発泡させるか，あるいは高温で分解焼失するビーズを混合してつくられる．また，特殊な方法として，天然サンゴの骨格から作製するものがある． 〔末次　寧，田中順三〕

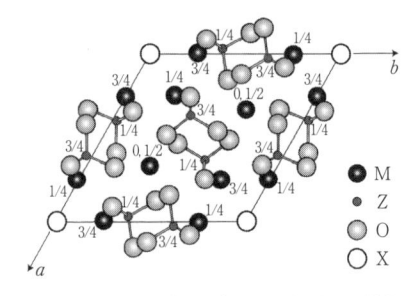

図1 アパタイト構造（xy 平面投影図．数字は z 座標を示す）

ニューガラス

2.67

new giass

　ガラスの一般的な特徴として，多くの元素を組成とすることができる．透明性，硬質性，耐食性*，成形性などがある．これらの特徴を生かし，窓ガラス，自動車用ガラス，ビンガラス，食器用ガラスが大量に生産され，使用されている．これらのガラスに表面処理をして，新たな高付加価値を加えたもの，また新しい組成，用途が研究され，開発されたものが，ニューガラスである．このニューガラスはわれわれが直接目にするのは少ないが，各種機器などに多く使用されている．

　光に対する透明性を極限まで追求して実用化された，「光ファイバー」のシリカガラスはその代表である．光の情報伝達の重要なガラスとして大量に生産，使用されており，携帯電話，インターネット，e-mailが自由に使用できるようになった．気相反応で作製した超高純度のガラスで，125ミクロンの直径で，長距離のガラスの細い線を線引き成形できる特徴が生かされている．携帯電話の電波は近くにある中継器を経由して遠方に光伝送されるが，その際に「光増幅用ガラス」で伝送する光を増幅する必要がある．これには，希土類元素のEr（エルビウム）を含有したガラスが使用されている．エルビウムドープの「光増幅用ガラス」である．地上と海底の光ファイバーケーブルでは数十kmごとにこのガラスを組み込んだ中継器があり，伝送する弱くなった光の強度を高め，長距離伝送を可能にしている．

　液晶，プラズマテレビには，大型の画面用の平板ガラスが大量に生産され，使用され始めている．このガラスは，窓ガラス，自動車用ガラスなどとは組成が異なる．これらの「フラットディスプレイ用のガラス」は，生産プロセスにおいて耐熱性，耐化学性が要求され，Al_2O_3を含有するアルミノシリケートのガラスである．パソコンなどには，メモリー用ハードディスクが使用されているが，その多くがガラス，またはガラスセラミックス（ガラスを部分的に結晶化したもの）であり，その平滑性，硬質性，耐食性などが生かされている．この「ハードディスク用ガラス」も大量に生産されている．

　透明ではないが，カルコゲン系成分からなるカルコゲンガラスは，「ハードディスク用ガラス」上に製膜され，「光メモリー用ガラス」として使用されている．ガラスと結晶の相変換をレーザービームのスポットで行い，このガラスの結晶化した部分とガラスの部分の光に対する反射率の差で，光メモリー機能が発揮される．

　われわれの体の骨や歯は，アパタイト*などで構成されているが，その成分は，リン酸P_2O_5，カルシウムCaO，アルカリ，Na_2Oなどである．これらの成分を混合して溶融するとリン酸ガラスになり，それを部分的に結晶化すると，「生体用ガラスセラミックス」になる．人体にある成分より作成されるので，生体適合性などでは，ほかの材料，金属，ポリマーなどよりは優れている．人体にある約200種類の各種形状の骨，歯の修復，補強，補てんなどにこれらの人工の「生体用ガラスセラミックス」が使用されている．

　フェムト秒レーザーをシリカガラスに照射すると，レーザーが集光した部分が高密度化するなどの構造変化が瞬間的に起こる．これを利用すると，ガラスの中に三次元的に光の回路を形成することができる．これらの「三次元光回路ガラス」は将来の各種光情報処理機器の部材として利用が期待されている．

（牧島亮男）

2.68 圧電材料

piezoelectric materials

ある結晶物質に機械的な圧縮力，張力あるいはすべり応力を加えてひずみを起こさせると，結晶物質に誘電分極が発生し，その両端面に正負の電荷が現れる．これを圧電正効果とよぶ．逆に，この結晶物質に電圧を加えて分極を起こさせると，結晶物質はひずみを生じ，あるいは機械的な応力が発生する．これを圧電逆効果とよぶ．このとき圧電正効果で発生する電荷量は応力の強さに，また圧電逆効果で生じるひずみは電圧に正比例する．これらを総称して圧電効果という．すなわち，圧電性を示す結晶では応力 T およびひずみ S なる弾性的量（慣習上，機械的量とよぶ）と電界 E および電気変位 D あるいは分極 P なる誘電的量（電気的量ともいう）とが，圧電効果を介して互いに関連し合っており，これを電気機械結合（electromechanical coupling）という．圧電効果は水晶をはじめ電気石，ロッシェル塩などの対称中心を欠く結晶に現れる．結晶は構成原子やイオンの配列の仕方，すなわち対称性により 32 の晶族に分類される．そのうち 20 晶族は対称中心を欠き，圧電効果を示す．この圧電性結晶のうち 10 晶族に属する結晶は結晶構造的に自発分極をもつ結晶で極性結晶，または温度変化により電荷を発生するために焦電性結晶とよばれる．この晶族に属する結晶のうちで外部電界により自発分極の向きを簡単に変化できる結晶を強誘電性結晶といい，このような物質を強誘電体とよんでいる．強誘電体は必ず焦電性，圧電性を示すが，焦電性のものが強誘電体であるとは限らない．強誘電体であるための条件は，自発分極を反転させるのに必要なエネルギーが結晶を破壊するエネルギーよりも十分に小さくなければならない．

圧電性および強誘電性を示す材料は多く知られているが，もっとも広く実用化されているのは 1955 年に開発されたジルコンチタン酸鉛（(PbZrTiO$_3$) 略称 PZT）系セラミクスである．この材料は焼結性が劣るために PZT に複合ペロブスカイト化合物であるマグネシウムニオブ酸鉛 (Pb(Mg$_{1/3}$Nb$_{2/3}$)O$_3$) やニッケルニオブ酸鉛 (Pb(Ni$_{1/3}$Nb$_{2/3}$)O$_3$) を添加した 3 成分系材料が広く研究され，実用化されている．これらの材料の単結晶も過去 10 年ほど研究されており，優れた特性が報告されている[2]．さらに最近では，環境に対応した非鉛系圧電材料が注目されており，PZT に匹敵するような非鉛系圧電材料が開発されている．これらの応用の例としては TV 用フィルター，圧電着火素子，圧電ブザー，圧電トランス，自動車用ノックセンサー，医用超音波診断装置用プローブ，ソナーなどである．

〔山下洋八〕

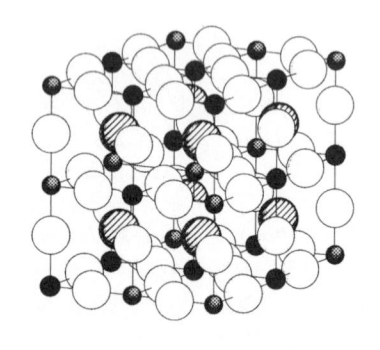

図 1 代表的な圧電材料である PZT のペロブスカイト型結晶構造

LEAD (Pb^{2+})　ZIRCONIUM (Zr^{4+})　TITANIUM (Ti^{4+})　OXYGEN (O^{2-})

MMC

2.69

metal matrix composite

金属をマトリックスとしたセラミックスの複合材料*を金属基複合材料（metal matrix composites）と称し，その頭文字から MMC と称している．MMC の製法には種々の方法が提案されているが，工業的には高圧含浸法，非加圧含浸（Lanxide 法），鋳造法で製造されている．

高圧含浸法はセラミックスの粒子もしくは繊維の成形物（プリフォーム）に溶融アルミ合金を高圧で圧入する方法で，小物の量産品の生産に適し金属 Al と SiC*粒子とからなり，AlSiC とよばれている電力制御器の放熱基板や，SiO_2-Al_2O_3 系繊維の複合材部分を頭頂部に設けた自動車用ピストンなどがつくられた実績がある．

非加圧含浸（Lanxide 法）は，金属とセラミックスのぬれを改善する添加剤を加えたプリフォームを作成し，窒素雰囲気中で溶融アルミ合金をしみ込ませる方法で，大きな物（たとえば，2400×2000×80 mm）でもつくれるために，液晶用の露光機（ステッパー）の光学系定盤などの精密機械の構造部品が生産されている．

鋳造法は，前述の非加圧含浸法で作成されたものを溶融金属で希釈もしくは溶湯撹拌混合法で作成された MMC インゴットを溶解し，目的に応じて砂型鋳造，ダイキャスト鋳造，ロストワックス法などにより鋳造して製品をつくる方法で，アルミ合金に SiC 粒子を 20〜30 vol% 含んだ MMC 製品が製造されている．前者の非加圧含浸法で作成されたインゴットではセラミック粒子が金属でぬれているので湯流れ性がよくセラミックス含有量を上げられるため，半導体や液晶用露光機のベースなどの大型品（たとえば，2000×1400×500 mm，重量 600 kg）がこの方法で生産されている．

セラミック含有量の多いものはダイヤモンド工具による研削加工，鋳造法のようにセラミックス含有量の低いものはダイヤモンド工具による切削加工で仕上げて製品とされる．

一般的な MMC の特徴を列記すれば，軽量・高剛性・低熱膨張・高熱伝導・制振性といった点があげられる．表1に代表的な材料と非加圧浸透法および鋳造法（非加圧浸透法で作成されたインゴット使用）による MMC の特性を比較した．たとえば，表中の PSI-70 という MMC は，鋼材（S55C）やステンレス（SUS）以上の弾性率をもち，アルミ合金に近い軽さで，熱膨張率は 1/2 から 1/3 と小さく，熱伝導率は 3 から 10 倍と大きく，制振性では制振合金並みの損失係数をもっており，精密機械の構造材料として最適の特性を有している．

〔山岸千丈〕

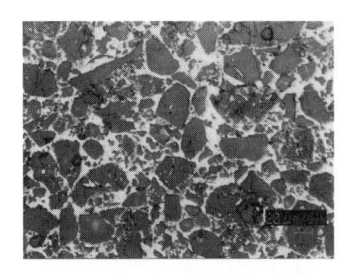

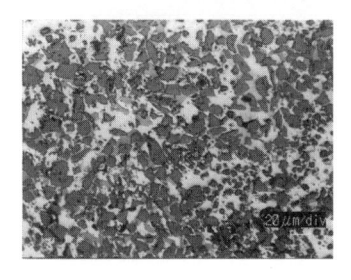

図1 MMC の組織（上）非加圧浸透法 MMC（PSI-70, SiC 70 vol%），（下）鋳造法 MMC（CSI-30, SiC 30 vol%）

3）材料

表1 MMCと他材料の物性比較

	MMC（金属基複合材料）								
	CSI-20	CSI-30	PSI-55	PSI-70	PAL-37	PAL-60	PAN-50	PAN-70	PSS-50	PSS-70
製造方法	鋳造法				非加圧金属浸透法					
金属	Al合金	Al合金	Al合金	Al合金	Al	Al合金	Al合金	Al合金	Si	Si
セラミックス (vol%)	SiC 20	SiC 30	SiC 55	SiC 70	Al_2O_3 37	Al_2O_3 60	AlN 50	AlN 70	SiC 50	SiC 70
密度（$10^3 kg/m^3$）	2.72	2.78	2.95	3	3.10	3.45	2.93	3.09	2.8	2.95
引張強度（MPa）	355	371	440	225	260	450	190	230	—	—
3点曲げ強度（MPa）	—	—	358	380	—	570	—	370	300	270
弾性率（GPa）	106	125	200	265	120	210	141	210	280	342
破壊靱性値（$MN/m^{3/2}$）	—	14.7	10.5	10	—	15.1	7.1	6	3	3
熱膨張率（10^{-6}℃$^{-1}$）	16.2	14.4	10	6.2	14.7	11.8	13.2	7.5	2.8	3.6
熱伝導率（W/m・℃）	164	150	159	172	96	54	170	176	175	217
損失係数（%）	—	7.2	—	8.0	—	—	—	—	—	11.3

	アルミニウム（合金）		鋳鉄	炭素鋼	ステンレス	制振合金	セラミックス		
	TCBA T6	5052 H34	FC250	S55C	SUS304	M2052	Al_2O_3 99.5%	AlN	SiC
製造方法									
金属									
セラミックス (vol%)									
密度（$10^3 kg/m^3$）	2.7	2.68	7.25	7.9	7.93	7.25	3.9	3.28	3.15
引張強度（MPa）	335	260	275	650	>520	500	245	—	—
3点曲げ強度（MPa）	—	—	—	—	—	—	340	390	590
弾性率（GPa）	80	71	114	206	210	47	390	314	410
破壊靱性値（$MN/m^{3/2}$）	—	—	—	—	—	—	4	4	3
熱膨張率（10^{-6}℃$^{-1}$）	20	23.4	9.8	11.7	17.3	22.4	7.8	4.6	4
熱伝導率（W/m・℃）	125	138	47	59	16	10	29	165	85-200
損失係数（%）	—	2.9	—	—	3.7	7.3	4.2	—	—

1) MMC（PSI-70, SiC 70 vol%）　　　2) 鋳鉄（FC250）

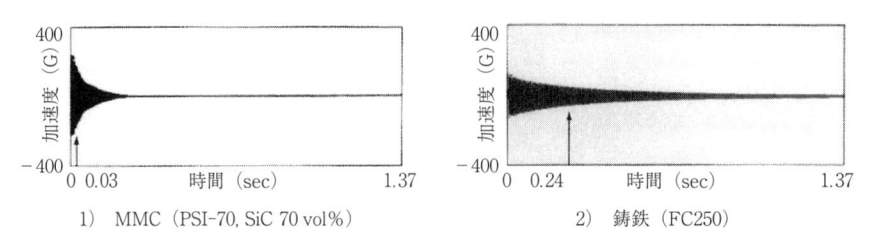

図2　制振性の比較

測定方法：宙吊りにした試験片（240×30×10 mm）中央部に衝撃力（約220 N）を与え試験片端部の加速度を計測

II. 焼　結　体

ナノコンポジット

nanocomposites

2.70

多結晶体であるセラミックスにナノサイズの第2相分散粒子を複合化して微細組織や内部応力状態を制御したナノコンポジット*（ナノ複合材料）は，顕著な力学的性質や熱的性質の改善が可能であり，また従来のセラミックスにない新機能や多機能を付与すること（高次機能化）が可能である．

図1に代表的なナノコンポジットの構造を分類した．図（a）から（c）はナノサイズ粒子がミクロサイズの母相セラミックス結晶粒子の内部，結晶粒界およびその両方に分散したものである．図（a）の粒内型ではおもに強度や靭性など力学的機能の改善が，（b）では耐クリープ性など熱的性質の向上が報告されている．図（c）はこれらの機能が何れも発現しており，実用的プロセスで作製した場合に多く生成する．また，図（d）は母相，分散相ともナノサイズであり，金属のような超塑性が発現することが報告されている．一方，ミクロとナノサイズの両分散相構造をもつハイブリッド型も得られており，高強度・高靭性が両立している．ナノ分散相としては等軸状粒子だけでなく，ナノウィスカーやカーボンナノチューブ*のような低次元異方構造物質も使用されており，顕著な破壊靭性の向上や導電性の付与などが可能である．また，結晶粒界を三次元的ナノネットワークととらえて積極的に制御した粒界ナノ構造制御型セラミックスも近年開発されており，熱伝導や電気伝導などの機能を併せもっている．

ナノコンポジットの多くは，母相となる原料粉末にナノ粉末を混合し，常圧焼結，HIP焼結，ホットプレス焼結，パルス通電焼結（PECS・SPS），超高圧焼結などを用いる粉末冶金的方法で作製できるが，所望の機能発現や多機能化に必要なナノ組織を得るために，粉末合成や焼結法などが工夫されている．図（d）の構造を有するSi_3N_4/SiCナノ複合材料は，化学気相反応（CVD）法で合成したSi-C-Nプレカーサー粉末を焼結することで作製できる．また，溶液化学的手法で複合粉末を作製し，雰囲気制御熱処理ならびに焼結でIn-situにナノ粒子を分散複合化することも可能であり，力学的機能と磁気的機能を併せもつAl_2O_3/Niなど機能性金属粒子分散ナノコンポジットや，ソフトなh-BNのナノ分散により金属のようなマシナビリティ（機械加工性）と顕著な耐熱衝撃特性を併せもつSi_3N_4/BNナノコンポジットなどの高次機能化ナノコンポジットが開発されている．また，CVD法やプラズマスプレー法，ゾル・ゲルコーティング法などを応用した耐熱・耐環境性ナノコンポジットコーティングも開発されている．

（関野 徹）

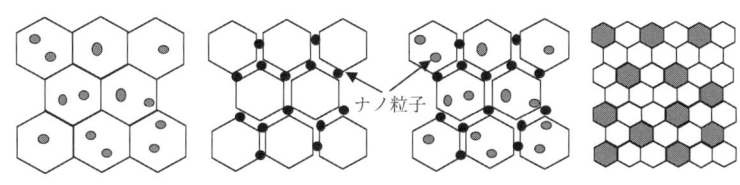

（a）粒内ナノ複合型　（b）粒界ナノ複合型　（c）粒内/粒界ナノ複合型　（d）ナノ/ナノ型

図1 代表的なナノコンポジットの構造模式図

3）材料

III

単結晶

3.1 引き上げ法（チョクラルスキー法，CZ法）

Czochralsky method

チョクラルスキー法（CZ法）によるシリコン単結晶の育成では，融液を固化させるという単純な操作により単結晶を育成する．Gibbsの相律からシリコンのような単一成分の場合は融点がある一定の温度となり，結晶育成炉内の温度分布により固液界面の位置は決定されることとなる．したがって，結晶直径の制御は育成炉内の温度分布を精密に制御する必要がある．さらに，結晶中の不純物濃度の分布に関しても，るつぼなどの温度分布を反映したシリコン融液の対流によってほぼ決定されるといっても過言ではない．また，最近話題となっている点欠陥の形成過程を左右するいわゆる結晶内の温度分布についても，炉内における構造物間の熱の輸送により決定されるために，結晶育成炉内の温度分布を正確に理解することは応用面からもきわめて重要になってきている．しかも，点欠陥が移動可能な高温領域の温度分布を決定する要因は，固液界面形状[*]も考えられるために，結晶育成炉内の温度分布の正確な理解が重要となってきている．界面形状は融液の対流とも密接な関係があるために，定量的に理解することはきわめて重要である．

実際に結晶育成を行う場合，結晶直径の制御は固液界面の位置をモニターしながら，ヒーターの電力を調整して固液界面の位置が一定になるように調整するような方法がとられている．しかし，ヒーター電力のみの制御では，融液中の熱伝達の時定数が長いために不十分であり，結晶の直径などの制御に対しては決して十分な応答速度であるとはいえない．融液内の熱伝達の時定数は約30分から1時間以上と長い時定数をもっているのが通常のシステムである．したがって，実際の結晶育成では，結晶の移動速度を変化させる．これにより固液界面近傍のメニスカスの形状を変化させ，結晶の直径を制御しているのが現状である．すなわち，結晶の直径が増加した場合は，結晶の上方への移動速度を増加させることにより固液界面の位置がより上方へ移動することで対応するのが現状である．これにより，Yang-Laplaceの式を満足するようにメニスカスの形状が変化し，結果として結晶の直径を変化させることが可能となる．これに伴い結晶と融液の界面である固液界面の形状も異なることに注意する必要がある．

固液界面における熱の移動は，固液界面における熱流束の保存式により決定される．ここで注意しなければならないことは，固液界面の移動速度と引き上げ速度とは必ずしも一致しないことである．引き上げ速度，すなわち結晶の移動速度は固定座標系に対して一定である．ところが，固液界面の位置は結晶の引き上げ速度や固液界面近傍の温度が変化することによりメニスカスの形状が変形し，結果として固液界面の位置が変化する．したがって，たとえ引き上げ速度，すなわち結晶の移動速度を一定に保っても，固液界面の位置が変化するために固液界面の移動速度は一義的には決定されるものではないことに注意を要する．

つぎに，この総合伝熱解析法[1)-5)]の具体的な方法について述べる．相互二平面間の見込み角は図1に示すように相対的な位置関係により異なる．二次元の総合伝熱解析法では，軸対称の仮定のもとでこの見込み角を算出し，実際に炉壁温度などを与えることにより炉内構造物全体の温度分布を決定することができる．

図2は小型結晶育成炉の温度分布の例を示す．ここで仮定した条件は以下の点である．

1) 単結晶育成法

① 結晶と融液の形状を含む育成炉内構造物の形状
② 炉内構造物の熱物性値
③ 結晶引き上げ速度
④ 結晶とるつぼの回転数

以上の4点を仮定したうえで総合伝熱解析法を用いて計算した結果，入力した結晶の直径を維持するためのヒーター発熱量が算出できる．

この方法は，実際の結晶育成法とは根本的に異なった操作を行っている．すなわち，実際結晶育成を行う場合は，結晶の直径を一定にするように結晶移動速度やヒーター投入電力を制御している．したがって，最初に結晶の直径を固定して，これに必要な電力を算出するという方法は，実際の結晶育成条件とは逆の関係にあるために，これを"逆問題"という場合がある．

しかし，この逆問題は装置の設計時に大きな役割を果たす．すなわち，ある一定直径の結晶を育成する育成炉を設計する場合，必要なヒーター電力や熱遮へい体の構造を定量的に推定する必要がある．このような要求に対して，炉内のすべての熱移動量を考慮に入れた総合伝熱解析による数値計算が必要なヒーター電力や熱遮へい体の構造に関する定量的な情報を与えてくれる．結晶直径が大口径化している昨今では，炉の構造の設計に対して総合伝熱解析法なしでは，炉の設計が不可能となってきているのが現状である．

一方，昨今の太陽電池に関する急激な需要の伸びに対して，いかに高速にシリコン単結晶を製造するかが問題となってきている．そこで，このような総合伝熱解析法を用いることにより，ホットゾーンの最適化をすることが可能である．これにより，結晶育成速度を向上させることが可能となってきている．さらに，一方向性凝固法も太陽電池の製造に多用されている．ここにおいても，高速で結晶を育成することにより安価な太陽電池を製造することが可能となる観点から結晶育成炉内のホットゾーンの最適化が求められている．このような社会的な要求に関しても，この総合伝熱解析法を用いることにより結晶成長速度の向上を図ることが可能となってきている．

以上述べてきたことはすべて擬定常の場合を想定している．ここで，擬定常とは結晶が成長しているにもかかわらず，結晶の位置を含む結晶成長炉内の構造物の配置がある瞬間では変化しないという仮定を置い

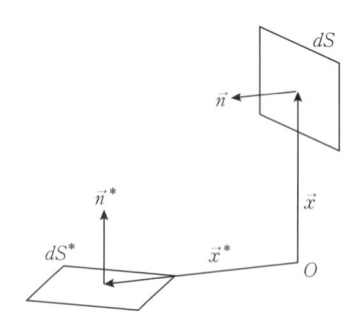

図1 相互二平面間の見込み角

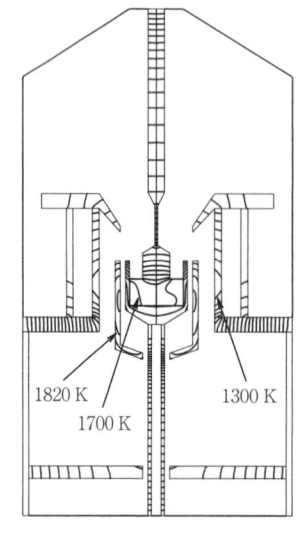

図2 小型結晶育成炉の温度分布例

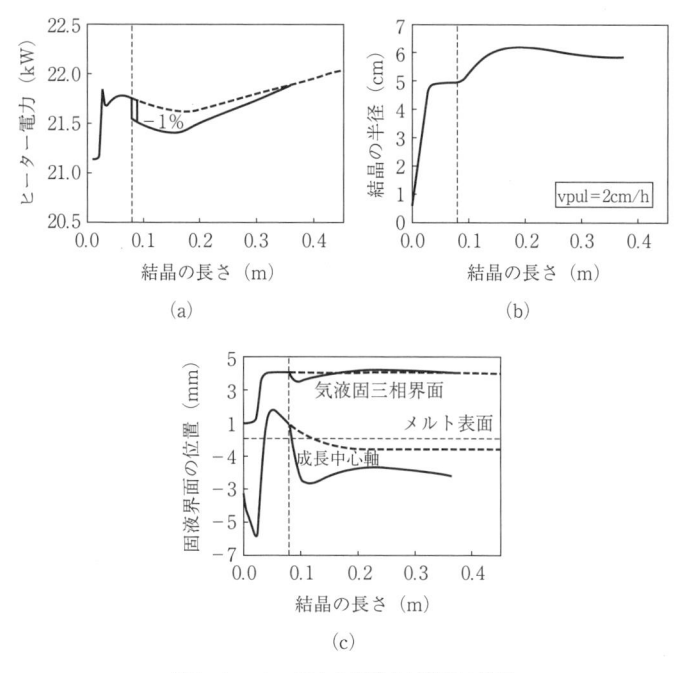

図3 ヒーター電力と引き上げ速度の関係

ていることである．しかし，実際には結晶育成が進んでいくと炉内構造物の相対位置関係が変化していく．たとえば，結晶の種結晶から直胴部へと変化するプロセスである，いわゆる"肩出し"とよばれる工程では，結晶の直径を時間に対して大きく変化させる必要があるために，ヒーター電力と結晶引き上げ速度を時間に対して大きく変化させる必要がある．図3は，Dupretらによる報告であり，"肩出し"とよばれる工程において，CZ炉のヒーター電力の時間依存性を計算した結果を示した．図の中に融液の流動を考慮しない熱伝導計算の場合(a)，乱流モデルを用いた場合(b)，磁場を印加した場合(c)の結果を示した．このような非定常の方法は，すでにBrownやDupret[1),2)]により開発されている．

（柿本浩一）

文献

1) J. J. Derby and R. A. Brown: J. Crystal Growth, **74**, pp. 605-624 (1986)
2) F. Dupret, Y. Ryckmans, P. Wouters, and M.J. Crochet: J. Crystal Growth, **79**, pp. 84-91 (1986)
3) E. Dornberger, E. Tomzig, A. Seidl, S. Schmitt, H.-J. Leister, Ch. Schmitt, and G. Müller: J. Crystal Growth, **180**, pp. 461-467 (1997)
4) T. Tsukada, M. Hozawa, and N. Imaishi: J. Chemical Engineering of Japan, **27**, 1, pp. 25-31 (1994)
5) K. Kakimoto and L. J. Liu: Crystal Research and Technology, **38**, 7-8, pp. 716-725 (2003)

1) 単結晶育成法

3.2 磁場印加 CZ 法

magnetic field applied CZ method

　半導体や酸化物の結晶成長では，液相の対流の形態や強度が固相と液相との界面近傍の不純物分布を決定し，さらには界面の形状を決定する要因となる．したがって，液相の対流を制御することは，所望の結晶を得るために重要である．磁場を半導体融液や溶液に印加すると，液相の流れのパターンが時間とともに変化しないために，固体と液体との界面の温度場が時間に対して一定となる．このような温度場の時間変動が発生すると，固化速度が時間的に変動する．このために，偏析係数*が1ではない不純物は結晶への取り込み量が時間的に変動し，成長方向に不均一な不純物分布をもつ結晶が成長することとなる．このような視点から，液相に磁場を印加することにより対流を制御しようとする方法が70年代に提案され[1]，現在まで一部で実用化されてきているのが現状である．

　半導体の融液や溶液は一般に電気伝導性が高く液体金属である．したがって，磁場による流れの抑制効果が顕著となり流れは安定する．しかし，必ずしもすべての場合，磁場による制動効果が顕著となるわけではない．たとえば，電流が流れる方向と垂直に電気的に絶縁壁が存在すると電流は流れることができず，結果として電流と磁場とがつくる平面に垂直方向にはローレンツ力が作用しないこととなる．このような場合，融液中の電子が絶縁壁付近に蓄積し，結果として融液中に電位分布が形成される．このような電位分布，すなわち電場により生じる電流と，融液の運動により生じる電流とが相殺しあって，最終的には電流が流れなくローレンツ力が生じなくなる場合がある．すなわち，磁場を印加しているにもかかわらず流体の運動は抑制されないこととなる．この現象はホール効果[2]とほぼ同じである．異なる点は，通常のホール効果では媒体が固体のために物質の移動はないが，半導体融液や溶液の場合は媒体が流体であるために，物質の移動現象が同時に生じていることである．このように，磁場を流体に印加しているにもかかわらず流体の運動は抑制されない現象は，結晶成長のシステム内では流体の速度ベクトルと磁場の印加方向との組合せにより多く生じている場合があるために，単に磁場を印加したからといって融液の運動が抑制されているとは限らないことに注意を要する．

　結晶成長時に半導体などの電気伝導性の高い融液に関しては，流速により生じる電流起因のローレンツ力と，電場起因の電流に基づくローレンツ力との両方を考慮する必要がある．すなわち，流速起因の電流のみを考慮すれば流れは抑制されることとなるが，電場起因の電流によるローレンツ力も重要な働きをしており，半導体融液のように電気伝導度が大きな融液や溶液に磁場を印加する場合の流れの理解には，両者を考慮に入れる必要がある．さらに，融液を保持する容器やるつぼが電気的に絶縁されているか，または融液の電気伝導度に対してどのような大きさの電気伝導度をもつかを考慮に入れ，融液中の電位分布がどのようになるかを明らかにすることが必要である．

（柿本浩一）

文献

1) T. Suzuki, N. Isawa, Y. Okubo, and K. Hoshi, Semiconductor Silicon 1981, eds. H. R. Huff, R. J. Kriegler, and Y. Takeishi (The Electrochem. Soc., Pennington, 1981) p. 90.
2) K. Kakimoto : Convection of semiconductor during crystal growth, Crystal Growth-From Fundamentals to Technology-, ELSEVIER, Ed. By G. Mueller, J. J. Metois, P. Rudolph, p. 169.

3.3 EFG法・キャピラリー法
edge defined film-fed method・capillary action shaping technique

EFG (edge defined film-fed growth) 法[1]やステパノフ (stepanov) 法[2]のようにキャピラリーあるいはスリットから原料を供給し，ダイ形状に規定される断面をもつ単結晶を育成する方法である．融液がダイに濡れるときはEFG法，濡れないときはステパノフ法と区別してよばれ，これらを含めてキャピラリー法とよばれる．

図1のようにルツボにダイを設置して原料を溶かすと，るつぼ中の融液はダイのスリットあるいはキャピラリーを通ってダイ上面に達し，結晶はダイ上面の形状に規定された形状で成長する．用途に合わせて，多様な断面形状をもつ単結晶が育成・利用されている．

ダイの材質は融液と反応しない，キャピラリーや上端面を精度良く加工できることおよび融解，凝固を繰り返した場合の応力により変形しないことが重要である．

単結晶育成は次のように行う．シードをダイ上面のメルトに接触させて，注意深くネッキングを行う．その後育成炉の出力を徐々に低下させて単結晶がダイ上全面を覆うようにし，出力をほぼ一定に保ったまま単結晶を育成する．ダイにより結晶成長位置は固定され，結晶育成量に対して液面の低下の比率が小さいので，結晶成長環境の温度およびその分布はほぼ一定に保たれるために電気炉出力をほぼ一定に保持した状態での単結晶育成が可能になる．育成終了後，電気炉温度を上げ，ダイと結晶を切り離す．結晶の種類にもよるが，結晶は数mm/h～100 mm/h程度で育成されている．

育成炉のホットゾーンの構成はチョクラルスキー法に準ずるがチョクラルスキー法より小さな温度勾配での単結晶育成が可能である．また，単結晶育成前に，ダイ上面の温度分布を測定し，対称かつ温度差ができるだけ小さくなるようにセットする必要がある．こうしないと，ダイ上面の高温度部分では結晶が晶出せず，結晶の対応する部分が欠けた結晶が成長することになる．

ダイ上面と融液上面とのヘッド差はキャピラリー内径あるいはスリット厚さ，表面張力などによって決まる．したがって，装置により育成できる結晶の長さを決めるには，事前にスリット厚によるヘッド差を測定する[3]必要がある．

この育成方法での平衡分配係数 (k_0) と実効分配係数 (k) の関係は

$$k = k_0/\{k_0 + (1-k_0)\exp(-vd/D)\}$$

で表される．ここで，vはキャピラリー内の融液流速，dはキャピラリー長さ，Dは拡散係数であるので，育成速度とキャピラリー長さを適当に選択することにより実効分配係数を1にすることができる．

(竹川俊二)

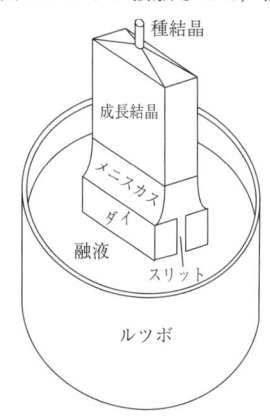

図1 キャピラリー法の模式図

文献
1) H. E. LaBelle Jr.: Mat. Res. Bull. **6**, p. 581 (1971)
2) A. V. Stepanov: Zh. Tech. Fiz. **29**, p. 382 (1959)
3) H. Machida, K. Hoshikawa and T. Fukuda: Jpn. J. Appl. Phys. **31**, L973 (1992)

3.4 融剤法（フラックス法）

flux method

　水溶液以外の高温溶液中で単結晶を育成する方法全般をフラックス法という．フラックス法はおもに酸化物単結晶の育成に用いられているが，窒化物やダイヤモンドなどの単結晶育成にも用いられている．高温・高圧の水溶液（超臨界水）中で単結晶を育成する場合は「フラックス法」とはいわず，「水熱合成法」とよばれる．フラックス法の一般的なメリットは，①分解性・昇華性物質の単結晶の育成にも応用できること，②結晶性がよく，転位などの少ない大型単結晶をつくることが可能であること，③フラックスの選択によっては比較的低温で簡便な装置を用いて単結晶を育成できることなどがあげられる．一方，デメリットとしては，①育成した単結晶中に母液がマクロな欠陥（包有物：インクルージョン）や点欠陥（固溶）として含まれやすいこと，②化学量論組成の制御が困難であること，③最適な育成容器（るつぼ）の選択に経験や実験を要することなどがあげられる．

　フラックス（融剤）に求められる性質としては，目的とする結晶に対して適度な溶解度をもち，育成した結晶中に取り込まれにくいといった育成自体の問題のほかに，後処理が可能であることや，使用可能なるつぼが存在することといった技術的な側面も含まれる．

　一般的に，フラックス法で育成された単結晶の結晶性は，気相から得られた単結晶と比較してかなり良好である場合が多く，育成条件を上手に選べば物質のもつ電気特性や光学特性をうまく引き出せるため，Si*やSiC*，GaNといった半導体の特性向上のために，フラックス法で単結晶を育成する研究なども行われている．

　工業的にフラックス法を用いた単結晶の育成は，ルビーやサファイアのような大型単結晶を目指す場合と，デバイス作製のための液相エピタキシャル成長（liquid phase epitaxy：LPE）に用いる場合に大別できる．

　LPE成長の代表的な育成方法を図1に示す．(a)のスライドボート法は工業的に量産するのにもっとも適した方法で，スライダ上にセットした基板を過飽和溶液中を通過させることでエピタキシャル成長させる．ティッピング法では，飽和溶液をつくったのち，容器を傾けることで基板側へ流し込み，徐冷する方法である．ディッピング法は水溶液成長における種結晶成長（seed growth）に相当する手法で，飽和溶液中に基板を浸漬し，冷却することでエピタキシャル成長させる．装置的にはディッピング法が簡便であるが，正確な溶解度曲線を知っていなければ，基板を浸漬するタイミングが難しく，基板が溶けたり（メルトバック），基板を入れる前にるつぼ内で核発生が起こるなど，実際に行うにはディッピング法特有の困難も伴う．

〈川村史朗・森　勇介〉

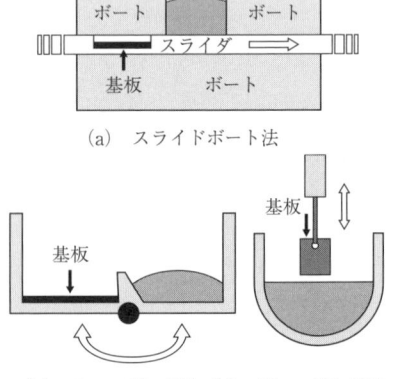

(a) スライドボート法

(b) ティッピング法　(c) ディッピング法

図1 LPE成長法の例

3.5 浮遊帯域溶融法（フローティング・ゾーン法）

floating zone (FZ) method

垂直に保持した多結晶原料棒の下端を加熱溶融し，形成した融帯を原料棒上方に移動することにより単結晶を育成する方法（図1，2）．溶融体を試料自身で空中に保持することからこの名が付く．原理的には，大型結晶が効率良く育成できる融液法（融液からの結晶育成法）の一つである．

育成法としての特徴はるつぼ（容器）を用いないところにある．そのため，容器からの汚染がなく高純度な単結晶が得られること，また高温融液が化学的に活性な場合や融点が高くその高温に耐えられるるつぼ材が存在しない場合でも，結晶育成が行える．育成に際し，取り扱い経験のないはじめての試料でもるつぼとの反応を考慮することなく気軽に結晶育成が行え，実験室での試料作製に最適である．また，高価な貴金属の容器を必要としないため，安価に単結晶の得られる育成法でもある．この育成法の注意点は，急しゅんな温度勾配下での結晶育成にある．そのため，結晶に熱ひずみが残り，アニール（焼き鈍し）処理を必要とすることがある．

もう一つの特徴は，溶融している部分が試料全体に比べ小さいことである．そのため，融液の凝固により変化する溶質濃度が，図3に示すように，融帯移動の最初の段階では濃縮なり精製が起こるが，その後，結晶中の溶質濃度が一定（ゾーン・レベリング状態）となる．この状態が，結晶育成によく利用される．初期融帯の形成時に組成を制御してゾーン・レベリング状態にすることで，結晶中への不純物の均一な添加や組成均一な固溶体*結晶の育成が行える．

近年，融帯に融剤（フラックス）を加えた結晶育成が行われている．（溶媒移動FZ法，traveling solvent floating zone 法，TSFZ 法）．育成温度が低下することで，分解溶融する結晶の育成や，結晶の良質化（亜粒界の除去，転位密度の低下）が可能となる．フラックスとして，結晶成分の一部を過剰にした自己フラックスがよく利用される．結晶成分以外をフラックスとすることもある．この手法では，フラックスの使用により育成速度が低下することや，融帯からの結晶表面や原料棒へのフラックスの滲み出しにより融帯保持が困難になることなど，育成上の制約が生じることがある．最適なフラックスの選択や育成条件の最適化により解決し，結晶を育成する必要がある．

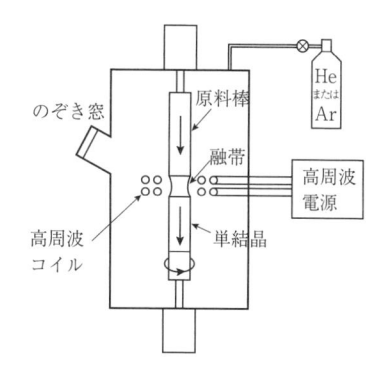

図1 高周波誘導加熱FZ炉

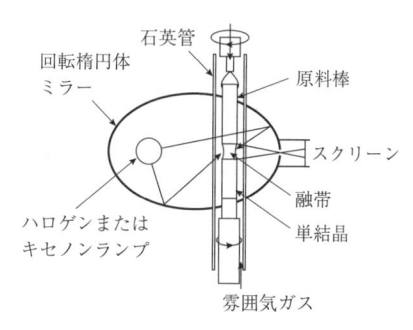

図2 赤外線集中加熱FZ法

1) 単結晶育成法

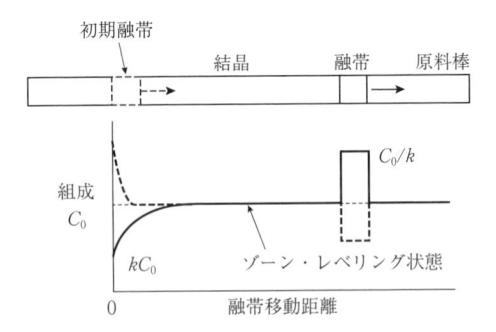

図3 融帯移動後の組成分布（実線，破線は，それぞれ偏析係数 (k) が1以下と1以上の場合を示す）

以下に，各加熱法による育成法の特長を述べる．

a. **高周波加熱 FZ 法** 金属的な電気伝導性を示すシリコンなどの半導体，高融点金属（W, Mo, Ta, Ni など），金属間化合物（CeRu$_2$Si$_2$ など），金属ホウ化物（LaB$_6$, ZrB$_2$ など），金属炭化物（TiC, TaC など）の結晶が育成されている．

高周波加熱のため，試料は金属的な電気伝導を示す試料に限られるが，誘導加熱であるので試料自身が発熱体*となり，高融点をもつ結晶の育成に有利である．また，図1が示すように，育成雰囲気圧を高圧に容易にできるので，試料からの蒸発抑制に有利である．そのため，この育成法は，高融点をもつ化合物単結晶の育成に最適である．

b. **赤外線集中加熱 FZ 法** 赤外線源として，ハロゲンランプやキセノンランプが用いられ，前者は 2000℃，後者は 3000℃ 近くまでの育成温度が可能である．赤外線を吸収しない無色透明な結晶では加熱に工夫を要するが，それ以外の結晶ならば金属から酸化物まで多様な結晶が育成できる．また，図2に示すように，結晶をガス気流中で育成するので雰囲気の酸素分圧の制御が容易でイオンの価数制御も可能である．融帯組成の制御により，光アイソレータである YIG（Y$_3$Fe$_5$O$_{12}$）や超伝導物質（La$_{1-x}$Sr$_x$CuO$_4$ など）の分解溶融結晶など多数の結晶が育成されている．

c. **電子ビーム加熱 FZ 法** リング状フィラメントから放出された熱電子を，リング中央にセットした試料棒に照射することで溶融帯を形成する．効率の非常に高い加熱法である．一般に金属的な電気伝導を有する物質に適用する．雰囲気は真空（< 10^{-2} Pa）に限られることから蒸気圧の高い試料には利用できないが，真空を高く保持することで蒸発による不純物精製が促進され高純度な金属や合金の単結晶が作製されている．また，一方向凝固による試料作成にも利用される．

そのほか，レーザー加熱，放電によるアーク加熱など，多彩な加熱法による育成が行われている．

（**大谷茂樹**）

3.6 ベルヌーイ法（火炎溶融法）

Verneuil method

ベルヌーイ法は1902年にフランスのベルヌーイ（Verneuil）によって発明された結晶育成法[1]で，火炎溶融点法ともよばれ，ルビー，サファイアなどの人工宝石*の製造法として古くから応用されてきたものである．図1にベルヌーイ法の装置の概略を示す[2]．原料容器を振動器やハンマーにより振動させ，原料粉末を少量ずつ酸素ガスの気流とともに落下させる．落下する過程で原料粉末は，バーナーの先の酸水素炎中を通過する際に溶融される．溶融した原料は回転しながら一定速度で降下する種子結晶上に堆積し，徐々に結晶が成長する．結晶は，この方法ではるつぼ容器を使用しないため，高融点の酸化物単結晶育成に適しており，比較的短時間で大型の単結晶が得られる．一方，速い結晶成長速度，原料粉末の落下速度や粒度のばらつき，酸水素炎のガス流量比に起因する気泡，にごり（veil：不純物や微粒子の凝集物），リニエージ（lineage：転位の高密度集積によりエッチピットが線状に配列したマクロ的欠陥）やクラックなどの欠陥が発生しやすく，そのためガス流量-圧力や温度分布の精密制御，粒度の調整などが重要となる[3]．とりわけ，結晶成長部の大きな温度勾配のため大きな熱ひずみが生じやすく，そのため転位密度は大きく，冷却過程で結晶が割れることがある．ベルヌーイ法で育成した結晶の転位密度は$10^5 \sim 10^6 \mathrm{cm}^{-1}$程度であるが，育成後のアニール処理などにより低転位化が図られている．

ベルヌーイ法では，図2に示したα-Al_2O_3（サファイア）をはじめとして，TiO_2（ルチル），$MgAl_2O_4$（スピネル），$YAlO_3$や$SrTiO_3$（ペロブスカイト）などの単結晶が育成されており，人工宝石，精密機械部品として，また光通信用結晶，半導体用基板結晶などオプトエレクトロニクス材料の製造にも利用されている．最近では，育成結晶の大型化，高品質化に対して，バーナーの多重化，耐火物の改良，アフターヒーターの採用，温度分布の自動制御などさまざまな改良がなされた装置が開発されている．

〈小玉展宏〉

文献
1) A. Verneuil : Paris Acad. Sci., Comptes rendue, **135**, p. 791 (1902)
2) 宮澤信太郎：メルト成長のダイナミクス，結晶成長のダイナミクス，5巻，p. 21, 共立出版 (2002)

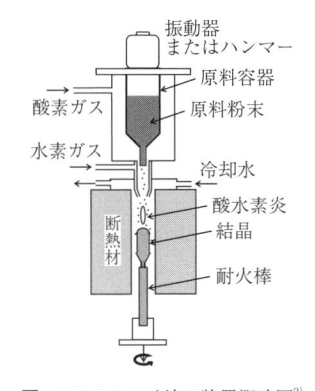

図1 ベルヌーイ法の装置概略図[2]

図2 ベルヌーイ法によるサファイア単結晶（（株）バイコウスキージャパン社提供）

1) 単結晶育成法

3.7 タンマン‑ブリッジマン法

Tammann-Bridgman method

タンマン‑ブリッジマン法（Tammann-Bridgman）とは，容器内で融液を凝固させて結晶を育成する方法である．一定の温度勾配をもつ育成炉の中で容器を移動させることにより結晶を育成する方法が，ブリッジマン法（Bridgman）あるいは，ブリッジマン‑ストックバーガー法（Bridgman-Stockbarger）である．これに対して，容器を移動させずに温度を変化させて結晶を育成する方法が，タンマン法あるいは温度傾斜凝固法（GF 法：gradient freezing）である[1,2]．

ブリッジマン法には，図1のように温度勾配をもつ電気炉の中で，るつぼ型の容器を垂直方向に移動させて結晶を育成する垂直ブリッジマン法（VB 法：vertical bridgman）と，図2のようにボート型の容器を水平方向に移動させて結晶を育成する水平ブリッジマン法（HB 法：horizontal bridgman）がある．容器を移動させずに温度勾配下での温度制御により結晶を育成する方法のうち，るつぼを用いる垂直型をタンマン法あるいは垂直温度傾斜凝固法（VGF 法：vertical gradient freezing）とよび，ボート状の容器を用いる水平型を水平温度傾斜凝固法（HGF 法：horizontal gradient freezing）とよんでいる．

ブリッジマン法では，育成容器の位置を一定の低速度で移動して結晶育成を行う．このため速度変動のない高精度な駆動装置が必要である．一方，タンマン法や GF 法では，育成容器を移動することなく，発熱体の温度制御により結晶を育成するため，駆動装置が不要であり装置が簡単になる．タンマン法や GF 法では，安定した結晶育

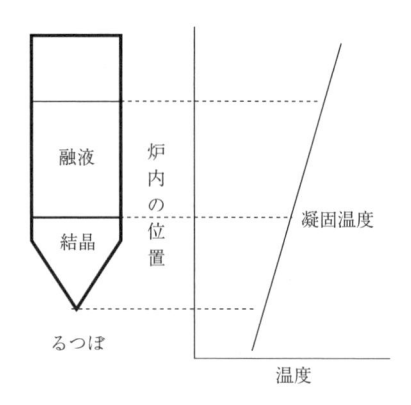

図1 ブリッジマン法概念図

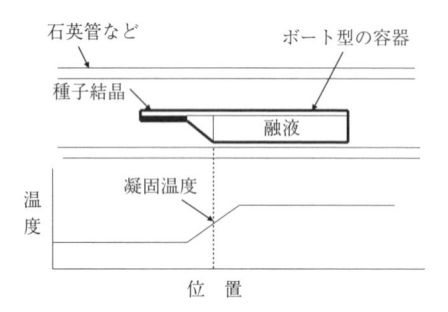

図2 水平ブリッジマン法概念図

成を実現するために高精度な温度制御が不可欠であり，複数の発熱体をそれぞれ独立に制御する多ゾーン炉などが使用される．ブリッジマン法，タンマン法や GF 法では，育成した結晶の熱歪が少ない低温度勾配下での結晶育成が可能である，装置構造が簡単で雰囲気制御が容易である，などの利点がある．とくに，高圧下や，雰囲気ガスの制御が必要な結晶育成ではほかの育成方法に比べて有利であり，研究や実用を目的として広く用いられている．ブリッジマン法やタンマン法で育成した結晶の溶質濃度分布は，一方向凝固（正規凝固, normal freezing）に従うと考えられる．

ブリッジマン法やタンマン法では，容器内部で結晶を育成するため，育成容器材料

の選択が重要である．容器材料の条件としては，結晶の育成温度で溶融・変質しない材質であることや，結晶や融液と反応しないこと，融液と容器とのぬれ性，容器からの不純物の混入に注意する必要がある．ブリッジマン法やタンマン法で単結晶を得るためには，るつぼの底部に傾斜をつけて単結晶化しやすくする方法や，種子結晶を用いる方法がある．

結晶育成例としては，II-VI族やIII-V族化合物半導体結晶，フッ化物結晶，酸化物結晶などの多くの実例がある[2]．グラファイトるつぼやチッ化ホウ素（BN）るつぼを用いたZnSeやZnS結晶の垂直ブリッジマン法やタンマン法（GF法）はII-VI族化合物半導体のバルク単結晶育成の有効な手段である．III-V族化合物半導体では，GaAsやInP結晶の水平ブリッジマン法や液体封止剤を使ったGaAs結晶の液体封止垂直ブリッジマン法（LE-VB法：liquid encapsulated vertical Bridgman）などがある．GF法を用いたGaAs結晶の育成では，As蒸気の雰囲気下で良質の単結晶が育成されている．図3に雰囲気制御ブリッジマン法によるGaAs結晶育成の概念図を示した．この方法では，GaAs融液のAs解離圧（約1気圧）と石英管内のAs分圧が等しくなるようにAs源の温度を調節しながら結晶を育成する．育成法としては，るつぼを移動することにより結晶を育成する水平ブリッジマン法とるつぼ位置を変えずに温度を変化させて結晶を育成するGF法の両方の例がある．この育成法では，As組成を保ちながらGaAs結晶の育成が可能であり，GaAs基板結晶製造のために広く用いられている．

このほか，CaF_2，MgF_2，$LiSrAlF_6$，$LiCaAlF_6$結晶などのフッ化物結晶ではグラファイトるつぼを使った垂直ブリッジマン法が，4ホウ酸リチウム（$Li_2B_4O_7$），ケイ酸ビスマス（BSO：$Bi_4Si_3O_{12}$），MnZnフェ

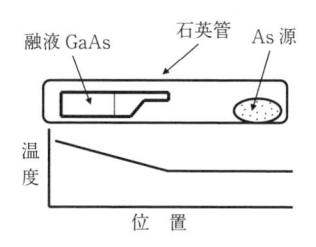

図3 雰囲気制御水平ブリッジマン法概念図

ライト（$Mn_{0.7}Zn_{0.3}Fe_2O_4$）結晶などの酸化物結晶では白金るつぼを使った垂直ブリッジマン法が研究試料の育成や単結晶の量産のために用いられている．4ホウ酸リチウムでは，融液とのぬれの悪いグラファイト容器を使用した例もある．類似の育成法としては，るつぼ底部の熱交換器を用いて容器内部で結晶を育成する熱交換法（heat exchanger method：HEM）がある．

(勝亦 徹)

文献

1) *Crystal Growth*, B. Pamplin, Pergamon Press, p. 7 (1980).
2) 結晶成長ハンドブック，共立出版，p. 271, 430 など，日本結晶成長学会編 (1995).

水熱法

3.8

hydrothermal method

水熱法反応とは，溶媒として水を用いて高温高圧（超臨界状態）にて，水の沸点以上の温度での反応をいう．高温高圧下での水を熱水と称し，この反応を水熱反応，熱水反応と総称している．高温高圧下での反応のため，密閉加圧容器（auto clave）を用いる．

水熱育成法：アルカリや塩類の水溶液をオートクレーブに入れ，容器の上部を低温に下部を高温にして一定の温度差を保ち，高温高圧下での溶解度の差と溶液の対流で結晶育成をさせる方法で，代表的な結晶が水晶である．この方法はソルボサーマル法（solvothermal）と総称される育成法の一部で，溶媒が水であるのを水熱育成法（hydrothermal）といい，溶媒がアンモニアであるのを安熱法，アモノサーマル（ammonthermal）とよばれ，育成結晶にGaNがある．さらに，溶媒が有機溶媒の中でグリコールを用いる場合をグリコサーマル法と名付けられている．この方法で合成された結晶にYAG*などがある．ソルボサーマル育成の構成は，3つの要素として，溶媒・鉱化剤・前駆体からなり，環境として反応温度・反応圧力がある．図1に水熱法の水晶を一例として示す．また，人工水晶の育成炉を図2に示す．歴史的には，鉱物学的見地から人工水晶の最初の研究が，1900年のはじめにイタリアのGiorgio Spezia[1]により行われた．その後しばらく途絶えて，第二次世界大戦ごろに天然水晶の入手が困難になり，ドイツのR. Nackenや英国のWooster夫妻により再開されたが大きな結晶は得られず，戦後アメリカに引き継がれ，D. R. Hale, R. C. Walker, C. B. Sawyer, R. A. Laudise[2]，そのほかBell研の人たちにより現在の方法が確立された．日本では，山梨大の国富　稔[3]先生，東北大の大原儀作先生，小林理研の武田秋津氏らにより研究された． （横川　弘）

文献

1) C. Trossarelli : J. Gemm, **19**, pp. 240-260 (1984)
2) J. J. Gilman : The Art and Science of Growing Crystls, pp. 231-251, J. Wiley & Sons, Inc. (1963)
3) 滝　貞男，国富　稔：工業化学雑誌，**59**, 11, pp. 107-110 (1956)

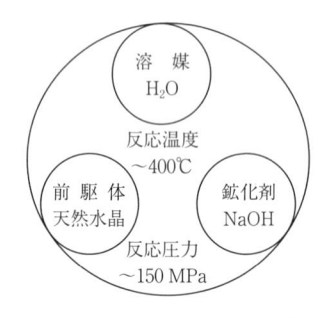

図1　水晶の水熱法育成要素と環境

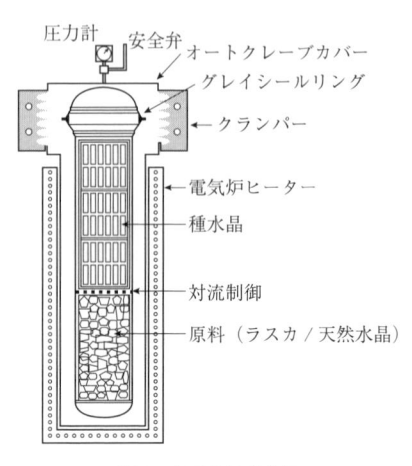

図2　人工水晶育成炉

3.9 水溶液法
solution growth

　水溶液法による単結晶育成法を大別すると，①徐冷による育成法，②等温過程による育成法に分けることができる．徐冷による育成では，溶質の水に対する溶解度曲線に沿って温度を下げていくことで単結晶が育成される．この場合，水に対する育成結晶の溶解度は，ある程度大きな値をもっていることが必要であるが，あまり溶解度が大きすぎる場合にも核発生や過飽和度の制御が困難であり，一般的には数〜20 mol%程度の溶解度をもつ物質が単結晶の育成に適当とされる．溶解度が小さすぎる結晶の場合，オートクレーブ内で高圧条件をつくり出し，超臨界水とする場合もある（水熱合成法）．大きな単結晶を得るには，種結晶を用いて，傍晶の発生を防ぎながら成長させる．この方法によって得られる工業材料としては，KDP（KH_2PO_4），ADP（$NH_4H_2PO_4$），TGS（$(NH_2CH_2 \cdot COOH)_3 \cdot H_2SO_4$）などがあり，目的によっては1 m以上の大型結晶を育成する場合もある．

　一方，等温過程による育成では，「温度差法（還流法を含む）」と「蒸発法」がある．温度差法では還流槽を用いると便利である．図1に示すように原料槽と成長槽を設置し，二つの槽の間を水溶液が循環することで結晶成長を行う．原料槽の温度を育成槽よりも高く設定しておくことで，育成槽はつねに一定の過飽和状態が保たれるため連続的な成長が可能である．また，この手法を用いて育成槽を顕微鏡下に設置すれば，過飽和度変化によってステップ間隔や形状の変化する様子などをその場観察することもできる．オートクレーブ中で高圧を維持しながら成長させる水晶や酸化亜鉛の単結晶育成（水熱合成法）も，基本的には原料部と成長部の温度差を利用した温度差法の範ちゅうに含まれる．

　等温過程によるもう一つの育成法である蒸発法では，水を蒸発させるだけで単結晶が育成可能であるという簡便さはあるものの，気－液界面で核発生しやすいことや（傍晶の発生），過飽和度を一定に保つことが困難であり，育成される結晶の大きさやインクルージョン（包有物），転位などを制御しなければならない場合には向かない．

　いずれの手法にしても，良質の大型結晶を育成しようとする場合，①るつぼや気－液界面，液中不純物を介した核発生（不均一核発生），②結晶表面への吸着性不純物の混入，③インクルージョンの取り込みといったさまざまな問題に対処しながら条件を決定していくことが重要となる．

〔川村史朗・森　勇介〕

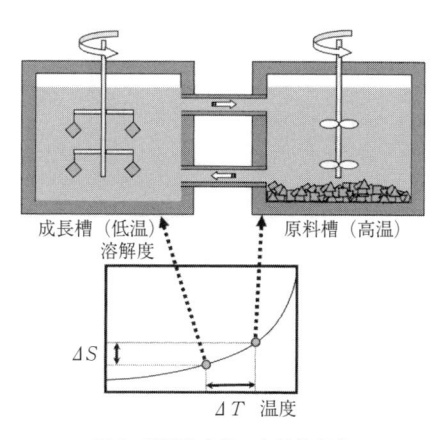

図1 還流法を用いた結晶育成

1）単結晶育成法

化学輸送法（閉管化学輸送・開管化学輸送） 3.10

chemical transport method

化学輸送法は，揮発性の化合物を原料として，気相から結晶を育成する方法である．密閉した容器の中で結晶育成を行う閉管化学輸送法と，開いた容器の中で外部から原料ガスを供給しながら結晶育成を行う開管化学輸送法がある．結晶が成長するメカニズムは，気相成長法である CVD 法(chemical vapor deposition)と類似している．輸送法では，原料となる気体を得るために固体原料と気体輸送剤との反応を用いる．揮発性化合物の合成と気化，結晶成長を同時に行う特徴がある．開管化学輸送法では，育成中に外部から原料を供給するため多量の原料を使った結晶育成に有利である．一方，閉管化学輸送法では，あらかじめ原料を容器内部に封入するため，使用できる原料の充填量が限られるが，装置が簡単にでき，外部からの不純物混入や，外部への汚染防止に有利である．

閉管化学輸送法の場合，図1のように反応ガスは，繰り返し原料と反応し，再利用される．ヨウ素輸送法による ZnSe 結晶の育成では，輸送剤であるヨウ素は繰り返し原料と反応して析出側に原料を運ぶ．輸送剤としては I_2 のほかに，Br_2，Cl_2 などのハロゲン分子あるいは HCl などのハロゲン化合物が用いられる．

（反応）　ZnSe → Zn + 1/2 Se_2
（反応）　Zn + I_2 → ZnI_2
（結晶成長）　ZnI_2 + 1/2 Se_2 → ZnSe + I_2

開管法では図2のように輸送剤をキャリヤガスとともに流すことによって強制的に輸送を行う．水素をキャリヤガス，HCl を輸送剤として用いた GaAs の開管輸送法では，次の反応によって結晶成長が進行する[1]．

（反応）　GaAs(g) + HCl(g) = GaCl(g) + 1/4As_4(g) + 1/2H_2(g)
（反応）　Ga(l) + HCl(g) = GaCl(g) + 1/2H_2(g)
（結晶成長）　3GaCl(g) + 1/2As_4(g) = 2GaAs(s) + $GaCl_3$(g)

化学輸送法は，これまでにⅢ-V，Ⅱ-Ⅵ，Ⅰ-Ⅲ-$Ⅵ_2$，Ⅱ-Ⅳ-V_2 族化合物半導体，絶縁体，磁性材料などの結晶育成に用いられている．結晶育成以外の気相輸送法の応用としては，ハロゲンランプのフィラメントの消耗を防ぐハロゲンサイクルや，一酸化炭素ガス（CO）を輸送剤として用いた Ni の精製法（モンド法）がある．

〔勝亦　徹〕

文献
1) 結晶成長ハンドブック，共立出版，p. 303, p. 455 など，日本結晶成長学会編 (1995)

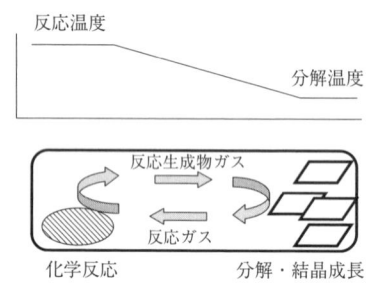

図1　閉管化学輸送法概念図

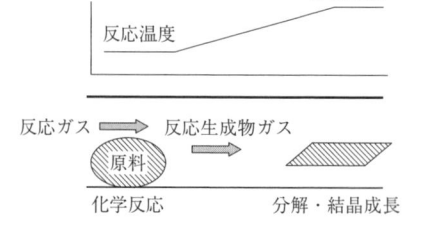

図2　開管化学輸送法概念図

3.11 固相法
solid phase method

固体からの単結晶育成法で,①再結晶法,②同素変態法,③焼結法がある.図1に示したように,再結晶法にはひずみ焼鈍法(一次再結晶法),二次再結晶法,高温加熱法が含まれる.いずれにせよ,固相法による単結晶の成長は,多結晶体を熱処理する際に起こる粒組織の変化を利用する.

$$\text{固相法}\begin{cases} \text{①再結晶法}\begin{cases}\text{ひずみ焼鈍法(一次再結晶法)}\\ \text{二次再結晶法}\\ \text{高温加熱法}\end{cases}\\ \text{②同素変態法}\\ \text{③焼結法}\end{cases}$$

図1 固相法各種

a. 再結晶法

冷間加工など,結晶にひずみを与える処理を施した多結晶体を高温で加熱すると,回復(ひずみエネルギーの一部回復)→新たな核生成*→粒成長*という順に反応が進行する.下地中に発生した核は,周囲に存在するひずみを受けている粒子を消費しながら大きく成長し,ひずみのない結晶粒組織へと変化する.この多結晶体をさらに焼鈍すると,異常結晶粒成長によって大きな一次結晶粒に成長する.この方法でつくった単結晶は結晶の完全性が高く,たとえばアルミニウムでは転位密度 $2\sim5\times10^2/\text{cm}^2$ という,凝固法よりも少ない転位密度の単結晶をつくることが可能である.しかし,高純度材料では,回復過程に続く粒成長が起こらないため,あえて炭素などの不純物を微量添加することによって一次再結晶を進行させる場合もある.

一次再結晶粒成長の終了後,組織粒界に非固溶不純物が偏析していると,少数の結晶粒が他の結晶粒を消費して少数の大きな結晶粒に成長する.これを二次再結晶とよぶ.

高温加熱法では,細い針金に電流を流しながら外側から加熱して単結晶をつくる Andrade の方法が有名である.

b. 同素変態法

同素変態とは,組成変化のない結晶構造の変化であり,温度や圧力に応じて結晶構造が変わることをいう.

一般に,温度上昇に伴う変態は,面心立方,稠密六方晶のような稠密な原子配置から体心立方晶のような疎な構造に変態する場合が多い.

たとえば,スズ(Sn)の場合,常温に近い温度で α と β 転移点が存在する.α スズへの転移では体積が増加するため,スズ製品が膨らんでぼろぼろになってしまう現象が生じる.通常は,不純物などの影響によりこの転移はほとんど進まないが,環境によっては転移が進行する場合がある.

鉄のように,$\alpha \to \gamma$ 相の相変態を起こすような物質では,金属線の一端から加熱帯を徐々に通過させながら,徐々に相変態を起こさせることによって単結晶化することができる.この手法を同素変態法とよぶ.鉱物学では組成が同じで結晶構造の異なるものを(同質)多形という.鉱物(あるいはセラミック)の場合,金属とは異なり,形成可能な結晶構造の種類が非常に多いため,物質によっては非常に多くの多形が存在する.たとえばシリコンカーバイド(SiC)などにおいては,200種類以上の構造があるとされている.

c. 焼結法

強い温度勾配のもとで焼結させることによって単結晶をつくる手法である.結合剤などを加えた金属微粉末から細線を形成し,過熱部を徐々に通過させることで単結晶化することができる(pintsch 法).高い熱源の実現によって高融点物質の融液がつくられるようになってからは,この手法のメリットは少なくなっている.

〔川村史朗・森 勇介〕

1) 単結晶育成法

高圧合成 3.12

high pressure synthesis

物質合成における高圧のメリットは，高圧安定相の実現と揮発性物質の閉じ込めにある．前者では，ダイヤモンド*，立方晶窒化ホウ素（cBN）の合成が代表的な例である．後者としては，酸化物超伝導物質，窒化ガリウムの合成があげられる．これらの場合，酸素や窒素の散逸を防ぐために高圧が威力を発揮する．

本項目では，1 GPa 以上のいわゆる超高圧に限定する．このような圧力では直接に加圧するポンプがないため，円錐台のような材料を用いて力を集中させる方法で高い圧力を発生させる．圧力は単位面積当たりの力であるため，広い面積に加えた力を狭い面積に集中させるとその分高い圧力が発生する．ベルト型とよばれる高圧発生方式の断面模式図を図1に示す．上下から加えた力がピストンで集中し，ピストンではさまれた中心部の円柱状試料に大きな力がかかる．ダイはリング状の円盤でありピストンで加圧された試料が横方向に変形しないように支える働きをする．このようにして，中心部の試料は高い圧力になる．

高圧発生方式はほかにもあり，立方体の試料に六方から加圧する方法，四面体の試料に四方から加圧する方法などもある．

加圧に用いられるピストン材は高い強度が必要で，炭化タングステンの焼結体が用いられている．ダイヤモンド単結晶，焼結体も用いられるが，高い圧力発生が可能であるが，試料容量を大きくとることはできない．通常，合成のためには加熱も必要なため，高圧空間にはヒーターも組み込まれている．

圧力は 300 GPa まで達成されているが，同時に加熱も行おうとすると発生圧力はもっと低くなる．高圧容器のデザインはいくつかあるが，その種類により発生可能な圧力は異なる．一般的に，発生可能な圧力の高い容器ほど高圧空間は小さくなる．

試料の加熱は高圧空間内のヒーターに通電することで行う．ヒーター材としては黒鉛が一般的で，2000℃まで安定に発生することは可能である．ほかに，白金，TiC，$LaCrO_3$ なども用いられている．外部からレーザーを照射して加熱することも行われている．この場合には，高圧容器はレーザー光を透過する必要があり，ダイヤモンドを用いたダイヤモンドアンビルセル（DAC）という高圧容器を用いる特殊な場合である．

超高圧でいろいろな物質が合成されているが，工業生産されている物質は，ダイヤモンドと cBN に限られる．いずれも，単結晶，焼結体の形で生産されている．必要な圧力，温度はそれぞれ，5 GPa，1500℃であり，この程度の圧力，温度では数百 cc の試料容積が得られている．研究室レベルでは，とくに地球科学の分野での研究が多い．地球内部物質を合成することで地球内部の理解を深めるという目的で，SiO_2，$FeSiO_3$ などの高圧相が合成されている．

（神田久生）

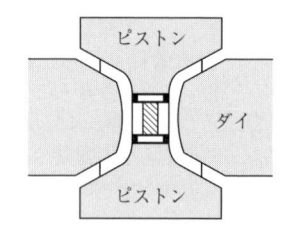

図1 ベルト型高圧装置の断面模式図

3.13 過飽和・成長速度

supersaturation/growth rate

溶液や気相からの結晶成長は過飽和状態において進行する．溶液での過飽和状態（○）は，図1が示すように，飽和溶液（●）の温度を下げるなり溶媒を蒸発させるなりしてつくられ，その温度（T）における飽和濃度（●，C_0）より高い濃度（○，C）に保持した状態をいう．その状態から，熱力学的に安定な平衡状態（飽和濃度）に近づくように溶質を析出することで結晶が成長する．過飽和の度合いを示す量として過飽和度 σ が次のように定義され，結晶成長が議論される．

$$\sigma = (C - C_0)/C_0$$

また，気相成長での過飽和度は飽和蒸気圧を用いて，溶液成長の場合同様に，定義される．

図2に KH_2PO_4（KDP）水溶液における例を示す[1]．(1) は平衡状態，(2) は結晶成長時，(3) は核発生時の溶解度を示す．核発生には大きな過飽和度が必要であるが，結晶の成長には大きな過飽和度を必要としない．したがって，小さな結晶（種結晶）をあらかじめ系に入れておけば，核発生の生じない低い過飽和状態から種結晶のみを大きく成長させることができる．その成長速度は，実際の系では成長する結晶方位や対流などの実験条件に大きく影響されるが，精密な実験では過飽和度に比例する．通常，水溶液からの結晶育成では1日に1mm程度の速度で結晶が得られる．

核が発生しはじめる過飽和度は，不純物や小さな塵などに大きく依存するので，それらを極力減らすと核発生の始まる過飽和度が大きくなり，その分大きな過飽和度の状態で育成が可能となり，成長速度を高くできる．図2に示した KDP の場合には，1日に10〜40mmの高速での成長が報告されている[1]．　　　　　（大谷茂樹）

文献
1) N. P. Zaitseva, L. N. Rashkovich, and S. V. Bogatyreva : J. Crystal Growth, **148**, p. 276 (1995)

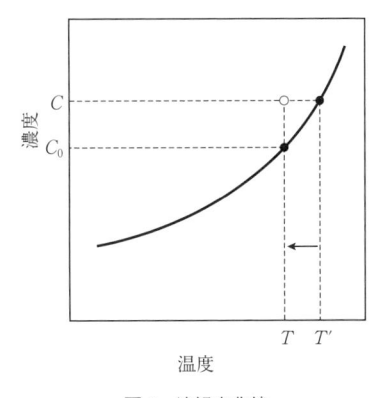

図1 溶解度曲線

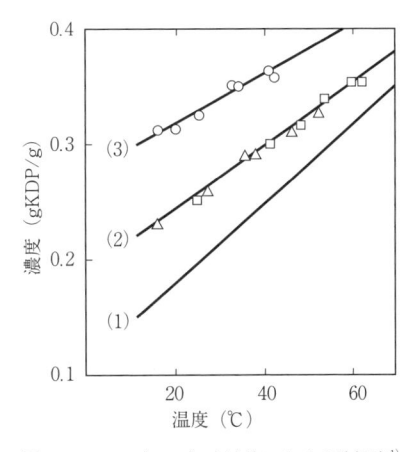

図2 KH_2PO_4（KDP）水溶液における溶解度[1]

3.14 相図と溶融組成

phase diagram, melt composition

　相図は，安定に存在し得る物質の組成範囲や熱的な安定性（融点，分解温度など）を示し，単結晶の育成に重要な情報（育成法の選択や，育成条件など）を提供している．とくに温度に対する情報が重要で，横軸に組成，縦軸に温度を示す二元系相図をよく用いる．基本的な相図の形として，図1に示す三例がある．(a) 組成全域において固溶する完全固溶系，(b) 化合物の存在しない共晶系，さらに，(c) 加熱により分解して溶解する分解溶融型化合物が存在する場合である．実際の相図ではこれら3種類の組合せとして理解できる．また，3成分以上の多成分系結晶の場合には，便法として二次元の断面を多元系相図より切り出して用いる（擬二次元系相図）．

　結晶の育成法のうちで融液から結晶を育成する融液法はもっとも速い速度において大型結晶が得られるため，最初に検討される育成法である．この際，結晶が成長する融液の組成（溶融組成）は相図における固相線・液相線の関係からほぼ予測できるので，液相線が育成に有用な情報を提供している．

　通常，融液組成に結晶と同じものを用いる．しかしながら，この場合育成可能な結晶は，固相線と液相線が一致する結晶（一致溶融型結晶）に限られるので，近年二重るつぼを用いた引き上げ法*や浮遊帯域溶融法（FZ法）*などにおいて融液組成を積極的に制御した結晶育成が行われている．たとえば，図1に示す系において融液組成（○）を制御することで，(a) 均一な目的組成をもつ固溶体結晶（●）の育成，(b) 育成温度を低下させた育成，(c) 分解溶融する結晶の育成などである．**（大谷茂樹）**

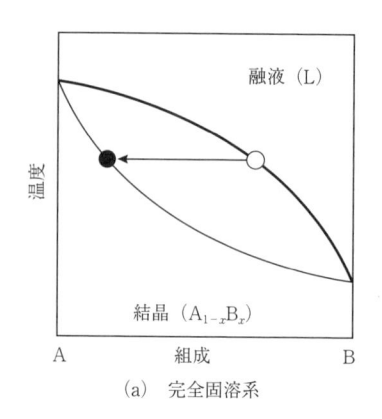

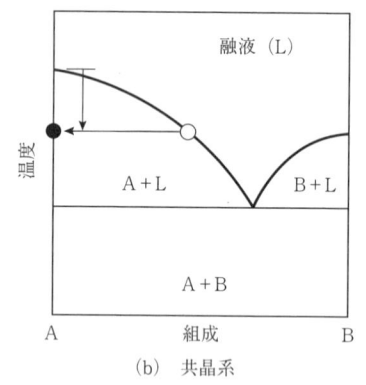

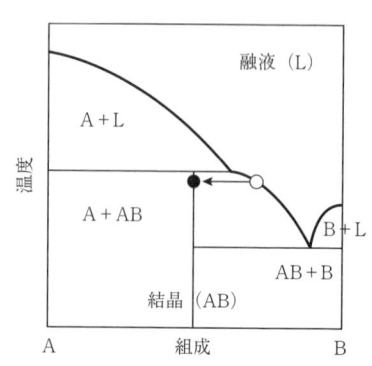

(a) 完全固溶系

結晶 ($A_{1-x}B_x$)

(b) 共晶系

(c) 分解溶融型化合物が存在する場合

結晶 (AB)

図1 相図の基本的な形（●，○はそれぞれ結晶，融液を示す．太い実線は液相線を示す）

3.15 偏析・分配係数

segregation/distribution coefficient

成長した結晶内において，不純物やドーパントの濃度の不均一性が発生することがある．これは結晶成長時の固液界面において，不純物やドーパントは液相中の濃度のままでは結晶内に取り込まれず，結晶成長に伴い液相中での濃度が変化し，結果として結晶内に濃度の不均一分布，偏析を生じるものである．不純物やドーパントは固体の性質に強く影響する．たとえば半導体においてはごく微量の不純物が電気抵抗や導電性を変え，光学結晶においても光学的性質に強く影響する．そのため不純物の濃度および分布の制御は重要である．

ここでは液相から固相への結晶成長を考える．いま，成長が無限に遅く成長界面でつねに熱力学的な平衡が達成されている場合，不純物の固相における濃度 C_S と液相における濃度 C_0 との比は平衡分配係数 (equilibrium distribution coefficient) k_0 とよばれ，$k_0 = C_S/C_0$ で与えられる．

つぎに，ある容器に入れた液相を一端から固化させる正規凝固 (normal freezing) について考える．図1に示すように，g は液相の固化した割合である固化率を表す．$C_S(g)$ は固化率 g のときの固液界面の固相側のドーパント濃度であり，C_0 は液相中の不純物の初期濃度とする．いま，液相側は強く攪拌されているものとし，成長界面まで不純物濃度は一様であるとすると濃度分布は次式で与えられる．

$$C_S(g) = k_0 C_0 (1-g)^{k_0 - 1} \quad (1)$$

ここで，実際の結晶成長において成長速度が0でないということを考慮した場合，k_0 の代わりに以下で示される BPS 理論の k_{eff} を用いてもよい．

実際の結晶成長においては，固液界面から離れた位置では不純物濃度は一様であり，固液界面近傍では濃度分布が発生する．Burton, Prim, Slichter は濃度境界層という概念により，実効分配係数理論 (BPS 理論) を導いた．図2に平衡分配係数が1より小さい場合の不純物分布を示す．固液界面から δ のところに濃度境界層が存在し，この層の内部では不純物は拡散により運ばれると考える．ここで，液相中の濃度 C_L と固相での濃度 C_S の比を実効分配係数 (effective distribution coefficient) k_{eff} として $C_S = k_{\mathrm{eff}} C_L$ と定義すると，

$$k_{\mathrm{eff}} = \frac{k_0}{k_0 + (1-k_0)\exp(-f\delta/D)} \quad (2)$$

が得られる．ここで，f は固液界面の移動速度，D は液相中の不純物の拡散係数である．なお δ の値は，たとえば液相からの引き上げ法による結晶成長を想定すると，

$$\delta = 1.6 D^{1/3} \nu^{1/6} \omega^{-1/2} \quad (3)$$

で与えられる．ここで，ν は液相の動粘性係数，ω が結晶の回転角速度である．

（島村清史）

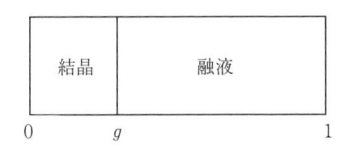

図1　正規凝固における試料配置

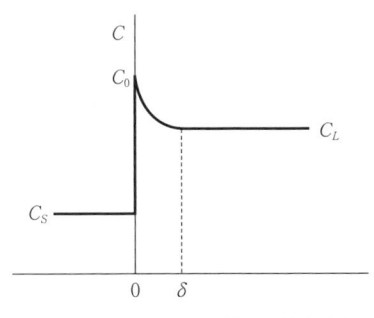

図2　境界層を考慮した場合の濃度分布

成長縞

3.16

growth striation/striae

　成長縞はストリエーションともよばれ，液相から成長させるバルク単結晶に関して議論されることが多い．半導体，酸化物を問わず，Czochralski（CZ）法*，TSSG法，FZ法*などで成長した結晶によく現れる．主として温度変動に起因する成長速度の変動に対応し，成長表面に平行な縞模様となる．スムースな界面での成長では直線的となり，ラフな界面での成長では曲線的，あるいは波打った形となる．成長面に沿うので結晶の成長歴を示すことになる．そのため不純物濃度の変動や，点欠陥密度の変動などにも対応する．点欠陥密度の変化に対応している場合，エッチング法により観察できる．不純物濃度変動などによる組成変動によって生じる場合，光学的なゆがみである屈折率変動として見ることができる．ドーパントによる着色で観測することもできるが，固溶範囲をもっている結晶種の場合には，偏向光を用いたクロスニコル像により簡便に見ることもできる．

　CZ結晶における代表的な成長縞の例を図1に示す．成長縞の周期，それに伴う濃度振幅に関してはいままでに多くの研究がなされており，成長時における界面付近の温度変動がおもな要因としてあげられている．たとえば，CZ法による結晶成長の場合，外部からの加熱の非対称性や，温度分布の対称軸と結晶回転の軸とのずれなどが，融液内の対流に周期的な揺らぎをもたらす．その揺らぎに誘起されて±数度の周期的な温度変動が導入される．この変動が成長速度 V（あるいは，濃度境界層の厚み δ）に振動 ΔV を与え，不純物の混入量にも振動 ΔC が起こるものと考えられている．

$$\frac{\Delta C}{C} = \frac{(1-k_0)\delta \Delta V}{D}$$

ここで，k_0 は平衡分配係数，D は拡散係数である．たとえば，界面の成長速度変動が三角関数的に変動したとすると，実効分配係数も三角関数的に変動し，よって不純物の混入量 C も三角関数的に変動する．これが周期的な縞模様をもたらす．図2にその模式図を示す．

　組成変動には不純物濃度変動だけでなく，固溶体幅内における組成変動，ストイキオメトリック組成とコングルエントメルト組成のずれに起因する組成変動なども含まれる．

　融液対流を制御し，濃度振動 ΔC を除去する目的で，るつぼの外部より融液に数 kOe の磁場を印加する試みが行われ，効果をあげている．これは磁場中引き上げ法とよばれ，Si や III-V 族半導体の均一結晶の育成などに使われている．

（島村清史）

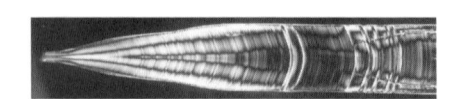

図1 Nd:Ca$_3$(Nb, Ga)$_5$O$_{12}$ 単結晶に見られる成長縞の一例

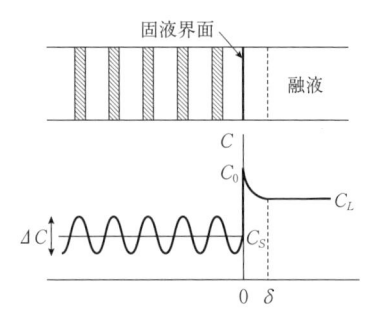

図2 CZ結晶における成長縞の模式図（斜線部は結晶内での高濃度領域）

固液界面形状 3.17

solid-liquid interfacial shape

結晶成長を行う場合，固体である結晶と原料である融液または溶液の液体との界面の形状は，結晶の特性を左右するために重要である．とくに，原料である液体と結晶である固体の組成が一致している融液成長の場合，融点の温度が固液界面と一致しているために，結晶中の温度分布はこの形状を反映した形状となっている．

結晶は固相と液相との界面で成長するために，界面近傍の温度や不純物の濃度の分布も結晶成長に重要である．たとえば，結晶の成長速度は過冷却度や過飽和度の増加とともに大きくなる．したがって，結晶成長速度や固液界面形状＊を制御しようとすれば，界面の温度や濃度分布を精密に制御することが必須となり，半導体や酸化物などの結晶育成では，経験的にこれらを制御してきたという歴史がある．一般に固相よりも液相のほうが温度は高いために，界面近傍では温度勾配が生じる．また，濃度においては固相と液相の界面において結晶成長が進むに伴い偏析現象が生じるために，界面近くに濃度分布が生じる．これらのように分布をもつ領域を境界層とよび，結晶成長では成長速度や固液界面形状の制御に対して非常に重要な層であるといえる．

結晶成長が生じている固相と液層との界面では，図1に示すように不純物に関する境界層と温度の分布が存在する．このように，温度や不純物濃度が固液界面からはるかに離れた位置における値とは異なり，固液界面近傍に分布をもつ領域が存在する．この領域を境界層とよび，温度や不純物濃度に対してはそれぞれ温度境界層，濃度境界層とよぶ．成長している固相と液相との界面の温度境界層と濃度境界層の厚さは，熱と不純物の拡散係数の差により大きく異なる．この厚さを制御することは，過冷却度の制御のために重要である．固液界面の温度勾配を小さくすれば，図1の温度分布（T）がさらに平たんとなり，不純物濃度の分布により決定される融解温度（T_E）のみが界面近傍において急激な変化をすることになる．このような環境下では，各位置における濃度で決定される融点に対して実際の温度は低くなり過冷却状態となる．このような過冷却状態は不純物によって引き起こされるために，組成的過冷却とよぶ．このような組成的過冷却層が存在する状態では，固液界面の形状が平たんのまま結晶成長が進行することは不可能となる場合が多い． 　　　　　　　　　　（柿本浩一）

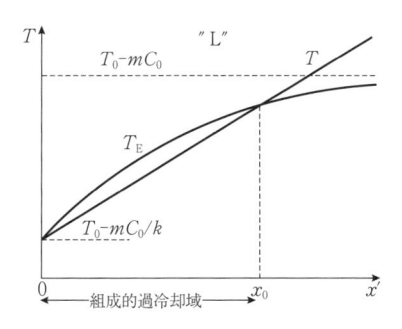

図1 固液界面近傍の温度分布

組成的過冷却

3.18

constitutional supercooling

結晶が融液から成長する界面では，結晶は融液中の不純物濃度（C_l）に比例して不純物を取り込む（C_s）．その比例係数を偏析係数（$k = C_s/C_l$）といい，この値が1より小さい場合（すなわち，成長する結晶中の不純物濃度が融液中より低くなる場合），不純物が融液中に吐き出され，成長界面前方に濃度の高い不純物層が形成される．その結果，結晶がより低い温度において成長することになり，図1に示すように，成長界面から少し離れた融液部分が過冷却状態となる．これを組成的過冷却という．この状態になると，平面的な成長界面が不安定化し，固相から液相に向かって多数の突起がつくられる．そして，不純物原子が突起どうしの間に拡散して集まり，成長方向にほぼ平行な多角柱の組織が生じる．実際に結晶を育成させる際，しばしば遭遇する現象である．

その分布を模式図的に示したのが図1である．(a) が不純物濃度分布，(b) は温度分布，(c) は不純物濃度に基づく液相線の温度である．成長界面から少し離れた所で，液相が凝固し始める温度（液相線の温度）より低い温度の部分が生じる（組成的過冷却）．このようなことが発生しない条件は，下記のように求められ，実験的にも実証されている[1]．

$$G/v \geqq (mC_l/D)(1-k)/k$$

ここで，G は液相内の温度勾配，v は成長速度，m は液相線の傾き，D は拡散係数，k は偏析係数である．したがって，組成的過冷却は，液相線の傾きが小さく，融液中の不純物濃度が高く，分配係数が1よりはるかに小さい場合に発生しやすいことがわかる．発生を防ぐには，成長界面における温度勾配を大きくし，育成速度を下げ，融液中の撹拌が有効である． **（大谷茂樹）**

文献
1) W. A. Tiller, K. A. Jackson, J. W. Rutter, and B. Chalmers : Acta Met., **1**, p. 428 (1953)

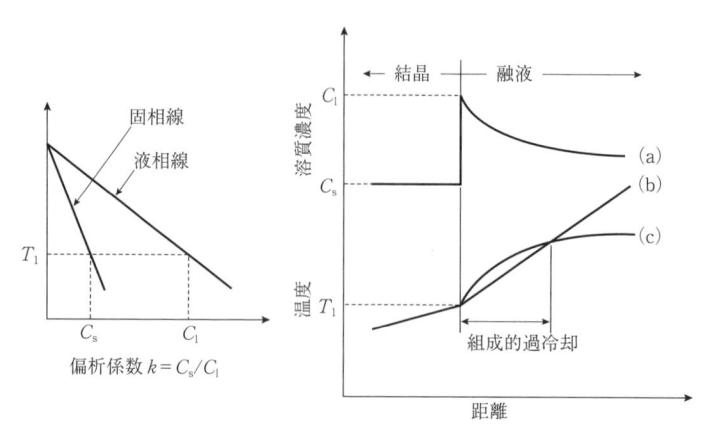

図1 組成的過冷却．(a) 濃度分布，(b) 温度分布，(c) 不純物を含む融液が凝固する温度（液相線の温度）

晶癖（モルフォロジー） 3.19

crystal habit

結晶の形を表す表現として「晶相」と「晶癖」がある．図1に示すように，結晶を構成する面の組合せが変化するような場合，「晶相変化」とよび，構成する面が同じでも平板状結晶から柱状結晶へ変化するようなときを「晶癖変化」という．単結晶育成時において晶相の変化する原因は，使用する溶媒の種類，成長温度，成長圧力のほかに，不純物の存在や駆動力（過飽和度）が大きく影響する．一方，「晶癖変化」はおもに環境相の異方性から引き起こされる場合が多い．結晶構造から等方的な形状の成長が予想される結晶でも，環境相中に流れや温度勾配などの異方的ファクターが存在すると，平板状になったり柱状になったりする．

一方，結晶構造から，表面エネルギーが最小になるように組み合わせてつくった形（ウルフの定理）を「構造形」，実際に結晶が成長する際に形成される形を「成長形」という．すなわち，成長条件に応じて「成長形」がさまざまに変化するときに，構成面が変化する場合を「晶相変化」，構成面が変化しない場合を「晶癖変化」とよんで区別する．したがって，「構造形」は結晶構造と構成する元素が決まれば自動的に決定されるのに対して，「成長形」は結晶構造からは決まらない．ここで，注意すべき点は，どれだけ過飽和度の低い条件（平衡に近い条件）で成長させたとしても，「構造形」に近づくとは限らないことである．これは，結晶の成長が，「原子の表面吸着→表面拡散→取り込み」という過程を経て進行している結果であり，必ずしも表面エネルギーが最小となる形状にならない ためである．不純物などの影響を受けないときに，得られやすい結晶の形状はPBC（periodic bond chain）解析によって求めるのが一般的である．

最終的に得られる結晶の形状は，各面の垂線成長速度の比率の結果である．図の晶相変化は，成長を律速する面が{100}から{111}へと変化していったことを意味する．たとえば，成長を阻害する不純物が{100}よりも{111}へ吸着しやすい場合，不純物濃度の増加とともにこのような結晶形状の変化が起こることになる．各面の垂線成長速度と組み合わせて成長表面のステップや表面モルフォロジーの詳細な観察を行うことで，原子レベルで成長メカニズムを知る手がかりとなるため，成長条件の変化によって起こる「晶相変化」や「晶癖変化」の観察は，成長メカニズム研究の第一歩となる．

（川村史朗・森　勇介）

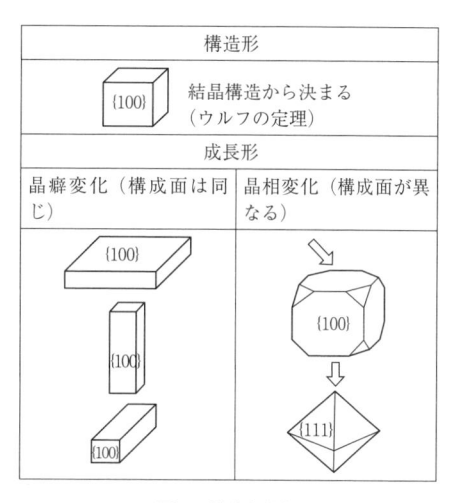

図1 晶癖と晶相

3.20 転位・含有物

dislocation/inclusion

結晶欠陥には点欠陥，線欠陥，面欠陥などがあり，線欠陥の一つとして転位（dislocation）がある．転位の典型的な例を図1に示す．転位とは，ある線を境に結晶の片方が滑った状態をいう．刃状転位では転位線に直角に滑り，転位線を境に余分な格子面が刃のように挿し込まれた状態になっている．らせん転位では転位線に平行に滑り，転位線の周りの格子面がらせん状になっている．これらの転位で，滑った方向と大きさを表すベクトルは，バーガース・ベクトル（burger's vector）とよばれ，転位の特徴を表す重要な要素となっている．実際の転位は図1のように単純なものだけではなく，刃状転位とらせん転位の両方の成分を有する複合転位や，複数の滑り面がかかわる複雑なものまである．

単位体積当たりに含まれている転位線の総合計長を l（cm）とすると，転位密度の次元は l（cm/cm^3）＝ l（cm^{-2}）となる．転位は結晶内に終端をもつことができないので，結晶内でループをつくるか，結晶を貫通するかのいずれかになるが，通常，後者が前者に比べてはるかに多いと考えられている．したがって，転位に対応したエッチピットが単位面積当たり l 個ある場合，これを EPD（etch pits density）として，l(cm^{-2}) で表示している．

よく使われる半導体結晶や圧電結晶では腐食液に関する研究が進み，転位に対応したエッチピットを選択的につくるような腐食液が開発されている．

実際の結晶育成における転位の発生要因としては，種子の転位を引き継いだもの，種子-成長結晶間の界面で新しく発生したもの，成長の途中で結晶中に取り込まれた含有物（インクルージョン：inclusion）から発生したものなどがある．また，成長後，熱応力などにより導入される場合もある．これらの原因を除去・抑制することで，転位密度を低下させることができる．

結晶成長の過程で同時生成的に結晶に取り込まれた含有物を初成含有物（primary（または syngenetic）inclusion），結晶成長のあとからの変化で取り込まれたものを後成的含有物（secondary（または epigenetic）inclusion）という．これらは結晶成長時や成長後に受けた変質時の物理的，化学的条件の指示者として活用される．溶液成長ではふつうに現れ，取り除くのが一般に困難である．

（島村清史）

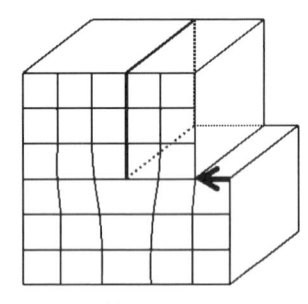

(a) 刃状転位

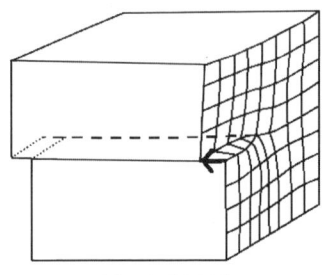

(b) らせん転位

図1 転位の模式図（点線は転位線，矢印はバーガース・ベクトルを表す）

3.21 ファセット（成長様式）

facet

　原子的なスケールで平たんな面をファセット（facet）という．結晶成長においては低指数面であるファセットがたびたび出現する．その一つの代表例がコア（core）である．$Y_3Al_5O_{12}$ などのガーネット結晶，Si や化合物半導体である GaSb, InSb といった結晶の対称性が高く，晶癖の強い結晶の引き上げ法成長においては，結晶中心軸に沿って図1に示すようなひずみ芯が現れやすい．この芯をコアとよび，コア部とその周囲とで組成のずれや不純物濃度が異なることから，吸収や格子定数の差による光学ひずみとして観察される．

　コアは固液界面の形状に関連して顕著に現れる．図1にその様子を示す．たとえば，Si や InSb 結晶を Czochralski 法で育成するとき，固液界面において（111）面からなる平たんな小結晶面がしばしば現れる．これは，原子的な smooth 面（低指数面）であり，ファセット面とよぶ．それ以外の界面はラフ（rough あるいは off-facet）面とよばれる高指数面である．

　ファセット面とラフ面とでは組成のずれや不純物の不均一分布がみられるが，これはそれぞれの成長様式の違いによるところが大きい．図2にその模式図を示す．図2（a）では固相表面は原子1層分の高さの段差以外は凹凸がない状態で，smooth あるいは sharp 界面といわれる．表面に飛来してきた原子・分子は凹凸のない場所で二次元核を形成するか，原子1層分の段差（ステップ：step）に着いて，つぎつぎに面内に付着して厚みを増すことで面に垂直な方向に成長する．これを層状成長（layer growth）あるいは沿面成長（lateral growth）という．一方，図2（b）は原子的に凹凸が激しい固相表面で，diffuse とか rough 界面とよばれている．飛来した原子・分子は必ずしも凹凸の谷の場所に組み込まれるのではなく，凸にも付着する．したがって，固液界面は原子的にも凹凸があり（rough），界面に垂直な成長速度は smooth 界面に比べて大きくなる．これを付着成長（adhesive growth）という．

　このほか，ファセットは晶癖線や成長稜を形成したり，あるいは双晶や特異成長と成長状況との相関の推定に用いられたりもする．

〈島村清史〉

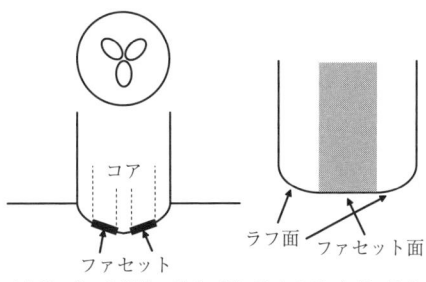

図1 コアの形成と界面形状
(a) ガーネット結晶の場合　(b) Si や InSb などの場合

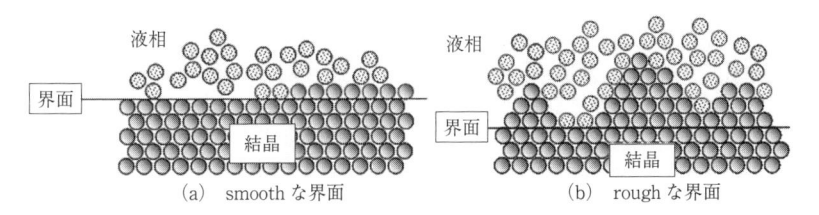

図2 固液界面の模式図
(a) smooth な界面　(b) rough な界面

3.22 融液対流と制御

convection and control of solution

　半導体結晶の原料となる液相は，一般に電気伝導率が非常に高い液体金属である．静磁場中で運動する液体金属が受けるローレンツ力の中には，荷電粒子が磁場中を運動するときに受ける力と，電場により発生する電流により受ける力の2つが主である．磁場と液相の速度ベクトルとの積により電流が発生する．この電流に磁場が作用して，電流と磁場のベクトル積の方向にローレンツ力が生じる．したがって，流れの速度ベクトルに対して2回の回転操作によりローレンツ力が生じる．これは，流れの速度に対して相反する方向であるためにブレーキ力となる．これが磁場中で流れが抑制されるメカニズムである．

　一方，半導体の融液などは高い電気伝導度のため均一な電位分布を示す傾向にあるが，電場は少なからず生じている．この電場により生じる電流が磁場と相互作用してベクトル積の方向に力が生じる．この力のために必ずしも液相にブレーキがかかるとは限らない．場合によっては液相が加速される場合もあることは前に示したとおりである．この現象は，融液の粘性係数と電気伝導率との大小関係により生じることがわかっている．すなわち，融液の電気伝導度が大きい場合は電場の分布は融液内ではほぼ均一となり，結果として等電位線がるつぼの壁まで大きな変化をすることなく到達する．一方，融液には粘性が存在し，るつぼの壁近傍では速度境界層が存在する．磁場が融液に対して作用するローレンツ力は，融液の速度によるローレンツ力と，電場によって生じる電流に基づくローレンツ力の和である．したがって，るつぼ近傍ではこの2つのローレンツ力の大小関係が逆転することにより，融液を加速する力が生じることがわかる．

　最近，酸化物の結晶成長にも磁場を印加する方法が採用される場合がある．以前は酸化物の液相に磁場を印加しても，液相の流れには変化がないであろうと予想されていたが，実際には，液相が周方向への回転など複雑な対流パターンを形成することが判明している．液相の酸化物の電気伝導度は液体金属ほど大きくはないが，液相中に電離した粒子が存在すればこのような現象は説明ができる．溶液や融液中に点電荷が存在すれば，磁場を酸化物融液に印加した場合の流れの形態は現象論的には説明できる．しかし，単独の電荷がるつぼという容器内の融液中に分散しているという描像は到底描くことはできない．すなわち，点電荷が空間内に存在していると仮定すると，クーロン力による反発力は膨大な大きさとなるために，るつぼ内には融液は安定して存在し得ないこととなる．したがって，実際の酸化物融液内には点電荷が融液内に分散しているのではなく，実効的に電荷が存在していると考えるべきであろう．

　たとえば，有効電荷の絶対値が同じ正イオンと負イオンを考える．この両イオンの質量が異なる場合は，両方のイオンが同じ速度で移動していても，移動方向と垂直方向に作用する力は正と負のイオンによって異なる．これは，磁場中で電荷が運動するとき，電荷をもつ粒子は運動方向と垂直に力が作用し，質量が異なるイオンどうしの衝突により，平均すると流体粒子には一方向の力が作用するため，最終的に一方向の力が顕著となると考えられる．このため，酸化物の融液に磁場を印加する場合，融液にローレンツ力が作用して結晶育成方向に対して周方向にローレンツ力が作用する．

〈柿本浩一〉

3.23 直径制御

automatic diameter control of a single crystal

工業的に利用されている単結晶では加工プロセスに載せるために一定形状のものが要求されるので，結晶育成方向や外径を制御することは重要である．単結晶育成に広く利用されている引き上げ法では結晶外形を制御するために直径自動制御システム（automatic diameter control system, ADC）が発展してきた．ADCにおける結晶直径の測定は光，X線を用いた結晶直径直接観察や重量（結晶，融液）から直径を間接的に算出する2通りの手法で行われる．光を利用すると，結晶直径を直接観察することができるが，蒸発物の付着による感度の低下，ホットゾーン構成への制限などの制約がある．また，重量測定の場合，融液重量測定では，感度が悪くなる．一方，結晶重量直接測定では，結晶回転によるノイズが乗りやすい欠点があるが，結晶重量測定に使用するロードセルは数mg～数百mgと高感度であり，また数十mgの感度があればネッキングをADCで行うことも可能である．

結晶半径をr，結晶密度をρ_S，溶液密度をρ_L，メニスカス高さをh，表面張力をσ，メニスカスと結晶側面とのなす角度をθとする．結晶と溶液の界面形状はフラットであると仮定して，結晶が新たにl成長したとすると，ロードセルにかかる力Fは

$$F = m_0 g + \pi r^2 \rho_S g l + \pi r^2 \rho_L g h + 2\pi r \sigma \cos\theta$$

となる．この関係を図1に示す．すると，右辺第1項は測定前結晶重量，第2項は新たに成長した結晶重量，第3, 4項は表面張力による力である．ここで，hは数ミリで，育成時に実測可能であり，第3項は容易に評価することができる．また，第4項は結晶直径が小さいとき半径への寄与は大きいが，結晶の直胴部ではほとんど寄与しないので無視する．これを基に結晶と溶液の比重が変化しないと仮定して，結晶成長に伴う液面低下を考慮に入れて結晶半径を計算すると，

$$\Delta W = \pi r_c^2 \rho_L \delta$$
$$l = st + \delta$$
$$r_n = \sqrt{(r_{n-1}^2 h + r_c^2 \delta)/(\rho l + h)}$$

になる．ここで，ΔWは増加重量，r_cはるつぼ内径，r_nはn回目計算時の結晶半径，sは育成速度，tは前回計算からの経過時間，そしてδは液面低下量である．これと，次に示す速度型PID制御式を用いて操作量を計算して電気炉を制御する．

$$O_n = O_{n-1} + \Delta O_n$$
$$\Delta O_n = G\left\{e_n - e_{n-1} + \frac{t}{T_I}e_n + \frac{T_D}{t}(2r_{n-1} - r_n - r_{n-2})\right\}$$
$$e_n = r_{s,n} - r_n$$

O_nは操作量，ΔO_nは変化量，e_nは誤差信号，tは制御間隔，$r_{s,n}$は半径の設定値，r_nは重量からの半径計算値，Gはゲイン，T_Iは積分時間でT_Dは微分時間である．G, T_I, T_Dの決定は定法による．一般に，PI制御で十分な効果が得られるが，PID制御にするとより早い制御が可能となるが，それが思わぬ結果をもたらすことがあるので，微分項の導入には十分に注意すべきである．　　　　　　　　　　　　（竹川俊二）

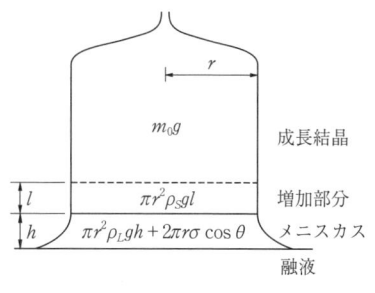

図1

2）要素・制御技術

温度分布制御 3.24

temperature distribution control along a growing crystal

融液から単結晶育成するとき，結晶中に生じる熱歪みの低減は実用上重要である．熱歪みは転位，ツインやクラックなど欠陥の原因となり，単結晶の品質を低下させる．このことは大型単結晶の育成においては深刻な問題となる．Indenbom ら[1]による理論解析によると，結晶内の熱歪み σ は $\sigma \simeq \alpha EW^2 \dfrac{d^2T}{dy^2}$ と表現できる．ここで，$\alpha \approx 10^{-6} - 10^{-5}$/K は線形熱膨張係数，$E \approx 100$ GPa は弾性定数，W は経験的補正値で結晶直径の 0.2 倍，T は温度，y は結晶中心軸座標である．結晶内の温度分布を $\dfrac{\partial^2 T}{\partial y^2} = \dfrac{1}{r}\dfrac{\partial}{\partial r}\left(r\dfrac{\partial T}{\partial r}\right) = 0$ と定義して，結晶育成方向に直線的に温度が下がると，$\dfrac{\partial^2 T}{\partial y^2} = \dfrac{1}{r}\dfrac{\partial}{\partial r}\left(r\dfrac{\partial T}{\partial r}\right) = 0$ となり，熱歪みは発生しなくなる．結晶成長界面近傍では結晶温度が高く，$\partial^2 T/\partial y^2$ が大きくなり，かつ，欠陥や転位の生成しやすい場所であるので，結晶高温部分に直線的な温度勾配を適用することは欠陥密度の低い結晶を育成する上で効果的である．

結晶表面から放熱があるときは，育成軸方向の温度分布は指数関数的に下がる．ところが，結晶を断熱チューブの中に置くと，半径方向の熱流束を遮断することができるので，温度分布は線形になり，$\partial^2 T/\partial y^2 = 0$ となり熱歪みはなくなる．図1左に育成結晶と断熱的チューブを，右に結晶内温度分布を示し，断熱的チューブがない場合，結晶内温度分布は結晶成長界面まで指数関数的（点線で表示）であり，ある場合，チューブで覆われたところの温度分布は直線（実線で表示）になる．

このように断熱的チューブで結晶を覆うことは，潜熱や液相からの熱流束の結晶を通しての放散を禁止する方向に働くので，熱流束密度が低下して，組成的過冷却などが起きやすくなるために育成速度を遅くすることを余儀なくされる．したがって，このような環境を結晶全体にわたり実現することは困難である．しかし，耐火物の構造を検討して，アフターヒーターや輻射板を設置することにより結晶表面から失われる熱量を補償し，これに近い条件を界面近傍に実現すれば，結晶中の熱歪みを低下させ，高品質結晶を育成することができる．なお，断熱的チューブと結晶表面間のギャップは小さいほど好ましいが，10 mm 程度で十分効果的であり，結晶成長界面をフラットにする効果があることが示唆されている．

（竹川俊二）

文献

1) V. L. Indenbom: Izv. Acd. Sci. USSR, Phys. Ser. **37**, p. 2259 (1973)
2) O. A. Louchev, S. Kumaragurubaran, S. Takekawa, and K. Kitamura, J. Crystal Growth **274**, p. 307 (2005)

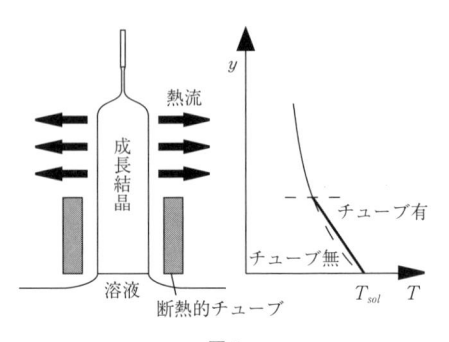

図1

不純物制御 3.25

dopant concentration control of a single crystal

結晶のもつ機能を引き出し,デバイスに利用するために必要な特性を付与するために,特定の元素を結晶に固溶させることはよく行われている.たとえば,シリコンなど半導体のp, n伝導制御のためのB, P,固体レーザー用結晶として利用されるYAG,アルミナ単結晶へのNd, Tiなどの固溶は工業的にも重要である.以下,固溶される元素を不純物とよぶ.不純物の結晶中への固溶は単結晶育成時に行う.結晶中の不純物濃度の取り扱いは用いた手法により異なる.ここでは完全平衡状態における不純物の分配と工業的に広く利用されている引き上げ法における分配について説明する.

平衡分配係数が$k_0<1$で,完全な平衡状態で結晶が晶出する場合は,図1に示すように,濃度C_0の液相から濃度はk_0C_0の初晶が晶出し,それ以後液相不純物組成(C_L)は液相線に沿ってC_0からC_0/k_0に,結晶不純物組成(C_S)は固相線に沿ってk_0C_0からC_0に変化しながら固化する.ところが,実際には結晶成長は非平衡的に進むことから,実際の結晶育成時の不純物分布の様相は上述したものと異なる.

引き上げ法*やブリッジマン法*の場合,溶液の混合が完全でなく,晶出した結晶と溶液の間に,晶出時に排出された不純物が拡散律速となる層が存在する.その場合実効分配係数k_{eff}を導入し,それを使用すると結晶中の不純物濃度の分布は

$$C_S = k_{eff}C_0(1-g)^{k_{eff}-1}$$

と表現される.ここで,gは固化率である.また,k_{eff}は次式で表される.

$$k_{eff} = k_0/\{k_0 + (1-k_0)\exp(-\delta V/D)\}$$

δは拡散層厚さ,Vは成長速度,Dは拡散係数である.引き上げ法ではδは次式で表され,

$$\delta = 1.6D^{1/3}\nu^{1/6}\omega^{-1/2}$$

νは融液の動粘性係数,ωは結晶の回転数であり,δは0.001～0.1 cmの間で変化する.このように,結晶成長速度の変化は直接,結晶回転数の変化や融液内の対流の変化はδを通して,k_{eff}の値を変化させることになる.液相中および結晶中の不純物濃度の関係を図2に示す.

また,不純物の分配は結晶方位,ラフ面,ファセット面でも異なることが知られており,それぞれの場合についてk_{eff}の式が多数提案されているので,育成結晶の不純物分布解析に当たっては実状にあった式を用いる必要がある.なお,フローティング・ゾーン法*,一方向凝固,EFG法*などの取り扱いはこれと異なる取り扱いが必要になる.

(竹川俊二)

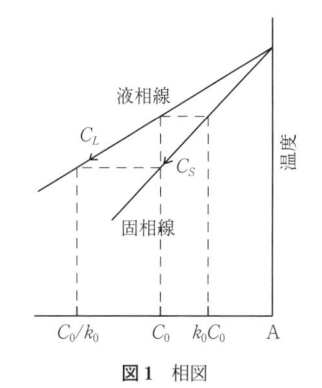

図1 相図

図2 界面近傍における不純物濃度分布

2) 要素・制御技術

ポーリング 3.26

poling of a ferroelectric material

　強誘電体には外部電場が存在しない状態でも自然に整列した双極子によるモーメントが存在する．この双極子に外部電界を印加して分極方向を反転後，外部電界を取り去ってもその分極方向は変わらない．As-grown の強誘電体単結晶では，多くの場合，図1のように分極方向の異なる分域が存在する多分域状態となっている．図の灰色の部分は上が正，白色の部分は上が負の分域を示す．強誘電体多分域試料の分極方向を一つにそろえる操作をポーリングとよぶ．ポーリング操作は大きく分けて2種類あり，一つは試料をキュリー温度以上に加熱し，電界を印加してそのまま室温まで冷却する方法，ほかはキュリー点以下の温度で抗電界以上の電圧を印加して単分域化する方法である．前者は低印加電圧でポーリングすることができるので，単結晶ブールなど大きな試料や絶縁破壊を起こしやすい試料の単分域化に適用され，後者はニオブ酸ストロンチウムバリウムのように比較的抗電界の小さい試料の単分域化や疑似位相整合素子の製作に適用される．

　ニオブ酸リチウム（LN）やタンタル酸リチウム（LT）は抗電界が高く，電界下で冷却してポーリングする．例として，MgO 添加定比 LiTaO₃（MgSLT）ポーリング装置の構成を図2に示す．装置は試料加熱用電気炉，電極用白金板，電圧可変直流電源，試料温度および電流測定器から構成される．試料がちょうど入る程度の容器の底に白金（正電極）を置き，その上に約5mmSLT粉末を詰め，その上に試料を押しつけてセットする．その後，結晶側面に試料測温熱電対をセットして，結晶と容器の空隙にSLTを充填し，試料上面を5mm程度粉末で覆い，その上に白金（負電極），耐火物板，重しを置き，電気炉にセットする．電極および熱電対のリードを電気炉から引き出し，それぞれ直流電源とデジタルボルトメーターに結線する．試料電流測定用の抵抗は数W，1Ω程度のセメント抵抗を用いる．試料にもよるが，100℃/h程度の速度で730℃（MgO添加SLTのキュリー温度は約695℃）まで昇温し，試料が一定温度になるのを待ち，試料電流をモニターしながら徐々に電圧を印加する．電圧印加直後は電流が増加するが，数分後には一定値に落ち着く．これを繰り返し，電流が一定値に落ち着く最大電圧に設定する．このポーリング条件を基に最適ポーリング条件を検討するとよい．負電極側の結晶面が正分極になる．LNやLTの場合，負に分極した表面だけが選択的にエッチングされるので，ポーリングした試料の両端面を研磨して，フッ酸・硝酸の混酸中で数時間程度加温すると，エッチピットの存在から負分極面の判別，試料の単分域化程度の観察をすることができる．　　　（竹川俊二）

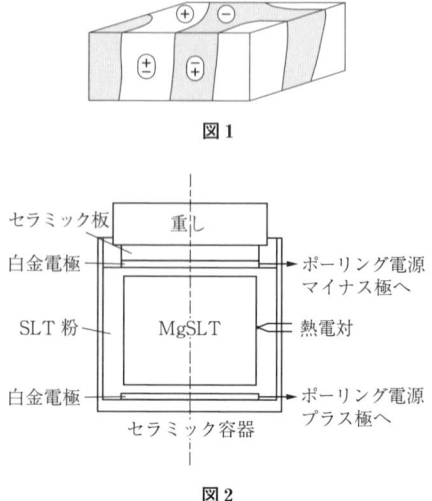

図1

図2

3.27 固体レーザー材料

solid-state laser materials

固体レーザーは母材(結晶またはガラス)中に,遷移金属あるいは希土類イオンなどの活性イオンを含むレーザー媒質を光励起し,上位のエネルギー準位の原子数が下位のエネルギー準位の原子数より大きい状態,いわゆる反転分布状態をつくり,誘導放出によって光を増幅する装置で,1959年に Maiman によりルビー($Cr^{3+}:Al_2O_3$)のレーザー発振[1]がはじめて実現された.固体レーザーは,活性イオンのエネルギー準位により大別すると3準位,4準位系の2つのタイプがある(図1).気体,液体レーザーに比べ,①高出力,②長寿命,③発波長の可変性,④安定な超短パルス発生などの特徴があり,分光研究,レーザープロセシング,レーザー医療での応用が拡大している.

現在,固体レーザーは,大出力,高効率化,波長可変性と発振波域の拡大(紫外~中赤外),超パルス化といった方向で進められ,数多くのレーザー材料が開発されている.表1にそれらの代表的なレーザー材料と特性を示す[2)-18)].固体レーザー材料の条件は,一般的に,①高い量子効率,②反転分布形成のための準安定状態,③大きな誘導放出断面積を有していることがあげられる.大出力,高効率のレーザー材料としては,$5s^25p^6$ 殻のシールド効果によって結晶場の影響を受け難い4f-4f 遷移による鋭い蛍光線をもつ3価の希土類イオン(Nd^{3+},Er^{3+},Ho^{3+},Tm^{3+},Yb^{3+} など)を含む結晶,あるいはレーザー作用をする希土類活性イオン以外に,ほかのイオンを増感材として添加しエネルギー伝達($Cr^{3+} \to Nd^{3+}$)を利用するものがある.現在,もっとも広く使われている材料である $Y_3Al_5O_{12}$ 結晶に Nd^{3+} を含む Nd:YAG*は,熱伝導率が高く,誘導放出断面積が大きいという長所をもっており,4準位系の $^4F_{3/2} \to {}^4I_{11/2}$ 遷移 ($1.06\,\mu m$),$^4F_{3/2} \to {}^4I_{13/2}$ 遷移 ($1.35\,\mu m$),また3準位系の $^4F_{3/2} \to {}^4I_{9/2}$ 遷移 ($0.94\,\mu m$) によるレーザー発振をする(図1).波長可変固体レーザーとしては,遷移金属イオンを含む結晶レーザーがある.3d 電子をもつ遷移金属イオン(Ti^{3+},Cr^{3+},Cr^{4+},V^{2+},Co^{2+}) は 3d 電子のクーロン場と周囲の結晶場の相互作用によって,電子と格子振動が強く結合した 3d-3d の振電遷移によるフォノン終準位型の波長可変のレーザー発振が得られる(図1).$Ti^{3+}:Al_2O_3$(Ti サファイア)[10]は,3方結晶場により分裂した上準位 $^2E \to$ 下準位 $^4T_2$ 間の遷移を利用しており,発振効率を低下させる励起状態吸収 (ESA) がなく高出力の近赤外波長可変レーザーとして優れている.また,利得帯域幅が広いため超短パルスの発生に適し,結晶内で生じる屈折率変化によるレーザー光の自己集束性(カーレンズ効果)を利用したモード同期法により,100 fs 以下の超短パルスが得られている[12].近紫外では $Ce^{3+}:LiCaAlF_6$[8)] で Ce^{3+} イオンの 5d-4f 遷移を利用した $0.28 \sim 0.315\,\mu m$ の発振が得られている.

(小玉展宏)

文献

1) T. H. Maiman: Nature, **187**, p. 493 (1960)
2) 小林喬郎:日本分光学会測定法シリーズ,固体レーザー,pp. 55-92,学会出版センター(1997)
3) R. C. Powel: Physics of Solid-State Laser Materials, pp. 270-377, Springer-Verlag New York, Inc. (1998)
4) 佐々木孝友:レーザー研究 **15**, p. 59 (1987)
5) R. A. Fields, M. Birnbaum, and C. L. Fincher: Appl. Phys. lett. **51**, 1885 (1987)
6) W. Koechner: Solid State Laser Engineering, Springer Series in Optical Sciences, 1, edited by W. Koecher, p. 274, Springer-Verlag, Berling (1988)

表1 代表的な固体レーザーと諸特性

結晶	発振波長 (μm)	遷移	誘導放出断面積 (10^{-19}cm^2)	結晶	発振波長 (μm)	遷移	誘導放出断面積 (10^{-19}cm^2)
Nd^{3+}:Y$_3$Al$_5$O$_{12}$[2)-4)]	0.94	$^4F_{3/2} \to {}^4I_{9/2}$	0.48	Tm^{3+}:Ho^{3+}:Y$_3$Al$_5$O$_{12}$[9)]	2.09	$^5I_7 \to {}^5I_8$	0.09
	1.06	$^4F_{3/2} \to {}^4I_{11/2}$	3~6.5	Cr^{3+}:Nd^{3+}:Gd$_3$Sc$_2$Ga$_3$O$_{12}$[6)]	1.061	$^4F_{3/2} \to {}^4I_{11/2}$	1.5
	1.35	$^4F_{3/2} \to {}^4I_{13/2}$	0.28				
Nd^{3+}:YLiF$_4$[2),3)]	1.047(π)	$^4F_{3/2} \to {}^4I_{11/2}$	6.2	Ti^{3+}:Al$_2$O$_3$[10),11)]	0.66~1.1	$^2E \to {}^2T_2$	3
	1.053(σ)		1.8		0.8(4.5 fs~180 fs)[12)]		
Nd^{3+}:YVO$_4$[2),5)]	1.064	$^4F_{3/2} \to {}^4I_{11/2}$	20	Cr^{3+}:BeAl$_2$O$_4$[13)]	0.73~0.805	$^4T_2 \to {}^4A_2$	0.1~0.5
Nd^{3+}:Sr$_5$(VO$_4$)$_3$F[6)]	1.065	$^4F_{3/2} \to {}^4I_{11/2}$	5	Cr^{3+}:LiSrAlF$_6$[14)]	0.78~1.01	$^4T_2 \to {}^4A_2$	0.48
Yb^{3+}:Y$_3$Al$_5$O$_{12}$[7)]	1.03	$^2F_{5/2} \to {}^2F_{7/2}$		Co^{2+}:MgF$_2$[15)]	1.75~2.5	$^4T_2 \to {}^4T_1$	~0.015
Er^{3+}:Y$_3$Al$_5$O$_{12}$[8)]	1.64	$^4I_{13/2} \to {}^4I_{15/2}$		Cr^{4+}:Mg$_2$SiO$_4$[16)]	1.167~1.345	$^3T_2 \to {}^3A_2$	1.5
Tm^{3+}:Y$_3$Al$_5$O$_{12}$[9)]	2.02	$^3F_4 \to {}^3H_6$	0.02	Ce^{3+}:LiCaAlF$_6$[17),18)]	0.28~0.31	$^2D \to {}^7F_{7/2,5/2}$	

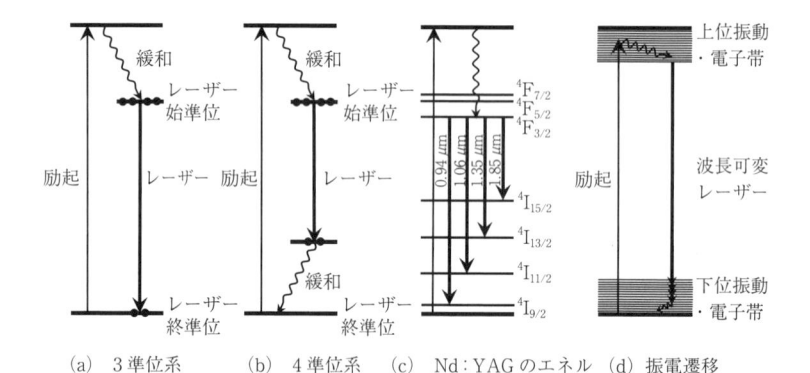

図1 固体のエネルギー準位とレーザー遷移

(a) 3準位系　(b) 4準位系　(c) Nd:YAGのエネルギー準位と遷移　(d) 振電遷移（フォノン終準位系型）

7) 山中正宣, 中井貞雄：レーザー装置の基礎II―全固体化レーザー―, レーザー研究 **26**, 762-768 (1998)
8) G. Huber, E. W. Duczynaski, and K. Petermann：IEEE J. Quant. Electron. **24**, 924 (1988)
9) T. S. Kubo and T. J. Kane：IEEE J. Quant. Electron. **28**, 1033 (1992)
10) P. F. Moulton：J. Opt. Soc. Am. **B3**, p. 125 (1986)
11) R. Rao and G. Vailancur：OSA Proc. Adv. Solid State Laser **5**, 39 (1989)
12) D. E. Spence, P. N. Kean, and W. Sibbett：Opt. Lett. **16**, p. 42 (1991)
13) J. C. Walling, O. G. Peterson, H. P. Jenssen, R. C. Morris, and E. W. O'Dell：IEEE J. Quant. Electron. **16**, 1302 (1985)
14) M. Stalder, B. H. T. Chai, and M. Bass：Appl. Phys. Lett. **58**, 216 (1991)
15) D. Welford and P. F. Moulton：Opt. Lett. **13**, 975 (1988)
16) V. Petricevic, S. K. Gayan, R. R. Alfano, K. Yamagishi, H. Anzai, and Y. Yamagishi：Appl. Phys. Lett. **52**, 1040 (1988)
17) 猿倉信彦：レーザー技術の新展開, レーザー学会編, p. 64, 学会センター関西 (1994)
18) C. D. Marshall, S. A. Payne, J. A. Speth, W. F. Krupke, G. J. Quarles, V. Castillo, and B. H. T. Chai：J. Opt. Soc. Am. **B11**, 2054 (1994)

III. 単結晶

3.28 非線形光学材料

nonlinear optical material

固体レーザーの多くが近赤外領域で発振するが,現在の産業界は中赤外や可視域,紫外領域など広い波長範囲で全固体構成のコヒーレント光源を必要としている.中心対称性を欠いた光学結晶は,高強度のレーザー電場に対して二次の非線形応答を示す.これを利用すると,入射レーザーの第2高調波や,2つの入射レーザーの和・差周波などを発生させることができる.さらに,共振器を構成することで波長可変なパラメトリック発振器(OPO)を作製することもできる.このように,非線形応答を介してレーザー光の波長変換などを行う結晶を,非線形光学結晶とよぶ.ここではとくに無機材料について具体的に紹介する.

LN($LiNbO_3$),LT($LiTaO_3$)は三方晶(点群:$3m$)に属する一軸性結晶で,擬似位相整合(quasi phase matching:QPM)の素子開発が進んでいる材料である.電界印加法によって分極反転を形成した周期分極反転素子では,通常の複屈折位相整合では利用できないd_{33}を使った高効率変換が可能になる.これらの結晶では,フォトリフラクティブ損傷(光誘起屈折変化)がデバイス開発の大きな障害となっていたが,MgOの添加によって損傷耐性が大幅に向上し,信頼性の高い素子が実現した.QPM素子はおもにブルー・近紫外光の発生を目的として開発されるほか,OPOを使った光通信帯域の1.5 μm,中赤外光の2〜10 μmの発生も盛んに研究されている.また,光学特性の優れた化学量論比結晶(stoichiometric LN, LT:SLN,SLT)も開発されている[1].

BBO(β-BaB_2O_4)は三方晶(点群:$3m$)に属する一軸性結晶で,層状構造をもつため異方性が強く,大きな複屈折を有する.その結果,SHG限界波長は205 nmと短くなる.また,非線形光学定数が大きいといった特長ももつ.Nd:YAGレーザーの4HG,5HGが可能であるが,複屈折が大きすぎるため,角度・温度変動に対する許容幅が狭くなり,ウォークオフ角が大きくなる[2].

点群$mm2$の斜方晶系に属する二軸性結晶のLBO(LiB_3O_5)は,波長160 nmまで透明であるが,複屈折が小さいためにSHGの限界波長は277 nmとなる.一方,Nd:YAGレーザーのSHG,THGに関しては,ウォークオフ角が小さく,角度許容幅も大きいのと,高い光損傷耐性を有することから,現在広く用いられるようになってきている.とくに,SHGにおいて,約150℃に加熱することで非臨界位相整合という特殊な条件を満足するため,変換効率,ビーム品質の点で優れている[2].

CLBO($CsLiB_6O_{10}$)は正方晶点群:$\bar{4}2m$に属する一軸性結晶で,紫外域の吸収端は180 nmである.融液あるいはセルフフラックスからの成長が可能で,10 cm級の大型単結晶を得ることができる.この結晶は,産業界で需要の高いNd:YAGレーザーの4HG,5HGに対して,優れた特性を示す[3].現在までに,波長266 nm以下の紫外光に関して世界最高の出力値を発生している.

(森 勇介,吉村政志,佐々木孝友)

文献

1) 北村健二:応用物理, **69**, pp. 511-517 (2000)
2) V. G. Dmitriev, et al.:Handbook of Nonlinear Optical Crystals, Third Revised Edition, Springer-Verlag (1999)
3) 森 勇介,佐々木孝友:応用物理, **66**, pp. 965-969 (1997)

3.29 電気光学結晶

electro-optic crystal

電気光学結晶とは，電気光学（electro-optic：EO）効果をもつ結晶である．この場合，電気光学効果とは，電界を加えることにより結晶の屈折率が変化する現象である．たとえば，電界 E を印加したときに結晶の屈折率楕円体に変形や回転が起こり，屈折率のテンソル成分 n_{ij} が Δn_{ij} だけ変化する現象である．加えた電界に屈折率変化が比例する効果を一次の電気光学効果（ポッケルス効果，Pockels 効果），加えた電界の2乗に屈折率変化が比例する効果を二次の電気光学効果（カー効果，kerr 効果）とよぶ．

圧電性結晶のように対称中心をもたない結晶ではポッケルス効果が現れる．これは図1（a）のように示され，3階の極性テンソル r_{ijk} をポッケルス係数という．これに対し，カー効果はすべての対称性の物質で観測され，図1（b）のように示される．強誘電体は一般に大きなポッケルス効果を示す．

電気光学効果をもつ結晶は光変調に幅広く用いられ，最近では焦点可変レンズ，超高速ICの計測プローブ，電界センサーなどの応用が検討されている．とくに，光変調デバイスにはポッケルス効果をもつ材料が利用される．

電気光学効果材料として結晶に要求される項目としては，①大きな電気光学定数をもつこと，②変調器の変調帯域を制限する誘電率が小さいこと，③光学的均質性が優れていることがあげられる．電気光学結晶として，当初は KH_2PO_4（KDP），$NH_4H_2PO_4$（ADP）などの強誘電体結晶が盛んに研究されたが，大型単結晶が得やすいものの水溶性であるために実用的ではなく，現在では特殊な応用に限られている．その後，$BaTiO_3$ に代表される酸素八面体 ABO_3 構造の一連の強誘電体が精力的に開発された．強誘電体電気光学結晶としてよく知られているものに，立方晶ペロブスカイト（perovskite）構造[*]の $BaTiO_3$, $KNbO_3$, 擬イルメナイト（pseudo-ilumenite）構造[*]の $LiNbO_3$, $LiTaO_3$, タングステンブロンズ（tungsten-bronze）構造[*]の $Ba_2NaNb_5O_{15}$（BNN），$Sr_{1-x}Ba_xNb_2O_6$（SBN），パイロクロア（pyrochlore）構造[*]の $Cd_2Nb_2O_7$ などがある．いずれも遷移金属イオンBの周りを6配位に酸素Oが取り囲んだ酸素八面体 BO_6 を一つの構成単位とする結晶である．光変調デバイスなど，実際のデバイスには現在，$LiNbO_3$, $LiTaO_3$ が用いられている．　　**（島村清史）**

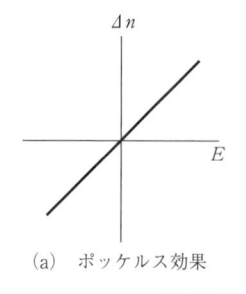

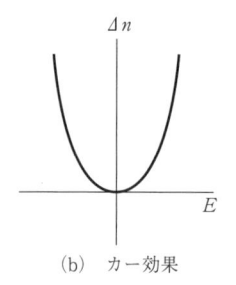

(a) ポッケルス効果　　(b) カー効果

図1　電気光学効果

3.30 磁気光学結晶

magneto-optic crystal

磁性結晶に光波を透過させたり，反射させたりすると，磁性体がもつ自発磁化（常磁性体では外部磁界）によって，結晶の屈折角や反射角などが変化する現象を総称して磁気光学（magneto-optic）効果とよぶ．この磁気光学効果をもつ結晶を磁気光学結晶という．

磁気光学効果には磁気複屈折効果（コットン・ムートン（cotton-mouton）効果），ファラデー効果（faraday効果），磁気カー効果（magneto-kerr効果）がある．磁気複屈折効果とファラデー効果が磁性結晶に光を透過させた場合の偏向面の変化に関する効果であるのに対して，磁気カー効果は直線偏向光を磁性体表面で反射させた場合の偏向面の変化に関する現象である．磁気カー効果は，磁気ベクトルと入射面，反射面との幾何学的関係から，polar効果，縦効果，横効果の3つの効果に分けられている．

光通信システムにおけるアイソレーター（isolator）素子に重要な効果はファラデー効果であり，直線偏向光が図1に示すように磁界（磁場 H）の方向に進むとき，偏向面が回転する現象である．この回転角を単位長さ当たりにした α を回転能といい，常磁性体の場合に $\alpha = VH$ の形で表され，比例定数 V をベルデ（verdet）定数という．強磁性体の場合には回転能 α は，$\alpha = \alpha_F \cos\phi + VH$ となる．α_F は自発磁化 M_s に起因するファラデー回転能で，ϕ は自発磁化と光のなす角である．ファラデー効果は旋光性と同じく偏向面の回転であるが，光を媒体結晶中を往復させることで前者では回転角が2倍になるが，後者では往復で相殺されてゼロになる．

ガラスのような反磁性体や常磁性体のファラデー定数は小さく，1Gの磁界中に置かれたガラスのファラデー回転角は約0.02分/cm（波長～580 nm）である．これに対して強磁性体では桁違いに大きい．

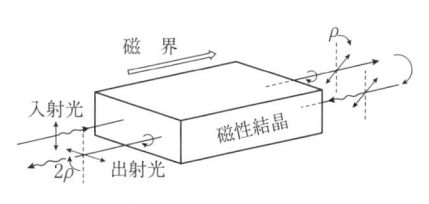

図1に光アイソレーターの動作原理を示す．ファラデー回転素子の代表的な結晶材料は $Y_3Fe_5O_{12}$（YIG）であり，入射光の偏波面は ρ だけ回転し，その戻りでは 2ρ の回転となる．この前後に45°ずつ偏波面を回転した偏光子を挿入することで，90°回転した戻り光を阻止することができる．このように，戻り光を阻止することが光アイソレーターの役割であり，光通信システムや高度な光波通信で不可欠とされるレーザー光源の安定化がもたらされる．

YIG単結晶は当初フラックス法により育成されていたが，フラックスの混入や歩留りなどの問題があった．その後，TSFZ法によって均質で吸収端特性のよい結晶が量産されるようになっている．現在では薄膜導波路型のアイソレーターが研究されており，より大きなファラデー回転能をもつBi置換のYIGが注目されている．可視域に透明な材料として近年注目されるのが半磁性半導体であり，$Cd_{1-x}Mn_xTe$ で代表される．ごく最近ではCdMnTeHgで0.98 μm波長帯用に直径4 mmという世界最小のアイソレーターが実用化されている．

（島村清史）

図1 光アイソレーターの動作原理

圧電焦電材料

3.31

piezoelectric and pyroelectric materials

結晶の機械的変形によって分極がおき，その結果電圧を生じる現象を圧電効果（piezoelectricity）とよび，圧電効果を示す物質を圧電体あるいは圧電材料とよぶ．また，未変形の状態で分極を生じていることを自発分極とよび，圧電材料のうち，図1のように自発分極しているものを強誘電体とよぶ．強誘電体では，外部から分極反転電圧以上の大きさの電圧を印加することにより分極の向きを変えることができる．また，強誘電体は強誘電相から常誘電相に変化する相転移点（キュリー点）をもち，キュリー点温度以上では常誘電体となる．強誘電体の自発分極の大きさは温度によって変化するため，結晶の温度が変化すると電圧が観察される．このように加熱によって図2のように電圧を生じる現象を焦電効果（pyroelectricity）とよぶ．

圧電材料にはキュリー点をもつ強誘電体とキュリー点をもたないものが存在する．強誘電体では，キュリー点温度付近で特性が非常に大きく変化するため使用温度に注意する必要がある．圧電・焦電材料や強誘電体材料のうち，チタン酸ジルコン酸鉛（PZT）やリラクサ系化合物では，固溶体を用いてキュリー点温度や特性を変化させることができる．

圧電効果の大きさは，電気機械結合定数で表される．圧電効果を利用すれば，結晶の機械的変形を電気信号に，あるいは電気信号を結晶の機械的変形に変換できる．このため，圧力センサーや振動子，表面弾性波フィルター，マイクロバランス，ピエゾモーター，ピエゾアクチュエーターなどの広い用途がある．また，焦電効果を使えば熱を電気信号に変換できるため，赤外線検出器などのセンサーとして焦電材料が利用できる．

圧電材料の実用例としては，水晶（SiO_2），ニオブ酸リチウム（$LiNbO_3$），タンタル酸リチウム（$LiTaO_3$），4ホウ酸リチウム（$Li_2B_4O_7$）を使った振動子や表面弾性波素子（SAW），チタン酸ジルコン酸鉛（PZT：$Pb(Zr_x, Ti_{1-x})O_3$）を使ったピエゾ素子などがある．このほかに，リラクサ系化合物が医療用超音波センサーとして使用されている．

代表的な圧電材料である水晶は水熱合成法で，ニオブ酸リチウム，タンタル酸リチウム，ランガサイトは主に引き上げ法で，4ホウ酸リチウムは引き上げ法とブリッジマン法で単結晶が育成されている．表面弾性波（SAW）素子用のニオブ酸リチウム，タンタル酸リチウムでは，結晶育成時の組成変動の少ないコングルエント組成（一致溶融組成）からの結晶引き上げ法が行われてきた．圧電材料として広い用途があるチタン酸ジルコン酸鉛（PZT）は，セラミックスや薄膜状の材料が利用されている．

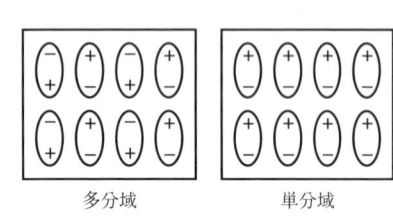

図1 圧電材料・強誘電材料概念図

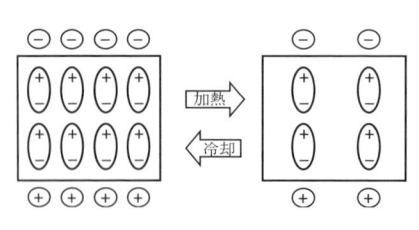

多分域　　単分域

図2 焦電材料概念図

（勝亦　徹）

3.32 電子放射材料

electron-emitting material

単結晶の電子放射材は，電子を放出する先端部分の形状や結晶方位が制御できるため，最適な電子放射特性が得られる．現在，六ホウ化ランタン（LaB_6）やタングステン（W）などの単結晶が使用され，ナノテクノロジーでは欠かせない電子顕微鏡，半導体検査装置，電子線露光装置などに用いられている．

LaB_6 は，仕事関数が低く融点が高く電気伝導性を示すため，熱電子放射型陰極に用いている．この陰極は，図1が示すように，円錐状の先端をもつ単結晶ブロックを黒鉛ブロックが挟む構成になっている．これを 10^{-5} Pa 以上の真空中，通電加熱により 1800 K 程度に加熱し，放出される熱電子を加速し電子ビームとして利用する．この加熱による蒸発により，先端に特定の結晶面が徐々に発達し，仕事関数の低い（100）面が消滅し陰極の寿命となる．そのため，あらかじめ先端を（100）面に面取りし長寿命化した陰極や，輝度を高めるため円錐角を鋭くした陰極など，さまざまな先端形状のものが用途に応じ，市販されている．従来から用いられてきたタングステン熱陰極（多結晶）に比較して，1桁高い輝度，1桁高い寿命が得られる．

タングステン電界放射型陰極（W-冷陰極）は，W単結晶針の鋭い先端（$<0.1\,\mu m$ の径）から，加熱することなく電界のみで電子を引き出す陰極である．熱陰極に比較して，全放射電流は少ないが，電子の放出される領域が狭く，輝度の高い電子ビームが得られる．しかしながら，陰極が室温のため，電子の放出される先端表面に残留ガスが吸着するなど，放射電流が変動しやすい．このため，超高真空が必要であるが，市販の製品で8時間ごとのフラッシング加熱を行い先端表面を清浄化する必要がある．現在，走査型電子顕微鏡などに用いられている．

タングステン熱電界放射型陰極（W-TF陰極）は，W単結晶針の先端表面をジルコニウムと酸素の吸着層で被覆し，タングステンの仕事関数を 4.5 から 2.7 eV に低下させた陰極である．冷陰極のように先端（$0.4\sim1\,\mu m$）を鋭くし，熱陰極のように 1800 K に加熱して使用する，両者の長所を生かした使用法である．したがって，ビーム径が小さく熱陰極に比較して 1～2 桁大きな輝度が得られ，加熱していることで残留ガスが吸着せず，冷陰極より高い電流安定性を示す．現在，電子顕微鏡や半導体検査装置などに広く使用されている．

（大谷茂樹）

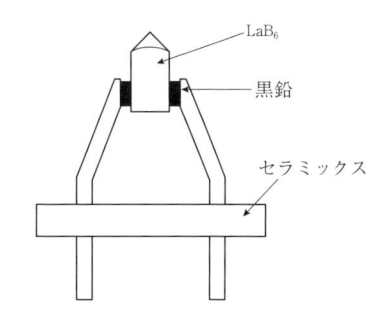

図1 LaB_6 熱陰極

表1 電子放射陰極の比較

	W熱陰極	LaB_6 熱陰極	W-TF陰極	W冷陰極
輝度 ($A/cm^2 str$)	10^6	10^7	5×10^8	10^9
エネルギー幅 (eV)	2.0	1.0	0.5	0.2～0.3
加熱温度 (K)	2500	1800	1800	室温
電流安定性 (%)	<1	<1	1	4～6
真空度 (Pa)	10^{-4}	10^{-5}	10^{-7}	10^{-8}
寿命	100 hr	1000 hr	>1 year	>1 year

3.33 光回路，窓材

materials for optical circuit and optical window

光回路用材料としては，ニオブ酸リチウム結晶のほか，シリコン基板上のシリカ層に光回路を形成する方法や，種々の基板上にポリマー導波路を形成したものなどがある．ニオブ酸リチウム結晶を用いた光回路では，結晶表面への Ti の添加や Li とプロトン（H$^+$イオン）との交換により基板表面に屈折率の異なる光導波路を形成する．この光導波路とニオブ酸リチウム結晶の圧電効果，非線形光学効果を組み合わせて，変調や波長変換などのさまざまな光制御を行うことができる．光回路用のニオブ酸リチウム結晶としては，光学特性の優れたMgO 添加結晶や化学量論組成の結晶なども用いられている．

光学窓材としては，石英ガラスや各種の光学ガラスがレンズやフィルターなどの用途に利用されている．図1のように窓材用結晶では，紫外線用のハロゲン化物結晶や，赤外線用の ZnSe, Ge などがある．ZnSeは気相法で，Ge は引き上げ法や，熱交換法で大型の単結晶が育成されている．ハロゲン化物結晶は，ブリッジマン法や，引き上げ法で作製されているが，光学窓材料として使用されている単結晶材料の多くは，ブリッジマン法で育成されている．

サファイヤ（Al$_2$O$_3$）は，耐圧が必要な高圧容器などの用途や，赤外線を透過する窓材として使われる．短波長光用の窓材としては MgF$_2$, CaF$_2$ などが広く使用されている．水晶（SiO$_2$）は石英ガラスよりも真空紫外領域での透過特性がよく，紫外線用の窓材として期待できる．LiSrAlF$_6$, LiCaAlF$_6$ などのフッ化物結晶も高い紫外線透過率を利用して真空紫外領域の窓材として注目されている．これらの紫外線用の窓材は，主に半導体リソグラフィー用に使用される．MgF$_2$ 結晶などは，色収差の少なさを生かしたカメラレンズなどの用途もある．

窓材としては，透過波長特性，潮解性の有無，結晶内部の屈折率の均一性，散乱体の有無が重要である．また，光の照射によるカラーセンターの発生や着色，水の含有による透過率変化，失透などを防ぐ必要がある．

フッ化物単結晶は光学窓材料として重要であり，結晶育成は主にブリッジマン法を用いて行われている．結晶中の酸化物やオキシフルオライドの除去とフッ素の供給のために，結晶育成原料に PbF$_2$ や ZnF$_2$ を添加するスカベンジャー法やフロン類（CF$_4$ や（C$_2$F$_4$）$_n$ など）を雰囲気ガスとして用いる方法が採用されている．

（勝亦　徹）

文献

1) 結晶工学ハンドブック，共立出版，p. 1268 (1985)

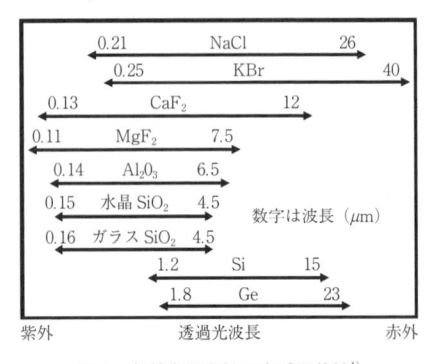

図1　各種光学窓材の光透過特性[1]

人工宝石

3.34

synthetic gemstone

"宝石"とよばれる素材の条件には①美しいこと，②耐久性があること，③希少性などがあげられる．そして，宝石業界では天然素材だけを"宝石"と呼称している．すなわち，一部あるいはすべてが人の手によって生成された物質は宝石とよばれず，以下の3つのカテゴリーに分類されている（日本ジュエリー協会と宝石鑑別団体協議会が定めたルールによる）．

① 合成石：同種の天然石とほとんどあるいはまったく同一の化学特性，物理特性，内部構造を有する人工生成物（ダイヤモンド*，ルビー，サファイア，アレキサンドライト，エメラルド，スピネル，水晶，オパール，ベリル，モアッサナイト，ジンサイトなど）

② 人造石：天然には対応物が存在しないが，一定の化学組成，物理特性，内部構造を有する人工生産物（YAG*，GGG，キュービック・ジルコニア，チタン酸ストロンチウム，チタン酸マグネシウムなど）

③ 模造石：天然石の色，外観，質感を模倣したもので，その化学特性，物理特性，内部構造が対応物のそれと，一部あるいはすべて異なるもの（ガラス，セラミック，張り合せ石，再生・プレス製品など）

宝石は高価なものであるがゆえ，さまざまな手法でそれに似せた人工性産物が製造されてきた．その代表的なものを個別に解説する．

a. ダイヤモンド ダイヤモンドはもっとも屈折率が高い鉱物の一つである．また硬度も高く，ゆえに完成度の高い研磨が施されると宝石の王様に違わぬ輝きを発する．ダイヤモンドの代用石として古来水晶が用いられたが，屈折率が低くその効果も低い．天然石ではジルコンが良い代用石の一つであったが，複屈折と靱性の低さが難点であった．近年ではダイヤモンドの類似品として無色透明の高屈折率・高硬度の人工結晶が利用されている．合成ルチル，チタン酸ストロンチウムはベルヌーイ法*で製造され市販された．しかし，前者は高すぎる分散度のためギラギラとしたファイアと地色の黄色味が不自然で，後者は硬度が低いため耐久性に難があった．YAG，GGGは結晶引き上げ法*で製造され，一時期利用されたが，前者は屈折率が低く，後者は比重がダイヤモンドの2倍近くあった．最近では合成モアッサナイト（炭化ケイ素）が金融関係を中心に換金問題でトラブルを起こしたが，複屈折と針状の特徴的な包有物で識別可能である．現在もっとも広く普及しているのはスカル・メルティング法で製造されたキュービック・ジルコニアである．これは大量に安価で製造できる利点もあり，しばしば"○○ダイヤモンド"と称して市販されている．

宝石用合成ダイヤモンドは高圧合成法によって製造されている（図1）．おもに米国やロシアの技術者や会社によってイエロー，ブルー，ピンク，カラレスなどの種々の色やタイプが製造・販売されている．こ

図1 高圧合成ダイヤモンド

3) 応用

れらは物理的・化学的性質が天然と同一であるため，他の類似石と比べると天然との識別が困難である．しかし，洗練された鑑別ラボではカソード・ルミネッセンス法など成長履歴の相違に着目することにより，識別は可能である．また，近年ではCVD合成によるダイヤモンドが宝飾用に販売されると公表され話題をよんでいる．

b. ルビー，サファイア　鉱物学的にはコランダムであるが，赤いものはルビー，それ以外は色名を冠して○○サファイアとよばれる．ルビーは1900年代初頭に最初に合成された宝石素材の一つである．ベルヌーイ法が当時から現在に至るまでもっとも製造量の多い手法であるが，結晶引き上げ法，フローティング・ゾーン法*，フラックス法*，熱水法*など多くの方法で合成されている．ベルヌーイ法や結晶引き上げ法による合成ルビーやサファイアは曲線状の成長縞や熱歪に伴う異常複屈折などが識別特徴となるが，フラックス法によるものは標準的な鑑別手法では識別が困難な場合がある．とくに近年では色改善のために行われる加熱処理が天然石と同様に施されており，包有物などの諸特徴が変化し，鑑別をより困難なものにしている．鑑別ラボでは蛍光X線分析などによる微量元素や分光光度計によるスペクトル解析が積極的に導入されている．

c. アレキサンドライト　クリソベリルの変色性（蛍光灯や白熱灯など光源の色温度により地色が変化する性質）を示す宝石変種がアレキサンドライトである．アレキサンドライトは希少性が高く高価な宝石であるため，変色性を示す石はその代用として用いられることがある．宝石市場で見られる合成アレキサンドライトはほとんどが結晶引き上げ法によるものである．国内のメーカー，ロシアあるいはアメリカで製造されており，曲線状の成長縞などの特徴で識別は比較的容易である．一部種結晶を用いない自発核形成によるフラックス法でも合成されており，天然石との識別が困難なものがある．

d. エメラルド　エメラルドも古くから合成品が試作された宝石であるが，商業ベースで合成が始まったのは1940年代からである．当初量産に成功したのはフラックス法によるもので，結晶構造中に水や水酸基を含まないため屈折率・比重などの特性値が天然石に比べるとやや低い．1960年代後半からは熱水法によるものが普及し，近年ではこちらが主流である．熱水法で合成されたエメラルドは結晶構造中に水や水酸基を有し，さらに不純物元素も添加されたものがあり，天然エメラルドとの識別がより困難である．鑑別ラボでは赤外分光や蛍光X線分析などの手法が活用されている．合成エメラルドの市場性は近年増加傾向にあり，とくに旧ソ連分裂後，市場経済が発達するにつれ，ロシアからエメラルドをはじめ各色水晶類，コランダム，スピネルなど多くの宝石用素材が合成され，宝石市場に投入されている．

e. 水晶類　無色水晶（ロック・クリスタル），紫水晶（アメシスト），黄水晶（シトリン），ブルー，グリーン，ピンクなどあらゆる色の水晶が宝飾用に合成されている．宝石市場に流通する合成品としては水晶類が量的にもっとも多く，とくにアメシストは合成品の混入している頻度が高い．水晶類の合成結晶は熱水法で育成されているが，一般に成長速度の速い底面に平行な種結晶を用いているため天然石とは結晶形態が異なる．したがって，成長縞の方位などを詳細に観察することで識別は容易であるが，中には特殊な方位の種結晶を用いて成長させたものがあり，識別が困難なことがある．無色水晶などは成長縞の観察が困難で赤外分光による鑑別が有効である．

（北脇裕士）

III. 単結晶

3.35 Si
silicon

　シリコンはクラーク数では酸素について2番目に地球上に多く存在する物質であり,酸素の存在確率である49.5%の約半分である25.8%の存在確率をもっている.このために,地球上には多く存在するが,酸化ケイ素という酸化物の形態で存在している場合が多い.このように,地球上には大量に存在するシリコンではあるが,1948年にゲルマニウムによるトランジスタの発見までは,シリコン単体のみでは活躍の場がなかった.このトランジスタの発見が,現在のシリコンを代表する半導体の研究開発につながっている.1950年代には,アメリカのベル研究所やGeneral Electricのグループが次世代の半導体結晶がゲルマニウムからシリコンへ移行することを予測して,シリコンに関する基礎研究を精力的に行っていた.

　1960年代に入るとRCAやIBMやTIなどの会社がシリコンに関する研究開発を加速し,論文発表数が多くなってきている.1960年代に入りゲルマニウムの研究開発に集中していた日本の研究グループは,シリコンの研究開発へと移行を開始したという歴史がある.

　シリコンは共有結合結晶であり,ほかにダイヤモンド(炭素)やゲルマニウム(Ge),スズ(Sn)などがある.このような半導体結晶から所望の結晶を選択する場合,2つの要件を満足する必要がある.まず,第一は禁性帯幅であり第二は不純物添加による電気伝導度が可変であることがあげられる.シリコンの禁性帯幅は室温で1.14 eVであり,ダイヤモンドの5.4 eVに比較して比較的小さな値をもつ.電子デバイスとして半導体を使用する場合は,少数キャリアと多数キャリアが適当な量存在する必要がある.

　ダイヤモンドの場合は,禁性帯幅が大きいために少数キャリアの数は少なく,多数キャリアに関しては適当な添加材料がないために,半導体としては特殊な環境下以外では使用されてはこなかった.一方,ゲルマニウムの禁性帯幅は室温で0.67 eVであり,シリコンに比べて小さい.このために,少数キャリアと多数キャリアの数が接近してきて,一般のデバイスには使用できない.また,スズに至っては金属の性質をもつために,半導体として使用することは不可能である.以上のような条件から,シリコンは半導体の代表的な材料として,現在もそして将来も利用される.

　シリコンは,おもにチョクラルスキー法やフローティングゾーン法により生産されているが,その原料は下記のような方法により生産されている.単結晶シリコンの原料である多結晶は,ケイ石(SiO_2)を出発原料とする.純度の高い原料は,インド,ブラジル,中国,ノルウェーのような限られた地域で産出される.ケイ石から酸素を分離するために炭素などの還元反応を利用して溶融シリコンができる.この溶融シリコンは金属シリコンとよばれ,純度は約98%である.この溶融シリコンをいったんトリクロロシランに転換し,これを還元および熱分解することにより高純度シリコンを得ることが可能である.

　シリコンをデバイスとして使用する場合は,不純物を添加して使用する場合が多い.おもに使用する不純物としては,p型の場合はボロン(B)であり,n型の場合は,リン(P)やヒ素(As)である.ほかにp型としてはアルミニウム(Al)やガリウム(Ga)やインジウム(In)などがあり,n型としてはアンチモン(Sb)が考えられるが,固体と液体の界面で生じる偏析現象

4) 材料

のために，これらのアルミニウム（Al），ガリウム（Ga），インジウム（In），アンチモン（Sb）はあまり使用されないのが現状である．これは，固体中に取り込まれる不純物の比率が非常に小さいために，結晶育成を行っていくに従って結晶中の不純物濃度が大きく変化し，結晶全体にわたって均一な結晶を製造することが不可能であることが原因である．

一方，シリコン結晶をデバイスとして使用する場合は酸素が重要な役割をする．現在ではシリコン結晶の直径が300mmと大きく，薄くスライスしてウエハーにする場合は機械的強度の増加が必須である．チョクラルスキー法で作成したシリコン結晶中には，るつぼとして使用されている石英から酸素原子が混入し，この酸素原子のためにシリコン結晶の機械的強度が増している．このために，大きな直径をもつウエハーにおいても，750 μmの厚さまで薄くしたウエハーを使用することが可能である．

ほかの不純物として結晶の中に取り込まれてしまう元素がある．たとえば，水素，リチウム，炭素，窒素，鉄，クロム，マンガン，コバルト，ニッケル，銅などがある．この中で，最近注目を浴びている元素としては，鉄，銅である．鉄は太陽電池の少数キャリアの寿命を減少させる元素であり，太陽電池の効率向上のためには，これを除去することが重要となってきている．銅に関しては，電気抵抗が小さな材料でありLSIの配線材料として使用され始めている．いずれの金属も，シリコン結晶中に制御されずに混入するとデバイスの特性を著しく劣化させるために，これらの金属の汚染に関しては，結晶作成段階から十分注意する必要がある．水素に関しては，非晶質シリコンの不対電子を終端する役目を果たすために，シリコンにとって重要な添加元素である．

以上述べたように，シリコンという材料は天然に存在する材料の中でITなどの情報化社会に必須の材料であり，いろいろな元素との組合せにより多くの機能をもつ材料である．

〔柿本浩一〕

SiO₂

quartz

3.36

a. 石英（水晶，quartz）の結晶学的特性と多形（polymorph）

石英 SiO₂ は，ケイ素1個が中心で酸素4個が周りを囲む SiO₄ の正四面体が構造の単位である．頂点の酸素を共有した強固な四面体は，Si-O-Si 結合角に若干の自由度（130°から160°，まれに180°）があることが網目構造のネットワークの発達を助けている．そして，四面体のなす角度がわずかに変わることにより，融点よりずっと低い温度でもネットワーク構造が不安定になり構造変化を起こすことが多くあり，構造相転移がいくつも生じ，多形ができる．大気圧下，573℃で熱膨張*に伴い Si-O-Si 角が大きくなり（144°→153°），低温（α）水晶が高温（β）水晶に相転移し，結晶の対称性が三方晶系，晶族32であったのが，六方晶系，晶族622に変わる．この変化は角度の変化だけなので，573℃にて瞬時に起き，かつ可逆的である．しかし，これより高温で相転移するβ水晶→〈867℃〉→トリジマイト→〈1470℃〉→クリストバライト→〈1713℃〉→シリカガラス（融液）の場合は構造変化を要するので，かなり時間がかかり転移しきれない場合もある．よって，高温で安定な結晶構造が低温でも準安定型として存在する．人工水晶の結晶軸と工業的に使用される振動子のカットアングルを図1に示す．直交軸 X，Z は結晶軸の a，c 軸に対応する．

b. 結晶育成と品質に関係する要因

人工水晶の育成方法は前章で記載した水熱法*と，一方最近発明された画期的な大気圧でのアルコキシドによる気相成長法がある[1]．人工水晶の品質評価で重要な項目に Q 値がある．電気的 Q 値を電気的測定するのが大変なので，便宜的に水晶中の不純物 OH 基による赤外線吸収係数 α を測定して代替評価をしている．人工水晶の品質評価基準として，国際標準の IEC60758 や日本では JIS C-6704 がある．

（横川　弘）

文献

1) N. Takahashi, M. Hosogi, T. Nakamura, T. Momose, S. Nonaka, S. Shinriki, and K. Tamanuki : J. Mater. Chem., **12**, pp. 719-722 (2002)

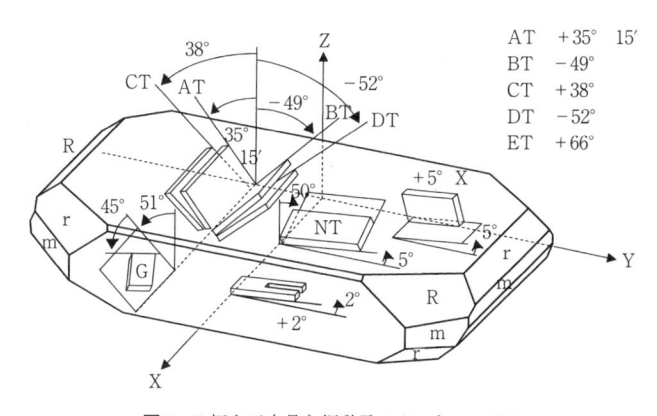

図1 Z板人工水晶と振動子のカットアングル

AT	+35° 15′
BT	−49°
CT	+38°
DT	−52°
ET	+66°

3.37 SiC（炭化ケイ素）

silicon carbide

SiC（炭化ケイ素）は，約3.0（eV）のバンドギャップをもつ半導体材料（ポリタイプによりバンドギャップは異なる）で，シリコン（Si*：バンドギャップ1.12 eV）では不可能な高周波・高耐圧・高温安定なデバイスが作製可能とされ，次世代デバイス用材料として期待されている．また，SiCは動作可能な温度範囲が広く，かつ熱的な変動が少ないため，圧力センサー，温度センサー，UVセンサー，赤外線センサーなどの分野でも応用が期待されている．化学物質と反応しにくく硬度が高いという理由から，研磨剤としても利用されている．一方で間接遷移型の半導体であるため，一般的に発光デバイスには不向きである．SiCでの応用がもっとも期待されているパワーデバイスとは，交流⇔直流などの電力変換を行うデバイスであり，現在はシリコンで作製されている．シリコンで作製されるパワーデバイスの性能は，限界に近づいており，さらなる特性向上のためにSiCによるデバイス開発が行われている．SiCをデバイスに応用するメリットとして，絶縁破壊電界がSiに比べ約10倍高く，ポリタイプ（結晶多形）を有するという点があげられる．構造の違いにより3C, 4H, 6H, 15Rなどのポリタイプをもつ．ポリタイプは200種類以上あるといわれ，それぞれ物性値が異なっている．とくに，4H-SiCはデバイスとして非常に魅力があり，広く研究されている．結晶育成に関しては，常圧下ではSiCは液相をもたないため，シリコンのような融液成長を行うことはできず，2000℃以上の高温で昇華法を用いて成長されることが多い．しかしながら，昇華法によって育成される結晶中には小さな穴が空いてしまう現象（マイクロパイプ）が発生してしまうため，適当な溶媒中で育成する溶液成長による手法も試みられている．SiCパワーデバイスは，シリコンと比べて電力変換時のエネルギー損失を1/100以下に低減でき，かつ高速スイッチングや高温動作も可能となるので，電力変換システムの高効率化，小型化につながると期待されている．

（川村史朗・森　勇介）

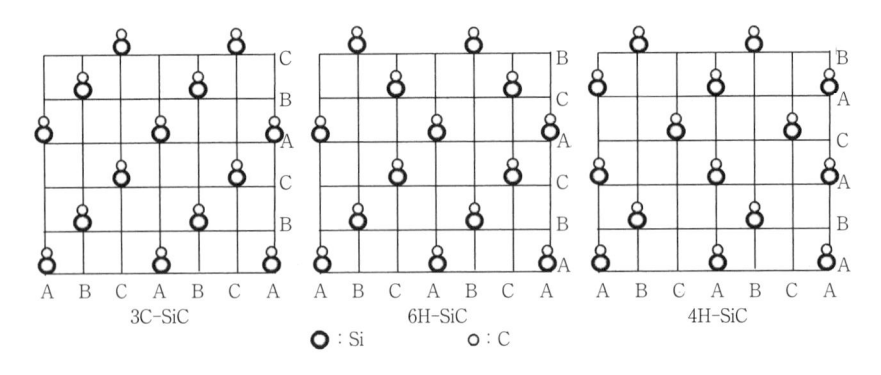

図1 SiCポリタイプの例

3.38 Al$_2$O$_3$

sapphire

サファイア（α-Al$_2$O$_3$ 単結晶）は，優れた機械的特性，化学的安定性，絶縁・誘電特性，熱伝導性および光透過性から，しゅう動部品，精密機械部品，半導体IC基板，レーザー母体，時計や真空機器の窓材など多方面に利用されている．また，高輝度青色LED[1]が発明されて以来，GaN薄膜用基板などオプトエレクトロニクス素材として応用されている．表1にサファイアのおもな物性を示す[2]．サファイアは，図1に示す六方最密充てんしたO^{2-}イオンの層とO^{2-}の間にある八面体孔の2/3をAl^{3+}イオンがしめている三方晶系（通常，六方晶系で近似）のコランダム構造[3]をもち，その物性は結晶方位によって異なり，用途によって面方位が指定される．

サファイアは工業的には，おもにベルヌーイ法*（Verneuil），熱交換法（heat exchanger：HE），CZ法*（Czochralski），EFG法*（edge-defined film-fed growth）などで製造されている．図2にEFG法で育成されたサファイアを示す．サファイアはc面の方向に成長させると気泡の混入やリニエージ（lineage：転位が集積しエッチピットが線状に配列したマクロ的欠陥）などが入りやすく，通常a面もしくはm面方向に成長させる場合が多い[4]．　　　（小玉展宏）

文献
1) S. Nakamura, M. Senoh, N. Iwasa, S. Nagahama, T. Yamada, and T. Mukai：Jpn. J. Appl. Phys., **34**, L1332 (1995)
2) 日本セラミックス協会：セラミック工学ハンドブック，第2版［応用］, p.1145, 技報堂出版 (2002)
3) S. Geschwind and J. P. Remeika：Phys. Rev. 122, p.757 (1961)
4) 福田承生, 干川圭吾：現代エレクトロニクスを支える単結晶成長技術, p.229, 培風館 (1999)

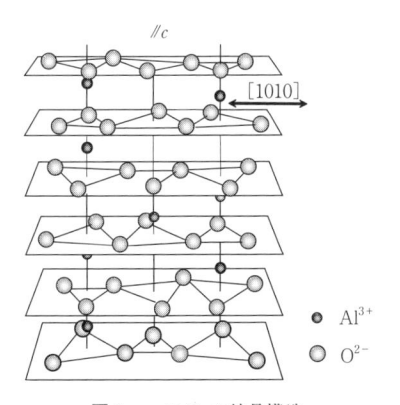

図1 α-Al$_2$O$_3$ の結晶構造

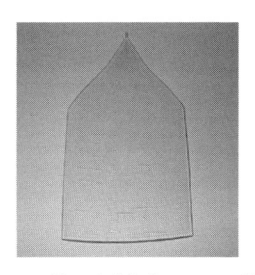

図2 EFG法で育成したα-Al$_2$O$_3$単結晶（（株）並木精密宝石提供）

表1 サファイアのおもな物性[4]

化学組成	Al$_2$O$_3$
結晶系	三方晶
	（六方晶で近似）
空間群	R3c
密度	3.98×10^3 kg/m^3
融点	2323 K
モース硬度	8
ヤング率	4×10^2 GPa
圧縮強さ	2100 MPa
熱伝導度（c軸に$\pi/3$の場合）(273 K)	46 W/mK
〃　　（c軸に$\pi/3$の場合）(673 K)	12 W/mK
熱膨張係数（⊥C軸，293〜323 K）	5.8×10^{-6} K^{-1}
〃　　　　（//C軸，293〜323 K）	7.7×10^{-6} K^{-1}
誘電率（⊥C軸，8.5 GHz）	9.39
〃　　（//C軸，8.5 GHz）	11.58
誘電損失（⊥C軸，8.5 GHz）	2×10^{-5}
〃　　　（//C軸，8.5 GHz）	5×10^{-5}

4) 材料

3.39 YAG

yttrium aluminum garnet

YAGは,組成式 $Y_3Al_5O_{12}$ で表され,非常に硬く,化学的に安定で,熱伝導に優れているだけでなく,可視から赤外領域にわたって光学損失の非常に小さいことから,レーザー用母体としてもっとも実用的な結晶である.表1に代表的な特性を示す[1].その構造は,図1に示した立方晶ガーネット構造を有し,Y^{3+} は十二面体8配位サイト,Al^{3+} は八面体6配位サイトと四面体4配位サイトをしめる.YAG 結晶では,希土類イオンは8配位あるいは6配位サイトに,遷移金属イオンは6配位および4配位に置換される.レーザー活性種として Nd^{3+} を Y^{3+} に1モル%程度置換した Nd:YAG レーザーは Geusic[2] によって開発されたもので,通常 1.06 μm の近赤外レーザーとして加工,医療分野に広く用いられている.Nd:YAG の大型単結晶の育成には CZ 法*が用いられている.Nd^{3+} のイオン半径は 1.12 Å, Y^{3+} は 1.015 Å であり,Nd^{3+} が 10% 程度大きいため,Nd^{3+} は YAG 結晶中に取り込まれにくく(偏析係数 0.17),このため CZ(Czochralski)法による単結晶育成の速度を遅くしている(0.2〜5 mm/h).

レーザー母体として優れていることから Nd^{3+} 以外の数多くのレーザー活性種を添加した YAG 結晶が開発されている.たとえば,Er^{3+}:YAG[3),4)] は中赤外域の 1.54 μm, 2.8 μm で発振するアイセーフティー (eye saftey) レーザーとして,Cr^{4+}:YAG[5),6)] で振電遷移を利用したフォノン終準位型の波長可変のレーザー発振(1.34〜1.54 μm)が報告され,通信用の光源として期待されている. **(小玉展宏)**

文献
1) レーザー学会:レーザーハンドブック, p. 221, オーム社 (1988)
2) J. E. Geusic, H. M. Marconi, and L. G. Van Uitert : Appl. Phys. Lett., **4**, p. 182 (1964)
3) E. Snitser : Proc. IEEE, **54**, p. 1259 (1966)
4) G. Huber, W. Duczynski, and K. Petermann : IEEE J. Quant. Electron., **24**, p. 920 (1988)
5) A.V. Shostakov, N. I. Borodin, V. A. Zhitnyuk, A. G. Ohrimtchyuk, and V. P. Gapontesev : Proc. CEO' 91, CPDP11 (1991)
6) W. Jia, H. Eiles, W. M. Dennis, W. M. Yen, and A. V. Shestakov : OSA Proc. Adv. Solid State Lasers, **13**, p. 31 (1992)

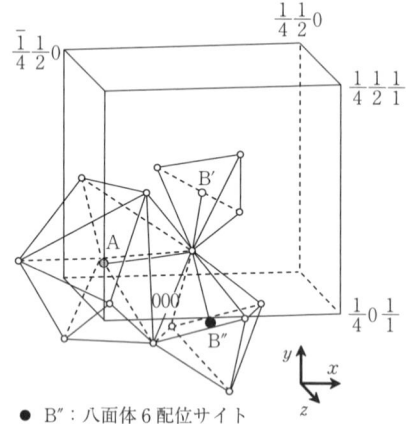

- ● B″:八面体6配位サイト
- ○ B′:四面体4配位サイト
- ◎ A:十二面体8配位サイト

図1 ガーネット構造中の配位多面体サイト

表1 YAG の物理・光学的特性[1]

化学式	$Y_3Al_5O_{12}$
結晶構造	立方晶ガーネット
格子定数 (Å)	12.005
モース硬度	8〜8.5
融点 (℃)	1950
密度 (g/cm³)	4.56
ヤング率 (GPa)	311
屈折率 (n)	1.8197 ($\lambda = 1$ μm)
熱伝導率 (W/cm·K)	0.12
dn/dt (10^{-6})	7.3

3.40 ニオブ酸リチウム (LiNbO₃), タンタル酸リチウム (LiTaO₃)

lithium niobate, lithium tantalite

　ニオブ酸リチウム (LN) とタンタル酸リチウム (LT) は強誘電体単結晶の代表的な材料である．どちらも擬イルメナイト構造をもち，室温では空間群 R3c の三方晶で対称中心のない強誘電相である．1960年代後半，回転引上げ法 (Czochralski 法：CZ 法*) で大形単結晶が育成されてから，急速にそれらの諸物性が明らかになった．ともに優れた圧電効果，焦電効果，電気光学効果，非線形光学効果などを示し，これほど多分野にわたり数多く研究されてきた酸化物単結晶も少ない．酸化物単結晶の代表中の代表であるが，光学用途よりも先に，テレビ，ビデオ，最近では携帯電話用表面弾性波 (SAW) フィルター素子材料として確固たる基盤を築いてきた．

　一般的に，強誘電体結晶では，複雑な相転移を伴うものも多く，大型で均質な単結晶を育成するのは困難とされる．これに対し，LN，LT は 180 度分極しか存在しないこと，相転移点が高温であることから，安定した材料として回転引き上げ法で大口径，高均質化が進められてきた．この回転引き上げ法で結晶の均質性を高める中で，LN，LT の相図*が詳しく研究され，これらの結晶の [Li]/[Nb] 比，[Li]/[LT] 比は高温で広い組成幅 (不定比性) を示すことも明らかになった[1),2)]．

　高温における LN，LT の不定比性は，おもに Nb 成分過剰側あるいは Ta 成分過剰側に伸びており，Li 成分過剰側に伸びていない．したがって，一致溶融組成（＝コングルエント組成）は Nb あるいは Ta 成分過剰側にある．その組成は，Li：Nb 比あるいは Li：Ta 比がおよそ 48.5：51.5 である．通常の CZ 法ではこの一致溶融組成の融液を用いて育成しないと，均一組成の単結晶はできないが，本組成では，数％に達する Nb あるいは Ta 過剰イオンが Li イオンを置き換え，Li イオンサイトにも数％の空位欠陥をもたらしている[3)]．この格子欠陥の存在は，SAW フィルターとしての応用には深刻でないとしても，光機能やイオンおよび電子の輸送特性には大きな影響を与えている．そこで，近年では，これらの不定比欠陥密度を制御した定比組成（ストイキオメトリック組成）LN，LT (SLN, SLT と略称，これに対してコグルエント LN, LT を CLN, CLT とよぶ）の育成と評価に注目し，さまざまな特性の改善が報告されてきた[4),5)]．

　ニオブ酸リチウムをタイトルにした論文数の推移を見ると，1990 年まで漸増の状態であったが，1990～92 年を境に論文数は急激に増加している．その要因の一つとしては，LN を用いた情報記憶法のデジタルホログラムが可能となり注目されたことにある．それまでホログラムは立体像の記憶あるいは情報処理演算などが主であったが，デジタル情報を記憶できる方法とし

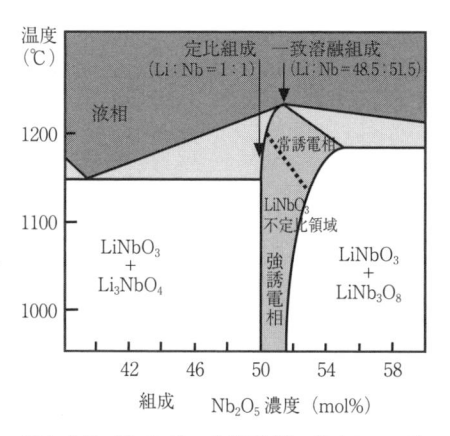

図1 LiO₂-Nb₂O₅ 系の相関系図．従来 LN では Nb 過剰の一致溶融組成を使用

4) 材料

表1 強誘電体ニオブ酸リチウム，タンタル酸リチウム単結晶の主な機能と応用例

機能（効果）	機能の概要	応用例
圧電効果	圧力（力）を加えると，圧力に比例した表面電荷が現れる現象，または，逆に電界を印加すると材料自体が変形する現象	表面弾性波素子（特定周波数フィルター），圧電素子
焦電効果	自発分極をもつ結晶の性質で，温度を変化させると，分極の大きさが変わるため，表面電荷の変化分が電流として観測される現象	焦電センサー，赤外センサー，X線源
電気光学効果	結晶に電場をかけたとき，屈折率が変化する現象	光通信用変調器，光スイッチ，ホログラム記憶素子
非線形光学効果	レーザーのように非常に強い光と物質が相互作用すると，物質の応答は光の電磁場に必ずしも比例しないで発生する多彩な現象	波長変換素子（レーザー光の波長変換：和周波発振，光パラメトリック発振等）

て展開されブームを起こした．また，1990年に，電界により分極反転をパターン化できることが発表され，波長変換素子，光偏向素子などへの応用が開けたことも研究数を増加させている．一方，不定比欠陥を制御した単結晶育成法の開発と，各種特性における一致溶融組成と定比組成の違いが明らかになるにつれ，定比組成単結晶は，従来結晶とは異なる材料種として認知されてきている．また，不定比欠陥密度を制御することにより，強誘電体分極を反転するのに必要な電界（抗電界）がきわめて小さくなることが明らかになり[6]，分極反転が非常に簡便になった．分極方位を制御して任意に分域をパターン化することが可能となったことは，テンソルで表される特性の符号が単結晶内でパターン化できることになる．従来，単分域化された機能だけを利用してきたが，分域のパターン化であらたに機能を付加した素子（波長変換素子がその例）の開発が期待できる．

近年，発展が目覚ましい波長変換素子への応用では，LN，LTの分極方位を周期的に反転することにより，変換光の位相を整合させる擬似位相整合（Quasi Phase-Matching, QPM）法が実用化されている．本方法では，LN，LTの大きな非線形光学定数を使えること，偏光の回転，Walk-offのないことなどから光学系が簡単で，波長変換装置の小型化，簡便化が可能となる．

とくに，GaAs系とGaN系の狭間で半導体レーダーが開発できない緑色（532 nm波長）のレーザー光源としては，このQPM波長変換による第二高調波発振（SHG）に期待するところが大きい．また，光パラメトリック発振（OPO）による赤外レーザー光源の開発も注目されている．ここでの大出力化には大開口の素子が必要で，分極反転電界が欠陥制御で低くなったことは，素子の大型化も可能としている．

（北村健二）

文献

1) P. Lerner, C. Legras and J. P Duman : J. Crystal Growth, 3/4, 231 (1968)
2) S. Miyazawa and H. Iwasaki : J. Crystal Growth, 10, 276 (1971)
3) N. Iyi, K. Kitamura, F. Izumi, S. Kimura and J. K. Yamamoto : J. Solid State Chem., 101, 340 (1992)
4) 北村健二：応用物理，69, 511 (2000)
5) 北村健二，竹川俊二，羽田 肇：応用物理 74, 573 (2005)
6) K. Kitamura, Y. Furukawa, K. Niwa, V. Gopalan and T. E. Mitchell : Appl. Phys. Lett, 73, 3073 (1998)

ダイヤモンド
3.41

diamond

現在，工業用ダイヤモンドの大半は合成ダイヤモンドである．ダイヤモンド合成の試みは100年以上も前からあるが，はじめての合成成功の発表は1955年である．その後，半世紀の間に合成技術は大きく発達した．その合成法には，大別して高圧法，気相法の2種類がある．

高圧法では，ダイヤモンドが熱力学的に安定な超高圧環境で，黒鉛を相転移させる．その相転移を実現するには，転移のバリアを超えるために高い温度を必要とする．固相転移のためには2000℃以上の温度が必要である．圧力も10 GPa以上が必要である．しかし，鉄など炭素を溶解する溶媒が存在すると，相転移は容易になる．しかし，5 GPa, 1500℃という高圧，高温条件は必要である．このような高圧を発生させるためには特殊な高圧発生装置が必要となる．現在では，いくつかのタイプの高圧発生装置が開発されており，ダイヤモンドの研究，生産に使用されている．固相転移では，ダイヤモンドはナノサイズの微粉あるいはその集合体にしかならない．単結晶は，金属など溶媒から析出させるいわゆる溶液成長によって得られる．現在，1 mm以下の粒状ダイヤモンドは多量に生産されている．大粒では10 mmに達する結晶も生産されている．世界最大の合成ダイヤモンドは約20 mm (34.8 cts) である．

気相法では，メタンなど炭素を含むガスが原料に用いられ，それを分解して炭素原子をダイヤモンドとして析出させる．この場合，ダイヤモンドが熱力学的に安定になる圧力・温度は必要ではないが，ガスを分解する条件に制限がある．①炭素含有ガスをプラズマ中で分解すること，②炭素含有ガスを水素ガスで希釈すること，③ダイヤモンドが析出する基板を約1000℃に加熱することである．このような条件で，ダイヤモンドは基板の上に1～10 µm/hの速度でたい積する．通常，多結晶の薄膜になるが，基板にダイヤモンドを用いるとホモエピタキシャル成長して単結晶薄膜となる．イリジウム，白金などを基板とするとヘテロエピタキシャル成長も可能である．気相合成法は薄膜ダイヤモンドの合成に適しており，直径200 mm以上の多結晶薄膜ダイヤモンドも合成されている．成長速度は1時間に数µmと小さいが，最近では100 µm/hの高速成長も可能になり，10 mmを超える厚みのダイヤモンドも合成され始めている．

合成ダイヤモンドは工具として広く利用されている．ほかにヒートシンク材，光透過用窓材としての応用もある．ワイドバンドギャップ半導体として電子エミッター，紫外線センサー，トランジスタなど電子材料としての研究開発も行われている．

(神田久生)

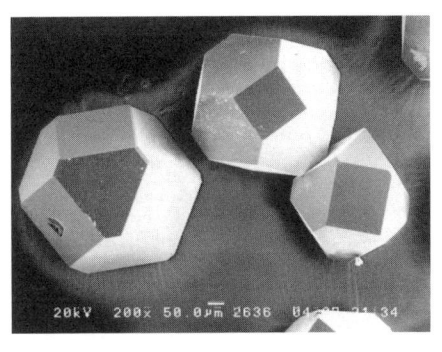

図1 高圧合成ダイヤモンド (SEM写真)

窒化ホウ素

3.42

boron nitride

窒化ホウ素（BN）の結晶構造は，黒鉛類似の六方晶窒化ホウ素（hBN）とダイヤモンド*類似の立方晶窒化ホウ素（cBN）が一般的である．炭素の場合と同様，hBNが低圧安定相，cBNが高圧安定相である．ほかに菱面体構造や，ウルツ型のものもあるが珍しい．hBNの層間が乱れた非晶質のものもある．最近では，ナノチューブ状の構造も合成されている．

hBNはB_2O_3とNH_3との反応によって合成されるが，生成物の結晶性はよくない．単結晶は，ホウ窒化物などをフラックスとして，これにBNを溶解，析出させることで成長させることができる．cBNも同様のフラックスを用いて成長させることができる．ただし，ダイヤモンド合成と同様の5 GPa, 1500℃という高圧高温条件が必要である．ダイヤモンドが気相法で合成できるように，cBNも気相法で合成することが可能である．NH_3, BF_3などのガスを原料にして20 μmの厚みの多結晶薄膜が合成されている．しかし，合成技術は，ダイヤモンドよりはるかに遅れている．

単結晶のサイズはhBN, cBNともに2～3 mmが最大で，大きな結晶の合成は困難である．hBNについては，気相反応で板状の大きなものが合成できる．これは，結晶性の悪い多結晶体である．hBNは雲母のような平板状の形態をしており，cBNは八面体，あるいは四面体が典型的なものである．

hBNは黒鉛同様に弱い層間結合をもつため，軟らかく折り曲げることも容易である．また，固体潤滑剤としても有用である．一方，cBNはダイヤモンドとほぼ同じ硬度をもつ．したがって，cBNは切削用工具としても利用されている．とくに，鉄系材料に対しては，ダイヤモンドよりも耐磨耗性が優れている．

hBNは高い耐熱性，化学安定性をもつことから，GaAs結晶のメルト成長用のるつぼにも用いられている．

色は，hBN, cBNともに無色透明である．cBNは通常，不純物欠陥を含んでおり褐色を呈している．cBNについては意図的に不純物をドーピングすることも可能で，BeやSi*のドーピングが知られている．前者は青色，後者は褐色であり，それぞれp型，n型の電気伝導性を示すことが知られている．

バンドギャップはどちらも約6eVで，ワイドバンドギャップ半導体といえる．最近，hBNにおいて，電子線励起により，215 nmという深紫外線のレーザー発振が確認された．　　　　　　　　　　（神田久生）

図1　立方晶窒化ホウ素単結晶（SEM写真）

III-V 族半導体 3.43

III-V compound semi-conductors

3b 族典型元素（13 族）と 5b 族典型元素（15 族）からできる化合物半導体を III-V 族化合物半導体と総称する．III-V 族半導体は，単体で半導体的性質を示すシリコン（Si）やゲルマニウム（Ge）などの 4 個の価電子をもつ 14 族元素よりも価電子の数が 1 個少ない 13 族元素と 1 個多い 15 族元素の組合せである．これらの元素が 4 本の共有結合で互いに結合することによって，結合軌道が満たされた化合物をつくる．図 1 の周期表に示したさまざまな 13 族，15 族元素の組合せが可能である．さらに，これらの化合物の間の固溶体（solid solution）（混晶 mixed crystal ともいう）が存在する．

これらの化合物では，sp³ 混成軌道の共有結合によってそれぞれの原子が結合している．これらの化合物は，ダイヤモンド型構造*（立方晶）と類似のジンクブレンド型（閃亜鉛鉱型）構造（立方晶）またはウルツ鉱型構造*（六方晶）になる．ジンクブレンド型構造とウルツ鉱型構造は非常に似ていて，高温高圧下では互いに相転移を起こしやすい．また，ジンクブレンド型構造の（111）面では結晶格子が面内で 60°回転した双晶が発生しやすく，化合物半導体の結晶育成を困難にしている．

III-V 族化合物半導体は，実用上重要な材料であり，GaP，GaAs や GaN を使った発光ダイオード（LED：light emitting diode）や GaAs，InP や GaN を使った半導体レーザーが実現している．また，GaAs では，高速動作素子や，高周波増幅器などの用途がある．禁制帯幅の狭い（In$_x$Ga$_{1-x}$）As や InSb は，赤外線検出器として利用されている．

III-V 族化合物の結晶育成はさまざまな方法でなされているが，15 族元素の蒸気圧が高いので結晶育成は困難な場合が多い．図 2 に示した液体封止引き上げ法（LEC：liquid encapsulated czochralski）では，B$_2$O$_3$ を液体封止剤として使用し，高圧の Ar ガスや窒素ガス雰囲気中で結晶を育成する．また，ブリッジマン法や GF 法（gradient freezing）では As 分圧を調整して結晶育成を行う[1]．

13 元素の割合を過剰に含む溶液を用いる液相エピタキシャル法（LPE：liquid phase epitaxy）では，低い蒸気圧下で結晶を育成することができる．13 元素の有機金属化合物と 15 族元素の水素化物などを利用する MOCVD 法（metal organic chemical vapor epitaxy）などの気相成長法や，超高真空中で薄膜を育成する MBE 法（molecular beam epitaxy）なども行われている．

（勝亦　徹）

13	14	15
B	C	N
Al	Si	P
Ga	Ge	As
In	Sn	Sb

図 1　周期表における III-V 族半導体の位置

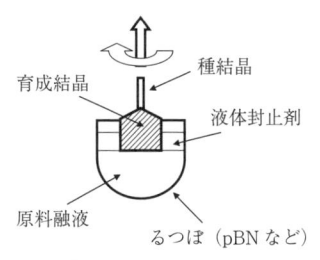

図 2　液体封止引き上げ法
Liquid Encapsulated Czochralski Technique

II-VI族半導体　3.44

II-VI compound semi-conductors

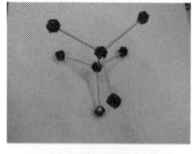

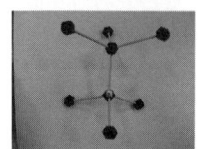

2a族典型元素（12族）と6b族典型元素（16族）からできる化合物半導体をII-VI族半導体と総称する．II-VI族化合物半導体では，14族元素よりも価電子の数が2個少ない12族元素と2個多い16族元素が結合軌道が完全に満たされた共有結合性化合物をつくる．これらの化合物は，図1に示したようにジンクブレンド型構造あるいは，ウルツ鉱型構造*になる．また，元素の組合せを変えた（Hg_xCd_{1-x}）Teなどの固溶体結晶（solid solution）（混晶 mixed crystal）が可能である．III-V族化合物半導体結晶の場合と同様に，ジンクブレンド型構造の（111）面では双晶が発生しやすく良質の単結晶育成を困難にしている．

II-VI族半導体は，融点近傍で高い蒸気圧をもつものが多く，融液からの結晶育成は困難である．このため，表1に示したように，加圧して結晶を育成する方法や水熱合成法，気相からの結晶育成などが行われている．ブリッジマン法やタンマン法を用いた高圧下での結晶育成例としては，ZnSe, ZnS, CdSなどがある．気相からの結晶育成としては，昇華法を応用したパイパー法によるCdSや輸送法によるZnSe単結晶の育成，ヨウ素輸送法によるZnSe結晶の育成がある．水熱合成法による育成例としては，ZnOの結晶育成が行われている．このほかに，ZnSe単結晶の固相成長も報告されている．

II-VI族半導体の応用としては，ZnSe, ZnSなどが青色LEDや青色レーザー用基板として研究されてきた．禁制帯幅の狭いCdTe, HgCdTeは，赤外線センサー材料としての用途がある．CdTe, (CdZn)Te結晶は，半導体γ線検出素子としての応用も考えられる．ZnO結晶は，短波長の発光材料や青色LED用のGaN結晶を成長するための基板材料としての可能性がある．

（勝亦　徹）

閃亜鉛鉱型構造　　ウルツ鉱型構造

12	13	14	15	16
	B	C	N	O
	Al	Si	P	S
Zn	Ga	Ge	As	Se
Cd	In	Sn	Sb	Te
Hg				

周期表におけるII-VI族化合物半導体の位置

図1 II-VI族半導体の構造

表1 II-VI族化合物半導体の例と主な結晶育成方法

物質	禁止帯幅*(eV)	結晶構造	主な結晶育成法
ZnO	3.2	W	水熱合成
ZnS	3.54	W	TB
ZnSe	2.58	Z	TB, 気相輸送法, 固相成長
ZnTe	2.26	Z	TB, Cz
CdS	2.42	W	気相, パイパー法, TB
CdSe	1.74	W	融液徐冷法
CdTe	1.44	Z	THM, TB, 気相

W：ウルツ鉱型，Z：閃亜鉛鉱型
TB：タンマン・ブリッジマン法，Cz：引き上げ法，
THM：ヒーター移動法

*禁止帯幅の値は，化学便覧改訂4版基礎編II, p.494を参照した．

IV

シリカガラス（石英ガラス）

4.1 シリカガラスの分類と名称

silica glass : classification and terminology

シリカガラスは,石英ガラスともいう.当初,水晶などの石英の結晶を粉末にして溶融することにより作製したため,石英ガラスという名称が付けられた.シリカガラスは,耐熱特性,光学特性,化学的耐久性に優れ,金属不純物が少ない.これらの特長を生かしてさまざまな分野で用いられている.極限の性質を要求することが多い.そのため,種々の製造方法が考案され用途に応じて使い分けられている(図1).

シリカガラスを大別すると,溶融石英ガラス*と合成シリカガラスに分類される.溶融石英ガラスは,天然の石英粉を高温で溶融することにより製造したものである.溶融石英ガラスはさらに電気溶融石英ガラス(I型)と火炎溶融石英ガラス(II型)に分類される.

合成シリカガラスは液体原料を用いて化学的に合成したもので,気相合成法と液相合成法に分類される.気相合成法は直接法(III型),スート再溶融法,プラズマ法(IV型)に分類される.液相法としては,ゾル・ゲル法*がよく知られている.そのほかに低温でシリカの薄膜を生成する液相抽出法(LPD法)という方法もある.I型〜IV型の名称は1960年ごろ付けられたものである.その後開発されたものに対してこのような分類は用いられていない.

シリカガラスは,非晶質のSiO_2*である.シリカガラス関連の名称については混乱もみられる.非晶質シリカ(SiO_2)という名称が,総称名であるがシリコン上に形成されたSiO_2薄膜をさす場合が多い.シリカガラスに対応する英語は vitreous silica または silica glass である.後者はシリカ系ガラスの名称と紛らわしい.合成シリカガラスは fused silica または synthetic fused silica という.よく,fused silica を溶融石英などと訳されているが誤りである.ただし,不透明の溶融石英ガラスを fused silica とよぶこともある.石英を溶融してつくったシリカガラスは,英語で fused quartz という.これに対する日本語として「溶融石英ガラス」という名称を用いる.「石英」とよぶこともある.石英は結晶の名称なのでこれは誤りである.

(葛生 伸)

```
                    ┌電気溶融(I型)
      ┌溶融石英ガラス┤
      │             └火炎溶融(II型)
      │
      │             ┌直接法(III法)          ┌MCVD法
      │       ┌気 相┤スート再溶融法          │OVD法
      └合成シリカガラス┤   │                 ┤VAD法
              │       └プラズマ法(IV型)    └PCVD法
              │       ┌ゾル・ゲル法
              └液 相┤
                      └LPD法
```

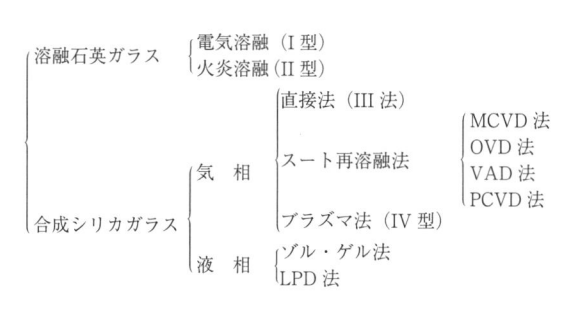

図1 シリカガラスの分類

1) シリカガラスの種類と製造方法

溶融石英ガラス

4.2

fused quartz

　天然の石英粉（quartz powder）を溶融することにより製造したシリカガラスを溶融石英ガラス（fused quartz）という．原料の石英粉は，従来は天然の水晶粉を粉砕することによりつくられていたが，最近ではペグマタイト（pegmatite）とよばれる石英と長石と雲母などの混晶から石英を浮遊選鉱することで比較的廉価で純度が高い石英粉末が得られている．溶融石英ガラスの原料に用いられる石英粉としては粒径 $100\,\mu m$ 程度の精製したものを使用している．最近，天然の石英粉の代わりに，合成シリカ粉を用いたものも市販されている．

　溶融石英ガラスの溶融方法は，電気炉またはアークプラズマによる電気溶融石英ガラス（I型）と酸水素火炎を用いた火炎溶融石英ガラス（II型）に大別できる．図1，図2にそれぞれの製造方法の例を示す．電気溶融石英ガラスには，電気炉の中でるつぼに入れた原料粉を真空中または不活性ガス中で溶融するもの，アークプラズマ中に石英粉を落下させることにより溶融するもの（図1）などがある．そのほか，原料を連続的に溶融して電気炉の下部から連続的に押し出してシリカガラス管を製造する方法も用いられている．

　火炎溶融石英ガラスは，非接触でコラム状のシリカガラス塊を製造する方法（図2）と型枠を用いて大型のスラブ状のシリカガラス塊をつくる方法がある．溶融には溶融石英ガラス製のバーナーが用いられる．

　溶融石英ガラスは，合成シリカガラスに比べて金属不純物量が多い．特にAlは10 ppm程度含む．半導体製造装置の要求から，アルカリやアルカリ土類金属の濃度は 0.1 ppm 以下程度に抑えられている（「シリカガラス中の金属不純物」参照）．溶融石英ガラスは，合成シリカガラスに比べて粘度が高く耐熱性には優れているが，細かな気泡が存在し，光学的に観測される粒状構造や紫外線領域の吸収帯をもつ．そのため，光学材料としては適さない．最近，合成シリカ粉を用いて，不純物の量が少なく，合成シリカガラスに近い光学特性をもつ材料も市販されている．

　溶融石英ガラスは，シリカガラスの中では比較的廉価で耐熱性がよいために，半導体製造装置や高輝度放電ランプの管球材料として用いられている．

（葛生　伸）

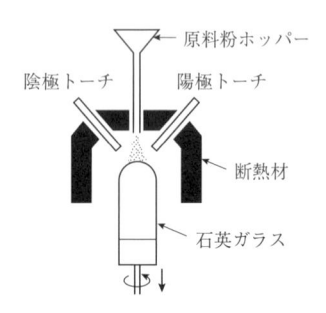

図1 アークプラズマによる溶融

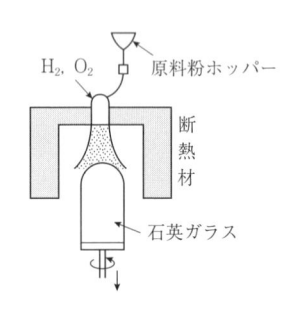

図2 火炎溶融石英ガラスの製造方法

4.3 直接法合成シリカガラス

direct method

　直接法合成シリカガラスは，III型シリカガラスともよばれている．四塩化ケイ素（SiCl$_4$）などのケイ素化合物を酸水素火炎中で加水分解することにより，直接堆積・ガラス化させ合成する方法である．

　直接法(direct method)は，1942年にコーニング社によって基本特許が出願された．現在，さまざまなタイプの合成炉が用いられている．図1に直接法合成シリカガラスの製造方法の例を示す．縦型合成炉は，火炎溶融石英ガラスのコラム方式のものと，同様のヴェルヌーイ炉（verneuil furnace）とよばれるタイプの炉を用いたものである．火炎溶融石英ガラスの場合との大きな違いは排気口があることである．これにより，反応過程で生じたCl$_2$やHClなどの有毒ガスを強制的に排気処理している．同時に，ガラス化しきれなかったSiO$_2$*の微粉末（スート）も炉周辺に拡散することなく処理できる．排気は火炎を調え，反応を安定化する働きもする．バーナーでの反応条件，排気条件などを制御することにより，シリカガラスの性状をコントロールする．横型で合成する方法（図2(b)）や，多数のバーナーを用いて型枠内に大型のスラブ状のシリカガラスを形成する方法も用いられている．

　直接法合成シリカガラスは，酸水素火炎加水分解により合成するためにOH基を400〜1500 ppm程度含んでいる．SiCl$_4$を原料とした場合，塩素を数十〜200 ppm程度含む．

　直接法合成シリカガラスは，溶融石英ガラス*に比べて高純度であるとともに，気泡がなく，紫外線を照射しても光吸収帯が生じない材料ができる．そのため，LSI用や液晶用のフォトマスク用の材料として用いられる．また，製造条件により均質で脈理がない材料の製造が可能である．そのため，大規模集積回路（LSI）製造に用いられる逐次移動型縮小投影機（ステッパー）用集光レンズなどの紫外線用高均質光学材料としても用いられる．　　　　**（葛生　伸）**

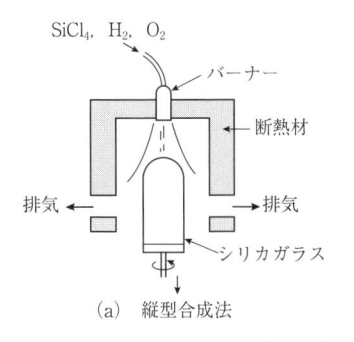

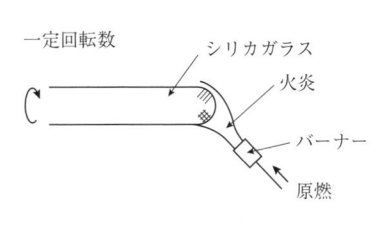

(a) 縦型合成法　　　(b) 横型合成法

図1 直接法合成シリカガラスの製造方法例

1) シリカガラスの種類と製造方法

4.4 スート法合成シリカガラス

soot-remelting method

シリカ系光ファイバーで伝送ロスがもっとも低くなる波長は 1.55 μm である。OH 基による吸収帯が 1.4 μm にあるため、OH を含まないシリカガラスが必要となる。そのために開発されたのがスート法（スート再溶融法：soot-remelting method）である。

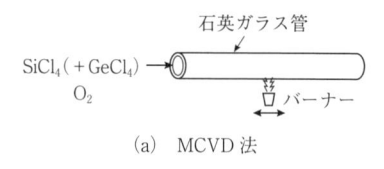

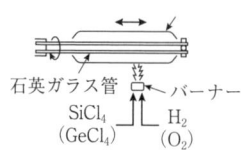

スート法には、MCVD（modified chemical vapor deposition）法、OVD（outside chemical vapor deposition）法、VAD（vapor axial-phase chemical vapor deposition）法などがある（図1）。

MCVD 法では、シリカガラス管内に $SiCl_4$（四塩化ケイ素）などの原料ガスと酸素を流し、外側からバーナーで加熱し、管内に熱酸化によるシリカの微粒子（スート：soot）を堆積させる。soot とは、煤（すす）の意味である。シリカガラス管内にスートが堆積したのち、ガラス管ごと加熱ガラス化する。その際、中心部に残った空洞はつぶれる。

OVD 法は、酸水素火炎中に $SiCl_4$ などの原料ガスを導入して、火炎加水分解によりシリカガラス管の外側にスートを堆積する方法である。芯のシリカガラス管を抜いた後、1500℃以上の温度でガラス化する。

VAD 法は、図1 (c) のようにシリカガラス管を使わずにスートを堆積させる方法である。MCVD や OVD 法のような中心部の空洞はできない。そのため、フォトマスクやレンズ、プリズムなどの光学材料の製造方法としても用いられている（「VAD 法」参照）。

OVD 法や VAD 法では、ガラス化前にさまざまな雰囲気下で熱処理することにより、OH 濃度などを変えることができる。

合成時に、$SiCl_4$ とともに $GeCl_4$ を供給することにより、GeO_2 をドープできる。ガラス化前にフッ素化合物の雰囲気下で熱処理することにより、F をドープできる。純粋のシリカガラスに比べて GeO_2 をドープすると屈折率が高くなり、F をドープすると低くなるため光ファイバーの屈折率調整に用いられている。　　　　　　（葛生　伸）

(a) MCVD 法

(b) OVD 法
（特公平 3-9047）

(c) VAD 法
（特公平 3-3617）

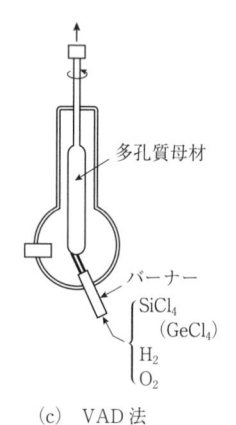

図1 種々のスート法合成シリカガラスの製造方法

4.5 VAD法

vapor axial-phase deposition method

VAD（vapor axial-phase deposition, 気相軸付け）法は，通信用光ファイバー母材の製造法であり，スート法によるシリカガラス合成技術に類する．

光ファイバーは，中心部に光伝搬領域である屈折率の高いコア，その周囲に屈折率の低いクラッドを配置し，コア直径はおおむね 10～60 μm，クラッド外径は 125 μm である．光ファイバーの製造は，これと相似の屈折率分布を有する母材を合成し，さらに加熱延伸してファイバーに紡糸する．母材合成では，高純度で光学的に均質なガラスの合成と高精度の屈折率分布の形成が必要である．

VAD法では，原料の $SiCl_4$ や $GeCl_4$ などを気相にして酸水素炎に流入させ，加水分解反応によりガラス微粒子（スート）を生成させる．スートを回転するシード棒先端に吹き付け，引き上げていくとスート母材が形成される．

屈折率分布を形成するため，屈折率を高くする GeO_2 や低くする F などが添加される．屈折率は添加物濃度に依存し，GeO_2 では濃度が 10 mol％で屈折率が約 1％高くなる．VAD法では，GeO_2 固溶量を，原料組成の異なる複数バーナーを用いるなどして半径方向に分布させることで屈折率分布を形成する．スート堆積温度はほぼ 700℃である．

スート母材は，直径 0.1 μm ほどの微粒子体で不透明であるからさらに加熱して透明なガラス母材とする．スート母材は，かさ密度が透明ガラスのおよそ 1/5 であり，加熱すると粘性焼結により透明化する．加熱温度は純 SiO_2 で 1450℃以上である．透明化が不適切であると気泡の残留や固溶反応が不完全となり，光学的均質性が劣化する．透明化雰囲気に He を用いると焼結は容易となり，Cl_2 を用いると OH 基を除去できる．

VAD法では，直径 80 mm，長さ 1500 mm 程度の透明ガラス母材が生産されているが，光ファイバーに換算して 600 km に相当する．

（坂口茂樹）

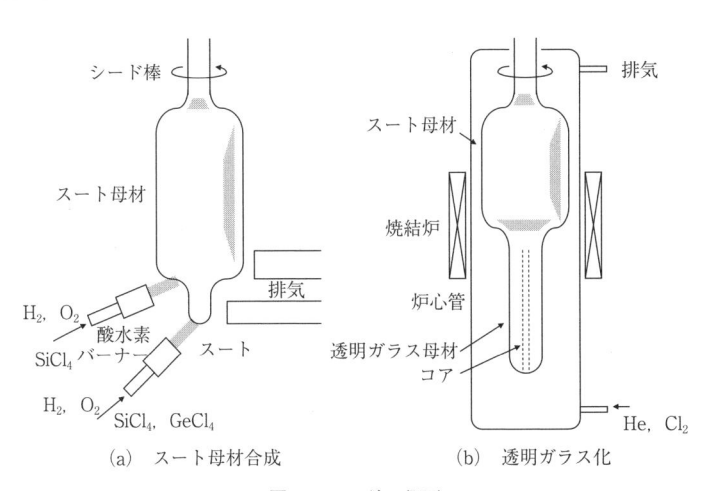

図1 VAD法の概要

1）シリカガラスの種類と製造方法

4.6 プラズマ法合成シリカガラス

plasma method

OH 基を含まないシリカガラスの合成方法として，スート法のほかにプラズマ法 (plasma method) がある．この方法は，スート法よりも古くに開発された．OH 基を含まないシリカガラスが合成できるため，光ファイバー用母材として用いられている．

プラズマ法は，IV 型シリカガラスともよばれている．図 1 にプラズマ法シリカガラス合成装置の例を示す．直接法同様，一つのプロセスでシリカガラスを合成する．プラズマ法では Ar や O_2 などの高周波誘導プラズマを用いて，$SiCl_4$ などのケイ素化合物を酸化することによりシリカガラスを合成する．

酸水素火炎を使わないため，OH 基を含まないシリカガラスを合成することが可能である．この方法では，Ne，Al，Ce などの元素のドープが可能である．反応時の Ar と O_2 の比率を変えることにより，酸素過剰や酸素欠乏のシリカガラスを容易につくることができる．プラズマ法では欠陥構造ができやすく，O_2 分子や Cl_2 分子が溶存しやすい．そのため，シリカガラス中の欠陥構造の研究対象としても興味深い材料である．

そのほかプラズマを用いた方法として，PCVD (plasma activated chemical vapor deposition) 法がある（図 2）．これは，MCVD 法のバーナーの代わりに誘導コイルを用いて，シリカガラス管中に誘導プラズマをつくるもので，スート法の一種である．紫外線用光ファイバーのクラッドを形成する方法として，直接法で合成したシリカガラスロッドの外側にプラズマトーチを用いて，OVD のようにシリカガラスを形成する方法（POVD [plasma activated outside vapor deposition] 法）も用いられている．

（葛生 伸）

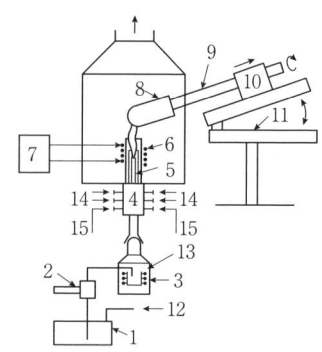

1. $SiCl_4$ 容器
2. ポンプ
3. $SiCl_4$ 気化器
4. バーナー入力チャンバー
5. バーナー
6. 高周波コイル
7. 高周波電源
8. シリカガラスインゴット
9. インゴットホルダー
10. ホルダー移動器
11. 位置合わせ機構
12. $SiCl_4$ 液体
13. 気化器への O_2
14. バーナー入力 O_2
15. バーナー入力 Ar

図 1 プラズマ法合成シリカガラスの製造方法の例 (French Pat. 2321594)

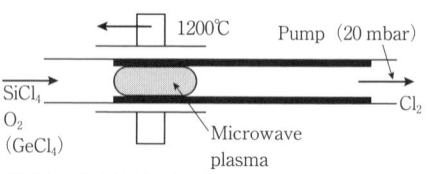

（出典）T. Li. Ed.: Optical Fiber Communications I, Fiber Fabrication, Academic Press (1985)

図 2 PCVD 法

4.7 ゾル・ゲル法シリカガラスの応用

application of sol-gel silica glass

ゾル・ゲル法はセラミックス，ガラスの低温合成法として知られるが，本法によるシリカガラス薄膜の合成は1846年にすでに報告されている[1]．以後，ステンドグラス，モザイクタイル壁などの保護コーティング技術として研究・実用化されている．1930年代にはイエナーガラス（新種光学ガラス）の耐湿コーティングとしても利用された．1960年代以降，窓ガラスの反射防止コーティングとして実用化されている（西独，Schott社）．1971年にSchott社のDislichにより，本法による多成分ガラスの低温合成が発表され，研究が急速に広がり，ゾル・ゲル過程の詳細が明らかにされ[2]，高純度シリカ・ガラスなどの報告がある．

わが国では1980年代にLSIプラスティックパッケージのフィラーとして本法によるシリカパウダーが開発，量産された．また，カラーTV用CRTの低屈折コーティング（反射防止，高コントラスト），チタニアコーティングと組み合わせた赤外線反射コーティング（自動車用ハロゲンランプなど）なども量産されている．光通信用ファイバーへの応用研究も多いが，いまだ実用例はない．

本法の長所としては，高純度，形状付与・組成の自由度，低設備コスト（低温・常圧プロセス），短所は高コスト（原料，有機溶剤，プロセス時間の長さなど），不純物（OH，Cなど）や細孔*の除去が困難などがあげられる．

ゲルは多孔質で細孔の除去が困難であることから，この細孔を利用することが考えられる．湿潤ゲルの溶媒を超臨界状態にして抽出（超臨界乾燥）すると，細孔収縮がほとんど起こらず，きわめて高い気孔率，比表面積をもつシリカゲル*（エアロゲル，solid fumeともよばれる）が得られることは1931年にすでに報告されている[3]．気孔率99％に達し，透光性が高く，低熱伝導（ポリウレタンフォームに匹敵），低屈折率，低誘電率，低音速など興味ある性質をもつ．多くの応用が期待されるが，超臨界乾燥による高コスト解消が課題で，有機ポリマーなどをテンプレートとして用いるなどの提案がある．

-O-Si-C-の安定な化学結合を利用して，有機分子（低分子，高分子）と無機酸化物を結合させたハイブリッドゲルの研究は1970年代より行われている[4]．表面硬さと柔軟性をもつめがねレンズ保護膜などの実用例がある．生体材料への応用研究も多い．

低温合成の利点を生かして，機能性有機分子（色素等）を分散・ドープしたシリカゲルおよびガラスの合成，応用が検討され，1980年代以降多数の報告がある．CRT反射防止コーティングに有機色素をドープ，着色してコントラスト向上を図った実用例がある．1990年代以降，色素，酵素などの機能性有機分子だけでなく，酵母など生きた細胞を包括した「バイオゲル」が提案され開発が盛んである[5]．膵島細胞を包括してインシュリンの放出を確認した例がある．また，生体内での薬品放出速度を制御するドラッグデリバリーシステム（DDS）への応用も検討されている． （平島 碩）

文献
1) J. J. Ebelmen : Ann., **57**, p. 331 (1846)
2) C. J. Brinker and G. W. Scerrer : Sol-Gel Science, the Physics and Chemistry of Sol-Gel Processing", Academic Press, San Diego (1990)
3) S. S. Kistler : Nature, **127**, p. 741 (1931)
4) E. J. A. Pope, et al. : Ceram. Trans., **55**, pp. 33-49 (1995)
5) G. Phillip and H. Schmidt : J. Non-Cryst. Solids, **63**, pp. 283-292 (1984)

4.8 シリカガラス構造の概略

overview of silica glass structure

シリカガラスは，結晶と異なり周期的な構造がない．そのため，X線や中性子線回折などによって完全に構造を決定することはできない．シリカガラスでは，Si*原子の周りに4個のO原子が正四面体状に配位したものが基本単位になっている．このような構造を短距離構造（short-range order structure）とよぶ．図1に示す中性子線回折から得られた動径分布関数の最近接Si-OおよびO-O間距離の比から，正四面体構造が形成されていることがわかる．このようなSiO$_4$正四面体構造は，頂点のOを共有して，三次元的につながっている．正四面体構造のつながり方について，古くからランダムネットワークモデルと微結晶モデルが提案されている．前者は，SiO$_4$正四面体が頂点のOを共有して三次元的にランダムな網目構造を形成しているとするものである．後者は，X線回折などでは観測されない微小な結晶が集まっているとするものである．現在ではこれらのモデルのどちらが正しいかという議論をしてもあまり意味がないであろう．

図1の中性子線回折によって求めた動径分布関数は，第3ピーク以降ブロードである．これは，Si-O-Si結合角や数個の分子のつながりによって決まる構造によるものである．このように，比較的近距離の数原子のつながり方によって決まる構造を中距離構造（middle-range order structure）という．ラマンスペクトルで測定される606 cm^{-1}と495 cm^{-1}のピークに対応する平面環状構造も中距離構造として知られている．それぞれ，SiとOを3個ずつもつ3員環構造と，SiとOを4個ずつ含む4員環構造をもつものである．

長距離の構造としては，屈折率の揺らぎがあげられる．これは，通信用光ファイバーの伝送効率に影響を及ぼす光散乱（レーリー散乱）の原因となる．さらに巨視的なレベルになると，溶融石英ガラス*では原料の石英粉の痕跡が観測される．

これらの構造のほかに，化学結合が切れた非架橋原子，Si-O-Si結合から酸素が抜けた酸素空孔などの点欠陥といわれるものや，Si-OH，Si-Clなどの末端構造が観測される．さらに，H$_2$，O$_2$，Cl$_2$などの分子が溶存しているものもある．これらの点欠陥，末端構造，溶存分子はシリカガラスの分光学的性質に影響を及ぼす．とくに，紫外線や放射線を照射したときの分光学的性質の変化に大きな影響を及ぼす．

〈葛生　伸〉

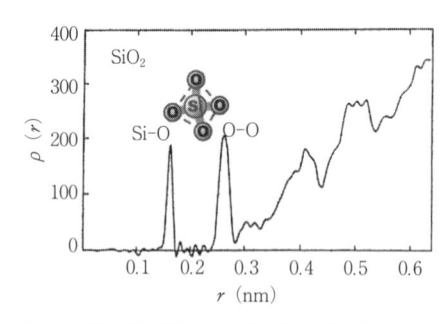

図1 中性子線回折による動径分布関数とSiO$_4$正四面体構造
(出典) M. Misawa: J. Non-Cryst. Solids, **37**, p. 85 (1980)

4.9 短距離構造と中距離構造

short-range order, middle-range order

中性子線回折や X 線回折によって得られる最近接 Si-O および O-O 間距離から，Si*と共有結合した 4 個の O 原子が正四面体の頂点にあるような構造であることがわかる．このように，一つの原子の周りの原子の結合の仕方によって決まる構造を短距離構造 (short-range order structure) という．Si 原子の周りに共有結合している O 原子は，通常は正四面体構造を形成している．しかし，正四面体構造を保ちながら，一つの化学結合が切れて不対電子が存在する構造や，Si 原子の周りに 3 個の O 原子が平面上に配位している構造なども存在する．O 原子に対しても Si 原子と同様，1 本の結合が切れている構造や酸素との結合も存在する．これらの結合が切れた構造や Si-O 以外の化学結合からなる構造については，「シリカガラスの欠陥構造」の項を参照されたい．Si 同士が結合した構造や，Si-O-Si から O が抜けた酸素空孔などの構造もある．O 原子には，通常 2 個の Si が配位しているが，Si-O-Si 結合角はかなり広い範囲で分布していることが知られている．この結合角分布は，X 線回折や核磁気共鳴 (nuclear magnetic resonance : NMR) などによって求めることができる．

数個の原子が結合した構造を中距離構造という．図 1 は第二隣接 O 原子までの共有結合のつながり方を示している．これらに現れる α, β, γ などは中距離構造を決めるパラメーターである．Mozzi と Warran は，対関数法とよばれる方法を考案し，X 線回折パターンからこれらのパラメーターの分布を求めている．

そのほか，中距離構造としてよく知られているものに，図 2 に示すような平面環構造がある．図 2 に示す平面 6 員環構造と，8 員環構造は，それぞれラマンスペクトルの D_2 (606 cm^{-1}) および D_1 (495 cm^{-1}) とよばれるピークに対応している．これらのピークの面積強度は仮想温度と密接に関係している（「シリカガラスのガラス転移および仮想温度」参照）．　　　（葛生　伸）

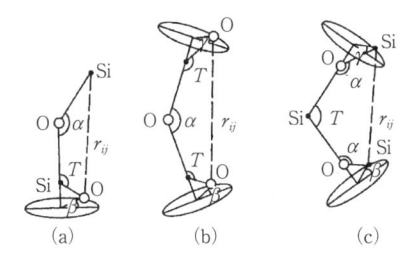

図1　シリカガラスの第 2 隣接 O までの構造を記述するパラメーター
（出典）R. L. Mozzi and B. E. Warren : J. Appl. Cryst., **2**, p. 164 (1969)

平面 6 員環構造　　平面 8 員環構造
●: Si,　○: O

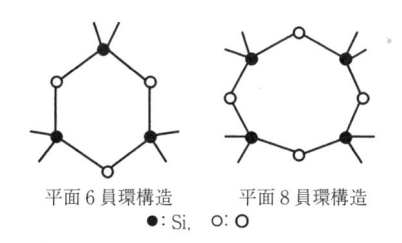

図2　シリカガラス中の平面環状構造

4.10 シリカガラスの欠陥構造 I（常磁性欠陥）

paramagnetic defect

シリカガラスは非晶質であるため，SiO_4 正四面体の網目構造が崩れ，通常の Si-O-Si の結合から外れた構造が存在する．このような構造の中には，SiOH や SiCl などの末端が安定化された構造のほか，非架橋結合や Si-O-Si 結合の酸素が多いものや少ないものがある．このようなものを欠陥構造（detection structure）という．欠陥構造には，不対電子を含み電子スピン共鳴（electron spin resonance：ESR，または electron paramagnetic resonance：EPR）で観測可能な，常磁性欠陥（paramagnetic defect）と ESR では観測にかからない反磁性欠陥（diamagnetic defect）に分類することができる．

常磁性欠陥は，安定なバルクシリカガラス中にはほとんど存在せず，放射線や紫外線の照射，イオン注入，サンプルの破砕，ファイバー線引きなどによって生じる．

常磁性欠陥でもっともよく知られているのは，E' センターとよばれるものである．これを式で表すと，≡Si・となる．ここで，≡は3つの酸素原子との共有結合を表し，・は不対電子を表す．図1に示すような周囲の構造によって，ESR スペクトルが異なってくる．基本的な形は E'_γ センターとよばれるもので，5.8 eV（波長 215 nm）に光吸収帯をもつ．そのほかの E' センターも光吸収帯の原因になるが，周りの環境によって吸収帯の位置が異なる．

そのほかの常磁性欠陥として ≡Si-O・で表される NBOHC（non-bridging oxygen hole center）が知られている．この欠陥は，4.8 eV（波長 255 nm）に吸収ピークをもち，励起すると 1.9 eV（650 nm）にピークをもつ赤色の発光が生じる．同様の吸収と発光は，溶存オゾン分子によっても生じる．また，パーオキシラジカル（peroxy radical：POR；≡Si-O-O・）も 4.8 eV 付近に吸収ピークをもち，赤色発光の原因になる．

（葛生 伸）

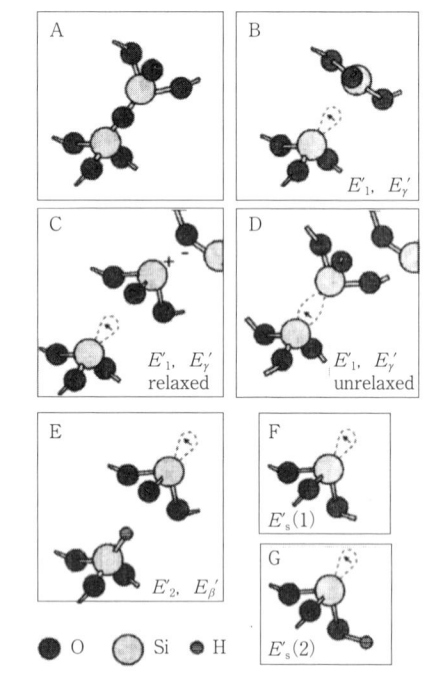

図1 シリカガラス中の各種 E' センターの例（図の A は完全な ≡Si-O-Si ≡ 結合を表す）

（出典） L. Skuja：J. Non-Cryst. Solids, **239**, p. 16 (1998)

4.11 シリカガラスの欠陥構造 II（反磁性欠陥）

diamagnetic defect

シリカガラス中の欠陥構造のうち，ESR の観測にかからないものを反磁性欠陥（diamagnetic defect）という．

常磁性欠陥の場合は，周囲の構造の影響を考慮したモデルによる計算値と実際の ESR スペクトルを比較することにより，構造を決定できる．それに対して，反磁性欠陥の場合は，構造を直接決定することは困難である．多くの場合，反磁性欠陥は光吸収帯を伴っている．複数の原因による吸収帯がほとんど同じ位置に存在することがある．そのため，光吸収だけから欠陥構造を特定することは，別の構造によりほぼ同じ波長の光を吸収する可能性があるため困難である．分子軌道法による量子力学計算も行われているが，多くの場合，雰囲気熱処理によって光吸収帯とともに変化する SiOH や SiH 基などとの対応や，類似の部分構造をもつ気体分子の光吸収帯などを参考に吸収帯と欠陥構造対応を推測している．反磁性欠陥は酸素欠乏型と酸素過剰型に分類される．

代表的な酸素欠乏型の反磁性欠陥として≡Si-Si≡（図1A）や≡Si…Si≡構造（図1B）などの酸素欠乏欠陥（oxygen deficient center：ODC）がある．後者は≡Si-O-Si≡から酸素原子が抜けた構造である．前者は，ODC(I) とよばれ，後者は ODC(II) とよばれている．ODC(II) は，中性酸素空孔（neutral oxygen vacancy）ともよばれる．ODC(I) および ODC(II) は，それぞれ 7.6 eV（波長 163 nm）および 5.02 eV（波長 247 nm）にピークをもつ吸収帯の原因となる．5.02 eV 吸収帯は $B_2\alpha$ 帯とよばれる．B_2 帯というのは，5.0 eV 付近にピークをもつ吸収帯のことである．そのほかの B_2 帯として，5.15 eV（240 nm）にピークをもつ $B_2\beta$ 帯が知られている．$B_2\beta$ 帯の原因として諸説があるが，酸素が2個配位した Si 原子構造（=Si：図1E）がその候補の一つとして考えられている．$B_2\beta$ 帯は，溶融石英ガラス*やある種の条件で合成した OH を含有するスート法シリカガラスで観察される．そのほかの酸素欠乏型欠陥として，≡SiSiSi≡ 構造（吸収波長 185 nm [6.7 eV]）が知られている．

酸素過剰型の反磁性欠陥として，≡Si-O-O-Si≡構造をもつパーオキシリンケージ（過酸化結合，peroxy lincage：POL）が知られている．

〔葛生 伸〕

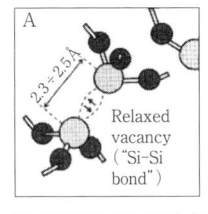

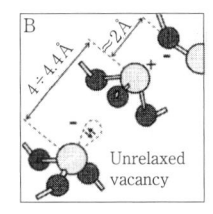

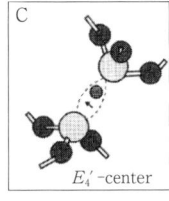

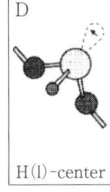

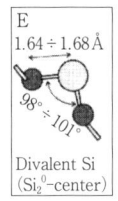

図1 シリカガラス中の各種欠陥構造（C の E_4' センター，D の H(I) センターを除いて反磁性欠陥）

（出典） L. Skuja：J. Non-Cryst. Solids, **239**, p. 16 (1989)

4.12 SiOH, SiCl などの末端構造

terminal structures; SiOH, SiCl, etc.

シリカガラスが非晶質として安定に存在するために，SiO_4 正四面体の網目構造が崩れ，通常の Si-O-Si の結合からずれた構造が存在する．このような構造の中には，製造中に生じた ≡SiOH や ≡SiCl などの末端が安定化された構造がある．直接法や火炎溶融石英ガラスでは，酸水素火炎中での加水分解や溶融時に ≡SiOH 基が生じる．火炎中のガスの一部は H_2，O_2，H_2O などの気体分子として溶存する．電気溶融石英ガラスでも原料表面に付着した水分などが原因となって，数十 ppm 程度の OH 基を含む場合がある．そのほか，火炎中の水素との反応により ≡SiH 構造が生じる場合もある．直接法合成シリカガラス*では，四塩化ケイ素（$SiCl_4$）などの塩化物を原料とし，スート法*ではさらに塩素などで脱水するため，≡SiCl 基が残存する．そのほか，屈折率を低減したり，真空紫外領域での透過率や紫外線耐性を改善したりするために ≡SiF 構造をもつシリカガラスもつくられている．

SiOH 基の濃度は，$3676\ cm^{-1}$ の赤外線吸収のピーク強度から定量することができる．図1に SiOH による吸収帯の例を示す．OH 基のモル吸光係数としては，50～80 $dm^3/mol\cdot cm$ の値が報告されている．よく使われる値は，77.5 $dm^3/mol\cdot cm$ である．シリカガラス中の SiOH 基には，骨格の O 原子と水素結合したものや，水分子と水素結合したものなども存在する．Si-Cl の吸収帯は，$1100\ cm^{-1}$ 付近にあるため，Si-O 伸縮振動と重なってしまい，赤外吸収スペクトルからは観測されない．一方，SiF による吸収帯は $945\ cm^{-1}$ にあるために，赤外吸収でもラマンでも観測される．SiCl は湿式の化学分析，あるいは蛍光 X 線によって定量することができる．SiH については $2250\ cm^{-1}$ 付近に吸収ピークが生じるが，付近に Si-O 伸縮振動による吸収ピークが存在するため，よほど濃度が高くない限り直接観測されない．通常，SiH の定量には $2200\ cm^{-1}$ 付近のラマンスペクトルのピークを用いる．図1に SiOH と SiH が同時に生じた例を示す．この例は，SiH の量がきわめて多い場合である．SiOH, SiCl は真空紫外域の吸収端付近に吸収が存在する．SiF は逆に吸収端を短波長側に移動する働きをする．

SiOH などの末端構造は骨格構造を柔らかくする働きをする．そのため，OH 濃度が高くなると粘度が低くなる．SiOH は，ガラス中を H_2O 分子と Si-O-Si 結合との反応を繰り返すことにより拡散する．そのため，熱処理によって表面付近が出入りすることがある．SiF は紫外線照射などにより吸収帯の生成を防止する働きがある．

（葛生　伸）

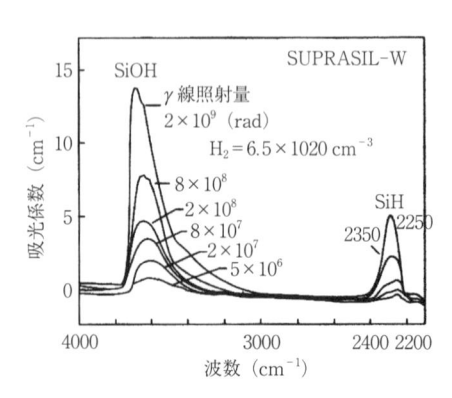

図1　水素中で γ 線を無水シリカガラスに γ 線照射したときに生じる SiOH と SiH による吸収
(出典)　J. E. Shelby : J. Appl. Phys., **50**, p. 3702 (1979)

4.13 シリカガラスに溶存しているガス

interstitial molecules

シリカガラス中の H_2, O_2, H_2O, Cl_2, F_2 などの溶存ガスは，シリカガラスに固有または放射線や紫外線などの照射によって誘起される点欠陥の生成に影響を与える．放電ランプでは，シリカガラス製の管球からの放出ガスがランプの点灯特性に影響を及ぼす．このように，シリカガラス中の溶存ガスは実用特性にも影響を及ぼす．

図1に溶存分子による光吸収を示す．溶存 O_2 分子は，真空紫外領域の波長約 180 nm 以下（約 7 eV 以上）の真空紫外領域で光を吸収し，波長が短くなるほど吸収は強くなる（図1）．これに，紫外線を照射すると O_3 分子が形成され，260 nm（4.8 eV）付近にピークをもつ吸収帯の原因となる（図1）．酸素分子は E' センター（≡Si・）などの欠陥構造と反応して，NBOHC（≡Si-O・）やパーオキシラジカル（≡Si-O-O・）などの欠陥構造をつくる．これらも，4.8 eV 付近の吸収の原因となる．

溶存 H_2 分子は，エキシマレーザーなどの紫外線誘起欠陥生成を防止する．これは，紫外線誘起欠陥とただちに反応することにより吸収帯の生成を防止するためである．H_2 濃度は紫外・可視の吸収から求められないが，2200 cm^{-1} 付近のラマンスペクトルのピークから測定することができる．火炎溶融石英ガラスや直接法合成シリカガラス*では，製造に酸水素火炎を用いるので，火炎中から H_2 分子が溶存する．シリカガラス中の溶存水素は，後から導入することもできる．熱処理に伴い

$$\equiv Si-OH \quad H-Si \equiv \longrightarrow \equiv Si-O-Si \equiv + H_2 \quad (1)$$

の反応により H_2 分子が生成することもある．放電ランプやハロゲンランプでは，シリカガラス製の管球から放出される H_2 分子が発光特性に悪影響を及ぼすことがある．比較的低温では分子状の溶存水素が放出されるが，温度が高くなると式 (1) の反応によって生じた水素分子が放出される．

溶存 H_2O 分子は，図1に示すように真空紫外領域に吸収をもつ．熱処理を行うと H_2O が放出される．溶存している水分子もあるが 600℃ 以上になると

$$\equiv Si-OH \quad HO-Si \equiv$$
$$\rightleftarrows \equiv Si-O-Si \equiv + H_2O \quad (2)$$

によって，ガラス骨格中を拡散する H_2O 分子が放出される．

以上の溶存ガスによる光吸収のほか，Cl_2 (3.8 eV [325 nm])，F_2 (4.3 eV [290 mm]) による吸収帯が知られている（図1）．

(葛生　伸)

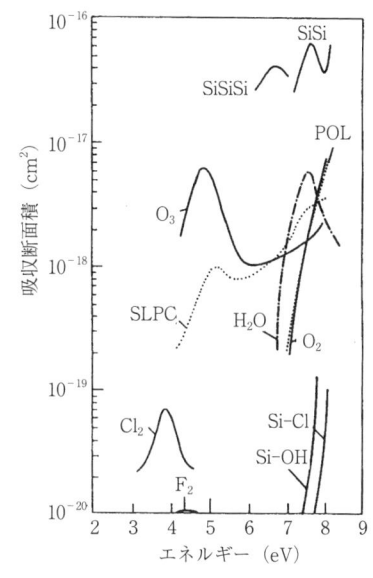

図1　シリカガラス中の溶存ガスと欠陥構造による光吸収

(出典) 粟津浩一：ニューセラミックス，**5**, 9 (1992)

2) シリカガラスの構造

ガラスの特性温度
4.14

reference temperature

ガラスは低温では固体であるので,応力を加えた場合ほとんど弾性変形のみを示すが,ガラスの転移点付近になると粘性変形の寄与が大きくなり,さらに高温では粘性流動を起こす.

液体やガラスの粘性流動は等方的であり,結晶では塑性流動は結晶の方位に依存する.

ガラスを形成する物質の粘度は広範に連続的に変化するので,特定の"粘度"("粘性係数"または"粘性率"ともいう)に対応する温度を特性温度(reference temperature)とよび,ガラスの成型・加工などガラスの加工特性の目安—流動性やひずみなどの緩和—として工業的に利用される.

しかし,特性温度は高温でのガラスの構造変化や物性などを必ずしも反映するものではない.ガラス工業では一般的な特性温度として次の4点が用いられる.

① ひずみ点(Strain Temperature.):粘性流動が起こらない温度でこの温度以下ではひずみは除去できない温度で粘度が $10^{13.5}$ Pa·s になる温度.

② 徐冷点(Anneling Temperature):内部ひずみが15分で除去可能な粘度が $10^{12.0}$ Pa·s になる温度.

③ 軟化点(Softing Temperature):軟化を始める粘度が $10^{6.5}$ Pa·s になる温度.

④ 作業点(Warking Temperature):作業温度範囲の上限の温度.粘度が $10^{3.0}$ Pa·s になる温度.ただし,シリカガラスでは作業点は2200℃を超え実用的ではないので,①〜③の特性温度を表示することが一般的である.

シリカガラス,ホウケイ酸ガラス(パイレックス)およびソーダ石灰ガラス(板ガラス)の粘度と絶対温度の逆数の関係を図1に示し,それぞれの特性温度を併せて表示する.

1成分系のシリカガスでは直線的となるのに対し,多成分系のガラスでは直線とはならない.

シリカガラスは1200℃以上で使用されることも多い.この場合高耐熱性のⅠ型が,光学的特性を要求される用途では均質性に優れるⅢ型が使われることが多い.

ひずみを除くため徐冷点付近で長時間アニールする作業が行われる.火加工が勘に頼ることが多いのに対して,アニールでは厳密な温度管理が要求され昇温・降温速度,保持温度・保持時間それぞれの最適性が求められる.

(須藤 一)

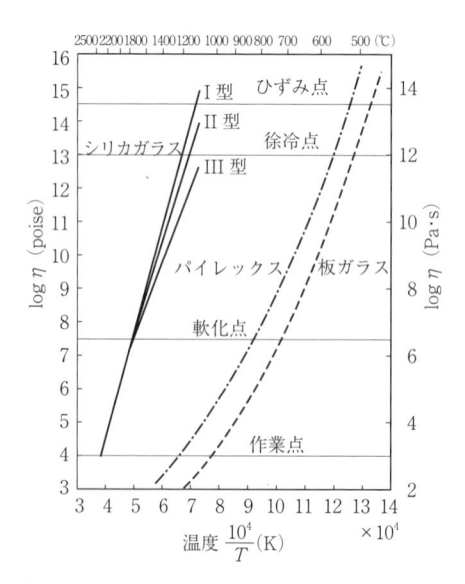

図1 シリカガラス,パイレックスおよび板ガラスの特性温度

4.15 シリカガラスのガラス転移および仮想温度

glass transition and fictive temperature

ガラスは高温の溶融状態から冷却すると,融点を過ぎても液体(過冷却液体, supercooled liquid)状態のまま冷却し,ある温度 T_g で固体となる.この温度をガラス転移温度(glass transition temperature)という(図1).ガラス転移温度は,冷却速度が速い場合は高く,遅い場合は低くなる.ガラスをある一定の温度 T_F に十分長時間保持して急冷すると,保持していた温度での構造が凍結される.このとき,この物質の仮想温度(fictive temperature)が T_F であるという.シリカガラスの場合は,図1に示すように高温で体積の極小値をもつ.この体積の温度依存性を反映して,シリカガラスの密度は仮想温度に対して $T_F=1450\sim1500℃$ で極大値をもつ.

シリカガラスの熱履歴と物性の関係を考えるために,仮想温度という概念は便利である.シリカガラス薄片を温度 T_F で一定時間熱処理し,水中に落下して急冷したものの測定を繰り返す.測定している物理量が一定値に達したら,その物理量が仮想温度 T_F における値であるとする.このような方法で,薄片の物理量を測定することはできるが,シリカガラスブロックや管などを熱処理したときの内部の仮想温度分布を調べることはできない.そこで,代用特性による仮想温度の決定方法が提案されている.ラマンスペクトルで欠陥線とよばれる $495\,{\rm cm}^{-1}$ (D_1) および $495\,{\rm cm}^{-1}$ (D_1) のピークは,それぞれ平面4員環構造および平面3員環構造に対応している.これらの面積強度は,シリカガラスの種類によらず長時間の熱処理によって一定値に達する.これを利用して仮想温度を決定することができる.仮想温度の測定法としてSi-Oの伸縮振動による $1100\,{\rm cm}^{-1}$ の赤外吸収ピーク位置が仮想温度によることを利用する方法が一般的である. $1100\,{\rm cm}^{-1}$ の吸収は強すぎて透過測定ができない.そのため,この吸収による反射スペクトルのピーク位置または,倍音による $2260\,{\rm cm}^{-1}$ 付近の吸収のピーク位置から仮想温度を求めることができる.

(葛生　伸)

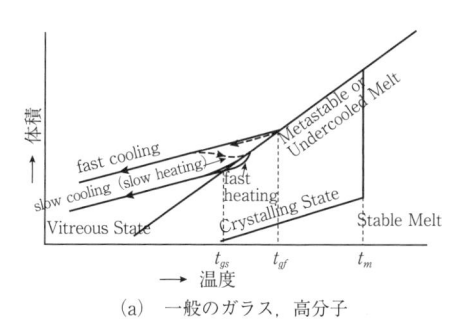

図1　一般のガラスおよびシリカガラスの体積の温度依存性

(出典)　R. Brückner：J. Non-Cryst. Solids, **5**, p. 123 (1970)

4.16 シリカガラスの粘度

viscosity

シリカガラスの特長の一つは，耐熱性に優れていることにある．純度が高く，1200℃でも使用可能なシリカガラスは，高温におけるジグの用途，とくに半導体製造に欠かせない材料である．半導体製造でシリコンウエハーの口径 12 in φ が主流となったいま，さらに高純度，高粘性のシリカガラスが求められている．

4.14節図1に示した1100℃から2400℃までのシリカガラスの粘度は，種々の文献値をプロットしたものである．天然水晶を電気溶融した I 型，天然水晶を酸素水素炎で溶融した II 型および四塩化ケイ素を酸水素で加水分解した III 型でそれぞれ傾きは異なるが，軟化点では収束する．

a. 測定方法

粘度の測定方法は温度領域で異なる．主要なものを紹介する．

① ビームベンディング法：試料の両端を支持して中央部に過重をかけたときの変形速度から粘性を求めるもので，ASTM でひずみ点および徐冷点を求める方法と規定されている．シリカガラス 1100〜1500℃ 程度の粘性を測定する．

② 片持ちベンディング法：試料の一端を保持して，そのたわみ速度から求める．シリカガラス 1100〜1500℃ 程度の粘性を測定するのに適する．

③ ねじり法：一端を固定した試料を縦型環状炉の中で回転させ，回転速度・ねじりモーメントの測定値から求める．シリカガラス 1400〜1900℃ の粘性が測定できる．

④ 落球法：シリカガラスの溶体中にタングステンボールを落下させ，その落下速度からストークスの式*で測定する．シリカガラスでは 2000〜2300℃ の範囲の粘性が測定できる．

b. 粘性を支配する要因

図1にシリカガラスの1200℃における粘性を示す．粘性曲線は3つのグループに分けられる．すなわち，I 型および II 型の天然石英を原料とするグループと，III 型および VAD の四塩化ケイ素を原料とするグループに大別され，さらに II 型でもパイプに加工されたものとバルク（インゴット）のものにも差がある．なぜこれらに差が出るのかいまだ解明されていない．また，シリカガラスはアモルファスであるが，I 型・II 型には粒界*がみられ，III 型にはみられない．

① 粘性は原料に支配される．
② 粘性は OH 基濃度に依存する．
③ 粘性は不純物にも左右される．アルカリ金属の不純物があると粘度は低下する．しかし，アルミナの存在でその低下の影響は緩和される．

（須藤　一）

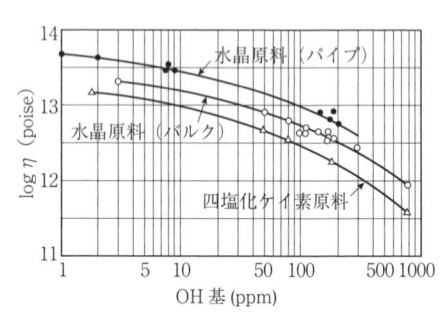

図1　天然水晶原料・合成原料シリカガラスの粘度（1200℃）OH 基濃度依存性

熱膨張 4.17

thermal expansion

　線膨張率と体膨張率と併せ熱膨張率とよぶ．均質な物質では十分な精度で成り立つので，3×線膨張率＝体膨張率である．シリカガラスの熱膨張はきわめて小さいため，熱衝撃に強い．熱膨張率が小さいことから，温度に影響されない標準スケールや，その優れた光学特性とあいまって温度変化の激しい場所で使用されるレンズなどの用途がある．一方，金属の膨張率は大きいので金属とシリカガラスの材料を併用するときは接触による破損に注意しなければならない．

測定方法

　従来は押し棒式膨張計が使われてきたが，試料を押す棒の膨張率も加算されるので精度が低い難点があった．レーザーの干渉を利用するレーザー熱膨張計の実用化に伴い，その精度は飛躍的に上昇した．その精度は 1.1×10^{-8}（±1.6%）と報告されている．ただし，真空中のレーザーの乱れから700℃が上限で，それ以上の温度では押し棒式膨張計と併用される．シリカガラスは－133℃から－63℃では負の膨張係数をもつことが報告されており，製法や構造にも依存する．図1に室温から700℃までの石英（水晶）を原料とするⅡ型，四塩化ケイ素を原料とするⅢ型のシリカガラスの線膨張率を示す．Ⅱ型は凸凹の曲線である．Ⅲ型にはこの凸凹はみられず，なだらかな曲線である．Ⅱ型にみられるピークは，図上に示したシリカの相転移点に対応しており，とくに573℃では石英の α 型から β 型の転移に対応しており，石英の線膨張曲線でも同様の現象がみられる．この特異な転移点は，硬度*や電気特性にもみられる．すなわち，水晶を原料とするシリカガラスはトリジマイト，クリストバライトや石英の痕跡がみられる．一方，合成原料からのⅢ型にはこのような転移点はみられない．

〔須藤　一〕

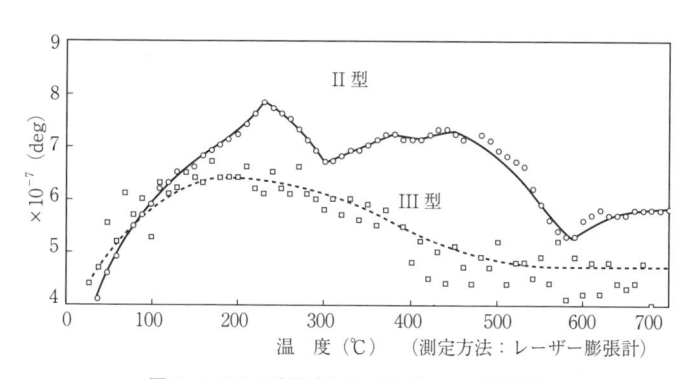

図1　シリカの変態点とシリカガラスの線膨張率

4.18
シリカガラスの熱の三特性
（比熱，熱伝導，熱拡散）
specific heat, thermal conductivity, thermal diffusivity

熱の三特性といわれる比熱（specific heat），熱伝導（thermal conductivity），熱拡散（thermal diffusivity）には，つぎの関係がある．

熱伝導率＝比熱×密度×熱拡散率
$$\lambda = c \times d \times \alpha$$

ここで，λ：熱伝導率（W/m·sec·K），c：比熱（J/Kg·K），d：密度（Kg/m^3），α：熱拡散率（m^2/sec）

a. 比熱・熱容量
物質1gを1℃上昇させるに要する熱量．−200℃から1700℃までの比熱曲線を図1に示す．比熱はシリカガラスの原料や製法に依存しない．

b. 熱伝導
熱伝導には伝導熱伝導率とふく射熱伝導率がある．通常，熱伝導率は伝導熱伝導率を示し，物質固有の値をとる．400℃以下ではふく射による熱伝導はほぼ無視できるが，温度が上昇するにつれふく射熱伝導が大きくなり，1000℃以上ではふく射熱伝導が支配的となる．不透明シリカガラスは，ふく射熱伝導を遮断する目的で使用される．伝導熱伝導率とふく射熱伝導率を併せたものを実効熱伝導率とよぶ．シリカガラスはパイレックス同様，とくに低温での熱伝導率が小なので断熱材としての用途もある．図2に−200℃から1300℃の伝導熱伝導率を示す．

c. 熱拡散
熱拡散とは，物体中の温度勾配が全体的に流れを引き起こす現象である．すなわち，熱拡散率αは系内の温度差が均一化される速さの目安ともいえる．一般的に金属や気体ではαは大きく，液体やセラミックスでは小さい値を示す．図3に−200℃から1300℃の熱拡散率を示す．（**須藤　一**）

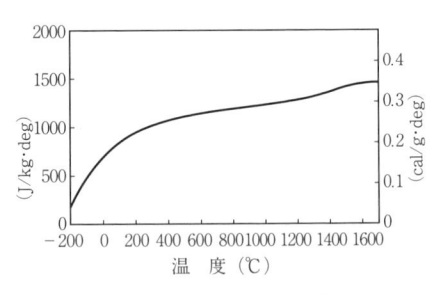

図1 シリカガラスの比熱

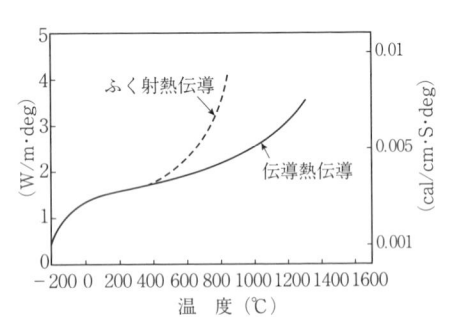

図2 シリカガラスの熱伝導率

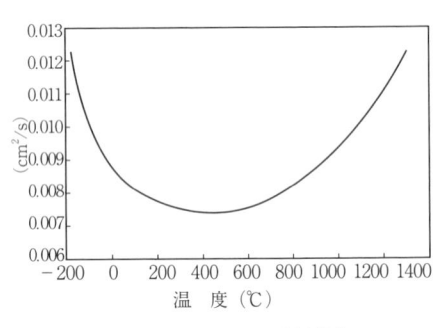

図3 シリカガラスの熱拡散率

4.19 シリカガラスの結晶化

devitrification

シリカガラスを長時間熱処理すると，表面や内部の一部が白色になることがある．このような現象を失透 (devitrification) という．これは，準平衡状態である非晶質の状態から安定な結晶になる現象である．失透は，酸素および水蒸気が存在することにより促進される．熱処理前に，シリカガラス製品に汗をたらしたり，指紋を付けたりすると付着した部分が結晶化する．

シリカには，多数の結晶相が存在する．実在のもの，実験室でつくられたものを含めると20種以上の結晶相が知られている．これらのうち，代表的なものは石英，クリストバライト，トリディマイトなどである．石英は，水晶を代表とする鉱物であり，溶融石英ガラスは，石英を粉末にして溶融することにより製造している．失透することにより生成するのは，主としてクリストバライトである（図1）．石英の密度が 2.7 g/cm^2 であるのに対して，クリストバライトは 2.3 g/cm^3 とシリカガラスの密度 2.2 g/cm^3 に近い．

失透は，シリカガラスの材質，シリカガラス中の不純物，構造，熱処理雰囲気，接触物の影響を大きく受ける．一般に温度が高いほど結晶化しやすい．水蒸気があると結晶化が促進される．また，アルカリ金属が存在すると結晶化が促進される．

図2に，電気溶融石英ガラスの結晶層の厚さの熱処理時間依存性の例を示す．結晶層の厚みは，熱処理時間の平方根に比例している．これは，酸素欠乏型欠陥をもつシリカガラスでみられる現象である．直接法合成シリカガラス*などでは直線になることが多い．

(葛生 伸)

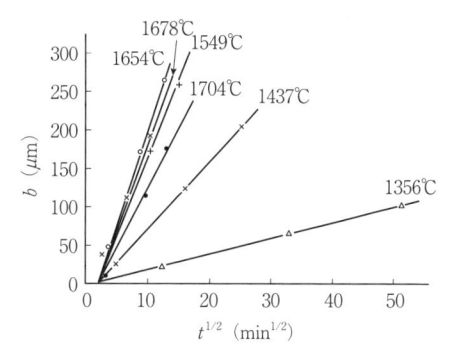

図2 電気溶融石英ガラス管の結晶化速度の熱処理時間依存性
(出典) N. G. Ainslie, C. R. Morelock and D. Trunbull: Symposium on Nucleation and Crystallization in Glasses and Melts, Am. Ceram. Soc., Columbus, pp. 97-107 (1962)

(a) 石英　(b) トリディマイト　(c) クリストバライト

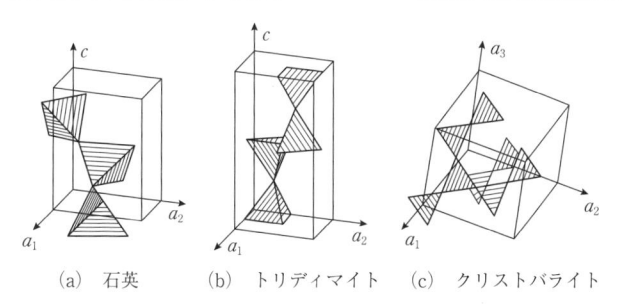

図1 代表的なシリカの結晶（図の正四面体は，Siを中心としてOが頂点にある SiO_4 正四面体構造を表す）
(出典) 貫井昭彦：セラミックス，**20**，p. 266 (1986)

3) シリカガラスの熱的性質

シリカガラスの高温での性質

4.20

high-temperature properties

溶融石英ガラス*や多くの合成シリカガラスは，1500〜2000℃の高温で生成される．これを製品にする過程でも，鋳型を使った成型，バーナーによるガス加工，ファイバー線引き，ひずみを除くための熱処理などにより高温にさらされる．さらに，半導体製造工程で用いられている熱処理装置の炉心管やシリコンウエハーを乗せるボートなどのように，高温で使用するものもある．高輝度放電（HID）ランプの管球のように，使用時に高温になるものもある．

このように，シリカガラスはその生成過程から使用時までさまざまな条件で高温に保持されることが多い．したがって，そのときの構造や物性の変化を知ることはガラス生成メカニズムの解明，所期の性質をもったシリカガラスの製造方法の確立，製品の特性や製品寿命の把握をするうえで重要である．しかしながら，多くの性質は高温で測定困難である．そのため，通常は熱履歴と常温での性質を比較することによって推定している．

実際に高温で測定可能なものについては限られている．粘度は温度範囲によって測定方法は異なるが，900〜2200℃程度の範囲で測定が可能である（「シリカガラスの粘度」参照）．最近，1800 K 付近までの高温での光散乱や真空紫外吸収スペクトルが報告されている．光散乱強度は溶融状態のサンプルで温度の低下とともに直線的に減少するが，ガラス転移温度で直線が折れ曲がる．ガラス転移温度は，冷却速度や OH 量に依存することが報告されている．また，OH を多く含む直接法シリカガラスでは，単純な折れ曲がりではなく，副緩和がみられる．さらに，直接の傾きから等温圧縮率が求められている（詳細は「光散乱」参照）．

真空紫外領域の吸収端（absorption edge）では，エキシトン（励起子：exciton．伝導電子と正孔の対が結合して，あたかも原子のように1個の中性粒子を形成しているもの）による吸収が非晶質であることによる結合状態の乱れおよび，熱振動によって広がる現象が知られている．これは，アーバックの裾（urbac tail）とよばれ，温度の上昇とともに吸収端の波長が長くなる（図1）．

（葛生　伸）

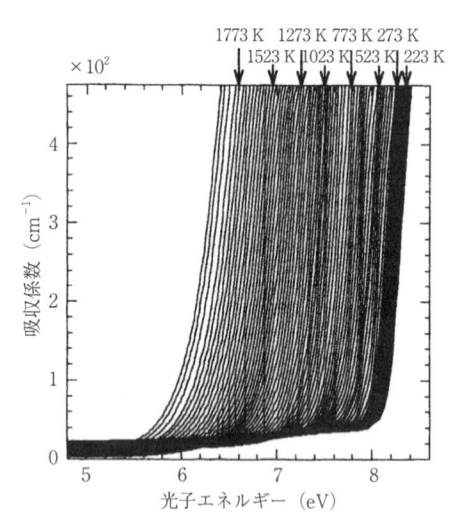

図1 23〜1873 K までの真空紫外吸収スペクトル
（出典）　K. Saito and A. J. Ikushima：Phys. Rev., **B62**, p. 8584（2000）

4.21 光学的性質の概略

overview of optical properties

シリカガラスは，真空紫外（vacuum ultraviolet：VUV）領域から近赤外（near infrared：NIR）領域の光を透過させる（図1）ため，光学材料や通信用光ファイバー用材料として用いられている．シリカガラスの光学的性質を分類すると以下のようになる．

1) レンズや光導波路としての必要な性質
① 屈折率およびその分散
② 屈折率の均質性
③ 複屈折
④ 脈理などの光学的欠陥
⑤ 分光透過率
⑥ 光散乱

2) 分光学的性質
⑦ 光吸収
⑧ 発光（蛍光）

エキシマレーザーなどを用いたリソグラフィー用の逐次移動式縮小投影機（ステッパー）用光学材料では，きわめて屈折率の均質性がよい材料が要求されている．光ファイバーなどでは，コアとクラッドの屈折率を調整するためにGeやFをドープしている．

分光学的性質は，実用的にもシリカガラスの構造を知るうえでも重要である．

光散乱は，光ファイバーの伝送効率を決めるうえでも重要である．光散乱強度は熱履歴を反映している．そのため，ガラス生成過程を研究するうえでも重要な特性である．

（葛生　伸）

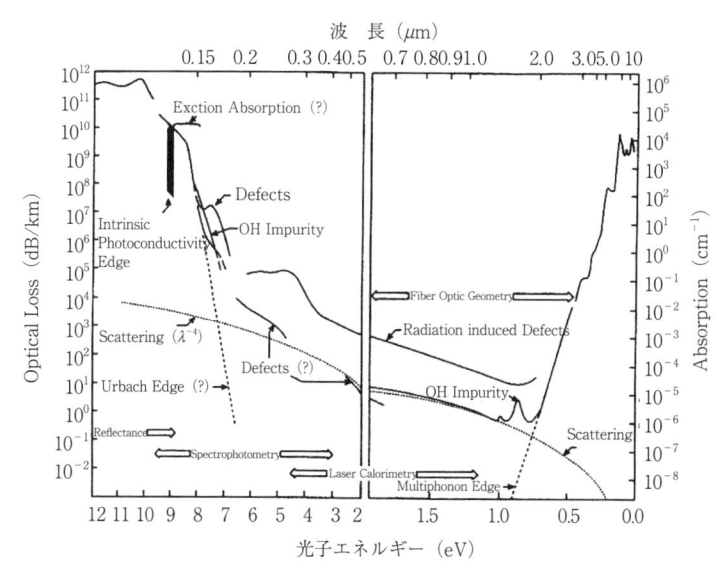

図1　シリカガラスの光吸収と散乱による伝送損失の波長依存性
（出典）　D. L. Griscom：J. Ceram. Soc. Jpn., **99**, p. 923 (1991)

4) シリカガラスの光学的性質

屈折率およびその分散

4.22

refractive index and dispersion

屈折率（refractive index）は，光学材料としてもっとも基本的な性質である．ある物質中の光の速さを c，真空中での光の速さを c_0（$=2.99792458\times10^8 \text{m}\cdot\text{s}^{-1}$）とすると，屈折率 n は，

$$n=\frac{c_0}{c}$$

で定義される．真空中からの入射角を i，屈折角を r としたとき，次式で表されるスネルの法則（Snell's law）が成り立つ．

$$n=\frac{\sin i}{\sin r}$$

シリカガラスの屈折率の波長依存性を図1に示す．波長の分布の程度を表す量を分散（dispersion）とよぶ．一般の光学ガラスでは，可視光波長のほぼ中央に位置する He の D 線（波長 587.56 nm）の屈折率 n_D を代表値として用い，分散を表す量として，

$$\nu=\frac{n_\text{D}-1}{n_\text{F}-n_\text{C}}$$

で定義されるアッベ数を用いる．ここで，n_F, n_C はそれぞれ，H の F 線（波長 486.13 nm）および C 線（波長 656.27 nm）に対する屈折率である．シリカガラスは，紫外線や近赤外線領域の光を使用する．図1に示すように，これらの領域では直線近似が成り立たない．そこで，分散を表す量として微分分散 $dn/d\lambda$ が用いられる．

各波長でのシリカガラスの屈折率の値は，Malitson によって提案された式，

$$n^2-1=\frac{0.6961663\lambda^2}{\lambda^2-(0.0684043)^2}+\frac{0.4079426\lambda^2}{\lambda^2-(0.1162414)^2}+\frac{0.8974794\lambda^2}{\lambda^2-(9.896161)^2}$$

によって求めることができる．ただし，λ は μm 単位で表した波長である．実際のシリカガラスの屈折率と，これから計算した値との間でずれがある．シリカガラスの屈折率は種類や熱履歴によって 10^{-4} の桁で差がみられる．任意の波長における屈折率を精密に求めるときには，測定可能な波長の屈折率を測定し，Maltson の式からのずれを必要な波長に内挿することにより求める．

シリカガラスの屈折率の変動要因として，仮想温度，SiOH 濃度，SiCl 濃度などがあげられる．Ge をドープすると屈折率が増大し，F をドープすると屈折率が減少する．これを利用して光ファイバーなどの導波路がつくられている． **（葛生　伸）**

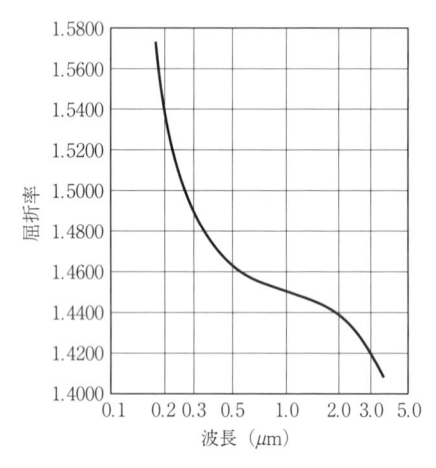

図1 シリカガラスの屈折率の波長依存性
（出典）　藤ノ木　朗：非晶質シリカ材料応用ハンドブック，p. 110，リアライズ（1999）

4.23 シリカガラスの屈折率の均一性

homogeneity of refractive index in fused silica

a. シリカガラスの屈折率と屈折率の均一性

シリカガラスにかかわらず，光学ガラスの屈折率の均一性といった場合，本来的には光学ガラス体を構成する微小体積素片における屈折率がどれだけ均一かをさすものであるが，光学材料として屈折率の均質性を考える場合，ほぼ唯一の実用的な測定手段である干渉計に現れる干渉縞の曲がり具合によって議論されることが一般的である.

干渉計による屈折率分布の測定法においては光学ガラスを透過する光の速度分布を屈折率分布としてとらえるために，光の透過軸上に存在する屈折率変動は平均化されて，光が照射された面内における光軸方向に平均化された屈折率の分布として観察される.

注意しなくてはならない点は，このようにして得られた屈折率分布には方向性があるので，同じ光学体であっても測定方向によって得られる屈折率分布の値（Δn）が異なるという点である．また，得られた屈折率分布は測定光の光路長で平均化された数字であるから，測定厚さも重要な情報である．測定厚さをいちいち示す煩雑さを避けるために，屈折率の均質性をΔnとして表す際に，光路長 1 cm 当たりに換算した値で表すことが慣例化している．光学用シリカガラス材料のカタログによく示される，屈折率の均質性を表すΔnは試料厚さ 1 cm 当たりに換算した値であることを留意しておく必要がある.

b. シリカガラスにおける屈折率変動要因

シリカガラスは単一酸化物で構成されているために，多成分ガラスと異なり成分組成の変動に伴う屈折率変動がない.

構造欠陥や不純物に伴う光学吸収が存在すると，その部分の屈折率の上昇，異常分散が生じるが，光学用シリカガラスの場合は，これらを厳密に排除しているため吸収端近傍の波長 180 nm 以上，4500 nm 以下の波長領域においては波長 2730 nm の OH 基の吸収を除いてはほとんど吸収はないため，屈折率変動の要因としては

① OH 基
② 塩素，フッ素などのハロゲン
③ 仮想温度

の3つが主たるものである.

したがって，シリカガラス内における屈折率の均一性は，これらの分布の組合せによって決定されると考えられる.

これらの要素がシリカガラスの屈折率に与える影響について以下に簡単に述べる．また，各要素のシリカガラスの屈折率に与える影響を表 1 に示す.

なお，光学用シリカガラスでも非常にエネルギーの強い光，たとえば ArF（λ=193 nm）や KrF（λ=248 nm）エキシマレーザー光で長時間照射すると吸収を伴う常磁性欠陥（E*センター λ=215 nm）が生じ，これに伴う屈折率の上昇が生じることが知られている.

① OH 基

OH 基はとくに脱水工程により意識的に除去しない限り，シリカガラス中に数十〜1000 ppm 以上存在する．シリカガラス中

表1 各種要素のシリカガラスの屈折率に対する影響[2]

官能基	屈折率に対する影響
OH 基	$-1\times10^{-7}/\Delta$OH (OH ppm)
塩素	$1\times10^{-7}/\Delta$Cl (Cl ppm)
F	$-0.3\sim-0.35\%$ /1wt% F
仮想温度（T_f）	$1.5\times10^{-6}/\Delta T_f$（℃）

（注） 表中の－は屈折率を低下させる.

4) シリカガラスの光学的性質

のOH基は，シリカガラスの屈折率を低下させるために，その濃度に応じて負の影響を屈折率分布に与える．

② 塩素

シリカガラス中の塩素は，原料のシランからガラス中に持ち込まれたもの，あるいは脱水工程などの雰囲気処理によって取り込まれたもので，その濃度は0 ppm～1000 ppmと非常に幅がある．

塩素濃度が著しく高いものは，OH基を除去するために脱水工程を経たシリカガラスで最高1000 ppm以上含有される場合もあるが，そうでない場合は多くても100 ppm程度である．シリカガラス中の塩素は屈折率を高くする方向に働くため，塩素濃度分布は正の影響を屈折率分布に与える．

③ フッ素

フッ素はシリカガラスの屈折率を大きく負の方向に変動させるが，意識してドープした場合を除いて，通常シリカガラス中に含まれることはない．

④ 仮想温度

仮想温度はシリカガラスの屈折率に大きな影響を及ぼす．仮想温度分布は，徐冷操作によってある程度制御することが可能であるが，OH基分布などの影響を受けることが知られている．

c. シリカガラスの屈折率分布の測定方法

屈折率分布は干渉計により測定される．干渉計の種類としてはフィゾータイプあるいはトワイマングリーンタイプのものが一般的である．干渉計を用いた屈折率の均質性の測定方法は，JIS R 3252-1994に詳しいのでここでは省略する．

図1にフィゾー干渉計の模式図を，図2にシリカガラス光学材料のZygo社の干渉計を用いた測定例を示す．

干渉計による屈折率分布測定は，絶対値の測定ではなく相対的な測定値であり，屈折率の直線的な変化は干渉縞には現れな

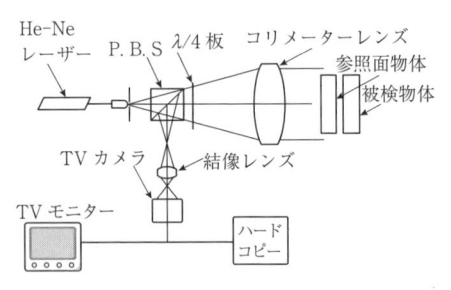

図1 フィゾー干渉計の模式図

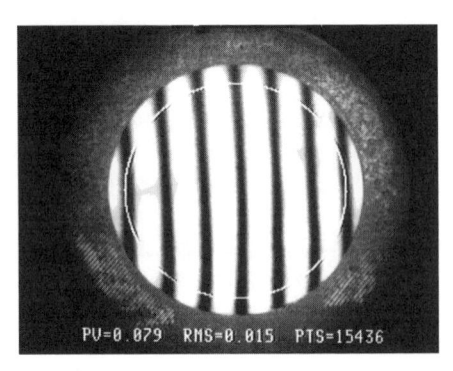

図2 Zygo社の干渉計を用いたシリカガラス光学材料の屈折率分布測定例（測定径：ϕ200 mm，長さ：50 mm，$\Delta n : 1 \times 10^{-6}$）

い．　　　　　　　　　　　　（藤ノ木　朗）

文献

1) 末田哲夫：光学部品の使い方と留意点，pp. 233，オプトロニクス社（1985）
2) 非晶質シリカ材料応用ハンドブック，pp. 112-113，リアライズ社（1999）

4.24 脈理などの光学的欠陥

optical defects such as striae

シリカガラスに内在する光学的欠陥として，気泡，脈理，異物，粒状構造があげられる．

a． 泡

溶融シリカガラス（天然石英ガラス）は程度の差はあるものの，必ず泡を内包していると考えてよい．合成シリカガラスは完全に無泡のものが製造されている．

光学ガラス中の泡は，日本光学硝子工業会規格によって測定方法および等級が規定されており，シリカガラスに関してもこの規格が適用される．分類表を表1および表2に示す．

b． 脈理

ガラス中の屈折率が急激に，かつ著しく変化している部分を脈理とよぶ．図1にシリカガラスに存在する非常に強い脈理の例を示す．脈理はもっとも重要な光学的欠陥の一つである．一般光学ガラスの脈理はひも状，シート状のものが存在するが，シリカガラスの脈理はシート状，あるいは層状で存在する．規則正しい周期をもった層状の脈理はレイヤーとよばれ，ブール法とよばれる製造方法に起因するものである[1),2)]．

シリカガラスの脈理はシート状であるために，脈理の形状が平面的な場合，これと垂直に透過する光線に対しては光の進路にまったく影響を与えない場合がある（脈理が見えない）．このようなシリカガラスを一方向に脈理が存在しない，一方向脈理フリーなガラスとよぶ．一方向脈理フリーのガラスの場合，脈理と平行に透過する光線に対しては脈理の影響が現れるために支障があり，使用方向が限定された光学材料である．一方，完全に脈理が存在しない状態は3方向脈理フリーであるとよばれ，高精度な光学部品として用いられている．

脈理の原因は多様であるが，製造方法に起因する場合，熱履歴に起因する場合，OH基濃度や密度の揺らぎに起因する場合などさまざまな原因がある．

日本光学硝子工業会規格には，脈理の測定方法とその等級が規定されている．この方法はシャドーグラフとよばれる方法である．図2に示すように色消しを施した一

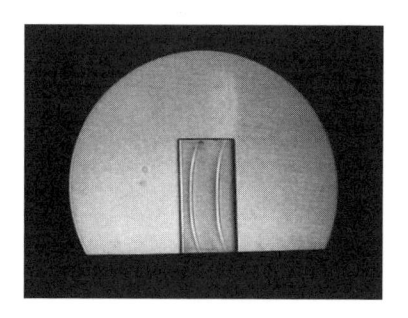

図1 シュリーレンコンパクトによる脈理像

表1 分類表（1）

級	1	2	3	4	5
100 ml 中の断面積の総和（mm²）	0.03 未満	0.03 以上 0.1 未満	0.1 以上 0.25 未満	0.25 以上 0.5 未満	0.5 以上

表2 分類表（2）

級	A	B	C	D	E
100 ml 中の数の総和（個）	10 未満	10 以上 100 未満	100 以上 500 未満	500 以上 1000 未満	1000 以上

4） シリカガラスの光学的性質

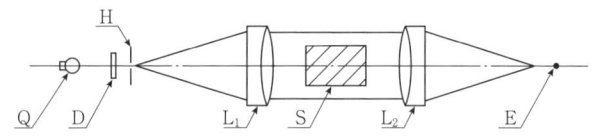

Q：光源（8V豆球），D：拡散板，H：ピンホール（直径0.5 mm）
L₁, L₂：コリメーションレンズ（焦点距離200 mm），S：測定試料，E：眼

図2　日本光学硝子工業会規格による脈理測定法

対のコリメーションレンズを用いて，ガラス材料を平行光束の中に置き検査する．日本光学硝子工業会規格ではレンズの焦点距離（200 mm）や試料サイズ（50×50×20 mm）が指定されていて，簡便な測定方法とはいいがたいが，この方法以外にも，ナイフ・エッジ法やシュリーレン法が知られている．シュリーレン装置は溝尻光学からシュリーレンコンパクトシリーズとして市販されており，簡便で精度の高い測定が可能である．

c. 異物

合成シリカガラスには異物が存在することは少ないが，ごくまれに微細なクリストバライトの微結晶が異物として検出されることがある．天然シリカガラスは，水晶粉やクリストバライト粉を熔融して製造されるために異物の存在頻度は高い．原料粉中に含まれる微量の異物が混入することがあるからである．

シリカガラス中の異物に関しても日本光学硝子工業会規格が適用されるが，その方法は泡の測定方法と同じである．日本光学硝子工業会規格においては，異物として最大長さ4 μm以上の微結晶，直径30 μm未満，4 μm以上の泡およびこれに準じる異質物で，散光を起こすものと定義されている．

d. 粒状構造

粒状構造は天然シリカガラスのみに存在する欠陥であり，合成シリカガラスには存在しない．原料である水晶粉微粒子が完全に熔融しきれていない場合，溶け切れてい

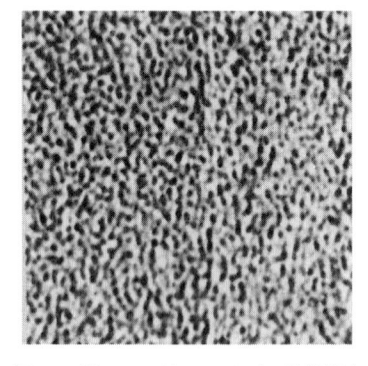

図3　天然シリカガラスにおける粒状構造

ない結晶部分がガラス部分より高い密度を有するために，光を透過した際にこれが粒状の構造として観察される．粒状構造の観察には，脈理観察に用いたシャドウグラフやシュリーレン装置が用いられる．

図3に粒状構造の写真を示す．粒状構造が認められるシリカガラスは，光学用途には使用することはできない．

(藤ノ木　朗)

文献
1) USP5, 395, 413
2) USP5, 152, 819

4.25 シリカガラスの複屈折

birefringence

光は，進行方向と垂直な方向に電場と磁場が振動している．進行方向から見たときの電場の振動の仕方によって，直線偏光，円偏光，楕円偏光に分けられる（図1）．等方的な材料を光が通過した場合，偏光（polarization）の状態は変わらない．異方的な透明材料を光が透過した場合，偏光状態が変化する．これは，光の振動の方向によって屈折率が異なるためである．このような現象を複屈折（birefringence）という．シリカガラスにひずみ（strain）が生じると，残留応力などにより微弱な複屈折を示す．シリカガラスの複屈折は，脈理付近や機械加工，熱処理によって生じた応力（stress）によるものである．

複屈折を示す物体に直線偏光を入射すると，一般に楕円偏光になる．ただし，特定の方向に振動する直線偏光は，直線偏光のまま通る．この特定の方向には互いに直交する3つの方向があり，屈折率の主軸（principal axis）とよばれている．3つの主軸の方向を x, y, z とする．複屈折が生じると，それぞれの主軸に対する屈折率（主屈折率：principal refractive index）の値 n_x, n_y, n_z が異なる．ガラスの1つの主軸を z 方向から入射する光に対して，主屈折の差

$$R = n_x - n_y \tag{1}$$

をリターデーション（retardation）とよぶ．リターデーションは，無次元量である．ガラス分野では，これを nm/cm（$=10^{-7}$）単位で表し，ひずみ量とよぶ．複屈折の観察や測定方法には，直交ニコル法，セナルモン法，円偏光法，鋭敏式色板法などがある．自動測定できる精密な複屈折測定装置も開発されている．直接求められるのは，主軸方向の光路差

$$R_d = (n_x - n_y)d \tag{2}$$

である．これを nm 単位で表し，cm 単位のサンプル厚さで割ることによりひずみ量を求める．

ガラス内部に生じる応力も，屈折率と同様主軸およびそれに対応した主値をもつ．一般に応力テンソルの主軸は，屈折率の主軸と一致する．応力の主値の差を $\Delta\sigma$ とすると，

$$R = K\Delta\sigma$$

が成り立つ．K のことを光弾性係数といい，シリカガラスの光弾性係数は約 3.5 nm·cm^{-1}/kgf·cm^{-2} である． **（葛生　伸）**

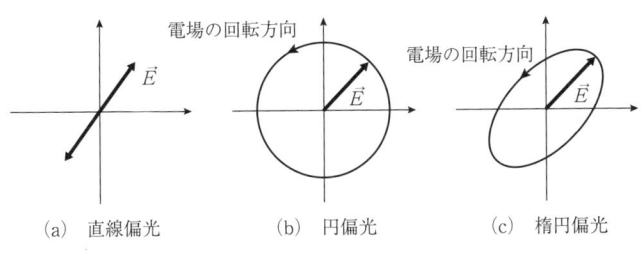

(a) 直線偏光　　(b) 円偏光　　(c) 楕円偏光

図1 偏光の種類

4.26 紫外可視光透過特性

ultraviolet and visual transmission

シリカガラスは，真空紫外領域から近赤外領域の光をよく通す．そのため，紫外線領域での光学材料として用いられる．さらに，線膨張係数がほかの硝材と比べて小さいために，精密な測定機器で用いられる光学材料やオプティカルフラットなどの基準板などとしても用いられる．光学材料では，屈折率やその分散などの基本的な光学特性のほかに，光透過特性が重要となる．

透過率（transmittance）の波長依存性を示したものを分光透過率（transmission spectrum）という．ガラスなどの透明固体材料では，透過率として表面の反射を含んだものを用いる．入射光の強度を I_0，透過光の強度を I とするとき，透過率は I/I_0 をパーセント単位で表したものである．透過率は，通常表面反射率 R による寄与と内部吸収による寄与により，次の式に従う．

$$I = I_0 (1-R)^2 e^{-\alpha l} \quad (1)$$

ここで，t は試料の厚さ，α は吸光係数（absorption coefficient）とよばれるものである．各メーカー製品カタログのデータなどでは，通常 1 cm の厚さの試料に対する分光透過率が示されている．カタログデータなどからほかの厚さでの透過率を求めるためには，反射率を屈折率から

$$R = \left(\frac{n-1}{n+1}\right)^2 \quad (2)$$

の関係を用いて計算することにより，透過率の換算をすることができる．屈折率は「屈折率およびその分散」で示した分散式（Malitson の式）を用いて計算する．

合成シリカガラスでは，多くの場合，一部近赤外領域を含む 200〜1100 nm の紫外可視領域での内部吸収がない．溶融石英ガラス*や無水合成シリカガラスなどでは，240〜250 nm 付近に欠陥構造による光吸収帯をもつ（図1）．溶融石英ガラスに放射線，X 線，強い紫外線などを照射すると，粒状構造の境目が褐色に着色して可視光領域で光吸収が生じることがある（図2）．

〔葛生　伸〕

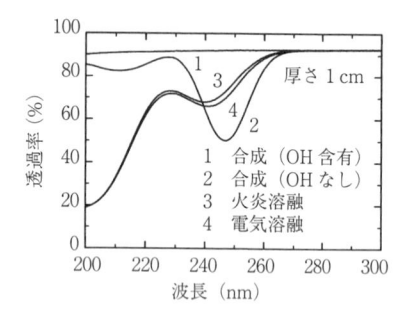

図1 各種シリカガラスの紫外線領域の分光透過率

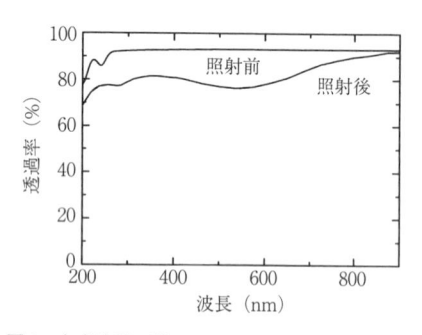

1 合成（OH 含有）
2 合成（OH なし）
3 火炎溶融
4 電気溶融
厚さ 1 cm

図2 火炎溶融石英ガラスに ArF レーザー照射したときの誘起吸収スペクトル

4.27 真空紫外分光特性

vacuum-ultraviolet transmission

200 nm 未満の波長になると酸素，水蒸気などによる光が吸収のため，大気中で吸収スペクトルを測定できなくなる．このような短波長の紫外線は真空紫外線（vacuum ultraviolet ray）とよばれている．最近では，真空のかわりに乾燥窒素中で測定できる装置も使用されている．真空紫外領域では，欠陥構造による光吸収，溶存ガスによる光吸収，SiOH，SiCl などの末端構造による光吸収，さらにエキシトン（励起子：exciton）によるものがある．エキシトンとは，半導体や絶縁体の中で伝導電子と正孔の対が結合して，あたかも原子のように1個の中性粒子を形成しているものである．

図1に各種シリカガラスの真空紫外透過スペクトルを示す．溶融石英ガラス*は，270 nm 付近から透過率が低下し始め，240 nm（5.2 eV）付近にピークをもつ B_2 帯とよばれる吸収帯をもつ．これは，欠陥構造によるものである．合成シリカガラスでも，OH を含まないものでは，247 nm（5.0 eV）の吸収帯が存在する．このシリカガラスには，215 nm（5.8 eV），163 nm（7.6 eV）の吸収帯もある．ただし，163 nm の吸収帯は強すぎて，図ではわからない．OH 基を含むものでは，OH 基が少なくなるほど，短波長まで光を通す．これは，OH 基により光を吸収するためである．

非晶質シリカのバンドギャップは，9 eV（140 nm）といわれている．実際には，エキシトンや OH 基などによる吸収があるため，吸収端は 155 nm（8 eV）よりも長波長（低エネルギー）となる．図2は，吸収端付近の吸収スペクトルを示す．エキシトンによる弱い吸収帯がみられる．これらのエキシトン吸収は，構造の乱れや熱的乱れによってアーバックの裾（Urbach tail）とよばれる吸収の裾構造を形成する．アーバックの裾は温度に依存し，温度が高くなるにつれて吸収端が長波長側にシフトする（「シリカガラスの高温での性質」図1参照）．

(葛生　伸)

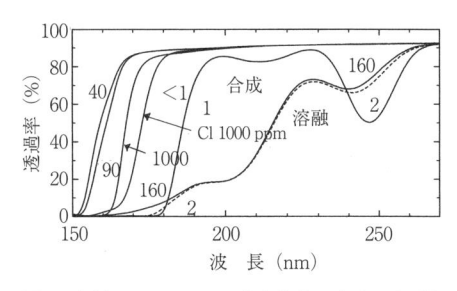

図1 各種シリカガラスの真空紫外分光透過率（数字は ppm 単位の OH 濃度）

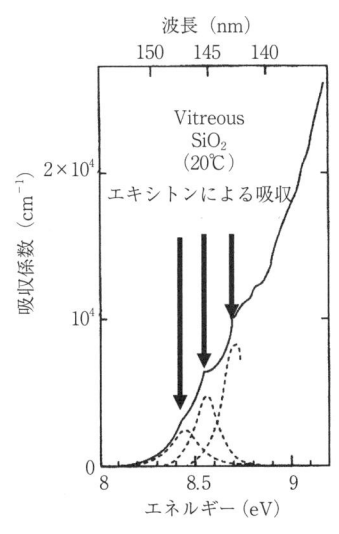

図2 シリカガラスを吹いてつくった薄膜の光吸収スペクトル

(出典) A. Appleton, et al.: Physics of SiO_2 and its interface, S. T. Pantelides Ed., p. 94 (1978)

4) シリカガラスの光学的性質

4.28 赤外分光特性

infrared spectroscopic properties

シリカガラスの赤外吸収スペクトル (infrared absorption spectrum) および反射スペクトル (reflection spectrum) の例を図1に示す. 2000 cm^{-1} 以下の波数では, 吸収係数が極端に大きくなるため, 吸収スペクトルの測定は直接できない. そこで, 反射スペクトルにより吸収の様子を知ることができる.

シリカガラスの種類によって大きく異なるのは, OH 基による吸収である. OH の伸縮振動による吸収帯は, 3680 cm^{-1} (波長 2.7 μm) 付近に生じる. この吸収強度をもとに, OH 基の濃度を定量している. OH のモル吸光係数として, 50〜80 dm^3/mol·cm の値が報告されている. 実用的には 77.5 dm^3/mol·cm がよく使われる. このほか, SiOH の非対称伸縮振動による吸収が 4500 cm^{-1} (波長 2.2 μm) 付近に, OH の伸縮振動による吸収が 7100 cm^{-1} (1.4 μm) 付近に観測される.

図1の反射スペクトルおよび吸収スペクトルでは, S-O の伸縮振動による基本波 (1100 cm^{-1}) とその倍音 (2260 cm^{-1}) によるピークがみられる. 1100 cm^{-1} 付近の吸収は非常に強いため, 反射スペクトルから求める. 反射スペクトルと吸収スペクトルの間には, クラマース・クロニッヒ (Kramers-Kronig, K-K) 変換という積分式が成り立つ. 数値的に K-K 変換を行うことは可能であるが, 無限波数領域にわたる積分を有限領域での積分で近似するために, ピーク位置などに誤差が生じる. 1120 cm^{-1} 付近のピーク位置は, 仮想温度と相関がある (「シリカガラスのガラス転移および仮想温度」参照).

シリカガラスの中には, SiOH のほかに SiH を含むものもある. SiH は, 2250 cm^{-1} に吸収ピークをもつ. 水素含浸下で γ 線照射したときに, SiOH とともに SiH が生じることから, SiH のモル吸光係数 ε_H と SiOH のモル吸光係数 ε_{OH} の間に,

$$\varepsilon_H = (0.45 \pm 0.06)\varepsilon_{OH}$$

の関係が成り立つことが報告されている (「SiCl, SiOH などの末端構造」およびその中の図参照). しかしながら, 多くの場合 SiH による吸収ピークは, Si-O の伸縮振動による吸収の倍音 (2260 cm^{-1}) の吸収よりもきわめて弱いため, Si-H が存在しても観測されない.

(葛生 伸)

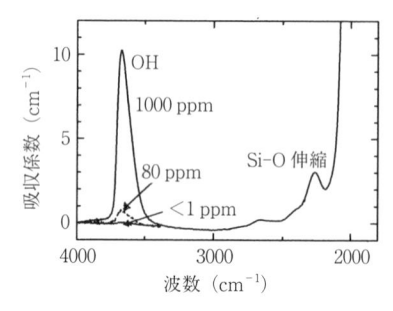

(a) 赤外吸収スペクトル

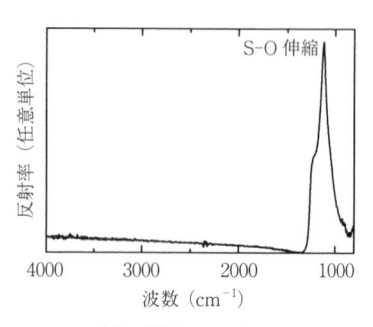

(b) 反射スペクトル

図1 シリカガラスの赤外吸収および反射スペクトル

4.29 光散乱

light scattering

シリカガラスは，300〜1000 nm の波長領域の光を吸収しない．これらの波長領域でもレーリー散乱（Rayleigh scattering）が生じるために，光ファイバーなどでは伝送損失の原因となる（「光学的性質の概略」参照）．シリカガラスのレーリー散乱は，ガラス中の密度（屈折率）揺らぎによって生じる．散乱の強度は，密度揺らぎの二乗平均に比例し，波長の4乗分の1に比例する．したがって，波長が長いほど散乱強度は小さくなる．このため，シリカガラスでは骨格振動による光吸収が生じないぎりぎり長い波長の光を使用することが有効である．もっとも散乱による損失が少ない波長は 1.55 μm である．

常温におけるシリカガラス中の密度揺らぎは，高温での密度の揺らぎが凍結されたことにより生じる．レーリー散乱による散乱光は入射光の波長に等しいが，シリカガラス中の原子の熱振動によって生じるフォノンとの相互作用によって，入射光によって散乱される光の波長から少しずれた波長の光が散乱される．この散乱をブリュラン（Brillouin scattering）散乱という．図1は，シリカガラスから散乱されるレーリー散乱とブリュラン散乱を併せた散乱光強度の温度依存性を示す．ガラス転移温度 T_g で揺らぎが凍結されるために曲線が折れ曲がる．T_g 以下でも，散乱強度は温度に対して傾きをもっている．これは，ブリュラン散乱の温度依存性に起因するものである．OH を 50 ppm 含むシリカガラスでは，ガラス転移温度ですぐに折れ曲がる．一方，OH 濃度が 1200 ppm のシリカガラスでは，T_g で折れ曲がるが，T_g 以下の温度では一度上に凸の曲線で減少し，さらに低温で直線になる．これは，OH 基に関係した構造の緩和が生じているためである．密度揺らぎの二乗平均は等温圧縮率に比例するので，散乱光強度から等温圧縮率を求めることができる．これから，等温圧縮率は T_g を境に，等温圧縮率が不連続的に変化することが示される．

なお，ガラス転移温度は冷却速度にも依存し，冷却速度が遅いほうが低くなる．ガラス構造が凍結されたとされる温度が仮想温度であるので，常温におけるレーリー散乱強度は仮想温度が低いほど弱くなる．

（葛生 伸）

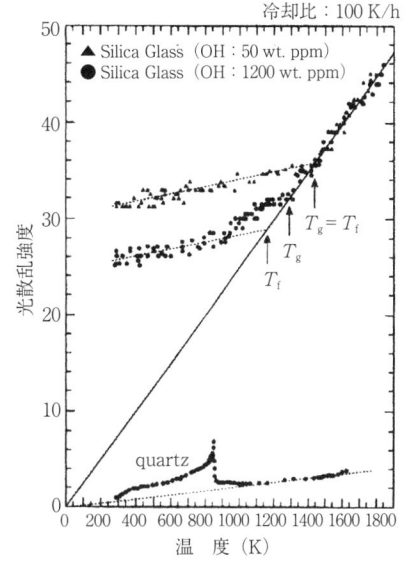

図1 シリカガラスの光散乱強度の温度依存性
(出典) K. Saito and A. J. Ikushima : J. Appl. Phys., **81**, p. 3504 (1997)

4) シリカガラスの光学的性質

4.30 欠陥構造および溶存分子による光吸収

optical absorption due to defect structures and interstitial molecules

製造時や放射線,紫外線などの照射やファイバー線引き時に欠陥構造(defect structure)に起因する光吸収帯(optical absorption band)が生じることがある.これらの性質は,紫外線光学材料の実用特性,通信用光ファイバーの耐放射線特性などに対して重要である.まったく別の構造による光吸収帯がほぼ同じ位置,あるいはきわめて近い位置に存在することが多いため,吸収帯を一義的に分離できる保証はない.欠陥構造と似た部分構造をもつ気体分子の吸収データとの比較や,各種雰囲気中での熱処理に伴う吸収帯とSiOHやSiHの濃度変化と比較することによって,光吸収の原因となる構造を推定している.

表1に主な光吸収帯の例を示す.電子スピン共鳴(ESR)のデータと対応づけられている吸収帯として,E'センター(≡Si·)がある.固有の欠陥による吸収としては,OH基の無水シリカガラスや溶融石英ガラス*中に存在する$B_2\alpha$帯および$B_2\beta$帯がある.$B_2\alpha$帯は酸素空孔≡Si…Si≡によるものであり,7.6 eV (163 nm)の吸収帯の原因となる≡Si-Siと共存する.$B_2\alpha$を励起すると,4.4 eV (280 nm)と2.7 eV (450 nm)にピークをもつ発光が生じる.$B_2\beta$帯(ピーク位置5.15 eV (240 m),半値幅0.48 eV)は,おもに溶融石英ガラスでみられる.諸説があるが,2配位Si原子=Si:による可能性がある.$B_2\beta$帯を励起すると,4.2 eV (290 nm)と3.2 eV (390 nm)にピークをもつ発光が生じる.

欠陥構造のほかに,溶存オゾンや溶存酸素分子による吸収も知られている.4.8 eVに赤色の発光(1.9 eV (650 nm))を伴う吸収帯が生じることがある.溶存O_3分子,NBOHC,POR(パーオキシラジカル)のいずれもこの原因となる.　　(葛生　伸)

表1　欠陥構造および溶存分子による光吸収の例

欠陥種	構造	吸収ピークエネルギー(eV) (波長(nm))	半値幅(eV)
E'センター	≡S·(Si≡)	5.8 (215)	0.8, 0.62
E'_βセンター	≡Si·≡SiH	5.4 (230)	0.62
E'センター表面	≡Si	6.0〜6.3 (207〜197)	0.8
ODC (II)	≡Si…Si≡	5.02 (247)	0.35
ODC (I)	≡Si-Si≡	7.6 (163)	0.5
	≡Si-Si-Si≡	6.7 (185)	?
NBOHC	≡Si-O·	4.8 (258)	1.05
〃	〃	2.0 (620)	0.18
POR	≡Si-O-O·	4.8 (258)	0.8
溶存オゾン分子	O_3	4.8 (257)	1.0
溶存塩素分子	Cl_2	3.8 (326)	0.7

4.31 伝送損失特性

transmission loss property

物質中での光の損失は,吸収と散乱によって生じるが,それぞれ物質固有の要因と製造技術などにかかわる外的要因がある.シリカガラスでは,固有の吸収である紫外吸収は約 $0.1\,\mu m$,赤外吸収は約 $9\,\mu m$ の波長域にある.紫外側からは Urbach tail として長波長側に,赤外側からは多音子吸収として短波長側に吸収が指数関数的にすそを引き,これらによって挟まれた $0.2\sim3.5\,\mu m$ ほどの波長域が透明帯である.固有の散乱では,レーリー散乱が散乱要因のほぼ85%を占めるが,波長の1/4乗に比例して減少し,透明帯で顕在化する.損失下限はレーリー散乱と赤外吸収によって支配され,$1.5\,\mu m$ 帯の近赤外波長域で損失が最小となる.

シリカ系光ファイバーの損失は,材料固有要因に,遷移金属イオンや OH 基による不純物吸収,導波構造の不完全性による過剰散乱などの外的要因が加わる.外的要因は,製造技術の進歩により無視し得るほどに低減されている.一方,屈折率分布を形成するため GeO_2,P_2O_5,B_2O_3,F などが添加されるが,損失特性は光の伝搬領域であるコア組成に依存する.主要組成である GeO_2-SiO_2 系光ファイバーでは,添加量に応じてレーリー散乱は増加し,赤外吸収は長波長側にシフトする.最低損失はおおむね波長 $1.55\,\mu m$ で $0.2\,dB/km$ である.レーリー散乱が最小となる純シリカをコアに用いた光ファイバーでは $0.148\,dB/km$ の値が得られており,ほぼシリカガラス固有の最低損失が実現されている.　**(坂口茂樹)**

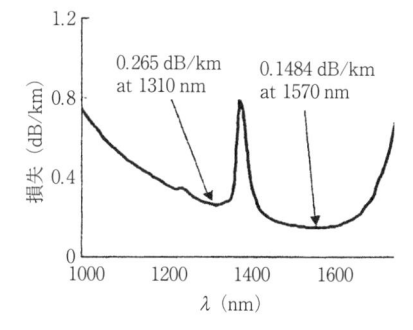

図1　シリカコア光ファイバーの損失
(出典)　K. Nagayama, et al.: Electron. Lett., **38** (2002)

表1　シリカガラス・光ファイバーの光損失要因

損失の機構	材料固有要因	外的要因
吸収	紫外吸収 　価電子帯から伝導帯への電子遷移(Urbach tail) 赤外吸収 　分子振動:伸縮,変角 　(多音子吸収)	不純物イオン 　遷移金属:Fe,Cu,Ni など 　OH 基:SiOH など 　溶存分子:H_2,Cl_2,O_3 など ガラス構造欠陥 　E'センター,過酸化・酸素欠乏結合 　WAT (weak absorption tail)
散乱	レーリー散乱 　密度揺らぎ ラマン散乱 　分子振動の光学フォノン ブリルアン散乱 　分子振動の音響フォノン	粒状物質 　気泡,不純物粒子,微結晶 不均質性(光ファイバー) 　導波構造不完全性 　透明ガラス化不十分 　添加物濃度揺らぎ

4) シリカガラスの光学的性質

4.32 シリカガラス中の金属不純物

metallic impurities

シリカガラスは，純度の高い非晶質 SiO_2 である．しかしながら，シリカガラス製品には数 ppm から数十 ppm 程度の金属不純物（metallic impurity）が含まれている．金属不純物は，半導体デバイスの製造工程での熱処理容器からの製品汚染，光吸収などの原因になるので一般には好ましくない．

各種シリカガラス中の金属不純物の例を表1に示す．一般にメーカーの技術資料にみられる金属不純物は，あくまでも例であり保証値ではない．各メーカーは，高純度化の努力を続けている．一般に，溶融石英ガラス*中の金属不純物は合成シリカガラスに比べて多い．溶融石英ガラスは，10～20 ppm 程度の Al を含んでいる．シリカガラス中の Al は安定であり，粘度を高める働きもある．そのため，Al を含むことは必ずしも悪いとはいえない．そのほかの金属，とくにアルカリ金属やアルカリ土類金属は，半導体製造プロセスなどでの汚染の原因となる．そのため，これらの不純物の低減化が進められている．最近は，天然の石英粉のかわりに合成シリカ粉を使用した超高純度材料もつくられ，市販されている．

シリカガラスの汚染の原因は溶融石英ガラスでは，原料粉からの汚染と溶融工程での汚染に分けられる．原料粉段階では，Al, Fe などの除去は困難であるアルカリ金属やアルカリ土類金属は除去が可能である．これらの不純物は，ガラスになってから高温で高電圧を印加して除去することも可能である．加工工程では，成形や管引き工程での汚染やひずみ除去工程での汚染が考えられる．成形や管引きに用いるカーボン材料中からの汚染は，高純度カーボンを使用することにより防止できる．ガス加工時や機械加工時に金属不純物が入る場合がある．熱処理工程前には，フッ化水素酸で表面をエッチングする．これが不十分な場合，熱処理工程で汚染が内部に拡散する．直接法合成シリカガラス*では，合成時の炉壁からの汚染が考えられる．原料や燃料およびそれらの配管から汚染物が入る場合もある．これらを極力少なくするように管理されており，合成シリカガラスの金属不純物濃度は多くても数十 ppb 程度に収まっている．

〈葛生 伸〉

表1 種々のシリカガラスの不純物分析例

(単位：wt. ppm)

種 類	Al	Ca	Cu	Fe	Na	K	Li	Mg	OH
有水溶融（タイプII）	9	0.6	0.01	0.1	0.6	0.1	0.01	0.04	200
同上純化品	8	0.5	0.01	0.05	0.1	0.02	0.01	0.02	200
同上超高純度品	0.7	<0.01	<0.01	0.05	0.1	<0.01	<0.01	<0.01	160
無水溶融（タイプI）	15	0.6	0.02	0.2	0.8	0.6	0.5	0.1	10
同上純化品	15	0.6	0.01	0.2	0.2	0.2	0.2	0.1	10
同上超高純度品	0.04	<0.01	<0.01	0.08	0.02	<0.01	<0.01	<0.01	50
直接法合成（タイプIII）	0.05	<0.01	<0.01	<0.01	0.02	<0.01	<0.01	<0.01	1200
スート法合成	<0.01	<0.01	<0.01	<0.01	<0.01	<0.01	<0.01	<0.01	100

4.33 シリカガラスの化学的耐久性

chemical durability

シリカガラスは，一般に酸やアルカリに強い．シリカガラスの加工工程では，フッ化水素酸（hydrofluoric acid，通称フッ酸）によって表面を浸食（etching）することにより，表面層の付着した異物などを除去している．通常，シリカガラス製品の表面処理のためには，体積濃度で5〜20％のフッ化水素酸溶液に数分間浸漬したのち，水洗，乾燥する．図1はシリカガラスによる，表面の侵食される厚さbの処理時間依存性を示したものである．侵食速度（etching rate）をアレニウスプロットすると直線となり，温度とともに上昇する．

硫酸，硝酸，塩酸など強酸に対する溶解度は，フッ化水素酸に比べるときわめて小さい．ただし，リン酸中を高温で処理するとかなりの量が侵食される．205℃の濃硫酸に24時間浸漬したときの重量減は$0.06 g/m^2$であるのに対して，300℃のリン酸に15時間浸漬したときの重量減は$58.0 g/m^2$であることが報告されている．ちなみに，20℃，10％のフッ化水素酸に8時間浸漬したときの重量減は，$8 g/m^2$となる．温度，浸漬時間がまちまちであるが，高温のリン酸には侵食されやすいことがわかる．

アルカリに対しては，酸に比べて浸食されやすい．95℃，2Nの水酸化ナトリウムに，粒径700〜1650μmのシリカガラスのサンプルを17時間浸漬したときの重量減は10％程度である．このように，水酸化ナトリウムや水酸化カリウムなどの強アルカリには侵食されやすい．緩衝液によるシリカガラスの溶出速度のpH依存性を図2に示す．pHが9より大きくなると，溶出速度が急速に大きくなる．

シリカガラスは，水にほとんど溶けない．しかしながら，水とガラスの反応は応力が働くと促進される． （葛生 伸）

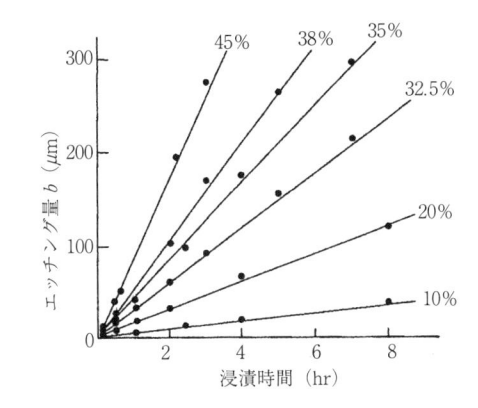

図1 フッ化水素酸溶液に対するエッチング量の時間変化（20℃）

（出典） V. K. Leko and L. A. Komarova：Opt. Mekh. Prom., **6**, p. 33 (1974)

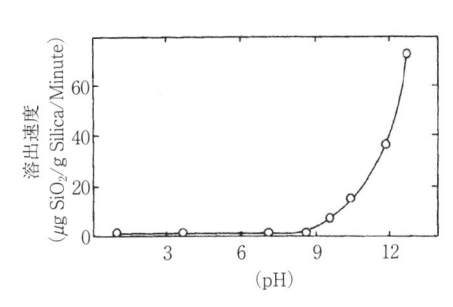

図2 シリカガラス粉末の溶出速度のpH依存性（80℃）

（出典） R. W. Douglas and T. M. M. El-Shamy：J. Am. Ceram. Soc., **50**, p. 1 (1967)

5）シリカガラスの化学的性質

シリカガラスの用途

4.34

application of silica glass products

シリカガラスは,耐熱性(heat resistivity),光学特性(optical property),化学的耐久性(chemical durability)に優れ,金属不純物がきわめて少ない材料である.これらの優れた性質を活かすため,用途に応じて種々の製造方法のシリカガラスが使い分けられている(表1).

シリカガラスは,半導体関連製品の製造にさまざまな形で用いられている.各種雰囲気中での熱処理,CVD*など処理を行うための容器およびシリコンウエハーを担持する材料などには,耐熱性に優れた溶融石英ガラス*が用いられている.耐熱性に優れているため,電気溶融石英ガラスのほうが多く使われているが,火炎溶融石英ガラスも用いられている.単結晶シリコンをつくるためのるつぼに,溶融石英ガラスが用いられている.

大規模集積回路(large-scale integrated circuit:LSI)や液晶ディスプレー(liquid crystal display:LCD)に用いられる薄膜トランジスタ(TFT)のパターン転写用のフォトマスクには,合成シリカガラスが用いられる.合成シリカガラスは,気泡がない材料を作成製造可能だからである.

通信用光ファイバー(optical fiber for telecommunication)用母材としては,OH基を含まない材料が必要である.そのため,スート法シリカガラスが用いられている.プラズマ法も用いられている.紫外線用光ファイバーには,直接法合成シリカガラス*も用いられている.

LSIのパターンを転写するための逐次移動型縮小投影機(ステッパー)では,KrFエキシマレーザー(波長248 nm)が使われるようになってきた.これに使われる光学材料として,直接法合成シリカガラスが用いられている.

高輝度放電(high intensity discharge:HID)ランプ用の管球には,電気溶融石英ガラスが用いられている.一部の紫外線をカットしてオゾン発生を防ぐ目的で,Tiを含ませたシリカガラスも用いられている.

分光光度計や診断システムで使用されるセルやマイクロリアクターなどもシリカガラスが用いられている.以前はセル用に溶融石英ガラスが用いられていたが,現在は合成シリカガラスが用いられている.用途に応じて,直接法,スート法合成シリカガラス*を用いている.とくに,近赤外領域の測定をするためには,OH基がないものが好ましいのでスート法シリカガラスを用いている.

そのほか,オプティカルフラットや干渉計の基準板など形状の安定性が要求される精密測定機器の光学材料として,合成シリカガラスが用いられている.　　**(葛生　伸)**

表1　シリカガラスの用途と使用されるシリカガラスの種類

用　途	使用されるシリカガラスの用途
半導体デバイス製造用	電気溶融石英ガラス,火炎溶融石英ガラス
シリコン単結晶製造用るつぼ	溶融石英ガラス(不透明)
フォトマスク(LSI用,LCD用)	直製法合成シリカガラス スート法合成シリカガラス
光ファイバー	スート法シリカガラス プラズマ法シリカガラス
紫外線用光学材料	直接法合成シリカガラス
高輝度放電ランプ管球材料	電気溶融石英ガラス
セル・マイクロリアクターなど	直接法合成シリカガラス スート法合成シリカガラス
基準板など	直接法合成シリカガラス

4.35 半導体製造とシリカガラス

vitreous silica for semiconductor

シリカガラスは，半導体の製造の初期からプロセス用材料として高純度，高耐熱性，化学的安定性，加工性などの特性をもつことから使用されてきた．とくに，プロセスの中でも熱酸化/CVD工程などでのシリコンウエハーの製造に大きな役割を果たしてきた．シリコンウエハー関連技術の成長とともに，シリカガラスの製造も手工業的であった3から4インチ時代から5インチ以降では，機械化が必要とされ大きく変化しながら成長してきた．

シリカガラスの用途別の使用状況は，Siの結晶の引き下げで使用するるつぼ，フォトリソグラフィーでの光学系のレンズ，洗浄の角槽や治具，酸化/CVD工程など炉周りとよばれる反応管やボートなどの治具に使用されている．炉周りでは，処理温度が1000℃付近と高い拡散・酸化工程では，耐熱性の高い電気溶融シリカガラスが，処理温度が400〜800℃と低い成膜のCVD工程では酸水素溶融シリカガラスが主に使用されている．またリソグラフィ装置の光学系やフォトマスクには，紫外域の透過性の高い合成シリカガラスが用いられる．ほかにエッチング装置のパーツや洗浄装置の治具としても使用されている（表1）．

LSIの線幅が細くなるにつれパーティクルやメタルコンタミがシリコンウェハの歩留まりに大きく影響することからシリカガラスの表面の改質が求められてきている．

またシリコンウェハの大型化や成膜技術の進歩でシリカガラスの加工技術の開発，さらなる品質向上が求められてきている．

〔工藤正和〕

表1 シリカガラスの種類と用途

分類	溶融シリカガラス		合成シリカガラス	
	無水	有水	無水	有水
原料	天然（水晶，ケイ砂） →		SiCl₄ など →	
製法	真空　アークプラズマ	火炎（酸水素）	スート法（脱水）　スート法プラズマ酸化	火炎（酸水素）加水分解
OH基 (ppm)	～1　～10	100～300	～1　　～100	～1000
金属不純物	ppm Al：5～15 →		ppb Cl：～100 ppm →	
特徴	耐熱性良い 低コスト 酸素欠乏/泡・多	低コスト 泡・少ない	高純度 高価格 酸素欠乏	高純度 高価格 低耐熱性
用途	半導体プロセス →		光学用（UV）・光通信	光学用（IR）
	拡散/酸化　るつぼ	CVD エッチャーパーツ 洗浄用治具	光ファイバー　エッチャーレンズ　　（酸化・CVD） 洗浄用治具	レンズ 液晶基板

6) シリカガラスの応用

4.36 LCDとシリカガラス

silica glass for liquid crystal display

液晶ディスプレー（LCD）には，大きく分けてパッシブマトリックス方式とアクティブマトリックス方式がある．パッシブマトリックス方式は，構造が単純なためコストが安く，電卓やリモコンなど表示素子として用いられている．アクティブマトリックス方式は，応答速度が速く，モニターに代表される動画などの表示素子として用いられている．アクティブマトリックスのTFT（thin film transistor：薄膜トランジスター）方式には，アモルファスシリコン（α-Si）型と多結晶シリコン（p-Si）型があり，多結晶シリコン型にはさらに低温多結晶シリコン（LTPS）型と高温多結晶シリコン（HTPS）型がある．一般的に，大型化が容易なα-Si型や低温p-Si型は大型TVモニターに，表示応答速度の速いp-Si型は，ハイビジョンTVモニター（リアプロジェクション型）や液晶データプロジェクターに用いられている．

TFTのうち，α-Si型やLTPS型の製造プロセス温度は600℃以下であり，液晶パネルにはコストの安い無アルカリガラスが用いられている．これに対し，HTPS型の製造プロセス温度は1000℃以上に達し，液晶パネルには耐熱性に優れるシリカガラスが用いられている．HTPS型液晶基板には，高純度であること，1000℃以上の処理温度において変形がないことが求められる．図1に，耐熱性の尺度であるガラスの粘度とシリカガラス中に含まれるOH基濃度との関係を示した．シリカガラス中のOH基は耐熱性を損なう性質があり，OH基濃度の上昇とともに粘度は低下する．したがって，HTPS型液晶基板にはOH基濃度の低い，スート法により製造された合成シリカガラスが用いられている．

また，TFTは半導体と同様のプロセスで形成され，マスクに描かれたパターンを露光機で転写することによりつくられる．この際マスク材料には，寸法安定性に優れる（熱膨張係数が小さい）こと，露光に使用する紫外線（波長365 nm）の透過率が90％以上であること，泡などの内部欠陥がないことが求められ，これらの特性を満たす合成シリカガラスが基板材料として用いられている．特筆すべきはLCDマスク基板の大型化で，主用途のTVモニターの大型化に伴いマスクサイズも第9世代で1300×1500 mmとなり，現在さらに大きな第10世代の提案がなされている．一般の多成分ガラスは，フロート法やダウンドロー法，フュージョンドロー法により平滑平面をもった板ガラスを得ることが可能であるが，シリカガラスの場合，溶融温度は2千数百度に達し，上記方法による板ガラスの製作は現実的ではない．このため，シリカガラス製大型マスク基板を得るためには，伸展，スライス，研磨など多くの工程を必要とする．さらに，これらの工程を経た研磨基板の平たん性も厳しく求められ，きわめて高度な加工技術を必要とする．

〔近藤信一〕

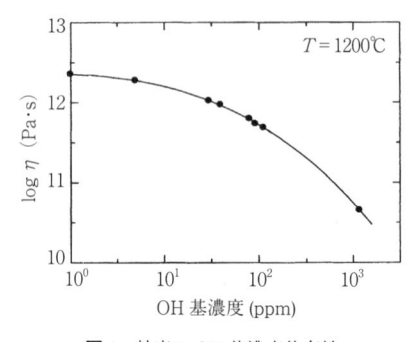

図1　粘度のOH基濃度依存性

4.37 光ファイバーとシリカガラス

optical fiber and silica glass

シリカ系通信用光ファイバーは，①低損失で伝送容量がきわめて大きく電磁ノイズの影響を受けない，②細径軽量で機械的強度が大きく化学的耐久性が高いため長期信頼性に優れる，③伝送技術の高度化に幅広く対応できるなど，通信用として究極の伝送媒体である．

低損失で長尺な光ファイバーを実現するには，ガラス材料が有利となる．シリカガラスは，ほかの酸化物やフッ化物のガラス材料と比較すると，光学的には固有損失がもっとも低い材料ではない．一方で，熱力学的には，①単一成分でもっとも安定なガラス形成物質である，②溶融粘度が著しく高く温度依存性が小さい，③熱膨張係数がきわめて小さいなどの特徴がある．そのため，光ファイバー製造上の加熱加工において，結晶化（光散乱となる微結晶の析出）

せず，熱衝撃に強く，粘度の温度依存性が低いことによる高い曳糸性を示すので，直径 80 mm もの大径のガラス母材が合成でき，一気に直径 125 μm のファイバーへ安定して紡糸できる．さらに，気相合成により超高純度で任意の屈折率分布を有するガラス母材の合成が可能となる．化学的には安定で，フッ酸のような限られた薬品以外には侵されない．機械的には，樹脂被覆により表面傷の発生が防止でき，実用材料として 6 Gpa 以上の引張強度を示す．シリカ系光ファイバーは，伝送損失が 0.2 dB/km 以下であり，光信号を 100 km 以上もの長距離にわたって伝送できる．シリカガラスは，このような長尺低損失光ファイバーを実現できる唯一の材料である．

シリカガラスは，Er などの希土類を添加した光増幅ファイバー，紫外線照射による屈折率変化を利用したファイバーブラッググレーティング，エアホールの周期構造を形成したフォトニック結晶ファイバーなどの機能性光ファイバーの製造にも応用されている．

（坂口茂樹）

表1 光ファイバーとシリカガラスの特徴

	シリカガラス	シリカ系光ファイバー
光学特性	固有の損失（λ：μm） 　レーリー散乱：0.6〜0.8 dB/km/λ^4 　赤外吸収：$4×10^{-10}\exp(-56/\lambda)$ dB/km 屈折率分散	伝送特性（光信号の減衰，ひずみ） 最低損失：0.2 dB/km 最低損失波長：1550 nm 零分散波長：1310 nm
熱力学特性	もっとも安定なガラス組成 臨界冷却速度：10^{-4}〜10^{-5} ℃/s 粘度特性 　Arrhenius 型を示すほぼ唯一の組成 　$\log_{10}\eta = -6.8 + 27000/T$ Pas（T：K） 仮想温度：1200℃ 焼結温度：1500℃ 紡糸温度：2000℃（10^4〜10^5 Pas） 熱膨張係数：$5×10^{-7}$/℃	製造方法（結晶化しない） 母材合成―気相合成 VAD 法，OVD 法，MCVD 法 高純度・均質ガラス 自在な屈折率分布形成 大型母材：φ80×1500 mm （光ファイバー 600 km 相当） 高速線引き：1000 m/min
化学的特性 機械的特性	気相合成―塩化物原料 化学的耐久性，耐薬品性 引張強度 疲労	信頼性 樹脂被覆 高強度：6 GPa

6） シリカガラスの応用

光通信ファイバー 4.38

optical fibers for transmission systems

光通信での使用を前提として，1960年代から研究・開発された光ファイバーを材料面から分類して図1に示す．光ファイバーの光を閉じ込めて導波する部分をコアといい，その周辺をクラッドとよんでいる（図2の光ファイバーの断面を参照）．このコアとクラッドがともにシリカガラスでできている光ファイバーが，現在世界の光通信を支えている光通信用ファイバーである．導波構造を作製するために，シリカガラスにゲルマニウムなどの添加物（ドーパント）を添加して作製する．これ以外にも，フッ化物などのガラスで作製されて，光アンプ（増幅）用のガラスファイバーや，プラスチックで作製するPOF（plastic optical fiber）がある．また，現在はほとんど使用されていないが，シリカガラスをコアにし，クラッドをプラスチックで作製したハイブリッド型の光ファイバーや，液体コアの光ファイバーなどがある．最近では，シリカガラスをベースとして空孔を利用したホトニック結晶ファイバーなどの研究・開発が行われている．以下，光通信でもっとも多く使用されているコアとクラッドがともにシリカガラスでできている光ファイバーを対象とする．

光ファイバーは細径（標準的には，外径125ミクロン）のガラスであり，傷の防止や取り扱いの面から通常は図2に示すようなプラスチックでコート（被覆）されている．テープ心線のファイバー間隔（ピッチ）は250ミクロンが標準的な数値である．4心，8心，12心，16心のテープ心線が開発されている．

光通信システムで光ファイバーを使用する場合は，図3のような光ケーブルとして使用する．　　　　　　　　　　**(加島宜雄)**

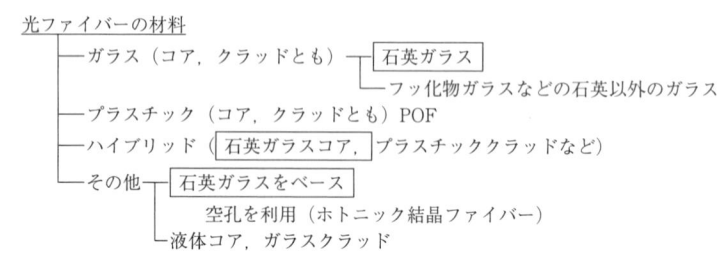

図1　光ファイバーの材料面からの分類

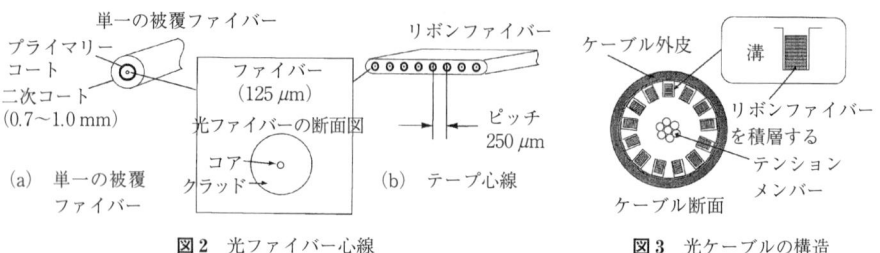

図2　光ファイバー心線

図3　光ケーブルの構造

IV．シリカガラス（石英ガラス）

4.39 コネクター

connector

　光ファイバーの接続技術は，低損失光ファイバーの開発が始まった1970年ごろから開始された．いろいろな接続法が開発されてきた．開発されてきた各種接続技術を図1に示す．永久に接続した状態を保持したい目的の接続法をスプライス（splice）とよんでいる．また，着脱を頻繁に起こすところで接続するために光コネクター（optical connector）がある．それぞれに，1心ごとに接続する単心接続と複数心の光ファイバーを一括接続する多心一括接続がある．多心一括接続には，アレー上に並んでいる複数心のファイバーを一括接続する方法と，二次元に配列された複数心のファイバーを一括接続する方法がある．このような多数心を接続する技術は，光アクセス系のような多数の光ファイバーを効率良く接続する必要のある分野でとくに求められる．

　光コネクターは，フェルールもしくはプラグとよばれる部品の穴の中に挿入され接着固定され，端面を研磨することで組み立てられている．図2に1心ごとに接続する単心コネクターを示す．単心コネクターで，よく使用されているフェルールの材質はセラミックスであり，中央部分に穴があけられていて，これに光ファイバーを挿入する．図2のように光ファイバーどうしが物理的に密着する，フィジカルコンタクトとよばれる反射防止技術が開発されている．

　図3に一次元に配列された多心一括コネクターの例を示す．この例では，ガイドピンで軸合わせされている．フェルールの材質はプラスチックであり，中央部分に使用するテープ心線のファイバー数に対応する数の穴があけられていて，これにテープ心線内の光ファイバーを挿入する．このような多心一括コネクターは，多数の光ファイバーを接続する場合に効率良い接続法として開発された．

　光通信システムの伝送特性は接続により影響され，接続による損失増加，接続部分での光の反射の発生などを極力抑圧することが重要である．　　　　　　〔**加島宜雄**〕

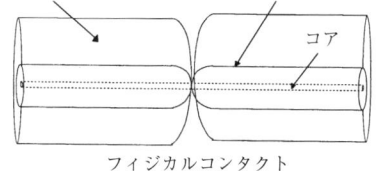

フェルール
（セラミックスやプラスチック）
フェルール内の光ファイバー
コア
フィジカルコンタクト

図2　単心コネクター

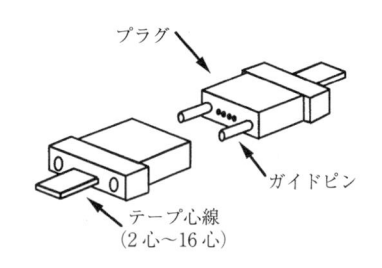

プラグ
ガイドピン
テープ心線
（2心～16心）

図3　多心一括コネクター

光ファイバーの接続
├─光コネクター（着脱）─┬─単心コネクター
│　　　　　　　　　　　└─多心一括コネクター─┬─アレー状（1D）多心一括コネクター
│　　　　　　　　　　　　　　　　　　　　　　└─二次元一括（2D）多心一括コネクター
└─スプライス（永久接続）

図1　光ファイバー接続法の分類

6）シリカガラスの応用

V

膜

5.1 膜作製概要

survey of preparative method

薄膜作製法を大別すると，湿式法と乾式法に，あるいは化学的手法と物理的手法に分けられる．湿式法は，膜にする材料に対応して適当な溶剤を選ぶことにより，幅広い材料に適用できる．具体例としては塗布法，ゾル・ゲル法*，化学溶液成長法，さらに液相エピタキシャル法がある．

乾式法は化学気相析出（CVD）法と物理気相析出（PVD）法が広く用いられている．CVD法は，析出させようとする物質の化合物のガスを，高温に加熱した基板上に輸送し，熱分解または，他のガスや蒸気などと化学反応させて基板上に薄膜を作製させる．この成長過程は熱平衡状態に近い状態で行われる．PVD法は，真空中において中性またはイオン化した粒子を基板に入射させて堆積する方法である．成長場所と材料の供給源が離れているために，成長過程が熱平衡からずれているが，熱平衡状態では成長が困難な薄膜を得ることができる．これはバルク材料における急冷過程と比較してきわめて速い超急冷過程で行われるので，通常の熱的過程では転移してしまう相や，超高温層などの準安定相が凍結されて非平衡状態として実現できる．

表1に薄膜作製法としてCVD法とPVD法の特徴を示す．基本となる各手法の概略を以下に述べる．

真空蒸着法*は真空中で物質を加熱して蒸発あるいは昇華させ，その蒸気を比較的低温の基板上に輸送して凝縮・析出させることにより，薄膜を形成する．この手法では数十nm～数μmまでごく薄膜から厚膜にわたる広い範囲で，膜厚を精度よく容易に制御できる．高真空領域では蒸発源から基板までの距離がガス分子の平均自由行路より十分大きいので，原子・分子は他の原子・分子と衝突することなく基板面に到達する．さらに超高真空領域で蒸発源やモニター系を高度化してビーム強度を精度よく制御した分子線を発生させ，加熱した基板に入射堆積させてエピタキシャル層を得る方法が分子線エピタキシー法である．

スパッタリング法は原子・分子・イオンなどのようにエネルギー的に強勢された粒子が真空雰囲気中で固体表面をたたき，そのエネルギーがあるしきい値を越えると，固体表面の物質は原子，分子あるいはそのクラスターなどとして表面から真空中に放出される．これを薄膜作製法に利用したものが陰極スパッタリング法である．代表的なスパッタリング方式は直流2極，直流バイアス，非対称交流，プラズマ（3極，4極），高周波対向2極，平板マグネトロン，化成スパッタリング，イオンビーム，電界ミラー型，平板マグネトロンスパッタリングなどがある．

イオンプレーティング法はグロー放電プラズマ中で，負にバイアスされた基板に対して行われる蒸着である．放電は直流および高周波方式がある．従来のPVD法に反応性ガスを導入する化成プロセス手法がO，N，C，Bなどを含む化合物薄膜の作製に有効である．これらの反応プロセスは化成（反応性）蒸着，化成（反応性）スパッタリング，化成（反応性）イオンプレーティングがある．このほか，イオンビーム蒸着やクラスターイオンビーム蒸着*などがある．

（熊代幸伸）

文献

1) 伊藤昭夫（編著）：新教科書シリーズ，薄膜材料入門，p. 13, p. 120, 裳華房 (1998)
2) 吉田貞史：セラミックス，**40**, p. 77 (2005)

表 1 薄膜作製法[1)]

方 式	PVD 法 真空蒸着	PVD 法 陰極スパッタリング	PVD 法 イオンプレーティング	CVD 法 熱分解法	CVD 法 気相反応法 (CVD)	CVD 法 プラズマ CVD 法	注
雰囲気圧力 (Pa)	$<10^{-1}$	$10^{-1}\sim 10$	$2\times 10^{-2}\sim 10$	$\leq 10^5$	$\leq 10^5$	$1.0\sim 10^2$	固体蒸気あるいは反応ガス
材料供給 (方法)	蒸 発	衝突はじき出し (Ar)	蒸発 (Ar)	(Ar)	(Ar)	(Ar) (グロー)	*原料
材 料 温 度	蒸発温度	水 冷	蒸発温度	>分解温度*	>蒸発温度*	>蒸発温度*	**生成膜
基板 温 度	任 意	任 意	任 意	>分解温度*	>反応温度*	>反応温度**	
基板 材 料	任 意	任 意	任 意	耐熱・耐食	耐熱・耐食	同左	
膜 面 積	大	大	大	小	小	中〜小	
膜 厚 (μ)	〜数	〜数	〜数百	〜数十	〜数十	〜数十	
膜厚制御	容 易	可	可	難	難	可	
析出速度 (mμ/s)	〜数十	〜数百	〜数百	〜10	〜10	〜数十	
付 着 性	良	優	優	良	良	良	
エピタキシー	可	可	可	可	可	可	
応用できる対象	金属 (単体・合金), ほとんどの無機化合物	金属 (単体・合金), ほとんどの無機化合物	金属 (単体・合金), ほとんどの無機化合物	単体金属, 半導体	酸化物, 窒化物, 炭化物, ホウ化物など単純組成の安定な化合物	アモルファス化合物膜・多結晶膜	
励起媒体 プラズマ $\begin{pmatrix}d.c.\\r.f.\end{pmatrix}$ 荷電粒子 $\begin{pmatrix}電子\\イオン\end{pmatrix}$ バイアス電圧 光 マイクロ波照射 紫外光	潜熱および顕熱 0.1≦数 eV の中性粒子, ある種 (アルカリなど) の熱電離イオンが基板へ飛行入射 励起は 熱電子≈数 eV イオンビーム蒸着数十〜数百 eV 紫外光, マイクロ波ランプ, レーザー〜数 eV	基板には数〜数十 eV の中性粒子が飛行入射と拡散プラズマとバイアス電圧 (数十〜数百) d.c. r.f. ECR プラズマ励起中性粒子とイオン, 〜数十 eV イオンビームスパッタリング, 〜数百 eV 中性粒子ビームスパッタリング, 〜数百 eV	大部分が数十〜数百 eV の中性粒子飛行入射および拡散 (大部) プラズマとバイアス 数十〜数百 eV d.c. r.f. アークプラズマ励起中性粒子熱電子イオン (ペニング電離), 電子衝撃, ECR プラズマなど	熱 〜0, 数 eV の中性粒子拡散入射	熱 0.数〜1.0 eV 中性粒子拡散入射 光 CVD 0.1〜数 eV 近紫外, 紫外光, マイクロ波, ランプ, レーザーなど	熱および各種励起ならびに電離粒子が拡散および飛行して入射プラズマと基板バイアス数〜10数 eV d.c. r.f マイクロ波, ECR	

V. 膜

5.2 真空蒸着法

evaporation

真空中で材料物質を加熱して蒸発あるいは昇華させ，その蒸気を比較的低温の基体上に凝縮・析出することにより，薄膜を形成する方法である．数十 nm～数 μm のきわめて薄い膜から厚い膜までの広い範囲の膜を比較的容易に制御できるとともに，原子レベルで平滑な清浄面が得られる．

蒸発源は通電によって加熱するボート状のもの，抵抗加熱による外熱式のるつぼ（坩堝），高周波誘導加熱によるるつぼ，電子ビーム直接加熱による蒸発源などがあり，蒸発させる物質あるいはその量などによって多くの工夫がなされた蒸発源が開発されている．蒸発源用耐熱金属材料としては一般に高融点金属であるタングステン（W，3410℃），タンタル（Ta, 2996℃），モリブデン（Mo, 2617℃）がおもに用いられている．るつぼにはおもにアルミナ*が多く用いられるが，焼結体の窒化ホウ素*が用いられる場合もあり，とくに超高純度が要求される半導体膜の作製においては熱分解窒化ホウ素るつぼが用いられている．

蒸着材料の蒸発温度は材料によって大きく異なるが，一般的には 1 Pa 程度の蒸気圧になる温度（Au の場合で 1300℃ 程度）が必要となる．合金や化合物は蒸発源の組成のまま蒸発することはまれであり，蒸気圧の高い成分から蒸発していく．酸化物の例として，BeO を蒸発させると，その蒸気成分は Be, O, $(BeO)_3$, $(BeO)_4$, O_2, $(BeO)_2$, $(BeO)_5$, Be_2O などが質量分析で測定されており，単純には蒸発していないことがわかる．

蒸発源から出た分子は，空間を飛行して基板面に到達する．このとき蒸発源と基板の距離が残留ガス分子の平均自由行程の 1/10 以下であれば，蒸発分子が残留ガスによって散乱を受ける割合は 10% 以下である．気体分子の平均自由行程（L）は，

$$L = 3.107 \times 10^{-24} \times T/p \cdot \delta^2 \text{ (m)}$$

で表され，δ：分子直径（m），T：温度（K），p：圧力（Pa）で，気体を空気とすると室温で $L = 6.74 \times 10^{-3}$ (Pa・m) となり，10^{-3} Pa で $L = 6.74$ m である．

基板表面へ入射した粒子は基板の表面状態，温度，粒子のもつエネルギーとの関係により，一部は表面で反射して空間に戻るが残りは基板面に凝縮し物理吸着する．この割合を凝縮係数とよぶ．基板面に原子が凝縮し化学吸着する割合を付着係数とよぶ．薄膜形成過程は入射粒子のもっているエネルギーと基板表面の格子振動（温度）によって定まる時間（平均滞留時間）の間は表面にとどまって，ふたたび雰囲気空間に出ていく（脱離，脱着）．その間表面を動き回って相互に衝突して会合したり，反応して表面の特定の場所（格子点や欠陥など）に核を生成し，これが成長，合体して薄膜になる．蒸着分子が基板表面を一様に覆い，単分子層を形成しこれを繰り返す成長，また単分子層が数層できたところで核生成*が起こる成長も知られている．堆積膜がどのように成長するかは薄膜物質の凝集力と薄膜と基板間の吸着力の大小関係，基板温度によって決まってくる．

（中村勝光）

1）膜　作　製

5.3 反応性蒸着

reactive evaporation

酸化物,窒化物,炭化物,硫化物などは融点が非常に高く蒸発には大きなエネルギーが必要であり,そのために高温にしたW, Mo, Ta などの蒸発源と反応を起こし分解してしまうことが多く,困難であると同時に SiO_2^*, TiO_2^*, In_2O_3 のような酸化物を加熱蒸発させると透明な膜は得られず酸素不足の透過率の低い膜が得られる.これは加熱蒸発の際に酸素が分解して化学量論組成からずれるためであり,酸素不足を補うためには適当な量の酸素を蒸着雰囲気に導入することにより透明な膜が得られる.

反応性蒸着法は化合物の蒸発温度に比べ格段に低い温度で金属を蒸発させればよく,蒸発した金属は非常に活性であり酸化物膜を作製する場合は雰囲気に酸素を導入するが,反応温度,ガス圧を調整しても十分酸化されない場合,オゾンを酸素源として用いる方法が開発されている.また,窒化物の場合,Ti のような反応性の高い金属の場合は窒素ガスを用いて TiN をつくることができるが,Al の場合は N_2 では反応しないため,NH_3 を窒素源として用いて AlN^* を作製する.炭化物,硫化物はそれぞれ炭化水素と硫化水素を炭素源ならびに硫黄源に用いるのが一般的である.使用される装置は,図1に示すような蒸着装置に反応ガスを導入できるようになっている.

反応性蒸着では反応が起こる場所として蒸発源,蒸発源から基板までの空間,基板表面上の3箇所が考えられるが,蒸発源での反応は起こり得るが,蒸発に際して分解するか,あるいは反応物の蒸気圧が低ければ蒸発しないことになり,基板上の堆積膜には影響を与えない.空間での反応に関しては $10^{-3} \sim 10^{-2}$ Pa の圧力下では平均自由行程が1m近くあり,蒸発物質が空間で反応ガスと衝突する確率はかなり小さい.以上のことと反応が基板温度にかなり依存することがわかっていることから,反応は基板表面上で起こる割合が支配的であると考えられている.

反応性蒸着は,単純には化合物薄膜を作製する際に,成分元素を別々に基板面に入射することにより作製する方法であるが,実際に多く用いられている例は,化合物を蒸発させた場合に起こる,蒸気圧の高い方の成分が化学量論組成に比べて少なくなることが多いため,それを補う方法としてその成分を別に加えるのが一般的でり,これも一種の反応性蒸着ということもできる.また,究極的には GaAs, GaN などの化合物半導体作製法として用いられている MBE 法も,蒸発させた原子,分子を基板面での反応を利用して作製する方法であり反応性蒸着の一種であるが,超高真空を利用した非常に制御制のよい方法として別に分類されている.

(中村勝光)

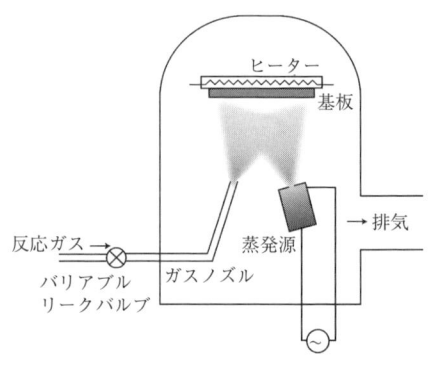

図1 反応性蒸着装置

5.4 スパッタリング現象

sputtering phenomenon

電場などで加速された高エネルギー粒子が真空中で固体表面をたたくとき，そのエネルギーがある値を超えると，固体の格子を組み上げている原子は，入射してきたイオン粒子と運動量を交換して玉突きを繰り返し，最終的にそれが表面に達する．この際運動エネルギーが原子間の結合を切るのに十分大きければ，固体表面の物質は原子，分子あるいはそのクラスターなどとして表面から真空中にはじき出される．この現象を薄膜作製法に応用したのが陰極スパッタリング法である．当初は融点が高く蒸気圧の低い金属などに利用されたが，1960年代から金属，半導体，絶縁体，誘電体，磁性体などに用いられるようになった．

1個のイオンの入射によりスパッタされる原子の数をスパッタ率（atoms/ion）といい，入射イオンの質量とエネルギー，ターゲットへの入射角度，ターゲットの質量，結合エネルギーなどによって異なる[1],[2]．スパッタリングを薄膜形成に用いる場合，固体を衝撃する粒子としては，一般に化学的に不活性であるアルゴンイオンが多く用いられている．衝撃される固体はターゲットとよばれ，ターゲット構成原子がスパッタされるに必要な最小エネルギーは多くの物質で $30\sim50\,\mathrm{eV}$ である．しかし，効率良くスパッタを行うには $500\,\mathrm{eV}$ 程度のイオンエネルギーが適当であり，このときのスパッタ率はアルゴンイオンを用いた場合，Ag，Au，Pb，Cuなどで $2\sim3\,\mathrm{atoms/ion}$，Al，Cr，Fe，Ge，Irなどで $1.1\sim1.2\,\mathrm{atoms/ion}$，Cはもっとも小さく $0.12\,\mathrm{atoms/ion}$ である．アルゴンイオン衝撃によってスパッタされてターゲットから飛び出す原子の運動エネルギーは約 $3\sim10\,\mathrm{eV}$ であり，この値は真空蒸着の場合の基板入射エネルギーに比べると100倍程度大きい．

ターゲットから放出した粒子は $10^{-1}\,\mathrm{Pa}$ 程度の雰囲気ガス中をガス分子と衝突しながら，エネルギーを失いつつ熱平衡化するように，進行方向を変えながら基板に到達する．このさまざまな方向への散乱は薄膜の膜厚均一性に寄与し，基板の裏面にまで回り込むが，ガス圧が $4\times10^{-1}\,\mathrm{Pa}$ 以下ではほとんど裏面までは成膜されない．

スパッタ膜の初期成長においては，蒸着法に比べて島密度が高く連続膜になりやすい．スパッタ粒子のエネルギーはガスとの衝突で熱平衡化しても，基板に入射するときのエネルギーが大きいことから，基板付着原子の表面移動度を大きくし，膜成長の際の核発生，膜の成長過程，結晶構造などに大きな影響を及ぼし，これが蒸着膜と比べて付着力の大きな密度の高い膜を生成する．

非常に多くのスパッタリングの方式が開発され，実用化されているが，これらはプラズマ法とイオンビーム法に分類される．プラズマ法は冷陰極グロー放電を利用した方法で，二極，三極，四極スパッタリング，マグネトロンスパッタリング*など，電極の設置の仕方による分類と，ターゲットバイアスの掛け方により，直流（DC）または高周波（RF）の方法に分けられる．

スパッタリング法は，簡単にある程度の機能をもった薄膜を得られ，しかも成膜材料にほとんど制限がなく，低基板温度でも比較的高品位の膜を大面積に再現性よく作製でき，薄膜作製法の中でもっとも有用な方法である． 〈中村勝光〉

文献
1) N. Laegreid, G. K. Wehner：J. Appl. Phys. **32**, p. 365 (1961)
2) G. K. Wehner, D. Rosenberg：J. Appl. Phys. **31**, p. 177 (1960)

1) 膜 作 製

5.5 直流二極スパッタリング

DC diode sputtering

スパッタリング法のうちもっとも簡単な方式で,真空装置内にターゲットを取り付けたカソードおよび,これと対向するアノード(基板)およびガス導入機構を設置し,槽全体を対極として高電圧の直流(数kV)を印加してスパッタリングガスを放電させる.このとき負の高電圧になっているターゲット物質をスパッタリングすることにより,対向して置かれている基板上にターゲット物質が薄膜の形態で堆積する.スパッタリングの原型ともいわれる直流二極スパッタリングは,初期においては高融点金属の成膜,貴金属膜の被覆におもに用いられたが[1],圧力が高いことから膜中に不純物ガスが補足される,成膜速度が遅い,放電電流がとれない,絶縁物に適さない,基板が加熱されてしまう,などの問題があった.これを解決するため電極を増やし,プラズマを維持する電極とターゲットのバイアスを分けることで,放電電流が安定し制御も容易になり,成膜速度も大きくすることができた.図1に直流二極スパッタリング装置を示す.また図2に膜の析出速度とスパッタ電圧との関係をイオン電流を変えて調べた結果を示す.電圧およびイオン電流に依存して膜の析出速度も大きくなるが,その大きさはきわめて小さいことがわかる.直流スパッタは改良された方法としてターゲットに印加する直流電圧を,連続したものではなくパルス状にすることにより,交流に近い効果とそのパルス幅を自由に変えることで非常に制御性よく成膜できる直流パルススパッタリング法が開発されている.

(中村勝光)

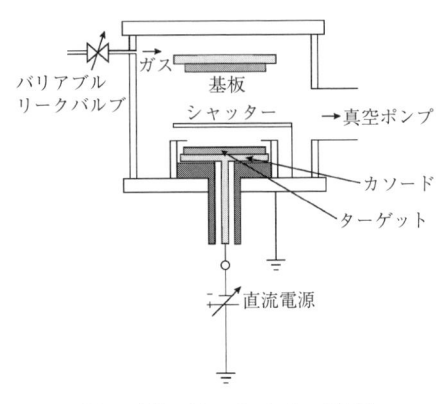

図1 直流二極スパッタリング装置

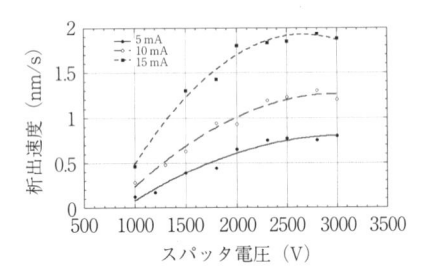

図2 析出速度とスパッタ電圧との関係

文献
1) R. Frericho : J. Appl. Phys. **33**, p. 1898 (1962)

高周波スパッタリング

5.6

radio frequency (RF) sputtering

直流二極スパッタリング法*は放電ガス圧が 10^{-1} Pa 程度と高いため，基板とターゲットの間隔を広くするとスパッタ粒子がスパッタガスと衝突しエネルギーを失ったり，陰極からの二次電子による基板の加熱が起こる．さらに，絶縁体をスパッタリングする際に入射する正イオンのためターゲット表面が正に帯電し，つぎの段階ではイオンが入射できなくなりスパッタリングが不可能となる．放電を安定にし，ガス圧を低くし絶縁体でもスパッタリングできる方法としてターゲットに交流を印加する方法が考えられた．これが一般に，その周波数から高周波（RF）スパッタリング法とよばれる方法である[1),2)]．実際に用いられる電源の周波数は 13.56 MHz で，用いる電源の出力は装置の大きさによって大きく変わるが，ターゲット面積が 100 cm² で 500〜1 kW 程度である．

RF スパッタリングでターゲットと基板がまったく対称に置かれていると，正イオンは両方に対等に入射し堆積した基板がスパッタリングされてしまう．ところが RF スパッタリングではターゲットが絶縁物であると，放電状態では電子とイオンの放電空間での移動度に大きな差があり，電子は質量が小さいので比較的大きく動くことができ，正イオンは質量が大きいため電子に比べて動きにくく，高周波電界が反転するまでに電子の動く距離はイオンより何桁か大きい．そのため絶縁体のターゲット面上には相対的に電子がたまることになり，自動的に負のバイアスを誘導する．基板や真空槽はアースで導電性であるため帯電することは少ない．また，逆に金属などの導体を RF スパッタリングする際はマッチングボックスとターゲットの回路の間に 100〜300 pF 程度のブロッキングコンデンサーといわれるものを直列につなぎ，ターゲットが帯電しセルフバイアスが生じるようにする．

高周波スパッタリング装置は，図 1 に示すように電極構造は基本的には直流スパッタリングの場合と同様であるが，直流スパッタリングに比べ比較的低いガス圧（〜10^{-3} Torr，〜10^{-1} Pa）でも放電が可能なこと，出力インピーダンス 50 Ω の電源と，スパッタ条件によって変わる負荷の間にマッチング回路を挿入し，これらの合成インピーダンスが 50 Ω となるように整合する必要がある．高周波スパッタリング法は材料の制約がないため非常に汎用性の高い方法で，平面ディスプレー，太陽電池などに用いられているスズをドープした酸化インジウム [In_2O_3(Sn)：ITO] 膜は本方法で作成される例が多い． 〈中村勝光〉

文献
1) R. E. Jones, H. F. Winters, L. I. Maissel : J. Vac. Sci. Tech. **5**, p. 84 (1968)
2) P. D. Davidse, L. I. Maissel : J. Appl. Phys. **37**, p. 578 (1966)

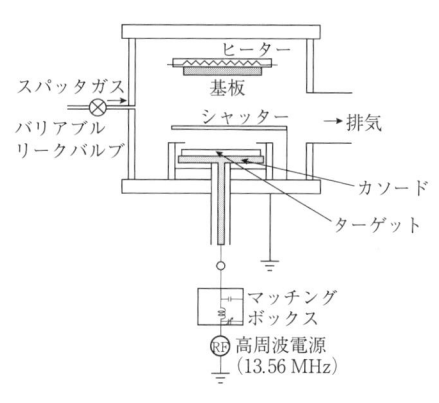

図 1 高周波スパッタリング装置

1) 膜 作 製

マグネトロンスパッタリング 5.7

magnetron sputtering

マグネトロンは，マイクロ波発信用電子管のマグネトロン放電の電子の運動がこの磁電管に似ていることから名付けられた．マグネトロンスパッタリングは図1に示すように，ターゲット裏の電極内に永久磁石を並べ，ターゲット表面上に磁界を発生させる構造になっている[1]．ターゲット表面に平行な磁界と垂直な電界が加わるように工夫し，ターゲットから発生した二次電子は磁界で捕そくされターゲット表面でサイクロイド運動を行い，ガス分子と効率良く衝突してイオン化を促進し，大電流放電が可能となり放電電圧が低くできる．この結果，ターゲット近傍でのプラズマ密度を飛躍的に増加させることができ，気体密度の小さい低圧でもイオン化が容易で，放電も安定化し膜の堆積速度が速くなり，基板への電子の衝突も起こらず低温で成膜できる．また，単に直交電磁界放電を利用するだけでなく，電子を閉じ込めるような電極構造をとることによって非常に効率良く高密度プラズマを得ることができる．

平板マグネトロンはターゲットが平面状であり，原理的に寸法拡大の制約がないため，さまざまな形状寸法のものを作製することができる．現在，実用的なスパッタ装置ではこの電極構造がもっとも広く用いられている．

直流二極スパッタリング*装置は，通常，2～10 Pa 程度の圧力範囲で成膜を行い，2Pa以下では放電が維持されない．しかし，陰極降下領域に電界と垂直な磁界がある場合，電子は電界と磁界の直行する方向にサイクロイド曲線を描きながらドリフト運動を行うので電離衝突頻度が高まり，比較的低い印加電圧と低い圧力で放電を維持することができる．電子はエネルギーを失わない限り陰極面から一定の距離を保ちながらドリフト運動の軌跡上を回周し続けるが，ガス分子と衝突して運動エネルギーを失うと軌跡が陽極側に近づく．マグネトロン電極におけるこのような電子の運動は比較的低い圧力で低電圧大電流放電を行うのに適している．マグネトロンスパッタでは平均イオン電流密度が $10～100\,mA/cm^2$ 程度の値であるのに対して，マグネトロンを使用しないと $1\,mA/cm^2$ 程度である．ターゲット衝撃イオン電流密度が大きいことから，基板面における堆積速度が大きく生産性がきわめて高い優れたスパッタ方式である．プラズマが陰極近傍に磁界によって閉じ込められるため，基板側への高エネルギー荷電粒子の入射が抑制され，荷電粒子衝撃による半導体素子などの場合の損傷がほかの方式より少なくできる．

（中村勝光）

文献

1) 細川直吉，三隅孝志，塚田　勉：応用物理 **46**, p. 822 (1977)

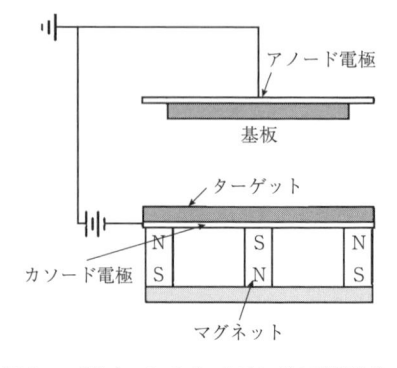

図1 マグネトロンスパッタリングの電極構成

5.8 反応性スパッタリング

reactive sputtering

反応性スパッタリングは，酸化物[1]，窒化物[1]，炭化物[2]などの化合物薄膜を作成する方法として考えられた方法である．この方法は金属ターゲットを用い，スパッタリングガスに酸素，窒素，炭化水素などの反応性ガスを混ぜて導入し，ターゲットまたは基板上で反応させることによって化合物膜を作製する方法である．化合物膜を作製する場合，作製目的の化合物物質のターゲットを用いて作製する方法と，化合物中の成分金属のターゲットを用い気体で供給できる成分はスパッタガスに混合して反応させる方法である．ターゲットの作製が困難な物質の場合，非常に有効な方法であると同時に組成の制御が可能であり，新規物質の作製などに有利な方法である．装置は図1に示すような各種スパッタリング装置に反応ガスを導入できるようにしたものである．

真空蒸着法*によって化合物膜を作製する場合，化合物を加熱蒸発すると蒸気圧の差によって堆積した膜の組成が異なってくる．スパッタリングの場合でも，化合物の成分によってスパッタリングされやすい元素とされにくい成分がある．ターゲット材とガスの組合せによっては化学量論組成が得られない，結晶性が見られない，残留応力が大きすぎる，などの問題が発生することがある．これは，金属ターゲットを用いた反応性スパッタリングで，ターゲットの表面が反応して化合物で覆われた場合と，基板表面でターゲット金属と反応ガスが反応して膜が堆積する場合がある．この2つの関係を堆積速度に与える反応ガス分圧の関係でみると，ヒステリシス特性を示す．これは反応ガスがターゲット表面と反応し，化合物となったときと金属のときのスパッタリング率が変化してしまうためである．成膜した化合物膜の支配的な反応はターゲット表面や放電ガス中ではなく，基板上でスパッタリング原子と活性ガスが到達して起こる割合が大きいと考えられており，基板の加熱によりその反応を促進させることが一般的である．

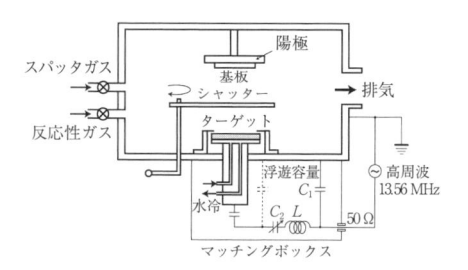

透明導電膜*に多用されているスズをドープした酸化インジウム［$In_2O_3(Sn)$：ITO］膜は，In金属を用いた反応性スパッタリングでは低抵抗の膜を得ることが容易でないため酸化物ターゲットを用いて作製されているが，装飾あるいは工具などに使用されている窒化チタン（TiN）はTiターゲットを用いた反応性スパッタリングで成膜されている．反応性スパッタリングは組成傾斜化合物あるいは混合化合物のような材料を容易に作成することが可能で，スパッタガスと反応性ガスの割合を，また酸素から窒素へと連続的に変えることにより基板側と表面とで違った組成の膜を容易に作製できるなどの特徴を有している．

〈中村勝光〉

文献
1) D. A. Mclean, N. Scchwartz, E. D. Tidd : Proc. IEEE : **52**, p. 1450（1964）
2) 中村勝光，篠木藤敏，伊藤昭夫：日本金属学会誌 **38**, p. 913（1974）

図1 反応性スパッタリング装置

5.9 イオンプレーティング

ionplating

　真空蒸着と同様に加熱蒸発された原子や分子を放電ガスとともにイオン化しプラズマ状態を作り，これをバイアス電圧を利用して真空蒸着の蒸着原子などの速度の何万倍にも加速し，基板に入射させて薄膜を形成させる方法である．

　プラズマの生成法により雰囲気の圧力は異なり，蒸着原子は 10^{-1}～$10\,Pa$ の圧力のプラズマ雰囲気中をイオンあるいは励起子として移動し基板面に入射する．入射粒子のエネルギーは基板バイアス電位により数 KeV にもなり，高エネルギー粒子として基板表面に入射する．高エネルギー粒子は基板表面の洗浄，堆積膜中への入射，スパッタリング，反応の促進などを起こす．このことにより，膜の接触抵抗が改善され，付着性や反応性が向上する反面，膜の構造的欠陥や不純物が増加することがある．高エネルギー粒子の膜表面への入射による基板表面での移動度の増大，格子の形成などが，比較的低温での結晶性の向上などに影響を与えている．また比較的高い圧力雰囲気の中で行われるため蒸着粒子は散乱され陰の部分にも膜が堆積する効果がある．電解液を用いる通常の電気めっきに対してイオンを用いた乾式めっきという意味でイオンプレーティングとよばれる．放電方式により数種類の方法が開発されており直流法，高周波法，ホローカソード法などがある．

　直流イオンプレーティングは，図1に示すように[1]真空蒸着装置の中にアルゴンやヘリウムなどの不活性ガスを通常 1Pa 程度導入し，蒸発源のボートを陽極として基板に数 kV の負の直流電圧を加える．基板の周りにグロー放電のプラズマが生成し，

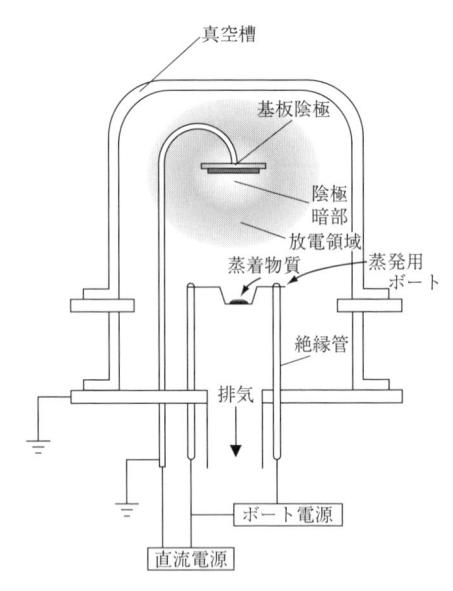

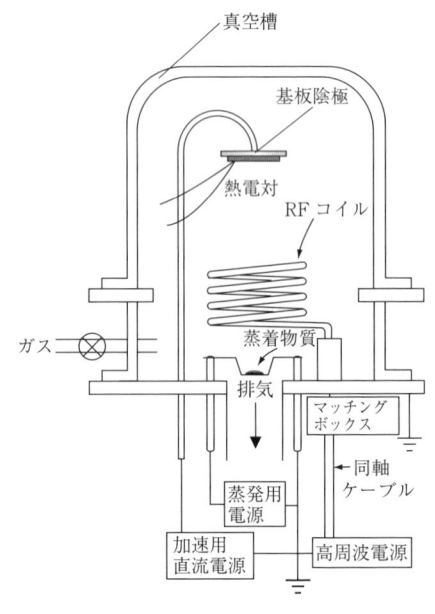

図1 直流イオンプレーティング装置

図2 高周波イオンプレーティング装置

蒸発した薄膜材料の原子や分子はこのプラズマ中を通過する際高速電子と衝突して電子がはじき飛ばされたり，励起状態のアルゴンやヘリウムとの衝突による電離（ペニング電離）が起こり正のイオンになる．このイオンが，基板に印加されている負の電位によって加速され，基板に大きな運動エネルギーをもって入射し薄膜を形成する．

高周波イオンプレーティングは[2]，図2に示すように，蒸発源と基板との間に放電を起こすための高周波コイルを設置し直流法に比べ1桁低い10^{-1}～10^{-2}Paの圧力になるように不活性ガス（Ar，Heなど）を導入後，通常13.56 MHzの高周波電力でプラズマを発生させる．高周波を用いた励起法は放電可能なガス圧の範囲が広いため低ガス圧で陰極暗部領域の広い放電分布が得られるとともに，コイル周辺にイオンは捕捉されイオン密度の高いプラズマを維持できる．

プラズマ中でのイオンの濃度は，放電の条件により異なるが多くの場合0.1～0.2％と小さく大部分は中性の励起粒子である[3]．イオン化率を高くする方法として蒸発源に電子ビーム加熱より高密度電子電流が得られるホローカソード放電を蒸発源に用いた場合には20～30％といわれている[4]．固体蒸発の熱源としてホローカソード放電（中空熱陰極放電法）による低電圧・大電流（40～50 V, 数百 A）のエレクトロンビームを用いると，熱電子が大量に発生するため蒸発と同時に高密度のプラズマが発生する．この方法は蒸発の大容量化が可能で，イオン化効率がよいため高速成膜が可能である．

イオンプレーティングが金属のみの蒸着から反応性イオンプレーティングが行われるようになり，上記直流および高周波イオンプレーティングにおいて用いられる低温プラズマは励起した粒子を多く含むので，この非平衡プラズマを利用して反応性を高めようとする化学反応プロセスが考えられる．方法は放電ガスとして用いられるAr，Heに酸素，窒素，アンモニア，炭化水素などを導入してプラズマ化した空間で金属を蒸発させることにより酸化物，窒化物，炭化物薄膜を容易に作成することができる．とくに活性化反応性蒸着（ARE法）が開発されてからは，高速で製膜できるようになり急速に発展した．またイオンプレーティング法によって堆積した膜は圧縮の内部応力をもつことが多いが，応力の大きさは堆積条件（雰囲気圧力，基板温度，バイアス電圧）などによって大きく変化する．

イオンプレーティングは大きなイオン衝撃による密着性の優れた被覆が容易であるとともに，1 μm/minのような大きな蒸着速度も得られる．イオン化により超硬質の金属化合物（窒化物，炭化物，ホウ化物，酸化物）の被覆が得られることから，TiNのように黄金色を示すことを利用し，金めっきより優れた耐摩耗性と耐食性をもつ黄金色の被覆が容易である．この特徴を生かした応用は多くの分野で実用化されており，切削工具，プレス金型，時計のケースやバンド，メガネのフレームなどへのコーティングに広く用いられている．

（中村勝光）

文献

1) D. M. Mattox : *Electrochemical Technology*, **2**, p. 295（1964）
2) 村山洋一，松本政之，柏木邦宏：応用物理，**43**, p. 687（1974）
3) S. Aisengerug, R. W. Chabot : *J. Vac. Sci. Technol.*, **10**, p. 104（1973）
4) S. Komiya, K. Tsuruoka : *J. Vac. Sci. Technol.*, **13**, p. 520（1976）

5.10 イオンプロセス
ion process

　真空蒸着が原子,分子などの中性粒子による製膜であるのに対して,イオンプロセスで用いられるプラズマ中にはイオン,電子,ラジカル,原子,分子などが存在している.このイオンを用いる薄膜形成法は,プラズマ中のイオン含有量が少なくても荷電粒子が製膜に非常に大きな影響を及ぼすことから,化学反応や薄膜形成機構を活性化し,得られる薄膜の諸性質に影響を及ぼす.これはイオンを加速してその運動エネルギーを利用する場合や,イオン化によって薄膜形成過程を活性化することにより,熱平衡状態での作成では実現困難な現象を,イオンのもつ運動エネルギーや電荷の助けを借りて実現する方法である.

　イオンのもつ運動エネルギーは,スパッタリング,核形成,イオン注入,加熱,マイグレーション効果などにそのエネルギーの大きさによってさまざまな効果を及ぼす.イオン化された蒸着物質のもつ運動エネルギーは,スパッタ率や付着確率に関係し,基板表面に物理・化学的に吸着したガスの吸着エネルギーより大きい場合は,表面清浄に寄与し付着不純物原子の脱離やクリーニング効果を促進し,不純物が少なく付着強度の大きい薄膜の形成に役立つ.また,膜堆積時の成長面の適当なイオン衝撃は適度の原子の変位や格子欠陥を生じ,膜形成の初期過程に有効に作用し結晶核成長を促進する.そのうえ,蒸着時のイオンの存在は,薄膜の形成・成長,蒸着粒子の凝集作用を促進する効果があるとともに,付着原子のマイグレーション[*1]を助長し,これが低温基板での薄膜形成に寄与する.このとき,一部のみのイオン化であっても,成長した薄膜の結晶性や物性に大きな影響を及ぼし,例としてイオン化して蒸着した場合,加速電圧を印加しなくても結晶性が著しく改善され低温での結晶変態や配向性の顕在化などが観察されている.

　イオンを利用する一般的な蒸着法として,蒸着物質をイオン化するイオン化蒸着法,蒸着過程にイオンビームを照射するイオンビームアシスト蒸着法,蒸着空間に直流高電圧あるいは高周波をかけることによって導入されたイオン化ガス(He, Arなど)とともに蒸着物質をイオン化し基板に負のバイアスを印加することにより正に帯電したイオンを加速して基板に入射させることができるイオンプレーティング法,また特殊な方法として蒸発過程で断熱膨張を利用してクラスター状の粒子をつくりこれをイオン化してバイアスをかけた基板に入射させるクラスターイオンビーム蒸着法などが利用されている.

*1　基板表面の原子は熱振動している.入射した原子はこれらの基板原子とエネルギーを交換し吸着する.吸着した原子は基板の熱振動により飛び出し次のポテンシャルの谷に吸着される.吸着原子はこのように表面拡散を繰り返し安定点に落ち着く.これをマイグレーションという.

〔中村勝光〕

5.11 クラスターイオンビーム蒸着

ionized cluster beam deposition, ICB

クラスターイオンビームとは[1]，密閉型のるつぼに固体状の物質を封入後，蒸気圧が100 Pa程度になるように加熱して，るつぼ内の蒸発面の面積に対して非常に小さい蒸気噴出口をもつ（直径Dと厚さLの比が$L/D<1$になるようにした，実際には$D=0.5〜2.0$ mm程度）るつぼから蒸発させた蒸着材料が，噴出口から噴出する際るつぼ内外の蒸気圧の差によってノズルから噴出した蒸気の一部が断熱膨張することによって温度が低下し過冷却状態となる．温度の急激な低下は，噴射した粒子がるつぼ内でもっていた熱エネルギーを失い，蒸気粒子は互いの衝突によって核の生成を繰り返し成長することにより100〜2000個の原子が互いに緩く結合した塊状原子集団（クラスター）を生成する．このクラスターに電子線を照射して一部イオン化する．これを0〜数kVの電圧で加速しイオン化していない中性クラスターとともに基板に衝突させることにより，成膜に必要な運動エネルギーを付加することができ，基板面とクラスターとの相互作用，膜形成におけるイオンの効果を利用して制御性よく基板上に蒸着膜を作成することができる．イオン化率は電子電流を変化させて制御する．

ICB法の特徴は，基板入射時にクラスターが個々の原子に分解し，バラバラになった原子は，基板表面方向に転換された入射エネルギーによって，基板表面上をマイグレーションする．すなわち，基板温度は低いままで，入射エネルギーを変えることによって表面拡散エネルギーを制御できる．基板表面に欠陥や変位を生じさせない入射エネルギー（20〜50 eV）で無欠陥蒸着を，より高い入射エネルギーによるイオン衝撃で成長層の適度の変位や欠陥制御作用により良質膜の形成を促進する．クラスターのもつ運動エネルギーは蒸着中の基板表面の清浄化にも利用され，付着確率なども，加速電圧やイオン化クラスターの混在量によって大幅に改善できる．

1個のクラスターが約1000個からなるとすると，1個の原子がもつ運動エネルギーは数eVであり，基板衝突時に壊れて単原子となり基板上を拡散するため結晶性が向上する．また，イオン化する過程で生ずるラジカルは化学的に活性であり反応性ガス雰囲気中のICB法により，酸化膜，窒化膜，炭化膜，ホウ化膜などが作成することができる．　　　　　　　　　（中村勝光）

文献
1) 高木俊宜：応用物理，**55**, pp. 746-763（1986）

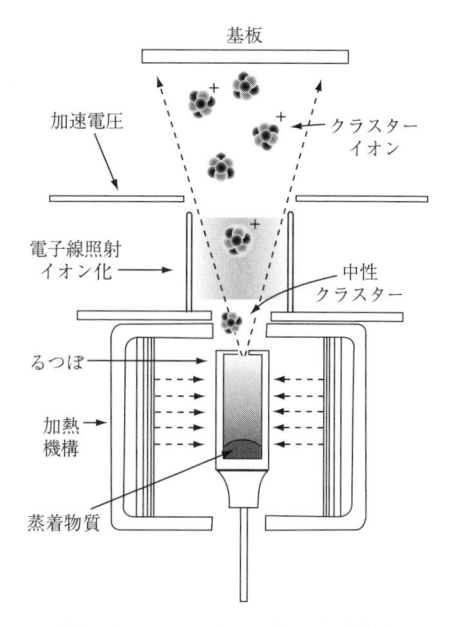

図1 クラスターイオンビーム蒸着装置

1) 膜　作　製

5.12 イオン化蒸着

ionizing evaporation

　比較的低エネルギーのイオンを利用するイオン化蒸着法は，蒸着現象のみならず，スパッタや注入現象も活用することによって，表面現象や結晶構造などを原子サイズの精度で制御できる表面高機能化プロセス技術として重要な役割を果たしている．

　イオンの助けを借りて薄膜をつくる場合，蒸着材そのものをイオン化して製膜するイオン化蒸着法と蒸着基板面にイオンビームを照射するイオンアシスト蒸着法がある．このイオンプロセス*はイオン化と堆積させる部分が一緒か分けられているかでプラズマ法とイオンビーム法に大別される．プラズマ法はイオン化と蒸着が同一領域内で行われるため装置構成が簡単で，大面積の蒸着が可能であり蒸着速度も比較的速い．しかし，入射エネルギーやイオンの数を正確に制御することは難しく，このプロセスを正確に制御するためには，プラズマ領域でのイオン化の割合，電子温度，イオン温度，ラジカルの割合など正確に求めることが必要となる．蒸発原子，分子をイオン化する場合，蒸発源と基板との飛行空間に電子線を照射する方法が一般的であるが，蒸発原子などの密度を高くするなど，照射電子との衝突確率を上げる工夫をすることが重要である．また，この方法は生成したプラズマ中の電子によって蒸着原子をイオン化あるいは活性化することから，放電ガス中に混ぜる反応ガスにより酸化物，窒化物，炭化物などの化合物薄膜を堆積することができる．

　これに対してイオンビーム蒸着（ion beam deposition: IBD）法は，イオン化する領域と堆積する基板の場所が異なることからイオンはその源から基板までの間で衝突することなく直進する．このことから大面積の薄膜形成には工夫が必要であるが高真空中で行われるため基板上での入射イオン量を正確に制御できる．イオンビーム法はほかのビームあるいは蒸着法と組み合わせることによる相乗効果が期待できる．イオンビーム法に属する蒸着法としてイオンビームアシスト蒸着法（図1）があり，蒸着中に基板面に電子線やイオンビームを照射し堆積中の薄膜の結晶性を改善することができる．このときイオンビームのエネルギーが低くても，イオンビームは連続して照射されるため，一応に深さ方向の広い範囲にわたって膜の特性が制御できる．また，イオンの照射は，膜の付着力，硬度，応力などと結晶性，磁気特性，屈折率や透過率などの光学的性質を改善し，一般に照射イオンのエネルギーが 1 eV 以下ではイオンビームの照射は膜の成長への影響は少ないが，5〜25 eV 程度になると成長膜の配向性，活性気体の導入による反応性などに影響がみられる．

〔中村勝光〕

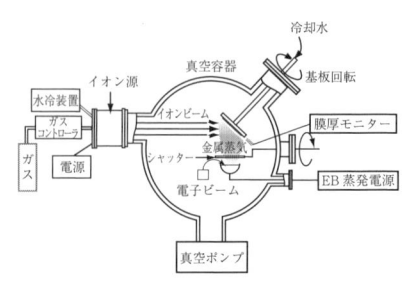

図1 イオンビームアシスト蒸着装置

5.13 レーザーアブレーション

laser ablation

レーザーアブレーション（レーザースパッタリング：laser sputtering ともいう）とは，ターゲットとよばれる固体材料にレーザー光を照射すると，固体を構成する元素がさまざまな形態で爆発的に放出され，ターゲット表面がエッチングされる現象をいう．エネルギー密度が高いレーザー光が照射されると局所的に急激な温度上昇が起き，材料の急激な液化や気化が起きる．ターゲットの最表面は放射冷却や材料の気化熱のために内部より低い温度になるため，高温の内部が爆発的に体積膨張し，材料が原子，分子，ラジカル，クラスター，イオン，液滴，固体粒子などとして，ターゲット表面に対して垂直方向に角度分布をもって飛び出す．飛び出した原料はレーザー光にさらされて急激な温度上昇とともに再励起され，熱プラズマ化する．このプラズマはプルーム（plume）とよばれる．

PLD（パルスレーザー堆積：pulsed laser deposition）法とは，レーザーアブレーションのプルームの先に基板を置くことで，薄膜を形成する方法である．図1にPLD装置の模式図を示す．レーザー源には，KrF や ArF エキシマレーザー，YAG*などの固体レーザーが用いられる．エキシマレーザーはYAGレーザーに比べてレーザーパワーのせん頭値は小さいが，パルス幅が広いといった特徴をもつ．PLD法は，他のPVD法の製膜装置に比べて，比較的簡単な装置で手軽に製膜することができる．以下のような特徴をもつ．①スパッタ法などと比べて組成ずれが起きにくい．②大パワー密度のレーザー光を用いるため，レーザー光を吸収する材料であれば高融点物質でも薄膜化可能である．ただし，光を反射しやすい金属には不向きである．③原理的にプラズマ生成の際に雰囲気の影響が小さいため，反応室内の雰囲気ガス種および圧力範囲を広く変化することができる．④抵抗加熱方式や電子ビーム用のフィラメントなどを使用しないために薄膜の汚染が少ない．⑤短時間にアブレーション粒子が基板に到達するために，パルス的に薄膜成長させることができる．一方，欠点としては，①アブレーションによって飛び出した粒子や生成した液滴が薄膜上で固化し，薄膜にパーティクルとよばれる大きな粒子が生成しやすい，②レーザー光の大面積化が困難なことから，工業用の製膜法には適さないことなどがある．

これらの特徴から，高真空，低製膜速度条件で製膜すると，1原子層単位での製膜が可能で，分子線エピタキシー*（molecular beam epitaxy）法にならってレーザーMBE法ともよばれる．小型のターゲット（1～2 cmφ）があれば手軽に製膜できることから，実験室規模の製膜法として優れた方法の一つである．

〔篠崎和夫〕

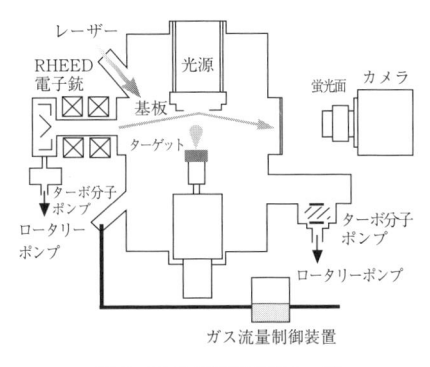

図1 PLD法製膜装置の一例
レーザー光でターゲットを瞬時に加熱し，生成したプルームの上部に置いた基板上に製膜する．RHEED装置を使うと，1原子単位での堆積挙動を観察できる．

1）膜作製

プラズマ溶射

5.14

plasma spray

プラズマ溶射の基本構造はプラズマトーチである．熱プラズマの発生法としては直流アーク放電プラズマ(図1)と高周波(RF)磁場による誘導加熱プラズマ(図2)に大別される．

図1は陽極と陰極の間に作動ガスを流し，電圧を印加してプラズマアークを発生させて得たプラズマジェットは，陽極ノズルにより流速500 m/sで直径10 mm，長さ100 mm程度のプラズマを噴出させる．

図2はRFコイルを通して数Mz，入力数十kWの高周波を供給すると，流速数十m/s以下で直径30～40 mmのプラズマが発生する．このプラズマジェットによって酸化物や炭化物系材料を溶融加速を行い，非溶射体の表面に積層させて溶射被覆を作製する．プラズマ溶射条件は電圧，電流，ガス流量に依存する．その後溶射トーチの改良により減圧雰囲気中プラズマ溶射 (low pressure plasma spray coating: LPPS, LPS) または低真空プラズマ溶射 (vacuum plasma spray: VPS) 技術が注目されている．これは4～40 kPaの密閉溶射チャンバー内でプラズマを溶射する．その基本構成は溶射室，プラズマガン，プラズマ用電源，粉末供給装置，被溶射材移動制御装置，排気装置からなる．

減圧プラズマでは雰囲気圧力の低下に伴ってプラズマジェットは横方向に広がり，高温域と有効溶射距離の範囲が長くなる．そのため粉末供給口よりプラズマジェットの高温部の方が広がるので，溶射粒子は温度差の少ない領域を通過して吹き付けられ，プラズマも高速になり均一で良質な被膜が形成される．

非酸化物の溶射ではガス組成を変えた雰囲気中溶射法が有効である．さらに，プラズマジェットはきわめて活性で，反応性減圧雰囲気溶射法は溶射雰囲気を任意に制御でき反応性を活性できる．たとえば，窒素雰囲気中でN_2ガスプラズマを形成し，Tiを溶射すると，被膜中のTiN_xの形成割合は，雰囲気中のN_2分圧の増加によって多くなる．また，光触媒*酸化チタン(TiO_2)*皮膜や原料組成をほぼ保った超伝導YBCO($Ba_2YCu_3O_{7-\delta}$)薄膜の創製も可能である．最近ではプラズマ溶射により原料粉末を溶解させ，凝固過程の中でナノレベルで組織制御するコーティングも試みられている．

(熊代幸伸)

文献
1) 朝日直達，児島慶享：高温学会誌, **10**, p. 249 (1984)
2) 塚本正可：高温学会誌, **16**, p. 299 (1990)
3) 石垣隆生：高温学会誌, **28**, p. 98 (2002)
4) 袖岡賢，鈴木雅人：セラミックス, **39**, p. 303 (2004)

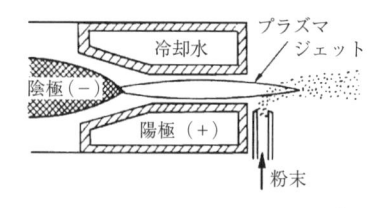

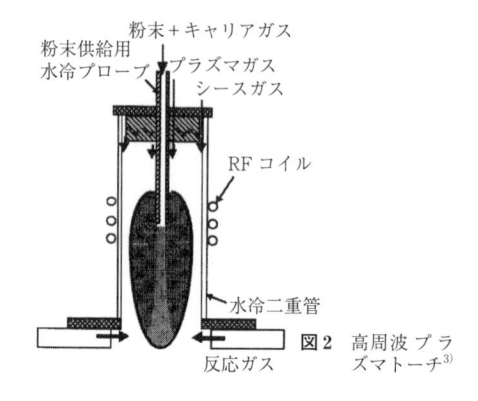

図1 一般的なプラズマ溶射トーチ[1]

図2 高周波プラズマトーチ[3]

5.15 バリヤー層
barrier layer

多層薄膜の熱処理において，層間で相互拡散や反応が起こると，デバイスの接触抵抗が増加したり，接触層の劣化が生ずる．そこで物質間の相互拡散や反応を抑制するための中間層をバリヤー（障壁）層という．たとえばSi/Cr/Ni/Agのような多層薄膜を500℃，10分以上加熱すると，SiがNi層まで拡散して複雑な混合物が形成される．そこでCrとNiの間にバリヤー層TaNを挿入したSi/Cr/TaN/Ni/Agでは，550℃，5分間の熱処理によりCrの半分はSiと反応しはじめ，10分間で$CrSi_2$になる．しかしTaNによってCrとNiの反応が阻止され，500℃，5時間，600℃，1.5時間の熱処理によっても安定性が保持される．またSi/Ni/TaN/Ta/Alの場合も600℃においてNiとSi，AlとTaの相互反応は起こるが，TaNにより20時間の熱処理でも相互拡散は阻止されている．

遷移金属窒化物，二ケイ化物は熱および化学的安定で，半導体デバイスの拡散バリヤー層として注目されている．自己接合型マイクロ波GaAs MESFETでは，TaNのほかWNが注目されている．GaAs/WN/TaN/Auの熱処理前後の厚さ方向の組成分析からAu/TaN，WN/GaAs界面では反応が起こらず，バリヤー層の役割を演じている．その結果ショットキー接触特性として，障壁の高さ（ϕ）と理想因子（n）の熱処理温度依存性（400〜850℃）をみると，nは全温度領域で1.1であるが，ϕは温度とともに0.8から増加しはじめ，800〜850℃で飽和して1.1 eVで，さらに820℃での時間依存性も長時間安定している．これらに対応してAu/TaN/WNゲートの破壊はみられない．DRAMメモリーではW/WN_x/多結晶Siでは，熱工程でWとSi界面にWSi_xN_y層が形成され，WとSiの反応や酸化剤の侵入などのバリヤー層の役割を演じている（5.37 導電膜参照）．バリヤー層の形成には酸素が重要な役割を演ずる場合がある．Si/TiN/Al構造において酸素がTiN粒界に沿って吸着し，熱処理によってAl_2O_3*となり，Alの拡散を阻止し，バリヤー性能に重要な影響を及ぼす．シリコン基板へ$BaTi_{1-x}Zr_xO_3$を成長させる場合，酸化膜を形成したシリコン基板を焼成することで，バリヤー層の下部電場が形成される．それはSi基板上に1370℃で焼成して作成したPt電極の深さ方向の分析からPtの拡散は酸化膜で止まり，Si中には及ばない（図1）．その結果$BaTi_{0.975}Zr_{0.05}O_3$膜の残留分極は13.8 $\mu C/cm^3$，抗電界は2.0 KV/cmで，100 μm程度の結晶性のよい大きな粒子からなる厚膜が形成されている．

食品包装に用いられるプラスチックフィルム（PET）上の透明バリヤー膜としてSiO_xやAl_2O_3膜がある．酸素透過率と水蒸気透湿度は35 nm以上の膜厚で良好なバリヤー特性が確認されている．

（熊代幸伸）

文献
1) 熊代幸伸：化学工業，**100**, p. 101（1987）
2) 稲川幸之助：表面技術，**46**, p. 620（1995）
3) 二国友昭，安藤正利：セラミックス **40**, p. 623（2005）

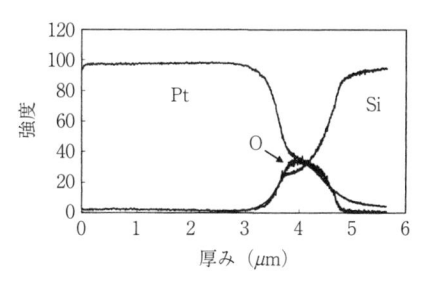

図1 シリコン基板上に焼成して作成したPt電極の深さ方向の元素分析

1) 膜作製

5.16 分子線エピタキシー（MBE）

molecular beam epitaxy

MBE法は超高真空（$<10^{-5}$Pa）で構成元素を安定な原子または分子ビームにして供給して，電子線回折などの方法で成長表面をその場で観測しながら蒸着することによって高い制御性の薄膜を成長させる．チタン酸バリウム（$BaTiO_3$）薄膜およびその人工格子は酸素ガス導入下でBaとTiの蒸発速度を制御し，狭い許容範囲のBa/Ti比で反応炉を$1.3×10^{-2}$～$1.3×10^{-3}$Paに保ちながら基板付近を1.3～13Paに保ち作製されている．しかし，複合酸化物薄膜のMBE法は酸素の供給と高真空中で酸化物を形成させる，相反する事実を実現させる必要がある．酸化物のMBEを多元素系物質という観点からヒ化ガリウム（GaAs）と比較してみる．

GaAsのMBE成長はGaAsの蒸気圧よりも高いヒ素分圧下でガリウムの供給律速でエピタキシーを行うが，ヒ素の付着確率は小さく過剰に表面上に供給されたヒ素流速は，気相へ再蒸発する．したがって，かなり広い原料供給比の条件下でも組成が自己制御され，GaAsのエピタキシーが可能になる．一方，高温超伝導体とその関連複合酸化物では，構成元素の付着確率はほとんど1で，組成の自己制御機能は働かない．銅酸化物では基板からの蒸発により組成が自己調整されず，酸素以外の元素の蒸発速度は化学量論組成に合わせる，組成制御の手段が必要になる．$Al_xGa_{1-x}As$の場合，Alの供給比が設定値よりずれても，GaAsとヒ化アルミニウム（AlAs）が固溶するためにxが設定値からずれても異相の析出は起こらず閃亜鉛鉱型構造*のエピタキシャル成長をする．他方，YBCO（YBa_2CuO_7）

などの酸化物では所望の化合物の固溶限界は小さく，わずかの組成のずれでも相図上でmiscibility gapの反対側の化合物が異相として析出し，平たんな表面の超伝導薄膜*を得ることに大きな障害となる．

そのためNO_2超音速分子線を装着し，強力な酸化剤NO_2を超高真空下において，決まった領域に局部的に高密度に制御性よく供給し，MBE法（図1）により酸化物超伝導体薄膜を作成する．それは10^{-4}～10^{-5}Paの真空中で酸化マグネシウム（MgO）単結晶上に650℃でオゾン流速$1×10^{16}$個/cm^2・sで成膜速度0.06 nm/sで膜厚72 nm，T_c 86 KのYBCO薄膜を得ている．さらに，膜成長中に反射型高エネルギー電子線回折（RHEED）強度振動が観測できる．さらに，パルスレーザー堆積法でのレーザーと同期したバルブからの酸素の吹き付けが可能になり，洗浄環境下で，400～700℃の低温合成で酸素導入，除去が容易になり酸素濃度の均一分布の薄膜が得られる．

〈熊代幸伸〉

文献
1) 野中秀彦，細川俊介，酒井滋樹，一村信吾：応用物理，**61**, p. 512（1992）
2) 飯島賢二，矢野義彦，寺嶋孝仁，坂東尚周：応用物理，**62**, p. 1250（1993）
3) 川崎雅司，高橋和浩，鯉沼秀臣：応用物理，**64**, p. 1124（1995）
4) 内藤方夫，狩元慎一，山本秀樹：応用物理，**71**, p. 536（2002）

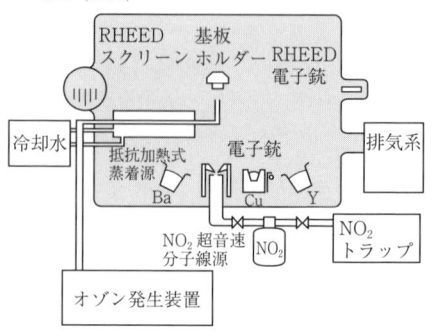

図1 YBCO用MBE装置の模式図[1]

化学液相析出法（CSD法） 5.17

chemical solution deposition method

薄膜作製法の一つで，目的元素を含む原料溶液を基板に塗布し，乾燥，熱分解，結晶化などの過程を経て製膜する方法である．図1にCSD法による製膜手順を示す．1回で厚い膜をつくろうとするとクラックが生成しやすいので，所望の膜厚を得るために，仮焼後あるいは結晶化処理後に何回か，原料溶液の塗布・焼成を繰り返す．CSD法は，①大がかりな真空装置が不要，②溶液組成によって膜組成を容易に制御できる，③大面積基板にも均一に製膜できる，といった特徴をもつ．一方，平たんな基板上への薄膜形成には適するが，高集積半導体用の立体構造をもつ基板上への均一な厚さの薄膜形成には適さない．

用いる溶液の種類によって，ゾル・ゲル法（sol-gel method）*と，有機金属分解法（MOD法：metal organic decomposition method）に大別される．ゾル・ゲル法では，金属アルコキシド溶液に，アルコールで希釈した少量の水を加えるなどの方法で，ゾル（目的金属水酸化物のコロイド溶液）を生成し，基板上に塗布して，乾燥過程で流動性のないゲル化させる．実際には，意図的に加水分解をさせずに，アルコキシド溶液を塗布して，乾燥過程で大気中の水分などを用いてゲル化させることもある（「ゾル・ゲル法」を参照）．

MOD法では，水分との反応性が低く，縮重合体を形成しないカルボン酸金属塩やβ-ジケトナト錯体を原料として用いる．これらの原料溶液を塗布後，乾燥すると，その過程で固相が析出し，それを熱分解，熱処理することで酸化物薄膜を得る．アルコキシドに比べて水分に対して安定であることから，MOD原料は保存性がよいことが特徴である．また，有機金属塩溶液では，原料溶液間の反応が少なく，各元素溶液を混合して手軽に目的化合物の陽イオン組成をもつ有機金属塩溶液をつくることが可能である．

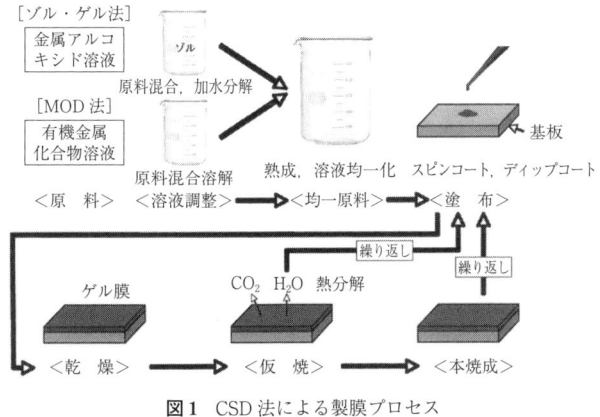

薄膜化には，散布（spray coating）あるいは，スピンコーティング（spin coating）やディップコーティング（dip coating）による塗布が行われる．スピンコーティング法では高速回転する軸上に基板を水平に固定し，原料液を滴下したのち，所定の回転数（数千rpm）で回転する．ディップコーティングでは原料液中に基板を垂直に浸漬し，ゆっくり引き上げることで乾燥中に原料のゲル化や固化析出を伴い製膜する．

（篠崎和夫）

図1 CSD法による製膜プロセス
ゾル・ゲル法あるいはMOD法原料液を基板上に塗布し，乾燥，仮焼，本焼成を行う．通常，目的の膜厚に応じて，仮焼あるいは本焼成後に，ふたたび塗布以後の行程を繰り返す．

1）膜作製

5.18 液相エピタキシー (LPE)

liquid phase epitaxy

エピタキシーは基板結晶（結晶成長の下地に用いる単結晶）の原子配列の規則性（原子間隔や原子配列の対称性）にならって結晶が成長する現象である．液相エピタキシーは液相からエピタキシー成長する場合である．LPE 成長は熱平衡に近い状態で進むので，良質な単結晶膜が再現性よく得られる．埋め込みレーザー作製に必要な埋め込み構造成長なども可能である．これらの特長から，エレクトロニクスやオプトエレクトロニクスに使用される多くの磁性体，半導体，誘電体，高温超伝導体の単結晶薄膜材料の作製に利用されている．

LPE 成長は4段階プロセスで行われる．①溶媒に溶質（結晶成分やドーパント）を高温で溶かし込んだ溶液または結晶成分を融解した融液を準備する，②溶液を冷却して過飽和状態にする，③過飽和溶液に基板結晶を浸して基板上に結晶を析出・成長させる，④所定の厚さまで結晶が成長したら基板上から溶液を取り除く．結晶を析出させる方法には①溶液を徐冷して溶解度の低下分を析出させる徐冷法と②一定温度の過飽和状態から析出させる等温法とがある．

成長技術は2種類に大別される．

a. ティッピング法：傾斜法ともよばれる．溶液の入った容器（ボート）を傾けて基板表面を溶液に接触させ，徐冷法で結晶成長させたのち，ボートを逆向きに傾けることによって溶液を基板表面から流し去るものである．GaAs や InP などの半導体の高純度単結晶製作に利用される．

b. ディッピング法：水平に保持するか垂直につるした基板を容器（るつぼ）に入った溶液の上方から降ろしていき，溶液に漬けて結晶成長させたのち，基板を引き上げる．一定温度の過飽和溶液に水平に保持した基板を回転させながらディッピングする等温回転水平ディッピング法は $Y_3Fe_5O_{12}$（YIG）などの磁性ガーネットの標準的な薄膜成長法である．

エピタキシャル成長にもっとも重要な因子はエピタキシャル成長結晶と基板結晶との界面における格子不整合（ミスフィット）であり，横方向に結晶が成長するにつれて応力を生じる．成長結晶は基板面内あるいは垂直方向に伸び縮みしたりミスフィット転位を形成してある程度までは応力を緩和できるが，応力がさらに大きくなると格子欠陥や転位が発生し，き裂やはく離が起こり，ついには結晶成長が不安定になる．

基板結晶は，成長させたい結晶の結晶構造と格子定数によって選ばれる．基板の結晶欠陥は膜に引き継がれるので欠陥密度の低いものを使用することが重要である．成長結晶の用途も重要な選択の条件である．たとえば，磁気光学デバイス用結晶の場合，磁気的には非磁性であり，使用する光に対して透明でなければならない．YIG は近赤外光に対する磁気光学的機能を利用する．YIG と基板結晶 $Gd_3Ga_5O_{12}$（GGG）の格子定数はそれぞれ 1.2376 nm, 1.2383 nm であり，格子定数差は0に近い．常磁性体である GGG はフェリー磁性体である YIG の磁性に影響を及ぼさない．GGG は近赤外光および可視光に対して透明である．

LPE 成長では溶媒と容器が不可欠である．溶媒物質は溶質に対して高い溶解度を有し，過飽和状態が長時間安定に保たれ，過飽和状態で粘性が低く基板にぬれやすい溶液を形成し，結晶中に取り込まれ難いことが望ましい．容器材料には溶液に対する高い耐食性が求められる．白金でさえ微量ながら溶けて結晶欠陥の核になったり，成長結晶内に置換されて特性に悪影響を与えたりする．

〈奥田高士〉

CVD

5.19

chemical vapor deposition

　CVD法は原料をガスで供給し，気相あるいは基板表面における化学反応によって薄膜を堆積する方法である．これはPVD法と比較して，広い条件で多様な薄膜の形成が可能である．CVD法の基本となる方式のうちで，熱エネルギーを与えて化学反応を行うのは熱CVD法である．それは①反応ガスの基板表面への到達，②基板表面での反応ガスの吸着，③基板表面での反応，④表面からの反応生成物の脱離，⑤それらの外方拡散などの逐次進行により，もっとも遅い過程が膜形成を律速する．CVD法において，有機金属化合物を基板付近で熱分解させて薄膜を成膜させるのが有機金属（MOまたはOM）CVD法で，熱分解反応は非可逆的に進行する．その結果，反応は物質輸送律速，混晶の組成は原料の反応系への供給量の比によって決まり，膜厚は原料の濃度和と反応時間に比例する．したがって，成長速度は原料の供給量によって決まり，基板温度に依存しないので，原料供給量を精密に制御すれば成長膜厚を精密に制御できる．

　その律速過程におけるエネルギーの供給を熱に代わり，放電による電気エネルギーあるいは光エネルギーで賄うことにより低温化が可能となり，それぞれプラズマCVDおよび光CVDとして用いられている．熱，プラズマ，光CVDのエネルギー分布を図1に示す．

　熱CVDの光エネルギーは小さいがその密度は大きくとれる．これに対し，光CVD法では光エネルギーは高いが，大面積にわたって高密度膜を得ることは難しい．プラズマCVD法においてはエネルギーが広範囲に分布するので，広い条件で反応を誘起できるが，それによる反応を特定することが難しい．さらに装置の大型化に伴うプラズマ均一性の低下やガス消費量の増大などの問題点があげられる．

　このほか，最近注目されているのが触媒化学気相成長（Cat-CVD）法である．Cat-CVD法は装置，構造が比較的単純で高融点金属触媒を大面積に配置することで，大面積化が可能でガス利用効率が高い成膜技術である．これによってSiH_4-N_2系から窒化ケイ素（SiN_x）膜が得られている．Cat-CVD法は触媒体が線状で細く成膜時の圧力が低圧にもかかわらず，導入された気相ガス分子は排気されるまでに多数回の衝突を繰り返し，きわめて高い確率で触媒体表面に入射するために，きわめて高いガス分解率を示す．触媒にはタングステン線を用い，成膜時のW触媒線の温度は1700～1800℃が最適である．これ以上の高温では触媒線からW自身や周辺部材の蒸発がおこり，基板に堆積または膜中に混入する．これ以下の温度ではタングステンとの化合物の形成が顕著になる． **（熊代幸伸）**

文献
1) 伊藤隆司：電化, **54**, p. 919 (1986)
2) 増田　淳, 松村英樹：応用物理, **71**, p. 833 (2002)
3) 大園修司, 北添牧子, 坪井秀夫, 浅利　伸, 斉藤一也：ULVAC Tech. J., No. 61, p. 29 (2004)

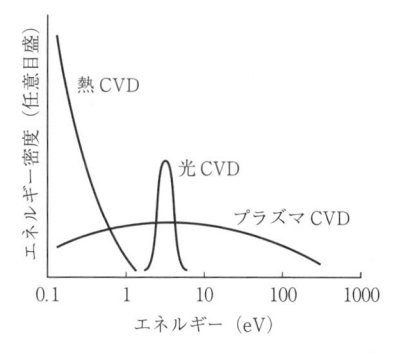

図1 各種CVDにおけるエネルギー分布[1]

1) 膜　作　製

5.20 熱CVD

thermal CVD

熱CVD法は，加熱した領域に原料気体を導入して種々の化学反応を行わせ，基板上に不均一核形成により薄膜を成長させる．その結果，① 融点よりもはるかに低い温度で高純度で理論密度に近い膜が合成できる．② PVD法のような高真空を必要としないで，膜の形成速度が大きい．③ 2元素以上で構成される材料では，それらの組成の調整が可能である．④ 結晶構造が制御でき，特定の結晶配向をもたせることができ複雑な形状の基板上にも均一な膜を形成できる．

熱CVD法では原料の選択がもっとも重要で，原料の蒸気圧が高く，熱エネルギーによって分解や反応が起こりやすい．CVD原料としては室温で気体が多用されているが，固体や液体原料の場合は気化する必要がある．気体原料としては水素化物やハロゲン化物の場合，毒性や爆発性があるため，その取扱いには注意を要する．熱CVD装置は原料供給部，反応炉，排気部からなる．反応炉は炉体全体を電気炉で加熱するホット・ウォール型と，基板部分だけをサセプターを用いて高周波加熱などによるコールドウォール型に分けられる．ここでは酸化物超伝導体のうちYBCO（YBa$_2$Cu$_3$O$_7$）系薄膜とBiSrCaCuO（Bi$_2$Sr$_2$CaCu$_2$O$_y$）系薄膜の作製例を紹介する．

図1に有機金属錯体を原料にしたYBCO系，図2はハロゲン化物を原料にしたBiSrCaCuO系薄膜の作製装置を示す．YBCO系の場合，CVD炉内圧力1.3 kPa，基板温度600〜900℃でチタン酸ストロンチウム（SrTiO$_3$）(100)にc軸配向膜が得られ，基板温度850℃で作製した薄膜は超伝導臨界温度，$T_c > 90$ K，77.3 K，0 T（テスラ）での超伝導臨界電流密度，J_c は 10^9 A/m^2 以上が得られている．図2は常圧成長で成長温度825〜850℃でMgO(100)上にc軸配向しているが，850℃成長膜は超格子構造が形成されている．T_c は80〜100 Kである．さらにSi(100)上にはMgO/MgO・Al$_2$O$_3$バッファー層を気相成長させた基板上にT_c が80 K級の単結晶薄膜が成長する．さらに，膜の厚さ方向に連続的に組成を変化させた，傾斜機能材料を形成することができる．

（熊代幸伸）

文献
1) 井原 賢，記村隆章，山脇秀樹，池田和人：応用物理，**58**，p. 751 (1989)
2) 平井敏雄，山根久典：応用物理，**59**，p. 134 (1990)

図1 YBCO系薄膜のCVD反応炉（ホットウォール型）[2]

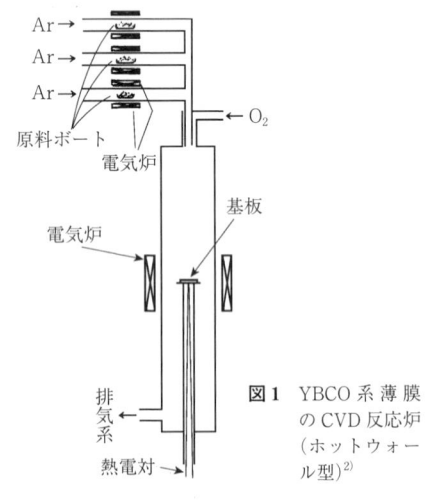

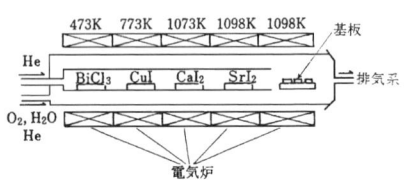

図2 Bi系超伝導膜のCVD反応炉（ホットウォール型）[1]

5.21 光 CVD

photo CVD

　光 CVD 法は, 光エネルギーを利用して気体をエネルギー的に励起させて, 薄膜を堆積させる方法である. それは結晶格子が組み込まれる過程で, 高温にすることなく光エネルギーで表面移動を促進させるものである. 光 CVD 装置のガス系, 排気系は, ほかの CVD 法とほぼ同じであるが, 励起光源が必要となり, 光を反応セルに導入するためセルの壁に光学窓や, 光透過窓, ミラーやレンズなどの光路操作系が加わる. 光源としては紫外線, レーザーなどがある. 紫外光源の場合, ランプ光源では低圧水銀灯 (波長 185 nm と 254 nm) が最もよく用いられている. そのほか重水素ランプ, 希ガスランプがある. コヒーレント光源としてはアルゴンレーザーの第 2 高調波 (257 nm) 以外はエキシマーレーザーが利用されている. 使用する光エネルギーによって, ガス分子の電子状態が直接励起される電子励起と, 振動・回転状態が励起される振動励起があり, 前者は紫外線および X 線励起に対応し, 後者は赤外線励起である. 電子励起の場合には光源に水銀ランプが用いられる (図 1).

　励起光エネルギーを選択すると, 特定の反応ガスを励起して, 特定の反応活性種を選択的に生成できる. これによって薄膜形成過程を単純化することができる. 光 CVD 法はプラズマ CVD 法と比べて励起エネルギーが低く, 反応系内に高エネルギーのイオンや電子はほとんど存在しないので, その主体はラジカル/表面反応にあり, イオン照射後損傷のない低温 CVD 法として期待されている. しかし低温成長であるために原料ガスに含まれる水素原子が -H や -OH などの不純物欠陥として膜中に残存しやすく, 合成反応プロセスの積極的な制御が必要になる.

　電子励起による光化学反応では原料ガスが直接励起される 1 分子反応と, 水銀増感光化学反応のような光励起水銀が原料ガスを電子励起させる 2 分子反応がある. 2 分子反応の例としてシラン (SiH_4) ガスには吸収されない低圧水銀ランプ光 (波長 184.9 nm) を SiH_4 と NH_3 の混合ガスに照射することで窒化ケイ素 (Si_3N_4) 膜が堆積される. これは NH_3 ガスの吸収端が 210 nm で, かつ吸収の最大も約 190 nm にあるため, 185 nm 照射下で $H + NH_2$ に光解離し発生したラジカルが SiH_4 分子と反応する. また, 原料ガスにジシラン (Si_2H_6) と O_2 を用い, 光源に重水素ランプを用いると, D_2 ランプは 160.8 nm 付近に鋭い極大ピークをもち, 200～300 nm にブロードなピークをもつ. Si_2H_6 は D_2 ランプに対して吸収をもち, O_2 は 130～175 nm に強い吸収があり $O(^3P) + O(^1D)$ に解離する. したがって, 光照射により生じた $O(^1D)$ が非常に高い効率で Si_2H_6 を酸化して, 酸化ケイ素 (SiO_2) 薄膜を作製することができる.

〈熊代幸伸〉

文献
1) 伊藤隆司：電化, **54**, p. 919 (1986)
2) 野中秀彦：電子技術総合研究所報告第 962 号, p. 7 (1994)
3) 宮崎誠一：応用物理, **69**, p. 689 (2000)

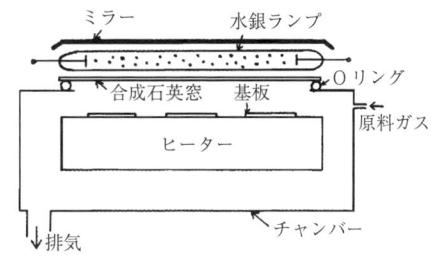

図 1 低圧水銀ランプを用いた光 CVD 装置のチャンバー部[1]

1) 膜作製

5.22 プラズマ CVD

plasma CVD

プラズマ CVD 法は，ガスプラズマ状態で原料ガスを励起し，原子あるいは分子のラジカル反応によって薄膜を形成させる．グロー放電による低温プラズマでは，低温での中性分子や原子の励起やイオン化が可能になる．したがって，600℃以下の低温で新材料が合成できる．

パラメーターとしては基板の温度，ガス流量，圧力，プラズマを発生させる高周波の電力，周波数，電極構造，材質，ポンプの排気能力，プラズマ発生方式などがある．電極構成としては直流放電と高周波放電に分けられる．直流放電ではイオン衝突により陰極から放出される二次電子が放電持続に対して本質的な役割を果たしているため，電極上に絶縁物があると，その部分では放電は起こらず均一な成膜は得られにくい．一方，ガス圧が 10～1000 Pa の高周波放電では，電極上に絶縁物や二次電子放出係数の異なる材料が置かれても，電極間には均一なグロー放電が形成される．

高周波グロー放電（13.56 MHz）を用いる場合，平行平板電極型，誘導コイル型マイクロ波放電型がある．平行平板電極型の例を図 1 に示す．原料ガスの供給は基板面に対して均一になるように工夫されている．プラズマガスの反応によって電極上に設置した基板上に薄膜を形成させる．このとき陰極側は負に自己バイアスされるために，正イオンの衝撃を受け，イオンエッチングが起こる．

プラズマ CVD では非平衡状態で化学反応が進行するために，熱 CVD 膜とは異なった組成や特性の薄膜が得られる．たとえば SiH_4-NH_3 または -N_2 と SiH_4- 炭化水素によって，両者の均一混合相薄膜（SiC-Si_3N_4）も作製でき，光学および電気的性質を連続的に制御ができる．このほか，$TiCl_4$-N_2-炭化水素を用いれば TiN，TiC，TiN-TiC 薄膜が得られる．プラズマでは熱力学的に安定な分子も分解され，膜形成反応に寄与する．そのため熱 CVD においてキャリアガスとして用いられる N_2 や H_2 などがプラズマ CVD では膜中に窒素や水素が相当量混入する．さらに，反応容器内壁へも化学的に活性なラジカル，イオン種が入射するために内壁からの汚染も受けやすい．したがって高品質な膜形成には，膜堆積表面へのプラズマ中のイオン種の入射の制御が重要となる．高効率な膜形成技術には VHF 帯およびマイクロ波帯の利用，とくに，高速，高均一膜形成のために低圧・高密度プラズマが実現できる，誘導結合型高周波放電（ICP），電子サイクロトロン共鳴（ECR）プラズマ，ヘリコン波励起プラズマの利用も盛んに行われている．　　　　（熊代幸伸）

文献
1) 市川幸実：応用物理, **55**, p. 219 (1986)
2) 鎌田喜一郎：セラミックス, **24**, p. 427 (1989)
3) 宮崎誠一：応用物理, **69**, p. 689 (2000)

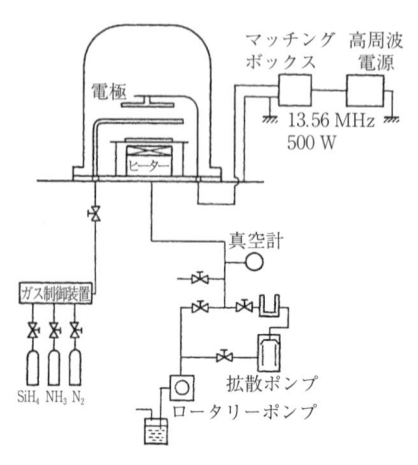

図 1 容量結合型プラズマ CVD 装置の概略図[2]

5.23 有機金属化学蒸着法 (MOCVD)

metalorganic chemical vapor deposition

原料ガス (単体), あるいはキャリアガスとの混合気体を, 加熱した基板上に流し, 加水分解, 熱分解, 光分解, 酸化還元などによって, 生成物を堆積する方法を CVD (chemical vapor deposition, 化学蒸着法) とよぶ (図1). 有機金属化合物 (organometallic compound) を原料として用いた製膜法を MOCVD (有機金属 CVD) とよぶ. 厳密には, 炭素-金属結合を含む化合物をさすが, 広義に解釈して, 水素-金属, 窒素-金属, 酸素-金属結合, π結合をもつ化合物を原料とする CVD と定義する研究者も多い.

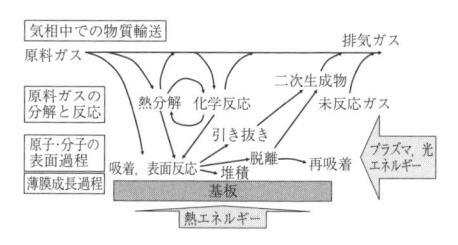

図1 CVD プロセスの概念図

CVD 法は表面被覆技術として開発された. 工具類の耐熱, 耐食, 耐摩耗性の硬質被膜を形成する重要な工業技術である. 半導体産業では基板上にシリコン酸化膜, 窒化ケイ素*膜, アモルファスシリコン薄膜などのシリコン基の薄膜をつくる方法として発達した. 非常に薄い結晶膜やヘテロ接合, 超格子構造などの複雑な多層結晶膜の形成が可能で, 半導体レーザーや超格子素子の作製に使われている. 最近では, 強誘電体メモリー*などに用いられる酸化物薄膜の製法としても盛んに研究されている.

CVD 法は, 基板の表面形状に沿って均一な厚さの薄膜形成が可能 (段差被覆性に優れる), 大面積の製膜が可能, 比較的簡便な装置で製膜できる, 荷電粒子によるダメージがないなどの特長をもつ. 一方, 良好な膜質を得るには比較的高い成膜温度が必要なことや, 使用可能な原料に制約があるなどの欠点もある.

反応に必要なエネルギーの与え方の点から, 熱 CVD* (チャンバー全体を加熱するホットウォール型, 基板付近だけを加熱するコールドウォール型), 原料ガスをプラズマや光で活性化し, 低温成膜を可能にするプラズマ CVD* (プラズマの種により高周波プラズマ, マイクロ波プラズマ, ECR プラズマなど) や光 CVD* などに分類される. 成膜時のチャンバー圧力によって, 常圧 CVD (atmospheric pressure CVD: 装置が簡単で, 成膜速度が大きいが, 気相中で微粒子が析出しやすく, 膜厚分布が比較的悪い) と, 減圧 CVD (low pressure CVD: 100 Pa 程度のチャンバー圧力で行う. 膜厚分布が均一で, 段差被覆性がよい) に分類される. 図2 は酸化物薄膜用コールドウォール型 MOCVD 装置図で, 実際には複数の原料系を設置して複酸化物薄膜を形成できる.

〔篠崎和夫〕

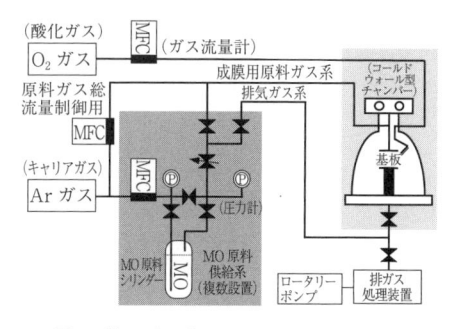

図2 低圧プラズマ MOCVD 装置の概略図

1) 膜 作 製

電着

5.24

electrodeposition

従来不可能であった酸化物膜が,水溶液中で電解によって析出させることができるようになり,酸化物めっきとよばれている.その代表例が種々の組成 (Fe, M)$_3$O$_4$ (M = Fe, Co, Ni, Mn, Cu, Zn など)をもつスピネル型フェライト膜で,100℃以下の水溶液中から直接基板上に形成でき,フェライトメッキと命名されている.

フェライトメッキの原理は「吸着」,「酸化」,「スピネル生成」の繰り返しによる.金属イオンの吸着席となるOH基が表面に出ている基板を,2価の鉄イオン (Fe^{2+}) およびその他の金属イオン M^{n+} を含む反応液 (pH=6〜11, 温度 60〜100℃) 中に浸すと,これらのイオンがOH基を介して吸着される.つぎに,亜硝酸ナトリウム (NaNO$_2$),空気 (O$_2$) などの酸化剤または陽極電流 (e$^-$) によって,Fe^{2+}→Fe^{3+}の酸化反応を行うと,加水分解を伴いながらスピネル生成が起こる.反応はすべてN$_2$ガスでバブリングしてFe^{2+}の余計な酸化を防止しながら行う.

OH基をもたない物質(たとえば,Auやテフロン)でも,その表面に化学処理,低温プラズマ処理,水中超音波処理などを施すことによって,表面にOH基を出し親水化を図り,基板として用いることができる.

図1はFe^{2+}のみを含む反応液の温度とpHを制御しながら,電流を流して金属基板にマグネタイト膜を堆積する.フェライトメッキによってバルク試料と同一特性の磁性膜を作製することができる.このほかの酸化物めっきとして電解液に硝酸亜鉛水溶液を,参照極にはSCEを用いて酸化亜鉛 (ZnO) めっきの実験も行われている.さらに陽極酸化などの電気化学反応を水溶液の圧力を15〜20気圧に保ち,200℃程度までの高温でのフェライトメッキが可能な水熱法*がある.この水熱電気化学合成法を用いれば,ペロブスカイト型酸化物薄膜が作製される.

溶融塩めっきは電極液に溶融 LiCl-KCl (使用温度 450℃) を媒体に窒素源に硝酸イオン,亜硝酸イオン,窒化物イオン,酸素源に酸化物イオンを用い,TiやNi電極表面での固相反応*と拡散により,窒化チタン (TiN) や酸化ニッケル (NiO) 薄膜を,タングステン酸イオンと炭酸イオンの共電析によって炭化タングステン薄膜が得られる.最近では溶融 KCl-NaCl (600℃) 混合物に塩化マグネシウム (MgCl$_2$) とホウ酸マグネシウム (MgB$_2$O$_4$) を原料として,Arなどの不活性ガス雰囲気中で溶融させ,電極間に電流を流し,溶融塩に含まれるMgイオンとBイオンが陰極上で還元されて二ホウ化マグネシウム (MgB$_2$) が形成される.

(熊代幸伸)

文献

1) 吉村昌弘:セラミックス, **26**, p. 197 (1991)
2) 阿部正紀:電化, **70**, p. 815 (2002)
3) 吉井賢資,阿部英樹:化学と工業, **56**, p. 802 (2003)

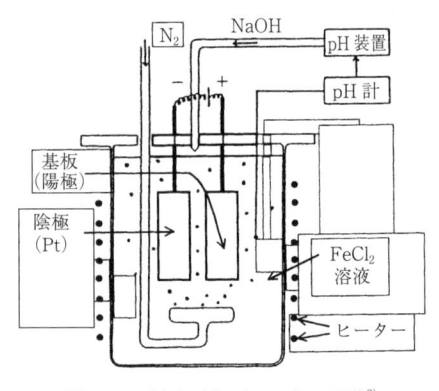

図1 マグネタイト (Fe$_3$O$_4$) の電着[2]

5.25 エアロゾルデポジション（AD）

aerosol deposition

エアロゾルデポジションは，衝撃固化現象を利用して，常温でセラミックス膜を形成する成膜技術で，低温でバルク材料に近い優れた誘電特性をもつ薄膜が得られる．さらに，プリント基板の表面粗さに適合した膜厚が形成可能で，高周波受動素子集積基板を開発するためには不可欠である．

図1にAD装置の概略を示す．振動撹拌した原料ドライセラミックス微粉末中に圧縮ガスを供給し，セラミックス微粒子と気体との混合体であるエアロゾル流を真空ポンプにより減圧雰囲気（50～1 kPa）で流れを加速し，スリット状のノズルを通して基板上にエアロゾルを噴射させて，セラミックス膜を形成させる．原料に粒径0.05～2 μm のセラミックス粒子を100～1000 m/sの流速で搬送し，基板上に10～30 μm/minの速度で常温下でミクロンレベルの膜厚のセラミックス膜を作製することができる．

原料微粒子は成膜過程で分子レベルまで分解されないので，多元組成の膜を得ることができる．さらに出発原料がバルク材料と同一セラミックス粉末であるために，バルク材料に近い誘電特性が期待できる．粒子が適切に加速されると，基板に沿って層状に粒子が堆積したモルフォロジーをもつ緻密な膜が形成される．円形粒子が析出時の衝撃力で押しつぶされて偏平した形状になり，これらが次々と堆積することにより酸化チタン（TiO_2）膜が形成されている（図2）．

現在フィルター用材料としてBZT（Ba($Zn_{1/3}Ti_{2/3}$)O_3）薄膜の開発が進められている．成膜パラメーターとしてはガス流量，真空圧力，ノズル形状があげられる．AD法はセラミックス粒子をキャリアガスで搬送し，基板へ衝突させることから，ガスの種類が重要な鍵となる．エアロゾル流の速度はチャンバー内の差圧とガス種で決まる．ガス種によって音速が異なるために，音速の速いガスを用いたほうが合成に有利である．しかし，流速が大きすぎると，凝集粒のような不要な粒子まで運ばれ，膜中に粗流が導入され組織が不均質になり，適切な流速の制御が必要である．

（熊代幸伸）

文献
1) 明渡　純：セラミックス，**38**，p. 363（2003）
2) 今中佳彦，明渡　純：セラミックス，**39**，p. 584（2004）

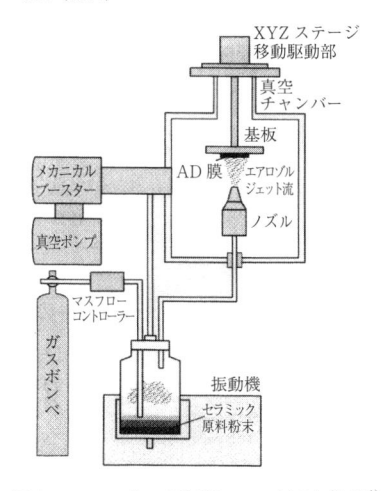

図1 エアロゾルデポジション（AD）装置[1]

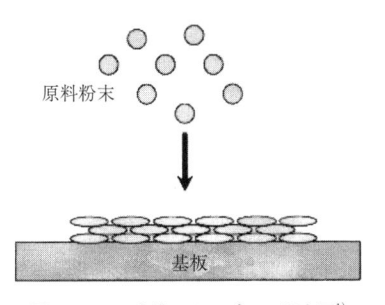

図2 ADの成膜メカニズムの概念図[1]

泳動電着 (EPD)

5.26

electrophoretic deposition method

泳動電着法は，電気泳動現象を利用したコーティング法である．電気泳動は分散媒中にコロイドや粒子 ($0.2\sim40\,\mu m$) が分散，懸濁された状態にあるとき，その溶媒中に2本の電極を差し込み，両極間に電圧を印加すると，帯電した粒子が電位傾斜によって，粒子の帯電と反対符号の電極へ向かって移動する現象である．基板は電極としての役割を担う金属が多用されているが，金属以外の材料を用いることも可能になってきた．

図1に電気泳動法により多孔質セラミックス表面に粒子層を形成するための電極配置図を示す．具体的には粉体を水溶液系または非水溶液溶媒中に分散させた懸濁液中に一対の電極を挿入し，外部より電圧を印加することで，粒子の帯電と反対符号をもつ電極表面に粒子を電気泳動させ堆積させる．粉体表面が正に帯電していればカソードに，また負に帯電していればアノードに堆積する．電気泳動速度は溶媒の誘電率，粒子のゼータ電位，印加電圧，溶媒の粘性率に依存する．

泳動電着のプロセスは，おもに電着浴中での粒子の帯電，帯電粒子の電気泳動，電極表面への粒子の堆積，凝集からなる．泳動電着法は電気めっきよりはるかに効率の良いコーティング法で，酸化物超伝導体，強誘電体，電池用電極材料，生体材料，固体電解質のような各種形状の機能材料の成膜法としての研究が進められている(表1)．

泳動電着法の長所としては①膜の組成を泳動電着に適用する粒子の段階で決定することができる．②均一で緻密な粒子堆積層の形成ができる．③成膜速度が速く，厚膜の作製が可能である．④膜厚は印加電圧，電着時間で容易に制御できる．⑤任意の形状の基板上に成膜が可能である．⑥工程数が少なく装置が簡便である．

短所としては①電着中に基板近傍から気体が発生することがあり，成膜の形成を妨げられる．②堆積した膜の強度に問題がある．具体例では酸化物超伝導薄膜は分散媒としてアセトン系の有機溶媒を用い，電解質として少量の水とヨウ素を添加した浴に，YBCO ($YBa_2CuO_{7-\delta}$) 粉末を加えて電圧を印加すると，正に帯電した粒子はカソード側に電気泳動し，短時間に電着される．ゼオライト粉末 (Na-A, Na-Y, H-ZSM$_5$) を分散媒としてアセトニトリル，アセトンなどを用いてアノード電着が可能である．膜の強度を向上させるために粉末無機接触剤としてコロイダルシリカを共析させ，400℃でシラノール基の脱水を起こさせ，シロキサン結合を形成させる．

(熊代幸伸)

文献

1) 小浦延幸, 宇井幸一, 府野真也, 根岸秀之：表面, **42**, p.20 (2004)
2) 濱上寿一, 金村聖志：セラミックス, **40**, p.150 (2005)

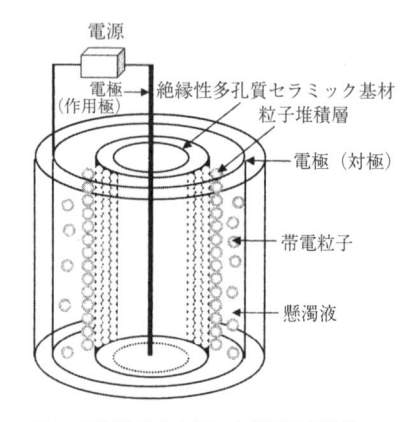

図1 電気泳動法を用いた絶縁性多孔質セラミックス基材への粒子堆積プロセスとそれに用いるセル[2]

5.27 塗布膜

coated film／coated layer

塗布工程を経て形成した膜の総称で，有機フィルムから無機フィルムまで，さまざまな膜がつくられている．たとえば，半導体プロセスでの塗布プロセスによるレジスト膜の形成などは，微細パターニング行程を含めて，工業的に非常に重要である．

塗布膜の形成では，目的物質の原料を含む溶液を基板表面に塗布し，溶媒の乾燥過程を経て固体の膜を得る．乾燥過程あるいは乾燥後に膜を熱処理することで，膜を安定化したり，熱分解などを経て目的化合物を得ることができる．塗布液体があらかじめ固体粒子を含む場合と，乾燥過程で固体が析出する場合がある．前者は微粒子を分散した懸濁液（suspension）や，アルコキシド溶液を加水分解するなどして生成したコロイド粒子*が分散したゾルなどがあり，溶剤の蒸発に伴って，微粒子がゲル化したり，凝集しながら固化して塗布膜を形成する．後者の例としては，有機溶媒に溶解した高分子物質や，水溶性あるいはアルコールを含む水に溶解した塩などの溶液を原料に用いて，塗布後の溶媒の乾燥過程で過飽和となり溶解度を超えた固相の析出過程を経て膜を形成する．

塗布の方法には，Si 基板などの塗布に用いられるスピンコート法やディップコート法，大型ディスプレイ基板などの大面積基板上への塗布に使用されるスプレー法，ロールコート法，スリットコート（ドクターブレード）法などがある．また，最近では，インクジェットプリンターなどの印刷技術を利用して，直接パターンを形成する塗布膜形成技術が開発されている．このように，さまざまな塗布方法の開発により，ほぼ均一な塗布が可能となった．

一方，乾燥過程の良否によっては，膜厚分布の不均一や，膜の場所や膜厚方向の膜質の不均質などが問題になることがある．たとえば，レジストなどの有機フィルムの形成の際には，乾燥後の膜厚分布の均一性が重要であるが，多くの場合，乾燥条件により，場所により膜厚分布に不均一な変化があることが経験的に知られている．乾燥後に均一な膜厚を得るためには，塗布膜の乾燥過程の機構解明が重要である．また，微粒子を分散した懸濁液の塗布時や，乾燥中にゾル状態からゲル化して膜形成する場合は，乾燥過程でのコロイド粒子の凝集状態の制御の良否によって，膜質の不均質性に大きな影響がある．たとえば，金属塩溶液などを用いたときは，その塩の性質や乾燥速度によっては，析出したコロイド粒子が膜表面に殻を形成し，膜の収縮を阻害して，内部に空隙を含むような薄膜をつくることがある．同様に，コロイド粒子の分散性が悪いと，乾燥につれて強固な凝集体を形成するため，不均一な微構造を有する薄膜を形成することがある．

単分散性の高いコロイド粒子の分散状態を制御して，乾燥過程で粒子が規則配列するような条件をつくることで，塗布膜自体に微粒子レベルでの規則構造を導入することで，塗布膜自体にアクティブな機能を与え，発光素子，受光素子，記録媒体，カラーフィルター，反射防止膜などを目指した研究も行われている．

電子デバイスの絶縁層に用いる高品質な SiO_2*薄膜を，印刷法を用いて 100℃以下の加工温度で作成するような試みも行われている．低温で優れた絶縁膜の形成は有機薄膜トランジスタなどの技術と併せて，安価で大量生産が要求される電子ペーパーなどのフレキシブルで印刷可能な基板を用いた電子機器の作製技術の確立に重要である．

（篠崎和夫）

1）膜 作 製

ゾル・ゲル膜／ゾル・ゲル法

5.28

sol-gel derived film, sol-gel method

ゾル・ゲル法は，液体中にコロイド微粒子が安定に分散したゾル状態から，その微粒子が互いに均一に結合したゲル状態へと変化するプロセスを利用した製膜方法で，この方法で作成した膜をゾル・ゲル膜とよぶ．ゾルが乾燥過程で凝集してゲル状の固相薄膜となり，それを加熱してガラス化，あるいは結晶化させ製膜する．気相を利用した薄膜合成法に対して，原料液があれば，簡単な設備で成膜可能である．ゲル膜がガラス化あるいは結晶化するプロセスでは，バルクに比べて粒子が細かく，膜の体積に対する表面積や界面積の割合が著しく大きいことから，バルクに比べて低温でガラス化，結晶化でき，基板と特定の結晶方位関係をもったエピタキシャル薄膜を形成することもできる．代表的なゾル・ゲルプロセスであるアルコキシドの加水分解法は1970年代の初めにガラスの新しい製法として開発され，その後，研究あるいは工業的に広く用いられている．

ゾル・ゲル薄膜の形成は，基板上に原料液を滴下し，高速回転するスピンコート法や，基板をゾル中に浸漬し，ゆっくり引き上げながら成膜するディップコート法で行うことが多い．これらの方法は，平たんな基板に対して均一な膜厚をもつ薄膜の形成には適するものの，表面に段差を有する基板上の凹凸に沿って均一な厚さをもつ薄膜を形成することは困難であり，三次元的に成長したキャパシタの形成が必要とされる高集積半導体用の薄膜形成法としては適さない．

ゾルは，目的材料を構成する金属化合物を含む溶液から出発し，加水分解 (hydrolysis) や重合 (polymerization) によって，無機高分子やコロイド粒子を生成し，分散させることで実現する．加水分解は，金属塩の水による加溶媒分解反応 (solvolysis)，無機化合物あるいは有機金属化合物と水との複分解反応，あるいは，水による分子内の開裂反応をいう．多くの加水分解反応は，目的金属のアルコキシド溶液を原料として用いる場合が多い．代表的な加水分解反応，縮重合によるゾル・ゲル膜の形成過程は，Mを金属イオン，Rをアルキル基とすると以下のように説明される．

〈部分加水分解反応〉

$M(OR)_n + H_2O \rightarrow (RO)_{n-1}M(OH) + ROH$

$(RO)_{n-1}M(OH) + H_2O \rightarrow (RO)_{n-2}M(OH)_2 + ROH$

〈縮重合反応 (condensation polymerization)〉

$2(RO)_{n-1}M(OH) \rightarrow (RO)_{n-1}MOM(RO)_{n-1} + H_2O$

$(RO)_{n-1}M(OH) + M(RO)_n \rightarrow (RO)_{n-1}MOM(RO)_{n-1} + ROH$

$(RO)_{n-1}M(OH) + (RO)_{n-2}M(OH)_2 \rightarrow (RO)_{n-1}MOM(RO)_{n-2}(OH) + H_2O$

縮重合反応は，部分加水分解物間，および部分加水分解物と未反応アルコキシドとの間で起き，加水分解や縮重合反応の速度差で生成物の形態や性質が異なる．加水分解速度が早く，縮重合反応速度が遅いと，モノマーあるいはオリゴマーが凝集したコロイド粒子*あるいはゲルが生成する．縮重合反応がさらに進むと高分子化し繊維状のポリメタロキサンゾル，あるいは三次元的に重合し，塊状化した架橋高分子ゲルになる．ゾル・ゲル法による薄膜作製の際には，ゾル状態の安定化のために安定化剤が用いられる．（化学液相析出法，塗布膜の項も参照）

（篠崎和夫）

5.29 超臨界流体成膜法

supercritical fluid deposition

超臨界流体は気・液の臨界温度と臨界圧力を超えた状態にある高密度流体で，その密度は液体の1/5からそれに匹敵し，気体の数百倍以上の大きさをもつ．さらにその粘度および表面張力は気体と同等で，拡散係数は気体と液体の中間的な性質を示し，溶媒として利用すると，細孔*などへの高い浸透性と高速な物質輸送が可能になる．したがって超臨界流体成膜法は，高速拡散性および浸透性，組成制御を実現すべく高溶解性を兼ね備え，さらに低温結晶化を促進するための活性に富んだ反応場を形成している．超臨界CO_2流体（臨界温度31℃，臨界圧力7.4 MPa）を利用した成膜法を図1に示す．これはCVD法における原料の供給（溶解），反応（分解，再結合），基板上への析出，などの一連のプロセスを超臨界CO_2反応場内で行う．薄膜の堆積は，Tiのβ-ジケトン錯体 Ti $(O \cdot i$-$C_3H_7)_2$$(dpm)_2$を出発原料に用い，超臨界$CO_2$流体を用い，単結晶シリコン基板上に，光触媒*$TiO_2$薄膜を成長させる．成膜プロセスには，有機副生成物の抽出・分離，酸化物形成の平衡移動，高圧下における非晶質の結晶化挙動など超臨界流体を利用した材料創製技術が関与している．さらにこの手法は堆積膜厚の制御や微細なトレンチ溝内での段差被膜などを通常のCVD法に匹敵する精度で実現できる．

得られたTiO_2薄膜（CO_2流体条件：40℃，8.0 MPa）の結合状態をXPSスペクトルで観測すると，Ti元素の結合状態（Ti $2p_{3/2}$）は基板温度（50〜120℃）に依存しないが，O元素の結合状態（O 1s）は基板温度の上昇により，有機金属化合物に由来するC-O結合が消失する．X線回折によると，100℃以上の基板温度ではアナターゼの生成が確認できるが，基板温度の上昇に伴ってその結晶性は良好になる．一般に Ti $(O \cdot i$-$C_3H_7)_2$$(dpm)_2$の分解には200℃以上の温度が必要で，CVD法では，TiO_2の結晶化には300℃以上の基板温度が必要となる．しかし超臨界CO_2流体中の薄膜合成は，原料の分解および結晶化が，従来のCVD法に比べて低温で促進されている．

〔熊代幸伸〕

文献

1) H. Uchida, A. Ostubo, K. Itatani, S. Koda：Jpn. J. Appl. Phys. **44**, p. 1901 (2005)
2) F. Kano, H. Uchida, K. Sugimoto, S. Koda：Key Eng. Mater. **320**, p. 91 (2006)

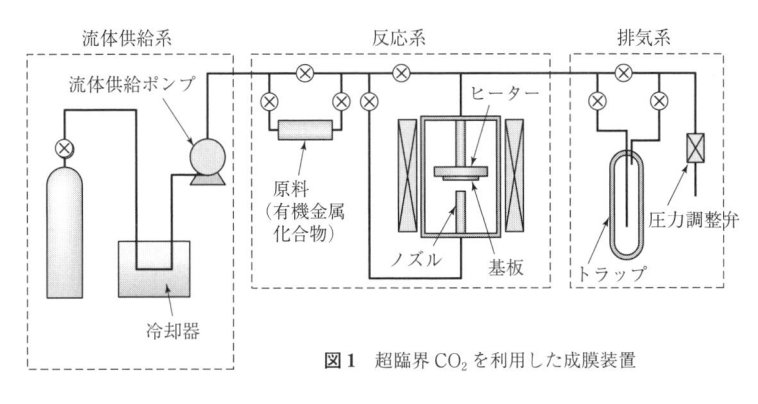

図1 超臨界CO_2を利用した成膜装置

5.30 膜厚測定法

measurements of the thickness

薄膜の膜厚は，その測定手法によって意味が異なる．たとえば触針法や多重反射干渉法による段差測定では幾何学的膜厚が，水晶振動子法を用いれば質量に基づいた重量膜厚が得られる．透明薄膜では光の干渉を用いた場合は，光学膜厚（屈折率×幾何学的膜厚）が得られる（5.32 膜の光学物性を参照）．しかしこれらは互いに必ずしも一致しない．たとえば光学膜厚は均一で一様かつ光学的に等価な膜の膜厚で，比較的幾何学的膜厚に近い．これに対して重量膜厚は，膜の密度がバルクのそれと等しいと仮定して求めた厚さで，島状膜や空隙のある膜では大きく異なる．島内や空隙以外の部分の密度は，ほぼバルクのそれと一致していると考えられる．したがって幾何学的膜厚と重量膜厚との比は，どの程度密であるかを示すバロメータとなる．ここでは代表的な水晶振動子法と多重干渉法について紹介し，最後に触針法の概略を説明する．

水晶振動子法は膜厚の時間変化を把える動的測定法である．それは真空下での堆積法では基板と原料が分離されているので，成長中に膜厚が測定できる．しかしこの測定は，化学気相成長法や液相成長法では困難である．この方法は水晶振動子に薄膜が蒸着されると，質量変化に比例した固有振動数の変化が生じるので，振動数の変化から堆積膜の厚さを求める．

水晶振動子は直径 17～18 mm，厚さ 0.2～0.3 mm の水晶単結晶で面は細かい粗面になっている．この両面に十分な厚さのAu 電極を蒸着する（図1）．水晶振動子の固有振動が 100 kHz 以上減少すると使用できない．しかし水晶振動子は王水に浸して Au 電極ごと蒸着膜をはがし，円形マスクを通して Au 電極を両面に蒸着すれば何回も使用できる．

膜厚測定は水晶結晶の圧電効果を利用するもので，水晶板の両面に電極を蒸着した水晶振動子の電極に交流電圧を印加し，圧電効果によって生じた固有振動を検出する．この水晶振動子を用いたヘッド（図1）を真空装置内部に配置するときは，シャッタは蒸発源に対して基板だけを覆い，ヘッドは覆わずに蒸発の状況を監視できるようにする．蒸発源と基板およびヘッドからの距離はなるべく等しく，両方とも面の垂直方向が蒸発源に向くように設置する．水晶振動子の固有振動数の温度による変化をさけるために，ヘッドには冷却水を流す．

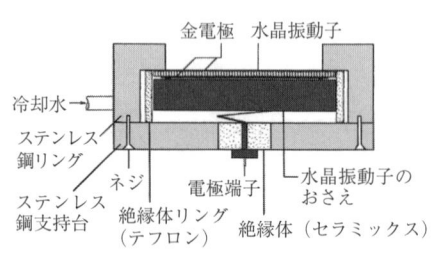

図1 水晶振動子ヘッド

しかしスパッタリング法での薄膜作成には，基板の近くにヘッドを置くと電気ノイズを拾いやすく，水晶振動子の温度も上昇しやすいので特殊な工夫が要求される．現在はスパッタリング法にはあまり用いられない．

水晶の厚み滑り振動は振動子の2つの平面が腹になるような横波の定在波で，波長は振動子の厚さの2倍になっている．振動子に堆積した膜による固有振動数の変化（Δf）は近似的に次式で与えられる．

$$\Delta f = -\frac{f_0^2}{N}\left(\frac{\rho_f}{\rho_q}\right)\Delta d$$

f_0 は膜堆積前の固有周波数，ρ_q は水晶の密度（2.654 g/cm^3），ρ_f は膜の密度，N は周

波数定数，Δd は析出膜の膜厚である．したがって固有周波数の変化の測定により，膜厚を求めることができる．厚み滑り振動子には AT（$N=1680$ kHz・mm）と BT（2535 kHz・mm）の 2 種類の切断方位があるが，AT 板の方が周波数の温度変化が小さいために，多く用いられている．この方法での大きな問題点は，測定される重量膜厚が試料の膜厚でないために，試料基板と水晶振動子の付着係数の違いに注意しなければならないことである．基板上の膜厚を求めるには，基板位置や蒸発源の形が変わるたびに，較正しなければならない．

つぎに静的測定法の代表例である多重反射干渉法について述べる．これは単色光による多重反射法を微小な段差測定に応用し，幾何学的膜厚を求めるものである．一般に 2 つの狭い間隔をあけて，向かい合わせた反射面の間に垂直に，波長 λ の単色光を入射すると，入射単色光は何回かの反射を繰り返し，干渉を行わせると，干渉縞が先鋭になり分解能が上がる．さらに多重反射における透過光のエネルギー透過率は，表面の反射率が 1 に近いほど先鋭な干渉縞が現われる．位相差が $2m\pi$（$m=0, 1, 2, \cdots$）のとき透過率は極大になり，明縞が現われ，位相差が $(2m+1)\pi$ のとき極小となり暗縞が現われる．

繰り返し反射干渉法は図 2 のように，ガラスの片面に Ag や Al 膜を 300〜500 Å 蒸着した半透鏡を試料の上に，鏡面が試料に接するように設置する．距離 $m\frac{\lambda}{2}$ および $(m+1)\frac{\lambda}{2}$ では，光が干渉し合って透過光は強く明縞が現われる．半透鏡に対してわずかに傾けて（10^{-3} rad 程度），等高干渉縞を得る．試料の膜厚ステップに対して，半透鏡の傾きを合わせれば，等高干渉縞のステップが干渉縞と直交する．干渉縞を低倍率の顕微鏡で観察し，顕微鏡の接眼レンズに取り付けた測微計で縞間隔 a と縞のステップ b を測定する．膜厚（d）は次式で与えられる．

$$d = \frac{\lambda b}{2a}$$

ここで縞が十分鋭ければ b/a を 1/100 程度の精度で読み取ることができ，膜厚を 2〜3 nm の精度で測定できる．

触針法は基板表面に膜厚に相当する段差がある試料に，先端曲率半径が数〜数十 μm 程度のダイヤモンド探針を接触させて走査し，探針の上下動を電気的に拡大して読みとり，同時に試料表面を光学顕微鏡で観察しながら測定する．標準試料による較正値から膜厚を求める．試料表面の接触中は膜に傷がつかない荷重と探針曲率半径の選定が鍵となる．ここで試料を原子レベルで映像化できる原子間力顕微鏡（atomic force microscope：AFM）を用い曲率半径 100 nm 以下の探針をもつマイクロカンチレバーのたわみを半導体レーザーを用いた光てこ方式で検出し，探針と試料間に働く力が一定になるように探針の高さを調整できる．膜厚は光学顕微鏡を組み込んだ AFM により，試料の表面を観察しながら測定できる． **（熊代幸伸）**

文献
1) 金原 粲, 藤原英夫：薄膜, p. 31, 裳華房（1979）
2) 吉田貞史：薄膜, p. 74, 培風館（1990）
3) 魚住清彦：応用物理ハンドブック, 第 2 版（応用物理学会編）p. 394（2002）

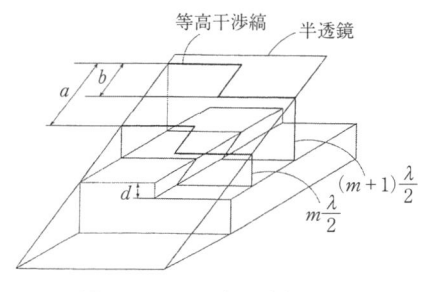

図 2 繰り返し反射干渉法の原理

5.31 付着性・付着強度

adhesion, adhesion strength

　膜と基板との接合強度を付着強度あるいは付着力といい，膜の耐久性に影響を及ぼす．付着と同様なものに，接着，接合，結合などがあるが，明確な区別はされていない．付着強度は，膜と基板の原子間の凝集エネルギーに起因する．しかし，膜と基板の付着強度は，原子間力の強弱により，界面で有効に結合している原子の数の多少に支配される．

　付着強度の評価は，引きはがし法と押し込み法に大別される．引きはがし法は，はんだや接着剤を用いて剛体棒を膜面に立て，膜に垂直の方向に棒を引っ張って倒したり，棒の軸回りに偶力を与えて，膜をはぎ取る方法で，直接法，引き倒し法，ねじり法がある．引きはがし法の難点は，接着剤の強度により強い付着強度は測定できない．

　測定限界は用いられるエポキシの強度 84.7 MPa で決まる．さらに測定値のばらつきは，かなり大きく，分布型も単純でない．押し込み法による付着力測定は，図1に示すように針を基板に対して傾けて立て，薄膜と基板の間にせん断応力を加印する押し込み型の付着力測定装置によって行う．針の押し込みの大きさは光学的に検出するとともに，その過程で生じる音波を音響検出器で監視し，薄膜のはく離の過程の段階が音波として検出できる．

　付着のばらつきに関連して薄膜の部分付着がある．酸化マグネシウム（MgO）や窒化チタン（TiN）の薄膜にダイヤモンドの針を立て，引っかき法で荷重を徐々に増加させると，必ずしもある荷重で明確にすべての薄膜がはがれ始めるのではなく，部分的にはがれることが頻繁に観察される．薄膜の付着強度としてはがれ始めの荷重をとるか，100％はく離させるのに必要な荷重をとるかでその値は大きく異なる．荷重に対する薄膜のはく離する割合を図2に示す．これから，基板上では一様でなくむらがあり，場所によって付着強度が変わることがわかる．　　　　　　（熊代幸伸）

文献
1) 馬場　茂：応用物理，**56**，p. 925（1987）
2) 岡田雅年：セラミックス 2，**25**，p. 320（1990）
3) 金原　粲：真空，**37**，p. 379（1994）

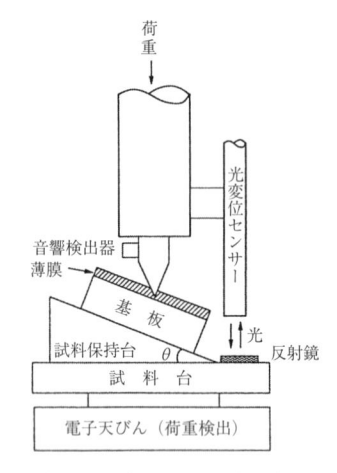

図1 押し込み法による付着力測定の原理[3]

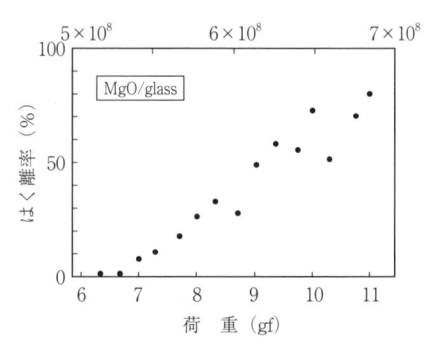

図2 ガラス基板上の酸化マグネシウム薄膜の一定荷重のもとでのはく離率[3]

5.32 膜の光学物性

optical properties of films

薄膜の光学的性質は，薄膜外部からの光に対しての応答で，入射光の性質（波長，入射角，偏光状態）と薄膜の光学定数，すなわち屈折率（n）と光学的厚み nd（n と幾何学的な厚み d を掛けた値）により決定される．分光反射率から d, n, k や透過率を求める方法が一般的である．

このほか，エリプソメトリーにより光学定数と膜厚を測定できる．薄膜の光学的な性質がバルクと異なる点は，膜厚が光の波長と同程度以下では光の干渉効果が起こる．薄膜の光学的性質を記載するうえで基本となるのは，光学定数の求め方である．薄膜の光学特性は，薄膜と光の相互作用の問題を解くことに起因する．

光は電磁波であるから，電磁場に関する Maxwell の方程式を薄膜という特殊な境界条件で解くことになる．Maxwell の方程式から始まり，平面波が界面に入射光の電場の振動方向が入射面に平方な p- 偏光と垂直な s- 偏光について考え，モディファイドオプティカルアドミッタンスを求める．

つぎに，薄膜系に光学入射する場合，反射率と透過率が求められる．p- 偏光と s- 偏光についてもこれらを計算して，それらの平均を求める．ここで透明単層薄膜の反射率 R を計算によって求めることができる．R は位相 δ とともに周期的な変化を示す．ここで，2δ が π の奇数で $\delta = (2m+1)\pi/2$ のとき R は極大または極小を示し，反射率 R_{odd} は

$$R_{\text{odd}} = \frac{(n_0 n_s - n_f^2)^2}{(n_0 n_s + n_f^2)^2}$$

ここで，n_s は基板の屈折率，n_0 は入射媒質の屈折率，n_f は膜厚 d の屈折率で，測定反射率の極値から n_f でピーク波長における屈折率を求める．反射率，透過率に複数の極大または極小が観測される場合には，隣り合う 2 つの極大または極小ピーク波長 λ_1, λ_2 の間に $2\pi nd/\lambda_1 - 2\pi nd/\lambda_2 = \pi$ なる関係より nd について解くと $nd = (\lambda_1 - \lambda_2)/2\lambda_1\lambda_2$ から光学厚み nd を求めることができる．

一方，$\delta = m\pi$ のときの反射率 R_{even} は

$$R_{\text{even}} = \frac{(n_0 - n_s)^2}{(n_0 + n_s)^2}$$

となり膜のない基板表面からの反射率に等しくなる．

図 1 に分光反射率から光学定数の求め方を示す．現実の薄膜は，その形成過程がバルクとは大きく異なるため，微細構造が異なり，光学特性がバルクとの差異を生じる．ここでは薄膜特有の現象について紹介する．多くの薄膜は，膜厚方向で屈折率が変化する．これは形成時に厚みとともに，下地との相互作用により成膜温度が変化することに起因する．たとえば，ジルコニア＊(ZrO_2) 膜で，膜厚とともに屈折率が低下し，結晶系の単斜から立方への変化に対応している．ZrO_2 は反射防止膜などに使われているが，この不均質のために反射防止域中央部で反射率が増大し，均質膜での計算値と大きく異なる．透明単層膜の場合，不均質の程度を評価することができる．ここで屈折率の変化を単調に減少または増加すると考え，空気側界面の屈折率を n_a，基板側界面を n_b とすると R_{odd} は $n = \sqrt{n_a n_b}$ の均質膜と同じ値になるはずである．しかし，R_{even} は均質膜では基板表面の反射率 (R_o) と等しくなるが，不均質膜ではその度合いにより R_o より大きくなったり，小さくなったりする．したがって，R_{even} から不均質度を評価することができる．このほか，基板表面や膜表面の凹凸や不均質のサイズが光の波長オーダー以上の場合に

2) 膜特性・応用

は，光の散乱によって反射率や透過率の減少がみられる．凹凸が波長より十分短い場合は，膜内部と異なった光学定数をもつ表面層が存在すると仮定すれば，光学的性質が予測できる．

つぎに導電，誘電，半導体薄膜の光学的性質を紹介する．導電薄膜の光学的性質は金属と同様に自由電子の振舞いで特徴づけられる．導電薄膜の電子濃度は $10^{22} cm^{-3}$ のオーダーで，プラズマ周波数 ω_p は紫外域にある．したがって，導電薄膜は可視域から赤外域まで高い反射率をもち金属光沢を示す．斜入射 p- 偏光に対する透過率は $\omega=\omega_p$ で極小を示す．窒化チタン (TiN) 薄膜の反射率を 1～6 eV で測定すると 2.9 eV で反射係数が最小のプラズマ反射端がみられる．誘電体薄膜の光学特性は格子振動の固有周波数 ω_0 の赤外域における複素誘電率 ε により説明できる．ε の虚数部は $\omega=\omega_0$ 近傍でピークを示し，実数部は 2 つの周波数，TO フォノン (ω_T) と LO フォノン (ω_L) で 0 になる．

図 2 に窒化アルミニウム (AlN) 薄膜の垂直入射，および斜入射 s, p- 偏光に対する透過スペクトルを示す．格子振動の横波である TO フォノンとの相互作用により ω_T で鋭いピークを示す．これは虚数部のピークに対応している．LO フォノンは横波である光と相互作用しないが Im $(1/\varepsilon)$ は $\omega=\omega_L$ で極大を示すため，波長より薄い薄膜では斜入射 p- 偏光に対して極小を示す．半導体薄膜はバンド幅 E_g に対する波長 $\lambda_g(nm) = 1240/E_g$ (eV) より短波長で大きな吸収を示し，長波長で透明である．λ_g より長波長の透明域では誘電体と同様に膜の表裏面で干渉による透過率や反射率の振動がみられる．半導体は不純物のドーピングによってキャリアが存在するが，そのキャリア濃度は金属より 4～7 桁小さいので吸収が立ち上がる波長，プラズマ波長 λ_p は通常赤外域にある．しかし，透明導電膜は可視域で透明で，赤外域で高い反射を示す．一例としてスズをドープした酸化インジウム [$In_2O_3(Sn)$: ITO] 膜の半導体吸収端が近紫外域での透過率の低下として，伝導吸収が近赤外域での反射率の立ち上がりと透過率の低下として，観察できる．(5.38 透明電導膜参照)　　　　**（熊代幸伸）**

文献
1) 尾山卓司：セラミックス，**25**，548 (1990)
2) 和田順雄：応用物理，**65**，1125 (1996)
3) 吉田貞史：応用物理ハンドブック，第 2 版 (応用物理学会編), p. 386 (2002)

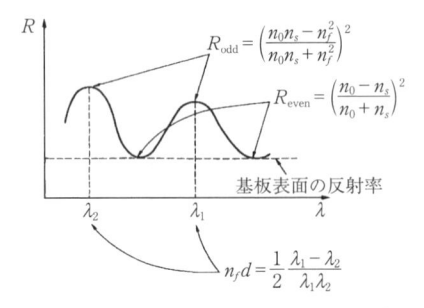

図 1 分光反射率からの光学定数の求め方[1]

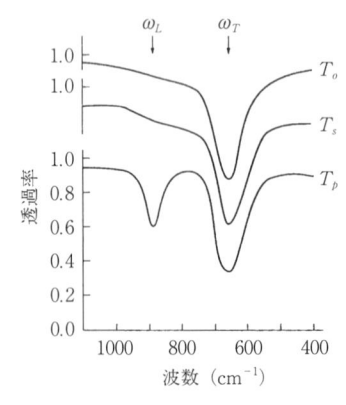

図 2 Si 上の AlN 膜の垂直入射および 45°入射 p, s 偏光に対する透過率スペクトル[3] (吉田貞史：応用物理ハンドブック，第 2 版 (応用物理学会編)，丸善 (2002)，p. 386 から引用)

硬度・ヤング率
5.33

hardness, Young's modulas

　薄膜の硬度やヤング率の測定はいくつかの方法，装置が提案されているが，試料作製などにかなりの熟練を要する．高精度で簡単に測定しうる超微小硬度計の構造は，図1に示すように荷重検出部変位量測定部，押し込み駆動部から構成されている．試験片は電子式デジタル天びんの試料皿の上に置き，圧子の接触および押し込み荷重の検出精度は $0.1\,\mu N$ である．圧子は駆動部の圧電素子に印加する電圧を，パソコン制御により変化させる．測定時の押し込み速度は $3\,mm/s$ である．光強度型変位計は圧電素子と連動し，圧子駆動時の変位計と鏡との距離変化は，接触と同時に押し込み深さとして記録される．変位計の分解能は $4\,nm$ で，押し込み荷重と押し込み深さは X-Y レコーダー上に記録する．圧子には稜角80°のダイヤモンド製三角錐針を使用し，圧子の先端半径は約 $0.1\,\mu m$ である．荷重 W で圧子が d だけ食い込んだとすれば，押し込み硬さ H は次式で与えられる．

$$H = \frac{W}{3.29\,d^2} \qquad (1)$$

　通常のビッカース硬度と本測定による微小押し込み硬度（押し込み速度：$2.7\,nm/s$，押し込み荷重：$0.05\sim0.1\,g$，最大押し込み深さ：約 $0.2\sim0.4\,\mu m$）の関係は，広い硬度範囲にわたって比較的良好な相関関係が成立している．これは本押し込み硬度試験が，薄膜材料の機械特性測定として有効であることを示す．

　図2にヤング率測定装置の構成を示す．これははりの中央に荷重を負荷する3点曲げ試験機であり，支点部，荷重負荷系，はり試験片のたわみ量を測定する光強度系変位計で構成されている．支点部には，試験片と支点間の摩擦をできるだけ小さくするために，低起動トルクの円筒と3軸受けが

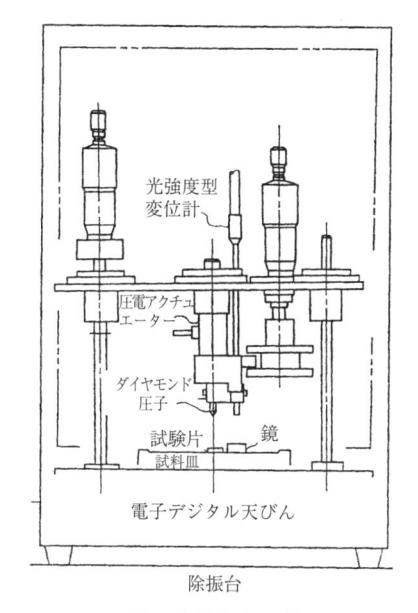

図1 超微小硬度計[1]

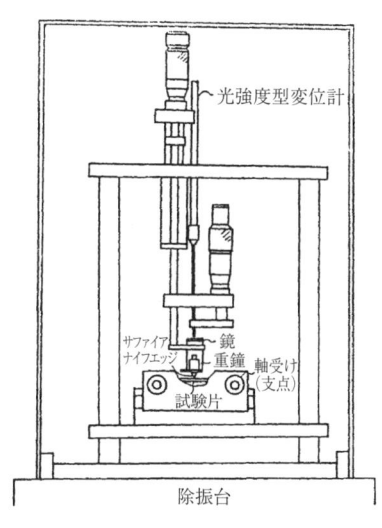

図2 ヤング率測定装置[1]

2) 膜特性・応用

採用されている．支点間距離は 40 mm で，荷重負荷部は分銅がサファイア製のナイフエッジを介して短冊形のはり試験片（10×50 mm）に正確に負荷できる．E_i, I_i ははりを構成する部材 i のヤング率と断面二次モーメントである．ここで厚さ h_1，幅 b の長方形断面を有する基板上に膜厚 h_2 の薄膜を被覆した試験片の曲げ変形を考える．荷重点のたわみ量 δ_{1+2} を W を荷重，l は支点間距離とすると次式で与えられる．

$$\delta_{1+2} = \frac{Wl^3}{48(E_1I_1+E_2I_2)} \quad (2)$$

基板のたわみ量 δ_1 は $\delta_1 = Wl^3/48E_1I_1$ ここで，$\theta = \delta_{1+2}/\delta_1$ とおけば，薄膜のヤング率 E_2 は

$$E_2 = E_1 \frac{(1-\theta)}{\alpha(5\theta-2)} \quad (3)$$

たわみ量の比 θ と膜厚比 $\alpha(h_2/h_1)$ から薄膜のヤング率を算出することができる．

表1にスパッタ炭素膜，プラズマCVD炭素膜の硬度とヤング率をバルクのダイヤモンドと比較して示す．2種の炭素膜はX線回折やラマン分光では，いずれも非晶質で両者を明確に区別することはできないが，機械特性は著しく異なっている．さらに，プラズマCVD炭素膜はダイヤモンド板に匹敵する硬度とヤング率をもつことから，ダイヤモンド状炭素の状態に近いことが確認でき，ダイヤモンド化度を定量的に評価できる．

表1 各種炭素膜の硬度とヤング率の比較[1]

作製方法	押し込み硬度（GPa）	ビッカース硬度（換算値）*	ヤング率（GPa）
プラズマCVD法	670	9800	820
スパッタ法	150	3000	410
ダイヤモンド板	880	12200	1250

*ビッカース硬度と微小押し込み硬度の関係を示す回帰直線から換算した値．

米国 MTS 社製のナノインデンター（Nano Indenter II）は超低荷重の微小変位の検出が可能な微小硬度計で，バーコビッチ型ダイヤモンド圧子の支持部の薄膜コンデンサーの容量変化から，荷重に対する微小変位を検出する．インデンテーション試験の際に，圧子を微小振動させ，その応答振幅，位相を時間に対してプロットする連続剛性測定モードでは，試験中のすべての深さポイントで，荷重，変位データと共に剛性データを記録できるので，硬度，ヤング率の深さ方向のデータが得られる．図3にSiウエハー上に作成した膜厚 50 nm の ta-C と a-C：H（5.50 参照）の微小硬度の深さ 100 nm まで求めた相対比較値を示す．いずれの薄膜も深さ約 20 nm で最大硬度を示すが ta-C 膜が a-C：H 膜より約 1.5 倍の硬度を示す．　　**（熊代幸伸）**

文献
1) 塚本雄二：応用物理, **56**, p. 919（1987）

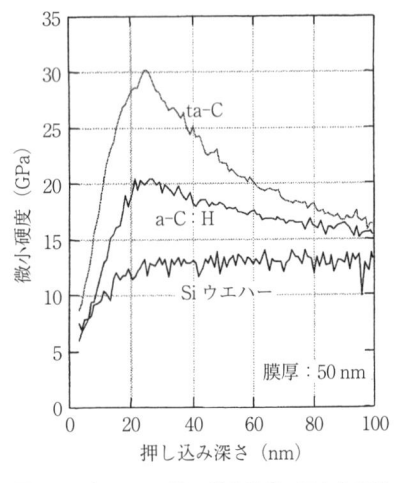

図3 Si 上の DLC 膜の微小硬度の深さ依存性（稲葉宏学位論文 p.153 横浜国立大学 2005 年 3 月）

V. 膜

内部応力 5.34
internal stress

基板上に作製した薄膜内には応力が内在し，膜によっては $10^7 \sim 10^9 \mathrm{N/m^2}$ にも達している．膜が割れたり，はく離して巻いたり，浮き上がる現象は，このような大きな応力が原因で引き起こされる．薄膜と基板とは熱膨張係数が異なるために，膜内には膜形成時と測定時との温度差に起因した熱応力が発生する．実際の薄膜では，膜の形成自体に伴って発生する内部応力が加わる．内部応力を測定する方法は基板のたわみを利用する「たわみ法」と結晶格子のひずみを利用する「X線回折法」がある．

まず「たわみ法」について述べる．基板のたわみ変化から内部応力を求める場合，真性内部応力のほか基板と膜の組合せや作製条件による熱応力などの外因的なたわみが加わる．その代表として熱膨張係数の差やスパッタ膜のような粒子衝突などがある．したがって，内部応力を求める場合，外因的なたわみを差し引く必要がある．基板として円板状や短冊状のものを用い，薄膜の内部応力によって，円板状基板はわん曲状にたわみ，球面の一部をなすようになる．この曲率を測定すれば，内部応力が求められる．詳細は薄膜の応力測定法（5.36）に紹介してある．短冊状基板上の薄膜の場合，自由端の変位を光学的および電気的に検出する．光学的方式は基板の先端のたわみを顕微鏡に装着したマイクロメーターで測定する遊動顕微鏡法とマイケルソン干渉計を構成させて基板中央部のたわみを測定する干渉法がある．電気的方式には電気マイクロ天秤のアームを接続し，基板のたわみで生じる非平衡出力電圧からたわみ量を測定する電気マイクロ天秤法と，基板と別に取りつけた固定電極とコンデンサーの電気容量変化として検出させる電気容量法があげられる．これらの検出感度をみると，電気容量法がすぐれ，膜形成中のたわみ変化を連続的に検出でき，膜厚の関数で内部応力を調べることが可能である．

ここではX線を用いた応力測定を（図1）について述べる．この方法は結晶粒内にひずみが存在すると，回折線はひずみのないときに比べて，ずれたり，ぼけたりする．結晶粒が均一なひずみを受けているときの結晶内の応力は，回折線のずれから求められる．この方法では基板に平行な結晶面からのX線のみを受けるように，試料を θ 回転させたとき，検出器を 2θ（θ をブラッグ角）ブラッグ角回転させる．得られた回折像のピーク位置から，(hkl) 面の格子面間隔が求められる．ε を (hkl) 面の $\langle hkl \rangle$ 方向のひずみとすると，(hkl) 面を基板に平行にもつ結晶粒の応力は次式で与えられる．

$$\sigma = \frac{E\varepsilon}{2\nu} \qquad (1)$$

ここで，E は膜のヤング率，ν は膜のポアソン比である．$\sigma>0$ で引張り応力を $\sigma<0$ で圧縮応力を表す． **（熊代幸伸）**

文献
1) 生地文也：応用物理，**56**，p. 923 (1987)
2) 馬来国弼：応用物理，**57**，p. 1856 (1988)
3) 金原 粲：真空，**37**，p. 379 (1994)

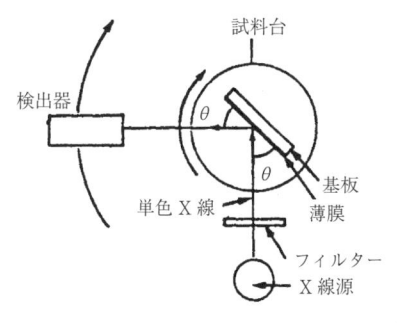

図1 X線ディフラクトメーターによる応力測定[1]
（θ：ブラッグ角）

2) 膜特性・応用

結晶配向性の評価法

5.35

evaluation of crystal orientation

結晶配向性は一般にX線回折を利用して評価する．試料にX線を照射したときに生ずる散乱波は，ブラッグ（Bragg）の回折条件 $2d\sin\theta = n\lambda$ を満たすとき，互いに干渉して強め合い回折線として観測される．ここで，d は格子面間隔，θ はX線の入射角と反射角，n は整数，λ は使用するX線の波長である．Bragg条件で回折（θ-2θ スキャン）を行うと，格子面に垂直な方向の格子面間隔の値が得られ，多結晶薄膜の場合には結晶粒がさまざまな方向を向いているため，各結晶粒の格子面がBragg条件を満足したときに，消滅則（格子の種類によって特定の回折線が消滅する現象）に該当しないすべての回折ピークが観測される．ところが，特定の格子面が強く配向した試料の場合，試料面内の配向性やその面間隔の値は求められない．このような場合は，極点図形を調べることで詳細を知ることができる．

極点図形とは調査する（hkl）回折面について回折条件を満たすように入射角 θ および散乱角 2θ を固定し，試料の回転方向である ϕ 軸（0-360°）と面垂直方向からの傾き ψ 軸（0-90°）を変化させ，その強度分布を測定する手法である（図1）．その強度分布を平面上に投影した図（ステレオ投影図）の回折パターンから試料の面内の配向がわかる．無配向試料では回折強度が θ や ψ に依存しないので，ステレオ投影図上ではランダムなパターンが得られ（図2 (a))，試料面に垂直な方向にはそろっているが，面内方向では無配向（一軸配向）の試料では面内が無秩序であるために，ステレオ投影図において特定の ψ の角度において円環状のパターンが見られる（同図 (b))．さらに，面内の配向もそろっているエピタキシャル薄膜などの試料では θ と ψ の両者が決まった角度でのみ回折が起こるため，ステレオ投影図にはスポット状（同図 (c)）になる．

逆格子空間マップ測定（逆格子空間上に回折点を直接描画）により，詳細な配向の変化，局所的なひずみ，わずかな配向の乱れなどの情報が得られる． **（篠崎和夫）**

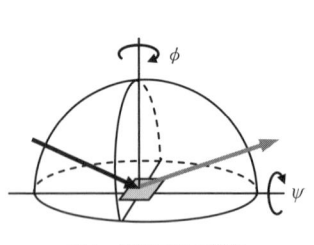

図1 極点図形の測定

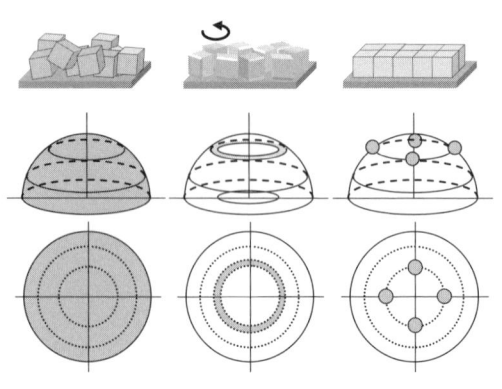

(a) ランダム配向　(b) 一軸配向　(c) エピタキシャル配向

図2 極点図形による配向性の評価

5.36 薄膜の応力測定法

stress measurement of thin film

薄膜は基板に拘束されているため，大きな応力を受けていることが多い．薄膜を基板上に製膜すると，その形状と材料の弾性係数，薄膜中の残留応力量に応じた反りが発生する．バルク材料と同様に薄膜/基板全体のひずみを測定することで，フックの法則(Hooke's law)から応力が求められる．すなわち，基板を短冊状で厚さt_s，ヤング率E_s，ポアソン比ν_sの一定の板で，薄膜の厚さをt_f($t_s \gg t_f$)として，曲率半径Rを測定すると応力σは式(1)のように表される(図1)．

$$\sigma = \frac{E_s t_s^2}{6(1-\nu_s)Rt_f} \qquad (1)$$

曲率半径は長さlの短冊状基板を片持ちはりのように一端を固定し，他端の変位量δを測定すると，$R=l^2/2\delta$の関係が得られるので，これを式(1)に入れることで求めることができる．変位量δは変位測定用顕微鏡，触針式の表面粗さ計，光てこ，静電容量型の変位計などで求めることができる．この方法では薄膜が基板上に均一に成膜されている必要があり，観測可能な変位を得るためにはある程度の面積が要求され，さらに基板の形状が単純な必要がある．

結晶性の薄膜では，応力印加量に応じて結晶格子は弾性あるいは塑性変形する．弾性変形範囲であれば，応力量と格子ひずみの間にもフックの法則が成立し，格子ひずみの大きさをX線回折によって求めることで応力量を導出できる．格子ひずみεは，測定面間隔aと無応力状態の面間隔a_0(バルク値を用いることが多い)から(2)式により求めることができる．

$$\varepsilon = \frac{a_0 - a}{a_0} \qquad (2)$$

薄膜の応力は基板面内と基板に垂直な方向で異なることから，同じ格子面間隔でも基板面に対する傾きによって異なる．このように異方性応力場に置かれた薄膜の応力を決定するため，標準的な測定方法として$\sin^2\psi$法が用いられる．$\sin^2\psi$法では特定の格子面の面間隔を基板法線からψ傾けて複数測定し，ψによる面間隔の変化から応力を求める．ψの傾け方には図2に示す並傾法と側傾法がある．このときのひずみと応力の関係は(3)式により示される．

$$\sigma = \frac{\partial \varepsilon_\psi}{\partial \sin^2 \psi} \cdot \frac{E}{(1+\nu)} \qquad \varepsilon_\psi = \frac{a_0 - a}{a_0} \qquad (3)$$

上式より横軸に$\sin^2\psi$，縦軸にひずみをとることで傾きから応力が求まる．この方法はさまざまな方位を向いた結晶粒からなる多結晶薄膜に対して適用できる．一方，エピタキシャル薄膜のように結晶格子が一定の方向にそろっているときは，異なる複数の格子面を選び，その格子面が回折を起こす特定のψでの測定を行い，格子ひずみと面方位ψの関係から多結晶薄膜のときと同様に応力を求める．その際，薄膜材料の弾性コンプライアンス成分を含んだフックの式を解く必要がある．　　　　**(篠崎和夫)**

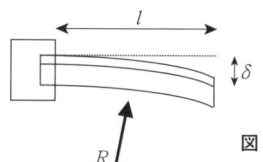

図1　片持ちはりによる変位測定

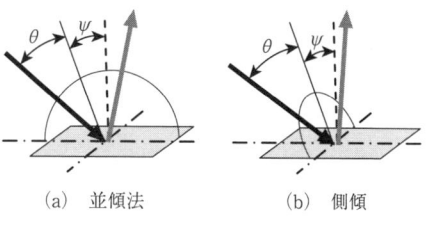

図2　応力測定光学系
(a) 並傾法　　(b) 側傾

5.37 導電膜

electric conductive films

ここで取り扱う導電膜は，金属伝導を示す非酸化物超硬・超耐熱材料である遷移金属炭化物，窒化物，二ホウ化物および二ケイ化物をさす．これらの化合物は熱および化学的に安定である．用途としては電子部品の電極配線のほか，抵抗膜，センサー，半導体デバイス用拡散障壁，ゲート材料があげられる．化成スパッタリングで作製した窒化タンタル（TaN_x），窒化チタン（TiN_x），窒化ジルコニウム（ZrN_x）は高安定薄膜抵抗膜としては窒素濃度 x と膜厚を制御することによって抵抗温度係数（temperature coefficient of resistance：TCR）が 0 の膜が得られる．これらのうちで TaN_x 膜が安定性と高周波特性がもっとも優れている．特性としては面積抵抗：<100 Ω/□，TCR：<±100 ppm，安定度：<±0.04%，負荷：30〜50 mV/mm^2，抵抗 10〜3×10^5 Ω である．Ta-N 膜の N_2 分圧と結晶構造，比抵抗率，TCR の関係をみると N_2 分圧の増加とともに β-Ta，β-Ta+α-Ta，α-Ta+N_2，α-Ta+Ta_2N，Ta_2N+TaN，TaN へと移行する．Ta_2N が含まれる領域は抵抗率が大きく，TCR が 0 に近い．

薄膜センサーとして膜抵抗 243 Ω，抵抗係数 −3300 ppm/deg の TaN 膜を表面安定化保護処理（空気中 250℃，17 時間処理）を行い，ホイートストンブリッジにセットして 150℃ まで加熱すると，70 g/m^3 までの絶対湿度が測定でき，さらに高温に加熱すれば広範囲までの絶対湿度が測定できる．応答は 23℃ で相対湿度が 0 から 33% 作動させるのに上昇時間 10 秒は，降下時間 55 秒と速いことから瞬時の湿度測定に十分応答できる．

TiN は Si の障壁の高さが 0.488±0.01 V で n-Si-Ti の 0.500±0.01 V で二ケイ化チタン（$TiSi_2$）の 0.60±0.01 V と大差がなく，TiN の接触抵抗率も 0.001 Ω・cm で，障壁材料として有望である．同様に TiN/Ti/Ag のメタライゼーションを用いた浅い接合型 Si 太陽電池の電流−電圧特性の曲線因子（fill factor）は TiN 膜（>1700 Å）で 600℃ の熱処理によって変化がみられず，電池の性能劣化も起こらない．また，自己整合型マイクロ波，GaAs 金属・半導体電界トランジスター（MESFET）用ショットキー型ゲート材料の GaAs/WN/TaN/Au の障壁の高さと理想因子は，820℃ での熱処理を行うと長時間にわたり安定している．ゲート長 0.7 μm の自己整合型 MESFET の高周波特性は，12 GHz でノイズ指数 1.7 dB，ゲイン 7.3 dB である．MOS ゲートとして HfO_2 膜上に形成した TaC_x が 1000℃ の加熱に対して安定で，これは従来の窒化物系より低い仕事関数に起因する．MOSFE ゲート電極では，低抵抗化のために Mo や W などの二ケイ化物（抵抗率〜100 μΩ・cm）が耐酸化性，耐熱性，耐薬品性などの点ですぐれている．DRAM ではプロセスの低温度化により，Ti シリサイド（15〜30 μΩ・cm）や W/TiN/多結晶 Si，W/a-Si/TiN/多結晶 Si などのポリメタル構造も検討されている．

〔熊代幸伸〕

文献
1) 熊代幸伸：化学工業，**100**，p. 101（1987）
2) 稲川幸之助：薄膜材料入門（伊藤昭夫編著），p. 120，裳華房（1998）
3) 須黒恭一，中嶋一明，斉藤友博，中尾浩司：応用物理，**74**，p. 1185（2005）

5.38 透明電導膜

transparent conductive films

絶縁体にも欠陥を導入するとドナー準位やアクセプター準位が形成され，電子や正孔を導入でき，透明でかつ導電性を付与することができる．これは，ドナー準位と伝導帯がエネルギー的に重なった，縮退半導体になる．透明電導体であるためには，透明な半導体で，かつドーピングによっても着色せず，さらに導入されたキャリアの移動度が高いことが要求される．物質としては酸化インジウム（In_2O_3），酸化スズ（SnO_2），スズをドープした酸化インジウム（$In_2O_3(Sn)$：ITO），酸化亜鉛（ZnO）など酸化物半導体である．これらの酸化物はいずれもn型半導体で抵抗率$7×10^{-5}$〜$4×10^{-3}\Omega\cdot cm$，10^{18}〜$10^{19}/cm^3$の高い電子濃度と，10〜50 $cm^2/V\cdot s$の電子移動度を示す．このような高濃度にドープされた半導体では，自由電子と光の相互作用が無視できなくなる．ドープ量の増加に伴い，伝導電子による光の反射と吸収が顕著になり，極端にドープすると，その効果は赤外域にとどまらず，可視光にまで及んでくる．したがって，透明性を保つには，伝導電子の寄与による反射と吸収が，可視光の領域に及ぶ範囲で，ドーピングを施す必要がある．

透明電導体として注目されている材料は，ITO，酸化スズ系とZnOである．これらのうちITO薄膜は数百nmの膜厚で90％以上の可視光透過率と，10 $\Omega/\square$以下のシート抵抗値を合わせもつため，太陽電池や液晶，プラズマディスプレイの透明電極として幅広く実用化されてきた．それには平たんな低抵抗率ITOの低温成膜が要求され，成膜プロセスに工夫を要する．ITOに代わる透明導電膜として，GaやAlドープZnO薄膜についての研究も進められている．

新しい成膜技術としてアークプラズマ蒸着法が注目されている．活性化反応性蒸着法またはイオンプレーティング法，これらの方法で酸化抑制雰囲気中で低抵抗率のZnO系透明導電膜が得られる．さらに，オプトエレクトロニクスの立場からZnO-In_2O_3，ZnO-SnO_2，In_2O_3-SnO_2などの多元系酸化物材料が注目されている．図1にZnO-In_2O_3透明導電膜の抵抗率のZn含有量依存性より全組成範囲で組成ずれのない均一な成膜が得られている．これは100℃の基板上にマグネトロンスパッタリング膜の$3×10^{-4}\Omega\cdot cm$と同程度以上の優れた特性を示している．　　　　　　（熊代幸伸）

文献
1) 大橋直樹，安達　裕，高松　敦：セラミックス，**37**，p. 672（2002）
2) 重里有三，笹林朋子：セラミックス，**37**，p. 679（2002）
3) 南内　嗣：セラミックス，**40**，p. 88（2005）

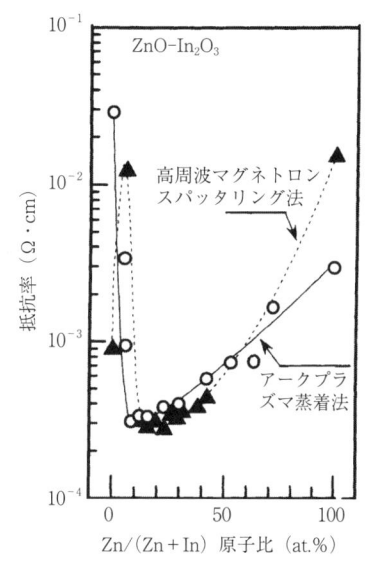

図1　（ZnO-In_2O_3）薄膜の抵抗率のZn含有量依存性[3]

5.39 誘電体膜

dielectric films

誘電体膜のうちで誘電率の大きいペロブスカイト酸化物は，コンデンサ（キャパシター）として注目されている．しかし DRAM（dynamic random access memory：記憶保持動作の必要な随所読出し可能なメモリー）を例にとると，コンデンサが非常に大きな容積を占めて，デバイスの小型化を阻んでいる．これらの材料は1980年代に DRAM 用キャパシター材料として，50 nm 以下の膜厚において研究されたが，安定した特性が得られず実用化に至らなかった．それは膜厚減少に伴って比誘電率の低下するサイズ効果，基板の拘束による大きな応力のための比誘電率の大幅な減少，電界印加による比誘電率の低下，誘電特性の温度依存性，薄膜化による絶縁性の低下，などの問題に起因する．ここではこれらの難点を克服した最近の 2～3 の例をあげる．

高周波プレーナマグネトロンスパッタ法で，Ir(100)/SrTiO$_3$(100) 上にエピタキシャル成長した Y ドープ (Ba, Sr) TiO$_3$ (BST) 薄膜は，格子歪の導入により外部歪が制御でき，比誘電率の上昇とリーク電流の低減が両立する．BST 薄膜デカップリングキャパシターは 7.0 mm×8.2 mm の Si 基板上に 1.6 mm×1.85 mm の個別キャパシターを 12 個配列する．1 MHz での容量は各々 35 nF，誘電損失は 1%，容量密度はハンダバンプの面積も含め 1.2 μF/cm^2，絶縁耐圧は 20V 以上である．個別キャパシターは 1MHz～1.8 GHz までの広い周波数帯域で，低いインピーダンスを示し，キャパシターのインダクタンスは 17 pH となり積層セラミックスキャパシター（multilayer ceramic capacitor：MLCC）の約 1/10 である．さらに 100 MHz 以上の高周波領域においても MLCC よりすぐれたインピーダンス特性を示す．またキャパシターの容量は印加電圧 10 V で 4 倍近い容量変化（最大容量/最小容量）を示し，低電圧駆動の可変容量キャパシターとして利用できる．10 μm 角のキャパシターのゼロバイアス誘電率は 40 GHz まで一定である．

最近酸素-ビスマス層が交互に堆積した，特異な結晶構造をもつビスマス系層状強誘電体として，SrBi$_2$Ta$_2$O$_9$ (BTB) や Bi$_4$Ti$_3$O$_{12}$ がサイズ効果が小さく，キャパシターへの応用が期待できる．MOCVD 法で (100) SiTiO$_3$ 上へエピタキシャル成長させた SrBi$_4$Ti$_4$O$_{15}$ や CaBi$_4$Ti$_4$O$_{15}$ 薄膜は比誘電率が 15 nm 厚でもほとんど低下しなかったり，静電容量や誘電損失が 0.9 MV/cm まで 3% 以下で，高い絶縁性が保持される．容量の温度係数も小さく，20 nm 以下の膜厚でも静電容量の安定性と絶縁性を満たす高信頼性の高容量，高密度コンデンサーの作成が可能である．これらの特性は c 軸配向膜であれば，ガラス基板を含めた，あらゆる基板上で発現できる．

このほか RF プレーナマグネトロンスパッタ法で Ir(100)/SrTiO$_3$(100) 基板上のエピタキシャル PST 薄膜の誘電率は室温で 2000，200 kV/cm のバイアス電界で 70% の高いチューナビリティを示すことから BST と同様にマイクロ波チューナブルキャパシターとして有望な特性が得られている． 　　　　　　　　　　（熊代幸伸）

文献

1) 安達正利：セラミックス，**39**, p. 606 (2004)
2) 舟窪 浩：セラミックス，**42**, p. 169 (2007)
3) 栗原和明：セラミックス，**42**, p. 175 (2007)

5.40 ジョセフソン素子

Josephson device

2つの超伝導体 (S) をきわめて薄い絶縁体 (I)(1～2nm) で挟み, 互いに結合させると超伝導体電子が絶縁体の中でトンネル電流が流れる. この現象はジョセフソン効果とよばれ, このような接合をジョセフソン接合という. ジョセフソン効果の特徴は, 接合を流れる電流および接合に発生する電圧が, 2つの超伝導体の位相の差によって決まることである.

トンネル接合型ジョセフソン素子の電流-電圧特性は, 図1に示すような2つの状態, 超伝導状態と抵抗状態 (電圧状態) がある. コンピューター素子に用いるには, 2つの状態をそれぞれ "0", "1" に対応させる. 超伝導体のエネルギーギャップが小さい ($\sim$3 mV) ことから接合が零電圧から電圧状態にスイッチする速さは高速 ($\sim 10^{-12}$秒) で, 低消費電力 ($\sim 10^{-6}$W) でスイッチング素子に応用できる. ジョセフソン素子は高精度電圧標準 ($\sim 10^{-9}$V) 超伝導量子干渉計として高感度磁場センサー ($\sim 10^{-15}$T) に応用できる. SIS 接合は現在直流電圧の一次標準として用いられている.

2つのジョセフソン接合を超伝導線で連結すると, このリング内に存在しうる磁場は量子化され, 磁束量子が0または1個存在する状態に対応させると論理素子として動作する. 超伝導ループ内に2個のジョセフソン接合を含む構造のものを超伝導量子干渉計 (superconducting quantum interference device : SQUID) といい, 高感度磁場センサーとしての応用が, 酸化物セラミックで開発されはじめている. 酸化物高温超伝導体 SQUID 本体は超伝導薄膜*内に導入されている結晶粒界を接合と

して, YBCO (YBa$_2$Cu$_3$O$_x$) 薄膜が用いられている (図2). 具体的にはバイクリスタル接合あるいは段差型接合があげられる. バイクリスタル接合は, 結晶方位が少し異なった結晶2枚を張り合わせて1枚とした結晶基板として超伝導薄膜を成長させると, 薄膜内に張合せ部分に沿って結晶粒界ができ, その部分がジョセフソン接合として働く. 段差型接合はあらかじめ基板結晶上に段差をつくっておき, その上に薄膜を成長させると段差部に結晶粒界が発生し, この粒界がジョセフソン接合になる. SQUIDの雑音特性の周波数依存性からホワイトノイズ領域では磁場感度は $13f$ (THz$^{-1/2}$) の高感度が得られている. （熊代幸伸）

文献
1) 蓮尾信也：セラミックス, **25**, p. 1157 (1990)
2) 早川尚夫：セラミックス, **33**, p. 610 (1998)
3) 東海林彰：応用物理, **72**, p. 1546 (2003)

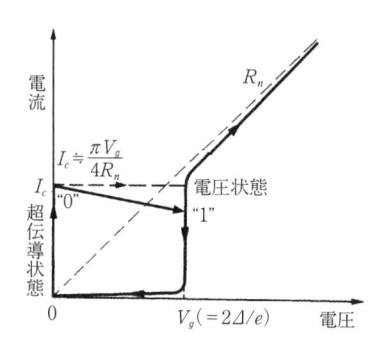

図1 ジョセフソン接合の電流-電圧特性

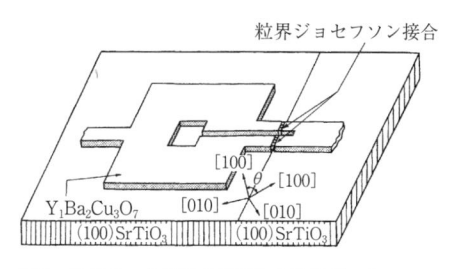

図2 基板のへき開面を利用した粒界ジョセフソン接合による SQUID の構造[1]

2) 膜特性・応用

5.41 表面弾性波（SAW）素子

surface acoustic wave device

SAW素子は,固体表面付近にエネルギーが集中して伝搬する弾性波を利用し,携帯電話などの通信システム,テレビ,VTRのような電子機器のフィルター,信号処理素子などに広く用いられている.その基本構造は,圧電薄膜*/基板上に形成したくし型電極に高周波（RF）信号を印加して弾性表面波を励振し,伝搬された波を再びRF信号に変換して,特定の周波数信号（f_0）のみを通過させる（図1）.

SAW素子の中心周波数f_0は$f_0 = v/\lambda$で表され,弾性表面波速度vに比例し,くし型電極の波長λに反比例する.したがって,伝搬速度が大きいほど,また電極を微細化するほど高周波動作する.実際には電極の微細化には制限があるため,伝搬速度が大きいほど高周波化に有利である.

ダイヤモンド*は物質のうちで最高の弾性定数をもち,最高の音速が期待でき,vを通常材料の2～3倍にすることができる.高速度を実現するために気相合成ダイヤモンドと圧電薄膜との積層系によるSAW素子が注目されている（表1）.圧電体薄膜としては酸化亜鉛（ZnO）や窒化アルミニウム（AlN）*などが候補となる.図1にダイヤモンドウエハーの上にc軸に配向しやすい圧電薄膜ZnOをRFスパッタリングにより成膜したダイヤモンドSAW素子の概念図を示す.

SAW素子の特性を表す重要なパラメーターとして伝搬速度のほか電気機械結合定数,周波数温度係数があげられる.ダイヤモンドSAW素子の速度は従来材料の水晶（SiO_2）,タンタル酸リチウム（$LiTaO_3$）,ニオブ酸リチウム（$LiNbO_3$）などの2～3倍となり,高速度を維持し,従来材料に対応した電気機械結合係数や温度係数などが得られている.ダイヤモンドSAWにおけるλとf_0の関係から1μmで2.5GHz,0.5μmで5GHzが得られ,高周波化に有利である.これに酸化ケイ素（SiO_2）を積層して周波数温度係数の1次を,水晶並みに零にし狭帯域用途も可能である.

ダイヤモンドは高熱伝導率を有するためにダイヤモンドSAWでは$LiTiO_3$ SAWの約8倍の耐電力性を示し,従来材料では不可能な高出力送信用フィルターなどへの展開が期待される.ダイヤモンド上に積層する圧電体薄膜の種類によって,狭帯域から広帯域までさまざまな用途に応じた構造が可能で,水晶を凌駕するデータが得られている.
（熊代幸伸）

文献
1) 鹿田真一：セラミックス,**33**,p.458（1998）
2) 鹿田真一,中幡英章,藤井 和：応用物理,**71**,p.327（2002）

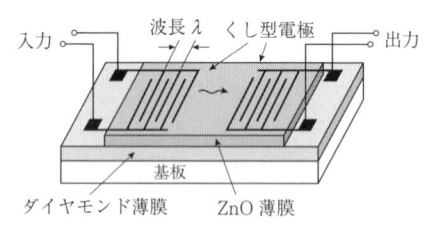

図1 ダイヤモンドSAWフィルター概念図[1]

表1 薄膜SAW素子の特性[2]

材料	伝搬速度 (m/s)	電気機械結合定数 (%)	周波数温度係数 (ppm/deg)
ZnO/サファイア	5500	4.5	43
ZnO/ダイヤモンド	11600	1.2	22
	7180	5.0	30
ZrO_2/ZnO/ダイヤモンド	9000	1.2	0
	8050	3.9	0
$LiNbO_3$/ダイヤモンド	11900	9.0	25

5.42 圧電薄膜

piezo electric films

c 軸配向した ZnO, AlN*圧電体薄膜はバルク波, 弾性表面波, 低周波振動子用トランデューサーとして実用化され, 半導体集積回路と一体化した種々のデバイスとして期待された. その後電圧を印加すると伸縮する圧電体は低電圧で比較的大きな発生力が得られ, その高速応答性からマイクロアクチュエーターとして興味がもたれている. 現在強誘電体不揮発メモリーとして大きな進展を遂げた PbZrTiO$_3$ (PZT) 材料が圧電マイクロエレクトロメカニカル (MES) デバイスの中心材料となっている. 応用を視野に入れた薄膜作成法としては, ゾル-ゲル法*, スパッタリング法*, MOCVD 法*, スクリーン印刷法がある.

PZT 薄膜のアクチュエーターへの応用には, デバイス構造, 発生力, 微細加工性, 成膜時間, 歩留まり, などから 1〜3 μm の膜厚が用いられる. ここでは高速 (〜3 μm/h) で高品質膜が期待できるスパッター膜を紹介する.

(111) Pt/Ti/SiO$_2$/Si, (001) Pt/MgO および (111) Pt/Ti/Sus 304 基板上のうち, エピタキシャル薄膜素子 (15.2×2.5×0.31 mm) の印加電圧と先端変位量の関係は, きわめて良好な変位特性を示す. 素子に低周波両極正弦波を印加したときの先端変位特性は, 格子伸縮に由来する逆電圧効果のために, 変位ヒステリシスの小さな理想的なバタフライ曲線を示す. さらに圧電定数は印加電圧に対してほぼ一定値を示す. しかし Si 単結晶上の PZT 膜は柱状多結晶を示し, 変位量が電圧とともに増大したり, ドメイン回転によりバルク材料と同様な変位ヒステリシスを示し, 高電界印加時に圧電定数が一定にならない. Sus 基板上の PZT 膜は, 結晶性と圧電特性が劣る. PZT 単結晶の RF-MEMS スイッチの変位量は 10 V/μm 程度である. このほか MEMS ディオーマブルミラ (DM) として, 低電圧においても良好な特性を示す.

厚膜の応用製品は, 高電界強度下で使用するものが多い. たとえばジルコニア基板の PZT 圧電膜は高速・高密度プリンターやインクジェットに応用されている. またマイクロ化学分析へは, 微小なマイクロアクチュエータが必要になる.

最近では環境負荷の大きな有害な鉛を含まないビスマス系層状強誘電体 CaBi$_4$Ti$_4$O$_{15}$ が, 次世代の圧電デバイスとして, すぐれた圧電特性を示す. CaBi$_4$Ti$_4$O$_{15}$ (CBTi144) 前駆体溶液を, 異なる結晶性の白金下部電極付シリコン基板上に結晶化させる. パイモルク型集積体を考え, a 軸に優先配向した白金箔を電極基板に, 前駆体溶液を用いてデップコーティング法により白金箔の両面に CBTi144 強誘体膜を形成し, 700℃ で結晶化すると, 膜厚が約 500 nm の緻密な分極軸配向の柱状粒子からなり, アクチュエータ挙動が確認されている. さらに片持梁型デバイスでは, 電圧印加時の共振モードや変位挙動もみられる. しかし酸素欠陥がドメイン反転のピンセンターとして働くため, 酸素気流中で結晶化し完全な分極反転により, 誘電特性の向上がみられ圧電デバイスとして期待できる.

(熊代幸伸)

文献
1) 加藤一実：セラミックス **40**, p. 618 (2005)
2) 二口友昭, 安藤正利：セラミックス **40**, p. 623 (2005)
3) 神野伊策：セラミックス **42**, p. 181 (2007)

強誘電体メモリー (FeRAM, FRAM)

5.43

ferroelectric random access memory

FeRAMあるいはFRAMは強誘電体薄膜に電界を印加することで誘起される残留分極を利用した不揮発性RAM (random access memory) の総称である.

実用化されているFeRAMは，DRAMのコンデンサーを強誘電体に置き換えた構造をもつ1T1C型および2T2C型とよばれるものである(図1)．1T1C型ではビット線に電界を印加することでTr_1が導通し，ワード線とプレート線の間に印加した電圧によって，強誘電体Fe_1にある分極方向のデータを書き込む．読み出すときは，同様に，Tr_1を導通状態にして，ワード線とビット線の間に分極を反転させる電圧を印加すると，電圧印加方向とFe_1の分極が同方向のときと，分極が反転する反対方向では電流値が異なることから，この電流をセンスアンプで検出する．読み出し時に分極の反転を伴うことから，破壊型読出しとよばれる.

1T1C型では，複数のセルを同一のセンスアンプで読み出すことから，強誘電体セル間に特性のばらつきがあると，メモリーの0と1の間の電流差を厳密に決めることができずに不安定になる．これを回避するために，2個の1T1C型の素子を組み合わせて，ビット線に正負反転した電圧を印加することで，強誘電体セルが互いに反対方向に分極した2T2C型が先に実用化された.

2T2C型では検出は容易だが1 bit当たりの素子面積が大きくなり高密度化に向かない．最近では強誘電体材料の品質向上に伴って1T1C型が一般的になっている.

図2はFET型トランジスタのゲート部に強誘電体薄膜を形成した別の原理に基づくFeRAMで，ゲートとソース-ドレイン間に印加した電界によって分極した強誘電体の残留分極によってゲートの開閉を行う.

表1に1T1C型FeRAMと他の一般的なメモリー特性を比較した．構造がDRAMに似て，DRAMとSRAMの長所をもつ不揮発性のメモリーの位置づけがわかる．不揮発性メモリーは他にもmagnetic RAM (MRAM), ovonic unified memory (OUM), resistivity RAM (RRAM) など異なる原理の方法が提案され，それぞれ開発・実用化が進められている.

〔篠崎和夫〕

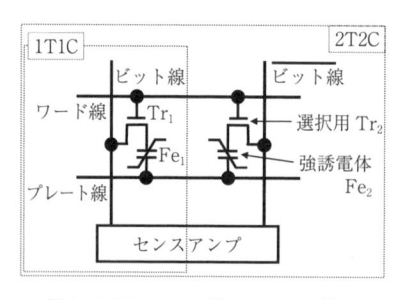

図1 1T1C, 2T2C型FeRAMの構造

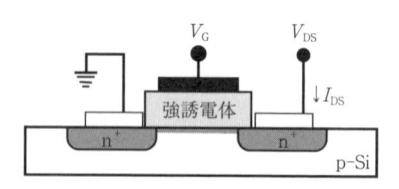

図2 1T型FeRAMの原理

表1 FeRAMと他のメモリーの特性比較

	FeRAM	DRAM	SRAM	フラッシュ
不揮発性	○	×	×	○
大容量化	△	○	×	○
書込み時間	30〜100 ns	50 ns	30〜70 ns	10000 ns
読出し時間	30〜100 ns	50 ns	30〜70 ns	50 ns
書換え回数	10^{12}〜10^{16}	10^{15}	10^{15}	10^6
データ保持	10年	0.1 s	0.1 s	10年
読出し方法	破壊	破壊	非破壊	非破壊
消費電流	〜10 μA	300 mW	〜300 mW	30 mW
待機電流	〜1 mA	〜1 mA	〜100 mA	〜1 mA

薄膜の磁気異方性　5.44

magnetic anisotropy of films

強磁性体の自発磁化は，磁場を加えなければ，もっとも磁化しやすい方向（磁化容易方向）を向く．この性質を磁気異方性という．磁化を磁気エネルギーのもっとも低い安定状態である磁化容易方向から磁化し難い方向（磁化困難方向）に向けるために必要なエネルギーを磁気異方性エネルギー（E_a）という．特定方向の異方性が他の方向に比べて強い場合，一軸磁気異方性（K_u）とよぶ．

磁性薄膜は，磁化容易方向が膜面に平行な面内磁化膜と膜面に垂直な垂直磁化膜*とに分類される．どちらになるかは膜面に垂直に向けようとする垂直磁気異方性（$K_\perp$）と膜面内に向けようとする面内磁気異方性（$K_\parallel$）との大きさとの兼ね合いで決まる．

磁気異方性には，(a) 結晶磁気異方性，(b) 形状磁気異方性，(c) ひずみ磁気異方性，(d) 成長誘導磁気異方性，(e) 表面磁気異方性，(f) 界面磁気異方性，(g) 交換異方性などがある．どれもが $K_\perp$ あるいは $K_\parallel$ に関与できる．

a. 結晶磁気異方性（K_{cry}）

大きさが結晶方位によって異なる．磁化のエネルギー E は異方性定数 K_0, K_1, K_2 によって記述される．K_0, K_1, K_2 は物質定数である．立方晶の場合，方向余弦 α_1, α_2, α_3 を用いて

$$E = K_0 + K_1(\alpha_1^2\alpha_2^2 + \alpha_2^2\alpha_3^2 + \alpha_3^2\alpha_1^2) + K_2\alpha_1^2\alpha_2^2\alpha_3^2$$

で与えられる．Feは [100] 方向が磁化容易方向で，[111] 方向が困難方向である．六方晶や正方晶など一軸異方的な結晶構造をもつ物質では，磁化容易方向と θ の角度をなす磁化のエネルギーは

$$E = K_0 + K_1\sin^2\theta$$

で与えられる．磁化が容易方向と平行（$\theta = 0$）か垂直（$\theta = 90°$）かで，それぞれのエネルギーは $E_\parallel = K_0$, $E_\perp = K_0 + K_1$ となり，エネルギー差 $E_\perp - E_\parallel = K_1$ が一軸磁気異方性となる．六方晶の Co やバリウムフェライト（$BaFe_{12}O_{19}$）は [0001] 方向（結晶のc軸）が磁化容易方向である．正方晶の $Nd_2Fe_{14}B$ は [001] 方向（結晶のc軸）が磁化容易方向である．これらの物質はc軸が膜法線と一致するように結晶成長させると垂直磁気異方性をもたせることができる．

b. 形状磁気異方性（K_{sh}）

強磁性体が磁化されたとき生じる反磁場に起因する．反磁場は $H_d = -(1/\mu_0)N_d I$（μ_0：真空の透磁率，N_d：反磁場係数，I：磁化）で与えられる．反磁場は向きが磁化と逆向きで，大きさは磁化と強磁性体の形状（反磁場係数）に比例する．反磁場の下で単位体積の強磁性体を $I=0$ から I まで磁化させるとき貯えられる静磁エネルギーは $E_S = (1/2\mu_0)N_d I^2$ である．

長軸a，短軸bの楕円体板の反磁場係数を N_d^a, N_d^b とし，磁化と長軸のなす角度を θ とすると，静磁エネルギーは

$$E_S = (1/2\mu_0)(N_d^b - N_d^a)I^2\sin^2\theta + (1/2\mu_0)N_d^a I^2$$

となる．これは $K_u = (1/2\mu_0)(N_d^b - N_d^a)I^2$ の一軸磁気異方性とみなせる．

薄膜の反磁場係数は膜面に垂直方向には $N_d = 1$，平行方向には $N_d = 0$ である．長さが直径よりも十分に長い丸棒の場合は，長手方向には $N_d \fallingdotseq 0$，直径方向には $N_d \gg 0$．したがって薄膜の場合は膜面内方向が，細長い丸棒の場合は長手方向が磁化容易方向である．

c. ひずみ磁気異方性（K_{st}）

磁歪効果の逆効果として現れる．磁歪効果は強磁性体が磁化すると磁化方向に伸びるか縮む現象である．強磁性体（磁歪定数 $\lambda_s > 0$）の磁化と角度 θ の方向に張力 σ を

加えると，弾性エネルギーは $E_\sigma = \lambda_s \sigma \sin^2\theta$ となる．$\lambda_s > 0$ なら $\theta = 0°$（磁化∥張力）の場合に，$\lambda_s < 0$ なら $\theta = 90°$（磁化⊥張力）の場合に E_σ は最小となる．すなわち E_σ は一軸磁気異方性 $E_a = K_u \sin^2\theta$ を与えるとみなされる．

薄膜は熱膨張係数や格子定数など諸物性の異なる基板物質と界面を共有しているから必ず応力を受けており，磁気異方性が生じている．これを応力誘導磁気異方性とよぶ．膜作製条件を通じて大きさや方向をコントロールできるので技術的に重要である．

d. 成長誘導磁気異方性（K_G）

2種類以上の元素で置換された物質の結晶成長に伴って生じる．大きさや符号（垂直磁気異方性を正にとる）は元素の組合せや結晶成長方位に依存する．成長温度より十分に高温で熱処理すると消失することが特徴である．すなわち熱処理によりその大きさを精密にコントロールすることができる．

生因は明確になってはいないが以下のような考え方がある．結晶成長過程は非平衡状態であるので元素分布が平衡状態からずれ，そのずれ方は成長方向に変化する．そのため結晶の対称性に局所的な乱れを生じ，元素の電子構造が影響を受け，磁気異方性の原因であるスピン-軌道相互作用に影響を及ぼす．

e. 表面磁気異方性（K_{sf}）

エピタキシャル成長したFe, Co, Niなどの単結晶超薄膜（膜厚≦数原子層）が垂直磁化膜になることが知られている．これは表面に特有の磁気異方性が生じているためと考えられる．その生因は真空にさらされる表面原子の電子構造がバルク体の内部にある場合と異なり表面の法線方向に異方的になり，法線方向の軌道角運動量が増えるためと考えられている．

f. 界面磁気異方性（K_b）

厚さが1 nm程度のFe, Co, Niなどの磁性層とPt, Pd, Auなど非磁性層とを交互に精密に積層した周期性多層膜に見いだされる．界面が急峻（界面での原子の混合が少ない）だと積層方向に向いた垂直磁気異方性が生じる．界面に幅ができる（合金化する）と磁気異方性は積層面内に向くことが多い．Co/Pd系は保磁力も大きく青色光に対する磁気カー効果が大きいので，高密度光磁気記録媒体への応用が期待される．

界面磁気異方性の生因は表面磁気異方性と同様と考えられる．異種原子が向かい合った急峻な界面は真空に比定される．よく定義された周期性多層膜は多数の急峻な界面でできているので，全体として大きな垂直磁気異方性が生じると考えられている．

g. 交換磁気異方性（K_{ex}）

フェロ磁性体（F）と反強磁性体（A）との界面で隣接するF層とA層のスピン間の交換結合により生じる異方性．界面での一対のスピン当たり交換エネルギー $E_A = -2JS^2 \cos\theta$ が貯えられる．J は交換積分，θ はスピン（S）間の角度．E_A は $\theta = 0$ か π のどちらかが最小，最大となるので一方向性異方性とも呼ばれる．この現象は以下のような系で発現する．F層（キュリー温度 T_C）とA層（ネール温度 T_N）を重ねて堆積する．$T_C > T_N$ とする．T_N よりも高い温度から磁界中で冷却する．T_N を通過するとA層のスピンは磁界方向に配列しているF層のスピンと交換結合して反強磁性配列する．T_N 以下の温度 T で測定した磁気履歴曲線の中心は一方向性交換磁界が加わっているために原点からシフトする．F層のスピンの向きは，A層によって冷却過程での印加磁界方向に固定されている．この現象は磁気抵抗効果型センサーヘッドのスピンバルブ機構に応用されている．

〔奥田高士〕

薄膜の磁区と磁壁

5.45

magnetic domain and domain wall in films

強磁性体の磁気履歴現象の理解と応用の基本となるのが磁区の概念である．磁区は内部では自発磁化の方向が磁化容易方向にそろっている微小な領域をさす．磁区の磁化は外部磁界に対して一つの大きな磁気モーメントのように反応する．強磁性体は磁区の集合体であり，集合の態様が磁区構造である．強磁性材料は軟磁性（トランスや磁気ヘッドの材料），半硬磁性（磁気記録媒体*材料），硬磁性（永久磁石材料）に分類される．硬，軟は外部磁界の強さや方向の時間的，空間的変化に対する磁区構造変化の難，易を表している．これらは強磁性体の一般的特長であり，バルク体か薄膜かで本質的な違いはない．

a. 磁区構造

強磁性体が磁化されると磁化方向に＋磁荷が，逆方向に－磁荷が現れ，周りの空間に磁束が漏れ出す．この漏れ磁束に伴うのが静磁エネルギー（E_s）である．強磁性体は漏れ磁束を減らすように自発的に磁区構造をとる．磁区構造には静磁エネルギー（E_s）のほか，異方性エネルギー（E_a），交換相互作用エネルギー（E_{ex}），磁気弾性エネルギー（E_λ）が関係し，それらの総和E_Tが極小になるように磁区構造が決まる．図1(a)～(d)に磁区構造をとることによって磁束の漏れが減る様子を示す．図1(a)は単磁区の状態で，漏れ量は最大である．図1(b)2分割すると磁束の一部は閉じた流れとなり，空間への漏れ量はほぼ1/2に減る．図1(c)4分割すると空間への漏れは約1/4に減少する．図1(d)は三角形の磁区をつくって磁束の流れを完全に磁性体内に閉じ込めている．これは還流磁区構造とよばれ実験的に観察されている．このような傾向は薄膜についても同様である．

b. 磁壁

磁区と磁区の境界が磁壁である．磁壁の内部では一方の磁区の磁化方向から他方の磁区の磁化方向に一致するまで磁気モーメントが徐々に向きを変える．両側の磁区の磁化の向きによって180°磁壁と90°磁壁に大別される．

磁壁内の隣接する磁気モーメントS_i, S_jの大きさを$S_i=S_j=S$，S_iとS_jがなす角θが小さいとし，交換積分をJとすると$E_{ex} \fallingdotseq JS^2\theta^2$．$E_{ex}$の増加は$\theta$が小さい，すなわち磁壁の厚さが厚いほど少ないことになる．

磁壁内の磁気モーメントの向きは磁化容易方向からずれる．磁壁の厚さをd，異方性定数をKとすると単位面積当たり$E_a = Kd$となるので，E_aの増加は磁壁の厚さが薄いほど少ない．磁壁の構造や幅は磁壁エネルギー（$E_w = E_a + E_{ex}$）極小の条件で決

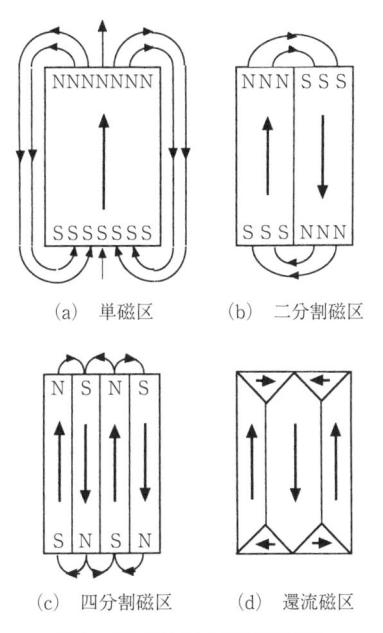

(a) 単磁区　　(b) 二分割磁区

(c) 四分割磁区　　(d) 還流磁区

図1 磁区構造による磁束の漏れ

まる.
　薄膜では磁壁は膜厚に強く影響される.
c. 面内磁化膜
　180°磁壁を考える. 磁壁の両側の磁区の磁化は, 膜面内にある磁化容易方向に沿って反平行に向いている. 磁壁内の磁気モーメントは, 図2(a)に示すように磁壁法線を軸として徐々に回転する. このような磁壁をブロッホ磁壁とよぶ. この磁壁構造だと膜厚が薄くなると薄膜表面に磁荷が現れ, 膜厚の減少とともに静磁エネルギーが増加することになる.

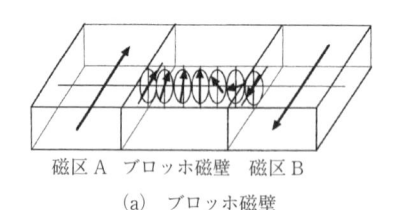

膜厚がある程度以下になると, 磁気モーメントは図2(b)に示すように膜面に平行な面内で回転したほうが有利になると考えられる. このような磁壁をネール磁壁とよぶ. さらに, 膜厚が減少するにつれ反磁界係数が1から小さくなっていくのでネール磁壁が安定化される.
　ブロッホ磁壁とネール磁壁のエネルギーの大きさが競合するあたりでは両者が交互に現れるような構造をとる. 形状の特徴から枕木磁壁とよばれる(図2(c)).

d. 垂直磁化膜[*]
　磁区は膜面に垂直方向に伸びており, 上向きと下向きに交互に磁化している. 磁壁は膜面に垂直な180°磁壁である. 表面から観察すると図3(a)に示すような迷路状あるいは縞状の模様を形成している.
　膜面に垂直方向に磁界を印加し強めていくと, 磁界と同じ向きの磁区の体積が膨張し, 逆向きの磁区は収縮する. さらに磁界を強くすると逆向きの磁区は孤立して図3(b)に示すような円筒形になる. 泡のような形状からバブル磁区あるいは磁気バブルとよばれる.

〔奥田高士〕

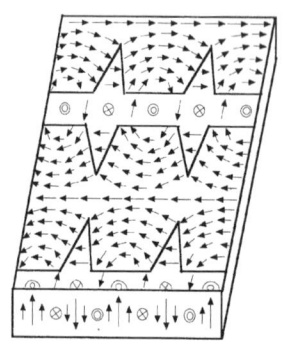

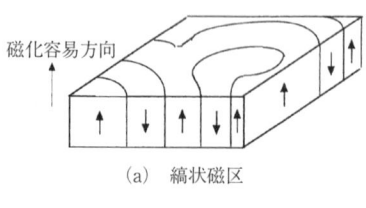

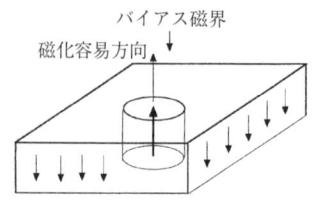

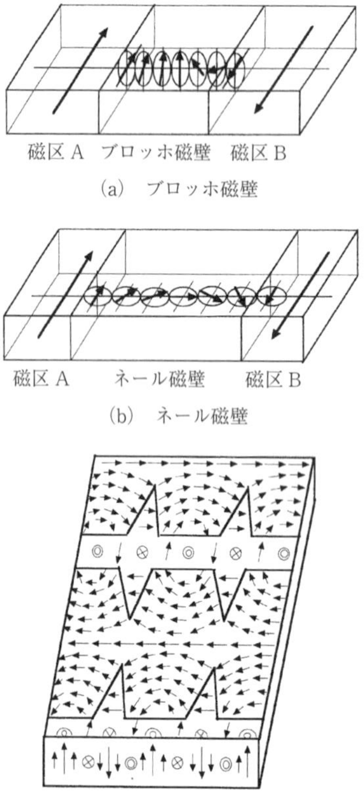

図2　ブロッホ磁壁, ネール磁壁, 枕木磁壁の内部および近傍の磁化分布
(a) ブロッホ磁壁
(b) ネール磁壁
(c) 枕木磁壁

図3　垂直磁化膜の磁区
(a) 縞状磁区
(b) 円筒状磁区

垂直磁化膜

5.46

perpendicular magnetization film

磁場を加えなくても自発磁化 M_s が安定に膜面に垂直方向を向いている強磁性薄膜.

物質が磁化されるとその磁化 M_s とは逆向きに $H_d = -N_d M_s$ の反磁界を生じ，静磁エネルギー $E_s = N_d \mu_0 M_s^2/2$ が貯えられる．μ_0 は自由空間の透磁率．反磁界係数 N_d は磁性体の形状のみによって決まる．無限に広い薄膜の場合，膜法線方向には $N_d = 1$，膜面に平行方向には $N_d = 0$ である．膜面に垂直に磁化すると $E_s^\perp = \mu_0 M_s^2/2$ が貯えられるが，磁化が膜面内にある場合は $E_s^\parallel = 0$ であるから磁化は膜面に平行な状態が安定である．垂直磁化膜の条件は，M_s を膜面に垂直に向ける一軸性垂直磁気異方性エネルギーを $K_u (>0)$ とすると，$K_u > E_s^\perp - E_s^\parallel = \mu_0 M_s^2/2$ となる．この条件を満たすには薄膜に十分に大きな $K_u (>0)$ をもたせればよい．不足の場合は M_s を小さくする．よく利用される K_u は以下のようなものである.

① **結晶磁気異方性**：結晶の対称性を反映する磁気異方性．六方晶や正方晶のような一軸性結晶では，磁気異方性も一軸性である．六回対称軸あるいは四回対称軸，すなわち結晶の c 軸方向が磁化容易方向となるから，c 軸が膜面に垂直に向くように薄膜を形成する必要がある．

② **形状異方性**：形状が（長さ/直径）≫ 1 の強磁性体は長手方向が磁化容易方向となる．針状の結晶あるいは柱状に伸びた微細構造をつくり，それらの長手方向を面法線方向に配向させる．

③ **応力誘起磁気異方性**：飽和磁気ひずみ定数が λ_s の物質に応力 σ を加えると磁気弾性エネルギー $E^\lambda = (3/2) \lambda_s \sigma \sin^2\theta$ が貯えられる．θ は磁化と応力の方向がなす角度．λ_s は符号も含めて物質常数である．なお，σ の符号は張力を正，圧縮力を負にとる．

$\lambda_s \sigma > 0$（$\lambda_s > 0$，$\sigma > 0$ または $\lambda_s < 0$，$\sigma < 0$）の場合，E^λ は $\theta = 0$（応力と磁化が平行）で最小になる．$\lambda_s \sigma < 0$，（$\lambda_s > 0$, $\sigma < 0$ または $\lambda_s < 0$, $\sigma > 0$）の場合，E^λ は $\theta = \pi/2$（応力と磁化が垂直）で最小になる．$\lambda_s > 0$ の物質の膜では膜面に垂直に張力を加えると磁化も膜面に垂直に向いて安定化される．$E^\lambda = (3/2) \lambda_s \sigma \sin^2 \theta$ は一軸磁気異方性エネルギーとみなされる．応力は膜と基板の格子定数差あるいは熱膨張係数差を利用して賦与される．

④ **成長誘導磁気異方性**（K_u^G）：結晶成長方向に依存する．磁性ガーネット結晶の場合〈100〉方向および〈111〉方向に結晶成長させた場合にのみ一軸異方性となる．

⑤ **界面磁気異方性**：厚さがそれぞれ数 nm の強磁性層（Co, Ni など）と非磁性層（Cu, Pt など）とを交互に積層し周期性多層構造にすると，層と層の界面の特異な電子構造に起因すると考えられている界面磁気異方性が誘起される．積層方向，すなわち膜面に垂直方向に K_u が生じる．磁性層の厚さ（t）が一定の範囲内（Co/Pt 系では 0.5 nm $< t <$ 1.5 nm）で $K_u > 0$ となる．

M_s を小さくして H_d を下げるには，強磁性元素を他の磁性元素や非磁性元素で置換する方法，相変態や相分離などの熱力学的処理や，他の物質（結晶相，非晶質相）との混合あるいは積層化により，実効的に強磁性相の体積分率を減らす方法がある．

Co は六方晶なので結晶の c 軸方向が基板面に垂直に成長しやすい．結晶磁気異方

性（K_u^{cr}）が大きく，磁化容易方向は c 軸方向であるが $K_u^{cr} < E_s^{\perp}$ なので面内磁化膜となる．Co の一部を Cr で置換して M_s を下げると垂直磁化膜になる．Co-Cr 合金膜は垂直磁気記録媒体として注目されている．

垂直磁化膜は磁区構造がシンプルで制御しやすいので応用面が広い．0 磁場の状態では，［薄膜の磁区と磁壁］項の図 3(a) に示すように磁化が膜法線に平行な磁区と反平行の磁区に別れて，互いに入り組んだ縞状の磁区模様を形成する．各磁区の体積は等しい．膜法線方向に適当な大きさの外部磁界（バイアス磁界）を加えると円筒状の磁区（バブル磁区）が安定に保持される（同図 3(b)）．バブル磁区は記録ビットになる．その直径は磁性ガーネット膜では約 1 μm である．希土類金属-遷移金属非晶質膜では < 1 μm にでき，保磁力も高いので高密度記録媒体に利用される．Tb-FeCo 非晶質膜が光磁気メモリーに実用化されている．

保磁力の低い垂直磁化膜は，磁区模様や膜面に上向きと下向きの磁区の面積比や磁区幅が外部磁界によって敏感に変化する．ファラデー効果（透過光に対する磁気光学効果）を利用すると外部磁界の分布を 1 μm の空間分解能で検出してイメージ化することができる．強磁性体（鉄製品）の傷や内部欠陥，磁気記録パターンなどからの弱い漏れ磁界を検出できるので非破壊検査法として実用化が進んでいる．ファラデー効果の大きな $(BiLu)_3(FeGa)_5O_{12}$ ガーネット膜が代表的な材料である．

永久磁石の垂直磁化膜は垂直磁気記録媒体，モーターやアクチュエーターのマイクロ化，マイクロマシーン，局所的な磁場の供給源，マイクロエレクトロメカニカルシステム（MEMS）への応用が期待されている．

永久磁石材料の有すべき磁気特性は高飽和磁化かつ高保磁力である．これを，垂直磁化膜にするには，高飽和磁化から生じる強い反磁界に負けない一軸性結晶磁気異方性の大きな材料を選び，磁化容易方向が膜面に垂直方向に揃うように結晶を成長させればよい．さらに結晶を柱状に成長させられれば形状磁気異方性も垂直磁気異方性として利用できる．このような観点から $Nd_2Fe_{14}B$ は最適の材料である．結晶構造は正方晶で c 軸方向が磁化容易方向である．磁石性能を表す最大エネルギー積がバルク磁石の 70% に達するものがある．

(奥田高士)

表1 垂直磁化膜材料の磁気特性

材 料	結晶構造	磁気構造	磁化 M_s (kA/m)[1]	垂直磁気異方性 K_u (J/m³)[1]
$YFeO_3$	斜方晶[2]	キャント磁性	8.4	5.3×10^4
$(Sm_{0.5}Y_{0.5})FeO_3$	斜方晶[2]	キャント磁性	8.4	1.7×10^3
$Sm_{0.4}Lu_{0.5}Y_{1.2}(CaGe)_{0.9}Fe_{4.1}O_{12}$	立方晶[3]	フェリ磁性	330	2.3×10^3
$BaFe_{12}O_{19} + Co, Ti$	六方晶[4]	フェリ磁性	240～370	3.3×10^5
GdCo (Gd/Co～1/3)	非晶質	フェリ磁性	—	1×10^4
TbFe (Tb/Fe～1/3)	非晶質	フェリ磁性	—	1.7×10^5
MnBi (低温相)	六方晶[5]	フェロ磁性	620	1×10^6
Co20at% Cr	六方晶[6]	フェロ磁性	300	5×10^4
Co	六方晶[6]	フェロ磁性	1100～1400	4.1×10^5
Pt50at% Co	面心正方晶[7]	フェロ磁性	160～320	2×10^5
$Nd_2Fe_{14}B$	正方晶	フェロ磁性	1290	4.5×10^6

(注) [1]293K の値，[2]ペロブスカイト型，[3]ガーネット型，[4]マグネトプランバイト型，[5]NiAs 型，[6]最密充填，[7]CuAu 型規則格子

V. 膜

磁気記録媒体

5.47

magnetic recording medium

強磁性体(フェロあるいはフェリ磁性体)には，磁気履歴現象により，磁化されたときの磁化の方向と大きさを残留磁化状態として記憶する性質がある．この性質を利用して磁気記録が行われる．

磁気記録装置は記録媒体(情報を記録するテープやディスクなど)と記録・再生ヘッドにより構成される．図1に磁気記録の原理を示す．ヘッドと媒体を近接(<100 nm)させ，媒体をヘッドに対して相対速度 v (~40 m/s)で移動させる．情報を周波数 f の信号電流にしてコイルに流すとヘッドが磁化されてヘッドのギャップに交番磁界を生じる．ギャップから漏れ出す磁界 (H_r) によって媒体はNまたはSの同極どうしが向かい合うように磁化される(図1)．磁化パターンは基本波長 $\lambda(=v/f)$ をもつ．λ を記録波長，$\lambda/2$ をビット長とよぶ．磁化の向きは媒体面に平行で，媒体移動方向に平行である．これは長手記録とよばれ，テープ，フロッピーディスク，ハードディスク媒体に現在もっとも多く用いられている．

一般に記録の再生にも記録ヘッドを使う．ヘッドギャップの直下にある記録磁化パターンからの漏れ磁界 (H) によりヘッド内にコイルを貫く磁束 ϕ が誘導される．記録された媒体を移動させると，ϕ は時間変化するのでコイル(巻数 N)の両端に再生信号電圧 $V_r = -Nd\phi/dt$ が生じる．

媒体が強い記録磁化をもつ条件は，高い飽和磁化 (I_s) と高い保磁力 (H_c) である．高 V_r を得るには磁気履歴曲線の角形比 (I_r/I_s) が1に近いことが望ましい．I_r は残留磁化(記録磁化)の大きさである．

記録ビット内には大きさが I_r に比例し，I_r とは逆向きの反磁界 $H_d = -N_d I_r/\mu_0$ が生じる．μ_0 は自由空間の透磁率．反磁界係数 N_d は $I_s\delta/\lambda$ に比例する．δ は磁化層の厚さである．記録密度を高めるためにビット長を短くすると H_d が増大し，I_r を弱めようとするので，δ も同時にできるだけ薄くする必要がある．

V_r は $I_s\delta$ に比例するので δ を薄くすると V_r は下がる．両者を勘案して $\delta \fallingdotseq \lambda/4$ が適当とされる．V_r を大きくするには I_s が大きいほうがよいが，同時に H_d の増加を考慮する必要がある．H_d に打ち勝つには媒体の H_c が大きいほうがよいが，その大きさは記録ヘッドの発生できる磁界の強さによって制限される．

垂直磁気記録は記録磁化を媒体面に垂直に向ける方式である．媒体には磁化容易方向が記録層に垂直に向く材料を使用する．N_d は $I_s\lambda/\delta$ に比例する．λ が短くなるほど記録ビットは H_d に対して安定化するので，長手記録より高密度記録に適している．しかし磁化パターン表面から漏れる磁束密度は表面からの距離を h とすると $\exp[-2\pi h/\lambda]$ に従って急激に減衰する．減衰率は λ が短くなるとさらに大きくなるので，電磁誘導方式以外の再生ヘッドが必要である．

媒体は通常基板表面の薄い記録層と，それを覆う保護層と潤滑層でできている．記録層形成法には基板表面に，強磁性体微粒子を塗る微粒子塗布型と薄膜形成技術により強磁性薄膜を堆積する薄膜型とがある．

磁性粒子は高分子母材(接着材，可塑剤，溶媒，潤滑剤などを含む)に分散させて基板に直接塗布される．基板は，テープ用には厚さ 10~20 μm のポリエチレンテレフタレート(PET)が，フロッピーディスクにはポリエステルが，ハードディスクには Mg 5% Al 合金やガラスが用いられる．

塗布用の磁性粉には一般に針状の単磁区

2) 膜特性・応用

粒子（<1 μm）が用いられる．それは①単磁区粒子は一粒子全体が一つの磁区になっているため高H_cを示し，②細長くすると単磁区のままで粒子の体積を増やせるので粒子当たりの磁化を大きくすることができ，③針状粒子は強い形状磁気異方性（K_c）をもち長軸方向が磁化容易方向となるからである．長手記録媒体，とくに磁気テープではテープ移動方向への粒子の長軸方向の配向度が記録・再生性能に大きく影響する．

酸化物強磁性材料は磁気特性，化学的安定性，耐食性*，耐摩耗性*，経済性など多くの点で微粒子記録媒体材料の要件を満たす．表1におもな材料の特性を示す．

γ-Fe_2O_3：もっとも広く使われている材料である．その針状粒子はα-FeOOHの針状結晶を脱水，還元，酸化して得られる．

Co変性γ-Fe_2O_3：γ-Fe_2O_3粒子表面にCoを1 nm以下の厚さに被着させたもので，γ-Fe_2O_3の2倍の高H_cが得られる．

バリウムフェライト（$BaFe_{12}O_{19}$）：微粒子は六角形薄板状である．強い結晶磁気異方性（K_c）により板面に垂直な方向が磁化容易方向になる．Co，Tiを添加してI_sとH_cを下げて塗布型垂直磁気記録媒体に使用する．

金属鉄：I_sが酸化物の2倍以上のFe系のメタル磁性粉．高記録密度対応の材料として実用化されている．Fe微粒子はγ-Fe_2O_3粒子を還元して得られる．表面を酸化皮膜でコートして安定化している．長さが数十nmの微粒子がつくられ，磁性層の厚さは数十nmにまで薄くなっている．

微粒子媒体は磁性層の厚さを磁性粒子のサイズ以下にはできない．その点薄膜は任意の厚さに形成可能である．高I_sかつ高H_cの金属系材料を用いることにより薄くしても高記録密度と高再生出力の得られる薄膜媒体が磁気記録媒体の主流となった．

薄膜媒体はめっき，蒸着，スパッタなどさまざまな方法でつくられる．基板にはMg5%Al合金やガラスなどが用いられる．塗布型とは違い，基板と磁性層の間に下地層（10～20 μm）を形成する．磁性層（10～20 nm）は非晶質のDLC*（diamond like carbon）や非晶質石英（a-SiO_2）による保護層（10～30 nm）で覆い，さらに潤滑層（perfluoro-polyether）で覆う．

薄膜磁性層は連続体的である．完全に連続体であると磁壁が容易に移動するため低いH_cしか得られない．そこで直径50 nm程度の単磁区粒子サイズの微結晶粒どうしが粒界層で隔てられる構造にする．高H_cは主としてK_cによるので結晶粒の配向方位も考慮する．結晶粒子間の磁気的結合が強いと粒子サイズが実効的に大きくなり，ビットサイズが大きくなる．粒界層は粒子を磁気的に孤立化させる．下地層には，膜と基板の密着性や熱膨張係数差の緩和のような直接的機能と膜の粒成長*（成長方向，粒径，配向性），粒界層形成（物質相，層厚，磁気構造）など膜構造形成にあずかる間接的機能とがあり，磁気特性（磁気異方性，保磁力など）や記録特性を左右する．

代表的な薄膜材料と磁気特性を表2に示す．Co基合金はK_cが大きいので高H_cが得られる，I_sがFeについで大きい，Feよりも耐食性に優れていることなどから薄膜材料の主流となっている．Co系材料には膜の強度を受けもつNiP層に薄くCr層をかぶせた下地層が用いられる．CrはCo合金の結晶成長方位にあずかるとともに，粒界層に析出して粒の肥大化と粒間の磁気的結合を抑制する作用をもつ．Cr置換Coは代表的な高密度垂直磁気記録薄膜材料である．垂直磁化薄膜*化するにはCo結晶のc軸を膜面に垂直に成長させ，Co/Cr比を調節してI_sを最適化する．H_cはCo/Cr比と単磁区粒子化する膜厚とを調整して最適化される．

酸化物スパッタ膜の磁気特性は金属薄膜

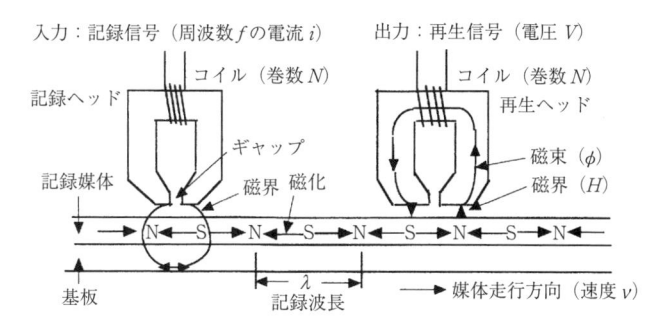

図1 磁気ヘッドによる記録・再生

表1 微粒子媒体材料の特性

材料	γ-Fe$_2$O$_3$	Co 変性 γ-Fe$_2$O$_3$	CrO$_2$	BaFe$_{12}$O$_{19}$+Co, Ti	α-Fe	Fe$_4$N
結晶構造	立方晶(逆スピネル型)	立方晶(逆スピネル型)	正方晶(ルチル型)	六方晶(マグネトプランバイト型)	体心立方晶	面心立方晶
磁気構造	フェリ磁性	フェリ磁性	フェロ磁性	フェリ磁性	フェロ磁性	フェロ磁性
形状	針状	針状	針状	六角板状	針状	針状
長さ(μm)/直径(μm)	0.3/0.06	0.3/0.06	0.5/0.05	厚さ 0.02/0.1	0.3/0.06	0.5/0.07
飽和磁化 (T)	0.4	0.45	0.46	0.3〜0.46	1.1〜1.38	0.8〜0.95
保磁力 (kA/m)	20〜28	44〜60	36〜54	26〜158	30〜132	51〜88
結晶磁気異方性 (J・m^{-3})	-4.6×10^3	-5×10^3	2.5×10^4	3.3×10^5	4.4×10^4	—
磁気異方性のおもな原因	形状	形状	形状+結晶	結晶	形状	形状
記録方式	長手	長手	長手	垂直	長手	長手

(出典) G. Bate: Proc. IEEE 24, 1513 (1986)

表2 薄膜媒体材料の特性

材料	Co	Co-Ni(P)	Co-γ-Fe$_2$O$_3$	Co-18% Cr	CoNi	CoCrTa	Sm-Co	BaFe$_{12}$O$_{19}$-Co, Ti
製膜法[a]	斜め蒸着	メッキ	スパッタ	スパッタ	スパッタ	スパッタ	スパッタ	スパッタ+熱処理
下地[基板][b]	Cr	NiP[Al]	NiP[Al*]	[Polyester]	Cr/NiP[Al]	Cr/NiP[Al]	Cr/NiP[Al]	[a-SiO$_2$/Si] Pt [a-SiO$_2$/Si]
結晶構造[c]	HCP	HCP/FCC	IS	HCP	HCP/FCC	HCP/BCC	HEX/BCC	HCP HCP
飽和磁化(T)	0.75〜1.25	0.7〜0.9	0.25〜0.31	0.38〜0.69	1.0	0.8	—	—
保磁力(kA/m)	61〜120	40〜120	40〜100	80〜100	65〜70	80〜120	180	180 180
磁化配向方向[d]	∥, A	∥, I	∥, I	∥, I	∥, I	∥, I	∥, I	∥, I ⊥

(注) a) 斜め蒸着:原子を基板面に斜めに入射させる蒸着法
 b) [Al]:Mg4% Al合金基板,[Al*]:アルマイト加工 Al基板,a-SiO$_2$:非晶質 Si 酸化被膜
 c) 支配的な結晶相の結晶構造,HCP:六方稠密,FCC:面心立方,BCC:体心立方,IP:逆スピネル,HEX:六方
 d) ∥:膜面に平行,⊥:膜面に垂直,A:異方的,I:等方的

(出典) T. C. Arnoldussen: Proc. IEEE 74, 1526 (1986)

に劣る.しかし化学的に安定で機械的に硬いので保護層が不要であり,表面は非常に平たんである.このためヘッドと媒体の間隔を短縮することができ,金属媒体と同等の再生特性が得られる.BaFe$_{12}$O$_{19}$膜は製膜後熱処理して結晶化させる.Pt下地層の有無により,磁化容易方向を膜面に垂直と平行のどちらでも選べることも利点である. **(奥田高士)**

2) 膜特性・応用

磁気・電波シールド材料 5.48

magnetic and radiowave shielding materials

磁気・電波のシールド（遮蔽）とは環境磁気ノイズから生体や機器を保護するためのものであり，ノイズを発生源を中心にできるだけ狭い範囲に閉じ込めるためのものでもある．環境磁気ノイズとは周囲にある自然にあるいは人工的に発生した磁界のうちで生命活動や機器の機能にとって不都合なものを指す．

磁気シールドは直流から1kHzまでの周波数域の磁界ノイズのシールドを，電波シールドは1kHzから3THzの周波数域の電磁界ノイズのシールドを目的とする．1kHzを境目とすることに明確な理由はない．直流および1kHz程度の低周波のノイズには磁界成分が多いため磁気シールドとしている．電波の周波数の上限を3THz（$1THz=10^{12}Hz$）としているのは「電波とは周波数が300万MHz以下の電磁波」という電波法の定義による．

シールドすべき環境磁気ノイズの強度範囲はおよそ10^{-16}～10^4 Tである[1]．T（テスラー）は磁束密度の単位．磁界ノイズ源には，自動車やバイク（～10^{-2} Hz, ～10^{-9} T），電車（～1 Hz, ～10^{-7} T），エアコン（50～60 Hz, 10^{-10} T），IH調理器（20～30 kHz, ～10^{-5} T），エレベーター（～10^{-2} Hz, ～10^{-6} T），地磁気（～10^{-4} T），送電線（50～60 Hz, ～10^{-4} T），磁気浮上列車（0 Hz, ～1 T），磁気共鳴診断装置（MRI）（0 Hz, ～10^2 T）など，電磁波源には，テレビ電波（～100 MHz），ラジオ電波（～1 MHz），携帯電話（～10^9 Hz）などがある．

a. 磁気シールド材料

磁気シールドには（1）高比透磁率材料を用いる方法と（2）超伝導体を用いる方法がある．図1に（1）の方法の原理を示す．円筒状のシールド体（外径a，内径b，比透磁率μ_r）に外部磁界（H_o）を加えると，磁束はシールド体に流れ込むが，円筒の内側にはほとんど侵入しない．内側の磁界（H_i）は

$$H_i = 4\mu_r H_o [(\mu_r+1)^2 - (b^2/a^2)(\mu_r-1)^2]^{-1}$$

と計算される．$\mu_r \gg 1$とすると

$$H_i = 4H_o[\mu_r(1-b^2/a^2)]^{-1}$$

となるので，μ_rの大きな材料を選び，b/a比を小さくすることでシールド効果が増すことがわかる．円筒内にさらに円筒を挿入して多重構造にすることによりH_iはさらに低く下げられる．

H_oがシールド材料の飽和磁界を超えると，その分シールドの内側に侵入する．したがってH_oの大きさによって材料を選ぶ必要がある．飽和磁化の低い材料にはミューメタル（77% Ni-16% Fe, -5% Cu-2% Cu）などがあり，高いものには純Fe，ケイ素鋼（97% Fe-3% Si），センダスト（85% Fe-10% Si-5% Al），スーパーメンジュール（49% Fe-49% Co-2% V）などがある．非晶質合金では鉄基系（Fe81%-B13.5%-Si3.5%-C2%など）が用いられる．薄いリボン状で長尺のものができるので，織物に加工して大容量の空間を磁気

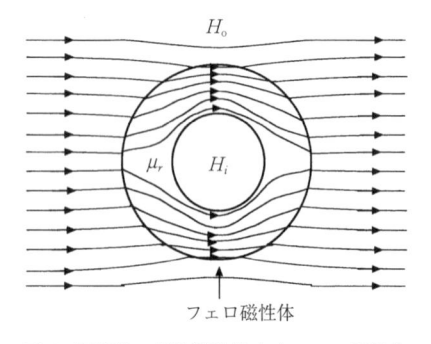

図1 円筒状の高比透磁率（μ_r）フェロ磁性体による磁気遮へい効果（円筒の内側の磁界$H_i \ll$外部磁界H_o）

シールドすることができる.

超伝導体は超伝導状態にあるとき，臨界磁界 (H_c) を超えない限り，マイスナー効果により磁束の侵入を完全に排除するので理想的な材料といえる．セラミックス高温超伝導体の重要な応用分野と位置づけられている．たとえば，周波数が 0.01～10 Hz の 10^{-10} T レベルの信号を測定する SQUID 脳磁界計測装置の磁気シールドに臨界温度 95K の $Bi_2Sr_2CaCu_2O_x$ が用いられた．交通機関などに起因する環境磁気ノイズのピークが 0.1 Hz 付近にあるが，超伝導磁気シールドは高い遮蔽率を示し，超低周波数域で圧倒的に有利であることが示されている[1]．

磁気シールドの応用分野は，電子回路近傍の浮遊磁界除去，生物磁気測定のための磁気環境整備（地磁気除去など），磁気共鳴診断装置 (MRI) や磁気浮上列車の漏えい磁界の防止，磁気記録媒体*や磁気カードなどの保護などである．

b. 電波シールド材料

電波（正確には電磁波）が原因で起こる電波障害を防止する材料である．電波吸収体ともよばれる．

空間を伝わってきた電磁波は，図 2 に示すようにシールド体の表面で一部は反射され，残りが内部に入る．内部に入った電磁波は熱に変わってシールド材に吸収されながら伝わっていく．シールド体の端で一部は再反射され，残りは空間に放射される．シールド体の両側の空間との境界で再反射と空間への放射が繰り返される．

反射は空間とシールド体の特性インピーダンスが異なることによって起こる．シールド体への電磁波の入力インピーダンスは

$$Z_{in} = (\mu/\varepsilon)^{1/2} \tanh(\gamma d)$$

である．d はシールド体の厚さ，γ はシールド体内部の電波の伝搬定数である．

$$\gamma = \alpha + j\beta = j\omega[\mu(\varepsilon - j\sigma/\omega)]^{1/2}$$

α は減衰定数，β は位相定数である．ω は電磁波の角周波数．μ, ε, σ はそれぞれシー

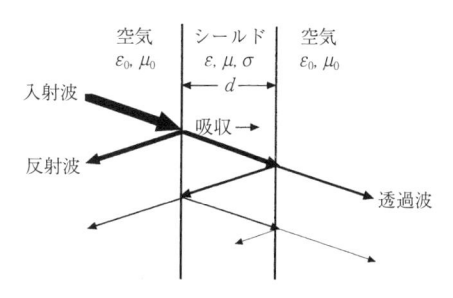

図 2 電磁波シールドの原理

ルド体の透磁率，誘電率，導電率で周波数に依存する．

反射率は

$$R = (Z_{in} - 1)/(Z_{in} + 1)$$

である．反射防止型のシールド材料は使用する電磁波の周波数域で $R \fallingdotseq 0$ になるように材料の μ, ε, σ を吟味し d を決める．同時に反射効率の良い構造設計が必要である．

吸収型の材料は使用する周波数を考慮しながら減衰係数 α の大きな材料を選ぶ．

$$\alpha = \omega\{(\mu\varepsilon/2)[1+(\sigma/\omega\varepsilon)^2-1]^{1/2}\}^{1/2}$$

使用する周波数 ω で $\sigma \gg \omega\varepsilon$ が成り立つ場合，媒質を導体とよぶ．この場合，$\alpha = (\omega\mu\sigma)^{1/2}$ となり，σ によるオーム損失が主となる．発泡ウレタンやシリコンゴムにカーボンを塗布したり分散させた材料が用いられる．30 MHz から 3 GHz の高周波域ではフェライトの大きな磁気損失が利用される．Ni-Zn フェライトなどをシリコンゴムシートに分散させて高周波回路から出る電磁波ノイズを遮断する． （奥田高士）

文献

1) 山崎慶太・小林宏一郎：日本応用磁気学会誌 **29**, 405 (2005)

2) 膜特性・応用

5.49 耐食性

corrosion resistance

薄膜の耐食性は，膜組成，不純物，結晶構造，配向性，欠陥，膜応力，基板との密着性など成膜条件に大きく影響される．たとえば，ピンホールやマイクロクラックなどの欠陥の少ない化学量論組成膜において優れた耐食特性を示す．

評価手法としては電気化学的方法が用いられる．冷延鋼板上に反応性イオンプレーティングによって窒化チタン（TiN）膜の $0.5N$ の硫酸ナトリウム（Na_2SO_4）水溶液中における電位と，アノード電流密度の関係を示す分極曲線をみると，TiN の成膜時の窒素分圧が低いほどアノード電流密度が低く，耐食性が優れている．

つぎに RF スパッタリング法により基板バイアスを変化させ Ti の上に TiN コーティング膜の塩酸水溶液中における分極曲線は，チタン基板のアノード電流に加えて，TiN の分解反応に由来する電圧 0.2 V（vsAg/Cl）近傍のアノード電流が認められ，成膜時のチタン基板に印加したバイアス電圧が－50V においてアノード電流が最小となる．さらにバイアス電圧が－50V でコーティングした化学量論組成に近い TiN 皮膜は（111）面の結晶配向性を強く示し，塩酸水溶液中での分解反応が起こりにくい．

プラズマ CVD 法，イオンプレーティング法によって各種絶縁性皮膜（Al_2O_3, SiO_2, Ta_2O_5, Si_3N_4 など）と導電性（TiC, TiN, CrN, SiC など）皮膜を鋼基板上に成膜した場合のピンホールの割合と海水中での腐食速度の関係をみると，絶縁性皮膜ではピンホールの割合が耐食性を決定する大きな因子であるが，導電性皮膜はそれほど明確でなく，皮膜の種類によって腐食形態が異なる．腐食により発生したピットの深さとピット数が炭化物と窒化物では異なり，炭化チタン（TiC）や炭化ケイ素（SiC）では最大ピット深さは大きいが，ピット数は少ない．TiN や窒化クロム（CrN）では最大ピット深さは小さいが，ピット数が多い．これは，カソード電極部分の広がりにより腐食形態の違いが生じる．

セラミックス溶射膜の湿潤環境での腐食疲労損傷の耐食性の向上法を紹介する．それは損傷の律速となる接合金属の腐食を防止する．そこで基材よりも電気化学的に卑な溶射皮膜にアノード溶解腐食が生じるようにすれば（犠牲電極），基材がカソードとなり腐食を防止できる（カソード腐食）（図1）．セラミックス層は耐磨耗や遮熱などの効果と同時に，犠牲電極のアンダーコーティング層のアノード溶解を，環境遮断効果によって遅延させる役割を演じている．しかし，セラミックス溶射膜のき裂や空孔からの水分の浸透が問題である．

〈熊代幸伸〉

文献

1) 杉崎康昭：薄膜作製応用ハンドブック（権田俊一監修），p. 226, エヌ・ティー・エス社（1995）
2) 小川武史：セラミックス, **30**, p. 987（1995）

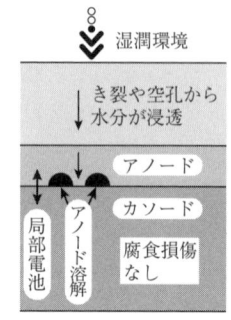

図1 犠牲電極を用いたセラミックス溶射材の腐食損傷挙動[2]

摩耗特性 5.50

abrasion property

　通常の材料摩耗試験は，試験前後の材料の重量域を測定して材料の耐摩耗性を評価する．しかし，総重量がきわめて小さい薄膜材料の測定には工夫を要する．そこで接触面顕微鏡に往復摩耗試験機を組み込み，接触顕微鏡の視野内で薄膜の摩擦試験を行い，薄膜の摩耗量を面積摩耗量によって写真判定で行う試験法が報告されている（図1）．①が平面基板（スライドガラス）上に形成した薄膜試験片で，プリズム②の上面に光学的に透明な接着剤を用いて装着する．膜厚が 100 nm 以下であれば薄膜を透過して，上部試験片③の接触面顕微鏡像を観察することができる．支持棒④を介して重り⑤によって上部試験片③を薄膜試料片①に接触させ，光源⑥からの単色光をプリズム②内面から接触部に照射して，その全反射像（接触面顕微鏡像）をカメラ⑦で撮影する．この状態でプリズム②を定速度で，図の矢印方向に繰り返し往復運動させて，摩擦試験中の接触面顕微鏡像の変化を連続観察する．これによって薄膜のはく離率を相対摩擦率として観測でき，繰り返し摩擦回数に対するはく離率の変化から，薄膜の耐摩耗性を評価できる．この試験法は「その場」評価でき，100 nm 以下の Ni 薄膜にも適用されたが，セラミックスには適用されなく，その後の進展がみられない．

　薄膜では摩耗性と付着性が混在しているので測定には注意を要する．薄膜の付着性を左右する基板界面には，薄膜の内部応力*も影響を及ぼしている．したがって，2つの試料の比較を行うには，同じ基板で膜厚などを考えた相対測定となる．セラミックス薄膜の場合，硬くて弾性がある材料の摩耗特性が良好になることが，薄膜の微小硬度とヤング率のプロットから予想できる．ここではその典型例としてテープ摩耗試験法による，炭素薄膜の摩耗特性を紹介する（図2）．

　テトラヒドラル非晶質炭素（ta-C）膜は非晶質炭素（a-C：H）膜より摩耗量が約1/4になり，さらに水素化スパッタ炭素膜（sp-C：H）と比較すると1/8になり，優れた耐摩耗特性を示している．　**（熊代幸伸）**

文献
1) 河野彰夫, 吉田俊彦, J. Fatkin：応用物理, **56**, p. 1087 (1987)
2) H. Inaba, S. Fujimaki, S. Sasaki, S. Hirano, S. Todoroki, K. Furusawa, M. Yamasaka, and Xu Shi：Jpn. J. Appl. Phys, **41**, p. 5730 (2002)

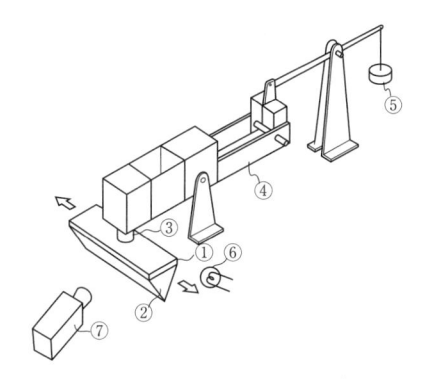

図1 薄膜用摩耗試験機の概略[1]

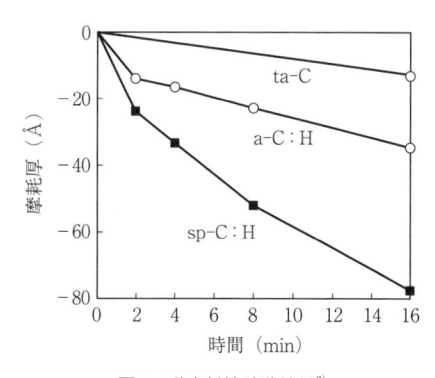

図2 耐摩耗性試験結果[2]

2) 膜特性・応用

電気特性測定 5.51

measurements of electrical properties

薄膜の電気特性は膜質，膜厚や基板によっても変わるので，薄膜表面，断面の観察などと対応させる必要がある．薄膜の抵抗率（ρ）の測定には4探針法とvan der Pauw法がよく用いられる．4探針法は薄膜の表面に4本の探針を一直線上に間隔lで立て，両端の2探針から電流Iを，中間の2探針間の電圧Vを測定する．薄膜のρはl（$=l_1=l_2=l_3$）に依存せず，膜厚tのみに依存し，次式で近似される．

$$\rho = \frac{\pi}{\ln 2}\frac{V}{I}t \qquad (1)$$

ここで，$\pi/\ln 2$は薄膜における電流の広がりを考慮した因子である．半導体の抵抗率はキャリア濃度および移動度に依存するので，それらを分離するために両者を抵抗率と独立に測定する必要がある．そのためにvan der Pauw法によるホール効果測定がある．図1に示すような任意の形状の薄膜について行われる．この場合，電極a,b,c,dの面積を必要最小限とし，できるだけ端部に電極を設けることが重要である．電極ab間に電流I_{ab}を流したときに，電極cd間に生じる電圧をV_{cd}，$R_{ab,cd}$を同様に電極bc間に電流I_{bc}を流したときに，電極da間に生じる電圧をV_{da}とし$R_{bc,da}$を求める．膜厚をwとするとρは次式で与えられる．

$$\rho = \frac{\pi w}{\ln 2}\frac{(R_{ab,cd}+R_{bc,da})f}{2} \qquad (2)$$

ここで，fは$R=R_{ab,cd}/R_{bc,da}$で決まる定数で，

$$\frac{R-1}{R+1}=\frac{f}{\ln 2}\operatorname{arc cosh}\left[\exp\frac{\ln 2/f}{2}\right] \qquad (3)$$

で与えられる解で，数表で示されている．ホール係数は磁界の有無による$R_{ac,bd}$の差から求める．電極ac間に生じる電圧V_{bd}から$R_{ac,bd}$を求め，この状態で試料面に垂直に磁界（磁束密度）Bを印加し，$R'_{ac,bd}$を求める．両者の差を$\Delta R_{ac,bd}$とするとホール係数R_H，キャリア密度n，移動度μは次式で与えられる．

$$R_H=\frac{w}{B}\Delta R_{ac,bd}, \quad n=\frac{1}{qR_H}=\frac{B}{qt\Delta R_{ac,bd}},$$

$$\mu=\frac{R_H}{\rho}=\frac{w}{B}\frac{\Delta R_{ac,bd}}{\rho} \qquad (4)$$

測定精度を上げるために電流の正負を切り替えて熱起電力の影響を避け，その平均値を測定電圧とする．電極材料はAl，Au，Ag，Ptや合金などを蒸着*やスパッタリング*により形成し，その後，アニールによってオーム接触を得る．一般的にn型伝導体にはn型の不純物となる金属を，p型ではp型となる金属または仕事関数の低い金属を用いる．しかし，ホール効果が測定できるセラミックスはスズをドープした酸化インジウム（ITO），酸化亜鉛（ZnO），炭化ケイ素（SiC），ホウ素（B）系などに限られている．ほかの一般のセラミックス半導体は移動度が$1\,\mathrm{cm^2/V\cdot s}$よりはるかに小さいため，ホール電圧が雑音と区別できない．そのためキャリア濃度と移動度は熱電能から求めなければならない．

（熊代幸伸）

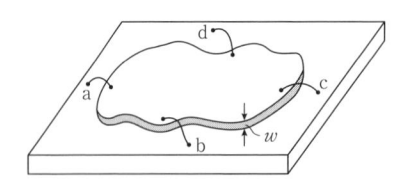

図1 van der Pauw法における試料[2]

文献
1) 楠本 業：応用物理, **42**, p. 756 (1973)
2) 津田孝一：セラミックス, **25**, p. 740 (1990)

5.52 高周波誘電率測定

measurements of rf dielectric constant

薄膜の高周波,広帯域の分野での電気的性質の測定の一つに誘電率があげられる.低周波あるいは静的な誘電率の測定は,コンデンサーを構成させ,その容量から誘電率を算定する.しかし高周波では波長が短くなるので,電磁波の伝搬と,共振を利用する.前者では連続的な周波数における誘電特性が得られるが,測定精度は単一周波数の共振特性変化を測定する後者に比べて低い.後者では,共振回路内に測定試料を設置し,共振特性の変化から誘電率を求める.

ここでは三次元電磁界解析をベースにした共振を利用した同軸プローブ法およびリング共振器法による測定を紹介する.同軸プローブ法は,図1のように片端が微小開口をもつ開放端となっている同軸構造の共振器を用いる.試料を回転共振器の開口面に接触させ,薄膜を透過する電磁波成分を抑制するために導体を上部に設置する.同軸内部の物理的長さに応じた複数の周波数と,Q 値をもとに測定試料の複素誘電率を求める.微小開口部からの漏えい電界を利用できるので,局部的な誘電率を測定することになり,面内分布を得ることも可能である.試料の誘電率により共振周波数が変化するとともに,試料の膜厚によって周波数の変化が起こる.現在測定可能な膜厚の下限は50 μm 程度で,1 μm レベルの薄膜測定のためのプローブの開発が行われる.

リング型共振器法は基板上のリングパターンにより共振器を構成する方法で,リング周長と基板の誘電率に応じた周波数で共振する.測定薄膜は図2のようなリングパターンの直上に配置し,基板と薄膜の誘電率の合成が共振周波数の変化となる.パターン近傍に測定膜を配置しているために相対的に強い電界が薄膜近傍に分布し,膜厚の誘電率による共振周波数変化が大きくなり,10 μm 程度の薄膜の測定が可能になる.さらに酸化ケイ素(SiO_2),サファイア(Al_2O_3)などの低損失誘電体基板上に作製した薄膜を直接測定できる.本方法では基板上の薄膜の膜厚が均一であることが必要条件となる.本法でエアロゾルデポジション(AD)*法で SiO_2 基板上の薄膜(膜厚 10～50 μm)の 20 GHz における高誘電率($\varepsilon_r \fallingdotseq 10\sim20$),低損失($\tan\delta \leq 0.01$)の特性が得られている. **(熊代幸伸)**

文献
1) 大舘康彦,田辺英二,今中佳彦:セラミックス, **39**, p. 618 (2004)

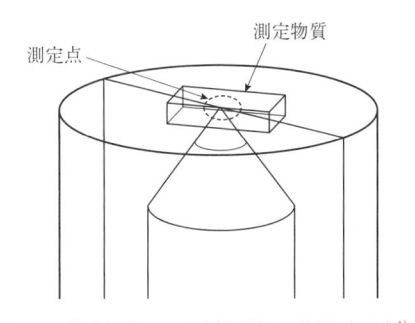

図1 同軸共振器および試料近傍の電界強度分布[1]

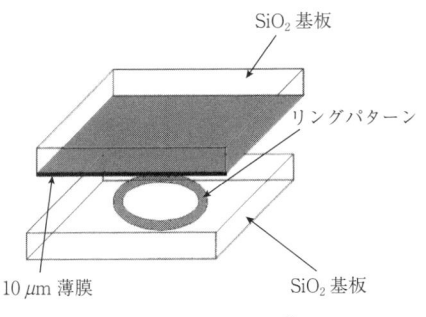

図2 リング共振器[1]

2) 膜特性・応用

5.53 熱特性測定，熱伝導率，熱拡散率
measurements of thermal properties, thermal conductivity, thermal diffusivity

熱伝導率と熱拡散率は同じ物質でも構造や状態によって大きく異なる．熱拡散率は，測定時に試料に加えられた熱量を知る必要がないため，容易に測定でき，しかも熱伝導率と同質の情報が得られる．薄膜の熱伝導率と熱拡散率は方向による異方性を示すので，接触式と非接触に，さらに検出方法として，面方向，厚さ方向，面方向と厚さ方向に分けられる．ここでは基板上の薄膜の測定が可能な面方向接触式測定法について紹介する．

接触式測定法は，図1のように1mm以下の基板上に0.05～50 μm 厚さの熱伝導率の薄膜の測定に有用である．薄膜を成長させた基板Aがブロック B 上に良好な熱接触で置かれ，ブロック B の温度は銅ブロック C を加熱・冷却することで制御する．直径0.1mmのカンタル線 F に1～3秒間パルス的通電し，カンタル線から x_1, x_2 離れた位置の温度 T_1, T_2 の時間変化を線径50 μm の熱電対で測定する．膜厚 d_f, 密度 ρ_f とし，膜付基板の厚さ d_0 を 0.1～1 mm としたとき，$d_f/d_0 < 10^{-2}$ ならば次式が成り立つ．

基板のみの熱拡散率
$$\alpha_0 = (x_2^2 - x_1^2)/4t \cdot \ln(T_1^0/T_2^0) \quad (1)$$
膜付き基板の熱拡散率
$$\alpha_0' = (x_2^2 - x_1^2)/4t \cdot \ln(T_1'/T_2') \quad (2)$$
膜の熱伝導率
$$\lambda_f = \lambda_0 [(\alpha_0'/\alpha_0) - 1] d_0/d_f \quad (3)$$

ここで，t はヒートパルスを与えてからの時間，T_1^0, T_2^0, T_1', T_2' はそれぞれヒーター線から距離 x_1, x_2 の位置での時刻 t における基板のみ，および膜付き基板温度である．基板および膜の厚さ d_0, d_f が既知であれば式（3）から膜の熱伝導率 λ_f が求められる．

光交流 AC カロリメーター法による試料面に沿った方向の熱拡散率の測定装置が市販されている（図2）．試料薄膜の片面の一部をマスクで覆い，周波数 f の周期的断続光を照射すると，マスクによる影の部分の温度波の振幅 T_C は対数的に減衰する．熱電対による温度波観測点から，マスクの端までの距離 x と，$\ln(T_{ac})$ の直線部分の傾き（S）から，熱拡散率 α が $\alpha = \pi f/S^2$ によって求められる．ただし，試料の厚さ d は周波率 f と熱拡散率 α によって制限を受け，0.3 mm 厚以下の試料に限定される．

このほか面方向の非接触法として，ダイヤモンド薄膜*のような高熱伝導薄膜の測定に放射冷却法が開発されている．

（熊代幸伸）

文献
1) 小野　晃：応用物理, **57**, p. 945 (1988)
2) 岸　証：セラミックス, **25**, p. 640 (1990)
3) 前園明一：セラミックス, **29**, p. 421 (1994)

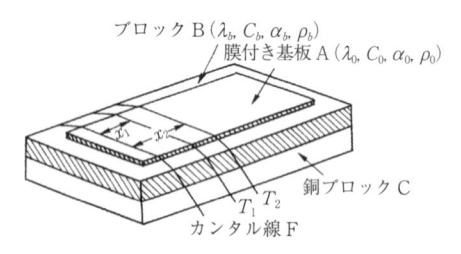

図1 接触式測定法概念図[2]
λ, C, α, ρ はそれぞれ熱伝導率，比熱容量，熱拡散率および密度を示す．また，添字 b, 0 は，それぞれブロックおよび膜付き基板を示す．

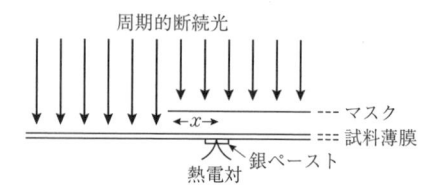

図2 光交流法による薄膜の熱拡散率の測定原理図[3]（面に平行方向の熱拡散率の測定）

熱膨張係数 5.54

thermal expansion coefficient

薄膜の熱膨張率は，基板上のデバイスの設計，評価に不可欠である．その測定は膜付き基板の加熱時の反りから薄膜の内部応力*の温度変化を求める．基板上の薄膜の内部応力 σ は次式で与えられる．

$$\sigma = \sigma_{int} + \sigma_{ther} = \sigma_{int} + \frac{E_f}{1-\nu_f} \times \int_{T_d}^{T} (\alpha_s - \alpha_f) dT \quad (1)$$

ここで，E_f は膜のヤング率，ν_f は膜のポアソン比，T は温度，T_d は成膜温度，α_s と α_f はそれぞれ基板と薄膜の熱膨張係数である．

σ_{int} は真の応力で，成長過程での薄膜成長や膜構造変化から生ずる．基板よりも薄膜の熱膨張係数が大きければ，引張応力となる．第2項は基板と薄膜の熱膨張係数の差より生ずる熱応力である．成膜していったん室温まで戻した試料を，成膜温度より少し高温に保ち熱処理を行うと，膜の構造変化に伴う不可逆な応力変化が観測される（図1）．いったん熱処理された膜では真応力 σ_{int} は温度に依存せずに一定になり，過熱・冷却に伴う熱応力のみが問題となる．

ここで円板状試料の，内部応力が発生し反りを生ずるが，そりの曲率半径 R は次式で与えられる．

$$\sigma = \frac{1}{6} \frac{[E_s/(1-\nu_s)] d_s^2}{d_f \cdot R} \quad (2)$$

ここで，E_s, ν_s は，おのおの基板のヤング率，ポアソン比である．膜のヤング率およびポアソン比の項 $E_f/(1-\nu_f)$ の温度変化を無視できると考え，式(1)を T で微分すると曲率半径の温度変化を測定すれば，内部応力の温度変化が，その温度係数と基板の熱膨張係数から膜の熱膨張係数が算定できる．膜付き基板の反りの曲率半径の温度変化の測定は，ニュートリング法，光てこ法，レーザー干渉法がある．

図2はレーザー干渉法で Si 基板上の CVD 窒化ケイ素 (Si_3N_4) 薄膜の熱膨張係数の温度依存性を示す．これから室温においては $1.9 \times 10^{-6} K^{-1}$ でバルクの約2倍であるが，X線回折法で求めた $0.17\,\mu m$ 厚の CVD-Si_3N_4 膜の熱膨張係数 $3.85 \times 10^{-6}/K^{-1}$ よりバルクに近い値を示している．また，光てこ法により，SiO_2/Si 基板上の種々の金属ケイ化物 $TaSi_{1.4\sim2.4}$，$WSi_{1.7}$ 膜（膜厚185～230 nm）の熱膨張係数および $E_f/(1-\nu_f)$ が求められる．　　　　　　　　　　（熊代幸伸）

文献
1) 岸　証：セラミックス, **25**, p. 640 (1990)

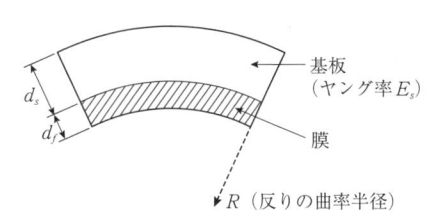

図1 膜付き基板の反りの模式図[1]
（d_s, d_f はそれぞれ基板および膜の厚み）

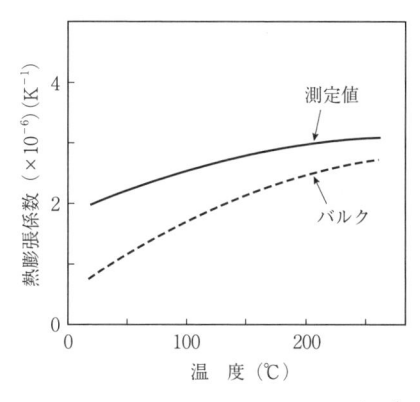

図2 CVD-Si_3N_4 の熱膨張係数の温度依存性[1]

2) 膜特性・応用

窒化ガリウム (GaN) 青色発光ダイオード

5.55

GaN blue light emitted diode

窒化ガリウム(GaN)はバンド幅が3.4 eVで,直接遷移型のバンド構造で青色発光素子として期待されていた.しかし,p型GaN結晶が得られていなかった.

1994年にGaN系青,青緑LEDが日亜化学工業(株)によって初めて開発された.緑色から紫色,紫外発光素子材料の候補として,III-V族窒化物半導体材料(In, Ga, Al)N系があげられ,これらの混晶を用いれば1.95～6.0 eVまで変えることができる.

一つのブレークスルーはtwo-flow-MOCVD(図1)反応装置の案出である.基板に対して水平方向から反応ガスを送り,さらに基板の垂直上方から反応ガスを抑えるサブフローにより,反応温度1000℃での熱対流を上から抑える.その結果,結晶性の高いGaNを成長させることができた.さらにサファイア基板とGaNとの格子定数の不整合を解消するために,サファイア基板に低温でアモルファス状GaNを成長させることで高品質の(In-Ga)N膜の成長が可能になった.

もうひとつのブレークスルーはアニーリングによるp型化の成功である.p型化を妨げていたのは,反応ガスに用いられている水素原子によるパッシベーションによる不活性化である.本法でサファイア基板上にGaNバッファー層を低温(約550℃)で成長し,その後,1000℃でn-GaN, n-(Al-Ga)N, Zn活性層としてSiドープInGaN, p-(Al-Ga)N, p-GaNを順次成長させる.成長後,p-(Al-Ga)N, p-GaNを低抵抗p型にするため400℃以上でアニーリングを行う.つぎに,p-GaNの一部をn-GaNが露出するまでエッチングし,p-GaN, n-GaNにそれぞれ電極を形成し,発光ダイオードが完成する.図2にその発光スペクトルを示す.1カンデラ,ピーク波長450 nm,半値幅70 nm,発光出力1.2 mV,外部量子効率2.1%,pn接合で順方向電圧3.6 VのLEDが商品化されている.

(熊代幸伸)

文献

1) 中村修二:電化, **63**, p. 897 (1995)
2) 中村修二:応用物理, **65**, p. 676 (1996)
3) 宮崎和人:セラミックス, **32**, p. 32 (1997)

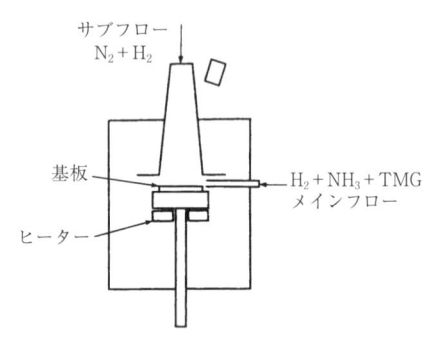

図1 two-flow-MOCVD装置[2]

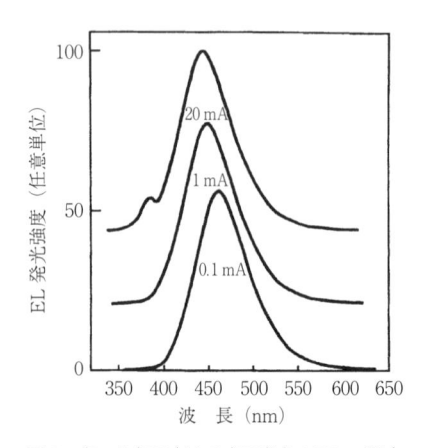

図2 (In-Ga)N/(Al-Ga)N青色LEDの順方向電流をパラメーターとした場合の発光スペクトル[3]

5.56 超伝導薄膜

superconducting films

酸化物超伝導薄膜のデバイスへの応用を考えると，高品質エピタキシャル薄膜の形成が不可欠である．エピタキシャル薄膜基板には結晶構造の類似性と格子定数の整合が重要で，チタン酸ストロンチウム（SrTiO₃）やガリウム酸ネオジム（NdGaO₃）が用いられている．高周波デバイスへの応用には低誘電率と低誘電損失からアルミン酸ランタン（LaAlO₃）や酸化マグネシウム（MgO）が用いられる．大面積基板を用いるときは，適当なバッファー層（YSZ/CeO₂など）を堆積させてから超伝導薄膜を析出させる．

基板の前処理も成膜には重要な因子となる．酸化物超伝導薄膜作製法のうちでもっとも広く用いられているのが，単一または多元の固体原料に物理的エネルギーを注入して気化し，基板上に薄膜として再配列させる物理気相成長（PVD）法である．PVD法はCVD法と比較して原料面での制約が少ないので汎用性は高く，反応装置や注入エネルギーの種類（熱，電子，イオン，光）と印加方法の種類も多い．代表的な方法はスパッタリングと真空蒸着で，それからMBE，パルスレーザー，蒸発，クラスターイオンビーム（ICB）などの手法が派生し，新しい工夫による改良法が考案されている．

高温超伝導体のほとんどが比較的高い酸素分圧，低い温度（～500℃）での平衡酸素量が最適特性を与え，さらに真空中でCuを酸化するためにO₂，O₃，N₂O，NO₂，NO，Oなどの酸化源が必要になる．結晶化の起こる範囲でなるべく低温，高酸素分圧下で薄膜を作製する方法が，デバイス構築上も有利な in site 合成プロセスになる．その中でもCVD法やパルスレーザー蒸着法が超伝導薄膜形成に有利である．

現在c軸配向の高品質YBCO（YBa₂Cu₃O₇）薄膜（$T_c \fallingdotseq 90 K$, J_c(77K) $>10^6 A \cdot cm^{-2}$）が得られ，8インチの大面積基板上への薄膜の形成や基板両面への膜形成も達成され，デバイス応用プロセスが開発されている．しかし，超伝導体（S）/絶縁体（I）/超伝導体（S）の積層型ジョセフソン接合では，ピンホールのないI層の厚みを超伝導電子がトンネルできる程度に薄くする必要がある．しかし酸化物高温超伝導体ではコヒーレンス長がきわめて短い（ab面内で1.5 nm，c軸方向で0.3 nm程度）ため，反射型高エネルギー電子線回折（RHEED）などのその場観察をしながら，基板上への原料供給を原子レベルエピタキシー技術が不可欠である．

レーザーMBE法は分子層エピタキシーで組成制御のほか，蒸発に超高温を要する元素も容易に気化できることや，加熱源がないので汚染がなく，超クリーンプロセスで機能性の高い手法である．SISトンネル接合としてAu/YBCO/BaO/SrTiO₃/BaO/YBCO/PrBCO/BaO/SrO/SrTiO₃の積層構造の研究が進められている．薄膜による新物質探索は，1原子層ごとの積層，オゾンなどの使用による強力な酸化処理が可能で，RHEEDパターンの観察ができるようになってからの進展が顕著になった．Ba₂CuO₃₊δ（$T_c \fallingdotseq 90 K$），PbSr₂CuO_y（$T_c \fallingdotseq 40 K$），(LaRE)₂CuO₄（RE：希土類元素）（$T_c \fallingdotseq 20 K$）などは薄膜法でしか作製できない高温超伝導体である．　　（熊代幸伸）

文献
1) 鯉沼秀臣, 吉本　護：応用物理, **60**, p. 433 (1991)
2) 川崎雅司, 高橋和浩, 鯉沼秀臣：応用物理, **64**, p. 1124 (1995)
3) 川崎雅司：低温工学, **31**, p. 563 (1996)
4) 下山淳一：セラミックス, **39**, p. 215 (2004)

ダイヤモンド薄膜

5.57

diamond thin film

ダイヤモンド薄膜合成について世界中で長期にわたり多くの研究が行われてきたが, グラファイト*を含んだものであったため, 明確にダイヤモンドが気相合成されたという認識には至っていなかった. 1982年科学技術庁無機材質研究所 (現: 独立行政法人物質材料研究機構) の松本ら[1]によって図1に示す装置を用いた化学気相堆積法による低圧合成に成功したことにより飛躍的に研究が盛んになった. この合成はメタンと水素の混合気体 ($CH_4/H_2 ≒ 1\%$) を 1.3～13 kPa の圧力で 700～1000℃ に加熱したシリコン基板上で, 2000℃程度に加熱したタングステンフィラメントを, 生成した活性種が失活することのない距離, すなわち基板上 5 mm 程度のところに設置してメタンと水素を励起する. 2000℃ に加熱したフィラメントは炭化水素分子の C-C 結合や C-H 結合を熱的に分解切断すると同時に水素を解離させて原子状水素を生成する. このときフィラメント周辺は, 一種のプラズマ状態になっていると考えられる. ダイヤモンド生成にはプラズマ中の炭化水素ラジカルが大きく寄与すると同時に原子状水素が無定形炭素の混入を取り除く働きをすることにより, ダイヤモンド結晶の成長が進むと考えられている.

熱フィラメント法に続いてマイクロ波を励起源とするプラズマ CVD*法が開発された[2] (図2). この方法は直径 50 mm 程度の石英製反応管の外部から, 反応管の中央部に置かれた基板に 2.45 GHz のマイクロ波を照射することにより, 反応管上部から導入された原料ガス ($CH_4/H_2 = 1\%$) を励起する方法で, 圧力は 1.3 kPa 程度, 基板温度 700～900℃ で行われた. 同様の条件で 13.56 MHz, 1 kW 程度の高周波を用い 0.5～3.0 kPa の圧力で基板温度 950℃ で励起するプラズマ CVD 法による合成も行われている. 合成法が開発されるに従って高速成膜が求められ原料気体を効率良く解離し, 基板面へ多量に供給する方法としてアーク放電プラズマを用いる方法が開発さ

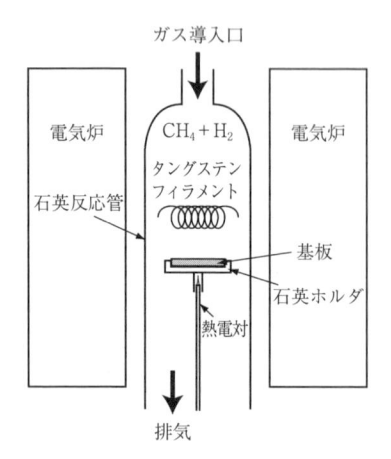

図1 熱フィラメント法によるダイヤモンド合成装置

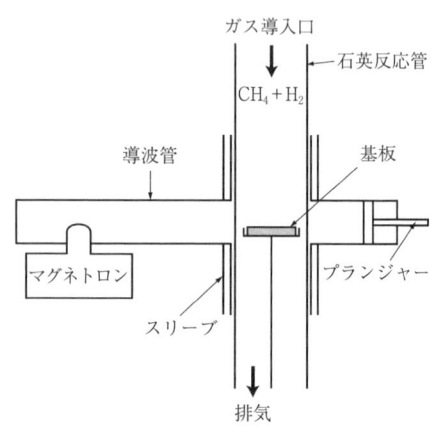

図2 マイクロ波プラズマ CVD 装置

V. 膜

れた．アーク放電は大気圧に近い圧力でもプラズマを発生でき，100～150 V の電圧で 20～100 A と大きな電流が流れるため気体の電離度が高く効率良く気体分子を解離できる．改良された DC プラズマジェット法によるダイヤモンド合成速度は電圧 140 V，電流 80 A，メタン 0.06 L/min，水素 0.6 L/min，アルゴン 25 L/min の条件で直径 60 mm の基板に 100 μm/hr の堆積速度が得られている．大面積のダイヤモンド膜を作製する方法として，マイクロ波を基板上部から大きな面積に照射する方法や，フィラメントを大面積基板上に何本も張り巡らすことによって 50 cm 以上の大面積の堆積膜が得られる．

ダイヤモンド成膜法としてもうひとつの発明はアルコールからの成長である．メタンと水素を原料とする場合の決め手となるのはメチル基（CH_3）と水素原子（H）である．このメチル基を含む有機化合物としてアルコールを用いることは，アルコール中に酸素を含んでいることから炭素と反応して一酸化炭素，二酸化炭素になると考えられるが，熱フィラメント法により実験した結果はダイヤモンドが生成し，酒造ダイヤモンドとして大ヒットした．現在では図3に示すようなメタンガスなどを用いる場合必要となる水素を必要としない，非常に簡便な装置でダイヤモンド薄膜を作製できる[3]．

ダイヤモンドは炭化水素と水素の混合気体から合成されるが，アルコールを原料として用いる場合を含めて，酸素の添加により核生成密度が減少し，合成速度も減少する．酸素の添加はダイヤモンドの結晶組織を変化させ，添加量が多くなると結晶が小さくなり表面の平滑性が増加するとともに結晶面が配向した空隙のない膜が成長するようになる．また，酸素の数％の添加は合成時の 600～1000℃ の基板温度を 400℃ 程度でも結晶性のよいダイヤモンド合成を可能にする（表面の水素原子が酸素によって低い温度で脱離するためと考えられている）．

ダイヤモンド薄膜の応用はその特徴的な性質から多くの分野で考えられ，その硬度から工具へのコーティングが最も期待されるが，ダイヤモンドが鉄との固溶性のため鉄系材料の加工ができず鉄以外の金属やセラミックの加工に利用されている．またヤング率が大きく音速の伝達が良いことから GHz 帯の高周波フィルターへの応用，その負性電子親和力は非常に高い電子放出効率を示し，電界放射型フラットパネルディスプレイへの応用が期待されている．ダイヤモンドは間接遷移で $Eg = 5.5$ eV であること，半導体として電子・正孔移動度は 1800 cm^2/Vs を示し，絶縁破壊電圧は 10^7 V/cm ときわめて高いので高耐圧のパワーデバイスとして，飽和電子速度が 2.7×10^7 cm/s 非誘電率が 5.7 であることから高速デバイスの材料として考えられ盛んに研究が行われているが，半導体として用いる場合は高純度で結晶性の良い単結晶膜が必要となる．

(中村勝光)

文献
1) S. Matsumoto, et al.: Jpn. J. Appl. Phys., **21**, p. L163 (1982)
2) M. Kamo, et al.: J. Cryst. Growth., **62**, p. 642 (1983)
3) Y. Hirose and Y. Terasawa: Jpn. J. Appl. Phys., **25**, p. 519 (1986)

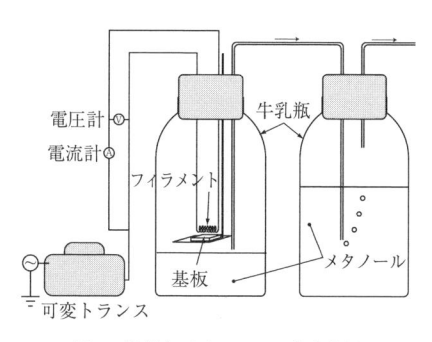

図3 簡単なダイヤモンド合成装置

ダイヤモンド状炭素膜 (DLC)

5.58

diamondlike carbon

DLCは炭素の結合の違いによるダイヤモンド*，グラファイト*，ポリアセチレンに対応するsp^3，sp^2，spの各電子状態をとる数種の結合を含んだ炭素膜で（図1），ダイヤモンドに近い硬さを示す硬質炭素膜である．炭素から合成されるダイヤモンドやグラファイトは結晶構造を有するが，DLCは結晶構造を有さない非晶質であり，DLCが開発された当時はsp^3電子構造を有する結合をもつアモルファス硬質炭素膜をDLCと定義していたが，今日でsp^2電子構造を混在するものも含めて，かなり幅広く用いられている．

炭化水素化合物などの原料ガスをグロー放電などを用いて分解させるダイヤモンド膜作製の試みの中で滑らかで密着性の良い硬質炭素膜がDLCとよばれている．DLCはダイヤモンド膜開発過程で結晶構造を示さず，炭素のsp^3で混成軌道に由来する結合の生成による炭素膜のダイヤモンド生成の証拠としての議論の中から認識された．ビーカース硬度は2000〜4000 kg/mm^2，電気抵抗が10^6〜10^{12} Ω・cm程度であり，無定形炭素に比べてきわめて大きな値を示し，化学的に安定で，摩擦係数はダイヤモンド並みに低い値を示す．

作製法はイオン化蒸着*法，イオンビームスパッタ法，イオンプレーティング*法，高周波プラズマ法，レーザーアブレーション*法などを用いて行われているが，いずれの方法も気体を励起させ大きなエネルギーで基板上に堆積させる方法である[1)2)]．

DLCはダイヤモンドに比べ大きな面積に合成することが容易で，ダイヤモンドのような自形面をもたず微結晶の集まった物質であるため表面は平滑で潤滑性が優れていることから，トライボロジー*への応用として磁気，光学ディスクおよび読み取りヘッドおよび耐摩耗性材料としてメンテナンスフリーの長寿命が要求される駆動部などに応用されている．磁気テープにDLCを成膜する例を図2に示す．また，ペースメーカーリードや冠動脈用ステントへの利用を目的とした研究の結果，抗血栓性に著しい改善がみられ生体適合材料として注目されている．　　　　　　　　　　（中村勝光）

文献
1) 斎藤秀俊監修：DLCハンドブック：エヌティエス，p.56（2006）
2) W. Kulisch：Deposition of Diamond-Like Superhard Materials, Springer（1999）

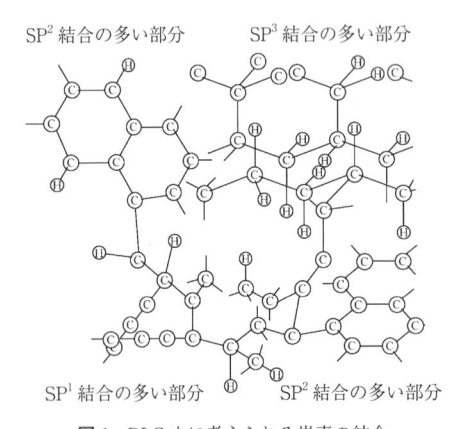

図1 DLC中に考えられる炭素の結合

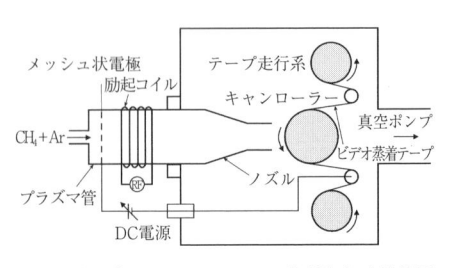

図2 プラズマインジェクション化学気相成長装置

5.59 光触媒膜

photo-catalysed films

光触媒*の原理は半導体の光励起に起因する．光励起は結合に関与する荷電子帯の電子を本来の軌道から高いエネルギー状態に動かすことで，本質的に不安定な状態を起こす．そのうちで酸化チタン*は，例外的にきわめて安定な物質である．現在，酸化チタンが光触媒材料として家電製品，環境浄化，生活用品，内装・外装材，自動車・輸送用機器など広範な用途に用いられている．酸化チタン（TiO_2）には，正方晶系のルチル型とアナターゼ型がある．光触媒反応においてはアナターゼ型のほうが有利である．それはバンド幅が前者は3.2 eV，後者が3.0 eVでかつ伝導帯の位置がアナターゼのほうが0.2 eV高いからである．これらは一次粒子径が10 nm程度の光触媒ナノ粒子からなる透明で緻密な数十～数百 nmの薄膜が用いられている．光触媒では光励起によって生成した電子と正孔対が半導体表面において酸化・還元反応を生じるので，いくつかのプロセスが関与し，適切な条件を成立させる必要がある．とくに，結晶欠陥が存在すると励起電子と正孔が結合するために，光触媒反応が抑制される．また，Crなどの遷移金属を添加すると，バンド間に不純物準位が形成され，可視光応答を生じるが，同時にそこが再結合サイトとして作用するので，全体の活性は抑制されてしまうことが多い．

最近では酸化チタンに窒素など陰イオンを導入すると，活性な抑制は認められず，可視光活性が有効に機能し，商品化も始まっている．緻密な光触媒薄膜を所望の物質の表面に形成するには，物質の選択のほか，電子構造制御，粒子の設計，組織の制御と担持構造の設計まで考慮する必要がある．薄膜の作製法は湿式法と乾式法に大別できる．

湿式法はゾル・ゲルプロセスが中心になる．ゾル・ゲル法*では担持構造がもっとも困難である．セラミックスやガラス基板上では直接 TiO_2 粒子や前駆体を焼き付けてコーティングしたり，中間層を介してコーティングする．しかし，透明性の高分子などの有機物基板には，加熱せずに結晶化して活性化が高い光触媒粒子が用いられるが，無機物と相性のよい接着層を中間に介在させるのに工夫を要する．

乾式法では溶射法やPVD法が試みられている．良質な薄膜が作製できるのはスパッタリング法*で緻密な酸化チタン薄膜が得られる．とくに，反応性スパッタリング*を用いて単結晶上にエピタキシャル薄膜を作製し，光触媒活性を支配している要因や，酸素空孔に基づく欠陥準位に伴う再結合中心の密度との関連などの基礎研究も明らかにされている．これらの薄膜はゾル・ゲル法より膜厚の精度が高く，光学特性も優れている．しかし，光触媒に関与するアナターゼ型酸化チタンを得るには400℃付近まで加熱するため高分子には適用できない．

最近は新しい材料としてアパタイト*構造をもつチタンアパタイト薄膜が注目される．光触媒活性は酸化チタンほど大きくないが，アパタイト特有の強い吸着力が維持され，ガス成分に対する見かけの光触媒活性は酸化チタンに匹敵し，空気清浄機に利用されている．さらに，樹脂に直接練り込むことによって，長時間紫外線暴露しても耐えられる．

（熊代幸伸）

文献

1) 山岸牧子，入江由紀子，宋　豊根，重里有三，小高秀文：工業材料, **50**, 7, p. 27 (2002)
2) 藤嶋　昭：セラミックス, **39**, p. 499 (2004)
3) 渡辺俊也，吉田直哉，大崎　壽，若林正人：化学工業, **56**, p. 496 (2005)

5.60 立方窒化ホウ素(cBN)薄膜

cubic boron nitride thin film：cBN

cBNはダイヤモンド*につぐ堅さと熱伝導率*を示し，熱的にもダイヤモンドより高温の1000℃まで空気中でも酸化しない．ダイヤモンドが鉄系材料の切削に不向きなのに対して，cBNは鉄系材料の切削，研磨材料として広く利用されている．

このように非常に特徴的な性質を有するcBN工具は，現在，高圧合成によって作製される微粉末cBNの焼結体が使用されている．しかし，cBNバイトチップの価格は通常のチップに比べて10倍以上であり，このことが低コストcBNの合成と切削工具*へのcBN薄膜コーティングが望まれる理由となっている．ダイヤモンドコート工具は現在では数社から販売され，その優れた性能はよく知られているがcBNコートに関してはその段階にはない．

cBN薄膜の気相合成は，PVDやCVD*法を用いた多くの方法が報告されている．PVDによるcBN膜作製は活性化反応性蒸着法，イオンプレーティング*法，イオンアシスト蒸着法，スパッタリング法などで行われており，一般的な熱CVD*法（減圧，大気圧を含める）のような平衡度の高い方法においてはh-BNやt-BN相が生成するが，c-BNの生成を実現するためにはプラズマ状態のような非平衡度の高い方法を用いている．プラズマの生成方法として高周波（RF），マイクロ波（MW），誘導結合プラズマ（ICP）電子サイクロトロン共鳴（ECR）などが用いられ実現しているが，高エネルギー粒子の堆積であるこれらのcBN膜は，非常に大きな圧縮応力をもっているため実用に耐える厚さの膜を実現できないでいた．

しかしながら，再び歴史は開かれ，物質材料研究機構の松本によってダイヤモンドの気相成長と同様，万人を納得させる報告が2000年になされており[1]，原料系にフッ素，励起源にアークプラズマジェット，基板バイアスの3点セットの使用により適正な合成条件の選択で，ミクロンサイズの結晶粒径をもつ数十 μm の厚さで，明確なラマンスペクトルを示す膜を得ることに成功し，大きなブレークスルーを成し遂げた．アークジェットCVD法によるcBN膜の合成は図1に示す装置によって Ar-N_2-BF_3-H_2 ガス系で直流アークジェットを発生することにより，Si基板上に堆積させた．基板には直流負バイアス，または高周波の自己バイアスを印加した．この方法はフッ素を含むガスを用い反応ガス圧が数kPaと高いことが特徴であり，ダイヤモンド生成の際の原子状水素あるいは活性酸素の役割をフッ素に負わせていることと，プラズマ密度を上げるために圧力を非常に高くしたことが成功の理由と考えられる．

（中村勝光）

文献

1) S. Matsumoto and W. J. Zhang：Jpn. J. Appl. Phys., **39**, p. L442（2000）

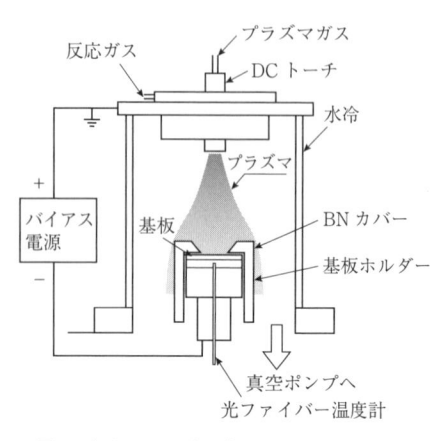

図1 直流アークプラズマジェットCVD装置

酸化亜鉛(ZnO)光学素子

5.61

ZnO optical devices

　酸化亜鉛（ZnO）はウルツ鉱型の結晶構造をもち，室温で3.37 eVのバンド幅をもつ直接遷移型半導体である．これまでn型しか得られずあまり注目されていなかったが，最近レーザーMBE法を用いることにより，p型が得られるようになった．ZnOは他の半導体と比べて励起子結合エネルギーが大きく室温で約60 mVで，室温エネルギー（25 mV）以上である．したがって，ZnOは励起子あるいは励起子分子を室温で利用することができれば，室温で発光効率の高い紫外発光素子や新しい光電変換素子が実現できる．

　図1にZnOの励起子の吸収スペクトルと，発光スペクトルの温度変化を示す．低温でみられる励起子吸収線の2本，A, Bはバンド構造に起因するものである．ここで高温での熱運動エネルギーに由来する自由励起子発光（FE）と，低温での不純物や格子欠陥による束縛励起子発光（BE）がみられる．

　BE発光は運動の自由度をもたないため非常に鋭い．低温での発光スペクトルは，熱分布差によりFBはほとんどみられずBEが発光の主要な部分となる．BEは100 K付近でFEに移り変わる．励起子の濃度の増加とともに2個の励起子が結合して水素分子のような状態の分子の生成が観測される．

　低温での発光スペクトルをみると，弱励起下ではBEに由来する主流のピークのほかに低エネルギー側に励起子分子の発光がみられる．励起強度を上げるとBEは飽和するが，その強度が増加しさらに励起強度を上げると励起子散乱によるP線が現れ始める．六方晶系のZnOでは6角形の結晶粒界を利用した室温での励起子によるレーザー発振が報告されている．このほか窒素ドープのp型ZnOが作製されるようになり，電流注入発光も観測されている．

　最近，高品質単結晶薄膜に，GaおよびNを濃度制御してドープした薄膜で，Ga添加n型層，無添加層，N添加p型の順に積層して，ZnO-LEDが作製されるようになった．室温で直流を印加したとき，青色の発光ピーク波長は440 nmで，ZnOのバンド幅（380 nm）に比べて長波長側にシフトしている．さらに，p型層の品質向上により紫外LEDの実現も可能である．

　　　　　　　　　　　　　　（熊代幸伸）

文献
1) 川崎雅司，牧野哲征，瀬川勇三郎，鯉沼秀臣：応用物理，**70**，p. 523（2001）
2) 安達　裕，柴田典義：セラミックス，**38**，p. 506（2003）
3) 瀬川勇三郎：セラミックス，**40**，p. 313（2005）
4) 塚崎　敦，小友　明，川崎雅司：セラミックス，**40**，p. 749（2005）

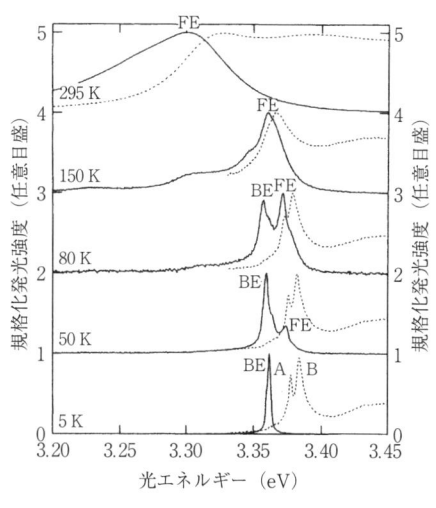

図1 励起子による吸収スペクトル（右の破線）と発光スペクトルの温度変化[3]

5.62 炭化ケイ素膜

SiC films

SiC*はバンド幅がSiの約3倍で，絶縁破壊電圧が7倍，熱伝導率が3倍と大きく，パワーデバイスとして性能指数が2桁以上大きい．SiCのほかの特徴の一つは，多くの結晶型（ポリタイプ）が存在することである．このうちで立方晶型のものが3C-SiCあるいはβ-SiCとよばれている．このほかの結晶型は六方晶型（H）あるいは菱面体構造（R）をまとめてα-SiCとよばれ，4H-,6H-,15R-SiCがある．

SiC単結晶の優れたエピタキシャル成長はCVD*法である．それは反応炉の中に加熱された結晶基板を置き，その上にモノシラン（SiH_4）とプロパン（C_3H_8）をキャリアガス（H_2）とともに供給して，SiC単結晶層を成長させる．エピタキシャル層の伝導型およびキャリア濃度の制御は，n型の場合は反応ガス中に窒素を含むドーピングガス（N_2）を，p型の場合はアルミニウムを含むドーピングガス（トリメチルアルミニウム：TMA）を，一定量混入をさせる．またn型の場合はリンを，p型の場合にホウ素をドープする場合もある．

SiCエピタキシーにはSiC単結晶と同一結晶方位構造をもつ成長層を形成する「ホモエピタキシャル成長」と，異種基板上にSiC単結晶層を形成する「ヘテロエピタキシャル成長」がある．まず「ホモエピタキシャル成長」について述べる．異なるポリタイプが混在しない高品質のエピタキシャル層を形成するためには，ステップ制御エピタキシャル技術に依存する．これは基板面方位である（0001）面より数度傾けてステップ構造表面を実現したオフアンブル基板を用いる．4H-SiCで，残留ドナー密度（1～3）$\times 10^{14}/cm^{-3}$で高純度成長層が得られる．さらに，マイクロパイプや貫通らせん転位も成長時に閉そくされた．

SiC反転型MOSFETにおいて（11$\bar{2}$0）面を用いることで4H-,6H-SiCともに100 $cm^2/V\cdot s$の高いチャンネル移動度が得られる．常圧CVD法では二次元核の生成がみられ，クロスハッチ状の凹凸の激しい表面となる．これは膜中の多量な欠陥のほか粒状の異常成長がみられ，表面上に多数存在している．これを避けるために減圧CVD法により，二次元核の生成がみられないステップフローモードで成長が進み，原子層尺度で平たんな表面が形成される．それによって24Vの耐圧をもつショットキーダイオードが試作されている．しかし，膜中には積層欠陥が多く含まれ，デバイス特性に悪い影響を与える．超低損失電力素子としての応用は，4H-,6H-SiC（0001）面の金属・酸化物半導体電界効果トランジスター（MOSFET），金属・半導体電界効果トランジスター（MESFET），接合型電界効果トランジスター（JFET）についての研究開発が行われている．

Si基板上にSiCを「ヘテロエピタキシャル」成長させると，3C-SiCが得られる．これはSiH_4-C_3H_8-H_2系常圧CVDにより，Si表面の炭化により850 $cm^2/V\cdot s$の高い移動度が得られている．3C-SiCは，ほかの多形と比べ電子移動度や飽和ドラフト速度が大きい．さらに，SiC/Siのヘテロ構造を用いたヘテロ・バイポーラトランジスター（HBT）への応用が期待できる．

（熊代幸伸）

文献

1) 大木恒暢，矢野裕司，松波弘之：応用物理，**68**, p. 1384（1999）
2) 荒井和雄，吉田貞史（共編）：SiC素子の基礎と応用，p. 59，オーム社（2003）

5.63 水晶膜

quartz films

バルク水晶結晶は高温・高圧下での水熱合成*法によって作製されている。そこでは不純物のほか、バルク結晶からATカット面をもつ水晶板に加工する過程で約90%が廃棄されていること、および水晶板は帯電しやすいので、機械研磨で基本波周波数が高い水晶薄膜を作製することが困難である。これらの問題は、高純度原料を用いた水晶薄膜を単結晶上へエピタキシャル成長させれば解決する。水晶の膜厚と振動数は反比例するので、水晶の膜厚を薄くするほど基本波の周波数は高くなる。したがって、通信周波数の有効利用、コンピューター処理の高速化には、水晶薄膜作製技術の確立が不可欠である。ここでは大気圧Cat-CVD法による水晶薄膜作成法を紹介する。

原料はテトラエチルケイ酸Si(OEt)$_4$を、基板は水晶と同じ六方晶のサファイアである。水晶薄膜作製は抵抗加熱による石英ガラス製の縦型反応管の中で行う（図1）。Si(OEt)$_4$ガス、酸素および触媒の役割を担う塩化水素は窒素で希釈し、縦型反応管上部から独立して導入する。Si(OEt)$_4$ガス濃度は、温度（＝蒸気圧）で制御する。大気圧下Si(OEt)$_4$,O$_2$およびHCl分圧をそれぞれ3.3×10^7, 3.3×10^9および1.71×10^7Pa、全ガス流量800 cm^3/min、基板温度600〜800℃で作製する。X線回折パターンからサファイア（Al$_2$O$_3$）（0006）面以外は水晶（0003）面の回折のみが観察される。（10$\bar{1}$1）回折線のX線ポールフィギアが6回対称軸をもつパターンから、水晶薄膜がサファイア基板上にエピタキシャル成長している。600℃における成長速度は0.3μm/hで、850℃で3.0μm/hに増加する。これはHClを触媒としたSi(OEt)$_4$の酸化により、水晶薄膜の成長速度は基板温度に依存することを示している。

さらに、α-水晶が安定な573℃以下の基板温度においても水晶薄膜の作製が可能である。水晶薄膜の結晶性は基板温度を高くするほど向上するが、850℃で成長させた膜のX線回折の半値幅はバルク結晶の4倍となり実用化への改善課題である。しかし、不純物に関しては炭素および塩素は検出されず、OH基はバルク結晶と差異がない。さらに本法は、水晶バルク結晶が高温、高圧下で行われることを考えれば優れた方法といえる。　　　　　　　　　（熊代幸伸）

文献
1) N. Takahashi, M. Hosogi, T. Nakamura, Y. Momose, S. Nonaka, H. Yagi, Y. Shinriki, and K. Tamanuki : J. Mater. Chem., **12**, p. 719 (2002)
2) 中村高遠：セラミックス, **38**, p. 596 (2003)

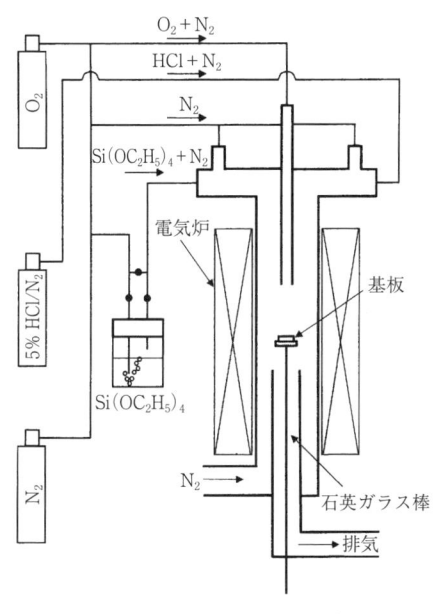

図1　Cat-CVD装置の概略[2]

3) 材　　料

VI

繊維とその複合材料

6.1 繊維の分類

classification of reinforcing fibers

セラミックスの繊維は複合材料*の強化繊維として開発されてきた．その発展にしたがって分類する．最初に強化繊維として用いられた連続繊維は，プラスチックを強化するためのガラス繊維*である．この繊維は価格も安く，強度も高いため，現在も広く用いられている．しかし，弾性率が低いため，ボロン（B）の繊維が開発された．この繊維はW線を芯線とし，化学気相析出（chemical vapor deposition : CVD*）法によりボロンを析出させた繊維である．B/Wと表示する．価格が高く，太い繊維のため製織性が悪く，複雑な形状の織物が得られない難点があった．そこで登場したのが炭素（C）繊維である．この繊維は，レーヨン，ポリアクリロニトリル（PAN），ピッチを原料として，種々の工程を経て後焼成により製造されている．この合成方法は，プレカーサー（precursor，前駆体）法とよばれている．おもにPAN系が用いられており，高強度タイプと高弾性タイプの2種類がある．最近では価格も安くなり，需要が拡大している．

炭素繊維の開発により，プラスチック複合材料の特性は向上したが，つぎに要求され始められたのが耐熱性と高強度化である．金属を強化する複合材料の研究開発が行われた．炭素繊維は金属と容易に反応するため，比較的反応し難い炭化ケイ素（SiC）*やアルミナ*（Al_2O_3）の繊維の開発が行われた．しかし，これらのセラミックスは難焼結性，難成形性あるいは高融点セラミックスであるため繊維化は困難であった．そこで，無機ポリマーが出発物質に用いられ，ポリマーを紡糸ののち，焼成によりセラミックス化され，細くてしなやかな繊維が開発された．この方法は，炭素繊維の合成方法と同じ概念のプレカーサー法である．そのほかに炭素繊維を芯線としてSiCをCVD法により析出させた，太いSiC繊維SiC/Cも開発されている．そしてアルミナ繊維強化アルミニウム，SiC繊維強化アルミニウムプリフォームワイヤー，SiC/C繊維強化Ti合金の複合材料が開発された．

つぎに，金属複合材料よりも耐熱性や高温強度*が優れているセラミック複合材料が注目され始めた．セラミックスの欠点であるもろさを克服して高靭性化させることが目的である．そのためには，マトリックスとなるセラミック焼結体よりも，高温強度や弾性率などが優れている強化繊維の開発が必要となった．

その結果，プレカーサー法における合成プロセスを改良することによりSiC系繊維の1300〜1500℃における高温特性が改善され，高性能SiC系繊維が製造された．現在，セラミック複合材料として，高性能SiC系繊維や炭素繊維で強化されたSiC複合材料，アルミナ繊維で強化されたアルミナ複合材料などがつくられている．

一方，完全結晶であるウイスカに関しても，強化材として有望視されている．おもなものは，SiCウイスカ，窒化ケイ素（Si_3N_4）ウイスカ，チタン酸カリウムウイスカなどである．

（岡村清人）

6.2 繊維の製法

processing of reinforcing fibers

複合材料*の強化繊維にはガラス繊維*，炭素繊維，炭化ケイ素繊維，ボロン繊維*，アルミナ繊維などがある．

ガラス長繊維は溶融法により製造されている．成分の調整混合された原料粉末を溶融炉に投入し，約1500℃の高温で溶融され，ガラス化される．その際に，溶けたガラスを直接紡糸される場合と，いったんマーブルと称する小球に成形される場合がある．溶融ガラスはブッシング（炉底部に多数のノズルをもつ白金合金の容器状ガラス流出部）から連続的に紡糸され，集束器を介して高速巻取りされ繊維化される．ガラス短繊維は長さ数十cm以下で，グラスウールともよばれている．溶融ガラスをバーナーによる高温高速の火炎中に連続的に挿入して吹き飛ばして繊維化される（火炎法）．遠心法では，溶融ガラスを直径1mm以下の細孔を数万孔有するスピナーに供して，高速回転しているスピナーから遠心力で細孔から飛び出したガラスをスピナー外部に配置したバーナーの高温・高速ガス流によって延伸，繊維化される．

炭素の場合，融点がなく，昇華点は3377℃である．したがって，溶融法で直径約10 μm の繊維化は困難である．そのため，レーヨン，ポリアクリロニトリル（PAN）やピッチを出発物質として，それぞれのポリマーに適した紡糸方法により繊維化したのち，焼成により炭素繊維がつくられている．このようなポリマーの優れた成形性を利用した方法をプレカーサー（precursor）法あるいは前駆体法と称している．そのほかにポリマーの低分子量炭化水素を熱分解して気相成長法により炭素繊維をつくる方法がある．

炭素繊維の製造方法は，PANを湿式紡糸法によりPAN繊維をつくる．つぎに，延伸をかけながら空気中，200～300℃で加熱する．この工程は耐炎化工程とよばれ，プレカーサー構成分子の一部脱水素，酸素付加，分子間の架橋などによって繊維に耐熱性を与えて，つぎの高温焼成の際（炭化工程）の溶融を防ぎ，炭素原子の放出を抑制する重要な工程である．耐炎化PAN繊維は，不活性雰囲気下（N_2），張力を加えた状態で1000～1500℃の温度で焼成されて炭素繊維が得られる．この工程は炭化工程である．さらに，2500℃以上の温度で張力のもとでの焼成により黒鉛繊維が得られる．この工程は黒鉛化工程である．ピッチをプレカーサーとする場合，光学的に等方性ピッチと異方性の液晶を含んだピッチとからそれぞれ炭素繊維が作られている．

炭化ケイ素（SiC）*は，融点が存在せず，2500℃以上の温度で熱分解が起こる．さらに，難焼結性であるため，繊維化は困難である．したがって，ケイ素と炭素を主成分とする有機ケイ素ポリマーをプレカーサーとして製造されている．このポリマーは，$-((CH_3)HSiCH_2)-_n$ と $-((CH_3)_2SiCH_2)-_n$ を主骨格とし，約1:1の割合で混在した平面的な分子構造を有している．一般的にポリカルボシラン（略称 PCS）とよばれている．最初に製造されたSiC系繊維は，PCSを溶融紡糸したのち，空気中，約200℃で熱酸化不融化を行い，不活性気流中（N_2），約1200℃の温度で焼成により得られたものである．この繊維は，熱酸化不融化の際に酸素が約12 mass% 導入され，その原子組成は約 $SiC_{1.34}O_{0.36}$ である．この繊維は，Si-C-O系繊維あるいは汎用SiC系繊維と称されている．この繊維は直径約10 μm のしなやかな繊維で高強度および半導体的特性を有することから，プラスチック複合材料の強化繊維に利用されている．1300℃以

上の温度で高温熱分解が起こるため,耐熱性は十分ではない.耐熱性の向上のために,酸素を必要としない,電子線やγ線などの放射線照射による架橋法を用いて,紡糸されたPCS繊維の不融化が行われ,焼成により酸素含有量の少ないSi-C系繊維(原子組成：$SiC_{1.39}O_{0.01}$)が製造されている.耐熱性は約1500℃まで向上した一方,耐酸化性を向上するため,放射線不融化ののち,H_2ガスを含む不活性雰囲気中で焼成して,ほぼ化学量論組成のSiC繊維が製造されている.Si-C系繊維およびSiC繊維は,高性能SiC系繊維とよばれている.

SiC系繊維には,PCSにTi,ZrやAlなどを含有したポリマーから,溶融紡糸されたポリマー繊維を熱酸化不融化ののち焼成して,Si-Ti-C-O系繊維,Si-Zr-C-O系繊維,Si-Al-C-O系繊維などが製造されている.これらの繊維は約1500℃の高温度で,焼成により熱分解反応が起こり,微細なSiC粒子が生成し,繊維形態が破壊される.しかし,Si-Ti-C-O系繊維,Si-Al-C-O系繊維の場合は,助剤を加えることにより,生成するSiC粒子が自己焼結して,酸素をほとんど含まない化学量論組成のSiC焼結繊維が得られる.

ボロンは高融点(2077℃)を有し,硬い物質である.化学気相析出(CVD*)法により,直径100 μmと140 μmの太い,ボロン繊維が製造されている.反応容器中を1100〜1300℃に加熱された連続的に通過するW線(直径13 μm)に,BCl_3とH_2の還元反応によりボロンを化学的に析出させてボロン繊維(B/W)が製造されている.SiCにおいても,直径33 μmのカーボン繊維を芯線として,メチルクロロシラン(CH_3SiHCl)などの有機ケイ素化合物と水素ガスを用いて,CVD法により直径が140 μmおよび78 μmのCVD-SiC繊維が製造されている.

アルミナ*は融点が2054℃である.し

表1 複合材料強化用繊維の製法

繊維の製法	繊維の種類
プレカーサー(前駆体)法	炭素繊維,炭化ケイ素系繊維(Si-C-O系,Si-C系,SiCなど),アルミナ繊維
化学気相析出(CVD)法	ボロン繊維(B/W),炭化ケイ素系繊維(SiC/C)
溶融法	ガラス繊維
単結晶引き上げ(EFG)法	単結晶アルミナ繊維

がって,溶融法では直径約10 μmの繊維化は困難である.そのため,プレカーサーとしてポリアルミノキサン-ケイ酸エステル系を用いたポリマー法,$α-Al_2O_3$微粉末をスラリーとするスラリー法,アルミナゾルにシリカゾルなどを加えて紡糸,焼成してつくるゾル法などのプレカーサー法により繊維が製造されている.そのほか,単結晶引き上げ法(EFG法)により,直径約250 μmのアルミナ単結晶連続繊維がつくられている.一方,アルミナの短繊維は,無機塩法によりつくられる.アルミニウム塩の水溶液に,ポリエチレンオキシドなどの水溶性高分子とポリシロキサンからなる紡糸液をノズルから高速気流中に押し出してプレカーサー短繊維を得たのち,空気中1000℃以上の温度で焼成してアルミナ短繊維が得られる.

以上述べた複合材料強化用繊維の製法を大別して表1に示す. **(岡村清人)**

文献

1) 社団法人日本セラミック協会：セラミックス工学ハンドブック[第2版][応用](2002)
2) F. T. Wallenberger ed.: *Advanced Inorganic Fibers : Process, Structures, Properties, Applications*, Kluwer Academic Publishers.
3) 炭素学会カーボン用語辞典編集委員会編：カーボン用語辞典,アグネ承風社(2000)

6.3 炭素繊維

carbon fiber

炭素繊維は，炭素を90質量％以上含む繊維状の炭素材料である．炭素繊維の特徴は，炭素材料としての構造，組織，特性と繊維形状に由来する性質を併せもっていることである．すなわち，炭素材料として低密度，低熱膨張性，電気・熱の良導体であり，優れた耐熱性，耐食性，潤滑性，耐摩耗性をもつと同時に繊維として柔軟性，高強度，高弾性率などの特徴を有している．炭素繊維の歴史は古く，1879年トーマス・エジソンが日本の竹を焼いてつくったフィラメントを白熱電灯に用いたのが最初である．その後，1950年代中ごろから米国UCC社がレーヨンを原料として焼成した炭素繊維織物を開発し，ロケット用のアブレーション材料や超高温断熱材として使われた．初期はレーヨン系炭素繊維が主流であったが，1959年わが国の大阪工業試験所進藤博士がアクリル繊維（ポリアクリロニトリルを主成分とする繊維，PAN繊維と略記）から高強度な炭素繊維をつくることに成功した．PAN系炭素繊維は比強度，比弾性率の高いことが注目され複合材料の強化材として使われるようになった．その後，ピッチ，フェノール，リグニンなどの有機繊維からの炭素繊維が，また気相成長法によるものも開発された．

一般的に炭素繊維は，有機繊維を熱分解することによりつくられる．直径5～15 μm の繊維状のものを炭素繊維とよんでおり，連続長繊維（ヤーン，フィラメント）や短繊維（チョップ糸，ミルド糸），ステープル糸，織物，編組品，マット，フェルトなどの形態で供給される．

炭素繊維をその特性と用途で分類すると表1のようになる．汎用炭素繊維は一般工業分野で各種高温炉の断熱材，化学プラント用のパッキン，シール材，そしてしゅう動材，導電材として使われている．高性能炭素繊維は，その優れた機械的特性から先進複合材料の強化繊維としてスポーツ・レジャー用品，宇宙・航空機部材，建築補強材など，さまざまな産業分野で幅広く使用されている．

〔市川　宏〕

表1　炭素繊維の分類

炭素繊維の種類	原　料	おもな用途
高性能炭素繊維	PAN，異方性ピッチ	先進複合材料（PMC：ポリマー基複合材，carbon/carbon 複合材）
汎用炭素繊維	等方性ピッチ，レーヨン，フェノール，リグニン，PAN	断熱材，しゅう動材，断熱パッキン，導電材
活性炭素繊維	等方性ピッチ，レーヨン，フェノール	吸着剤，電池用電極材料，キャパシタ用電極材料
気相成長炭素繊維	炭化水素ガス，金属触媒	導電材料，しゅう動材料，電池用電極材料

6.4 ピッチ系炭素繊維

pitch based carbon fiber

石油または石炭由来の重質油のピッチを原料として製造された炭素繊維*である．光学的に等方性のピッチを紡糸してつくられたものを等方性ピッチ系炭素繊維，光学的に異方性の液晶（メソフェーズ）を含んだピッチを紡糸してつくられたものをメソフェーズピッチ系炭素繊維とよぶ．いずれの繊維も炭素繊維用に調整したピッチを溶融紡糸後に酸化により不融化処理したのち，不活性雰囲気中で加熱し炭素化あるいは黒鉛化して製造する．ピッチ系炭素繊維の特性を決めるのは，原料ピッチの調製である．通常のピッチは等方性ピッチであり，メソフェーズピッチ系炭素繊維では等方性ピッチを加熱してメソフェーズを析出させ，液晶ピッチが連続相になるようなピッチを調製して溶融紡糸する．紡糸された繊維では，縮合芳香族環が繊維軸方向に優先的に配向する．その配向状態は不融化処理によって多少乱されるが，その後の炭素化の過程で熱処理温度の上昇とともに炭素網面が大きくなって配向性がよくなり，炭素網面が繊維軸方向に優先配向した炭素繊維となる．その結果，メソフェーズピッチ系炭素繊維では黒鉛化すると非常に高い引張弾性率の繊維が得られる．

表1に市販されている各種ピッチ系炭素繊維の特性を示す．宇宙航空用の超高弾性炭素繊維の引張弾性率は900 GPaと黒鉛結晶の層平面方向の引張弾性率の80%以上に達する．さらに，高熱伝導率（600 W/m・K），マイナス熱膨張係数（-1.5×10^{-6}/K）の特徴から，おもに人工衛星の構造材，アンテナ，太陽電池パネルなどに使用されている．また，高性能タイプの繊維は一般産業分野ではOA・電気機器部品，ロボットハンド，工業用ロールなど，建築土木分野では耐震補強などに使用されている．

一方，等方性ピッチ系炭素繊維は機械的な特性は低いが，フェルト・成形断熱材として各種高温炉，半導体用シリコン引き上げ炉の断熱材に使用されている．チョップ，ミルドなどの短繊維は樹脂，セメントに添加することにより，材料の強度，耐熱性，耐久性の改善を図っている．　**（市川　宏）**

表1　各種市販ピッチ系炭素繊維の特性

分類	銘柄	密度 (g/cm³)	引張強度 (GPa)	引張弾性率 (GPa)	伸度 (%)	おもな用途
汎用タイプ	S-210	1.65	0.8	40	2.0	高温炉用断熱材，パッキン，電池用電極
中間タイプ	K223	2.01	2.35	220	1.1	樹脂強化，セメント強化
高性能タイプ	XN-35	2.05	3.63	350	1.0	スポーツ・レジャー用品，建築土木分野（耐震補強など）
高弾性タイプ	K63712	2.12	2.6	640	0.4	
超高弾性タイプ	K13C2U	2.20	3.8	900	0.42	宇宙航空分野（人工衛星）

6.5 PAN 系炭素繊維

PAN based carbon fiber

ポリアクリロニトリル(polyacrylonitrile：PAN) を原料として製造された炭素繊維*である. PAN 系炭素繊維の製造プロセスを図1に示す.

紡糸工程は湿式で行われ, 微細な円筒状フィブリルが繊維軸方向に並んだ構造のPAN 繊維ができる. この繊維を空気中で張力を加えて延伸しながら 200～300℃ で熱処理する安定化工程ののち, 不活性雰囲気中 1200～1400℃ で炭素化して炭素質繊維, さらに 2000～3000℃ で黒鉛化して黒鉛質繊維を製造する. とくに安定化工程での処理条件(張力, 温度, 処理時間など)は, 炭素繊維の組織および特性(引張強度, 引張弾性率)を大きく支配する. 引張強度は, 熱処理温度が 1300～1500℃ で極大となり, それ以上高温では低下する. 一方, 引張弾性率は熱処理温度が高くなるほど増大する. PAN 系炭素繊維は, おもに樹脂の強化材として用いられる. そこで, 製品は樹脂とのぬれ性と接着性をよくするため, 酸化処理をして繊維表面に官能基を導入したのち, サイジング剤を付与して出荷される.

表1に市販されている各種 PAN 系炭素繊維の特性を示す. PAN 系炭素繊維は, ほかの有機繊維を原料とした炭素繊維と比べてもっとも高い引張強度をもつ. その

ほかの特性では, 繊維軸方向の電気比抵抗は 1.0～1.5 $\mu\Omega\cdot$cm, 熱伝導率は 10～60 W/mK, 線熱膨張係数は室温付近では -0.1～-0.5×10^{-6}/K と負の値であるが, 200～400℃で正に転ずる.

PAN 系炭素繊維の製品にはトウ（無よりの長繊維), クロス（織物), ブレイド（編込み物), プリプレグ（炭素繊維に熱硬化性樹脂を含浸させた半硬化状態のテープ), クロスプリプレグ, チョップドファイバー（短繊維) などがある. ほとんどが炭素繊維強化樹脂複合材として使われる. 用途は開発初期のスポーツ用品, 宇宙航空機構造材から最近は高圧容器, ロール, ロボットアーム, 精密機械部品などの産業機器, 自動車, 鉄道, 土木建築用の補強材として幅広く使用されている. 　　　(市川　宏)

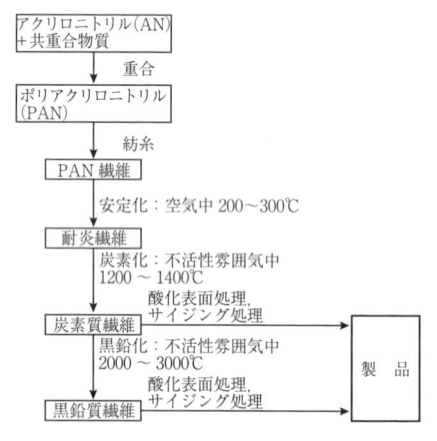

図1 PAN 系炭素繊維の製造プロセス

表1 PAN 系炭素繊維の特性

分 類	銘 柄	密度 (g/cm³)	引張強度 (GPa)	引張弾性率 (GPa)	伸度 (%)
高性能タイプ	T300B	1.76	3.5	230	1.5
高強度タイプ	T400HB	1.8	4.4	255	1.8
超高強度	T1000GB	1.81	6.4	294	2.2
中間弾性率	M46JB	1.84	4.0	436	1.2
高弾性率	UM68	1.97	3.3	650	0.5

6.6 炭化ケイ素繊維

silicon carbide fiber

炭化ケイ素繊維は，SiC あるいはケイ素と炭素を主成分とする無機繊維である．この繊維の特徴は，軽くて高強度・高弾性率であり，炭素繊維*と異なり高温大気中でも耐熱耐酸化性に優れていることである．各種炭化ケイ素繊維について，その化学組成と一般特性を表1に示す．炭化ケイ素繊維は，その製法から2つに大別される．有機ケイ素ポリマーを前駆体として紡糸・不融化・焼成して製造する前駆体ポリマー法炭化ケイ素繊維と，炭素繊維の芯線に化学蒸着（chemical vapor deposition：CVD*）法で，SiC を被覆した複合型の SiC（CVD）繊維である．前者は繊維径 8〜14 μm の細いマルチフィラメントヤーンであるのに対し，後者は直径 140 μm の太いモノフィラメントである．前駆体法炭化ケイ素繊維には「ニカロン」と「チラノ繊維」，米国の「Sylramic 繊維」などがあり，この方法が炭化ケイ素繊維製造法の主力となっている．現在，商業生産されている細径の炭化ケイ素繊維は世界中で「ニカロン」と「チラノ」の2種類だけであり，炭素繊維と同様に，日本は世界をリードしている．「ニカロン」は，1975年東北大学金属材料研究所の矢島教授らによって発明された前駆体ポリマー法炭化ケイ素繊維の基礎技術をもとに日本カーボン㈱が工業化したものである．「チラノ繊維」は，3%のチタンを含む SiCTiO 系の繊維であり，同じく東北大学の基本技術をもとに宇部興産㈱が開発した．

前駆体法炭化ケイ素繊維は，開発年次順に3世代に分けられる．第一世代はニカロンおよびチラノ S，Lox M など酸素を多く含む繊維で，室温では高強度・高弾性率であるが耐熱性が 1200℃ までと限られるもの．第二世代はハイニカロン，チラノ Lox E，ZMI などで，繊維に含まれる酸素成分を減らすとともに Zr などの第3成分を加えて耐熱性を改善したもの．第三世代は化学量論組成の SiC 繊維で，ハイニカロン・タイプ S，チラノ SA，sylramic 繊維である．第三世代繊維は SiC の純度，結晶子サイズが増大し，弾性率，高温での強度，耐クリープ性も向上した．

ニカロン系炭化ケイ素繊維の製造プロセ

表1 各種炭化ケイ素繊維の化学組成と一般特性

メーカー	繊維名	化学組成（重量 %）					密度 (g/cm³)	繊維径 (μm)	引張強度 (GPa)	弾性率 (GPa)	熱伝導率 (W/m·K)	備考
		Si	C	O	Ti	その他						
日本カーボン	ニカロン	56.0	32.0	12.0	—		2.55	14	3.0	220	3.00	
〃	ハイニカロン	62.4	37.1	0.5	—		2.74	14	2.8	270	8.00	
〃	ハイニカロン タイプS	68.9 (β-SiC 99%以上)	30.9	0.2	—		3.10	12	2.6	420	24.00	
宇部興産	チラノ S	51.0	27.9	17.7	3.1		2.37	8.5/11	3.2	170	1.00	
〃	Lox M	54.0	31.6	12.4	2.0		2.48	8.5/11	3.3	187	1.35	
〃	Lox E	54.8	37.5	5.8	1.9		2.55	11	3.4	206	2.42	
〃	ZMI	56.6	34.8	7.6	—	Zr：1.0	2.48	11	3.4	200	2.52	
〃	SA	69.0 (β-SiC 99%以上)	30.0	—	—	Al：0.6	3.02	7.5〜10	2.8	420	64.60	
COI セラミックス	Sylramic	β-SiC：96% O：0.3, TiB₂：3, B₄C：1.0					3.10	10	3.3	386	42.50	米国内のみ限定配布
テキストロン	SCS-6	70 (カーボンコアを含む)	—	—	—		3.00	140	3.4	380		

スを図1に示す．プレカーサーのポリカルボシランは，ジメチルジクロロシランを出発原料として製造される．これからSi-Si骨格をもつポリジメチルシランを経てSi-C骨格をもつポリカルボシランが得る．これを溶融紡糸により繊維状にする．紡糸繊維はつぎの焼成工程で繊維どうしの融着を防止するため不融化処理を行う．つぎに，不融化繊維を加熱焼成すると骨格成分のSiCが残り，β-SiC構造をもつSi-C-O繊維（ニカロン）が得られる．つぎにハイニカロンでは，紡糸したポリカルボシラン繊維にヘリウムガス雰囲気で電子線を照射して不融化を行う．この電子線照射不融化法により，繊維中の酸素含有量を0.5重量％と著しく減らすことができた．

不融化繊維を不活性雰囲気で焼成し，ハイニカロン繊維を得る．ハイニカロン・タイプSは電子線照射不融化糸を水素雰囲気で焼成し過剰な炭素を取り除き，C/Siの原子比が1となるように調製する．二次焼成温度はタイプSがもっとも高い．

ニカロンおよびチラノ繊維の各製品にはヤーン（連続長繊維），クロス（織布），ブレイド，フェルト，チョップおよび複合材用の樹脂プリプレグなどがある．用途は繊維強化樹脂複合材として，スポーツ用品，航空機の機体構造材に使用されている．また，ハイニカロン，タイプSおよびチラノZMI，SAなどの耐熱性炭化ケイ素繊維強化セラミック複合材は，セラミックスの欠点であるもろさを改善し，1000℃以上の高温でも高強度，高靱性を有することから，超耐熱合金に替わる耐熱軽量構造材料として，宇宙航空機用高温ジェットエンジン，発電用高温ガスタービン，核融合炉用ブランケット材などの用途を目指して盛んに開発が進められている． （市川　宏）

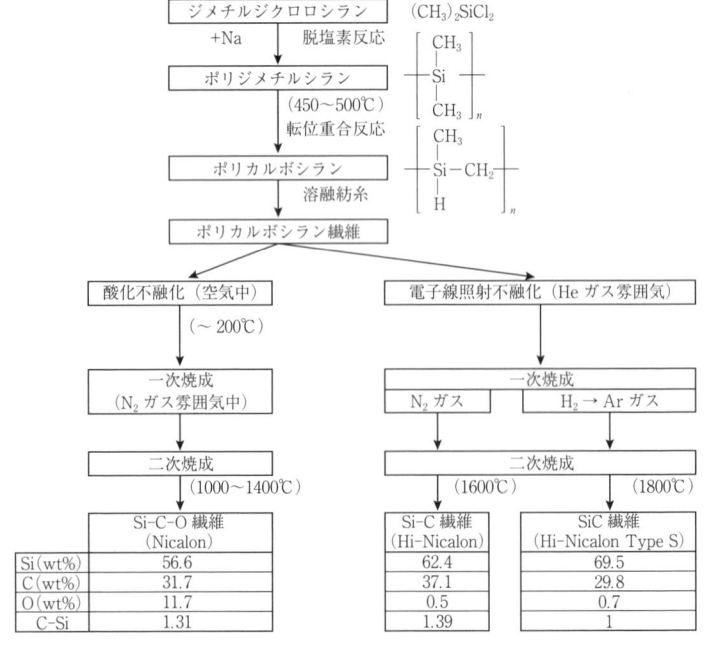

図1 炭化ケイ素繊維ニカロン・ハイニカロンの製造プロセス

6.7 ボロン繊維
boron fiber

ボロン繊維は，タングステンの芯線にCVD*法（化学気相蒸着法）でホウ素を蒸着した連続モノフィラメントである．この繊維は米国の Air Force Material Laboratory (AFML) で開発され，Specialty Materials 社（旧名 AVCO 社）が商業規模の生産を実施している．ボロン繊維を製造する反応装置を図1に示す．芯線としては直径 12.5 μm の極細タングステン線が用いられ，反応管を通して抵抗加熱される．化学混合された三塩化ホウ素（BCl_3）と水素が反応管の上部より流入し，1300℃に加熱されると反応を介してボロン層がタングステン線上に蒸着される．

$$BCl_3 + 3/2H_2 \rightarrow B + 3HCl$$

ボロン繊維の標準径は 100 μm と 140 μm の2種類があり，繊維径は蒸着時の線引き速度を変えることによってコントロールされる．ボロン繊維の特性を表1に示す．この繊維の特徴は引張強度，弾性率が高いことである．とくに，圧縮強度が引張強度の2倍もある繊維材料はほかに類をみない．

ボロン繊維は，複合材料*の強化繊維として使われている．繊維強化樹脂複合材では，ボロン繊維／エポキシ樹脂複合材が高強度，高剛性材料として航空機の垂直尾翼，ヘリコプターのローターなどに使用されている．また，金属基複合材料では，ボロン繊維／アルミニウム複合材の管材がスペースシャトルの主要構造部品としてフレームや骨組みに使われている．スポーツ用品としても，ゴルフシャフト，テニスおよびバトミントンラケット，釣り竿，スキー板などに炭素繊維との組合せによるハイブリット材として使用されている．　　**（市川　宏）**

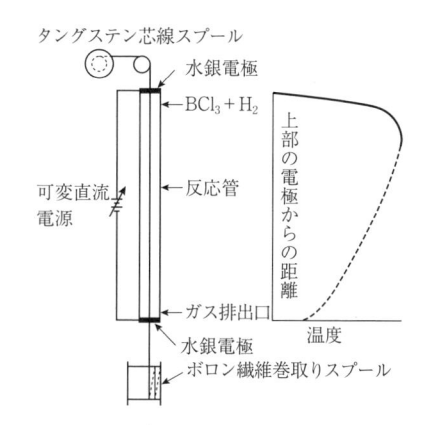

図1 ボロン繊維反応装置と反応管内の温度分布
(出典) 田口裕康：強化プラスチックス，**36**, 9, p. 48 (1990)

表1 ボロン繊維の特性

繊維径	100 μm	140 μm
密度（g/cm^3）	2.57	2.49
引張強度（MPa）	3600	
弾性率（GPa）	400	
圧縮強度（MPa）	6900	
熱膨張係数（$\times 10^{-6}$/℃）	4.5	
硬度（Knoop）	3200	

表2 ボロン繊維強化エポキシ樹脂複合材料の特性
（一方向強化材，0°方向特性）

密度（g/cm^3）	2.0
引張強度（MPa）	1,590
引張弾性率（GPa）	195
圧縮強度（MPa）	2,930
ILSS（MPa）	110

(出典) Specialty Materials 社技術資料

6.8 アルミナ系繊維

alumina fiber

アルミナ（Al_2O_3）を主成分とする無機繊維で，酸化物系無機高分子化合物のスラリーあるいはゾルで紡糸液をつくり，紡糸して繊維化し，空気中で焼成して製品とする．わが国の住友化学工業㈱のアルテックス，三井鉱山㈱のアルマックス，米国のスリーエム社のネクステルが市販されている．これらアルミナ繊維の化学組成と一般特性を表1に示す．アルミナ系繊維の特徴は電気絶縁性である．熱伝導度が低く断熱性に優れている．酸化物であるため耐酸化性に優れていることである．しかし，繊維強度は炭化ケイ素繊維に比べ低く，耐熱性は劣る．すなわち，800℃以上から強度，弾性率の低下が始まり，1200℃ではほとんど強度を失われる．

a. アルテックス

連続アルミナ質繊維で結晶系は SiO_2 を15％含むスピネル構造の $\gamma\text{-}Al_2O_3$ である．強度的にはやや低い．

b. アルマックス

この繊維は，純度99.5％以上の $\alpha\text{-}Al_2O_3$ からなる連続長繊維で強度の割に弾性率が高いが，繊維径が $10\,\mu m$ と細いため，クロス，テープなどに加工できる．耐熱性は1400℃とアルミナ系繊維の中ではもっとも優れている．

c. ネクステル

米国スリーエム社は，多くのアルミナ系繊維を開発し製造販売している．その中でネクステル312がもっとも普及しており，宇宙航空および工業用途として断熱材，絶縁材などに使用されている．　　　（市川　宏）

表1　各種アルミナ系繊維の化学組成と一般特性

メーカー	繊維名	化学組成（重量％） Al_2O_3 / SiO_2 / B_2O_3 / その他	密度 (g/cm³)	繊維径 (μm)	引張強度 (GPa)	弾性率 (GPa)	熱膨張率 (ppm/℃)
住友化学工業	ALTEX	85 / 15 / — / — ($\gamma\text{-}Al_2O_3$)	3.3	10	1.8	210	
三井鉱山マテリアル	ALMAX	99.5 / — / — / — ($\alpha\text{-}Al_2O_3$)	3.6	10	1.8	330	
3M	Nextel312	62 / 24 / 14 / — ($9Al_2O_3 \cdot 2B_2O_3$ + 非晶質 SiO_2)	2.7	10〜12	1.7	150	3.0
〃	Nextel440	70 / 28 / 2 / — ($\gamma\text{-}Al_2O_3$ + ムライト + 非晶質 SiO_2)	3.05	10〜12	2	190	5.3
〃	Nextel550	73 / 27 / — / — ($\gamma/\alpha\text{-}Al_2O_3$ + 非晶質 SiO_2)	3.03	10〜12	2	193	5.3
〃	Nextel610	>99 / — / — / — ($\alpha\text{-}Al_2O_3$)	3.88	10〜12	2.9	373	7.9
〃	Nextel720	85 / 15 / — / — ($\alpha\text{-}Al_2O_3$ + ムライト)	3.88	10〜12	2.1	260	6.0

6.9 ガラス繊維

glass fibers

ガラス繊維は，1940年ごろ米国で開発され，その織物が不飽和ポリエステル樹脂と成形され，ガラス繊維強化プラスチック複合材料（FRP*）が開発された．当時，米国で軍用機の燃料タンクとして実用化された．今日では，FRPはボート，自動車，航空機，浴槽など身近なものにも使用されている．ガラス繊維は，長繊維と短繊維に分けられる．長繊維は，連続繊維状のものであり，プラスチックの強化繊維として使用されてきた．最近ではコンクリートの強化繊維としても使用されている．短繊維は綿状であり，グラスウールとよばれ断熱材に使用されている．

長繊維には，各種のガラス組成に基づき，Eガラス，ECRガラス，Sガラス，ARG（AR）ガラス，Cガラス，Dガラスなどがある．これらの中で強化繊維用はEガラス，ESRガラス，Sガラス，ARG（AR）ガラスである．なお，ARG（AR）ガラス繊維はコンクリートの強化用繊維である．これらの繊維の製造方法は，成分の調整混合された原料粉末を溶融炉に投入し，約1500℃の高温で溶融され，ガラス化される．溶融ガラスはブッシング（炉底部に多数のノズルをもつ白金合金の容器状ガラス流出部）から連続的に紡糸され，集束器を介して高速巻取りされ繊維化される．繊維は非晶質状態で，その直径は3～24μmである．ノズルを流れる際のガラスの粘度は，約100 Pa·sである．強化繊維としてEガラスが代表である．Eガラス，ECRガラス，Sガラス，ARG（AR）ガラスの組成と特性を表1に示す．ガラス長繊維の引張強度は繊維径に依存し，径が小さいほど強度が高くなる傾向にある．また，繊維の長さが長くなるほど表面および内部の欠陥が増えるので，強度も低下する傾向にある．実際の製品は，1本の繊維を数十本から数千本を集束させてストランドにしたものである．

短繊維はおもに断熱材，吸音材として使用される．長繊維ほど化学的耐久性を必要としないため，ガラス組成はソーダ・石灰・シリカ系であるが，粘度と液相温度を下げる必要性から，SiO_2をCaOとB_2O_3で置換した組成に変わってきている．組成（mass%）の一例を示す．SiO_2：68.6，Al_2O_3：2.2，CaO：6.9，MgO：2.4，Na_2O：15.1，K_2O：0.6，B_2O_3：3.7．製造方法は，ガラスの紡糸口に高圧蒸気，圧縮空気を吹き付けたり，溶融ガラスを火炎中に連続的に挿入して吹き飛ばして短繊維化する．現在では，1μm以下の超極細繊維の製造にも使用されている．また，遠心法でも製造されている．この方法では，ショット（繊維化されなかったガラス球）の少ない繊維系の比較的そろった繊維が大量生産されている．一般的には，形状は直径5～7μm，長さは10～50 mmである．

短繊維は，ロールやボードにして断熱材や断熱吸音材などに用いられている．製品のおもな特性は，断熱性*と吸音性*である．

ガラス繊維関連の用語は，JIS R 3410：1999に定義されている．その定義に沿って説明を行った． **（岡村清人）**

文献

1) 社団法人日本セラミックス協会：セラミックス工学ハンドブック［第2版］［応用］（2002）

表1 おもなガラス長繊維の組成と特性

組成(mass%)と特性		Eガラス	ECRガラス	Sガラス	ARGガラス(AR)
組成	SiO_2	52~56	55~60	64~66	58~72
	Al_2O_3	12~16	9~15	24~26	0~2
	Fe_2O_3	0~1	0~1		
	B_2O_3	5~10			0~5
	CaO	16~25	17~24		0~7
	MgO	0~5	1~4	9~11	
	Na_2O	0~1	0~1		14~17
	K_2O	0~1	0~1		0~1
	Li_2O		0~1		
	TiO_2	0~1	2~4		
	ZnO		1~6		
	ZrO_2				15~22
	F_2	0~1			
密度(g/cm³)		2.58	2.70	2.46	2.75
引張強度(GPa)		3.43	3.43	4.66	3.2
引張弾性率(GPa)		72.5	72.5	84.3	73.0
体積抵抗率(Ω·cm)		10^{15}	10^{15}	10^{15}	
熱膨張係数($\times 10^{-7}$/℃)		55	57	29	83
軟化点(℃)		840	880	1050	760
特徴		アルカリ金属酸化物(Na_2O, K_2O)含有率が0.8 mass%以下の無アルカリガラスで，耐候性，高電気絶縁性，機械特性，熱特性に優れている．酸に対して弱い．製造しやすく安価である．	Eガラスの代替品として開発された．溶融性は悪いが耐酸性は向上している．電気絶縁性に優れている．	Eガラスに比較して，強度，耐熱性，熱膨張係数，耐酸性にも優れているが紡糸が難しく製造コストが高い．	ZrO_2を大量に含有させて耐アルカリ性を向上させた繊維で，セメント-モルタルやコンクリートの強化用ガラスである．

6.10 セラミック繊維
ceramic fibers

シリカ（SiO_2）-アルミナ（Al_2O_3）系の繊維を慣用的にセラミック繊維あるいはセラミックファイバと称している．狭義に，アルミナシリカファイバと称することもある．JIS R 1600 では，シリカ-アルミナ系組成の太さ 10 μm 以下の綿状のセラミックファイバと定められている．アルミナ系繊維もアルミナ-シリカ系の成分であるが，セラミック繊維は，アルミナ系繊維と比較してシリカ成分が多く，SiO_2 と Al_2O_3 の質量比が 1：1 付近である．多結晶質のアルミナ系繊維とは区別されている．

セラミック繊維の製法は，シリカとアルミナの原料を均一に混合したのち，2000℃以上の超高温で溶解し，高速気流により分裂引き伸ばし繊維化するブローイング法や，高速回転のローター両面に融体を落として遠心力により繊維化するローター法である．これらの方法により，ウール状の短繊維として製造されており，得られる繊維の中に粒子の状態で残るもの（ショットとよばれている．繊維化されなかったガラス球）がある．ショットの含有量は規格化（JIS 3311）されており，ブランケットにする際のセラミック繊維に含有するショットは，標準ふるい（JIS Z 8801 の呼び寸法 212 μm）での残存率が 25 mass% 以下に定められている．

市販されているセラミック繊維のおもな特性を表1に示す．この繊維は非晶質であり，約 980℃ の温度に加熱されると結晶化が起こり，ムライト相が生成し，急激に収縮が起こる．さらに，約 1200℃ ではクリストバライト相が析出し，収縮は 1300℃ まで続く．この収縮は各種の結晶相の生成のため体積変化が起こるためである．この体積変化を抑制するために，ZrO_2 の含有量を約 15 mass% に増加させること，または CrO_2 を約 2 mass% 添加することにより収縮が改善され，使用温度が約 1450℃ まで向上した高温用セラミック繊維がつくられている．

ウール状の短繊維のセラミック繊維は，耐火物としての特性をもっているために，当初は各種窯炉のれんが目地充てん材などに使用されていたが，近年ではブランケット，フェルトなどの製品に加工され，高温断熱材，窯炉天井壁の断熱ライニング材やバックアップ材，膨張代充てん材などに使用されている．とくに，炉壁の加熱面にブランケットを積層させる施工法は，従来のれんが工法と比べて断熱性，耐熱衝撃性に優れ，熱容量が小さく，軽量化した炉壁が得られるため優れている．セラミック繊維ブランケットの熱伝導率は，高温度において，低密度の方が高くなる傾向にある．熱伝導率の基準値は JIS R3311 に示されており，300℃ で 0.081〜0.09 W/m・K，600℃ で 0.161〜0.183 W/m・K である．

そのほか，ペーパー，紡織品，各種の形状をした成形品がつくられている．また，そのほかの特性として，耐食性は比較的優れているが，リン酸，フッ酸には弱い．電気絶縁性には優れている．音響的には 500〜1000 Hz 以上の高周波領域で吸音特性を有する． 　　　　　　　　　　　　（岡村清人）

文献
1) 社団法人日本セラミックス協会：セラミックス工学ハンドブック［第2版］［応用］（2002）

表1 セラミック繊維のおもな特性

繊維径（μm）		2.5〜3.0
繊維長（mm）		40〜150
最高使用温度(℃)		1260〜1300
化学組成 (mass%)	SiO_2	45〜50
	Al_2O_3	45〜52
	ZrO_2	0〜5

複合材料

6.11

composite materials

われわれの身の回りに用いられている工業材料は金属，プラスチック，セラミックスに大別される．複合材料は，これらの材料のもつ長所を利用して異なる種類の材料や特性の大きく異なる同種類の材料を人工的に混合して一つの材料としたものであり，巨視的には均質な材料とみなせるような複合化組織をとることが普通である．プラスチックス系や金属をマトリックスとする複合材料の場合，セラミックス材料は繊維や粒子の状態で複合化素材として用いられ，マトリックスとなる材料の比強度や比弾性率の向上を実現している．

これに対して，セラミックス系複合材料の場合には，ぜい性破壊の防止が最大の目的となっていることが多く，異なる特性をもつ同種類あるいは異種類のセラミックスどうしを混合したものが多い．セラミックス系複合材料のもう一つの大きな特徴は，使用可能温度が高いということである．これは，セラミックス系複合材料では異種セラミックス材料の組合せが一般的であり，プラスチックとセラミックスのような組合せのように，マトリックス自体の本質的な弱点を同時に多く変えようとするよりは「ぜい性的破壊の防止」ということを目標にしているからである．これが，セラミックス系複合材料の特徴でもある．

力学機能の向上を目指したセラミックス系複合材料は，大別すると連続状の繊維を複合化したものと粒子や不連続繊維を複合化したものに分けられる．前者は，SiC*や炭素繊維強化 SiC，Al$_2$O$_3$ 繊維強化 Al$_2$O$_3$ などが代表的なものであり，セラミックス材料とは異なり，引っ張り強度レベルでは〜500MPa 程度でありセラミックス単体のような大きな強度は期待できない．しかし，切り欠き敏感性をなくすことができる．一方，後者の材料には，SiC 粒子分散 Al$_2$O$_3$ や SiC 粒子分散 Si$_3$N$_4$ など多くの組合せが可能であり，破壊靭性*は約10 MPa $m^{1/2}$ 程度までであり，破壊靭性と強度の両者の大幅な向上を達成することは難しいが，強度と靭性にバランスのとれた材料の実現を目指している．

このような力学特性とは異なり，セラミックス系複合材料では電気，光機能などを複合化によってセラミックス材料単体では得られない機能を得ることも数多く行われている．プラスチックスや金属では，同種材料の複合化によっても新しい機能が発現することは少なく，異種セラミックスの複合化が多いこともセラミックス系複合材料の特徴の一つである．　　　　　　　　　　　　　　　　　　（香川　豊）

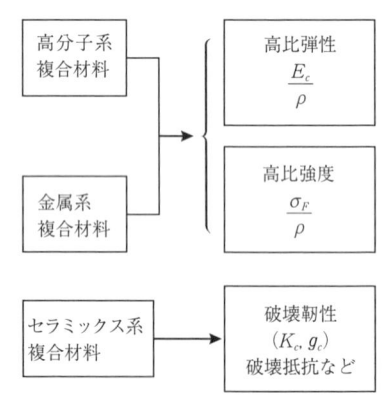

図1　マトリックスの種類による複合化の目的（力学的特性の場合）
　　E_c：複合材料のヤング率，σ_F：破壊応力，ρ：密度，K_c, g_c：破壊靭性

6.12 複合材料の製法

preparation method of composite materials

a. FRP* (fiber reinforced plastics) の製法

繊維強化樹脂複合材料の製法は，母材樹脂と強化繊維の種類，また製品の形状，用途により多種多様である．強化繊維はガラス繊維*，炭素繊維*，炭化ケイ素繊維，アルミナ系繊維*などが使われる．母材樹脂が熱硬化性樹脂(エポキシ樹脂，フェノール樹脂，不飽和ポリエステル樹脂など)の場合の成形方法について述べる．

① ハンドレアップ法 (hand lay-up)
もっとも古くから行われている成型法で，繊維層(チョップドストランドマット，クロスなど)に樹脂を塗布・含浸しながらオープン型に積層していく方法．

② スプレーアップ法 (spray-up)
エアガンで繊維を切断しながら樹脂とともに吹き付ける方法．

③ FW 成形法 (filament winding)
回転する型(マンドレル)に樹脂を含浸した繊維を規則正しく巻き付ける方法．

④ オートクレーブ成形法 (autoclave)
強化繊維に樹脂を含浸させ，半硬化状態にしたプリプレグ (prepreg) を型に積層してバグフィルムで包み，高温高圧釜(オートクレーブ)の中で熱と圧力を加え成形品をつくる方法．

⑤ SMC 法 (sheet molding compound)
SMC は，不飽和ポリエステル樹脂に炭酸カルシウムなどのフィラー，有機過酸化物，低収縮剤を混ぜた樹脂ペーストをチョップドストランドガラス繊維に含浸させたシート状材料である．これを加熱金型を用いてプレス成形と同時に硬化させる．

熱可塑性樹脂(ナイロン66，PEEK，PES など)の場合は，硬化反応を伴わず溶融-賦形-固化により成形されるため，短時間で成形が完了する．したがって，生産性が高く，オートクレーブのような大型設備がいらないため，熱硬化性樹脂に比べ加工コストが安価になることが期待されている．短繊維強化型複合材は，おもに加熱溶融射出成形で行われるが，長繊維強化型の場合はあらかじめ熱可塑性樹脂とのプリプレグシートをつくって成形する方法および成形金型中に繊維のプリフォーム体をセットしておいて，繊維間に樹脂を溶融含浸させて成形する方法などが開発されている．

b. MMC (metal matrix composites) の製法

MMC*の強化繊維には炭素繊維，炭化ケイ素繊維，アルミナ系繊維，CVD-SiC 繊維などが使われる．一方，マトリックス金属は MMC の耐熱特性により，500℃以下の使用では Al あるいは Mg，500～600℃では Ti 系，さらに高温の使用に対しては耐熱合金が使われる．

MMC の一般的製法は，マトリックス金属，強化繊維の種類によりそれぞれ適した複合化・成形加工法が採用されている．すなわち，マトリックスが高融点金属の場合は固相法，Al，Mg の場合はおもに液相法が使われる．また，前処理として強化繊維にマトリックス金属を付着させて複合化したプリフォーム体をつくり，このプリフォーム体を成形加工する．その前処理の方法には，物理的，化学的，機械的方法があり，繊維・マトリックスの性状により適した方法が使われる．

代表的なプリフォーム体としては，SiC 繊維(Nicalon)/Al ワイヤー，C 繊維(M40J)/Al ワイヤー，CVD-SiC (SCS-6)/Ti 合金のグリーンシートおよびパウダーシートなどがある．これらのプリフォーム体はホットプレス*，ホットロール，HIP などによ

り所定の形状に成形加工される.

Al あるいは Mg の場合は, 強化繊維に金属溶湯を直接含浸して鋳込む溶湯鍛造法が行われている. これは, 所定の形状に編組加工あるいは冶具で固定した強化繊維を金型にセットし, 溶湯を注入し, 高圧をかけたままで凝固させる特殊な鋳造法である.

c. **CMC**(ceramic matrix composites)の製法

CMC* の製法は, 強化繊維および基材のセラミックスの種類により, 各種方法が実用化されている. 強化繊維は炭化ケイ素繊維(ニカロン, ハイニカロン, チラノ繊維), 炭素繊維, アルミナ繊維が使用され, マトリックスは SiC, ガラスセラミックス, アルミナ系セラミックスなどが用いられる. CMC の特性は, 繊維とマトリックスの界面の状態により大きく影響を受けるため, 界面層の形成はとくに重要である. この界面層には C, BN, SiC, $LaPO_4$ などが用いられる. したがって, 複合化・成形の前に強化繊維の表面には所定の界面層物質をコートする. CMC のおもな複合化・成形法は次のとおりである.

① スラリー含浸ホットプレス法

おもにマトリックスがガラスおよびアルミナ系セラミックスの場合に用いられる製法である. 強化繊維をマトリックス粉末のスラリー浴に浸積し, 粉末を繊維間に含浸付着させたのち, 回転ドラム(マンドレル)に一定ピッチで巻き取り, 一方向テープをつくる. このテープを所定の寸法に切り積層し, 黒鉛ダイスに入れ, 真空またはアルゴンガス雰囲気で高温ホットプレスすることにより CMC 成形体を得る.

② CVI 法(chemical vapor infiltration)

強化繊維の織布の積層品あるいは三次元織物のプリフォームを含浸容器に入れ, 高温で加熱しメチルトリクロロシラン(CH_3SiCl_3)を H_2 ガスとともに流す. シランガスは高温でケイ素と炭素に解離するため, 繊維表面に SiC となって沈積し SiC 基複合材ができる. プリフォームの形状を変えることによりさまざまな形状の複合材が得られるが, 製造には数週間と長時間を要し, 設備も大規模になるため, 加工コストはきわめて高価格となる.

③ PIP 法(polymer impregnation pyrolysis)

PIP 法の特徴は, 焼成・無機化すると SiC などのセラミックスに転換するプレセラミックスポリマーを使用することである. ポリマーにはポリカルボシラン, ポリシラザンなどが使われる. 強化繊維の織布にプレセラミックポリマーと SiC 粉を配合したスラリーを含浸し, プリプレグをつくる. これを所定の形状に積層して, 加熱プレスまたはオートクレーブで成形する. 成形品を硬化, 焼成し SiC 基複合材を得る. この複合材は, ポリマーからの分解ガスが抜けた開気孔が残っているため, ポリマーを含浸し焼成する工程を数回繰り返してマトリックスを緻密化し, 所定の CMC を製造する. PIP 法は FRP と同様な成形法を使うため, 板, 円筒など各種異形品, また 1 m サイズの大型品の製造も可能である.

④ SiC 反応焼結法(金属シリコン溶融含浸法)

カーボンマトリックスの繊維複合材に溶融金属シリコンを含浸してカーボンと反応させ SiC を合成する方法である. その一例を示すと, 繊維表面に BN をコーティングしたハイニカロン繊維の織物に, SiC と C の微粉を水に分散させたスラリーを含浸して乾燥する. このプリフォーム体に, 1450℃真空中で溶融金属シリコンを接触浸透させて反応焼結 SiC を生成させ, SiC 基複合材を製造する. この方法でつくられた SiC/SiC 複合材は緻密で不浸透なため, 耐環境・耐久性に優れ, 高温ガスタービン用耐熱構造材として実用化されつつある.

〔市川　宏〕

複合材料の強化機構 (高靱化機構)

6.13

toughening mechanism of composites

　セラミックス系複合材料では，強度の向上よりも破壊に対する抵抗を向上させることが重要である．破壊靱性*や破壊抵抗を向上させる機構は「高靱化機構」とよばれ，金属材料などで一般に用いられている強化機構とは異なる意味をもっている．セラミックスの高靱化機構は機構が働く場所からは亀裂先端部と亀裂後方部に分類できる．図1はこれらの機構を大まかに分類したものである．

　高靱化機構の中で，繊維によるブリッジングなど亀裂を閉じる力を直接発生させる機構は，もっとも大きな効果を発揮することができる．この場合には，セラミックス系繊維を織物状にしたものや一方向にそろえたものをセラミックス中に複合化した形態の複合化組織になる．繊維を複合化した場合には，破壊の様式が延性をもつ金属材料のようになったり，切り欠き敏感性がなくなることもあり，破壊靱性という概念を考えなくてもよいセラミックス材料になり得るものである．この場合には評価方法として，切り欠き敏感性が用いられる．

　これに対して，ほかの高靱化機構では亀裂と界面，複合化相との相互作用を利用したものであり，マトリックスと複合化相間の弾性率差，熱膨張係数差，界面特性などを利用して亀裂の進み方を複雑にし，進展に対する抵抗を大きくする機構を利用するものである．粒子，ウイスカー，ナノチューブ，短繊維などの複合化により亀裂の進展抵抗を向上させる工夫が行われる．ウイスカーや短繊維などの場合には，前述した繊維によるブリッジング機構を働かせることも可能である．これらの方法による高靱化機構では，亀裂の進展や微視破壊が不安定破壊に先立って生じること多く，高靱化機構自体を評価するときにはR曲線挙動などが評価に用いられる．　　　　　(香川　豊)

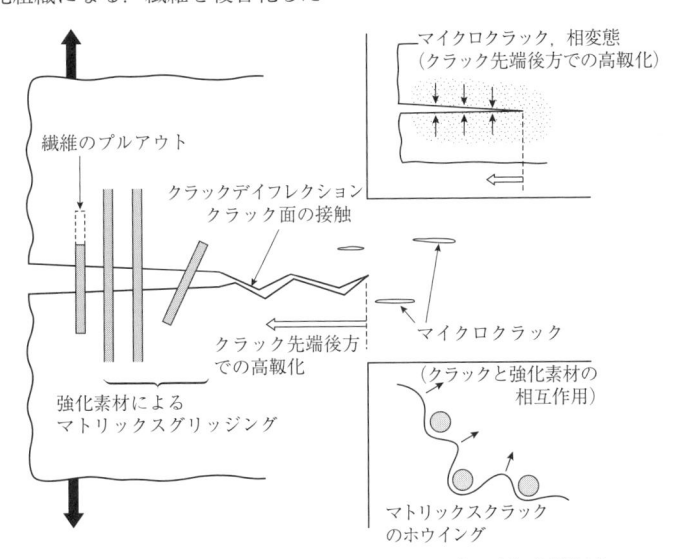

図1 セラミック系複合材料で働くことのできる高靱化機構例

6.14 繊維強化複合則

rule of mixtures (for fiber-reinforced composites)

2種類の材料が混ざり合った相をもつ材料の巨視的特性は，構成されている材料のもつ特性の間の値をとり，その特性予測をするための式は複合則とよばれる．複合則は，材料を構成する素材の特性と体積率から複合材料*の巨視的特性を予測する構成式の総称である．予測できる特性は，弾性率や熱膨張係数など，材料組織や構造に不敏感なものに限られ，強度や破壊靱性*などの材料組織や構造に敏感なものは予測することはできない．

弾性率の複合化を例にとると，図1に示すように連続繊維が一方向にそろってマトリックス中に複合化されており，繊維とマトリックス間の界面では理想的に物理量の伝達が可能であることを前提とする．構成材料の特性をP_a, P_rとすると，図1のように複合化後に材料が取り得る特性の範囲はP_aとP_bの範囲になる．すなわち，複合材料の特性は必ず構成材料間の間にあることになる．なお，対象としている特性に対してa相を複合化した繊維の相，b相をマトリックスと考え，$P_a > P_b$として取り扱った．逆の場合でもまったく同じ議論が成り立つ．

構成する相がm ($m > 2$) 相である場合には

$$P_c^n = \sum_{i=1}^{m} P_i^n V_i$$

のようになる．ここで，$\sum_{i=1}^{m} V_i = 1$である．この式は加算的な複合効果を表す一般式といえる．ここで，nは定数であり，$+1$と-1の間の値をとる．複合則は，材料の巨視的特性は構成する材料の特性のみで決まることを意味している．複合側では，弾性率や熱膨張係数などを構成素材の特性から予測することができ，複合化の指針にすることができる．

したがって，ナノオーダーで生じる特異効果などの影響についてはいまだに不明の点が多い．このことは，ナノオーダーの組織により複合則を超えた材料を創生できる可能性を秘めているともいえる．

強度や破壊靱性のような組織や，破壊の過程に敏感な特性は複合側を用いて求めることはできない．ただし，おおよその値を複合側に類似した考え方から推測することはできる．たとえば，繊維が一方向に並んでいる場合には，引張強度は$\sigma_c^F \approx f\sigma_b^E$程度になる．ここで，$\sigma_b^F$は繊維束の強度であり，繊維のワイブル係数や試験片のゲージ長さの関数である．材料の特性だけで値が決まらないことには注意を要する．

(香川　豊)

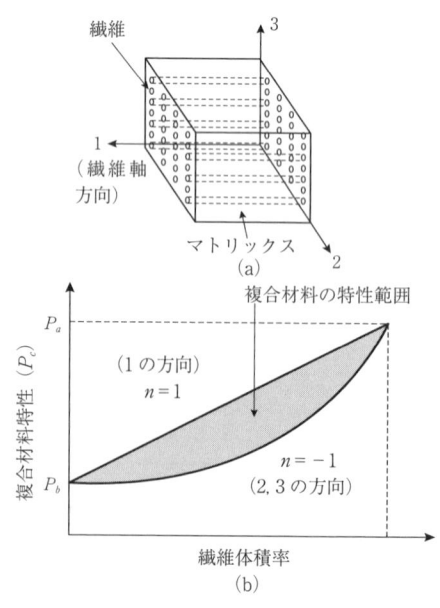

図1 繊維強化複合材料モデル (a) と複合下後にとり得る特性範囲の複合側による予測

破壊靱性

6.15

fracture toughness

　破壊靱性とは，セラミックス表面の傷や内部の欠陥など材料中に応力集中源をもつ場合，あるいは鋭い鋭角や穴をもつ場合の破壊のしにくさを示す指標として用いられる値である．セラミックス材料の破壊靱性は，K_{IC} や g_{IC} などの測定値をもって表現される．これらの測定では，切り欠きを付けた試験片の破壊試験を行い，切り欠き先端部から不安定破壊が生じる荷重を用いて破壊靱性を求めることが行われる．破壊靱性値は，試験方法や負荷の条件に大きく影響される値である．

　モードIの条件下でのセラミックスの破壊靱性 (K_{IC}) は普通は $10\,\mathrm{MPa \cdot m^{1/2}}$ 以下である．非線形挙動が大きい場合には見掛けの破壊靱性として K_Q が用いられることもある．

　同じ材料であっても，微細組織により破壊靱性は大きく異なる．したがって，結晶粒の寸法やアスペクト比などを制御することによって破壊靱性を変えることは可能である．

　破壊靱性と強度の間には，セラミックス中のき裂（傷）の大きさを a として

$$\sigma_F = Y K_{IC} / \sqrt{a}$$

の関係がある．ここで，Y は定数であり，材料の形による値である．この関係から，セラミックスのように破壊靱性が小さいことは，強度がき裂に敏感であることを意味している．このほかにも，熱衝撃に対しても破壊靱性が小さなことが大きく影響する．このような関係式は，ひずみエネルギー解放率を考えても同様に成り立つ．

　セラミックス系複合材料では，破壊靱性試験時に切り欠き先端から不安定破壊が生じる前に，マイクロクラックやクラックディフレクションなどの微視的な破壊を生じる．このために，荷重と変位の関係は非線形挙動をとることが多い．このときに，最大荷重に達する前にき裂が進展したと考え，その距離を a とした場合に破壊靱性がき裂長さ a の関数になる場合は，R曲線挙動をとるといわれる．R曲線自体は，試験方法に大きく依存する値であり，破壊靱性の検討には注意が必要である．　　　　（香川　豊）

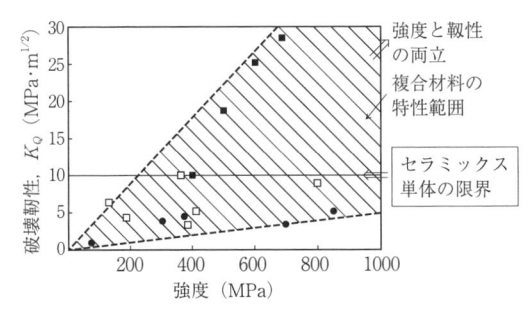

図1　セラミック系複合材料の破壊靱性（K_Q）と強度の関係（破壊靱性値は測定方法が不明なものもあるので便宜的に K_Q を用いて示してある）．図中で■は連続繊維強化型，□はウイスカー強化型，●は粒子強化型を示す．繊維強化型で1箇所敏感性のないものは破壊靱性で評価ができないので除外してある．K_Q は見掛けの破壊靱性値であり K_{IC} とは異なる．

6.16 繊維とマトリックスの界面

interface between fiber and matrix

繊維を複合化したセラミックスでは，繊維とマトリックス間の力学特性に材料全体の特性が支配される．もっとも単純な場合で繊維が一方向にそろっており，繊維軸方向に力が働く場合を考える．複合材料に力が働くとセラミックスマトリックスが先に破断する．このとき，図1に示すように，繊維とマトリックス間の界面ではく離が生じない場合にはマトリックス中に生じたき裂が繊維中に進展し，繊維を複合化した効果がなくなる．また，はく離した界面では繊維によるブリッジング機構を有効に働かせるために，繊維とマトリックス間に力の伝達ができることが必要になる．粗い近似として，界面のせん断はく離に要する臨界ひずみエネルギー開放率 g_i が $g_i/g_f < 1/4$ の場合には，マトリックス中のき裂が繊維との界面に沿って進む条件になり，界面設計の一つの目安になる．ここで，g_f は繊維の引張破壊時の臨界ひずみエネルギー開放率である．

界面の力学特性を制御するために，繊維表面にSiC系などの非酸化物系マトリックスや繊維の場合には炭素，BNなど，Al_2O_3 などの酸化物系マトリックスの場合には多孔質系酸化物やモナザイトなどのコーティングが施される．とくに，コーティングが厚い場合にはインターフェイズともよばれる．コーティングはマトリックスを複合化する前に，CVD*，PVD，ゾル・ゲル法*などを用いて行われる．

コーティングは，界面の力学特性を最適化するとともに，使用環境下でも安定にその機能が変化しないことが要求される．繊維を織物状にしたものを複合化した材料では，力が繊維軸方向に対して垂直に加わることもあり，このような条件化で容易にはく離しない界面でないことも必要であるなど，多くの必要条件を同時に満足しなければならない．

界面の力学特性を測定する手法も数多く開発されており，プッシュアウト，プッシュイン，プルアウトなどにより，界面が実際の条件に近いせん断力が加わった場合にはく離する臨界ひずみエネルギー開放率 (g_i) や，はく離後の摩擦による力の伝達能力などが定量的に評価できる．　　　（香川　豊）

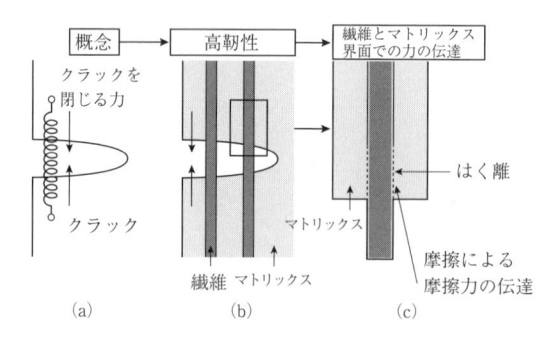

図1　繊維マトリックス界面の重要性（界面はく離が生じないとマトリックス中のクラックが繊維中を進み，ブリッジングによる高靭化機構が働かなくなる．コーティングにより界面力学特性を制御する）

6.17 FRP

fiber reinforced plastic

FRPは繊維強化プラスチック（fiber reinforced plastic）の略称であり，繊維と樹脂の複合材料である．強化繊維としてはガラス繊維*，炭素繊維*，アラミド繊維，炭化ケイ素繊維，アルミナ系繊維*などが用いられる．マトリックス樹脂には熱硬化性樹脂，熱可塑性樹脂がともに用いられている．前者は不飽和ポリエステル，エポキシ，フェノール，ポリイミド樹脂，後者はポリアミド，ポリエーテルエーテルケトン（PEEK），ポリエーテルスルフォン（PES）などである．FRPの成形加工方法は，複合材料の製法（6.12）のa.を参照．

FRPの特徴は繊維強化により樹脂の強度，剛性，寸法安定性を改善し，金属材料に匹敵する機械的特性を有することである．金属材料と比べると軽量で，成形加工性に優れているが，耐熱性，衝撃強度，層間せん断強度などは劣る．

FRPは，まずガラス繊維強化プラスチックを中心に発展した．比強度が高く安価なガラス繊維に，常温で成形可能な不飽和ポリエステルを組み合わせたFRPは，軽くて強くさびない材料として浴槽など住宅・建設資材，小型船舶，自動車などの輸送資材，タンク類など幅広い用途に普及している．ガラス繊維FRPは，繊維含有量が50%以下と比較的低いものが多く，金属材料とほぼ同等の比強度，比剛性（引張弾性率／密度）である．

一方，炭素繊維FRP（CFRP）は，高強度・高弾性率炭素繊維とエポキシ樹脂との組合せにより，高張力鋼をはるかに超える高比強度・高比剛性のFRPができている（図1参照）．

したがって，CFRPは航空機の方向舵，昇降舵などの二次構造材から始まり，一次構造材である尾翼，垂直尾翼に採用され，航空機の軽量化の必須材料となっている．一方，宇宙分野では高弾性率のCFRPが，人工衛星の構造体・太陽電池パネル・アンテナに使用されている．また，スポーツ用途では釣り竿，ゴルフ，テニスラケットなど，一般産業用途としては工業用ロール，ガスボンベ，風車用ブレード，土木建築用トラス，補強材など各種用途への展開がなされている．

（市川　宏）

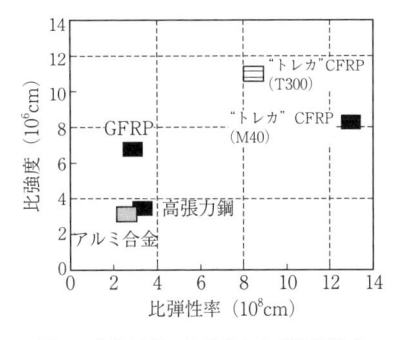

図1　各種材料の比強度および比弾性率
（出典）樋口徹憲：強化プラスチックス，**47**, 8, p. 321（2001）

表1　炭素樹脂強化エポキシ樹脂複合材の特性

繊維種類	PAN系		ピッチ系
品種	T300	M50	NT-60
引張強度（MPa）	1,760	1,225	1,840
弾性率（GPa）	132	265	349
圧縮強度（Mpa）	1,570	780	515
ILSS（MPa）	108	78	88

CMC 6.18

ceramic matrix composite

CMC (ceramic matrix composite), すなわち繊維強化セラミック基複合材料は, 高温において高強度・高靱性と優れた耐熱衝撃性, 耐環境性を有しているため, 金属が使えない1000℃以上の高温領域で使用可能な構造材料として注目されている. 強化繊維としては, 炭化ケイ素繊維 (ニカロン, ハイニカロン, チラノ繊維), 炭素繊維*, アルミナ繊維*が, マトリックスはSiC, ガラスセラミックス, アルミナ系セラミックスが使われている. CMC の製法については,「複合材料の製法」のc. を参照されたい.

引張あるいは曲げ試験を行うとモノリシックセラミックスでは, 応力/ひずみ曲線が線形で立ち上がり, 最大応力に到達後, 瞬時に破断し残留応力ゼロとなる. しかし, CMC の場合は, 初期は線形で立ち上がるが, マトリックスの破断ひずみ以上では非線形カーブとなり, 最大荷重到達後も残留応力が徐々に減衰し, 一挙に破断しない. 見掛けは金属に似たような破断挙動を示す. このような破壊モードが CMC の高靱性, 耐熱衝撃性を生み出している.

各種 CMC の特性を表1に示す. CVI 法は技術的にもっとも確立した製法である. マトリックスが高結晶質 SiC で緻密であり, 界面のコントロールが容易である点は長所であるが, 気孔率が大きく, 高価で, 寸法形状が限定されることが短所である. この特性は, 仏 SNCMA 社の CMC の値である. 耐酸化性, 高温強度*が良好なため, 宇宙航空用高温構造部材として実用化されている.

MI 法 (melt infiltration: 金属シリコン溶融浸透法) による CMC は, マトリックスが緻密で, 気孔がほとんどないことで優れている. しかし, マトリックスに金属シリコンが残留しているため, 耐熱性は1400℃である. 優れた耐酸化, 耐環境性をもっているため, 高温・高効率ガスタービンの高温構造部材として開発が進められている.

PIP 法による CMC は, 低コストで複雑な形状のものが成形可能という点で優れているが, 開気孔率が大きいため, 高温雰囲気での耐酸化, 耐久性に限界がある. CVI 法により, 表面の開気孔をふさぎ耐久性の改善を図っているものもある.

NITE 法は, ナノサイズ (約20 nm) の SiC 超微粉に Al_2O_3, Y_2O_3, SiO_2 などの焼結助剤を添加したスラリーを繊維に含浸したプリフォームを1800℃でホットプレス*してつくる. 高密度の結晶質 SiC で気孔率が小さく, 高熱伝導率で, 耐熱性が1600℃と高いのが特徴である.

〔市川　宏〕

表1　各種 CMC の一般特性

材料系 強化繊維/マトリックス	製法	繊維容積率 V_f (%)	密度 (g/cm³)	気孔率 (%)	引張強度 (MPa)	弾性率 (GPa)	高温引張強度 (MPa)	備考
Nicalon/C/LAS	HP	50	2.45	0	(350)	(65)	(480) (1000℃)	
Hi-Nicalon/C/SiC	CVI	35	2.20〜2.30	12〜14	315	220	325 (1200℃)	CERASEP A410
炭素繊維/C/SiC	CVI	40	1.90〜2.10	12〜14	230	65	230 (1200℃)	SEPCARBINOX A500
Hi-Nicalon/BN/SiC	MI	25	3.0	〜0	280	—	230 (1200℃)	GE Silcomp
Hi-Nicalon/BN/SiC	MI	30	3.0	<1	(466)	(260)	(450) (1300℃)	東芝
Hi-Nicalon/BN/SiC	PIP	30〜40	2.2	16	240 (350)	80	(250) (1400℃)	ハイニカロセラム
Hi-Nicalon/BN/SiC	CVI/PIP	39	2.1	18	390	151	—	IHI
TyrannoSA/C/SiC	NITE	48	3.0	3	380 (600)	(185)	—	京都大学

(　) 曲げ強度, 曲げ弾性率

6.19 C/C コンポジット（炭素繊維/炭素複合材料）

C/C composite

　C/C コンポジットは，炭素繊維*を強化材とし，マトリックスも炭素からなる複合材料*である．この材料の特徴は，軽量で耐熱性に優れていることで，室温から2000℃の高温域にわたって比強度・比弾性および靱性が高い．熱膨張係数が小さいため，高温時の寸法安定性に優れている．熱伝導率*が高く耐熱衝撃性に優れているなど，炭素繊維に由来する優れた機械的特性を有している．一方，炭素としての優れた物理的・化学的性質も有しており，生体組織への親和性が良いなど，従来材料にみられない優れた特徴をもつ複合材料である．

　C/C コンポジット製造法には，マトリックスとしてフェノール・フラン樹脂などの熱硬化性樹脂や，ピッチを前駆体として熱分解，炭化する方法（高分子分解法）とメタンなどの炭化水素ガスを高温で熱分解し析出させる CVD*（chemical vapor deposition：化学気相沈積）法がある．

　高分子分解法では，FRP*成形と同様な手法で一方向に引きそろえた炭素繊維や織布に樹脂を含浸したプリプレグを作製する．これを製品形状に積層して，ホットプレス*またはオートクレーブを用いて成形硬化し，プリフォームを作製する．これを不活性雰囲気中で約1000℃まで加熱焼成すると，マトリックス樹脂は熱分解し炭化する．しかし，炭化収率は50～60%と低いため，複合材マトリックスには多数の開気孔があり，かさ密度も1.2～1.3と低い．そこで，マトリックス樹脂の含浸，炭化を数回繰り返して緻密化し，かさ密度を1.6～1.8まで高めることにより炭素質 C/C が得られる．必要に応じて2000～3000℃の熱処理を行って黒鉛質 C/C を製造する．これらは，加工により所定形状に仕上げ製品となる．

　CVD 法は，あらかじめ立体織物などで所定形状に加工した炭素繊維織物を800～2000℃に加熱し，炭化水素ガスを導入し，織物内部の繊維表面に熱分解炭素を析出・沈積させ空隙中にマトリックス炭素を充てんさせて複合材をつくる．実際の C/C の製造においては，必要に応じて両プロセスの併用も行われている．また，微粒球状ピッチとコークスを炭素繊維中に包含させたプリフォームをつくり，これをホットプレスで成形・炭化するプリフォームドヤーン法などが開発実用化され，製造時間の短縮による低コスト化が図られている．

　C/C コンポジットの特性は炭素繊維強化により，機械的特性は従来の炭素（黒鉛）材料に比べ大幅に向上するが，繊維の種類，強化方向，体積含有率，熱処理温度などによりその特性は幅広く変化し，強い異方性を示す．熱的特性も繊維方向では低熱膨張率で高い熱伝導率をもつ．

　C/C コンポジットは，航空・宇宙関連用途の高温構造材料として開発され，ロケットのノーズコーン，ノズルおよび航空機ブレーキなどに使用されてきた．しかし，最近は一般産業分野でも高温炉材，半導体シリコン引き上げ用つぼ，発熱体*，ホットプレス用モールドなど各種高温部材に使用されている．生体材料としても人工骨・関節，人工歯根に使われている．

〔市川　宏〕

MMC

6.20

metal matrix composite

MMCは，metal matrix compositeの略で金属基複合材料を意味する．強化材のタイプとして，粒子分散強化と繊維強化とがある．

粒子分散型金属基複合材の歴史は古く，1940年代にAl-Al$_2$O$_3$分散型強化合金であるSAPが発明され，金属に酸化物を分散混合することにより，金属が強化され，耐クリープ性も向上することが明らかになった．以降，多くの実用金属材料を酸化物，炭化物，窒化物などの微粒子で分散強化する研究が精力的になされた．実用材料としては，アルミニウム系のSAPのほか，ニッケル合金にY$_2$O$_3$分散させたMA-6000，MA754，またThO$_2$を添加したTDニッケルなどがあり，航空機構造材，ジェットエンジンのタービンブレード，燃焼器ライナーなどに使用されている．ただし，分散材の含有量はSAPで10 vol%，ニッケル系で2 vol%と少ない．

繊維強化型金属基複合材料の強化繊維には，炭素繊維*，炭化ケイ素繊維，アルミナ系繊維*，ボロン繊維*，CVD-SiC繊維などが使われる．また，マトリックス金属には，アルミニウム，マグネシウム，あるいはチタン系合金が使われる．MMCの製法は，「複合材料の製法」b.を参照されたい．

繊維強化MMCの特徴は，強化繊維により金属が強化され，強度・弾性率が増大するだけでなく，金属単体に比べ高温強度が著しく向上することである（図1参照）．さらに，MMCの熱膨張率は小さくなる．各種繊維強化MMCの特性を表1に示す．何れのMMCもマトリックス金属に比べ高強度，高弾性率，低熱膨張率である．SiC繊維（ニカロン）/Alプリフォームワイヤーは，繊維にアルミニウムを含浸してつくったワイヤー状の複合材で，MMC製作用の中間素材である．

このニカロン/Alプリフォームワイヤーを用いて，低弛度・大容量のSiC/Al高圧送電線が開発された．ボロン繊維/Al，SiC(CVD)繊維/Ti複合材はとくに高強度，高弾性率であり，航空機の車輪の脚に使われている．

(市川　宏)

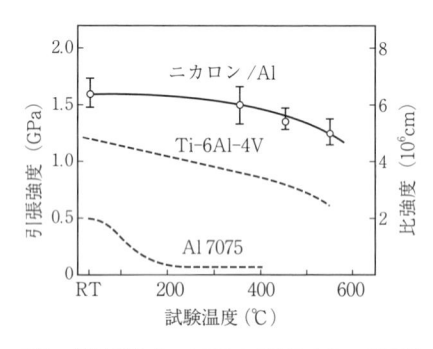

図1 SiC繊維（ニカロン）/Alワイヤーの高温引張強度（破線は比較材の汎用のTi合金とAl合金）

(出典)　今井：繊維工学，**43**，5，p.301（1990）

表1 各種繊維強化MMCの特性

材料系 （強化繊維／金属）	V_f (vol%)	密度 (g/cm^3)	引張強度 (MPa)	引張弾性率 (GPa)	熱膨脹率 (10^{-6}/℃)	強化形態
SiC（ニカロン）/Alプリフォームワイヤー	40	2.6	1000	120	6.5	一方向強化材
SiC（ニカロン）/Al複合材	35	2.6	820	97	6.9	同上
B（ボロン繊維）/Al複合材	48	2.8	1520	214	6.1	同上
SiC（CVD）繊維/Ti複合材	35	3.5	1690	185	—	同上

複合材料の応用

6.21

application of composite materials

複合材料*は，従来の単一材料にない優れた特性を有するため，各種産業分野で応用されている．複合材料の特徴は，軽量，高強度，剛性，耐熱性，耐疲労性，摩擦・摩耗特性，寸法安定性などである．

a. FRP

ガラス繊維*FRP が使用されている分野は，住宅・建材，土木，電気・電子，自動車などのさまざまな産業に及び，いまやわれわれの生活の至る所で使われている．

炭素繊維*FRP は，高性能 PAN 系炭素繊維 FRP が 1970 年代の前半，釣り竿，ゴルフクラブなどのスポーツ用品としての需要が立ち上がり，その後航空機用機体材料として 1980 年代に急速に伸びた．さらに，1990 年，2000 年代には産業用途，土木建築用途が加わり，炭素繊維の需要は急激に増加し，2005 年には全世界需要量は 2 万トンまでに成長した．

炭素繊維 FRP の応用分野とその用途を表1に示す．

b. C/C 複合材

C/C 複合材の軽量，高強度，耐熱性を利用して，宇宙関係では H-1 ロケットのノズルスロート部，姿勢制御用モーター，スペースシャトルのノーズキャップ，リーディングエッジなどに使われている．また，耐摩擦摩耗特性を利用して，航空機用およびレーシングカー用ブレーキ，クラッチフェーシング材，一般産業用分野では，高温炉材（ヒーター，構造材，熱処理用トレイ），ホットプレス用モールド，ガラス製ビン用トング，トレイ．生体親和性を利用して，人工骨，人工歯根，股関節などに応用されている．

c. CMC

CMC*はセラミックスのもつ耐熱，耐酸化，耐食性，耐放射線性に加え，構造材料としての高い信頼性（靭性，耐熱衝撃性，耐高温クリープ性）を有しているため，各種先端分野で応用あるいは応用開発が進められている．宇宙航空分野では宇宙ロケットのノズル，ノーズコーン，ジェットエンジンの排気ノズル・フラップなどに用いられている．また，航空機用および発電用ガスタービンの高効率化，排気ガス低公害化のため，シュラウド，燃焼器，ダクトなどの高温部材を SiC/SiC 複合材に置き換える計画が進んでいる．

〔市川　宏〕

表1　炭素繊維 FRP の応用分野とその用途

航空宇宙	
	飛行機：一次構造材（主翼，尾翼，胴体），補助翼，内装材，フロアパネル，座席
	ロケット：ノズルコーン，モーターケース
	人工衛星：アンテナ，太陽電池パネル，構造材
スポーツ	
	用具：釣り竿，ゴルフクラブ，テニスラケット，スキー板，ストック，弓
	海洋：ヨット，競技用ボート，マスト
土木・建築	
	耐震補強：橋脚，床板，建築物
	軽量建材：立体トラス構造，パネル
	筋材：シールド立杭補強筋，CFRC の筋材
エネルギー関連	
	風力発電用ブレード，フライホイール，バッテリー用ローター
輸送機器	
	自動車：プロペラシャフト，レーシングカー
	車両：鉄道車体，リニアモーターカー車体
	圧力容器：CNG タンク，水素タンク
電子・電気機器	
	携帯電話きょう体，VTR，OA 機器部品
一般産業用	
	ロール：印刷，製紙，フィルム製造用
	医療機器：補装具，車椅子，X 線機器
	化学装置：撹拌翼，タンク，バルブ

VII

多孔体

7.1 細 孔
pore

固体表面あるいは固体内に存在する空隙を細孔（pore）という．細孔は気孔とよばれることもある．表面に存在する場合は，図1Aのように，表面の凹部の深さ（d）が，幅あるいは直径（w）より深いものを細孔（pore）とみなす．したがって，$w > d$であるBのような状態は，表面粗さ*（roughness）であり，細孔とはいわない．細孔は，細孔形状あるいは細孔径によって分類されている．

細孔形状による分類はつぎのとおりである．細孔のうち，図1A, D, E, Fのように表面と接続しているものを開孔あるいは開気孔（open pore），Cのように表面に接続しないものを閉孔あるいは閉気孔（closed pore）とよぶ．開孔は，その形状によりさらに分類され，細孔の一端のみが表面に接続しているもの（A, D）を盲孔（blind pore あるいは dead-end pore），細孔の両端が表面に接続しているもの（E）を貫通孔（through pore）とよぶ．盲孔のうち，とくにDのように表面上の細孔径より固体内部の細孔径が大きくなっているものはインク壺型細孔（ink-bottle type）とよばれる．また，Fのように固体内部で枝分かれしている細孔を連通孔（interconnected pore）とよんでいる．

細孔径による細孔の分類は，国際純正および応用化学連合（IUPAC）によって，ミクロ細孔（micropore, 細孔径：2 nm 以下），メソ細孔（mesopore, 同：2 nm から50 nm），マクロ細孔（macropore, 同：約50 nm 以上）に分類されている．ナノ細孔（nanopore）は，ISOによって細孔径が 1～100 nm の細孔と定義されるが，慣用的にミクロ細孔やメソ細孔を総称してナノ細孔とよぶことが多い．

固体表面への気体分子の吸着*は，気体分子と表面を構成する原子との間の相互作用による．ミクロ細孔では，細孔壁を構成する各原子と気体分子の間の相互作用ポテンシャルが重畳する結果，気体分子は細孔内に強く吸着することがある．この吸着の強調が起こるような細孔を，とくにウルトラミクロ細孔（ultramicropore）とよぶ．吸着の強調の起きる細孔径範囲は，吸着分子の大きさと細孔の形に依存するため，ウルトラミクロ細孔の細孔径範囲は確定しない．固体表面と吸着分子の間に作用する分散力により吸着の強調が起こるときの細孔径は，吸着分子の衝突半径をrとして，スリット型細孔の場合はおおよそ$3r$以下であり，円筒型の場合は$6r$以上に達する．細孔径がウルトラミクロ細孔以上でメソ細孔の下限である 2 nm 以下の細孔は，スーパーミクロ細孔（supermicropore）とよばれる．

〔松本明彦〕

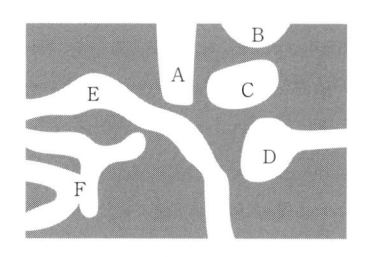

図1　固体内の細孔モデル図

1）現象・物性

気孔量とその分布測定

7.2

porosity and pore size distribution measurement

　気孔径，気孔量およびこれらの分布状態を得る代表的な方法としては，気体吸着法と水銀圧入法がある．前者は小さな細孔*の測定に適している．データの処理上必要になる諸仮定の導入は避けられないこともあって，30 nm 以下の測定が推奨される．一方，水銀圧入法は比較的大きな細孔測定に適している．被測定物が圧力に耐え得るならば 2 nm から，数百 μm までの測定が可能となる．したがって，広範囲の細孔分布測定が要求される場合には，両者の併用が望ましい．

　気体吸着法は，気体の吸着または脱離等温線をもととし，毛管凝縮理論を適用して細孔分布を求める方法である．細孔の中に凝縮した液体の蒸気圧 P は，通常の蒸気圧 P_0 よりも低く，この蒸気圧低下はつぎのケルビン式で与えられる．

$$\ln \frac{P_0}{P} = \frac{2\gamma V_l}{rRT} \tag{1}$$

ただし，r は細孔内液体のメニスカスの半径，V_l は液体の分子容，γ は表面張力，R は気体定数，T は温度である．ある温度下では P_0, γ, V_l, T が一定だから，r が小さければそれに応じて P は小さくなることがわかる．平面や大きな径の孔では凝縮が起こらないような圧力下でも，小さな径の細孔内では飽和状態となり，凝縮が起こる．逆に，気体の圧を相対圧 1 から順次低下させていく場合を考えると，まず最初に平面からの蒸発が起こり，ついで大きい孔，より小さい孔の順となる．ある圧力下では，ある半径 r_p よりも大きい孔は厚さが t の吸着層で覆われ，r_p よりも小さい孔はすべて毛管凝縮液で満たされると考えられる．したがって，ケルビン式の適用は r_p に対してではなく r_k ($= r_p - t$) に対して行われる（式 2，図 1 参照）．

$$r_k = r_p - t = \frac{2\gamma V_l}{RT \ln(P_0/P)} \tag{2}$$

また，t は相対圧 P/P_0 の関数であり，$P/P_0 = 0.5$ 以上では Halsey の式を用いて求められることが多い．

　両式を組み合わせることにより，ある P/P_0 における t, r_k, r_p の値を計算することができる．全細孔容積を V_p（P_0 下での吸着量を液体の体積に換算）とし，圧を P にしたときの吸着量（同じく液体に換算）を V とすると，$V_p - V$ は，圧を P_0 から P に下げた時の蒸発により生じた全空孔体積を表す．

$$V_p - V = \int_{r_p}^{\infty} \pi (r-t)^2 L(r) dr \tag{3}$$

$L(r)$ は半径 r の細孔の全長である．

　一方，水銀圧入法では，粉体が水銀によってぬれない場合，圧力に応じて大きい細孔から順次水銀の細孔内への侵入が起こる．気孔を円筒形と仮定することで，次式を用いて圧力を気孔径半径へと変換し，流入水銀量との関係から細孔径分布を得る．

$$r = -\frac{2\gamma \cos\theta}{P} \tag{4}$$

（藤　正督）

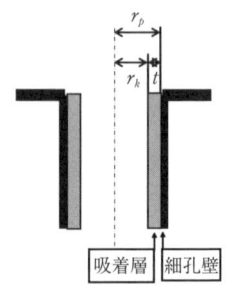

図 1 円筒形細孔モデルにおけるケルビン式の適用半径

7.3 吸着現象

adsorption phenomenon

気体-固体，液体-固体，気体-液体，液体-液体間の界面は，液体，気体，固体の部分(bulk)とは異なる状態を示す．これは，bulkの分子は周囲から同じ力を受けて安定しているのに対し，界面にある分子は異なった相と接しているため不均一な力を周囲から受けており，不安定なエネルギー状態にあるためである．これを安定な状態にしようとして「吸着(adsorption)」という現象が起こる．吸着される物質は，吸着質(adsorbate, adsorptive)とよばれる．すなわち，吸着質の分子間の相互作用よりも吸着質分子と吸着剤(adsorbent)分子の間に働く力のほうが大きい場合に，吸着分子が吸着剤の表面に集まるのが吸着という現象である．これは，系がより安定なエネルギー状態になろうとすること，すなわち自由エネルギーの減少である．また，この際には吸着分子は液体あるいは気体の状態から界面に付着することにより自由度を失うから，エントロピーの減少でもある．したがって，下式からわかるように吸着現象は必ず発熱（$\Delta H < 0$）を伴う．

$$\Delta G = \Delta H - T\Delta S$$

表面積がbulkの量に比して小さい材料は，表面エネルギーがbulkのもつエネルギーに比べて小さいから，その表面で吸着は起こっても，吸着剤として利用することはできない．したがって，比表面積（単位重量当たりの表面積）の十分大きい材料，すなわち多孔質の固体である活性炭*（500〜1000 m^2/g）やシリカゲル*（300〜700 m^2/g）などが吸着剤として広く利用される．

吸着剤を混合ガスまたは溶液に加えた場合は，吸着質の中で吸着剤とより強い相互作用をもつ分子が選択的に吸着され，このことを利用して混合物からある物質を除去または分離することもできる．

吸着は，物理吸着と化学吸着に分けられる．一定温度における吸着量と平衡吸着質濃度（気体の場合は吸着質の圧力）との関係は，吸着等温線（adsorption isotherm）とよばれ，図1のような形に分類される．また，等温線を記述する種々の吸着等温式（ラングミュア（Langmuir）の式，フロイントリッヒ（Freundlich）の式，BET式など）が提出されている． （藤　正督）

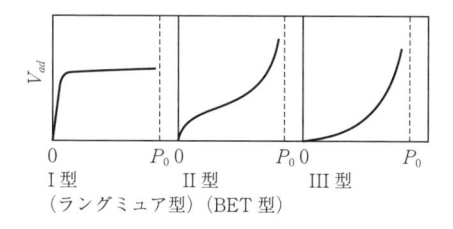

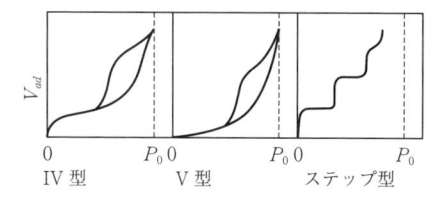

図1 吸着等温線の分類

1) 現象・物性

7.4 毛管凝縮・マイクロ（ミクロ）ポアフィリング

capillary condensation, micropore filling

IUPACでは細孔*の種類をマクロ細孔（$w>50$ nm），メソ細孔（2 nm$<w<50$ nm）およびミクロ細孔（$w<2$ nm）に分類している．

メソ細孔については，下記のケルビン（Kelvin）の式に基づいた古典的毛管凝縮理論により解析されることが多い．

$$\ln\left(\frac{P}{P_0}\right) = -2\gamma\frac{V}{RTr}$$

ここで，P_0は平たん液面の飽和蒸気圧，Vは吸着質の液相のモル体積，γは表面張力，rは細孔の平均曲率半径である．細孔中の蒸気は，平均曲率半径に対応する蒸気圧Pになると，凝縮して液体となり細孔中に吸着する．この現象を毛管凝縮（capillary condensation）という．メソ細孔では，毛管凝縮してメニスカスを形成するP/P_0が0.05～0.9に対応するので，77 KでのN$_2$吸着等温線の主領域となっている．メソ細孔を有する材料の吸着等温線は，IUPACによる分類でⅣ型またはⅤ型に分類されるものが多い．

メソ細孔の形状によって，吸着時と脱着時のメニスカスの形状が異なるためにおのおのの平均曲率半径が異なり，吸着等温線にヒステリシスが生じる［P（吸着）$>P$（脱着）］ことがある．IUPACでは，ヒステリシスをH1～H4の4つに分類している（図1）．H1型は円筒状細孔，均一球形粒子群の間隙細孔，およびインク壺状細孔などに帰属されている．H2型はH1型を生じる細孔の狭部に分布があるとき，H3型はスリット状細孔，H4型はミクロ細孔が共存している場合に帰属されている．

マイクロ（ミクロ）細孔の吸着等温線は，IUPACのⅠ型（化学吸着に多くみられるLangmuir型と同じ）に属している．2 nm以下のミクロ細孔でも，細孔壁からの吸着ポテンシャルの重なりにより低圧からの吸着が起こるので，物理吸着であってもLangmuir型になる．この低圧でのミクロ細孔に起因する物理吸着をマイクロ（ミクロ）ポアフィリング（micropore filling）とよぶ．

ミクロ細孔の解析法としては，DR（Dubinin-Radushkevitch）法，t-プロット法またはMP解析法，α_s-プロット法またはSPE（subtracting pore effect）法，HK（Horvath-Kawazoe）法などが提唱されている．

マイクロポアフィリングは，ゼオライト*，活性炭*や非晶質酸化物多孔体などでみられることが多く，吸着力が強いため除湿材料，脱臭材料，ガス吸蔵材料などに利用されている．

（渡村信治）

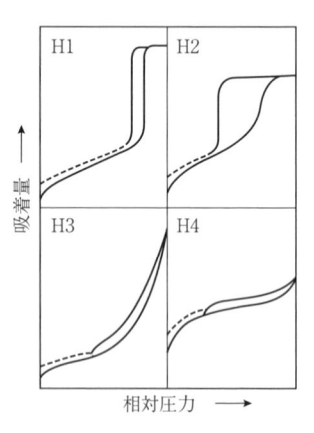

図1 IUPACによる吸脱着等温線のヒステリシスの分類

7.5 透過現象（ダルシー則，クヌーセン拡散）

permeation phenomenon, Darcy's law, Knudsen diffusion

多孔質固体中の透過現象は，液体による流れと気体による拡散に大きく分けて考えることができる．

a. 単一相流体の場合

多孔体中の単一相非圧縮性流体の流れの場合，圧力勾配 dP/dx と流速 v の関係は粘性項と慣性項の和で表される．

流体流れが純粋な粘性流だけの場合には，慣性項は無視され，ダルシー則に従う式となる．

$$\frac{dP}{dx} = \frac{\alpha \mu v}{g} = \frac{1}{k}\frac{\mu v}{g} = \frac{\mu Q}{kAg} \quad (1)$$

ここで，$P(\text{Pa})$ は圧力，$x(\text{m})$ は距離，$\alpha (\text{m}^{-2})$ は粘性抵抗係数，$\mu (\text{Pa·s})$ は流体粘度，$v (\text{m/s})$ は断面積基準の流速，g は重力係数 $(9.807\,\text{kg·m·N}^{-1}\text{s}^{-2})$，$Q(\text{m}^3/\text{s})$ は体積流量，$A(\text{m}^2)$ は流れに垂直な断面積，$k(\text{m}^2)$ は透過率$=1/\alpha$ である．構造から推算することができ，たとえば繊維や粉体充てん層に対しては Kozeny-Carman 式によって表される．

b. 気体拡散の場合

多孔体中の細孔径を D，気体の平均自由行程を λ とすると $K_n = \lambda/D$ をクヌーセン数とよび，細孔中の気体の流れはつぎのように規定される．

$K_n > 1$：分子流（molecular flow）
$0.01 < K_n < 1$：中間流（intermediate flow）
$K_n < 0.01$：粘性流（viscous flow）

① 分子流（クヌーセン流・クヌーセン拡散）

標準状態の多くのガスの λ 値は数十〜数百 nm であることから，$K_n > 1$ になる細孔径は数〜数百 nm のものが必要である．このような微細孔を流れる気体は分子どうしで衝突するより，細孔の内壁と衝突する確率が高くなる．このような細孔を流れる気体透過量は，気体分子の分子量の平方根に逆比例するため，細孔設計により分子量比の大きい混合気体の分離の可能性が出てくる．

このような孔径を有する材料としては，アルミナ，シリカなどの酸化物多孔体，ポリエチレンなどの高分子，ニッケル，アルミニウムなどの多孔質金属などがある．

② 粘性流（ハーゲン・ポアズイユ流：Hagen-Poiseuille flow，分子拡散：molecular diffusion）

$K_n < 0.01$ の場合，気体流れの抵抗は大部分が気体分子どうしの衝突に起因し，また，気体透過速度は気体の粘性に逆比例する．混合気体の分離はほとんど期待できない．

③ 2 nm より小さなミクロポアの場合

configurational 拡散（結晶内拡散と表面拡散）が支配的となり，低分子の形状選択性が高くなる．

（渡村信治）

表1 マクロ，メソ，ミクロポアの代表的な拡散時定数のモデル比較

	マクロポア	メソポア	ミクロポア
代表的成因	二次微粒子間空隙	一次微粒子間空隙	結晶構造
代表孔径	100 nm (>50 nm)	5 nm (50>w>2 nm)	1 nm (<2 nm)
拡散機構	分子拡散	Knudsen 拡散	Configurational 拡散
拡散係数 D	$10^{-6}\,\text{m}^2/\text{s}$	$10^{-8}\,\text{m}^2/\text{s}$	$10^{-8} \sim 10^{-20}\,\text{m}^2/\text{s}$
代表長さ L	10^{-3} m	10^{-5} m (10 μm)	10^{-6} m (1 μm)
時定数 L^2/D	1 s	10^{-2} s	$10^{-4} \sim 10^8$ s

（出典）新山浩雄：触媒，**28**, pp. 15-22（1986）

7.6 分離 separation

多くの産業分野あるいは各種のデバイス中で，分離操作は必須かつ重要な工程となっている．さまざまな材質のろ材が使用されているが，そのなかでもセラミック多孔体の細孔*を利用したろ過は，古くから行われてきた技術の一つである．近年では細孔構造の高度な制御が可能となり，高温ガスのろ過はもちろん，精密ろ過，限外ろ過では，より広い条件で使用可能となっている．さらにより微細な細孔をもつガス分離膜，分子ふるい膜への応用が展開されている．

セラミックス多孔体の基本的な分離機能としては，大別して分子の分離と粒子と流体との分離がある．前者の代表的なものとしては，分子の大きさの違いによって透過選択性が発現する分子ふるいがある．マクベイン（McBain, J. W.）により，1932年に分子サイズの細孔により種々の分子をその大きさにふるい分ける作用をもつ物質が"分子ふるい"と命名された．今日では，気体や液体の混合物の分離に用いられている．

ゼオライト*は，加熱すると骨格構造を破壊することなく結晶水を失い，分子サイズの均一な細孔が生じる．細孔入口径はゼオライトがもつ最大の環構造，イオン種などによって決まり，おおむね0.3～1.0 nmの範囲である．表1にゼオライトの細孔径と透過可能分子の関係を示す．

ゼオライト以外に粘土，グラファイト*などの層間化合物も分子ふるい能をもち，とくに挿入物質を支柱とした架橋型層間化合物は高い吸着性を示すことが知られている．

一方，セラミックス多孔体は粉体－液体，粉体－気体などの混相流の分離にも用いられる．固定発生源からの粒子状物質の除去技術としては，電気集塵装置やバグフィルターが従来使用されていたが，セラミックスフィルター*を用いた集塵装置も開発されている．また，今日では自動車の排ガス浄化用触媒担体ハニカムとして実用化されている．そのほか，セラミックス多孔体は優れた熱的化学的安定性から，廃水・上水などの浄化，産業用水・エアーなどの精密ろ過，医薬・化粧品分野での除菌，溶液・食料・飲料などの精密ろ過およびガスの分離など，幅広い分野で応用されている．

（藤　正督）

表1　ゼオライト細孔径と透過可能分子の関係

種類	細孔径(nm)	吸着分子
ゼオライト 3A Ba-モルデナイト	0.3	H_2, O_2, He, Ar, H_2O, NH_3 ほか
ゼオライト 4A Na-モルデナイト	0.4	Kr, H_2S, CO_2, CS_2, CH_4, C_2H_2, CH_3OH, CH_3NH_2 ほか
ゼオライト 5A Ca-シャバサイト	0.5	B_2H_6, C_3H_8, C_2H_5OH, $C_2H_5NH_2$, CH_2Br_2, CF_3Cl, CHF_2Cl, CH_3I, n-paraffin ほか
ゼオライト 10X	0.9	SF_6, B_3H_9, CHI_3, $(CH_3)_2CHOH$, $(C_2H_5)_3N$, $C(CH_3)_3OH$, CCl_4, $C_2F_2Cl_4$, C_6H_6, $C_6H_4(CH_3)_2$, iso-paraffin ほか
ゼオライト 13X	1.0	$(n\text{-}C_4H_9N)_2NH$, $1,3,5\text{-}C_6H_3(C_2H_6)_3$ ほか

7.7 イオン交換

ion exchange

　イオン交換とは，固相と液相の2相間でイオンの交換が起こる現象をさし，この性質を示す固体をイオン交換体とよぶ．イオン交換現象は，硬水の軟化，脱イオン水や高純度水の製造，有害物質の除去（Hg, Cr, Bなど），有価成分の回収（Cu, Zn, Ni, V, Au, Li, Uなど），食品の精製，生理活性物質の分離精製，化合物の高純度化，同位体分離など，分離や精製の目的で利用されるが，各種センサー，触媒などの新機能性材料の創製などにも広く利用されている．

　イオン交換体の種類は，大まかに有機イオン交換体（イオン交換樹脂，イオン交換膜，糖・タンパク質などの生体材料など）と無機イオン交換体（粘土，含水酸化物など）に分類できる．無機イオン交換体は天然物，合成物など多種多様のものが知られており，それらは化合物の種類から表1のように分類されている．

　無機イオン交換体は，表面あるいは層間などに表面水酸基，電荷補償型イオンをもち，それらが溶液中のイオンと交換する．多価金属酸化物の表面水酸基は，表面への水の吸着によって生じる．表面水酸基は，中心元素の価数やイオン半径に依存して陽イオン交換性，陰イオン交換性，あるいは両者ともに進む両性イオン交換性を示す．たとえば，Mn(IV), Si(IV), Sb(V)などの価数が高くイオン半径の小さな元素からなる含水酸化物は陽イオン交換性，La(III), Fe(II)など価数が小さい，あるいはイオン半径の大きな元素からなる含水酸化物は陰イオン交換性を示す．Al(III), Zr(IV), Ti(IV)など両者の中間の特徴を示す元素からなる含水酸化物は，両性イオン交換性を示す．

　一方，粘土やゼオライト*では，層間や骨格内に電荷補償型イオンがあり，それらがイオン交換する．

　無機イオン交換体は強固な骨格構造をもち，ある特定のイオンあるいはイオン群に対し著しく高い選択吸着性を示すものが多い．たとえば，層状結晶の多価金属酸性塩，結晶性金属酸化物，ゼオライトでは，イオンをその大きさでふるい分けて分離する"イオンふるい作用"を示す．有機イオン交換樹脂に比べ耐熱性，耐放射線性に優れるものが多く，これらの性質を利用して放射性廃液中の放射性元素の分離濃縮，溶液中の有害微量成分の除去，希薄有用成分の採取に利用されている．　　　　（大井健太）

表1 無機イオン交換体の種類

1. 多価金属の酸化物や水酸化物
   $Al_2O_3 \cdot nH_2O$, $TiO_2\text{-}nH_2O$, $Sb_2O_2 \cdot nH_2O$ など
2. 多価金属の酸性塩
   $Zr(HPO_4)_2 \cdot nH_2O$, $Ti(HPO_4)_2 \cdot nH_2O$
3. ヘテロポリ酸塩
   $NH_4PMo_{12}O_{40} \cdot nH_2O$ など
4. 不溶性フェロシアン化物
   $KCu[Fe(CN)_6]$, $Sn[Fe(CN)_6] \cdot nH_2O$ など
5. 合成アルミノケイ酸塩や粘土鉱物
   ゼオライト，カオリナイト，モンモリロナイト，ハイドロタルサイトなど
6. その他
   金属硫化物，ヒドロキシアパタイトなど

1) 現象・物性

機械的特性

7.8

mechanical property

JIS 規格による多孔体の機械的特性の試験法には，ファインセラミックス多孔体の曲げ強さ試験方法（JIS R 1664）とファインセラミックス多孔体の弾性率試験法（JIS R 1659）がある．

ファインセラミックス多孔体の曲げ強さ試験方法は，フィルター，触媒担体*，湿度センサーなどに用いられる多孔質セラミックスおよび精密ろ過膜，限外ろ過膜などにおいて，機能部材である薄膜材を支える焼結多孔質セラミックスに対し，4点曲げ付加において荷重を加え，試験片が破壊するまでに試験片に発生する応力の最大値から4点曲げ強さとする．支持具が回転しない場合は，試験片と支持具の間に発生する摩擦力が誤差を生じさせる．したがって，JIS の多くの試験で用いられる固定型ではなく，ISO 規格に準拠した回転機構をもつ支持具を使用しなければならない．

試験片の標準サイズは，全長70 mm 以上，幅8.0±0.1 mm，厚さ6.00±0.1 mm である．上下面の平行度は0.02mm 以下とする．試験片は800 番以上の粒度の砥石によって仕上げ加工を行う．また，長手方向の4つの角は0.1～0.3 mm の面取り加工をする．ただし，試験片の粒径が0.1 mm 以下の場合は面取りを省略できる．荷重の負荷速度は，セラミックス強度試験に標準的に用いられる0.5 mm/min 程度が好ましい．試験は最低10回以上行う．

4点曲げ支持具の内支点および外支点の距離は，図1に示すようにセットする．4点曲げ強さは，次式によって算出する．

$$\sigma_{b4} = \frac{3P(L-l)}{2wt^2} \quad (1)$$

ここで，σ_{b4}：4点曲げ強さ（MPa），P：試験片が破壊するまでの最大荷重（N），l：内支点距離(mm)，L：外支点距離(mm)，w：試験片の幅（mm），t：試験片の厚さ（mm）．

一方，ファインセラミックス多孔体の弾性率試験法は，試験片に静的な曲げ荷重を加え，それにより生じる弾性変形を測定し，応力とひずみとの関係から静的曲げ弾性率を求める．測定は，3点および4点支持による曲げ治具を用いる．

ひずみの測定は，抵抗線によるひずみゲージ，試験片中央部の変位，荷重点の変位のいずれかの測定から求める．試験片のサイズは次のとおりである．下側治具の支点間距離よりも6 mm 以上の長さ，幅15～25 mm，厚さ2～3 mm である．また，上下面の平行度は1%以内とする．試験は最低5回以上行う．負荷する荷重は予想される強さの50%とし，荷重速度は0.5 mm/min 以下が好ましい．変位測定にひずみゲージを用い4点曲げ試験を行った場合，弾性率は次式により測定される．

$$E_{b4} = \frac{3(l_1 - l_2)(P_2 - P_1)}{2wt^2(\varepsilon_{s2} - \varepsilon_{s1})} \times 10^{-3} \quad (2)$$

ここで，E_{b4}：4点曲げによる弾性率（GPa），P：荷重（N），l_1：外支点距離（mm），l_2：内支点距離(mm)，w：試験片の幅(mm)，t：試験片の厚さ（mm），ε：抵抗線ひずみゲージによって測定されたひずみ．

（高橋 実）

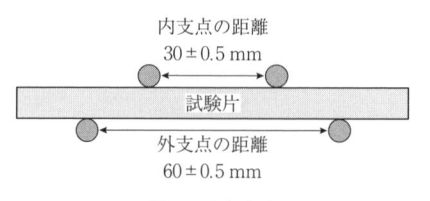

図1 強度試験

7.9 断熱性

heat-insulating ability

熱を伝えにくい性質．この性質を用い，温度差を維持するために使われる材料を断熱材という．生活温度より高い温度領域で使用する場合に，断熱材あるいは保温材とよぶ．逆に，低温側では保冷材とよぶこともある．多くの場合，熱遮断機能は材料中に存在する空気層あるいは真空層によって生じる．したがって，ほとんどが多孔質物質である．

産業，研究，生活活動において，熱エネルギーを有効にかつ安定に利用するには不可欠な材料である．気孔構造の連続性により，空気層が連なり表面に開口している連続気孔をもつ構造と，開口していない独立気孔を内包した構造とがある．保冷材では，空気中の水分が気孔内で結露を起こし，断熱機能を失ってしまうことがある．したがって，一般に独立気孔が好まれる．

高温では無機質が，生活温度付近では無機質と有機質の両者が，低温では有機質が多く使われている．パーライト，ケイ藻土，アルミナ粉体，シラスバルーン，ガラスバルーンなどの粒子状断熱材，アスベスト，グラスウール・アルミナ繊維，綿などの繊維や裁断した紙などの片状断熱材，気泡含有ガラス，発泡コンクリート，ポリスチレンフォーム，ポリウレタンフォームなどの固体断熱材，複層板ガラスなどの層状断熱材，ハニカム構造や段ボール紙などの構造断熱材，断熱キャスタブルなどの複合断熱材のような種類がある．粉体・粒子状，繊維・片状，綿状のものには接着剤（バインダー）を添加して成形したものもある．また，造孔材，ゾル−ゲル法，スラリー起泡法などを用いて作製した多孔質セラミックスも用いられる．

図1に示すように，断熱材の断熱効果は熱伝導，熱放射，熱反射，対流熱伝達によって支配される．対流熱伝達は，風速によって決まる係数で，自然まかせの物性となる．したがって，断熱材には前者3つの性質が重要である．多孔質断熱材は，おもに熱伝導を低下させることにより断熱効果を得ている．断熱性評価には材料の熱伝導率が用いられる．これは物質内での熱の伝わりやすさを表す値であり，これが小さいほど断熱効果が高いといえる．熱伝導率の測定方法にはレーザフラッシュ法（JIS R 1611, ASTM E1461），熱線法（JIS R 2618, ASTM C1113），平板熱流法（JIS A 1412-2）などがある．レーザフラッシュ法は一般的に広く用いられる熱伝導率測定方法であるが，測定試料が均質で緻密であることが求められるため，多孔質断熱材の熱伝導率測定には熱線法や平板熱流法が用いられる．

一般的に，熱伝導低下を利用した多孔質断熱材では気孔率が熱伝導率に大きく影響し，気孔率が高いほど断熱性が向上するため，気孔率制御が重要になる．最近ではゲルキャスティング法のスラリーを起泡させて多孔質セラミックスを作製する手法により，気孔率60〜80％の高気孔率多孔質材料が作製され高い断熱性が得られている．

〔高橋　実〕

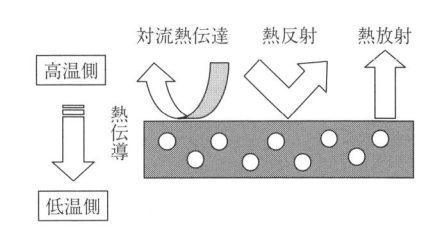

図1 断熱機構の概念図

7.10 吸音性

sound absorbency

多孔質セラミックスでは, 多孔質材料の孔内の空気粘性によって音波の減衰を促し吸音する. 吸音材として多孔質材料が利用され始めた歴史は古い. これは, 幅広い周波数にわたり吸音特性が安定しているため一般的な用途に使用しやすく, また, 材料の厚さを変化させることにより吸音率を調整できることが大きな利点となっているためである.

多孔質型のセラミックス吸音材としては, セラミックス多孔体, グラスウール, ロックウールなど細い繊維を板状に成形した材料などがある. 騒音の制御, 室の残響時間の調整, 反響の防止などに広く使用されている. これらの吸音性は吸音率として評価される. 吸音率とは, 音波が物体のある面に入射した音のエネルギーに対する, 吸収されるかまたは透過した音のエネルギー比をいう. 周波数や入射角によって異なり, 残響室で測定したときにはあらゆる入射角に対する平均値に対応した値が得られる.

一方, 定在波法で測定したときには, 垂直に入射した場合の値になる. 吸音率は周波数の関数で, 材料の厚さや取付け法によっても変化する. ある面の吸音率にその面の面積を掛けた値を吸音力あるいは等価吸音面積という.

JIS規格による吸音率測定法は二法ある. 一つは垂直入射吸音率を測定する管内法 (JIS A 1405), もう一つがランダム入射吸音率を測定する残響室法 (JIS A 1409) である. 残響室法は, 残響室とよばれる音の反射を大きくして一様な音場とした部屋を使用し, 室内に試料を設置した場合と試料がない場合の残響時間を測定することにより吸音率が計算される. 測定には室容積が最低でも $150\,m^3$ 以上の残響室と大きな試料が必要である. 設置した試料によって室内音場が乱れるのを抑えるため, 試料の大きさは $10\,m^2$ 程度とし, 一面に集中させるように規定されている.

一方, 管内法は残響室法に比べ装置も小さく, 試料は $\phi110$ 以下の円板で測定が可能である. 測定可能な周波数領域は, 垂直入射が条件のため測定管の太さにより決まり, 内径が $\phi100$ であれば $2000\,Hz$ くらい, $\phi40$ であれば $5000\,Hz$ くらいの高さまで測定可能である. 吸音率はスピーカーで音を発生させ, 管内残響時間を測定するか, または管内につくった定在波の節と腹の音圧比から求める. また, 反射波成分の位相のずれから音響インピーダンスを求めることもできる.

これに比較して図1に示すISO規格の2マイクロホン法は, 簡便かつ迅速に吸音率の測定が可能である. 2マイクロホン法は, 測定管内に定在波をつくらず, ホワイトノイズを発生させて管軸方向に並んだ2本のマイクで管内の音圧を測り, その伝達関数の分析と入射, 反射波の位相差を利用して吸音率や音響インピーダンスを計算する. 測定に用いる試料は円板形状で, 大きさは高周波数領域 (500〜6300 Hz) 用で $\phi29$, 低周波数領域 (50 または 100〜1600 Hz) 用では $\phi99.9$ である.

〔高橋　実〕

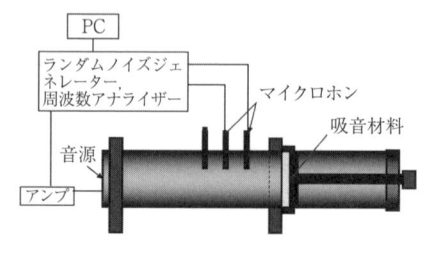

図1 吸音率測定装置図 (ISO 10534-2)

7.11 触媒担体—ハニカム構造

catalyst support : honeycomb structure

　自動車排ガス浄化，排煙脱硝，触媒燃焼などさまざまな用途に触媒が使用される．その触媒活性成分の表面積を増大させ，効率良く触媒反応を起こさせるために，微粒子状にして担持させるための土台が必要である．これを触媒担体という．触媒担体には，触媒を助けて活性を増大させる，寿命をもたせる，構造体としての機械的強度を担うなどの役割があり，担体の形状としては微粉末，顆粒，球，モノリスなどがある．自動車排ガス浄化用や脱硝用の担体には，アルミナペレット，担体であるアルミナの薄い膜をコートしたモノリスがある．

　排ガス浄化用では，高速ガス条件で使用されるため，圧力損失が低いハニカム構造のモノリスが用いられる．ハニカム構造とは，図1に示すように薄壁で仕切られた一定形状の多数のセルが貫通する蜂の巣状の構造であり，セル形状，セル壁厚，セルピッチによって設計される．セル形状としては，三角形，四角形，六角形があり，表面積，圧力損失，機械的強度の要求仕様とつくりやすさを勘案して適宜選択される．自動車排ガス浄化用ハニカム構造体の基材としては，熱衝撃抵抗の高い低熱膨張のコーディエライト（$2MgO・2Al_2O_3・5SiO_2$）が用いられる．

　コーディエライト質ハニカム構造体は，幾何学的にハニカム構造という多孔体を構成しているのに加えて，構成する壁が多孔質であるという二つの意味での多孔性を有している．まず，ハニカム構造は表面積が非常に大きく，排ガスと触媒の接触を効率化している．壁の表面には触媒担体として比表面積の大きなγアルミナ膜をコートし

て（ウォッシュコート），Pt, Rh, Pdなどの貴金属触媒を分散担持する．ウォッシュコート層は，ハニカム壁の表面気孔に入り込むことによる機械的なアンカー効果によってハニカム壁面に固定される．

　このようなハニカム構造は通常，押し出し成形*によってつくられる．ハニカムを成形する口金の形状を図2に示す．後方面にある供給孔から原料坏土が押し込まれ，前方面側の十字スリットに分岐して広がり，隣の供給孔からの坏土と圧着しながら押し出されて，ハニカム形状となる．

〈阪井博明〉

文献
1) 梅原一彦：セラミックス，**33**, p.530 (1998)
2) 「触媒利用技術集成」編集委員会編：触媒利用技術集成, p.17, 信山社出版 (1991)

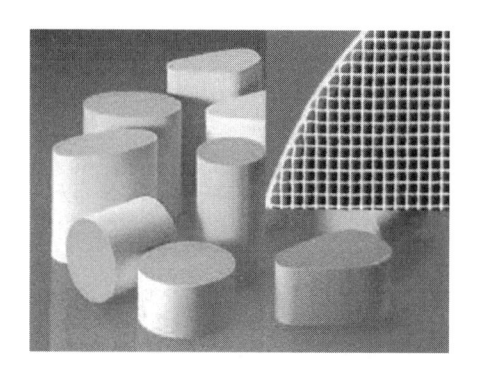

図1 ハニカム構造と自動車用触媒担体

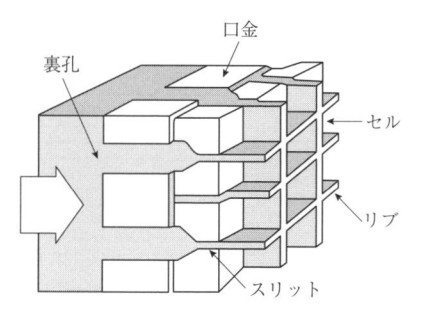

図2 ハニカムの押し出し口金

7.12 セラミックスフィルター

ceramics filter

セラミックス多孔体は，優れた熱的化学的安定性から，廃水・上水などの浄化，産業用水・エアーなどの精密ろ過，医薬・化粧品分野での除菌，溶液・食料・飲料などの精密ろ過およびガスの分離など，幅広い分野で応用されている．近年における環境汚染の深刻化に伴い，世界中で粒子状物質（PM）排出対策が強く求められているといった背景から，PM 除去セラミックスフィルターの開発が進められている．PM の排出源は，火力発電所などの固定排出源と自動車などの移動排出源に大別される．各セラミックス製造会社は，ハニカムセラミックスの製造技術をベースに耐熱性に優れ，かつコンパクトな車などの移動排出源用ディーゼルエンジン排ガス用黒煙除去装置（diesel particulate filter：DPF）あるいは固定排出源用ディーゼルエンジン排ガス用黒煙除去装置を実用化している．これらのセラミックフィルターの多くは，排ガス中汚染物質のうち，ダストの分離・除去に関して適用するろ過式集塵機である．

セラミックフィルターの成形法には，押し出し法，コルゲート法などがあるが，量産性に優れる，押し出し法が広く利用されている．DPF の一般的な構造を図1に示す．フィルターは，両側端部を交互に目封じしたハニカム構造をしており，排ガスは開口部より流入し，フィルター壁を通過する際にダストがろ過され，隣接するセルの出口側開口端より排出される機構となっている．捕捉されたダストは，定期的な空気逆洗を行いフィルター系外に排出するシステムが一般的である．

セラミックフィルターの素材には，アルミナ・ムライト・コージェライト・炭化ケイ素などが利用され，耐熱性・不燃性・耐食性を考慮して，用途が使い分けされている．セラミックフィルターは，高温排ガスを直接処理することができるため，冷却塔などによる厳密な排ガス温度管理が不要である．また，フィルター自体がハニカム構造であるため，単位体積当たりのろ過面積が大きく，コンパクトな設備あるいは装置となる．これらの特徴を生かし，ディーゼルエンジン排ガス用黒煙除去装置以外に焼却炉排出ガス中に含まれるさまざまな大気汚染物質を分解・除去するための排ガス処理設備などの応用も検討されている．

〔高橋　実〕

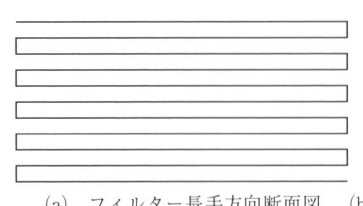

(a) フィルター長手方向断面図 （壁面は多孔質） 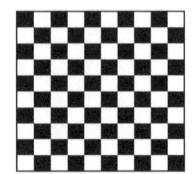　(b) 端部（黒い部分が目封じ処理部分を示す）

図1 DPF セラミックスフィルター構造の概念図

7.13 吸着剤

adsorbent

界面にある分子は異なった相と接しているため,不均一な力を周囲から受けており不安定なエネルギー状態にある.これを安定な状態にしようとして「吸着*(adsorption)」という現象が起こる.吸着される物質は,吸着質(adsorbate, adsorptive)とよばれる.すなわち,吸着質の分子間の相互作用よりも吸着質分子と吸着剤(adsorbent)分子の間に働く力のほうが大きい場合に,吸着分子が吸着剤の表面に集まるのが吸着という現象である.表面積が固体内部の量に比べて小さい材料は,表面エネルギーが固体内部のもつエネルギーに比べて小さいため,その表面で吸着は起こっても,吸着剤として利用することはできない.したがって,比表面積(単位重量当たりの表面積)が十分大きい材料,すなわち多孔質の固体である活性炭*($500〜1000\ m^2/g$)やシリカゲル*($300〜700\ m^2/g$)などが吸着剤として広く利用される.

活性炭の表面積は発達した細孔*によるもので,結果として活性炭に大きな吸着能が発現する.その優れた吸着力を利用して,下水道の高次処理,飲料水などの上水処理,溶剤の回収をはじめとするさまざまな工業分野において活用されている.多くの場合,活性炭は木材やヤシ殻などの植物系や石炭などの鉱物系の天然材料を原料としている.一部,合成樹脂を原料とした活性剤もある.これら原料を炭化し,賦活するという工程を経て,活性炭は作製される.賦活は活性炭製造における特徴的な工程で,細孔を発達させるとともに,細孔径を制御する操作でもある.賦活のおもな方法は,ガス賦活法と薬品賦活法がある.前者による処理が多く,ガスとしては水蒸気が用いられる.一方,薬品賦活法では塩化亜鉛などが用いられる.

一方,シリカゲルは吸着力が強いケイ酸ゲルの総称である.成分は水分 2〜10% の $SiO_2 \cdot nH_2O$ である.吸着力は含有水分量と関係し,ゲルとしての構造が保たれる限り脱水したものほど吸着力が大きい.空気中の水分の除去,クロマトグラフィーの充てん材,石炭ガスからのベンゼンの採取,天然ガスからの低沸点炭化水素の採取などに利用されている.吸着剤としては,その不燃性,機械的堅牢性などの点では活性炭より優れている.

細孔は孔径により分類され,50 nm よりも大きい細孔はマクロ孔,50〜2 nm ではメソ孔,2〜0.8 nm ではミクロ孔,0.8 nm より小さい細孔はウルトラミクロ孔とよばれる.これら細孔のなかでもメソ孔およびそれ以下の細孔が,活性炭やシリカゲルの吸着能力に深く関与している.また,図1に示すような表面官能基の量や分布状態,表面幾何学構造状態の違いが活性炭やシリカゲルの本質的な吸着特性を決める要因となっている. (藤　正督)

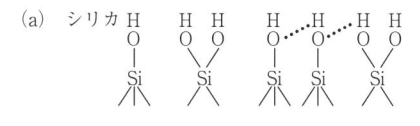

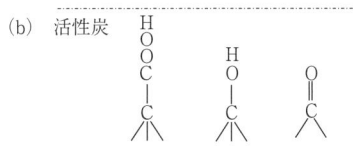

(a) シリカ

H　　H H　　H‥‥H　H H
|　　| |　　| |　 | |
O　　O O　　O   O　 O O
|　　| |　　| |　 | |
Si   Si Si   Si   Si Si Si

(b) 活性炭

HOOC   HO   O=C
 | | |
 C   C   C

図1　代表的な表面官能基

7.14 調湿材料

humidity conditioning material

住空間では,湿度が70%以上になるとカビやダニが発生しやすく,湿度が40%以下と低すぎてもインフルエンザ感染や,静電気などが発生するため,中間領域での湿度制御(調湿)が重要である.

a. 調湿材料開発の基本概念(Kelvin式による毛管凝縮)

IUPACによるⅣまたはⅤ型の吸着等温線を有する多孔体であれば,中間相対圧領域での吸脱着量が大きい.ケルビンの毛管凝縮の理論に基づき,数 nm の細孔径を多く有する材料を用いれば,中間の湿度範囲で吸湿・放湿を自律的に行う材料となる.

b. 合成調湿材料の研究

細孔分布が上記の範囲に入る合成材料としては,ピラードクレー(pillared clay),選択溶解法カオリナイト(selectively leached kaolinite),多孔質アルミナ,多孔質ガラス,メソポーラス・シリカ材料(mesoporous silica:MCM41, FSM)などが研究されている.いずれも特性は高いが,多くはコスト面に課題がある.一部のシリカゲルが床下調湿材料として,またケイ酸カルシウムにメソ孔化処理したものが調湿ボードとして用いられている.

c. 天然原料を利用した調湿材料

多くのケイ藻土の全吸着容量は10%以下である.しかし,北海道稚内産のケイ藻頁岩は,60〜80%の相対蒸気圧で急な立ち上がりを示し,吸着容量も20%以上の良好な自律的調湿材の特徴を示している.

セピオライト(sepiolite:$Si_{12}Mg_8O_{30}(OH)_4(OH_2)_4\cdot 8H_2O$)は,$0.5\times1.1$ nm の大きさの一次元トンネル型ミクロ細孔と,数十 nm の粒子の隙間に相当するメソ細孔を有している.主として床下調湿材料として用いられている.

アロフェン(allophane:$Al_2O_3\cdot nSiO_2$, $n=1\sim2$)は,鹿沼土の主成分で,外径約5 nm で内径約3 nm の中空球状の天然のナノ粒子である.調合・成形・焼成したものが調湿タイルとして市販されている.

天然ゼオライト(zeolite)をセメントで固化したものも調湿建材として市販されている.

そのほか,上記の天然多孔体粉末や活性炭・木炭粉末などを練り込んだ壁紙,石こうボード,漆喰などが調湿材料として市販されている.

(渡村信治)

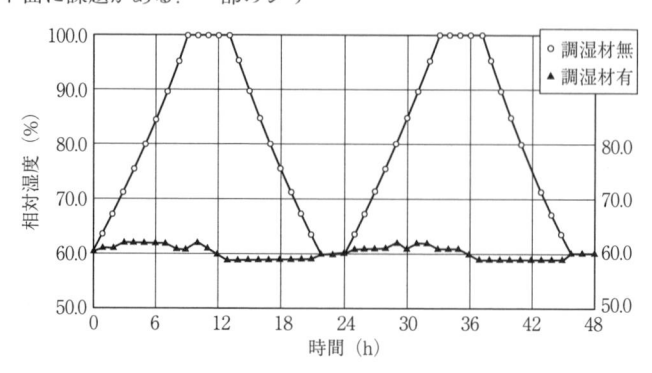

図1 調湿材料による湿度変動抑制効果(上段は調湿材料なし,下段は調湿材料ありの場合の密閉容器中の湿度変化)

7.15 防・脱臭材料

deodorant, deodorizer

a. 定義

脱臭剤とは，多孔質材料などで臭気分子を物理的に吸着*・捕獲してしまうものが多い（表1参照）．多様な臭気分子に対応できるのが強みである．ただし，悪臭分子が脱臭剤の表面に飛来しなければ脱臭自体が不可能であるため，造粒体・ハニカムなどの通気性の良い形状やファンなどで積極的に吸引するシステムが考案されている．

無機系のセラミックスの場合，主としてミクロ～メソ孔で物理的作用（吸着）により除去するものが主である．しかし，メソ～マクロ孔に有機系の試剤および無機系の試剤（硫酸第一鉄など），または酵素やバクテリアなどを担持し芳香・消臭・防臭剤として利用される場合もある．

上述のような目的に使用されてきた多孔体材料として，活性炭*（activated carbon），セピオライト（sepiolite），アロフェン（allophane），シリカゲル*（silica gel），ゼオライト*（zeolite），活性白土（activated clay, fullers earth）ならびにそれらの複合体などがある．

b. 悪臭成分に応じた添着薬剤の利用

典型的な悪臭成分は，3つのグループに分けられる．まず，アンモニア（NH_3），トリメチルアミン（$(CH_3)_3N$）などの塩基性ガス成分，2番目は硫化水素（H_2S），メチルメルカプタン（CH_3SH）などの酸性ガス成分，3番目は硫化メチル（$(CH_3)_2S$），二硫化メチル（CH_3SSCH_3）などの中性ガス成分である．

塩基性ガスの脱臭には，多孔体に無機酸または金属塩を添着させ，中和反応により捕捉させる．

酸性ガスの脱臭には，多孔体に酸化触媒を担持して酸化分解したり，塩基性塩類を添着して中和したりする．

中性ガスの脱臭には，多孔体に薬品を添着させて酸化力をもたせ，対象ガスを変換して吸着する．

c. 亜鉛系消臭材料

フライポンタイト（fraipontite：$(Zn, Al)_3(Si, Al)_2O_5(OH)_4$）は，天然物と硝酸亜鉛を水熱処理することにより合成され，消臭剤として市販されている．一般的な活性炭が吸着のみで飽和量に達すると効力がなくなるのに比べて，臭気分子を吸着すると同時にケイ酸塩と結合した過酸化亜鉛（ZnO_6）により酸化分解される．これをチタニア光触媒と複合させた脱臭材料も開発されている．

d. 光触媒系脱臭材料

アナターゼ（anatase：酸化チタン*）にバンドギャップ（3.2 eV）以上の光を当てると電子と正孔が生成し，水や酸素と反応してOHラジカルやスーパーオキサイドアニオン（O_2^-）などの活性酸素を生成し，有機物を分解することができる．有機分子との接触面積を大きくするために超微粒子にしたものや，ハニカム構造に添着し紫外線ランプを照射できるようにしたものなどが用いられている．

〔渡村信治〕

表1 防・脱臭剤関連の名称

芳香剤	空間に芳香を付与するもの
消臭剤	臭気を化学的・生物的作用などで除去または緩和するもの
脱臭剤	臭気を物理的作用などで除去または緩和するもの
防臭剤	臭気をほかの香りなどでマスキングするもの

(注) 「芳香・消臭・脱臭・防臭剤安全確保マニュアル作成の手引き」（厚生省生活衛生局企画課生活化学安全対策室，平成12年3月）による定義．

2) 機能・用途

7.16 徐放材料

controlled-release material

化学物質を特定の環境中へある制御された速度で放出させるために,種々の物理化学的原理が駆使されている.化学物質の放出速度に関与する要因として,薬物自身の物理化学的な性質がまず考えられる.

おもなものを表1にあげた.化学物質を単独で用いる場合には,周囲の環境中への化学物質の放出速度は,これら化学物質自身の性質と溶解の条件によって決定される.したがって,徐放が意味する高度に制御された速度での放出は,一般に得ることが難しい.したがって,一つの方法として,化学物質を塩あるいは誘導体に変性し化学物質自身の物理化学的性質を制御する化学的手法も種々検討されている.

しかしながら,ターゲットとする化学物質の機能性を損なうことも多い.したがって,表1下段にあげた物理化学的メカニズムを用いた徐放のメカニズムを用いることが必要となる.つまり,カプセルや多孔材といった徐放機能補助材料の利用が必要不可欠となる.化学物質の徐放がもっとも盛んな研究分野は薬物であろう.

薬物の過剰投与および副作用を抑制して,より安全に,効果的に薬物投与を行う手段として,"必要最小限の薬物を,必要な場所に,必要なときに供給する"ドラッグデリバリーシステム(drug delivery system:DDS)の研究が活発に行われている.DDSには薬物を体内でゆっくり溶かすことを目的とする方法と,血流に乗せて目的とする患部まで薬物を送る方法がある.前者を徐放機能という.これらの方法の実用化には,薬物の改良だけでは困難であり,薬物を担持する高分子材料あるいは無機材料などマトリックス材料の開発が必要となる.

これらの徐放機能を支える材料あるいは徐放機能を発揮する材料を徐放材料という.徐放材料として利用可能な無機質の担体材料としては,シリカゲル*,ゼオライト*,モンモリロナイト,活性炭*がある.そのほか,各種セラミックスの蒸着薄膜や粒子の開発が期待されている.

放出の制御システム加工に重要な影響を与える徐放担体のおもな性質としては,機械的性質(強度,弾性など),成形性(造粒性,成膜性,溶融性など),溶媒(水,有機溶媒)への親和性(溶解性,潤滑性など),分解性(生体内分解性,化学的分解性など)がとくに重要である.また,生体内で利用される場合には,安全性(生体親和性*,抗原性,分解生成物の安全など)がとくに要求される.昨今では,これら徐放機能は薬物のみならず,化粧品,農薬などにも応用され,多くの製品開発が行われている.

〔藤　正督〕

表1 徐放に関する物理化学的要因

薬物に関する要因	溶解度(水溶性,油溶性)
	電荷
	pKH値
	分子サイズ(分子量)
	安定性
放出メカニズムに関する要因	吸着,脱離
	熱
	拡散
	溶解,分解に伴う溶解
	イオン交換
	浸透圧
	蒸気圧
	物理的な力(エラストマーの収縮力など)

7.17 イオン鋳型材料

ion-templating material

イオン鋳型材料とは，イオンと同程度のサイズ（1 nm 以下）の鋳型が形成された材料であり，特定のイオンに対しイオンふるい作用を示し，きわめて高い選択吸着性をもつ特徴がある．

イオン鋳型材料は，図1に示すプロセスで合成される．最初に，母体となる無機化合物を鋳型となるイオンと混合する．さらに，混合物を焼き固めるとイオンを囲んで鋳型が形成される．ついで，鋳型構造を保持したままでイオンを取り出せばイオン鋳型材料材料が得られる．イオンが抽出されることで，吸着剤中にきわめて微細な原子レベルの細孔*（アトムホール）が多数形成されることになる．イオン鋳型材料の構造は，鋳型として用いるイオンの種類と導入量で異なり，トンネル状，層状，三次元網目状など多様な構造をとる．

イオン鋳型吸着剤を溶液中に入れると，アトムホールの大きさに依存して特異なイオン選択性を示す．一般に，イオンを囲んで鋳型が形成されるので，鋳型イオンと同じイオン種に対し特異的選択吸着性を示す．あたかも以前にあったイオンを記憶しているかのように振る舞う．この現象は"イオン記憶効果"とよばれている．

リチウムイオン鋳型材料は，リチウム吸着剤，センサー，二次電池用正極活物質などへの応用が期待される．ナトリウムイオン鋳型材料は，ナトリウムイオン除去に利用される．また，リチウム同位体分離性能が高いという特徴がある．銀イオンに対し高い選択性をもつことから，銀系抗菌剤，銀ナノワイヤー用担体などへの利用が期待される．カリウムイオン鋳型材料は，カリウム除去による高純度塩の製造，あるいはアンモニア吸着剤などへの応用が考えられている．最近は陰イオン鋳型材料が注目されており，たとえば硝酸イオンふるい作用を示す材料なども見つかっている．

（大井健太）

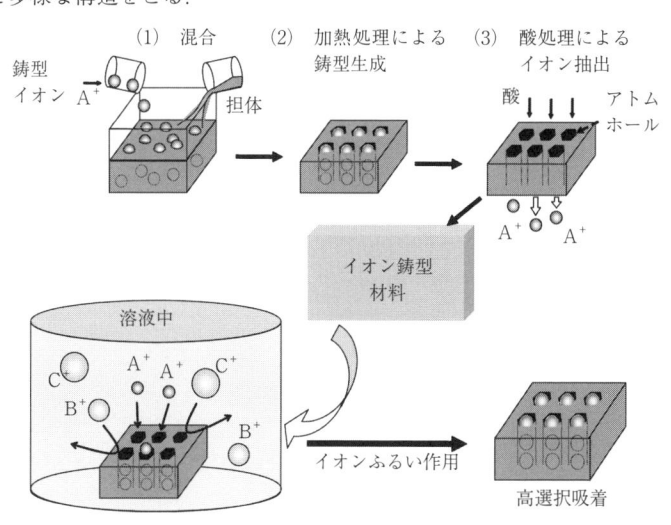

図1 イオン鋳型材料の合成とイオンふるい作用

2）機 能・用 途

7.18 トンネル構造

tunnel structure

トンネル状空洞が一次元〜三次元的に広がった構造である．たとえば，タングステンブロンズ*型酸化物である $PbNb_2O_6$ では，NbO_6 がとる八面体網目構造により生じるトンネル空間に Pb イオンがゲストイオンとして存在する．斜方晶系と菱面体晶系が存在し，菱面体晶系は強誘電性を示す．

Wedsley-Anderson 型酸化物 ($M_2Ti_nO_{2n+1}$：M＝アルカリ陽イオン）では，TiO_6 八面体を基本単位とし，それが互いに角および稜で連結した構造をとっている．n の値により構造が異なり，$n=3, 4$ ではジグザグ構造が平行に開いた層状構造*をとり，$n=6, 8$ では閉じてトンネル構造を形成する．後者では TiO_6 単位が抜けたトンネル空間（ペロブスカイト構造*で代表される TiO_6 単位が m 個抜けた場合，mP トンネル空間という）が形成され，その中に M 原子が存在する．$Na_2Ti_6O_{18}$ は 3P 構造を，また $H_2Ti_8O_{17}$ は 4P 構造をとる．

Pentagonal Prism 型酸化物（$BaTi_4O_9$）では，TiO_6 単位 2 つが互い違いに連結し，五角形の一辺に三角形が結び付いた形状の Pentagonal Prism 型トンネル空間が形成されている．ナシコン（NASICON）はトンネル構造をもつ固体電解質で，イオンは原子密度が低いトンネル状空隙を移動する．$A_{1-x}Ti_{2+x}Al_{5-x}O_{12}$（A＝アルカリイオン）で示される斜方晶系のトンネル構造を有する繊維状化合物の単結晶では，MO_6 八面体の M 席を 4 価の Ti で x 個置換され，そのために陽イオン電荷調整のため，トンネル中の A 席に x 個の空席がつくられる．この空席は A 席 4 個に 1 個の割合となり，A イオンのイオン伝導を示す．リン酸ルテニウム（$ARu_2(P_2O_7)_2$（A＝Li, Na, Ag）は，RuO_6 八面体と P_2O_7 の四面体から構成され，a 軸方向にトンネル構造がある（図 1[1])．このトンネル中を Ag^+ イオンが移動してイオン伝導性を示す．

アルカリマンガン酸化物（$MMnO_2$, M＝Li, Na）は，一次元のトンネル構造をとり，マンガンの一部を Ti で置換した $MMn_{0.78}Ti_{0.22}O_2$ は，高電圧・高容量リチウムマンガン電池として注目されている．

(元島栖二)

文献
1) 井上泰宣：化学総説，**23**，pp. 113-120，学会出版センター（1994）
2) H. Fukuoka, H. Matsunaga, and S. Yamanaka: Mater. Res. Bull., **38**, p. 991（2003）

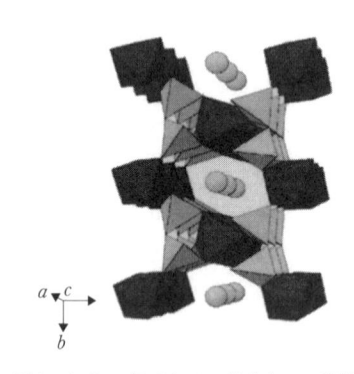

図 1 $AgRu_{1.9}(P_2O_7)_2$ の a 軸方向への投影図[1] 八面体（RuO_6），四面体（PO_4），○（Ag^+）

層状構造

7.19

layered structure

　原子または原子団が二次元平面状（シート状）に配列し，この平面に垂直な方向にシート構造の繰り返しがみられるような結晶構造をいう．シートに垂直な方向の凝集力が弱く，シートに平行にへき開がみられることが多い．グラファイト*（黒鉛）は，典型的な例である．

　層状構造は，WS_2, MoS_2, CdI_2, $Cd(OH)_2$，石こう，滑石，雲母族，緑底石族，カオリナイト，モンモリロナイト族のような粘土鉱物などの多くのケイ酸塩鉱物にみられる．モンモリロナイトは，代表的なイオン交換性層状結晶であり，水酸化アルミニウム八面体層が2枚のシリカ四面体層に挟まれて連結した2:1型層状構造をとる（図1）．八面体層のAl^{3+}の一部がMg^{2+}などの低原子価イオンで置換されており，層間に交換性カチオンが存在する．膨潤性を有する層状結晶は，その層間に分子認識をもつ分子，光学活性分子，導電性分子などをインターカレートすることができる．したがって，キラル分子の識別，非線形工学材料の開発，高分子とのナノ複合化による高性能エンプラなど，多方面への応用が図られている．

　膨潤性マイカは，酸素とケイ素から構成される四面体層とマグネシウムと酸素から構成される八面体層からなり，基本的に八面体層が四面体層によってサンドイッチ状に挟まれたナノシート状構造をしている．八面体層のマグネシウムは，単位格子当たりに1個欠損している．層状チタン酸セシウム結晶は，比表面積は750～1400 m^2/g，表面電荷密度は0.83 C/m^2で，膨潤性マイカよりはるかに大きい．層状塩化ルテニウムのナノシート間に導電性高分子をインターカレートすると，現在もっとも高性能のリチウム高分子導電体と同等の性能をもつ複合体が得られる．

　また，リン酸ジルコニウムの層間に金コロイドをインターカレートしたものは，単一電子の電子移動が可能な電子デバイスとしての応用が期待されている．イオン交換能をもつNbやTi系層状複合酸化物は，TiO_2やCdSのようなバルク型光触媒とは異なる特徴的挙動を示す．これは，層空間が反応場として作用するためと考えられている．

〈元島栖二〉

文献

1) 立山　博：カーボンナノテクノロジーの基礎と応用, pp. 209-219, サイペック (2004)
2) 山中昭二, 犬丸　啓：マテリアルインテグレーション, **13**, 10, pp. 1-6 (2000)

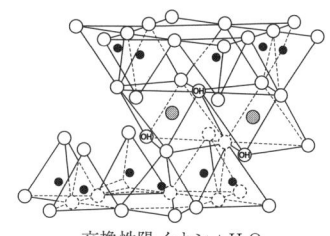

交換性陽イオン＋H_2O

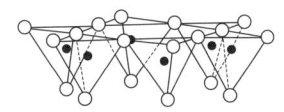

◉ O：● Si：○ Al, Mg：⊖ OH：

図1　モンモリロナイトの構造

3) 構造・合成・素材

かご型構造

7.20

cage structure

多面体構造をもつ分子，イオンやそれらのクラスターでは，中心部に大きな空洞がある"かご"状の構造を示す．フラーレン*は典型的なかご型構造をもち，その中心部に大きな空洞があるため，その中に種々の金属原子を挿入することができる．たとえば，$C@C_{60}$，$M@C_{74}$（M＝Ca, Eu, Sm），$M_2@C_{80}$（M＝La, Y），$M@C_{82}$（M＝Gd, Y, La, Eu, Sm）など，多くの金属内包フラーレンが報告されている．

これらの金属内包フラーレンは，グラファイト*と金属（あるいは金属酸化物）粉末を成型した電極を用い，アーク放電させることにより得られる．本来層状構造*のBNも，ナノ粒子ではかご型構造をとる．BNクラスター（$B_{12}N_{12}$, $B_{24}N_{24}$）は，20面体のC_{60}類似の八面体対称（O）のかご型構造をもつ．

たとえば，$B_{24}N_{24}$クラスターは，BとN原子が交互に結合し，六角形BNネットワークの中に6個の八角形と12個の四角形をもつ丸型かご型構造をもつ．$(C_3N_4)_n$（n＝60, 98, 100, 108）クラスターもかご型構造を示す．さらに，ポリボラン（ボラン），カルバボラン類，リンやヒ素の酸化物・硫化物・セレン化物（P_4O_6, P_4O_{10}, As_4O_6, P_4S_3, As_4S_3, P_4Se_3），As_n（n＝4, 8, 20）やSi_n（n＝11～25）のクラスター，金属カルボニルおよび置換金属カルボニルなどにもみられる．T_8構造の球状ケイ酸塩（たとえば，オクタシリセスキオキサン，図1[2]）は8個のT-Si原子（3個にO原子と結合したSi）から構成されたかご型構造をもち，液晶，生体適合材料，触媒，デンドリマー合成の核として使用されている．

$(RCH_2NAlH)_7$や$(RCH_2NAl)_7F_{2.26}H_{4.74}$（R＝1-adamantyl）などのAl-N結合を含んだ化合物は，その中心部にAl-Nリングからなる非対称のAl_7N_7のかご構造が存在する．Al, Ga, Inのホスファニドやアルサニドは，Al-N，Al-P結合などからなるかご型構造をもつ．ビシクロ環からなるかご型分子2個がtail to tail型にかみ合わせた形の立体からまり分子もある．分子不斉を有するかご型化合物は，内部空間に不斉空間をつくり出すので，光学的分割剤，不斉触媒，分子素子などへの機能化が期待されている．また，大きな内部空間を超微小反応場として利用しようという研究も進められている．

（元島栖二）

文献
1) 化学辞典, p. 426, 化学同人 (1994)
2) B. Neumuller and E. Iravani : Coodination Chemistry Reviews, **248**, p. 817 (2004)

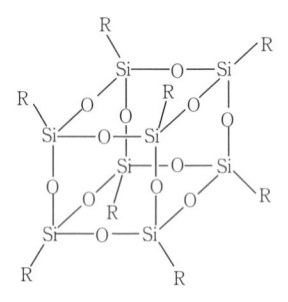

図1 オクタシリセスキオキサン[2]

7.21 架橋多孔体

pillared porous material

a. 概念

架橋多孔体とは，層状ホストの層と層との隙間にナノ微粒子の支柱を形成させ，ナノメートル・オーダーの細孔構造とともに局所的なヘテロ接点を構築させたものである．

b. 粘土層間架橋多孔体

シート状の粘土鉱物のケイ酸塩層間には，電荷不足を補ってNa^+やK^+などの交換性陽イオンが含まれる．この陽イオンを多核金属水酸化イオンなどでイオン交換し，加熱脱水するとケイ酸塩層間に微細な酸化物が形成される．これが支柱となって二次元的（平面的）なミクロ細孔を有する種々の多孔体が得られる．

c. 層状ポリケイ酸架橋多孔体

層状ポリケイ酸塩は，単位シリケートシートが積層した一群の化合物の総称であり，アイラアイト（ilerite：$Na_2Si_8O_{17}\cdot 10H_2O$），マガディアイト（magadiite：$NaSi_7O_{13}(OH)_3\cdot 4(H_2O)$）など数十種類が存在する．それらの単位シートの構造あるいは積層枚数が異なることから，同じゲストを同一条件でインターカレーション（intercalation：層間挿入）することにより，細孔構造の異なる一群の多孔体の作製が可能である．

d. 半導体層間架橋多孔体

チタン酸塩層間をシリカで架橋したミクロポア多孔体は，耐熱性が高く酸化還元ができ，電荷移動が可能なので機能性ミクロポア多孔体として注目されている．

e. グラファイト層間架橋多孔体

グラファイトを液相酸化して得られる酸化グラファイトは，層間にアルコール性水酸基やエポキシド基をもち，また陽イオン交換性をもつ．これらの性質を利用して，層間に陽性コロイドや多核陽イオンを挿入したり，有機架橋剤を挿入したりすることが可能である．これを加熱してグラファイト層間架橋多孔体が得られる．

（渡村信治）

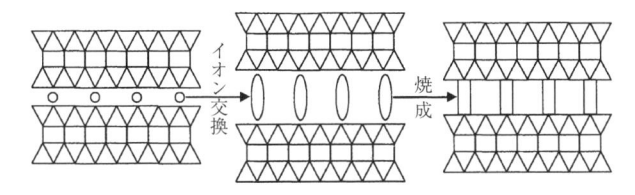

図1 粘土層間架橋多孔体作成の概念図

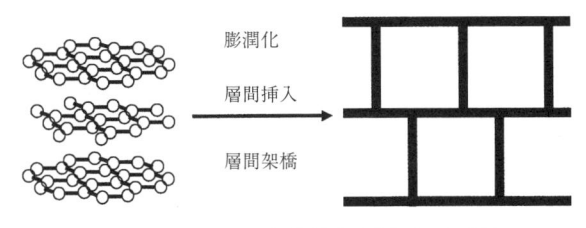

図2 グラファイト層間架橋多孔体作成の概念図

ナノポーラス物質

7.22

nanoporous material

　厳密には 1～100 nm のナノ細孔（nanopore）を有する多孔体をナノポーラス物質というが，ナノ細孔の定義があいまいなままナノポーラス物質という語が使われてきたため，通常は多孔体に特徴的な高表面積高細孔容積を有するミクロ細孔（micropore）やメソ細孔（mesopore）に分類される細孔を有する多孔体をさす場合が多い．

　ナノポーラス物質の特徴は，分子の大きさと同程度の大きさのミクロ細孔やメソ細孔を有する点であり，気体の吸着挙動は平たん表面と異なる．ミクロ細孔を有する多孔体（ミクロ多孔体）のうち，細孔径がおおむね 1 nm 以下の物質は，細孔内に拡散した気体分子が周囲に存在する細孔壁を構成する各原子と相互作用する結果，細孔内に強く吸着する．この現象をミクロ細孔充てん（micropore filling）という．メソ多孔体の場合，円筒型細孔内への凝縮性の気体（蒸気）の吸着の際，Kelvin 式

$$RT \ln \frac{P}{P_0} = -\frac{2\gamma V_l}{r}$$

に従って蒸気の凝縮が起きる．ここで，P は凝縮が起きるときの吸着質の蒸気圧（細孔内での飽和蒸気圧），P_0 は吸着質が液相のときの平たんな液面での飽和蒸気圧，V_l はその液相のモル体積，γ は表面張力，r は細孔内に凝縮した液体のメニスカスの平均曲率半径であり，平均細孔径とみなせる．メソ細孔内は r が有限であるために，$P/P_0 < 1$ で凝縮が起こる．この現象を毛管凝縮という．

　ミクロ多孔体の代表的なものに，結晶性のアルミノケイ酸塩（ゼオライト），メタロシリケートやアルミノリン酸塩がある．これらの細孔は結晶構造に由来するため，細孔径は一定である．そのほかのミクロ多孔体には，活性炭や活性炭素繊維などの多孔性炭素，多孔性シリカなどがある．これらは，調製条件を制御することで，比較的均一な細孔径を有するものが得られる．

　メソ多孔体の代表的なものとして，メソ多孔性シリカがある．これは，大きさが均一で，規則的に配列したメソ細孔を有するシリカの総称であり，二次元六方細孔構造を有する FSM-16 が世界ではじめて報告されたのに続き，MCM-41（細孔構造：二次元六方構造，図1），MCM-48（立方構造），MCM-50（ラメラ構造）が報告され，その後さまざまな細孔構造をもつものが開発されている．メソ多孔性シリカは，メソ細孔への吸着を研究するためのモデル物質として重要である．また，細孔径がゼオライトよりも大きいために，ゼオライト*の細孔内には拡散できなかった比較的大きな分子も細孔内に拡散・吸着でき，この特徴を生かした吸着・分離，触媒の分野での応用が期待されている．

〔松本明彦〕

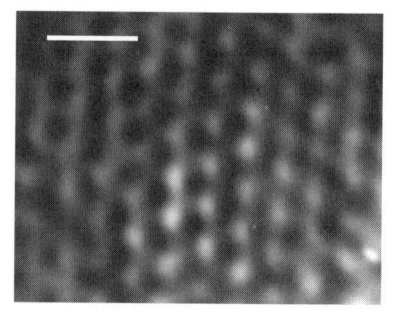

図1 メソ多孔性シリカ MCM-41 の二次元六方細孔構造（ab面）．バースケールは 10 nm．

7.23 中空粒子の合成法（シラスバルーン含む）

synthesis method of hollow particle, include sirasu-balloon

中空粒子合成について，これまで報告された方法を以下に示す．シラスバルーンおよびパーライトに関しては天然鉱物であるが，中空粒子として工業的にきわめて有用であるため，併せて記す．

a. エマルジョンテンプレート法（emulsion template method）

水と油と界面活性剤を混ぜて撹拌すると，乳化現象により0.1～100 μmの微小液滴が生ずる．油中水滴（W/Oエマルジョン）を鋳型（テンプレート）としてその界面に無機物を析出させ，その後内部相を蒸発・抽出・焼成して中空粒子として利用する．

水中油滴（O/Wエマルジョン）を鋳型として利用する場合もある．

b. 噴霧乾燥法（spray drying method）

無機塩溶液または粉末懸濁液を超音波噴霧法，遠心ディスク噴霧法，ノズル噴霧法，静電噴霧法などにより微小液滴状にして熱風中に噴霧すると，急速に液体が蒸発するために物質が殻状に残り，中空粒子が生成される．

c. 噴霧熱分解法（spray pyrolysis method）

上記の無機塩類の噴霧乾燥法では塩類の乾燥粒子のままであるが，塩類の熱分解温度まで噴霧環境温度を高めて一気にセラミックス粒子をつくる方法である．たとえば，硝酸亜鉛水溶液を超音波噴霧により0.1～数十 μmの液滴とし，キャリアーガスを用いて気液混相の状態で900℃前後の高温反応炉内へ送り，反応炉内部で液滴に含まれる硝酸亜鉛を熱分解して数十 μm以下の酸化亜鉛の中空粒子がつくられている．

d. 粉体液滴付着法（powder droplet adhesion method）

疎水性粉体が乾燥状態にあるとき，これに液滴を落とすと液滴の表面が粉体で囲まれる．この機構を利用して各種中空粒子状薬剤などがつくられている．

e. 強制付着法（有機ビーズテンプレート法）（organic beads templating method）

トポ化学反応あるいはメカノケミカル反応を利用して，1.0～100 μmϕ前後の有機ビーズと1 μm以下のセラミック粉体を入れて高速撹拌（メカノフュージョン法）あるいは高速気流中での衝撃（ハイブリダイゼーション法）による摩擦帯電効果により，セラミック粉体が高分子粉体表面に均一コーティングした複合粒子を作製し，その後焼成し中空粒子とする方法がある．

f. 融解分散冷却法（hotmelt microencapsulation）

市販アルミナ中空粒子は溶融吹付け法により製造されており，粒子径が0.2 mm以上と大きく，外殻部分に気孔を多く有している．

水ガラス系またはホウケイ酸ガラス系粉体を1000℃以上で急速加熱し，直径数十 μmのガラスの中空粒子がつくられている．

g. シラスバルーン，パーライト（sirasu-balloon, perlite）

南九州に多く分布する白色で砂状ガラス質の火山噴火物（シラス）を900℃程度の流動層で急速に加熱，発泡させ0.1 mm以下の中空ガラス球としたもの．建材や樹脂の充てん材などに用いられている．また日本各地のガラス質火山岩を粉砕・加熱発泡したものはパーライトとよばれ，建材，断熱材，ろ過助剤などに利用されている．

〔渡村信治〕

7.24 多孔体の合成（マクロポア）

porous material production

ここでは，いわゆるマクロポアといわれる細孔*をもつ多孔質材料の合成について示す．物理化学的には，毛管凝縮現象がみられなくなる細孔領域である．それゆえ，細孔特性は水銀圧入法での評価が主である．また，製造の歴史も長く，応用例のバリエーションも豊富で，工業的にも重要な材料が多数ある．

人口的なマクロ多孔材料としては，単に粒子間の隙間を用いるといった原始的な方法，低温での焼結によって成形体中の気孔を保持する方法や，網目構造を有した有機物中にセラミックススラリーを含浸させ，焼成し有機物の抜けた部分を気孔とする方法（レプリカ法）などがある．また，粒子充てん構造間隙をセラミックスやポリマーマトリックスで包埋後に，粒子を燃焼除去あるいは溶質除去する方法もある．この場合，細孔径および構造は，粒子径と配位数により決定される．均一粒子径の均一充てん構造ができた場合には，均一なマクロポアが生成される．

本法はガスセンサーやバイオセラミックスの作製法としても注目されている．また，粒子のかわりに繊維を用いる場合も同様な方法が提案されている．発泡剤を用いて作製されている多孔体材料に，ALC (autoclaved lightweight concrete) がある．ケイ灰れんがとほぼ同じ原材料を用いて，軽量化のために気泡を導入したものである．

近年注目されている製造法として，スラリー発泡法がある．これは，粉体含有水系スラリーに界面活性剤と蒸発型発泡剤（疎水性の揮発性有機溶剤）を添加し，成形後に発泡剤を揮発させてその蒸気圧によって直接スラリーを発泡させる方法である．その後，乾燥*，脱脂*，焼成の各工程を経て，製品となる．

発泡メカニズムを図1に示す．ゲルキャスティング*法の一連のプロセスにおいて，重合前のスラリーに気泡を導入させ重合を開始することにより，多孔質な成形体とすることが可能である．強度的な面からみても，この方法は低温焼成法やレプリカ法より優れている．これは，低温焼成ではマトリックス部が完全に緻密化されず，またレプリカ法では多量の有機物が分解する際にマトリックス部に微小クラックを形成するためであるといわれている．

（藤　正督）

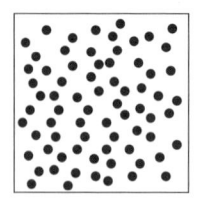

(a) 発泡前
（発泡材および界面活性剤含有スラリー）

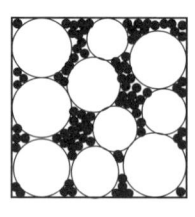

(b) 発泡後
（発泡スラリー）

(c) 乾燥後
（多孔質成形体）

図1 発泡材を用いた多孔体の製造法

7.25 多孔体の合成（メソポア）

preparation of porous materials (meso-pore)

　IUPACでは，メソポアの細孔径を $2\,\mathrm{nm} < d_p < 50\,\mathrm{nm}$ と定義している．メソポアを有する無機材料として，シリカゲル*，多孔性ガラス*，メソポーラスシリカなどがあげられる．メソポーラスシリカとは，高規則性の細孔*構造を有するシリカの総称であり，MCM-41やFSM-16とよばれる円筒状細孔が蜂の巣状に六方配列した材料の開発が最初である．これらの材料は，シリカ源として微粉末シリカ，シリカゾルや水ガラス，テトラエトキシシランなどを用い，高濃度の界面活性剤水溶液の液晶相を鋳型として作製される．MCM-41の合成メカニズムを図1に示す．

　界面活性剤として長鎖アルキルアンモニウム塩を用いると，界面活性剤が円筒状のミセルを形成し，その周囲にシリケート陰イオンが界面活性剤陽イオンとの静電的相互作用により吸着*する．その後，ヘキサゴナル構造の無機-有機複合体が形成され，界面活性剤を焼成，あるいは溶媒抽出によって除去することでヘキサゴナル構造を有するメソポーラスシリカが得られる．

　このような界面活性剤とシリケートとの協奏的相互作用によるメソ構造の構築は，新しいセラミックスの作製法として注目される．生成するシリカの細孔径は，界面活性剤のアルキル鎖の長さにより調節できる．たとえば，炭素鎖長が16のアルキルアンモニウム塩を用いると，細孔径は約 $3\,\mathrm{nm}$ となる．

　一方，FSM-16は，シリカ源として層状ケイ酸塩の一種であるカネマイトを用いることが特徴である．カネマイトの層間のナトリウムイオンとのイオン交換により，アルキルアンモニウムイオンがインターカレーション*されて層間でロッド状の集合体を形成し，単層のシリカシートが界面活性剤集合体の形に沿って折り曲げられて，円筒状の細孔を生成すると考えられている．

　鋳型としてイオン性界面活性剤のみならず，アミン類や非イオン性の界面活性剤，ブロックコポリマーなどを用い，合成条件を制御することにより，さまざまな細孔構造を有するメソポーラスシリカが作製されている．また，ケイ素の一部をほかの金属元素で置き換えた，いわゆるメソポーラスメタロシリケートやシリカ以外の酸化物を骨格とするメソ多孔体，シリカ骨格の一部を有機骨格に置き換えた無機-有機複合メソ多孔体の合成が試みられている．

〔武井　孝〕

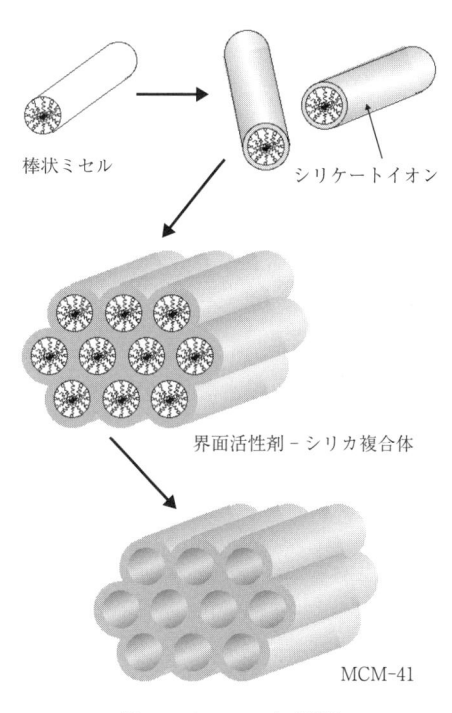

図1　MCM-41の合成機構

3）構造・合成・素材

7.26 多孔質ガラス

porous glass

多孔質ガラスの代表的な製法に，コーニング社で開発されたガラスのスピノーダル分解を利用した方法がある．SiO_2，H_3BO_3，Na_2CO_3を主原料として用い，Na_2O-B_2O_3-SiO_2系のホウケイ酸塩ガラスを作製し，管状，板状などに成形する．合成の概念図を示す．つぎに，数百度の温度で熱処理して，分相させる．この熱処理により，数nmのオーダーでB_2O_3-Na_2Oリッチのガラス相と，SiO_2リッチなガラス相に分相した状態になる．B_2O_3-Na_2Oの相は，酸溶液，または熱水などに溶解される．そこで，溶出処理を行い，SiO_2成分に富んだ多孔質ガラスが得られる．この際，成形時の形が保持されており，無数の貫通孔をもった多孔体が得られる．

一方，水溶性高分子を用いてシリカのゾル-ゲル系において相分離を誘起する方法が報告されている．水溶性高分子は，二つのグループに分類することができる．ポリアクリル酸に代表されるように，シリカと比較的引力相互作用の小さな高分子は，相分離が起こるときにシリカとは異なる相におもに分配され，高分子に富む相が細孔を形成する．これに対して，ポリオキシエチレン単位を含む高分子や界面活性剤は，シラノール基と水素結合を形成することでシリカと同じ相に分配される．したがって，おもに溶媒相からなる相が細孔となる．さらに，加水分解条件と溶媒極性を調整することで種々の細孔径，細孔構造が得られることが知られている．有機高分子を均一に溶解した水溶液と酸触媒の混合物に，ケイ酸アルコキシド（テトラメトキシシラン（TMOS））あるいはテトラエトキシシラン（TEOS））を混合し，加水分解反応を行う．その後，密閉条件でゲル化・熟成し，必要に応じて溶媒置換を行ったのち，乾燥して多孔材料が得られる．

〔藤　正督〕

(a) ホウケイ酸ガラス	(b) 分相	(c) 多孔質ガラス
Na_2O-B_2O_3-SiO_2	黒：Na_2O-B_2O_3 灰：SiO_2	灰：SiO_2

Heat treating → Acid leaching

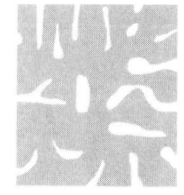

図1 多孔質ガラスの製造法

7.27 インターカレーション（合成粘土を含む）

intercalation, include synthetic clays

　インターカレーションのもともとの意味は、カレンダーに閏（うるう）を入れることである。層状化合物に対して用いる場合は、層状結晶の層間の弱い結合を破って、さまざまな原子や分子あるいはイオンが層間に挿入される反応を意味する。

　グラファイト*やフラーレン*のインターカレーションによって、リチウム二次電池や超伝導をはじめとするさまざまな電子・構造物性が報告されている。これらがファンデルワールス結合によって規則正しく配列し、その隙間にゲスト物質を挿入でき、ホストの物性が大きく変化するからである。

合成粘土

　層状ケイ酸塩鉱物の場合、インターカレーションにはイオン交換*しやすいスメクタイト系が用いられることが多い。カオリナイト系の場合は、層間が水素結合性なので DMSO（dimethyl sulfoxide）などの水素結合性有機物がインターカレートとして用いられる。層間架橋粘土として、ミクロ孔を吸着*、分離*、触媒反応などの場として利用しようとする研究が行われている。モンモリロナイトの層間で ε-カプロラクタム（ナイロン6のモノマー）を重合させたものをフィラーとしてナイロン6に添加してナノコンポジット*化し、引張強さ*や熱変形温度を大きく改善している報告もある。

　層状ケイ酸塩鉱物に有機物をインターカレートしたのち、還元焼成して SiC などの炭化物や SiAlON など酸窒化物の合成や、高配向性グラファイトの合成の試みもある。

　FSM-16（folded sheets mesoporous material）は、層状ポリケイ酸であるカネマイト（kanemite：$NaHSi_2O_5 \cdot 3(H_2O)$）の層間に界面活性剤のミセルをインターカレートして六方晶系のシリカ／ミセル複合体を形成し、その後焼成により有機分子を取り除くことにより得られるシリカ多孔体である。

　ハイドロタルサイト（hydrotalcite：$Mg_6Al_2(CO_3)(OH)_{16} \cdot 4(H_2O)$）は、アニオン交換性を有する層状結晶で、500℃で脱水、脱炭酸し、酸化物となる。得られた酸化物は、水溶液に浸すと水溶液中のアニオンと水を得てハイドロタルサイトに再生する。この性質を利用して、さまざまなアニオンを層間に挿入する方法はこの結晶独特で、再生法とよばれている。パラモリブデン酸イオン（$Mo_7O_{24}^{6-}$）など、さまざまなもののインターカレーションが報告されている。

〔渡村信治〕

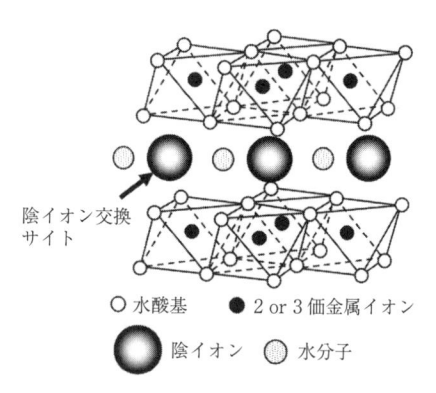

図1 ハイドロタルサイトのインターカレーションを誘起する陰イオン交換サイト

○ 水酸基　● 2 or 3価金属イオン　陰イオン　水分子

7.28 ゼオライト

zeolite

結晶性の多孔性アルミノケイ酸塩の総称. アルミニウムイオン (Al^{3+}) のかわりに3価あるいは4価の金属イオンが入ったメタロケイ酸塩やアルミノリン酸塩 $AlPO_4$ も,アルミノケイ酸塩ゼオライトと同様の,あるいは類似の結晶構造をもつことから,ゼオライトに分類する場合がある.

ゼオライトは,SiO_4 と AlO_4 の四面体(TO_4,T は Si, Al)構造が構成単位となり,酸素を共有して TO_4 四面体が三次元的に連結した網目構造からなる.図1に代表的なゼオライトである A 型(Type A)の骨格構造を示す.ゼオライトの組成式は $M_{x/n}[(AlO_2)_x(SiO_2)_y]\cdot wH_2O$(M は n 価の金属陽イオン)で表される.(SiO_2)単位は無電荷であるのに対して,(AlO_2)単位は電荷が -1 であるため,Al 近傍にはアルカリ金属イオン,Ca^{2+} などのアルカリ土類金属イオン,あるいは H^+ が存在して電荷を補償する.TO_4 間の連結は必ず Si-O-Si あるいは,Si-O-Al となり,Al-O-Al の結合は存在しない(Loewenstein 則).このため,Si と Al の原子比(Si/Al)は必ず1以上になる.

ゼオライトの特徴的な性質に,分子ふるい効果(モレキュラーシーブ効果)と陽イオン交換性がある.ゼオライトの細孔*は,環状に連結した TO_4 四面体からできており,その大きさは環構造に含まれる酸素原子(あるいは T 原子)の数により 0.3 から 1.2 nm までの異なる値をもつ.この細孔径は一定で,分子の大きさと同程度なため,適当な細孔径のゼオライトを用いて,大きさの異なる分子のふるい分けができる.たとえば,A 型ゼオライトは n-オクタンと iso-オクタンの吸着分離に,フォージャサイト(faujasite)はキシレン異性体混合物から p-キシレンの選択的な吸着分離にそれぞれ使われる.ゼオライトの陽イオンは,結晶構造中に固定されていないためイオン交換性が高い.この性質を利用して,陽イオンが Na^+ の A 型ゼオライトは洗濯用洗剤の水軟化剤として利用されている.

ゼオライトの陽イオンサイト近傍は強い静電場が形成されているため,双極子,四重極子などの多重極子をもつ分子は電荷-多重極子相互作用により強く吸着する.この性質は Si/Al 比が低いゼオライトで顕著であり,たとえば A 型が有機溶媒の脱水に,低シリカ X 型(Si/Al = 1 のフォージャサイト)が圧力スイング吸着法(PSA)による空気からの酸素と窒素の分離に,それぞれ利用されている.

陽イオンとして,プロトンや多価金属イオンを含むゼオライト(プロトン型ゼオライト)は固体酸性を発現する.この性質を利用して Y 型(Si/Al 比が大きいフォージャサイト)や ZSM-5 が原油の改質過程における接触分解の触媒に用いられている.

(松本明彦)

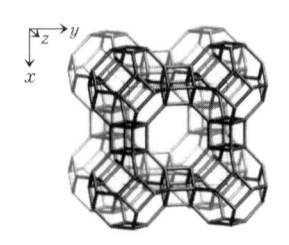

図1 A 型ゼオライトの骨格構造
各頂点にはシリコンあるいはアルミニウム原子が,辺の中心付近には酸素原子が存在する.
(出典)Ch. Baerlocher, W. M. Meier, and D. H. Olsen, Atlas of Zeolite Framework Types, 5th revised edition, p. 168, Elsevier (2001)

7.29 シリカゲル

silica gel

シリカゲルは，コロイド状シリカの集合体からなる多孔体で，細孔*はシリカ球の充てんによって生じる空隙であると考えられている（図1）．したがって，シリカゲルを構成するコロイド状シリカの粒径や充てん構造によって，比表面積，細孔径分布，細孔容積が決定されるため，比表面積は5〜1000 m^2/g，細孔径は数nm〜数十nmとミクロ細孔からマクロ細孔まで広範囲にわたる多孔体を作製することができるのが特徴である．

シリカゲルの代表的な工業的製法は，ケイ酸ナトリウム（Na$_2$O・xSiO$_2$）水溶液に硫酸などの酸を加えることにより生成するシリカゾルをゲル化，乾燥してシリカゲルを得る製法である．ケイ酸ナトリウム水溶液に酸を添加することで，ケイ酸イオンの重合が促進され，シリカコロイド粒子が生成してシリカゾルとなる．さらに，シリカゾル粒子どうしの衝突により，粒子どうしの結合が生じ，ゼリー状に固化するいわゆるゲル化が生じる．このときゲル化に要する時間は，pH，温度，シリカ濃度，共存する塩類に依存するが，pHが6〜8の範囲でゲル化時間がもっとも早くなる．これより高いpHでは粒子荷電が増加し，粒子間反発によってゾルは安定化する．得られた湿潤ゲルを水洗，乾燥してシリカゲルとなる．ケイ素源としてケイ素の金属アルコキシドを用いると，きわめて高純度のシリカゲルを得ることができるが，アルコキシドが高価であること，有機溶媒を使用することなどの理由から，基礎的な研究レベルで多く使用されている．

シリカゲル表面には水酸基が存在し，表面の吸着特性を支配する要因として，また化学的表面改質の反応サイトとして重要である．表面水酸基の表面密度は，シリカゲルの製法や熱履歴により異なるが，100種類の比表面積や細孔径の異なる非晶質シリカの表面水酸基の定量結果から，表面水酸基の平均表面密度は4.9 OH/nm^{2}とする報告例がある．シリカゲルの水蒸気吸着特性は，主たる吸着サイトである表面水酸基の量や種類により変化するが，細孔径によっても変化する．ミクロ細孔を有するシリカゲルでは，マイクロポアフィリングとよばれる低圧下における物理吸着の強調効果が生じ，低湿度下において多量の水蒸気を吸着できる．メソ細孔の範囲では，いわゆるKelvin式に対応した細孔径において毛管凝縮が起こるため，細孔径が大きくなるとより高い湿度で毛管凝縮が起こることになる．シリカゲルの調湿剤としての用途は，このような吸湿性の細孔径依存性を利用している．

シリカゲルの用途として，高比表面積と高い吸着能力を利用した乾燥・防湿剤や脱水剤，クロマト充てん剤，触媒担体などに利用されている．

（武井　孝）

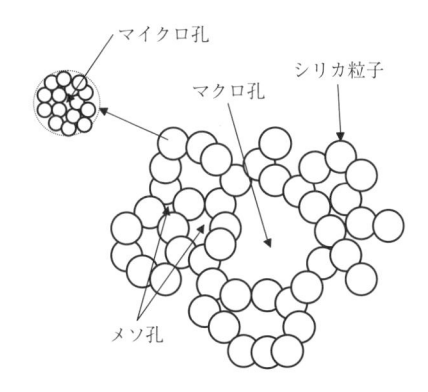

図1　シリカゲルの構造

7.30 チタン酸アルカリ
alkali titanate

Aをアルカリ金属とするとき，$A_2Ti_nO_{2n+1}$ ($A_2O \cdot nTiO_2$) と $A_4Ti_nO_{2n+2}$ ($2A_2O \cdot nTiO_2$) と表される，二種のシリーズのチタン酸アルカリ (alkali titanate) が知られている．前者では $n=1 \sim 9$ であり，後者では $n=1$, 3, 5, 9 である．これらにおいては，Ti^{4+} が6個の酸素に囲まれた TiO_6 八面体が，頂点および稜を共有して連結し，さまざまな構造をつくる．たとえば，前者のシリーズにおいて，$n=2 \sim 5$ では層状構造*となり，チタンと酸素でつくられる層が積み重なっている．それぞれの層は負に帯電しており，層と層の間（層間）にアルカリ金属イオンが存在し，電荷を補償している．n が6以上になると，トンネル構造*となり，TiO_6 八面体が連結して骨格を形成し，トンネル状の隙間にアルカリ金属イオンが存在する．なお，3価のチタンを含むチタン酸アルカリも存在し，チタンブロンズ (Na_xTiO_2 など) やスピネル型構造*の超伝導体として知られている $LiTi_2O_4$ などがある．

$Na_2Ti_3O_7$ は三チタン酸ナトリウム (sodium trititanate), $K_2Ti_4O_9$ は四チタン酸カリウム (potassium tetratitanate) とよばれ，古くから多くの研究がある．また，最近急速に研究例の増えてきたチタン酸アルカリに，レピドクロサイト (repidocrocite) (γ-FeOOH) 型層状構造をもつ $Cs_xTi_{2-x/4}O_4$ ($x=0.70$) などがある．これらの層状構造を図1および図2に示す．

レピドクロサイト型チタン酸アルカリもまた TiO_6 八面体が連結した構造をしている．アルカリはカリウム，ルビジウムまたはセシウムである．この化合物では，Ti^{4+} サイトの一部が空孔や Mg^{2+} や Fe^{3+} などの低原子価イオンで置換されている．

粘土層間架橋多孔体の合成法にならって，層状チタン酸塩の層間を，分子レベルの大きさの酸化物粒子で支柱を立てて架橋 (pillaring) することにより，ミクロからメソ領域の細孔径をもつ多孔体が数多く合成されている．また，新しいタイプの多孔体である酸化チタンナノチューブ (titania nanotube) は，TiO_2 を水酸化ナトリウムや水酸化カリウム水溶液で水熱処理することによって得られる．これは，層状チタン酸アルカリの一枚の層が，丸まって（巻かれて）形成されることが明らかになっている．MCM-41 に代表される周期的構造をもつメソポーラスシリカが，界面活性剤を鋳型剤に用いて合成されている．同様の手法が TiO_2 や $BaTiO_3$ に応用されており，チタン酸アルカリへの応用も可能であると考えられる．

〔大橋正夫〕

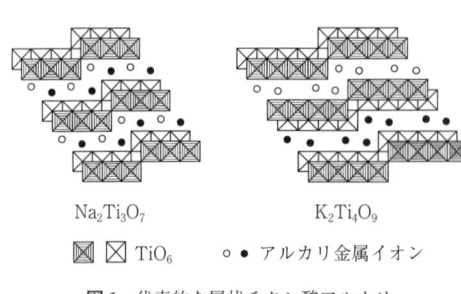

図1 代表的な層状チタン酸アルカリ

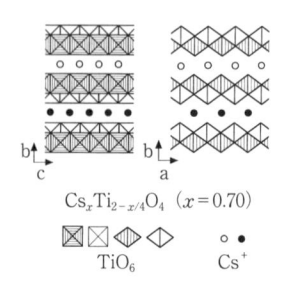

図2 レピドクロサイト型層状チタン酸アルカリ

活性炭

7.31

activated carbon

多数の細孔*をもつ炭素物質で,非晶質できわめて大きな比表面積をもっており,その表面に各種のガスや分子を吸着*できる.また,種々の微細な金属粒を分散・担持できるので,ガス吸着,溶剤ガス回収,悪臭の吸収などの気相用,食品などの脱色,浄水・排水処理など水処理用の吸収剤,触媒など,産業用から一般家庭用に至るまで幅広く応用されている.

形状により粉状活性炭,粒状活性炭および繊維状活性炭に大別される.活性炭は有機物質(ヤシ殻,おがくず,石油,石炭,樹脂など)を不活性ガス下で炭素化処理したのち,酸化性雰囲気(ガス賦活法)あるいは薬品(薬品賦活法)による部分酸化・賦活化処理して製造される.炭素化処理では,有機原料中の水素,酸素などが取り除かれて高炭素含有量となり,賦活処理で細孔構造,とくに2 nm以下のミクロ孔,2～50 nmのメソ孔や50 nm以上のマクロ孔が発達し,多孔質化・高比表面積化する.特定の小さな細孔が多い分子ふるい活性炭もある.

細孔構造(図1)は,原料の種類や賦活条件により異なる.ヤシ殻炭などの粒状活性炭では,外表面からマクロ孔,その先にミクロ孔が発達している.一方,活性炭素繊維では繊維外表面から直接に多量のミクロ孔が発達している.このため,粒状活性炭に比べて比表面積を増加させることができ,2000 m^2/g以上のものも製造されている.したがって,大きな吸着量と大きな吸着速度を示し,取り扱いも容易であるという特徴がある.

活性炭の吸着特性には,平衡吸着量と吸着速度がある.これらはおもに細孔径分布,比表面積,表面の化学的性質により影響される.活性炭は疎水性のため,吸着剤としての特性や用途などは親水性のシリカゲル*やゼオライト*などとは異なる.触媒用炭素繊維として,炭素繊維*そのものが触媒となる活性炭触媒と活性炭に触媒金属を担持させた活性炭触媒担体とがある.触媒担体としての性能は,細孔構造と表面の化学構造により決まり,酸性官能基,ラジカル,電子授受能などに大きな影響を与える.

活性炭に白金,パラジウムなどの白金族触媒を担持させた触媒は,スピルオーバー現象により金属単独の場合に比べて著しく多量の水素を可逆的に吸着するため,水素化反応などが水素の関与する反応に優れた性能を示す.

〔元島栖二〕

文献

1) 炭素材料学会:カーボン用語辞典,pp. 58-61,アグネ承風社(2000)
2) 化学事典,pp. 275-276,東京化学同人(1994)
3) 日本化学会:化学便覧,応用化学編I,丸善,p. 664(2003)

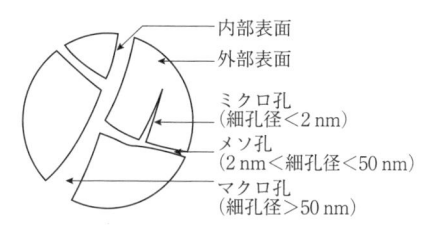

図1 固体吸着剤の表面および細孔の分類

3) 構造・合成・素材

7.32 カーボンナノチューブ

carbon nanotube

カーボンナノチューブは，炭素六員環網目のグラフェンシートが円筒状に丸まった超微細な炭素中空管であり，1991年に飯島により世界ではじめて発見された．ナノチューブの製造には，アーク放電法，レーザーアブレーション*法，プラズマ合成法，炭化物分解法，炭化水素ガス触媒分解法，SiC単結晶の表面分解法など種々の方法が用いられている．ナノチューブには，単層ナノチューブと多層ナノチューブの2種類がある．

単層ナノチューブの直径は1～2nmであり，多層ナノチューブの層の数は2～50層くらいで，チューブの外径は5～50nm，内径は3～10nmである．チューブの先端はフラーレン*の半球に相当し，6個の五員環が導入されることによりキャップ状に閉じている．ナノチューブはグラフェンシートの巻き方により，アームチェア型，ジグザグ型およびキラル（らせん）型の3種類がある（図1）．いす型およびジグザグ型では金属的な，またらせん型（キラル型）では半導体的特性を示す．

ナノチューブは，フラーレンと異なり基本的には溶媒に不溶であるが，数百nmの長さに切断し，その端面のダングリングボンドをカルボン酸などで化学修飾することにより，ベンゼンなどの有機溶媒に可溶となる．ナノチューブの内部には種々の金属原子やフラーレンを取り込むことができ，種々の金属内包フラーレンが合成されている．

ナノチューブは鋭い先端，電気導電性，化学的安定性，機械的強靭性，電界電子放出特性など，優れた物理的化学的特性を備えている．現在のSi型半導体チップは，10～15年後にはこれ以上の微細化・小型化は物理的に困難になるといわれている．ナノチューブを用いた回路はこれを超え，小型化・高速化が実現できると期待されている．

そのほか，水素吸蔵材，電子線エミッター材，ガスセンサー，ナノ振動子，コンピューター向け論理回路，強化材など，幅広い応用が期待されている．さらに，直径が1nm前後で長さが数百nmの超微小空間があるので，究極の極微小サイズの化学反応場として利用できる可能性もある．すでにナノピンセットとして実用化されている．

（元島栖二）

文献
1) 田中一義編：化学フロンティア，カーボンナノチューブ，化学同人（2001）

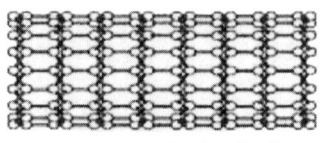

チューブ (n, o) ジグザグ型

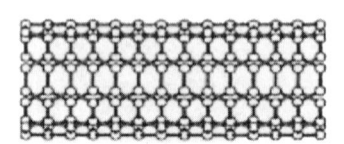

チューブ (n, n) アームチェア型

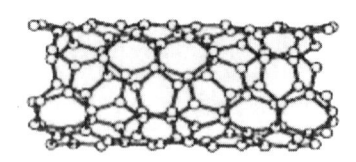

チューブ (n, m) キラル型

図1 3種類のナノチューブ[1]

フラーレン
fullerene
7.33

　フラーレンは，炭素原子がsp^2結合し，多面体の各頂点を炭素原子がしめたサッカーボール状炭素分子で，1985年にKrotoらによりはじめて発見された．60個の炭素原子からなるC_{60}のほか，C_{70}，C_{76}，C_{78}，あるいはC_{540}などの高次フラーレン，入れ子状の多重フラーレン，C_{36}などの低次フラーレンなどがある．

　図1に代表的なフラーレンC_{60}のモデルを示す．20個の六員環と12個の五員環から構成された切頭正二十面体をしている．フラーレンは，凸多面体に対するオイラーの定理により六角形のほか五角形も存在するが，いずれのフラーレンでも五角形の数は必ず12個である．

　フラーレンは炭素の蒸発・凝縮，炭素含有化合物の分解など，多くの方法により合成できるが，主として真空下でのアーク放電やレーザー蒸発法などで合成されている．フラーレンは，その内部にほかの原子を収容できる十分な空間があるため，Sc，Y，Laなどの金属原子や希ガスなどを内包することができる．他原子を内包したフラーレンは，Mx@C_{82}のように示される．内包フラーレンは，新規物質構成要素となる人工原子を新たに創造するという点からも注目されている．

　一方，フラーレンの内部空間を超微小反応場として利用しようという研究も進められている．さらに，フラーレンを構成する炭素原子の一部をBやNで置換した，$C_{59}B$，$C_{59}N$などのヘテロフラーレンも合成されている．フラーレンはベンゼン，トルエン，二硫化炭素などの溶媒に非常によく溶けるので，薄膜化することが可能である．

　フラーレンは，その球状性と高速回転（常温で10^9/s）を利用した分子レベルのボールベアリング・固体潤滑材，アルカリ金属や希土類金属を内包させた超電導体，触媒，発光素子，太陽電池などへの応用の可能性が指摘されている．これらの中でとくに超電導体への応用が非常に期待されている．

　ベル研（米）が1991年にカリウムを添加すると極低温で超電導状態になることをはじめて発見し，さらに2000年には52Kで，2001年にはクロロホルムを添加すると117Kで超電導になることを見いだした．安価な液体窒素が使用でき，今後セラミックス系の134Kを追い越す可能性もある．

〔元島栖二〕

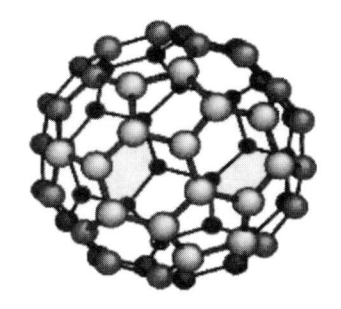

図1 フラーレン（C_{60}）

3）構造・合成・素材

7.34 カーボンマイクロコイル/ナノコイル

carbon microcoil/nanocoil

　気相炭素繊維（VGCF）の一種で3D-ヘリカル/らせん構造をしており，コイル径は1～10μm，コイルピッチは0.1～1μm，コイル長さは1～10mmに達する．金属触媒存在下で微量のイオウあるいはリン不純物を含むアセチレンを600～800℃で熱分解することにより得られる．原料ガス源としてはアセチレンが，金属触媒としてはNiがもっとも有用である．触媒として粒径が数十nmの金属超微粉末あるいはスパッタ薄膜を用いると，コイル径が数十nm～数百nmのナノコイルが得られる．コイル先端には触媒結晶粒があり，その各結晶面での触媒活性の異方性のため触媒粒が60～120rpmの速度で回転し，コイル形態をつくりながら成長する．

　図1に代表的なマイクロコイルを示す．ほとんどのマイクロコイルはDNAと同様の二重らせん構造をしており，右手巻きと左手巻きコイルの比率はほぼ同じである．一方，ナノコイルは，ほとんどがシングルコイルである．カーボンコイルを構成しているカーボンファイバーは，中心部まで完全に炭素微粒子で詰まっており，チューブ状ではない．非常に弾力性に富んでおり，もとのコイル長さの5～10倍まで伸ばすことができる．as-grownのカーボンコイルはほとんど非晶質であるが，高温で熱処理すると，コイル形態を完全に保持したままグラファイト層がファイバー軸に対して30～50°傾いた"ヘリングボーン"構造をもつグラファイトコイルが得られる．また，高温で気相拡散処理すると，種々の金属炭化物や金属窒化物マイクロコイル/マイクロチューブが容易に得られる．

　カーボンコイルの最大の特長は，ほかの材料にはまったくみられない三次元のヘリカル/らせん構造という特徴的な微細構造をもち，波動との高度の相互作用が可能である点にある．また，コイル形態を保持したまま非晶質から結晶質（グラファイト構造）まで，任意に微細構造を制御できる．したがって，電磁波吸収材，遠隔無電源発熱材，微弱磁場発生による生物活性化材，マイクロアンテナ，あるいは人間の皮膚感覚をもつ触覚センサーなど，幅広い応用が期待されている．　　　　　　　　（元島栖二）

文献
1) 元島栖二：応用物理, **73**, pp. 1324-1327 (2004)
2) S. Motojima and X. Chen：Encyclopedia Nanosci. Nanotech., pp. 775-794 (2004)
3) 元島栖二：驚異のヘリカル炭素, pp. 2-130, シーエムシー技術開発 (2007)

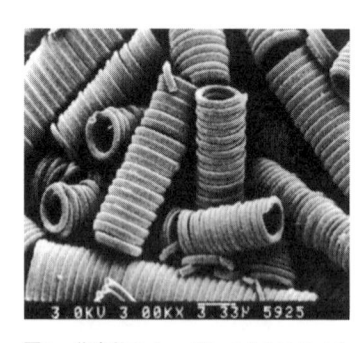

図1 代表的なカーボンマイクロコイル

VIII

加工・評価技術

8.1 研削砥石

grinding abrasives

　研削砥石は砥粒，結合剤，気孔の三要素により構成され，砥粒は切れ刃，結合剤は砥粒の支持体，気孔は切りくずの排出を促すチップポケットの役割を果たす．砥粒としては，一般砥石用に主として溶融アルミナ*（WA，A），炭化ケイ素*（GC，C），超砥粒砥石用にCBN，ダイヤモンドがあり，高硬度材料であるセラミックス加工用砥粒としては，ダイヤモンド*砥粒が使用される．

　結合剤には，主としてレジノイドボンド，メタルボンド，ビトリファイドボンドがある．一般的に，レジノイドボンド砥石やメタルボンド砥石は無気孔型であるが，ビトリファイドボンド砥石は30～50 vol%の気孔を有する有気孔型の砥石である．

　砥石の内容は，たとえばSD170N100Bなどと表示され，ダイヤモンド砥粒の種類，砥粒径，結合度，集中度，結合剤の種類の順に表示される．ダイヤモンド砥粒の種類としては，破砕性や耐摩性などの点で多くの種類のものがあるが，天然ダイヤがD，合成ダイヤがSD，金属被覆ダイヤがSDCと表示され，SDCはレジノイドボンド砥石の砥粒保持力を高めるために使用されている．砥粒径は，たとえば#170/200の場合，170のように粗い数字だけを表示するのが一般的である．結合度は，砥粒を保持する度合いを表すものであり，一般砥石の場合は大越式結合度試験機による測定方法がJISに規定されているが，ダイヤモンド砥石については砥粒が高価であり，ダイヤモンド砥粒部が小さいこともあり，測定方法は規定されておらず，製造企業それぞれの基準で表示されているのが現状である．結合度はアルファベットで示され，セラミックスの加工にはN前後の結合度の砥石が使用される場合が多い．

　ダイヤモンド砥石の場合，ダイヤモンド砥粒の分布を集中度（コンセントレーション）で表示し，集中度100は砥石1 cm³中に4.4カラット（0.88 g）のダイヤモンド砥粒を含むものと決められており，集中度100は砥粒率25 vol%，200は50 vol%に相当する．結合剤は，レジノイドボンドがB，メタルボンドがM，ビトリファイドボンドがVで表示される．

　これまでメタルボンド砥石は，石材やガラスなどの加工に使われ，結合材の種類には大別して銅-スズ系，鉄系コバルト系，タングステン系があり，この順に砥粒保持力は高くなり，すなわち砥石として硬くなる．このため，加工する材料などにより，使用する結合材としての金属が異なる．レジノイドボンド砥石は超硬合金やセラミックスの加工に多く使用されている．レジノイドボンド砥石は，フェノール樹脂とダイヤモンド砥粒との混合物を温度150～180℃，圧力5～50 MPaでホットプレス*成形されて製造される．また，約200℃で分解するフェノール樹脂に対して，耐熱温度が400～500℃であるポリイミド系樹脂が使用され，とくに重研削用レジノイドボンド砥石として適当である．しかし，メタルボンド砥石に比較して，結合剤強度が弱く，研削作業前に施される砥石の成形や目立て作業が容易ではあるが，剛性に欠け，かつ耐熱性の点で問題があることから，製造企業により異なるが各種無機粉末や金属粉末を樹脂フィラーとして配合することが多い．一方，レジおよびメタルボンド砥石が無気孔型であることから，切りくず排出を容易にする気孔を有し，剛性の高いビトリファイドボンド砥石が最近では注目されている．

〔近藤祥人〕

1）加　工　技　術

8.2 切削工具
cutting tool

　セラミックスの製造プロセスのなかで，切削加工が採用されることはまれであり，焼成後の加工代を少なくすることを目的として，成形体や仮焼体の加工を超硬あるいはダイヤモンド工具で行われる．切削加工は，現在でも金属材料の主たる加工法であり，工具材料の開発の歴史において，セラミックス，ダイヤモンド工具などが出現し，広く使用されていることから，工具材料について概説する．

　切削加工に用いられる工具材料は，加工物よりも高硬度であることが必須条件であるが，切削点温度が高温になることから，高温硬度を向上させることを考慮して工具材料の開発が行われてきた．まず，工具鋼はSK材とよばれ，炭素鋼にタングステン，バナジウム，クロムなどを合金化し，高硬度化したものであり，現在では切削工具としては耐摩耗性*が不十分である．

　切削工具として量的にもっとも多く使用されているのが高速度鋼であり，工具鋼に比べて高温硬度が高いこと，高速で切削加工を行えたことから高速度鋼とよばれたが，現在では高速切削とはいえない．高速度鋼はドリル，タップ，ダイスなどの複雑な切れ刃を必要とする工具に多く用いられている．

　現在，金額的にもっとも多く使用されているのが超硬工具である．超硬は，WC粉末をコバルトを焼結助剤*として焼結したセラミックスと金属の混合材料であり，加工能率を必要とする切削加工においてバイト，フライス工具，ドリル，エンドミルなどに多く使用されている．超硬の主成分であるWCをTiCやTiNで置き換えた材料で，サーメット工具*も使用されているが，超硬に比べて耐摩耗性に優れているものの，耐衝撃性に若干劣っているので，一般的には仕上げ加工に用いられている．さらに，高速度鋼や超硬表面にTiCやTiNを被覆させ，耐摩耗性を表面被覆で，また耐衝撃性を母材で確保しようとしたコーティング工具もある．

　高温硬度を有する材料としてセラミックス工具がある．開発当初は靭性が低く工具損傷が生じやすいことから，信頼性の高い工具になるのに長い年月が必要であった．最近では工作機械が発達し，超硬工具よりも高速切削を可能とする工具として使用されるようになった．セラミックス工具には，アルミナ*，アルミナ－炭化物複合材料，窒化ケイ素*のものがあり，アルミナは白セラ，炭化物としてTiCまたはTiNを用いたアルミナ－炭化物は黒セラとよばれている．

　工具切れ刃の成形や研磨が容易でなく，鉄系材料に対する耐摩耗性が低いことなどから，工具材料として使用されてこなかったダイヤモンド*は，最近では微分末焼結体が焼結ダイヤモンド工具として，アルミ合金のピストンやコピー機用感光ドラムの超精密切削に使用されている．さらに，ダイヤモンドについで高硬度物質であるCBNは，鉄系材料に対する耐摩耗性がきわめて高いことから，焼結CBN工具として自動車部品の量産加工に多く用いられている．

〔近藤祥人〕

8.3 砥粒加工

abrasive machining

　セラミックスは，一般的にダイヤモンド*砥粒を用いて加工され，砥粒加工には研削砥石*を使用した固定砥粒加工と遊離砥粒加工とがある．固定砥粒加工は，研削砥石を使用し，どちらかといえば高能率加工を目的とした加工法であり，研削加工といわれる．

　研削加工は，金属材料で古くから使用されてきた加工方法であるが，セラミックスの研削加工を支配する因子は多く，研削砥石の選定，被加工材料の物性，使用する研削盤の種類，加工条件などがあり，これらの要因が相互に複雑に関係し，加工能率や加工面品位に影響する．

　研削方式には，砥石の端面を使用して平面を研削する正面研削，あるいは砥石の外周面を使用して円筒状加工物の外周を加工する円筒研削および内周を加工する内面研削，さらに平面を加工する平面研削などがあり，加工目的により選定され，研削砥石の形状が決定される．たとえば，平砥石を使用する平面研削に比べて，カップ砥石を使用する正面研削のほうが，砥粒径に関係なくセラミックス加工物の表面粗さ*が良好で，チッピングが少ないといわれている．

　研削方式決定後の研削盤の選定も重要である．セラミックスは高硬度材料であり，研削加工における研削抵抗の両分力比（背分力/主分力）が大きく，高剛性の研削盤を使用することが望ましい．加工コストに大きく影響する材料除去速度は，砥石周速度，切り込み深さ加工物速度により決定される．一般に，砥石周速度は1200～1800 m/minで使用される場合が多く，切り込み深さおよび加工物速度については使用する砥石の種類や砥粒径，要求される仕上げ面粗さなどにより決定すべきである．さらに，研削点温度は1000℃以上になることから，加工物や砥石の冷却および研削熱の発生を抑制する潤滑効果を目的とした研削液が重要であり，一般的にはシンセティックエマルジョンタイプの研削液がよいとされている．

　金属結合である金属材料に対して，イオン結合または共有結合が主たるセラミックスは，高硬度，脆性材料であることから，セラミックスの材料除去機構は金属材料とは異なる．金属を研削加工した場合の切りくずは流れ型で，延性モードの材料除去機構であるのに対して，セラミックスでは材料除去量がきわめて小さい場合を除いてクラック進展を伴う脆性モードで研削加工が行われる．セラミックス表面にビッカース圧子を打ち込んだ場合，材料の靱性によりクラックの長さや深さは異なるものの，圧痕下にはラテラルクラックとメディアンクラックが残留する．セラミックスの研削加工における材料除去は，ダイヤモンド砥粒切れ刃と加工物の干渉域において，十分大きい力で切れ刃が押し付けられ，上記クラックの発生と進展により行われる．したがって，研削加工面下にはクラックが残留し，場合によっては加工物の強度信頼性に大きく影響する．

　セラミックスの加工表面下に残留するクラックの深さは，材料の靱性値，使用する研削砥石の砥粒径および結合剤，さらに材料除去単位に左右される．高靱性の材料においては，脆性モードの材料除去機構といえども，一部延性モードでも材料除去されることから，加工表面下において圧縮の残留応力層が形成され，その深さがき裂深さよりも大きければ，残留き裂による強度信頼性の低下を招く可能性は低くなる．また，使用する砥石の砥粒径が小さくなるほど，かつ砥石結合剤としてレジンボンドがメタ

1）加 工 技 術

ルボンドより低剛性であることなどが，残留き裂の深さおよび生成量を低減させる．さらに，切り込み量や加工物の送り速度を小さくしたほうが，残留き裂の深さおよび生成量を少なくすることができる．いずれにしても，これら残留き裂の生成は不可避なものであり，最終的にはセラミックスの焼成温度よりも若干低い温度で仮焼することにより，き裂を除去することが可能である．

　セラミックスの砥粒加工は，高能率加工のほかに高品位加工面への要求が高まっており，これらは遊離砥粒加工により加工されている．遊離砥粒加工にはラッピングおよびポリッシング加工がある．ラッピング加工は，被加工物と工具のラップを遊離砥粒と加工液を介してこすり合わせる研磨法である．また，ポリッシング加工はラッピングよりもさらに小さい遊離砥粒を用い，工具のポリッシャにラップよりも軟質あるいは粘弾性に富む材料を用いる方法で，ラッピングに比べて加工能率は劣るが，加工精度に優れた方法である．しかし，その加工メカニズムは十分に解明されているとはいえず，現場作業者の経験に頼っているのが現状であり，さらに圧力転写加工であるため寸法制御や自動化が難しく，加工能率が低く，作業環境が悪いことなど解決しなければならない問題点を多く抱える加工法である．

　最近では，遊離砥粒加工から固定砥粒加工による高品位加工の開発が進んでいる．その一つにELID研磨法があり，メタルボンド砥石に電解インプロセスドレッシングを複合化させることにより実現された高精度・高能率研磨法である．ELID研磨以外の高品位加工用砥石として，種々のダイヤモンド砥石が開発されているが，代表的な砥石としては，PVAなどの弾性砥石であるレジノイド砥石および剛性が高く有気孔で切れ味のよいビトリファイド砥石がある．弾性に富むレジノイド砥石は，加工時に切れ刃の弾性変形が大きく，実切り込み量が微小になることから延性モード研削が可能となり，高品位加工面が得られるが，寸法精度を要求される場合には問題がある．一方，微粒ビトリファイド砥石の場合は，高剛性で加工精度に優れてはいるが，設定および実切り込み量の差異が小さく，延性モード研削による高品位加工面を得るためには，より微粒の砥粒径の砥石を選択する必要がある．ただし，砥石を構成する砥粒径が小さくなればなるほど，砥粒の凝集は当然生じやすく，砥石中の砥粒の分散についての見極めが重要となる．

　遊離砥粒加工の範疇に，超音波加工がある．超音波加工は主として穴開けに適用される加工法で，一般的には16～20 kHz程度の超音波振動させた工具を一定荷重で加工物に押し付け，工具先端の微小な隙間に介在するスラリー中の砥粒が加工物に衝突し，加工物に脆性破壊を発生させることにより工具形状を転写させる方法である．この加工方法は，以前から宝石の加工などに使用されてきたが，セラミックスの穴開け加工に適用されている．超音波加工に使用される砥粒としては，一般的にはB_4Cが多い．また，各種構造用セラミックスの中で，ジルコニア*のような高靱性を有するセラミックスほど超音波加工の加工能率は悪い．先にも述べたように，超音波による脆性破壊により材料除去が進むことから，加工速度は加工物の靱性値に大きく左右される．

〔近藤祥人〕

8.4 電着砥石

electrodeposition abrasives

電着砥石は，砥粒を基材面にメッキにより一層だけ固定したものである．したがって，砥石の剛性や形状は使用する基材の性質や形状により決まり，砥粒保持力はメッキの厚みで簡単に制御されている．これまで電着砥石は，軸付砥石としておもに使用され，最近では電鋳砥石とよばれる薄肉の切断刃として使用されている．

軸付き砥石には，レジノイド砥石，ビトリファイド砥石などがあるが，ホットプレス*法による成形・焼成，あるいは冷間成形，焼成後，軸を接合し，仕上げ加工を施す工程が必要となる．一方，電着による軸付き砥石は，一般に鋼材を任意に加工し，その表面に砥粒をメッキにより被覆することから，後加工の必要がなく，円錐状，球状，楕円上などほぼ任意の形状が容易に得られ，またほかの結合剤による軸付き砥石では困難な直径1mm程度の細い軸付き砥石を容易に作製することが可能である．

電着砥石の作製手順は，まず砥粒を被覆しようとする部分以外をマスキングしたのち，脱錆，脱脂*，活性化処理を行う．続いて下地材として電解ニッケルメッキを施したのち，ダイヤモンド砥粒を配置し，ニッケル建浴中で基材を陰極として電気分解により基材に電解ニッケルメッキを施す．このおり，ダイヤモンド砥粒はニッケルメッキにより固定され，砥粒保持力はニッケルメッキ層の厚さにより決まり，砥粒突き出し量の大きい砥石を作製することが可能となる．メタル，レジノイド，ビトリファイドボンド砥石においては，何層にも砥粒が分散されており，砥石表面において，結合剤基準面からの砥粒突き出し高さが不均一であることが，砥粒切れ刃それぞれの除去量を不均一にし，砥石の切れ味に大きく影響している．しかし，電着砥石においては，基材の基準面に整粒された砥粒を被覆し，またメッキにより結合剤厚みも均一にできることから，ほかの結合剤による砥石とは異なり，砥粒突き出し高さが均一であることが，良好な切れ味を示す電着砥石の特徴となっている．ただし，砥粒層が一層であり，砥粒の摩滅が進み，脱落すれば砥石としての機能を失うという欠点を有している．

電鋳砥石は，電着砥石とは異なり複数層の砥粒層を有する，あるいは，砥粒径以上の厚さに結合剤であるメッキの厚さを成長させた砥石である．シリコンウエハー，ガラス，フェライトなどの精密切断用の電鋳砥石として使用されることが多い．砥粒径としては，#325～#4000の微粒までの砥石が作製されており，また切断砥石の厚みとしては，砥粒径により製造不可能なものもあるが，0.05～0.5mmのものが製造されている．厚みについては，電子素材の小型化が進んでいることから，より薄い切断砥石が望まれている．

電鋳砥石のほかの用途としては，CMPコンディショナーがある．すなわち，シリコンウエハーのポリシングに使用される研磨用パッドが，加工時間の経過とともに硬くなることから，パッド表面の研磨に電鋳性CMPコンディショナーが使用されている．ステンレス製円板表面に，砥粒径#100程度の粗粒ダイヤモンド砥粒を電着法で固定したものである．これまでのCMPコンディショナーはダイヤモンドが不規則に固定されていたが，スクリーン印刷法によりダイヤモンド砥粒を規則的にステンレス円板上に接着後，電着法で固定した新しいCMPコンディショナーが開発され，パッドの研磨加工効率の改善に成功している．

〔近藤祥人〕

1）加工技術

8.5 絶縁性セラミックスの放電加工

electrical discharge machining of insulating ceramics

絶縁性セラミックスに複雑形状加工を付与する手法として，放電加工*（electrical discharge machining：EDM）を用いた，補助電極法（assisting electrode method：AEM）がある．この手法は，放電加工で加工表面に電極材料や加工雰囲気の成分を付着させる，放電表面改質法に分類される．

a. 加工プロセス

図1に形彫り放電加工における，加工プロセスの概略を示す．被加工物と工具電極間の放電発生のきっかけをつくるため，セラミックス表面にあらかじめ導電性材料を付着させる．この導体に放電を発生させ除去加工を行う．加工が絶縁体との境界領域まで達すると，加工油の高温での分解反応から生じる炭素を主成分とした生成物が被加工物表面に付着する．この表面層は，$10^{-2}\Omega$ cm 程度の比抵抗を有する導電体であり，数十 μm 以下の厚さである．この被膜と工具電極間に放電が発生して，除去加工と導電性被膜形成が交互に継続することにより，絶縁体の内部でも放電は維持できる．

Si_3N_4 に対する放電加工で得られた加工表面の X 線回折結果を図2に示す．導電層被膜は，炭素，SiC などのセラミックス成分の炭化物から構成されている．導電性被膜が形成された後，最初に表面に密着させた導電体は加工に直接寄与せず，その後の加工時における給電路の役目を果たす．（補助電極と名付けられている．）導電性被膜が厚くなると，放電は工具電極間で生じて，除去加工は困難となる．過度の被膜形成が生じない通常の導電体における仕上げ加工条件に近い範囲が選択されている．

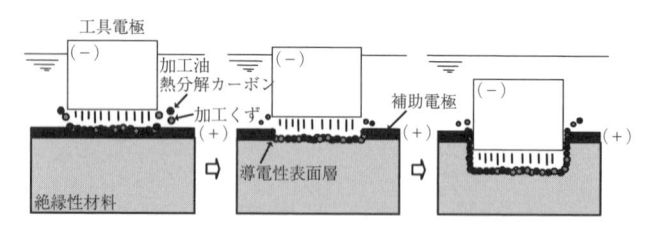

図1 補助電極法による絶縁性セラミックスの放電加工法

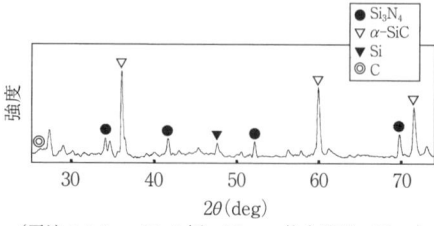

(a) 補助電極加工領域　(b) 遷移領域　(c) 絶縁性セラミックス加工領域

（電流：4 A，パルス幅：32 μs，休止時間：32 μs）

図2 放電加工面の X 線回折結果（加工物：Si_3N_4）

b. 加工特性

放電波形の観察結果では，図3に示す設定加工時間よりはるかに長い放電波形，短絡・集中などの異常波形と導電体での加工で観察される正常波形が混在している．設定より長い放電発生している間に導電性被膜が生成されるので，この異常波形の発生が本加工には必要である．加工特性（加工速度，表面粗さ*，電極消耗など）は，異常放電波形の発生，炭化物の生成とその加工面への付着強度などに依存すると推定されている．また，アーク放電の温度は，6,000～10,000℃であるので，セラミックスの加工面では，溶融（酸化物）または解離（窒化物，炭化物，ホウ化物など）が生じていると考えられる．

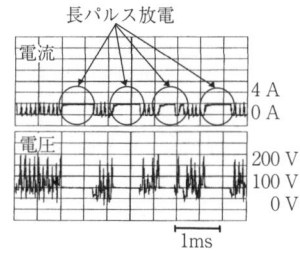

図4に，セラミックスの加工電気条件における，導電体を含む各種材料の加工速度と材料の熱物性値（融点，θ×熱伝導率，λ）の関係を示す．加工速度は同じ加工条件ならば$\lambda \cdot \theta$が小さい材料のほうが大きな値となる．多くの絶縁性セラミックスの電極消耗率は5%以下であり，金属材料の加工よりは小さい．導電被膜は，ショットピーニング処理により簡単に除去できる．また，加工面の表面粗さは，加工条件，被加工物の熱物性値にもよるが，導電性被膜を除去したあとでは，5 μmRz程度である．Al_2O_3の高純度・単結晶材料であるサファイアにおいては，加工速度に結晶方位依存性が認められている．

c. 加工例

形彫り放電加工では，Si_3N_4，SiC，ZrO_2，Al_2O_3，AlN，陶器，ガラス，サファイア，および天然ダイヤモンドなども加工可能である．これに対して，ワイヤー放電加工は，Si_3N_4，ZrO_2，AlNに対しては浸漬タイプの加工油中での加工が可能である．図5にワイヤー放電で加工した，三次元の複雑形状の例を示す．

加工速度は高い電流値での加工が困難であるため，金属などの導電体の加工よりはかなり劣るが，任意の形状を自由に付与できる点においては，放電加工の特徴を十分に生かした方法である．　　　（福澤　康）

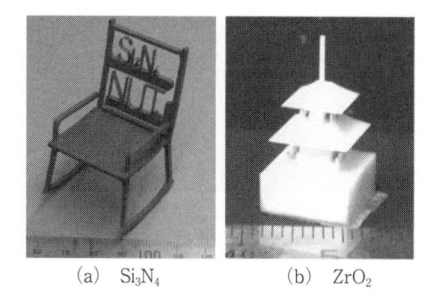

（電流：4A，パルス幅：16 μs，休止時間：64 μs）

図3　絶縁性セラミックス加工時の放電波形

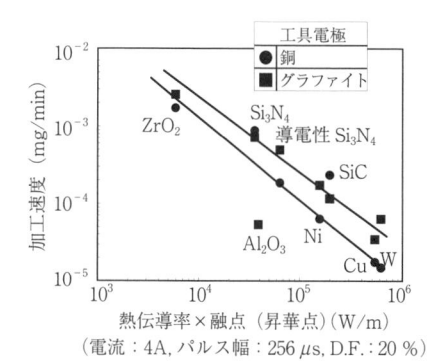

（電流：4A，パルス幅：256 μs，D.F.：20 %）

図4　熱伝導率と融点（昇華点）の積と加工速度の関係

(a) Si_3N_4　　(b) ZrO_2

図5　ワイヤー放電加工による形状加工例

1) 加　工　技　術

8.6 評価のためのエッチング

etching technique for observation

セラミックス微構造*の表面観察では，画像のコントラストをつけるため，試料を鏡面研磨後にエッチング処理が必要である．エッチングには熱エッチング（サーマルエッチング），化学エッチング，およびプラズマエッチングがある．

a. 熱エッチング（thermal etching）

加熱により粒界*に溝を形成する方法である．表面研磨後，試験片を焼結温度より数十℃程度低温で熱処理する．これにより，原子は結晶粒の表面エネルギーと粒界エネルギーのバランスをとるよう拡散し，粒界に沿って溝が形成される．熱エッチングの時間が長すぎると，結晶粒のエッジがぼやけた像になる．また，焼結温度付近では粒成長が進む可能性もあるので注意が必要である．

b. 化学エッチング（chemical etching）

結晶粒子と粒界の化学薬品に対する耐食性*の差異を利用して，粒界に沿って溝を形成する方法である．熱エッチングと同様，表面研磨した試験片を所定の薬品中で処理する．薬品の濃度や温度，時間はトライアンドエラーを繰り返して最適な条件を見つける必要がある．具体例としては，アルミナでは熱濃リン酸中で数分間，炭化ケイ素（β相）では水酸化カリウムと硝酸カリウムの混合溶液中で約500℃で約5分間，窒化ケイ素では水酸化ナトリウム水溶液中320℃で約3分間浸漬しておくと，粒界が腐食される．化学エッチングは低温，短時間で処理が可能な方法である．ただし，過剰にエッチングされないように，時間を変化させて光学顕微鏡などで確認しながら行う．なお，使用する薬品の多くは毒劇物であり，使用には注意を要する．

c. プラズマエッチング（plasma etching）

炭化ケイ素*，窒化ケイ素*，サイアロン*など，粒界ガラス相を含む系に使用され，結晶粒子と粒界ガラス相のCF_4ガスとの反応性の違いを利用する方法である．また，反応性ガスを放電プラズマ状態にし，発生するラジカルやイオンを固体材料と反応させて反応生成物として取り除くプロセスも，一般にプラズマエッチングとよぶ．加工対象となる材料の上にレジストを用いてマスクパターニングを行い，これに沿って微細パターンを形成することができる．半導体の微細加工技術に用いられる．

〔田中 諭〕

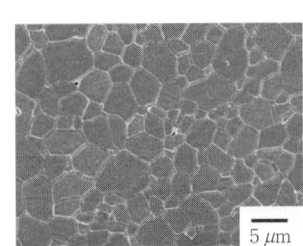

(a) 熱エッチング処理したAl_2O_3表面　　(b) 化学エッチング処理したSi_3N_4表面　　(c) プラズマエッチング処理したSi_3N_4表面

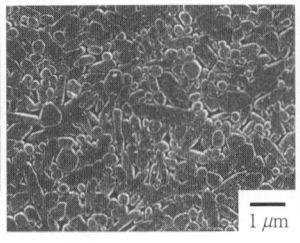

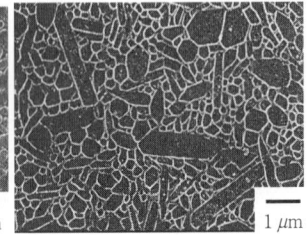

図1 エッチング処理した表面例（(b), (c)は多々見純一：先進セラミックスの作り方と使い方（日本学術振興会高温セラミックス材料第124委員会編），p. 143，日刊工業新聞社より抜粋）

8.7 超音波加工

ultrasonic machining

超音波加工は，図1に示すように周波数20〜40 kHz程度で振動する振動子（磁気ひずみ振動子，電気ひずみ振動子）の小さな振幅（数 μm）をホーン（指数，テーパ，段付き）により増幅し，20〜150 μm の振幅で一方向に振動する工具（通常は軟鋼製で，ホーンの先端にロー付けする）に，砥粒の混合液（通常は水）を供給しながら工作物を一定の圧力で押し付け，砥粒の衝撃とキャビテーションの作用により，セラミックスなどの硬脆材料の加工を行う方法である．

この加工法は，図2に示すように通常，放電加工*の適用が困難な非導電体の穴あけ加工，切断加工，三次元成形加工などに多く用いられている．

超音波加工特性は，工具の振幅，砥粒の種類，加工圧力，加工面積および砥粒の供給法などにより異なるが，加工エネルギーは工具の振幅に依存するので，大きな振幅が得られるようにホーンの振動数マッチングを適切に行うことがポイントである．また，砥粒の種類として通常，炭化ケイ素*，酸化アルミニウム，炭化ホウ素およびダイヤモンド*の4種類が用いられているが，工作物より硬い砥粒を選択する必要がある．加工速度は加工面積や加工圧力に依存し，その圧力が大きすぎても，また小さすぎても加工の速度は低くなり，工作物の材質などに応じて最適な加工圧力が存在する．また，砥粒の混合液が工具と工作物間に適切に供給されていないと良好な加工が行われないので，その供給法を工夫することが大切である． **(海野邦昭)**

文献
1) 超音波便覧編集委員会：超音波便覧, p. 685, 丸善（1999）

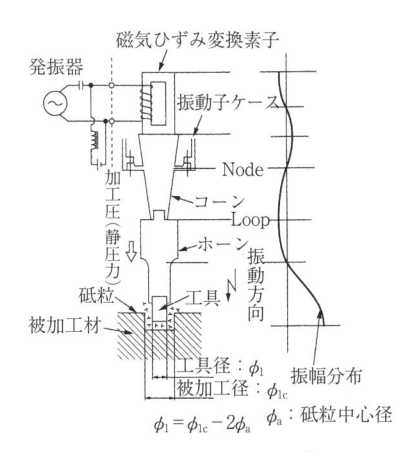

図1 超音波加工の原理[1]

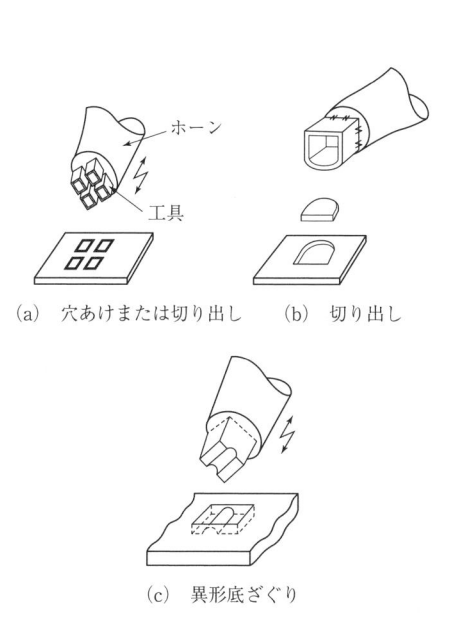

$\phi_1 = \phi_{1c} - 2\phi_a$

工具径：ϕ_1
被加工径：ϕ_{1c}
ϕ_a：砥粒中心径

(a) 穴あけまたは切り出し
(b) 切り出し
(c) 異形底ざぐり

図2 主な超音波加工例[1]

超音波研削

8.8

ultrasonic grinding

超音波研削は，通常の研削加工に超音波振動を付加した複合加工法である．超音波を付加する方法としては，図1に示すように研削砥石*振動方式と工作物振動方式がある．研削砥石振動方式は，回転する砥石に一方向の超音波振動を付加するもので，工作物の大きさや重量の制限を伴わないが，加振する砥石の大きさや重量に制限がある．また，専用の工作機械を必要とするなど，設備費が高価になりやすい．

反対に工作物振動方式は，専用の工作機械を必要とせず，また研削砥石の大きさや重量の制限を伴わないが，加振する工作物の大きさや重量に制限がある．また工作物の取り付けにおける振動数マッチングがとりにくいという不都合もある．

図2は，研削砥石振動方式の超音波研削装置の例である．周波数 20 kHz あるいは 40 kHz で振動する電気ひずみ型振動子の振幅をホーン（指数，テーパ，段付き）で増幅し，ホーンの先端にロー付けあるいはねじ止めしたダイヤモンドホイールを高速で回転することにより，研削加工を行うものである．

超音波研削で，定圧方式の場合には通常の研削加工と比較し，除去速度が数倍高くなり，また定切り込み方式の場合には，研削抵抗が数分の一に軽減される．そのため超音波研削は，工具が破損しやすい小径深穴加工にとくに威力を発揮している．現在，専用の超音波研削盤のほか，マシニングセンタに取り付け可能な超音波アタッチメントも市販されている． **（海野邦昭）**

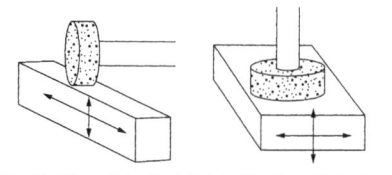

(a) 横型加工物振動形式　(b) 縦型加工物振動形式

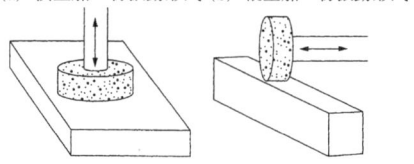

(c) 縦型砥石振動形式　(d) 横型砥石振動形式

図1 超音波研削の方式

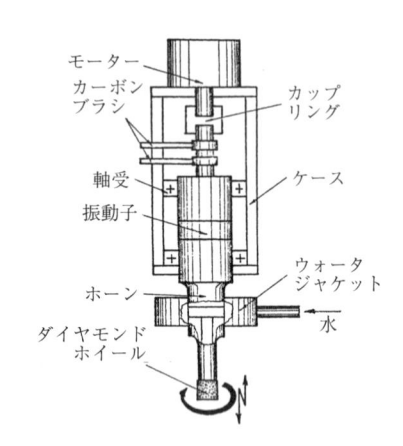

図2 超音波研削装置の一例

電解研削 8.9

electrolytic grinding

通常用いられている電解研削は，工作物を陽極とし，また研削砥石*を陰極としてそれらの間に電解液を供給し，通電しながら加工を行う複合研削法である．この場合には，電解作用による金属の溶出と機械的な研削作用により，高能率な加工が行われる．しかしながら，セラミックス加工の場合は，通常は工作物が非導電体なので，この方法は適用できない．そのため，セラミックスの加工に適用されるのは，電解加工をメタルボンドダイヤモンドホイールのドレッシングに用いる電解インプロセスドレッシング研削法である．

図1は電解インプロセスドレッシング研削法の一例である．この場合は，メタルボンドダイヤモンドホイールが陽極で，砥石カバーが陰極である．そして，その間に食塩水などの電解液を供給し，通電しながら研削すると，メタルボンドが溶出するので，つねにホイール作動面に適切な砥粒の突き出し高さとチップポケットが確保され，良好な切れ味が得られる．しかしながらこの方法の場合には，電解液として食塩水を用いるため，機械がさびるという不都合がある．

この不都合を解決したのがELID研削(electrolytic inprocess dressing grinding)である．この方法は図2に示すように，鋳鉄ファイバボンドダイヤモンドホイールを陽極とし，またホイールに近接した電極を陰極とし，その間に研削液を供給して研削を行う方法である．この場合には，ホイールの外周部に軟質の酸化鉄の皮膜が形成され，微粒のダイヤモンド砥粒がその中に埋まり込み，砥粒の突き出し高さがそろうために，寸法精度とともに良好な仕上げ面が得られる．加えて，一般の研削液が利用できるので，機械がさびるという不都合も生じないことが大きな特長である．

現在，超硬合金の金型加工や硬脆材料の超精密加工分野でその応用の範囲が広がっている． **（海野邦昭）**

文献
1) 岡野啓作他：昭和58年度精機学会秋期大会学術講演会論文集，p.568（1983）
2) 大森 整他：セラミックス加工研究会第23回資料，p.21（1989）

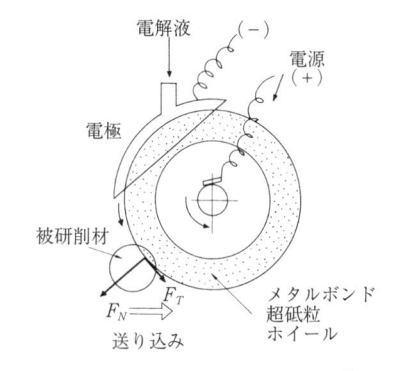

図1 電解ドレッシング装置の概要[1]

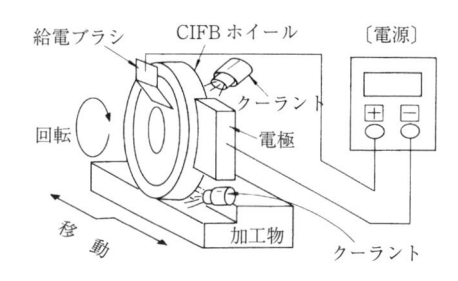

図2 ELID研削の一例[2]

1) 加工技術

8.10
放電加工

electric discharge machining

油や水などの絶縁性加工液中で電極と導電性工作物とを数〜数十 μm の狭い間隙で近接して対向させ，この間に数十〜数百 V のパルス状電圧を繰り返し印加するとアーク放電が生じ，熱作用により溶融した微小部分が加工液中に流出除去される現象の繰返し作用により，工作物表面が電極形状にならってしだいに除去されていく転写加工法である．加工モデルを図1[1)]に示す．機械的加工法やほかのエネルギービーム加工法に比べて加工速度は遅いが，電極形状が正確に転写されるため高い形状精度が期待できる．

形彫り放電加工は，要求される形状と逆の形に成形した電極を加工対象材料に接近させて放電を開始し，徐々に電極を送り込んで最終的に電極形状を工作物に転写する方式である．自由形状の形彫りが可能で，立体形状の金型製作には不可欠な加工装置である．加工精度を確保するためには電極消耗を防ぐことが肝要で，通常，銅やグラファイト*などの電極材料を用い，電極をプラス，陰極をマイナスとして電流値1〜数十A，パルス幅1〜数百 μs の放電条件で加工されることが多い．加工液にシリコンやアルミニウムなどの粉末を混入させることにより，Rz1 μm 以下の仕上面粗さも達成されている．

ワイヤーカット放電加工は，直径0.1〜0.3 μm の銅・黄銅・タングステンなどの導電性ワイヤーを工具電極として工作物に近接させ，糸鋸に似た形態で放電加工を行う方式である．基本的な装置構成を図2に示す[2)]．複雑な二次元輪郭形状の高精度自動加工を可能とする NC 制御技術の発展

に伴って急速に普及した．厚板あるいはブロック状材料に対して，400〜500 mm^2/min の高能率かつ仕上面粗さ Rz1 μm 以下の高精度加工が可能となっている．

（安永暢男）

文献

1) 国枝正典：精密加工実用便覧，p. 584, 日刊工業新聞社（2000）
2) 新開勝他：機械と工具，**33**, 7, p. 46（1989）

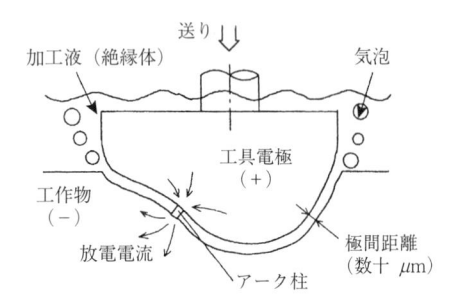

図1 放電加工モデル

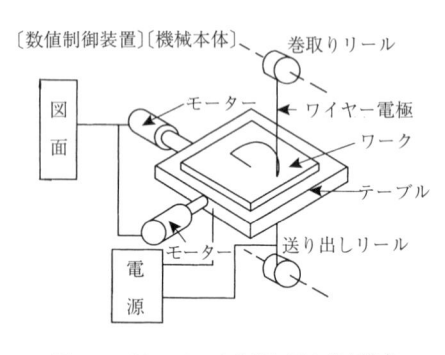

図2 ワイヤーカット放電加工の基本構成

8.11 レーザー加工

laser machining

　レーザー（laser）とは，「ふく射の誘導放出による光増幅」という物理現象に起因する発光作用をいう．レーザー光は，基本的に①単一波長である（単色性），②広がらずに一方向に進む（指向性），③位相がそろっている（可干渉性）という従来の光にない特徴をもっている．レンズを通してきわめて小さなスポットに集光することができ，ほとんどの材料を瞬間的に溶融蒸発させることができるために，多様性の高い高能率・高精度の精密加工技術として普及している．すなわち，金属，セラミックス，プラスチック，布，木材などほとんどあらゆる材料に対して，切断，穴あけ，接合，表面処理・改質など多種多様な加工を，大気中，真空中，液中などいろいろな雰囲気中で適用できる．

　レーザー発振を起こす材料（媒質）やその励起方法によって，波長や発振形態，出力の異なるさまざまなレーザー光が得られる．おもな加工用レーザーの種類と特徴を表1に示す．遠赤外波長（10.6 μm）ながら大出力化が容易な CO_2 ガスレーザーは，板金切断や溶接など金属加工を主体に産業用レーザーとしてもっとも普及している．紫外波長域のエキシマレーザーは，高集積半導体デバイスのパターニング加工に多用されている．YAG*レーザーは，基本波（1.06 μm）として電子部品などの微細加工に用いられているだけでなく，最近は2～5倍の高調波がアブレーション（非熱的蒸発）加工に利用され始めている．一方，パルス幅がナノ秒（10^{-12}sec）以下の超短パルスレーザーとして，フェムト秒レーザーも断熱的微細加工が期待される新しいレーザーとして注目され始めている．

　レーザー加工装置の基本的構成としては図1に示すように，レーザー発振器から出射されたレーザー光をミラーやレンズなどの光学系で調整し，加工物表面に照射する方式が一般的である．　　　　　　（安永暢男）

表1　おもな加工用レーザーの種類と特徴

レーザー名		波長 (μm)	発振形式	レーザー出力 (W)or(J)	おもな用途
気体レーザー	CO_2	10.6	cw パルス	～2×10^4	熱処理，溶接，切断，穴あけ
	CO	約5	cw	7×10^3	切断
	エキシマ ArF	0.193	パルス	40	光化学反応 フォトエッチング アブレーション
	KrF	0.249		100	
	XeCl	0.308		65	
	XeF	0.350		8	
固体レーザー	YAG	1.06	cw Q-sw	～2×10^3 150	溶接，穴あけ，切断，トリミング，マーキング
	第2～第5高調波	0.53～0.21			
	半導体	～0.8	cw	6×10^3	溶接，表面処理
	Ti-サファイア	～0.8	パルス (～100 fs)	1	微細加工

cw：連続発振，Q-sw：Q-スイッチ

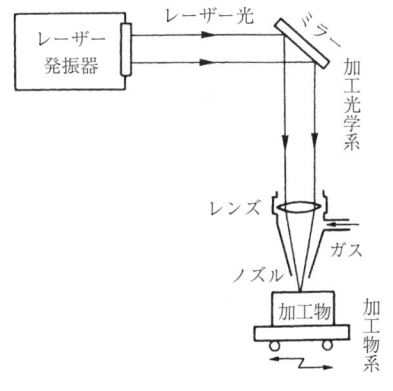

図1　レーザー加工機の基本構成と条件因子

1）加工技術

8.12 トライボロジー

tribology

トライボロジーは,相互移動を伴う固体の接触に関する問題を扱い,摩擦,摩耗*,潤滑を含む.セラミックスは,硬く,かつ化学的にも安定であるため,トライボロジー分野で優れた特性が得られると期待され,事実,軸受,シール,工具などに広く応用されている.しかし,トライボロジー現象そのものは複雑で,材料自体の特性だけでなく,材料の組合せ,荷重やしゅう動速度などの条件,雰囲気などは,すべてトライボロジー現象に大きく影響する.

固体の表面には,雰囲気との反応生成物(酸化物,水酸化物など)や吸着物(水分,油分)があり,接触面での相対運動に影響を与える.また,荷重と摩擦力は表面近傍に局所的な過大応力と温度上昇を引き起こす.このため,摩擦面では塑性流動や再結晶が観察されるなど,変形やき裂発生などの挙動がバルクとは異なる.トライボロジー特性を考えるうえで,接触部が力学的,化学的に特異な条件下にあることに留意する必要がある.

セラミックスの摩擦係数*は大気中,無潤滑ではおおむね0.3〜0.8の範囲にある.固体潤滑の目安である0.2以下となるのは限られた場合であり,しゅう動材として一般にはなんらかの潤滑が必要である.セラミックスは大気中,軽荷重のもとでしゅう動させると,表面に生成した大気中の水分との反応物による潤滑作用が発現することがある.また,炭化ケイ素*および窒化ケイ素*セラミックスでは,水潤滑下でしゅう動させると摩擦係数が低下する.これは,表面に酸化物および水和化したシリカゲル層を形成し,この軟質の反応生成物が潤滑層として働くためと考えられている.

摩耗は,固体の相互接触に伴う材料表面の除去現象をいい,摩耗体積(mm^3)を荷重(N)としゅう動距離(m)で除した値(単位:mm^3/Nmまたはm^2/N)である比摩耗量で評価される.セラミックスどうしの無潤滑下での滑り摩耗で,比摩耗量は10^{-2}〜$10^{-9} mm^3/Nm$まで7桁の範囲に広く分布する(金属では10^{-3}〜$10^{-5} mm^3/Nm$の範囲).とくにアルミナは,低荷重のもとで比摩耗量が耐摩耗材の要件といえる$10^{-6} mm^3/Nm$以下となる場合があるが,無潤滑でもこうした現象がみられることは特筆される.一方で,過大な応力で容易にき裂を発生させる.き裂による粒子脱落が始まると表面の粗さは急速に増大し,新たな応力集中によるき裂発生を加速する.この場合は過酷な摩耗となり,比摩耗量は非常に大きな値となる.条件によって比摩耗量の範囲が広く変化することは,セラミックス摩耗の特徴である.

摩耗特性の代表的な評価方法として,ボールオンディスク式試験があり,JIS R 1613に定められたおもな規格を表1に示す.この試験は,セラミックスにとって比較的再現性のよいしゅう動条件が設定されているため,材料開発における参考値を得ることができる.しかし,トライボロジー特性は条件により大きく異なるため,実用

表1 JIS R 1613によるセラミックスの摩耗試験方法

試験機	ボールオンディスク式試験機
ボール	直径9〜10 mm(または曲率半径4.5〜5 mmの球面をもつピン)
ディスク材料	直径40 mm,厚さ3 mm以上 ボールとディスクは原則的には同一材質
荷重	10 N
しゅう動速度	0.1 m/s
しゅう動円直径	30 mm(64 rpm)
しゅう動距離	2000 m
雰囲気	大気中,温度23±1℃,相対湿度50±10 %

上の評価を目的とする場合には，使用条件に即した試験が必要である．

限定された条件以外では，セラミックスであっても通常はなんらかの潤滑が必要である．もっともよく用いられる潤滑剤である潤滑油では，金属とセラミックスでは吸着特性が異なるため，セラミックスに適した潤滑油が必要である．一方で，表面を改質することで既存の潤滑油に適合したセラミックスの開発も試みられている．セラミックスは，耐熱性や化学的安定性に優れ，高温や腐食性の液体などの特殊雰囲気中での使用にも適する．潤滑油が使えない条件でも，アルミナやホウ化物セラミックスでは，高温で摩擦係数が低下する自己潤滑作用が発現することや，無潤滑でも比摩耗量が大きく低下することなどが知られ，燃焼ガスのシール材など高温しゅう動材料として期待されている．また，軟質金属をセラミックスの摩擦面に供給すると，真空中や高荷重下でも潤滑作用が得られる．

摩耗は表面現象であるから，耐摩耗性の優れた材料をコーティングするという手法は効果的である．蒸着法によるチタンやクロムの炭化物および窒化物を用いたセラミックコーティングが工具などで応用されるほか，摩擦係数の低いダイヤモンドライクカーボン（DLC）コーティングが電子機器や水栓バルブなどで使用されている．

トライボロジー用途での代表的な応用例を表2[1]に示す．窒化ケイ素などのセラミックス製ボールベアリング（玉軸受）は，軽量で変形量が小さいことによる低振動，高い耐摩耗性による長寿命などの長所を有し，工作機械などの精密機械に利用されている．また，耐熱性や化学的安定性に優れていることから，洗浄装置，自動車用ターボチャージャー，熱処理炉などの腐食環境や高温用途で利用されている．窒化ケイ素などでみられる水潤滑を効果的に利用した製品として水ポンプがあり，搬送流体自身による潤滑作用により，潤滑剤不要の機器が製品化されている． **（千田哲也）**

文献

1) 千田哲也，梅田一徳，松永茂樹，伊藤耕祐：セラミックス，**37**，pp. 22-26（2002）

表2 セラミックスのトライボロジー分野での応用例
（一部，研究開発段階のものも含む）

用　途	使用材料
切削工具	アルミナ ダイヤモンド c-BN WC系サーメット TiC系サーメット
転がり軸受	窒化ケイ素 炭化ケイ素 ジルコニア
滑り軸受	窒化ケイ素 炭化ケイ素
案内しゅう動面	
熱処理炉ガイドロール	酸化物系
工作機械ベッド	アルミナ
精密測定器のベッド	ジルコニア
糸道	アルミナ磁器 ムライト磁器
自動車部品（おもにエンジン部品）	
ピストンリング	Cr-N系コーティング
バルブ	窒化ケイ素
燃料噴射装置用部品（プランジャー，ニードルなど）	窒化ケイ素 ジルコニア DLCコーティング TiNコーティング Cr-N系コーティング
カムとフォロワー	窒化ケイ素 TiNコーティング
補助ブレーキ用マスターシリンダー	窒化ケイ素
流体機械（ポンプ）	
フローティングリングシール	炭化ケイ素
メカニカルシール	炭化ケイ素 アルミナ
バルブ	炭化ケイ素 DLCコーティング グラファイト
磁気記憶装置　磁気ヘッドスライダー	DLCコーティング

1) 加 工 技 術

8.13 接合（概論）

joining (general remarks)

さまざまな特長を有するセラミックスも機械的強度，熱的衝撃に対する信頼性にはいまだ問題がある．そのため，セラミックスを幅広く使用するためにはセラミックスどうし，あるいは金属，高分子との接合が必要となる．表1に各種接合方法を示す．

一般に，接合体を常温で使用する場合には，市販の接着剤で接合しても十分な強度と信頼性が得られる．セラミックスの接合で技術的にもっとも問題となるのは，高温で使用される金属との接合である．これは，セラミックスの結合様式がイオン結合，共有結合であるのに対し，金属は金属結合であるため，熱膨張率*が異なることによる．セラミックスと金属の接合体は高温で使用される場合が多く，一般に接合施工は実使用温度よりさらに高温でなされるが，その際に熱膨張率の相違が大きな問題となる．セラミックスの圧縮強度は，引張強度の10倍程度あるため，接合体のセラミックス側にわずかに圧縮応力がかかるような組合せを選択する必要がある．

接合は一部固相-気相系で行われる場合を除き，通常，固相-液相系，固相-固相系のいずれかで行われるが，上述のように熱膨張率の相違による熱応力の発生を最小限にとどめるためには，接合部の耐熱性を考慮したうえで，接合はできるだけセラミックスの変形や寸法精度の低下が生じにくい低温で行うべきである．とくに，近年，ミクロンレベルの寸法精度が要求される光ファイバーのコネクター*材料にジルコニア*（PSZ）が用いられていることからも明らかなように，セラミックスの製造技術は著しい向上をみせている．このような セラミックスの寸法精度を損なわないためにも，通常，より高温を必要とする固相-固相系よりも固相-液相系が多用されている．

固相-液相系で良好な接合体を得るには，固体上の液体がぬれる必要がある．固体上の液体は図1に示すいずれかの形状を形成する．図1(a)のように液体と固体との接触角*が90°より大きい場合にはぬれない系，(b)のように90°より小さい場合にはぬれる系，(c)のように完全にぬれ広がる場合には拡張ぬれの系とよばれる．

このように，固体上の液体の形状がその組合せによって異なるのは，固体表面，液体表面，固液界面の自由エネルギーが材料自身および周囲の環境によって異なるためである．たとえば同一の金属とセラミックスとの組合せでも雰囲気の酸素分圧が異なると，ぬれの挙動，すなわち接合特性が大きく異なる．図2(a)に示すように雰囲気の酸素分圧が溶融金属の平衡酸素分圧よりも低く，固体酸化物の平衡酸素分圧よりも高い場合には，溶融金属の酸化および固体酸化物の解離は生じず，界面現象として

表1 各種接合方法

	接合方法
固相-気相系	・蒸着法 ・イオンプレーティング法 ・スパッター法 ・CVD法
固相-液相系	・めっき法 ・有機接着剤法 ・無機接着剤法 ・酸化物ソルダー法 ・金属ソルダー法 ・高融点金属法 ・硫化銅と炭酸銀を使用する方法 ・還元法 ・直接接触させ接合する方法
固相-固相系	・直流電圧印加法 ・圧着法 ・高温加熱法 ・機械的接合法

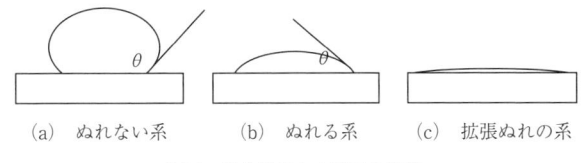

(a) ぬれない系　(b) ぬれる系　(c) 拡張ぬれの系

図1 固体基板上の液滴の形状

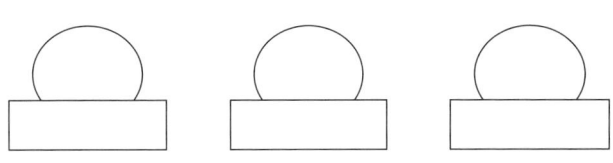

(a) 溶融金属／固体酸化物系　(b) 溶融酸化物／固体酸化物系　(c) 溶融酸化物／固体金属系
$P_{O_2}(II) > P_{O_2}(I) > P_{O_2}(III)$　　$P_{O_2}(I) > P_{O_2}(II), P_{O_2}(III)$　　$P_{O_2}(III) > P_{O_2}(I) > P_{O_2}(II)$

$P_{O_2}(I)$：雰囲気の酸素分圧，$P_{O_2}(II)$：固体酸化物の平衡酸素分圧，$P_{O_2}(III)$：溶融金属の平衡酸素分圧

図2 雰囲気の酸素分圧の影響

は溶融金属と固体酸化物との界面を対象にすればよいが，図2(b)のように雰囲気の酸素分圧が溶融金属，固体酸化物のいずれの平衡酸素分圧よりも高い場合には固体酸化物は熱力学的に安定であるが，溶融金属は酸化されて酸化物となるため溶融酸化物／固体酸化物系として取り扱う必要がある．また，溶融金属の平衡酸素分圧が雰囲気の酸素分圧よりも低く，かつ固体酸化物の平衡酸素分圧が雰囲気の酸素分圧よりも高い場合には溶融金属は酸化され，固体酸化物は還元される．その結果，本来，溶融金属／固体酸化物系であったものが，図2(c)のような溶融酸化物／固体金属系として取り扱う必要がある．

酸化・還元反応をうまく利用して，金属とセラミックスを接合する方法が数多く提案されている．セラミックスの還元反応を利用する方法として，高融点金属法，活性金属法があげられる．還元反応を利用する例として，銅化合物法があげられる．銅は比較的高融点で，酸素との親和力も弱く容易に還元され，また展延性にも富んでいるため，接合界面での応力緩和にも有効である．したがって，銅化合物法では銅の酸化物あるいは硫化物を融点を下げる助剤と混合してセラミックスに塗布した後，加熱・溶解し，その後，還元性雰囲気で銅酸化物を還元し，セラミックス表面に金属銅をメタライズしたり，あるいは高温時に炭酸銀を塗布することにより金属銀をメタライズする．このようにメタライズされた表面はロウ付けや半田付けが可能である．

また，固相-固相系ほどではないが，固相-液相系においても高速の物質移動が十分生じるほど高温で接合が行われ，かつ移動速度の速い液相が介在するため，接合機構は複雑なものとなる．　　　　　　**（野城　清）**

1）加工技術

8.14 機械的接合

mechanical joining

セラミックスを多くの産業分野で構造材料として使用する場合には,金属材料に対して施工されている機械的接合が施されることもある.ボルト締め,焼きばめ,鋳ぐるみ*,圧入,かしめ,クランプなどに代表される機械的接合法が金属とセラミックスの接合に対しても適用されており,一部の方法はセラミックスとセラミックスの接合にも適用可能である.接合界面で気密性が要求される場合には,O-リングやガスケットが使用されることもある.

機械的接合法の特長は,材料の組合せに対する制限がないこと,部材の分解・再組立が可能なこと,また下記に述べる理由で熱応力の発生が少ないため高温でも高強度接合部材が得られることである.セラミックスとセラミックス,セラミックスと金属との接合に金属製のボルトがしばしば用いられている.この場合にもセラミックスの脆弱性を補うため,接合面を平滑にしたり,セラミックス側のボルト穴の位置,大きさを配慮し,局所的な応力の集中を防ぐよう工夫されている.また金属ボルトで接合した部材を高温で使用する場合には金属とセラミックスの熱膨張率が異なり,ねじの緩みが生じるため,ばね座金を取り付けるなどの対策が必要となる.また,腐食環境や高温においてはセラミックス製のボルト,ナットが用いられることもある.

機械的接合法では,ほかの接合法とは異なり,接合界面*に反応層を形成させず,機械的に一体化したものであるため,接合部にわずかな滑りが可能であり,熱応力の発生が抑制できる.また,焼きばめ,鋳ぐるみ,圧入では接合後の分解はできないが,ボルト締めやクランプは取り外しが可能である.いずれの方法によって接合する際にも,使用時にセラミックスに引張り応力がかかるのを回避し,わずかに圧縮応力がかかるように設計する必要がある.

高効率ガスタービンの燃焼器ライナーに Si_3N_4-Ni 合金, SiC-Ni 合金が機械的接合法の一つである嵌合法で接合されている.また,構造用セラミックスの代表的なものとしてセラミックスエンジンの開発が一時期積極的に行われたが,その際にもディーゼル用ホットプラグとして嵌合による Si_3N_4-Al 合金の接合体,焼きばめによる Si_3N_4-Fe 合金の接合体が使用されている.ポートライナーやアームヘッドにも鋳ぐるみで作製したセラミックスと Al 合金の接合体が使用されている.

表1に各種機械的接合法の特徴をまとめる.

〈野城　清〉

表1　各種機械的接合法の特徴

接合法	特　徴
ボルト締め	平滑な接合界面.再組立可能.気密性維持のために補助具の使用.
かしめ	平滑な接合界面.再組立困難.気密性維持可能.
焼きばめ	平滑な接合界面.再組立不可能.気密性維持可能.嵌合の一種.
鋳ぐるみ	任意の接合界面.再組立不可能.気密性維持可能.
嵌　合	熱や圧力を利用する接合.平滑な接合界面.再組立可能.
圧　入	平滑な接合界面.再組立可能.気密性維持可能.嵌合の一種.

8.15 化学的接合
chemical joining

化学的接合法は, 金属とセラミックスとの接合界面*で化学反応を生じさせることによって高強度接合体を得る方法で, 図1に示すように接合時に液相のろう材により接合する液相接合法と液相を介さずに接合する固相接合法に大別され, またそれぞれはいくつかの方法に分けられる. 一般に, 液相接合法は被接合材料の形状に関係なく適用できるが, 固相接合法は被接合材料の形状によっては適用が困難な場合がある.

ろう付け法で, 活性金属法は一段階で接合できるのに対し, メタライズ法はセラミックス表面を種々の方法で金属化したのち, ろう付けされる二段階方式を採用するのが一般的である.

ソルダー法は, 金属をソルダーとして用いる金属ソルダー法と, 酸化物をソルダーとして用いる酸化物ソルダー法がある. 金属ソルダー法では①低融点・軟質合金を用いる方法, ② Ti などの活性金属を用いる方法, ③ TiH_2 などの水素化物を用いる方法がある. 接合部材が使用される環境 (温度, 雰囲気, 負荷など) に応じて, ソルダーとして使用する合金を選択する必要があり, そのため, 多くの金属ソルダーが開発されている.

固相加圧接合法*では, 熱応力の緩和のために中間層を設け, 傾斜組成にする場合もある. 加圧のために, ホットプレス*, 熱間静水圧プレス, 放電プラズマ焼結装置*を用い, 加圧したまま高温で被接合材料を保持するために寸法精度に問題がある場合がある.

摩擦接合法は, 被接合材料間で摩擦熱を発生させると同時に圧接する方法で, 比較的容易に接合できるが, 接合部の形状が通常平たんかつ円形であることに限定される. 強度, 気密性は良好である.

比較的新しい方法である超音波接合法は, 金属材料における超音波はんだ付けをセラミックスに適用したものであり, いまだ量産化されていないが, 潜在力を秘めた接合方法である.

一般に, 化学的接合法, とくに液相接合法は最適な接合条件で接合することにより, 高い信頼性を有し, かつ高気密性の接合部を得ることが可能であるため, 多くのセラミックス–セラミックス系, セラミックス–金属系の部材に適用されている. また, 通常は1回の加熱操作で接合が完了するため, 量産性にも優れた方法の一つである.

(野城 清)

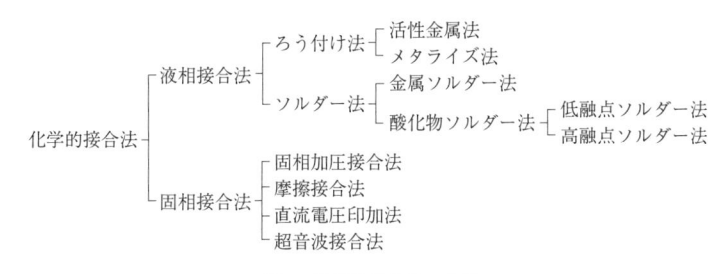

図1 化学的接合法の分類

1) 加 工 技 術

8.16 固相-液相接合（ソルダー法）

solid phase-liquid phase joining (soldering method)

図1に示すように，固相-液相接合法の代表的な例は，有機接着剤法，無機接着剤法，酸化物ソルダー法，金属ソルダー法，金属-酸化物混合ソルダー法，高融点金属法，還元法，硫化銅法，溶射法，メッキ法に分類され，各方法は用いるソルダーの種類によってさらに細分化される．

有機接着剤法はセラミックス-セラミックス，セラミックス-金属，セラミックス-有機材料などのあらゆる組合せに適用可能で，作業性や価格面でも優れており，さらに低温で接合が可能なことと有機系接着剤の弾性係数が小さいため，接合後の残留応力*も小さいという利点がある．しかし，高温に耐える有機系の材料が開発されていないため，接合部材の使用はほぼ室温環境に限られている．一方，有機接着剤法以外の方法は，接着剤自体の耐熱温度が高いために，接合部材は高温での使用に耐えるこ とができるが，加熱処理を必要とするために作業性の面では問題があり，複雑な前処理を必要とする場合もある．また，金属-セラミックス接合に用いられる高融点金属法，還元法，硫化銅法やメッキ法はその後の処理としてロウ付けやハンダ付けなどを必要とする．

接合方法は接合部材の使用環境（温度，雰囲気など）に応じて選択される．接合温度は，接合界面*で高融点の化合物を生成しない限り接合部の耐熱温度より高いのが一般的であるが，接合部材の変形抑制，熱応力の低減の面から可能な限り低温で接合すべきである．

いずれの方法によっても，固相-固相接合や固相-気相接合よりも比較的簡便に高強度，高気密性の接合部が得られ，接合部の形状によらず接合が可能なため，広い分野で用いられている．

（野城　清）

固相-液相系接合
- 有機接着剤法
  - エポキシ系接着剤
  - 酢酸ビニル系接着剤
  - フェノール系接着剤
  - ポリウレタン，イソシアート系接着剤
- 無機接着剤法
  - ケイ酸アルカリ性接着剤
  - リン酸塩系接着剤
  - シリカゾル系接着剤
- 酸化物ソルダー法
- 金属ソルダー法
- 金属-酸化物混合ソルダー法
  - 貴金属ペースト
  - Cu, Ni ペースト
- 高融点金属法
- 還元法
- 硫化銅法
- 溶射法
- メッキ法

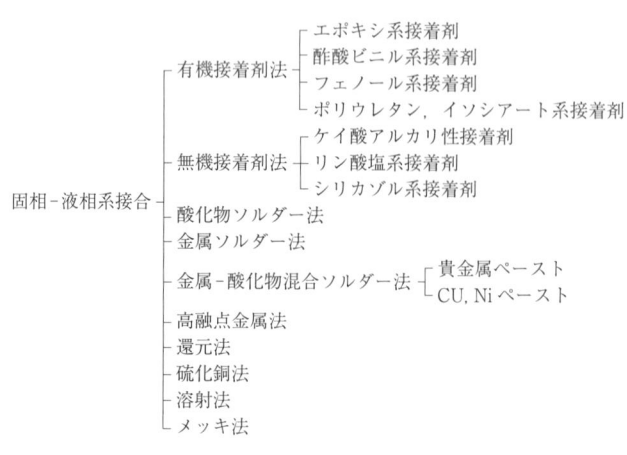

図1　固相-液相系接合の分類

8.17 固相加圧接合

pressure joining

　固相加圧接合法は，被接合材料を高温に加熱すると同時にホットプレス*，熱間静水圧プレス*，放電プラズマ加圧装置を用い，高温・加圧処理することによって直接セラミックスと被接合材料を接合する方法と，セラミックスと被接合材料との間に軟らかいIn合金やAl，Auなどの箔を挿入し，加熱・加圧することによって挿入金属の融点以下の温度で接合する方法がある．InやIn合金を使用した場合には常温でも接合が可能で，古くから実用化されている．加圧することによって気密性の高い接合体が得られる利点がある．

　固相接合は，液相が介在する接合よりも高温を必要とするため，接合後の熱応力が問題となったり，接合過程でセラミックスの収縮や変形によって寸法精度を損なうこともある．また，固相同士の接合であるため界面の気密性が保証できないという問題もあるが，加圧を併用することによって接合温度を大きく低下させることができる．とくに，放電プラズマ加圧装置を用いることによって，接合温度が大きく低下することが報告されている．ホットプレス装置および放電プラズマ加圧装置の概略を図1に示す．

　ホットプレス法も放電プラズマ法も粉末の焼結に古くから用いられており，緻密な焼結体が得られることで知られている．とくに，放電プラズマ法は粉末の粒成長を抑制しつつ緻密体が得られるため多くの研究が報告されているが，そのメカニズムについては未だ明確にはされていない．図からも予想されるように，いずれの方法も量産性の点からは問題を有しており，これらの設備を固相加圧接合に用いる場合は高付加価値の接合体を得る場合に限定される．

（野城　清）

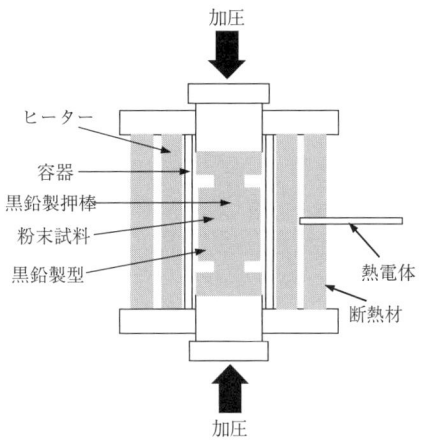

(a) ホットプレス装置

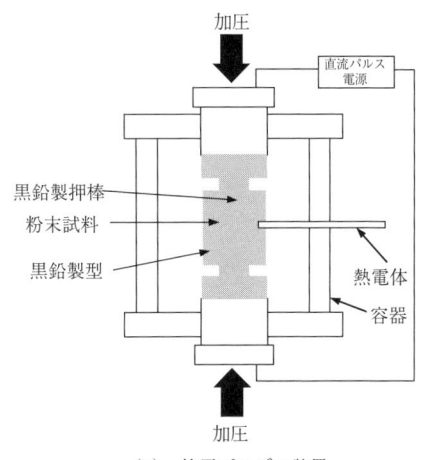

(b) 放電プラズマ装置

図1　ホットプレス法と放電プラズマ法の概略図

1) 加 工 技 術

8.18 レーザー溶接
laser welding

金属-セラミックス接合にレーザー溶接が実用化された例はないが、レーザー溶接で、セラミックス同士の接合は可能である。

セラミックスの特徴に一般に融点が高いこと、熱衝撃に弱いことがあげられる。種々の熱源の中でもレーザーは高エネルギー密度であり、融点の高い材料の溶接に適している。これまでに石英ガラス、アルミナ*、ムライト、ジルコニア*、炭化ケイ素*、窒化ケイ素*などの同種材料の接合、炭化ケイ素とアルミニウム合金、ムライト系セラミックスとステンレス鋼などの異種材料の接合にレーザーを用いることが試みられている。

石英ガラスや高シリカガラスの接合にレーザービームが用いられている。石英ガラスや高シリカガラスはセラミックスの中でも熱膨張係数が小さく、熱衝撃に強いため余熱・後熱（焼鈍）をすることなく、比較的容易に接合することができる。

レーザー溶接の最大の特長は局所加熱が可能であるため、母材であるセラミックスや金属の特性や寸法精度を損なうことなどがあげられるが、熱衝撃に弱いセラミックスの接合には未だ解決すべき問題を抱えている。

レーザービームを用いる接合法は、セラミックス母材を溶融させる溶融溶接法とインサート材を用いるろう接法とに大別される。いずれもレーザーを用いることによって加熱領域を接合部近傍のみに限定でき、接合時間がきわめて短いなどの長所がある。図1にレーザーろう付け法の概念図を示す。

熱源としてのレーザーの最大の特徴は、局所加熱が可能なこと、急速加熱・急速冷却が可能であることであるが、セラミックスが熱衝撃に弱いこととは相容れない。したがって、セラミックスどうしあるいは金属とセラミックスの接合にレーザーを用いる際には、クラックが発生しないように接合体全体を予熱する必要があるが、研究レベルで無予熱接合も報告されている[1]。

〈野城　清〉

文献

1) 宮本　勇, 丸尾　大, 堀口幸弘, 金道幸宏: 第22回レーザ熱加工研究会論文集, pp. 79-94 (1998)

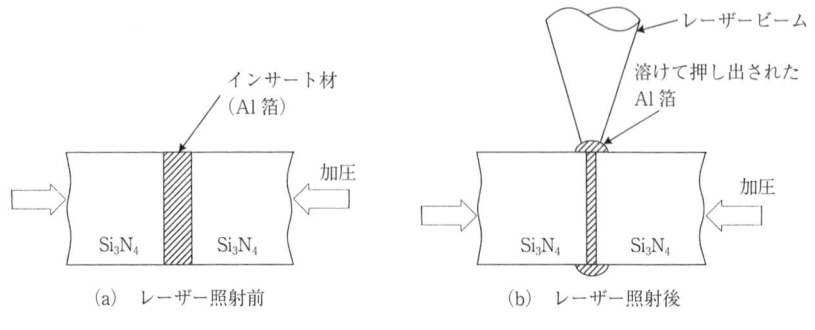

図1　ろう付け法の概念図

(a) レーザー照射前
(b) レーザー照射後

8.19 鋳ぐるみ法

insert method

鋳ぐるみ法は，金属関係で古くから用いられてきた手法で，図1に示すように鋳型（砂型，金型など）内にあらかじめ材料（セラミックス）を設置し，溶融金属を鋳型内に注ぎ込むことによって接合するとともに，最終形状に近い成型を行う鋳造技術の一種である．以前はおもに接合強度の必要性がない部材に対して用いられてきたが，近年は接合界面*，熱的条件の最適化により信頼性の高い接合部材も得られている．

この方法ではまず鋳ぐるみ材が溶湯にぬれることが必要で，そのための方法として溶湯の温度をあげること，高圧力の利用，溶湯に鋳ぐるみ材との反応性の高い合金元素を添加することなどが考えられる．溶湯の温度を高くすることはエネルギー消費量の増大や容器（るつぼ）寿命の低下などの問題があり実操業での採用は困難である．また高圧力の利用についても装置が大掛かりになることが問題になる．一方，活性金属を合金元素として溶湯に添加することはこのような問題が無く，合理的な手段といえる．セラミックスと溶融金属とのぬれ性を改善する合金元素としては一般に，セラミックスを構成する元素である酸素，窒素，炭素との親和性の高い Ti, Zr などがあげられる．

図2に一例として，溶融金属（Cu）による種々の酸化物系セラミックスのぬれ性（接触角）におよぼす活性金属（Ti）の影響を示す[1]．図から明らかなように，Ti を添加しない場合にはぬれないが，2%程度の Ti の添加でぬれ性はいちじるしく改善される．このような活性金属の効果は程度に差はあるものの，炭化物系セラミックス，窒化物系セラミックスにおいても同様である．

本方法の最大の利点は，鋳造加工の成形性の利点を活用しつつ，比較的容易に接合体が得られるところにある．セラミックスを鋳ぐるむ際には，溶融金属による熱衝撃や冷却時の収縮による応力によって，セラミックスが破壊することを回避する必要がある．そのために，セラミックスと溶融金属との間に中間層を設けるなどの措置がとられている．

（野城 清）

文献
1) B. C. Allen and W. D. Kingery : Trans. Met. Soc. AIME, 215 (1959), 30

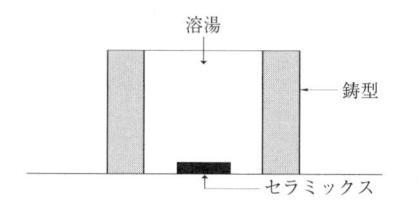

図1 鋳ぐるみ法の原理

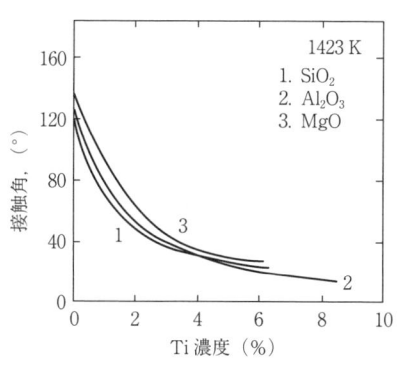

図2 溶融 Cu とセラミックスとの接触角におよぼす Ti の影響

8.20 接合界面
joining interface

　セラミックス接合の組合せには，セラミックス−セラミックス，セラミックス−金属，セラミックス−有機材料などがあるが，セラミックス−金属接合が技術的にもっとも困難である．

　一般に，セラミックス−金属接合界面には，図1に示すように拡散層，反応層が形成される[1]．接合界面を大きく分類すると，図1の(a), (b)の2種類に大別され，図(b)はさらにいくつかのタイプに分類される．図(a)は蒸着法によるものの大部分，低融点の軟らかい金属を用いた圧接，NbとAl_2O_3のように格子のマッチング性の高いの場合に形成される．このような接合界面の強度は比較的高く，真空気密性も良好である．図(b)は拡散層あるいは反応層のいずれか，または両者を形成するタイプ，接合時に雰囲気中の酸素による酸化などの雰囲気中のガス分子による反応層が関与するタイプ，還元反応によりセラミックス表面を金属化するタイプに分類される．どのような接合界面が優れているかは一概には言えないが，一般的には界面に反応層を形成する場合には金属，セラミックス，反応層の膨張係数が異なるために強度的には劣る場合が多く，拡散層を形成することによって，界面の組成を傾斜化させて，熱膨張係数の差を緩和する試みが多くの系でされている．

　セラミックスは引張応力に対してはもろく，圧縮応力に対しては強いことから，セラミックスの接合では，接合界面においてセラミックス側にわずかに圧縮応力がかかるように界面設計することが重要である．

〈野城　清〉

文献
1) 堂山昌男，高井　治編：材料別接合技術データハンドブック第II分冊，p. 73，サイエンスフォーラム（1992）

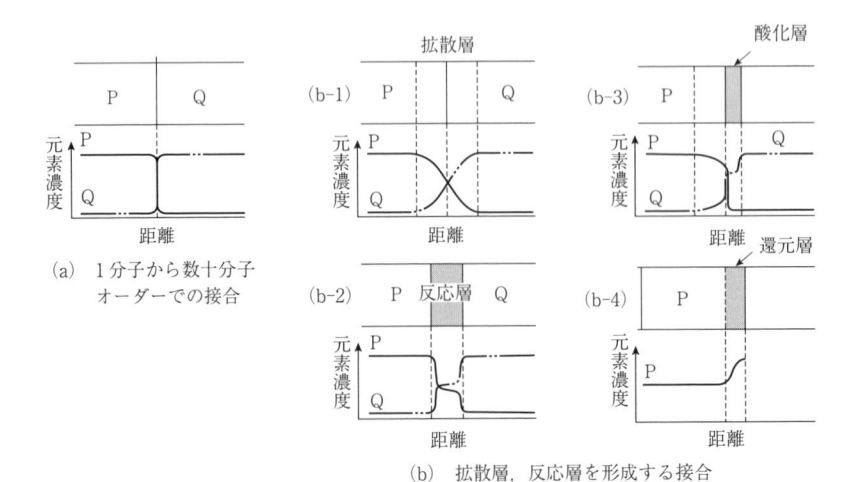

図1 各種接合界面と接合機構（元素の分布状態）

8.21 サーメット工具

cermet tool

サーメット（cermet）は ceramic と metal とを結合した複合材料*（composite material）の意味であり，1950年代に耐熱構造材料として開発研究された．サーメット工具としては，主成分を TiC として結合層には Ni が使用される．TiC は WC よりも硬く，耐熱性に優れているので，高速切削に適しているが，もろいのが欠点とされていた．靱性，強度，耐溶着性，耐熱衝撃性改良のため Mo_2C，WC，TaC や TiN をはじめとする炭化物，窒化物，炭窒化物などの添加物が研究され，その性能は大幅に向上し，現在では重要な切削工具*材料となっている．

製法は TiC や各粉末をボールミルかアトライター*で粉砕混合し，圧縮成形したのち，真空中で焼結される．サーメットの焼結過程では，1000℃近辺で Mo_2C と TiC が反応して固溶体*炭化物 (Ti·Mo)C を形成する．この系の合金では，TiC を芯にしてその周りを (TiMo)C が取り囲むような有芯組織を形成する（図1）．

サーメットの特性は，配合組成，製造条件により左右されるが，硬度で 13～17 GPa 程度，抗折力で 1200～2000 MPa 程度の値である．靱性に関しては強度と同様でセラミックス＜サーメット＜超硬合金の順にあり，6～10 $MPa·m^{1/2}$ の値である．

現在市販されているサーメット工具のほとんどが TiC-TiN 基となった．TiC-TiN 基サーメットは，耐摩耗性*，耐溶着性に優れている．サーメットの需要は 1998年で，スロアウエイチップ（TA）の全体の30%をしめており，TiC-TiN 基サーメットから適用領域が大幅に拡大している．

TiC や TiN などを主成分とする硬質相は，超硬合金の WC に比較して鉄との反応性が低く，耐クレーター摩耗性が優れている．とくに，高速切削において仕上面が重視される場合や，鉄との反応による溶着が問題となる場合の切削加工において優れている．

工具材料としてはセラミックスと超硬合金，または同コーティング品との中間領域を埋めている（図2）． **（三宅雅也）**

文献
1) 吉本隆志：粉体粉末冶金用語辞典，p. 1, 日刊工業新聞社 (2001)
2) 棚瀬照義：マシニスト，**26**, p. 49, マシニスト出版 (1982)

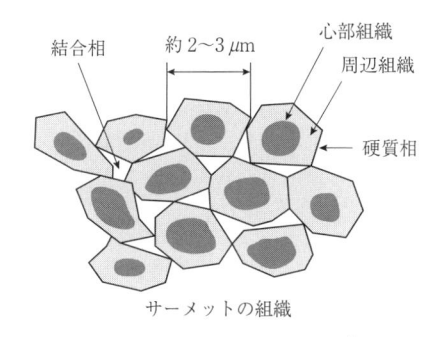

図1 サーメット組織の模式図[1]

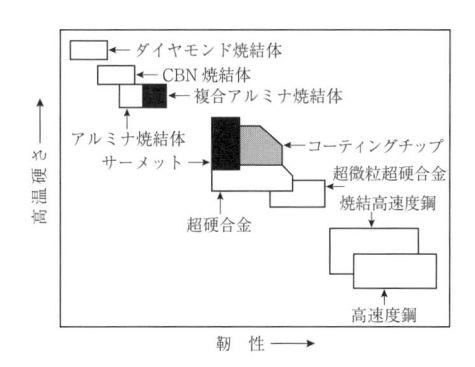

図2 各種工具材料の高温硬さと靱性の模式図[2]

8.22 微構造評価

microstructure characterization

多結晶材料の微構造を調べるもっとも一般的な方法は,金相学によるものである.これは,まず材料面を平たんに研磨後,別記の方法でエッチングを施して微構造を顕在化させ,これを金属顕微鏡や走査型電子顕微鏡により観察するものである.研磨時には必要に応じて,試料は樹脂などにより固定される.文献などにはこの方法で求められた微構造がしばしば示されている.得られた画像についての解析をもとに粒子の平均径,相の存在割合や形態などを数値化することが可能である.

たとえば,等軸状の粒子形をもつ微構造では,図1のとおり円相当径は各粒子と等しい面積をもつ円の直径で表され,その分布が決定される.また,平均粒径は写真上に引かれた直線や円周と粒界との単位長さ当たりの交点数 n,および撮影倍率 m を用いて,$a=1.5/n \cdot m$ と決定される.なお,気孔部分の線は全長から除外する.

セラミックスなどでは簡便法として,破面についての観察もしばしば行われるが,表面の不規則な凹凸のため,微構造を数値的に表現するのは難しい.

極微の構造を調べるには,透過電子顕微鏡による観察が用いられる.試料は,電子線の透過のためイオンビームにより厚さ100 nm 程度の薄片とする必要がある.この方法では,粒界のきわめて薄いアモルファス相,結晶粒内での原子の配列,相の分布などが求められる.超高圧電子顕微鏡では,試料厚み最大 1 μm 程度までの観察が可能である.

セラミックスでは,破壊源など,微構造中の粗大だがまれな構造を調べるための薄片透光法が考案され標準化されている.この方法は窒化ケイ素,炭化ケイ素,ジルコニア,チタン酸バリウム,アルミナなど透明な物質から構成されるセラミックスに適用可能である.具体的には,検査対象の薄片をつくり,その両面を鏡面研磨後,内部を透過型の光学顕微鏡で観察するものである.この方法では,評価対象の実質体積が通常の表面観察法より著しく大な点が,材質中のまれな構造を鋭敏に検出・評価するのに利用される.しかし,得られた映像はいわゆるシルエットであるため,その正確な構造を調べるには,その試料を削り構造を表面に露出させたのち,走査型電子顕微鏡で観察する必要がある.この方法で求めた粗大な欠陥の特質と材料強度との間には,定量的関係があることが報告されている.

〔植松敬三〕

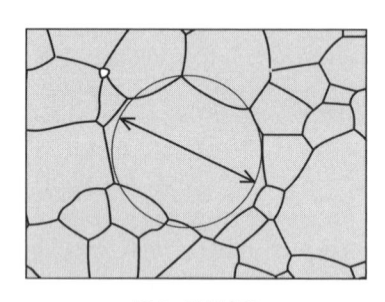

図1 円相当径

図2 アルミナセラミックスの薄片透光法による構造観察.黒い部分が気孔である.

圧縮強さ

8.23

compressive strength

　材料に圧縮荷重を負荷したときの破壊応力を圧縮強さとよぶ．圧縮強さ試験方法がJIS R 1608に定められている．標準試験片としては，直径5 mm，高さ12.5 mmの円柱試験片を用いる．角柱試験片も許容しているが，角柱試験片は軸対称ではなく，断面上の応力分布が複雑となり強度に影響を及ぼすので，できるだけ避けることが望ましい．圧縮試験の模式図を図1に示す．試験片上下面が平滑で平行（平行度0.01 mm以下）であること，加圧板が十分に硬い（HRC60）ことが重要である．圧縮強さは，破壊時の最大荷重を試験片断面積で除して求める．

　圧縮試験において，圧縮荷重の増加に伴い試験片断面は広がろうとするが，上下の加圧ジグと試験片の接触面間の摩擦のため，接触部での横変形が拘束されるので，樽のように中央部が膨らんだ形状となり，破壊に至る．破壊は，せん断応力により45°方向に複雑に破壊するが，試験片断面の膨らみにより生じた円周方向の引張応力により縦割れを起こす場合もある．

　一般にセラミックスの圧縮強さは，引張り強さ*の10倍以上であることが知られている．したがって，セラミック部材あるいは構造設計においては，できるだけ荷重を引張りや曲げでなく，圧縮で受けるような配慮が望まれる．図2に示すようなわずかな配慮で，破壊信頼性が高くなる．

（武藤睦治）

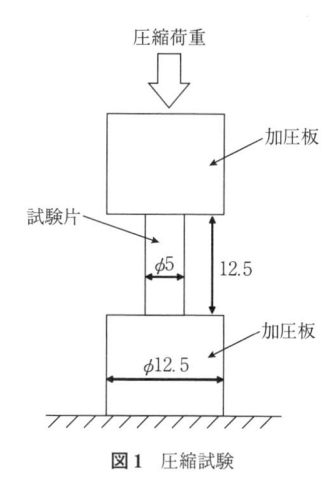

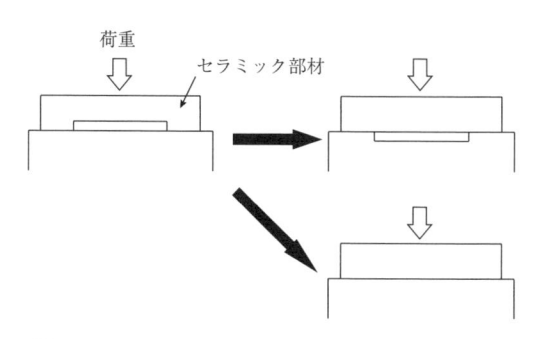

図1 圧縮試験

図2 セラミック部材の破壊信頼性向上のための設計変更

2）評 価 技 術

8.24 硬 度
hardness

　機械部品に使用されるセラミックスの多くが金属材料に比較して高い硬度をもち，局所的な応力負荷に対する抵抗性が高いと考えられることから，硬度はセラミックスの力学特性を知るうえで有用な材料特性であるといえる．

　セラミックスの硬度試験方法は，ISO 14705「Fine Ceramics-Test method for hardness of monolithic ceramics at room temperature」に規定されており，日本ではこの規格に沿ってJIS R 1610-2003「ファインセラミックスの硬さ試験方法」が規定されている．この規格では硬度試験方法として，ビッカース硬さとヌープ硬さの2種類が採用されているが，これらはいずれも四角すい型のダイヤモンド*の先端を試験体の平滑な表面に押し付け（倒立したピラミッド形状のダイヤモンド先端を試験面に押し付ける），形成されるくぼみの面積と押し付け時の負荷力から硬度を算出する方法であり，ダイヤモンドの形状の違いから，ビッカース硬さでは正方形のくぼみが，ヌープ硬さではひし形のくぼみがそれぞれ試験体表面に形成される．なお，規格の中では推奨される負荷力としてビッカース硬さについて9.807 N（1 kgf）を，ヌープ硬さについて9.807 Nもしくは19.61 Nをあげている．

　図1にビッカース硬さ測定の際のくぼみ計測を示す．試験体表面に図のようなくぼみが形成されるので，その対角線の長さを計測し，所定の計算式で硬度を算出する．なお，負荷力9.807 Nで試験した場合，セラミックスの対角線長さは数十μm程度である．たとえば，負荷力9.807 Nで対角線長さが35 μmの場合，ビッカース硬さは14.8 GPaと算出される．

　表1に代表的なセラミックスのビッカース硬さを示す．硬度の値は，従来は負荷力をkgfで，くぼみの面積をmm^2の単位で求めて算出し，単位を付けずに記載する方法がとられていたが，SI単位使用の普及に伴い，負荷力をNで求め，Pa単位で表記されることも多くなってきた．前述の規格では，両方の記述方法を認めながらも，SI単位での記述を推奨するとの立場をとっている．

〈阪口修司〉

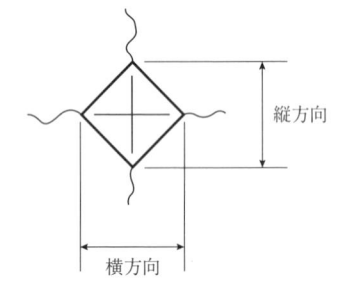

図1 ビッカース硬さ試験のくぼみの模式図．くぼみの角からき裂が発生する場合もある．くぼみの対角線長さ（縦と横の2方向）を計測する．

表1 代表的なセラミックスのビッカース硬さ

窒化ケイ素（Si_3N_4）	14～16 GPa
炭化ケイ素（SiC）	20～23 GPa
アルミナ（Al_2O_3）	15～17 GPa

8.25 引っかき硬さ

scratch hardness

　基板上に堆積されたセラミックス薄膜の「引っかき硬さ」は，セラミックス薄膜そのものがもっている硬さに加えて基板との間の密着性が関係している．薄膜と基板の相互作用を巨視的に表したものが付着である．この付着という性質は実用的には薄膜の耐久性や耐摩耗性*に関係した重要な概念である．基板との密着性は，2種類の物質が互いに完全に接しているとき，すなわち理想的な界面ではその境界面にイオン結合や共有結合，ファンデルワールス（van der Waals）力などに起因する結合力が働いていると考えることができる．しかし，実際には基板表面に凹凸があったり，異質な表面層が存在したり，熱膨張係数*の違いで薄膜中に残留応力が存在するなど，理想的な界面とは大きく異なっている．薄膜と基板との間には①結晶学的な結合力が働く，②電荷を交換して界面に電気二重層を形成して生じる静電的な力が働く，③酸化などにより境界層をつくる，④イオン衝撃などによって原子が基板に拡散し，境界層をつくる，などの相互作用が考えられる．基板や薄膜の違いにより，また薄膜の形成方法により，その相互作用が異なり，薄膜の付着力に差が生じる．

　「引っかき硬さ」は引っかき法（スクラッチ法）を用いて測定される（図1）．引っかき法（スクラッチ法）は，鋼やダイヤモンド*などの先端曲率半径の小さい硬い針を薄膜に垂直に押し付け，荷重をかけて針を動かして薄膜の表面を引っかき，膜が基板からはがれたときの荷重から膜の密着性を評価する方法である[1,2]．この方法は，針先でのせん断応力が付着力を超えたときに膜がはく離すると考え，小さな試料，小さな領域で評価できること，接着剤を用いる必要がないなどの利点があることから，専用の測定装置も実用化されている．馬場らは，先端の半径が5〜25 μm程度のダイヤモンド圧子を用いて，セラミックアクチュエーターで数μm〜80 μm程度の振幅で強制振動させながら薄膜表面に荷重を印加する方法で付着力を測定する．膜が基板からはがれる際には荷重が急激に変化することからはく離荷重が検出される[3]．

（長友隆男）

文献

1) P. Benjamin and C. Weaver : Proc. Roy. Soc. London, **A254**（1960）163
2) 長友隆男，大本 修 : 応用物理 **47**（1978）618
3) S. Baba, A. Kikuchi and A. Kinbara : J. Vac. Sci. Technol. A, **A5**（1987）1860

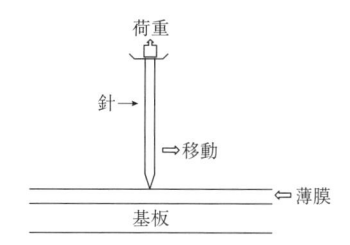

図1 引っかき法（スクラッチ法）の概念図[2]

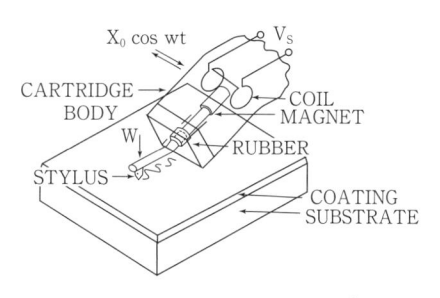

図2 スクラッチ式付着力測定法[3]

はく離強度

8.26

peel strength

　セラミックス薄膜が基板上に堆積されたとき，理想的な界面ではその境界面にイオン結合や共有結合，ファンデルワールス (van der Waals) 力などに起因する結合力が働いていると考えることができる．しかし，実際には基板表面に凹凸があったり，異質な表面層が存在したり，熱膨張係数*の違いで薄膜中に残留応力が存在するなど，理想的な界面とは大きく異なっている．薄膜と基板との間には，①結晶学的な結合力が働く，②電荷を交換して界面に電気二重層を形成して生じる静電的な力が働く，③酸化などにより境界層をつくる，④イオン衝撃などによって原子が基板に拡散し，境界層をつくるなどの相互作用が考えられる．はく離強度を測定すると，基板や薄膜の違いにより，また薄膜の形成方法により，その相互作用が異なり，薄膜のはく離強度が異なる．

　基板上のセラミックス薄膜のはく離強度の測定法は，膜の表面にリベットやテープを貼り付けて薄膜を基板から引きはがすのに必要な力を測定するものであり，直接引張り法，引き倒し法，せん断法などに分類される．直接引張り法 (pull test) は，膜の表面に付着棒を接着剤で貼り付け，上端を真上に引っ張り，その力を測定する[1] (図1)．はく離強度は薄膜が基板からはがれたときの力と接着面積から求めることができる．この方法では，力を加える方向が膜に対して完全に垂直でないと界面にせん断力が働いて本来よりも弱い力ではく離が起こり，測定誤差を生じる．引き倒し法 (topple test) は付着棒を膜面に接着したのちに，真横に力を加えて棒を引き倒す方法である．せん断法 (shear test) は膜表面に金属板などを接着し，膜面と平行方向に引っ張る方法である．膜に対して完全に平行に力を加えることが難しい．

　そのほかの方法として，引きはがし法 (peel test) やねじり法 (twist-off test) がある．引きはがし法を簡略化したものにテープテストがある．接着テープを膜に張り付け，これをはがすときに膜が基板に残るかどうかを見て，膜の密着性を判定する．スコッチテープやセロファンテープを膜面に強く押し付けて接着し，その後垂直にすばやく引っ張ってはがす．この操作を所定の回数繰り返した後，外観上明らかな膜のはく離がないかどうか，あるいは顕著な抵抗の変化 (抵抗体セラミックスに対して) がないかを調べる．　　　　　　（長友隆男）

文献
1) 鈴木堅吉，小川博文，佐藤　信，熊田明夫：応用物理 **44** (1975) 247

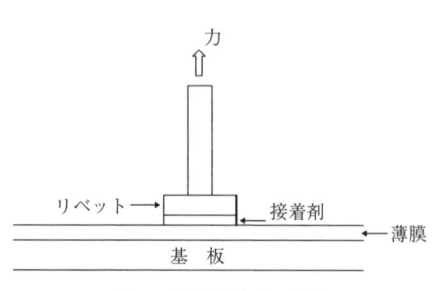

図1 直接引張り法の原理

摩擦係数

8.27

friction coefficient

接触する二つの物体が,外力の作用下で滑りや転がり運動をするとき,その接触面においてその運動を妨げる方向の力が発生する.この力を摩擦力(frictional force)とよび,摩擦力を接触面に垂直な荷重で割った値を摩擦係数とよぶ.潤滑油を用いない固体表面どうしの摩擦は,乾燥摩擦(dry friction)あるいは固体摩擦とよばれる.乾燥摩擦に関する経験則として,摩擦係数が①垂直荷重,②見かけの接触面積,③滑り速度に依存せず一定であることが知られている(Amontons-Coulombの法則).近似的な法則であり,荷重や滑り速度が著しく小さい場合,あるいは大きい場合は成立しないことが多いが,おおむね摩擦現象の特徴をとらえている.

乾燥摩擦の原因としていくつかの仮説が提案されてきたが,現在ではつぎに述べる凝着説が基本的な考え方として支持されている.現実の表面は,原子レベルで平滑ではなく凹凸を有している.このため,二つの平面を接触させた際,実際に接触している面積(真実接触面積)は見かけの接触面積に比べてきわめて小さく,荷重はこの微小な真実接触部で支えられている.このため,真実接触部は高い接触圧力を受け材料は降伏して凝着を生ずる.二つの平面を滑らす際に,この凝着部分をせん断する力が必要となり,この力が摩擦力として現れる.荷重が増加すると,それに比例して真実接触部が増加すると考えることにより,上記の経験則が説明される.

セラミックスは,金属と比べて高い硬度*をもち,また凝着し難いことから幅広いしゅう動条件下で低い摩擦係数をもつことが期待される.雰囲気の影響のない真空中や不活性雰囲気中において,金属材料は凝着のため摩擦係数が容易に10を超えるのに対し,セラミックスの摩擦係数が1を超えることはない.セラミックスどうしの摩擦係数は,おおむね0.15〜0.80程度の範囲にある.金属材料の大気中での摩擦係数は0.4〜1.5程度の範囲にあり,セラミックスに比べていくぶん高い程度であるが,これは表面が酸化膜で覆われていることに関係する.

工業的には,しゅう動部での摩擦によるエネルギー損失を低減させるために流体を用いた潤滑が行われる.このような流体潤滑(fluid film lubrication)においては,摩擦面間に流体膜が介在し個体間の直接接触はないので,摩擦係数は固体摩擦に比べて1〜2桁低減される.

(平尾喜代司)

(a) 摩擦係数 　摩擦係数:$\mu = \dfrac{F}{N}$
垂直荷重 N,運動方向,摩擦力 F

(b) 乾燥摩擦　真実接触部

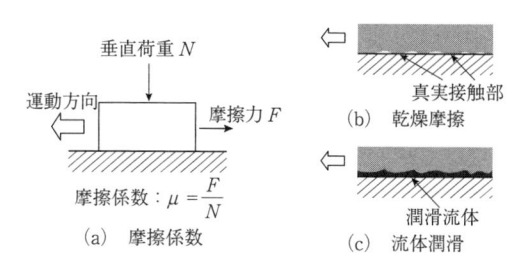

(c) 流体潤滑　潤滑流体

図1 摩擦現象の概略図

摩耗

8.28

wear

二つの物体が接触して運動する際に，摩擦により表面から材料が徐々に失われていくことを摩耗とよぶ．摩耗の機構はきわめて複雑であるが，大きくはつぎのように分類される．

① 凝着摩耗（adhesive wear）：材料表面の微細な凸部での接触域（真実接触域：摩擦係数の項参照）における凝着部分のせん断や破壊に伴う摩耗．
② アブレッシブ摩耗（abrasive wear）：硬質表面突起や硬質粒子の主として切削作用により生ずる激しい摩耗．
③ 腐食摩耗（corrosive wear）あるいはトライボケミカル摩耗（toribochemical wear）：摩擦面と雰囲気中の酸素，水分などとの化学反応が支配的な摩耗．

セラミックスは，化学的安定性に優れ，高い硬度*，低い凝着性をもつため，上記の①〜③のいずれの形態の摩耗においても有利であり，金属などほかの材料に比べて摩耗しにくい（耐摩耗性に優れた）材料ということができる．しかし，セラミックスは脆性材料であるため，部分的な応力集中により微視的な脆性破壊が生じ，場合によっては激しい摩耗が進行することが知られている．

荷重が小さな場合には，セラミックスの摩耗は雰囲気との化学反応やきわめて微細な摩耗粉が関与し，滑らかな摩耗面を形成する．一方，高い荷重あるいは高速でのしゅう動においては，上に述べた脆性破壊型の摩耗が進行ししゅう動面は荒れた状態となる．前者をマイルド摩耗，後者をシビア摩耗とよぶこともある．したがって，無潤滑下でのセラミックスのしゅう動特性を評価する場合には，どのような条件下で脆性破壊型の摩耗が生じるかを検討することが重要となる．このため，荷重，しゅう動速度，しゅう動環境など摩耗に関係する因子をパラメーターとして摩耗の形態を整理し，摩耗形態図（wear map）としてまとめることが試みられている． **（平尾喜代司）**

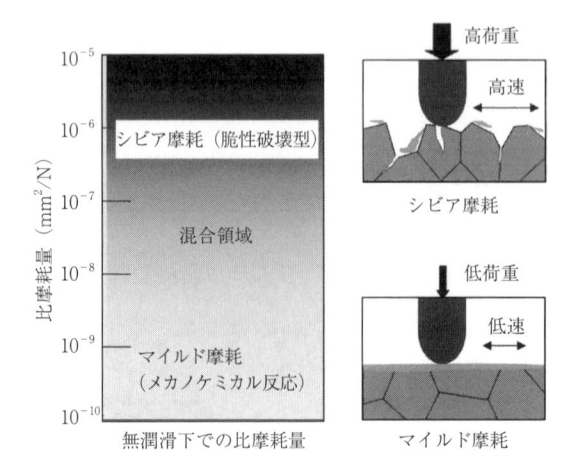

図1 無潤滑下でのセラミックスの摩耗形態
（比摩耗量については「耐摩耗性」の項を参照）

密度

density

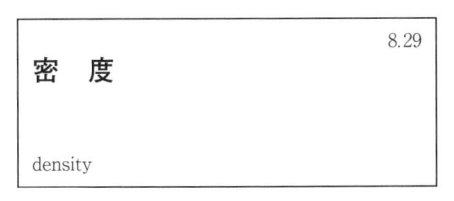

8.29

単位体積の物質が有する質量を示す．SI単位は kg/m^3 だが，慣例的に g/cm^3 もしばしば使われる．

材料の密度には大きく分けて①材料の主体となる「物質そのもの」に起因する情報（純度，固溶状態，多相の存在割合，原子レベル欠陥など）と，②そうした物質の「存在状態」に起因する情報（気孔，マクロ欠陥など）が含まれており，いずれも材料評価のうえで基本的かつきわめて重要な指標ということができる．

密度には定義によっていくつか種類があり，真密度（true density），理論密度（theoretical density），見かけ密度（apparent density），かさ密度（bulk density）などがあげられる．真密度は物質の気孔をまったく含まない部分の密度，理論密度は物質中の原子配列と格子定数から求められた計算値である．見かけ密度，かさ密度は，体積のとり方が異なっており，前者は材料の開気孔を除いた体積を，後者は開気孔を含む体積を基準にしたものである．

密度測定法の代表的なものとして，アルキメデス法について説明する．アルキメデス法は，不定形固体試料に適した測定法で，乾燥試料の空気中重量（W_1），開気孔に液体を浸透させた試料の液中重量（W_2），ならびにその状態での空気中重量（W_3）をもとに計算する（図1を参照）．

見かけ密度：$d_a = W_1/(W_1 - W_2) \times d_L$
かさ密度：$d_b = W_1/(W_3 - W_2) \times d_L$
 　　　　　（d_L：液体の密度）
（見かけ）気孔率：$p_a = (W_3 - W_1)$
 　　　　　　　　　　　/$(W_3 - W_2) \times 100$

（林　滋生）

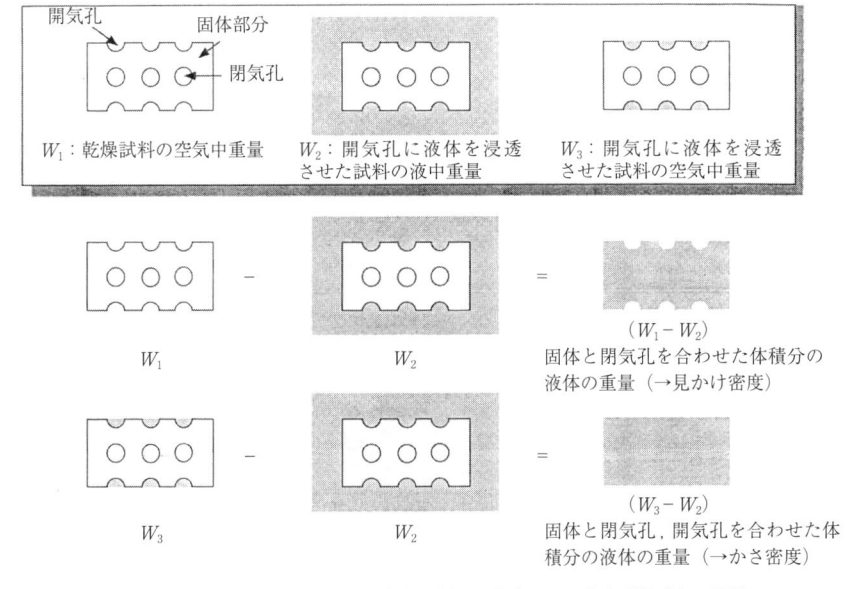

図1 アルキメデス法に用いる測定量と見かけ密度，かさ密度計算式との関係

気孔率 8.30

porosity

　固体中に含まれている気孔の体積割合を％で表現したものを気孔率という．

　セラミックス，とくに粉末原料から作製された焼結体には，多かれ少なかれ必ず気孔が含まれているといっても過言ではない．粉末成形時に生じる欠陥（粉末粒子の充てんむら）は完全には焼結によって消失させることができず，結果的に材料中に気孔として残留するからである．

　気孔は，セラミックス中の欠陥の一種としてとらえられる場合と，反対にそれがもつ性質を材料の機能として積極的に利用する場合とがある．前者は，たとえば緻密であることが要求される材料の場合に相当し，気孔は破壊源となって材料強度を低下させることになる．一方，気孔の機能を利用する材料の場合，気孔は断熱性，流体透過性などを発現させる源となる．こうした気孔に関しては，気孔率のみならず，気孔径分布，あるいは気孔の形態も重要であることに留意しなくてはならない．

　気孔は，物質の表面に接しているか否かで，開気孔（open pore），閉気孔（closed pore）に大別される．開気孔と閉気孔をともに考慮に入れて計算した気孔率を真気孔率（true porosity），開気孔のみを対象としたものを見かけ気孔率（apparent porosity）とよぶ．

　気孔率の測定法としては，アルキメデス法，水銀圧入法，ガス吸着法などがあげられる．アルキメデス法については，密度*の項目を参照されたい．水銀圧入法，ガス吸着法は，開気孔にのみ対応した測定法であるが，気孔径分布も測定することができる．閉気孔率を求めるには試料の真密度の値が必要であるが，切断面の顕微鏡観察像をもとにした画像解析なども有効な手段となる．

　水銀圧入法は，固体表面での水銀のぬれ性が低く，気孔に水銀を浸透させるのに外部からの加圧を要することを利用し，開気孔径分布を求めるものである．気孔半径をr，圧力をP，水銀の表面張力をγ，接触角*をθとすると，これらの関係は次式で表すことができる．

$$P \cdot r = -2\gamma\cos\theta$$

　水銀中に試料を投入し，密閉して圧力をかけていくと，式が満足される径を有する気孔から順に水銀が浸透していく（図1）．圧力と水銀浸透量をモニターすることで，気孔径分布を得ることができる．

　一方，ガス吸着法では，気体の毛管凝縮（気孔表面のような凹面では平衡蒸気圧が平面より低いので，気体の凝縮がより低圧で起こる）を利用して気孔径分布を得ることができる． 　　　　　　　　　　（林　滋生）

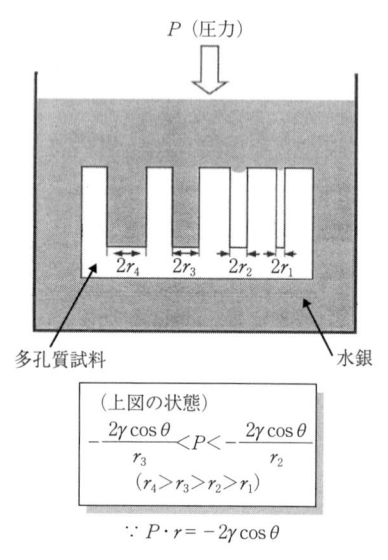

図1　水銀圧入法による気孔径分布測定の原理

8.31 表面粗さ

surface roughness

セラミックスは脆性材料であるため，加工時に生成したクラックは部材の強度に大きな影響を及ぼす．また，しゅう動部材や耐食性部材においては，表面粗さが部材の性能を大きく支配する．このため，加工により生じたクラックの除去や表面粗さを改善するために，研磨スラリーを用いてポリッシングが行われる場合もある．したがって，得られた部材の表面性状について定量的な評価を行うことはきわめて重要である．

加工された部材の表面の凹凸の状態は，一義的には加工時の砥粒の粒度，送り速度などの加工条件に支配されるが，これ以外に砥石の切れ味など多くの要因に左右される．一方，表面加工を必要としないセラミックス部材もあるが，この場合においても焼成面の凹凸状態は部材の性能，耐久性に大きな影響を及ぼす．

このように部材表面の幾何学的形状は多くの要因で形成されるので，形や大きさの違うさまざまな凸凹が重なった状態で存在する．これらは，形状精度，うねり，表面粗さなどに分類される．このため，表面粗さの評価は，たとえば日本工業規格 JIS B 0601，JIS B 0651 で定められている方法と定義によって，うねり成分とそれより長い波長成分を除去して行われる．測定面に垂直な平面で切断したとき，その切り口に現れる線を断面曲線とよび，断面曲線からうねりなど所定の波長よりも長い成分を除去した曲線を粗さ曲線とよぶ．表面粗さのパラメータは，断面曲線をこのようにフィルター処理して得られた粗さ曲線に基づいて算出される．表1にJIS B 0601-2001 で規定されている代表的な表面粗さのパラメーター（表面性状パラメーターとよばれている）をまとめて示す．　　　　　　（平尾喜代司）

表1 代表的な表面性状パラメーター

名称，記号および説明	参 考 図
最大高さ粗さ：Rz 粗さ曲線において平均線（m）の方向に基準長さを抜き取り，この基準長さにおける山高さの最大値と谷深さの絶対値の最大値との和．	
算術平均粗さ：Ra 粗さ曲線において平均線（m）の方向に基準長さ l を抜き取り，平均線方向を x 軸，高さ方向を z 軸とし，粗さ曲線を $z=f(x)$ で表したとき右図に示す式により求められる値．	$Ra = \dfrac{1}{l}\int_0^l |f(x)|dx$
十点平均粗さ：Rz_{JIS} 粗さ曲線において平均線（m）の方向に基準長さを抜き取り，最高の山頂から5番目までの山高さの平均と最深の谷底から深い順に5番目までの谷深さの平均の和．国際規格では削除されたが JIS B 0601-2001 では付属書に参考として残されている．	$Rz_{\mathrm{JIS}}=(|Zp_1+Zp_2+Zp_3+Zp_4+Zp_5|$ $+|Zv_1+Zv_2+Zv_3+Zv_4+Zv_5|)/5$

2）評　価　技　術

熱伝導率

8.32

thermal conductivity

放射や物質の移動を伴わず，高温側から低温側へ熱が移動することを熱伝導*といい，この熱移動の起こりやすさを表す係数を熱伝導率という．物質中に温度勾配があるとき，フーリエの法則より熱伝導率 λ は，熱の伝わる方向に垂直にとった等温平面の単位面積を通って単位時間に流れる熱量 q と，この方向の温度勾配 $\mathrm{grad}\,T$ から

$$\lambda = -q/\mathrm{grad}\,T \ (\mathrm{W/mK})$$

で表される．熱伝導率と比熱容量 C_p (specific heat capacity) および熱拡散率 α (thermal diffusivity) には，

$$\alpha = \lambda/(\rho C_p) \ (\rho\ \text{は密度})$$

の関係がある．比熱容量の単位は kJ/(kgK)，熱拡散率の単位は $\mathrm{m^2/s}$ ．

金属の熱伝導が自由電子によるものであるのに対し，セラミックスの熱伝導は格子振動が支配的である．このため，一般にセラミックスの熱伝導率は金属に比べて小さい．代表的なセラミックスの熱物性を表1に示す．

熱伝導率の測定方法としては，熱伝導率を直接測定する方法と，密度，比熱容量および熱拡散率から $\rho\cdot C_p\cdot\alpha$ で算出する方法がある．構造材料や電子材料として用いられるセラミックスでは，密度，比熱容量，熱拡散率を測定する方法が一般的である．熱拡散率の測定方法には，レーザーフラッシュ法，光交流法，3ω 法などがある．比熱容量の測定方法には，示差走査熱量計を用いる方法，レーザーフラッシュ法，投下法などがある．レーザーフラッシュ法で熱拡散率，示差走査熱量計で比熱容量を測定し，熱伝導率を求める方法がよく用いられている．一方，断熱材として用いられるような低熱伝導率材料は，保護熱板法，平板比較法，細線加熱法などの直接熱伝導率を測定する方法が用いられる．これらのほかにも，熱伝導率に関する測定には多くの方法があり，評価する材料，使用環境などに合わせ，適切な方法を選択する必要がある．

どの測定方法も基本原理は比較的簡単であるが，実際の測定においては，対流，ふく射による熱移動や損失熱量などが存在し，初期条件や境界条件が十分満たされていないことがある．このような場合は測定精度が低下するので，要因を取り除くか補正する必要がある．

〈小川光惠〉

表1 おもなセラミックスの 300 K における熱物性値

材料	組成	密度 $(\mathrm{kg/m^3})$	比熱容量 $(\mathrm{kJ/kg\cdot K})$	熱拡散率 $(10^3\mathrm{m^2/s})$	熱伝導率 $(\mathrm{W/m\cdot K})$	備考
アルミナ	$\mathrm{Al_2O_3}$	3880	0.7789	0.0119	36.0	純度 99.5%
マグネシア	MgO	3508	0.9241	0.0149	48.4	純度 99.5%
石英ガラス	$\mathrm{SiO_2}$	2200	0.6923	0.000906	1.38	高純度
チタニア	$\mathrm{TiO_2}$	4175	0.6921	0.0029	8.4	純度 99.5%
安定化ジルコニア	$\mathrm{ZrO_2}$	5684	0.4555	0.00120	3.10	$\mathrm{Y_2O_3}$：2.4%
ムライト	$\mathrm{3Al_2O_3\cdot 2SiO_2}$	2790	0.7676	0.0028	5.9	気孔率 11.4%
炭化ケイ素	SiC	3146	0.6736	0.127	270	気孔率 2%，BeO 1%
窒化アルミニウム	AlN	3250	0.7381	0.108	260	気孔率<0.3%
窒化ケイ素（β 相）	$\mathrm{Si_3N_4}$	3150	0.7113	0.0140	31	無助剤，ホットプレス

（出典）日本熱物性学会編：熱物性ハンドブック，pp. 260-264，養賢堂（1990）

8.33 熱膨張率

coefficient of thermal

　熱膨張率とは，圧力が一定のもとで熱により物体が膨張するときの，単位温度変化当たりの長さまたは体積の変化率をいう．長さ変化を示す線膨張率と体積変化を示す体膨張率とがあり，熱膨張率としては通常前者（線膨張率）をさす．熱膨張率は熱膨張係数ともいう．等方体の場合，線膨張率 α と体膨張率 β は，$\beta = 3\alpha$ という関係式で表すことができる．また，ある温度間の長さ変化または体積変化から求めた熱膨張率は，その温度間での平均の変化を表すことから，平均線膨張率，平均体膨張率という．長さ変化を ΔL，体積変化を ΔV，温度変化を ΔT とすると，線膨張率は $\Delta L/(L \cdot \Delta T)$，体膨張率は $\Delta V/(V \cdot \Delta T)$ と表される．温度変化で除さない $\Delta L/L$ および $\Delta V/V$ は線膨張，体膨張という．一方，温度変化を極限に小さくしたときの値は，線膨張率，体膨張率というように平均を付けない．熱膨張率の単位は K^{-1} で，セラミックスの場合は 10^{-6} または 10^{-7} のオーダーで表すことが多い．

　熱膨張率の測定は，試料の長さ変化を直接的に計測する絶対測定法と，熱膨張率が既知の参照試料と測定試料を比較して測定する比較測定法に分けられる．絶対測定法には，光干渉法，X線回折法などがあり，比較測定法には押し棒式，熱機械分析法，静電容量式，てこ式など数多くの方法がある．おもな方法の概要を下に記す．

① 光干渉法：試料の温度変化による長さの変化を光によってつくられた干渉縞の移動量として測定する方法で，長さの標準でもある光の波長を基準とした絶対測定法である．もっとも精度が高い方法で，標準値の値付けなどに用いられるが，十分な取り扱いおよび試料調整が必要である．また，あまり高温まで測定を行うことができない．光源としてはレーザーを用いたものが大部分であり，この場合，レーザー干渉法ともいう．

② 熱機械分析法（TMA法）：温度変化による試料と参照試料の伸びまたは伸びの差を作動トランスなどの変位計で測定する方法である．試料と参照試料を同時に加熱し，伸びの差を計測する示差膨張式と，試料および参照試料を個別に測定し，検出棒を含めた全体の伸びを計測する全膨張式がある．どちらも試料に任意に荷重を付加できる．装置の構造が簡単であり，取り扱いも容易である．また，高温まで測定が可能である．

　比較測定法で測定を行う場合は，参照試料の熱膨張率の精度が直接測定精度に影響を及ぼすため，信頼性の高いものを使用する必要がある．JIS R 1618（ファインセラミックスの熱機械分析による熱膨張の測定方法）では，溶融石英またはアルミナ*を参照試料としている．アルミナの線膨張率の推奨値を表1に示す． 　　（小川光惠）

表1 アルミナの線膨張および線膨張率

温度 (K)	線膨張 ($\times 10^{-6}$)	線膨張率 ($\times 10^{-6}$/K)
293	0	5.30
400	642	6.64
600	2215	7.99
800	3790	8.62
1000	5560	9.09
1200	7430	9.59
1400	9400	10.09
1600	11460	10.51
1800	13600	10.84
2000	15810	11.37

8.34 引張り強さ
tensile strength

金属材料などの工業材料では，強度測定には一般的には引張り試験法が用いられるが，セラミックスの場合，強度測定法としてもっとも一般的な方法は曲げ試験法である．これは，セラミックスでは弾性率が高く，少なくとも室温では破壊するまで塑性挙動をほとんど示さないために，引張り試験中の局所的な応力集中を塑性変形により緩和することができず，また偏心荷重による曲げ応力が発生しやすいために，試験片に均一に応力を負荷することが非常に困難であることによるものである．

ファインセラミックスの引張り試験法については，室温および高温ともに，JIS R 1606 に規定されている．引張り試験では矩形断面，円形断面などのさまざまな試験片が用いられるが，JIS R 1606 では図1に示すようなゲージ部の断面形状が直径6 mm の円形で，ゲージ部長さが 30 mm の試験片が推奨されている．また，ゲージ部両側肩部の曲率半径としては，応力集中を抑制するために 30 mm 以上とすることが望ましいとされている．このような寸法の試験片を採取することが困難な場合は，ゲージ部の直径と長さの比が 1/5 以下であることが望ましい．引張り強度は，$\sigma_T = 4P/(\pi d^2)$ で与えられる．ここで，σ_T は引張り強度，P は最大荷重，d はゲージ部直径である．試験時の荷重点に作用するクロスヘッド速度は 0.5 mm/min とし，試験片の個数は5以上が望ましいとされている．また，試験片の表面粗さ*は 1.6 S に仕上げることが規定されている．研削方向は，応力の負荷方向（試験片の長手方向）に平行であるほうが研削加工傷が破壊源となりにくいために好ましい．

試験片の保持装置は，試験中に変形したり破壊したりしないもので，かつ試験片と接着しないことが求められる．保持装置は，試験片を確実に保持できるもので，試験中に荷重を加えたとき，試験片の中心軸と引張り試験装置の引張り軸が一致し，試験片に曲げ，ねじりなどの不要なひずみを与えることがほとんどないものであることが必要である．このため，セラミックスの引張り試験には，ユニバーサルジョイントなどの自動調心装置，玉軸受・気体軸受などの保持装置が用いられたり，試験片と保持部に適当な緩衝材を挿入したりすることが行われている．JIS R 1606 においては，試験中において試験片ゲージ部に発生する曲げひずみ成分は引張りひずみ成分の 10% 以下にすることが求められている．

セラミックスの強度分布は，一般的にワイブル統計法により処理されており，ワイブル係数がわかれば，破壊が体積内の同一種類の欠陥により起こると仮定すれば，有効体積の比較により引張り試験の平均強度と曲げ試験の平均強度を関係づけることができる．

（大司達樹）

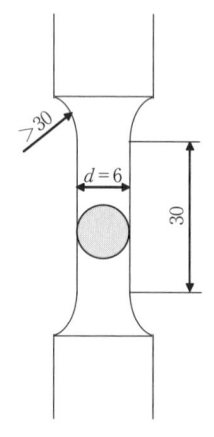

図1 JIS R 1606 に規定されている引張り試験片（単位：mm）

曲げ強さ

8.35

bending strength

セラミックスの曲げ強さ試験方法がJIS R 1601に示されている．長さが36 mm以上で，幅4 mm，厚さ3 mmの曲げ試験片を用い，支持点間距離を30 mmとした3点曲げ，あるいは4点曲げにより負荷を加える．4点曲げの場合の荷重点間距離は10 mmである．破断時の最大荷重から，曲げ強さを算出する．図1に3点曲げ負荷の様子を示す．

曲げ強さには，試験片加工の際に導入された加工傷および残留応力が大きな影響を与える．とくに稜部（エッジ部）における加工傷は顕著であるので，稜部は丸めるか面取りを行う．研削加工により導入された加工傷および残留応力を除去するため，試験片引張り側表面は十分な深さまで研磨する必要がある．破断後，破面上で破壊起点の詳細な観察を行い，起点が加工傷ではなく，材料製作の際の製造欠陥であることを確認することが望まれる．

一般に，3点曲げ強さと4点曲げ強さは一致しない．さらに，前項の引張り強さとも一致しない．これは，製造欠陥がセラミックス内に寸法分布をもって存在していることに基づいている．大きな試験部体積（有効体積）を有する試験片ほど，より大きな最大欠陥を含む確率が高い．したがって，有効体積の大きな試験片ほど，低い曲げ強さあるいは引張り強さを示すことになる．JIS R 1601に従った同一寸法の曲げ試験片を用いた場合，4点曲げ試験のほうが3点曲げ試験に比べ有効体積が大きくなるので，低い曲げ強さを示す傾向にある．強度と有効体積の関係を図2に示す．項目「強度分布（ワイブル分布）」にあるワイブル係数 m を用いると，3点曲げ強さ σ_{f3} と4点曲げ強さ σ_{f4} にはつぎの関係がある[1]．

$$\frac{\sigma_{f3}}{\sigma_{f4}} = \left(\frac{m+2}{2}\right)^{1/m}$$

たとえば，$m = 20$ とすると，右辺は1.13となり，3点曲げ強さは4点曲げ強さの1.13倍程度であることがわかる．有効体積の考え方を利用すれば，JIS R 1601の小型曲げ試験片の曲げ強さから，実部材の曲げ強度を推定することができる．

製造欠陥の寸法分布は，上述の曲げ強さの試験片寸法依存に加え，同一寸法試験片の曲げ強さのばらつき（分布）をもたらす．これに関しては，別項「強度分布（ワイブル係数）(8.39)」に説明がある．

（武藤睦治）

文献

1) 窯業協会：セラミックスの機械的性質，p. 23 (1979)

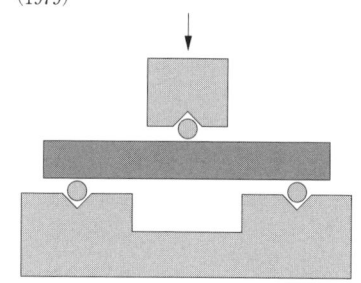

図1 試験片と3点曲げ負荷

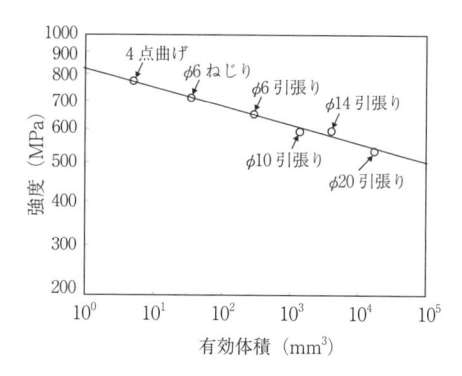

図2 強度と有効体積の関係

2) 評 価 技 術

破壊靱性　8.36

fracture toughness

　材料内に存在するき裂に対する破壊抵抗を破壊靱性という．き裂を有する弾性体に負荷が加えられたときのき裂周りの応力場の強さを表すパラメーターを，応力拡大係数（stress intensity factor）とよび，K で表す[1]．き裂材の破壊は K の値が材料の限界値を超えたときに生じ，限界値 K_{IC} を破壊靱性値（fracture toughness）とよぶ．したがって，破壊靱性値を求めるには，あらかじめ試験片にき裂を導入しておき，その破壊試験を行う．セラミックスは脆性体であるので，一般にき裂を導入することは難しい．セラミックスの破壊靱性法は，どのような手法で予き裂を導入するかにより異なる．以下にそれらを例示する[2]．

① JIS R 1607 にある SEPB 法は，貞広らの開発した BI 法に基づき曲げ試験片に貫通予き裂を導入するものである．BI 法による予き裂導入用のジグが必要である．また，BI 法に対する習熟が要求される．

② CSF（controlled surface crack）法は，曲げ試験片の表面中央に，圧子により半円（あるいは楕円）状の圧痕き裂を導入するものである．この方法では，導入した予き裂周りに圧縮の残留応力を生じているので，圧痕深さの3倍以上の表面層の研削，あるいは熱処理などにより，残留応力を除去する必要がある．

③ CN（chevron notch）法は，曲げ試験片にV字型のノッチを機械加工するものである．この場合，ノッチ先端から安定き裂が進展し，それが不安定に移行するときの限界値から破壊靱性値を評価するので，十分鋭いノッチを導入しなければノッチ先端から直接不安定破壊を生じてしまい，破壊靱性値を得ることができない．

④ IF（indentation fracture）法は，上述の予き裂を導入する方法とは異なり，材料表面に圧子を圧入し，生じた表面き裂の長さから破壊靱性値を推定する，いわば半経験的な方法である．多くの半経験的評価式が提案されており，得られる値も同一ではないが，簡便さのため広く用いられている．なお，JIS R 1607 中にも推奨方法が示されている．

　IF 法を除くいずれの試験法においても，導入される予き裂はき裂面間にブリッジングやインターロッキングなどの干渉がない理想き裂とみなせなければならない．そのために，予き裂導入後に引張りでなく圧縮応力を負荷し，ブリッジングなどを解消する方法も有効と考えられる．また，破壊靱性試験中に，安定き裂伝ぱを伴う場合，正しい破壊靱性値が得られず，しばしば過大な値となることがある．とくに，SEPB 法のような貫通き裂は，CSF 法の表面き裂に比べ試験片の特性（き裂の進展に伴う試験片コンプライアンスの低下が，貫通き裂のほうが小さい）として安定き裂進展を生じやすいので，注意が必要である．実用的にも実在する欠陥は，表面き裂あるいは内部き裂であり，貫通き裂であることはほとんどないので，安定き裂伝ぱを伴わない正確な破壊靱性値を評価しておくことが重要である．

〈武藤睦治〉

文献

1) たとえば，線形破壊力学入門，岡村弘之，培風館（1976）
2) 武藤睦治，田中紘一，官原信幸，セラミックスの破壊靱性評価法の相互比較，日本機械学会論文集，A, 518, p. 2144（1989）

8.37
高温強度

high temperature strength

　セラミックスの高温での信頼性を確保するためには，高温での強度特性を正しく理解することが重要である．室温では脆性で，弾性変形しか起こさないセラミックスでも，高温になれば原子空孔の生成消滅運動の活発化，粒界第二相の軟化とそれによるイオンの溶解再析出の活発化などにより粒界滑りが助長され，塑性変形やクリープ変形を起こしやすくなる．それに伴い，き裂の粒界進展が促進されたり，あるいは粒界などにキャビティーが集積されたりすることにより破壊が助長される．

　たとえば，代表的な構造用セラミックスである窒化ケイ素*では，通常，焼結助剤*として用いられる酸化物により粒界*にガラス相が形成されるが，1000℃以上の高温ではこの粒界ガラス相が軟化を始める．そこで，臨界応力拡大係数，K_{Ic}に近い比較的高い応力条件下では，既存の大きな欠陥からき裂が粒界を選択的に，ゆっくりと進む安定き裂成長が誘起される．また，そのような安定き裂成長が起きないような低応力下でも，粒界あるいは粒界三重点に多数のキャビティーが生成，成長することによりクリープ損傷が促進され，これらのキャビティーが合体することにより大きなき裂が形成され，最終的にはクリープ破壊を引き起こす．

　したがって，セラミックスの高温での破壊は，図1に模式的に示すように，負荷応力に依存して既存欠陥からの安定き裂成長が支配する領域と，クリープ損傷が支配する領域によって分けることができ，破壊に至る時間 t_f は，通常，負荷応力 σ により $t_f = C\sigma^n$ の関係で整理されており，ここで C は定数，n は疲労指数とよばれている．破壊に至る時間の応力依存性を表すパラメーターである．

　一般的に安定き裂成長が支配する領域では，実験的に得られる n は高い値（$n>10$）となり，クリープ損傷が支配する領域では低い値（$n<10$）となる．前者の領域では，負荷応力が低下するにつれ応力拡大係数はしきい値（K_{th}）に近づき，表面拡散が支配的となる．このため，き裂の先端が鈍化し，進展が抑制されるため，それ以下では安定き裂成長による遅れ破壊が起こらないしきい応力が存在する．

　一方，後者の領域では，キャビティーの生成と成長の挙動に破壊が支配され，この場合，破壊に至る時間とクリープひずみ速度の積が一定となる Monkman-Grant の法則が成り立つ場合が多い．粒界にガラス相を有する窒化ケイ素では，キャビティーが容易に生成するためにクリープ損傷による破壊が顕著になり，結果としてしきい応力は現れにくくなるのに対し，粒界にガラス相の存在しない炭化ケイ素*では，クリープ損傷は起こりにくくなりしきい応力が明瞭に観察できる場合がある．（**大司達樹**）

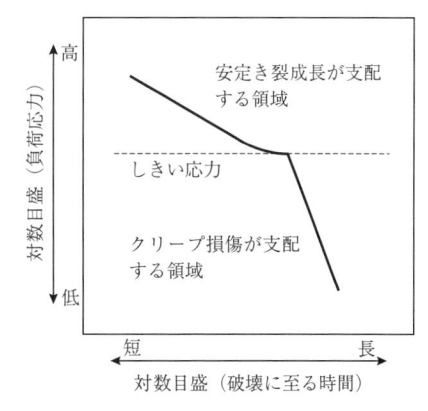

図1 セラミックスの高温強度特性の時間依存性

ヤング率 / ポアソン比

8.38

Young's modulus, Poisson's ratio

ヤング率, ポアソン比は, ともに等方な固体を対象とする弾性定数であり, 機械部品の設計のために計算機による応力解析を行うとき, これらの値を与えなければならないことが多い. したがって, セラミック材料においても, これらの値を求めることが要求される. ヤング率を測定する方法の規格として, ISO 17561 Fine ceramics -Test method for elastic moduli at room temperature by sonic resonance (音響共振による室温弾性率試験方法) が制定されているが, 現状ではセラミック試料に超音波を送り込み, 音速を測定してヤング率およびポアソン比を算出する方法が, 室温での特性を測る目的ではより一般的に使用されている.

この方法は, JIS R 1602「ファインセラミックスの弾性率試験方法」に記載されており, セラミック試料中に音響波の縦波および横波を送り込み, それぞれの速度から以下の式でヤング率およびポアソン比を求める方法である.

$$E = \rho \cdot \frac{3V_L^2 \cdot V_T^2 - 4V_T^4}{V_L^2 - V_T^2}$$

$$\nu = \frac{V_L^2 - 2V_T^2}{2(V_L^2 - V_T^2)}$$

ただし, E:ヤング率, ν:ポアソン比, ρ:密度, V_L:縦波速度, V_T:横波速度である.

通常, セラミックス中での縦波音速は 10 km/sec 前後であり, たとえば 10 MHz の超音波を使用すれば波長は約 1 mm となる. 音速測定には, 試料中にある程度の波数が入っていることが必要となる場合があり, 上記の点を勘案して試料の厚みと超音波の周波数を選択する.

また, セラミック材料は高温で使用される機械部品への適用が考えられることから, これらの弾性定数の高温での値が要求されることがある. 図1に代表的な構造用セラミックスのヤング率およびポアソン比の温度変化を示す. 高温での弾性定数測定では, 音響共振による測定が有効である. 詳細は JIS R 1605「ファインセラミックスの高温弾性率試験方法」に記載されている.

(阪口修司)

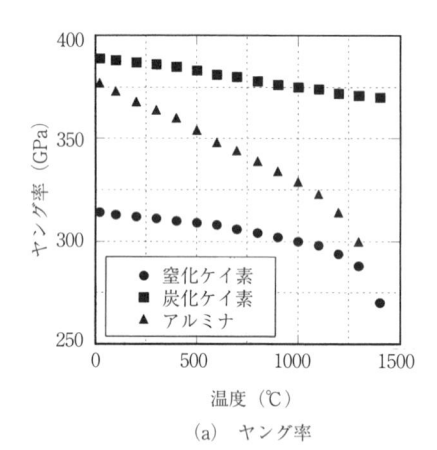

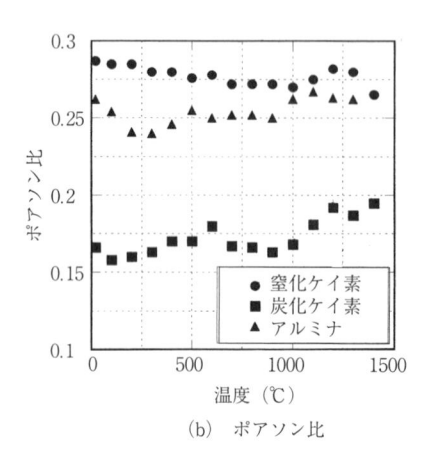

(a) ヤング率

(b) ポアソン比

図1 代表的な構造用セラミックスのヤング率, ポアソン比の温度変化

強度分布（ワイブル係数） 8.39

strength distribution (Weibull parameter)

セラミックス中には多くのき裂状欠陥や空孔，介在物，粗大結晶粒，未焼結部，加工傷など，引張り応力下で応力集中を引き起こす欠陥が数多く存在する．金属においては，応力集中部があっても降伏することによってその緩和が期待できるが，共有結合性またはイオン結合性を示すセラミックスにおいては，通常の温度では降伏せず，最大の応力集中部から脆性的に破壊する．すなわち，セラミックスの引張り強度（以下，単に強度とよぶ）は，もっとも弱いき裂状欠陥の強度によって決定される．これを最弱リンク説という．

強度は物性値ではなく，き裂状欠陥の形状・寸法，存在位置，分布および破壊靱性によって定まる変動量である．強度 σ の分布は次式のワイブル分布（最小値の第3漸近分布）によって表される[1]．

$$F(\sigma) = 1 - \exp\left\{-\frac{V_e}{V_0}\left(\frac{\sigma - \sigma_u}{\xi}\right)^m Y(\sigma, \sigma_u)\right\}$$

ここで，V_e は有効体積（または有効表面積），V_0 は基準体積（または基準表面積），m, ξ, σ_u はそれぞれ形状母数，尺度母数，位置母数，$Y(\sigma, \sigma_u)$ はヘビサイドのステップ関数である[1]．式は，σ が σ_u 以下では破壊しないことを意味している．通常のデータに対しては十分な精度で $\sigma_u=0$ とおくことができる．$\sigma_u=0$ のとき，式の両辺の対数を2度とると，$\ln\ln(1-F)^{-1}$ と $\ln\sigma$ が比例関係となり，比例定数が形状母数 m の推定値を与える．形状母数 m の値が大きいほど，データのばらつきは小さくなる（市販されている窒化ケイ素*や黒鉛の m 値は20程度，炭化ケイ素*のそれは10前後）．形状母数は単にワイブル係数とよばれることもある．

いま，n 個の強度データを小さい順に並べて，i 番目のデータ σ_i の破壊確率の推定値 F_i を $i/(1+n)$ で近似する．縦軸に $\ln\ln(1-F)^{-1}$，横軸に $\ln\sigma$ をとったグラフ（ワイブル確率紙という）上に各データの組 (F_i, σ_i) をプロットして直線を当てはめ，その傾きから形状母数 m を推定することができる．このように，データをワイブル確率紙上にプロットすることをワイブルプロットという（図1参照）．

ワイブル分布は破壊力学と結び付くことにより，多軸応力状態における強度分布や時間依存型破壊における寿命分布をも記述することができる[2]．　　　　（松尾陽太郎）

文献
1) 松尾陽太郎：セラミックスの力学特性評価，西田・安田編, pp. 41-61, 日刊工業新聞 (1989)
2) ibid., pp. 185-203

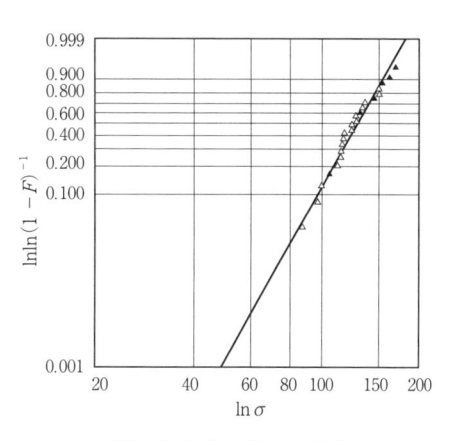

図1 ワイブルプロットの例

8.40 耐摩耗性

wear resistance

材料の摩耗*は，①摩擦表面の真実接触部における凝着部分のせん断やはく離による凝着摩耗，②硬質突起などの切削作用によるアブレッシブ摩耗，③摩擦面と雰囲気中の酸素，水分などとの化学反応を伴う腐食摩耗などにより進行する．セラミックスは高い硬度，剛性をもち，また化学的安定性に優れ低い凝着性を有するため，金属などほかの材料に比べて摩耗しにくい（耐摩耗性に優れた）材料と期待されている．

材料の摩耗量は，大まかにはしゅう動速度と荷重に比例して増加する．そこで，摩耗量は単位しゅう動距離，単位荷重当たりの値（比摩耗量，specific wear rate）で比較されることが多い．比摩耗量は $mm^3/(N \cdot m)$ あるいは mm^2/N の単位で表され，同一の材料であってもしゅう動時の荷重，速度，温度，雰囲気，相手材により大きく異なる．たとえば，セラミックスどうしの組み合わせにおいてピンオンディスク法を用いて無潤滑下で比摩耗量を測定した場合，$10^{-12} \sim 10^{-5} mm^2/N$ の幅広い値をとることが報告されている[1]．一方，無潤滑下での金属の比摩耗は 10^{-10} から $10^{-5} mm^2/N$ 程度である[2]．

さらに，セラミックスは金属材料に比べて耐食性，耐焼付き性，耐熱性に優れている．これらの特徴を生かして，金属材料などでは適用が困難な環境で用いられるしゅう動部材として多様な分野で実用化されている（表1参照）．

またPVDやCVD*などの気相蒸着法，プラズマ溶射*など融液を噴霧する手法，分散メッキなどに代表される溶液法などにより材料表面へセラミックスをコーティングした部材も多くの分野で利用されている．

（平尾喜代司）

文献
1) 日本トライボロジー学会編集：セラミックスのトライボロジー，p.85, 養賢堂（2003）
2) 山本雄二，兼田楨宏：トライボロジー，p.189, 理工学社（1998）

表1　セラミックスの耐摩耗性を生かした部品例

適用分野・製品	セラミックス部材	セラミックスの必要性（耐摩耗性に加えて）	材料の例
鉄鋼製造用搬送・輸送設備	ライナー，配管，撹拌羽根，バルブ	耐熱性，耐熱衝撃性	アルミナ，窒化ケイ素，サイアロン
アルミ鋳造用部材	ストーク，スリーブ	耐熱衝撃性，耐焼付き性，耐食性	窒化ケイ素，サイアロン
転がり軸受	軸受球，内輪，外輪	軽量性，高硬度，高剛性，非磁性	窒化ケイ素
ポンプ用部材	スラスト軸受，ジャーナル軸受（水中用）	高硬度，耐焼付き性，水潤滑安定性	炭化ケイ素
	メカニカルシール（水中，スラリー，化学薬品用）	高硬度，耐焼付き性，耐食性，水潤滑安定性	炭化ケイ素，アルミナ
加工産業	切削工具	耐熱衝撃性，耐焼付き性，高硬度，低い反応性	窒化ケイ素，サイアロン，アルミナ
	測定台用ステージ，ガイド	高比剛性，低熱膨張率，高弾性，化学的安定性	アルミナ
自動車エンジン用部材	ロッカーアームチップ，カムローラーなど	耐摩耗性	窒化ケイ素

腐食と耐環境性

8.41

corrosion and environmental durability

セラミックスの開発普及に備え,基礎と応用両面から解明されねばならない急務の新研究課題としてのセラミックスの腐食科学の枠組みと,その材料開発における位置づけを図1に示す[1]. 高温燃焼環境を対象とする高温腐食は,おもに化石燃料燃焼時の各種雰囲気下での気体腐食と,燃料中の不純物の析出が誘引する溶融塩腐食とに大別される. 他方,セラミックスに限らず工業材料の基本環境としての水環境では,軽水炉環境に代表される高温高圧水腐食と,各種化学工業用装置が関与する酸・アルカリ水溶液腐食に分類される. これらの因子に加え,多結晶体として用いられる材料側からも,製造工程で含まれる材料因子が耐食性に複雑に関与する.

代表的なシリコン基セラミックス SiC, Si_3N_4 の高温での使用に際して重要なことは,最高使用温度を把握しておくことである. 一般にセラミックスの高温使用を限定する因子としては, ① SiO_2 の融点, 2000 K:不純物の混入は低い温度でも軟化をもたらす, ②速い酸化速度:一般に酸化速度は約 1700 K で利用できないくらい速くなる, ③セラミックス/SiO_2 界面の反応の3つがあげられる. 非晶質シリカスケールは速い酸化速度をもたらし,溶融に至らなくてもこれら材料の長期使用を制限する. また,とくに③のセラミックス/SiO_2 界面での反応は, SiO_2 スケールと SiC, Si_3N_4 基体との次式の酸化反応で生成する気体による大きなガス圧を発生する. その界面で生成する全ガス圧と温度の関係を図2に示す[2].

SiC:$SiC(s) + 2SiO_2(s) \rightarrow$
$3SiO(g) + CO(g)$
Si_3N_4:$Si_2N_2O(s) + SiO_2(s) \rightarrow$
$3SiO(g) + N_2(g)$

SiC 系でもっとも高いガス圧は,炭素飽和 SiC/SiO_2 界面の反応で発生し, 1 bar の圧力に達する温度は約 1800 K と低く,このガス圧がさらに気泡の発生とスケールの劣化をもたらす(図2(a)). Si_3N_4 の場合は, Si_2N_2O 層がスケールの大きな部分をしめるため,これが拡散障壁となって 1 bar に到達する温度は, 2200 K 以上の高温となる(図2(b)).

軽水炉ならびに超臨界水の高温高圧水環

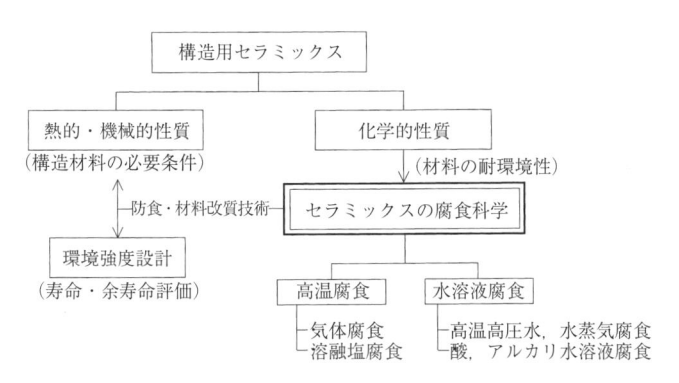

図1 セラミックスの材料開発における腐食科学の位置づけ[1]

2) 評 価 技 術

境下での各種先進セラミックスの腐食挙動は，おもに結晶粒界相の性状に支配され，"孔食"，"均一腐食"などの腐食形態で分類される強度劣化傾向を示す．助剤添加系窒化ケイ素焼結体では，水和物腐食層下の基体表面にピットを形成する孔食による強度劣化度は，〜60％にも達する．

これらの耐食性の向上には，高純度，均質化が必須であり，固溶体制御による粒界相の低減が可能なα-単相サイアロンでは，均一腐食の形態を呈し，その強度は初期強度の〜90％もの高い環境強度を維持しうることが見い出されている[3]．**（吉尾哲夫）**

文献
1) 吉尾哲夫, Nathan S. Jacobson, 日本学術振興会第124委員会編：先進セラミックス, pp. 160-179, 日刊工業新聞社（1994）
2) E. J. Opila and Nathan S. Jacobson : Corrosion and Environmental Degradation, Vol. II, Ed. by M. Shutze, pp. 327-388, WILEY-VCH (2000)
3) M. Nagae and T. Yoshio et al., J. Am. Ceram. Soc., **89**, 3550-53 (2006)

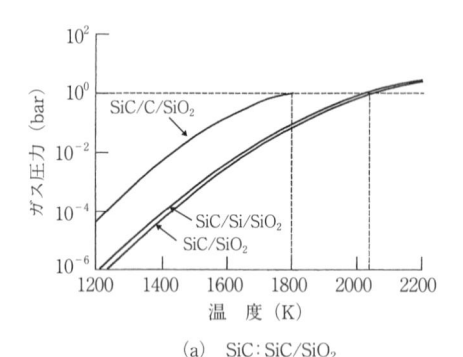

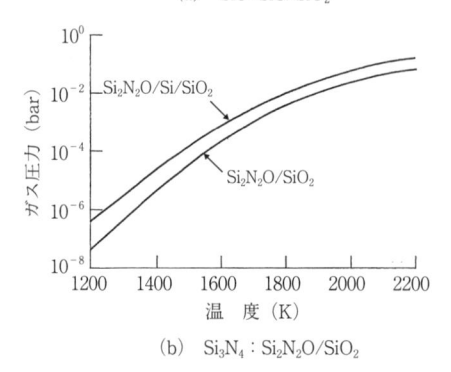

図2 セラミックス/SiO_2界面での酸化反応により発生する全ガス圧と温度の関係[2]

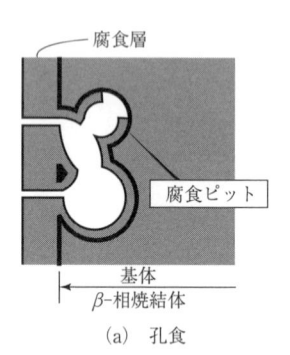

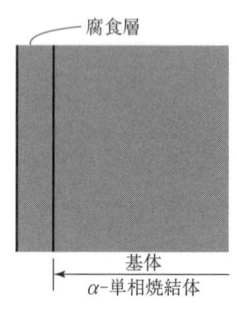

(a) SiC：SiC/SiO_2

(b) Si_3N_4：Si_2N_2O/SiO_2

図3 窒化ケイ素系セラミックスの高温高圧水腐食形態

(a) 孔食 (β-相焼結体)

(b) 均一腐食 (α-単相焼結体)

非破壊検査 8.42

non-destructive evaluation

　セラミックスの信頼性を確保する方法として非破壊検査と保証試験がある．この技術は金属材料・部品において広く実施されているが，セラミックスの場合は対象となる欠陥サイズが金属材料に比べて微細であるため欠陥の検出は困難である．近年になってセラミックス材料とそのデバイスの進歩発展に伴い，材料・部品のみならず，IT，情報分野の信頼性向上も重要な課題として研究が続けられている．しかし，ニーズは多分野に及び，その技術シーズも多種多様であることから，研究自体も多岐にわたっている．非破壊検査法には欠陥の存在を検出しその大きさを求める方法と，欠陥の発生を検出し統計的手法を用いて評価する方法がある．後者に関して開発されたのがAE法であるが，この場合は一般に保証試験との併用が必要である．表1に非破壊検査法の原理とその特徴を示し，主なものを以下に概説する．

a. 蛍光浸透探傷法

　試料表面に露出した欠陥（表面欠陥）を検出する方法の一つで，ダイペネトレーション法ともよばれている．操作が簡単で高価な装置を必要としないために製品の出荷検査などに広く用いられている．図1に示したように，まず蛍光体を含む塗料を欠陥に直接浸透させて洗浄後に残された染料の蛍光によって欠陥を検出する．この方法は内部欠陥の検出には適用できない．

b. 超音波探傷法

　この方法は対象物に超音波帯域の弾性波を入射し，その反射信号や通過信号を受信して検出する方法である．周波数 f の超音波が固有の音速 v を有するセラミックス中を伝播するとき，超音波の波長 λ は

$$\lambda = v/f$$

で与えられる．検出感度を高めるためには，超音波の周波数を高めればよいことになる．具体的な方法としては，(a) 反射法・表面波法，(b) 透過法などがある．超音波顕微鏡も非破壊検査に用いられる．入射線と検出方法の種類によっていくつかの方法が開発されている．

c. 放射線試験法

　放射線を被検体に透過させ，欠陥の存在による放射線の吸収・透過量の局所的変化

図1 蛍光探傷法を用いた検査

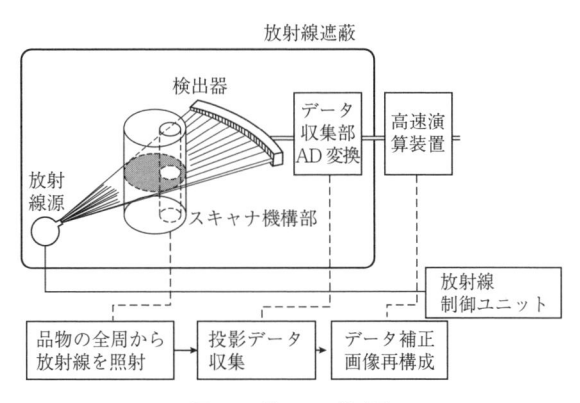

図2 X線CTの概略図

2) 評価技術

を検出することによって物体内の不純物やき裂などの不連続現象を検出するものである．セラミックスの非破壊検査にはX線，中性子線などが用いられる．線源の選択は物体と検出対象欠陥の各線源に対する透過減衰特性の差によって決まる．以下，X線検査法について述べる．

入射したX線は対象物体を通過することによって欠陥によるコントラストを生じる．さらに線源の焦点寸法の大きさも問題となる．現在，き裂や気孔などの欠陥の検出は介在物に比べて感度が低い．介在物の中でも重元素の検出は高感度に得られ，同じ欠陥でも平板状の空隙やき裂の検出は難しいなどのX線自体の特性に由来した特長と欠点がある．いずれにしても，技術の進歩によって最近ではより微小の欠陥の検出が可能になっている．

その中で広く実用に供されているのが医療用機器として発達してきたX線CTである．この方法は，図2に示すように対象物の透過X線を多方面から測定し，コンピュータ処理によって，対象物の断面像を知る方法である．非破壊非接触で内部像が高精度で得られる．数値化などの画像処理ができ記録保存も可能である．

d． 浸液透光法

対象物をそれと屈折率がほぼ同じ液体に浸して光学顕微鏡を用いて観察し内部の欠陥を検出する方法である．この方法についてはp.42, 428を参照されたい．

e． AE法

AE法はほかの非破壊検査法と異なり，欠陥の発生に伴う弾性波を直接検出し，その発生位置，発生数，信号強度から個々の欠陥の状態を動的に検出し評価する方法である．

(米屋勝利)

表1 非破壊検査法の原理と特徴

試験方法	原理	特徴
蛍光探傷	試料を蛍光体を含む浸透液中にしばらく浸漬した後，表面の浸透液を除去し，紫外線を照射して観察する．	特殊な装置が不要であり表面傷を比較的の容易に検出できるので現場での検査に利用されている．
超音波探傷	表面あるいは内部に超音波を伝播させて欠陥のエコーを検出し平面表示する．	装置が比較的簡単で分解能が良好．面状欠陥の検出に適している．
マイクロフォーカスX線	マイクロフォーカス（微小焦点）のX線発生源の近くに試料を置いて構成物のX線吸収係数の違いによる透過像の濃淡の違いから欠陥や異物を検出する．	X線の吸収係数（透過率）が異なる介在物の検出に適する．
X線CT (CT, Computer Tomography)	試料の透過X線を多方向から測定し，コンピュータ処理を施して構成物のX線係数に対応した断面像を得る方法．数値化などの画像処理ができ，記録保存も可能である．	複雑形状部品にも適用でき，3次元立体画像表示が可能．
超音波顕微鏡 (SAM, Scanning Acoustic Microscope)	試料に超音波を発信し，内部の構成物質の違いによる音響インピーダンスの差によって反射波としてプローブに戻し，プローブを操作・映像化して欠陥を表示する方法である．	超音波の反射波を用いるので内部構造や欠陥の位置が分かる．空気は超音波を伝播しないため水などの溶媒質中での測定となる．
レーザ顕微鏡	集束レーザの微小光点を試料に操作して得られる透過光，反射光，蛍光，ラマン光等々を検出処理して画像化し欠陥，異物などを検出する．共焦点光学系をもつものでは3次元物体の像を観測することができる．	光点照射であるために散乱光の影響が少ないので，高いコントラストと分野能が得られる．
アコースティックエミッション (AE, Acoustic Emission)	き裂の発生あるいは進展のときに発生する音を検出し欠陥の発生位置や大きさを検出する．	微小割れの検出や割れ位置の評定が可能．

8.43 超音波探傷
ultrasonic inspection

　弾性波を被検査体である材料に入射したときに，材料内部の弾性特性により反射エコーが変化することを利用して，ボイド，はく離，き裂などの欠陥を検出することができる．弾性波の周波数を高くすることにより，材料内部での拡散を抑え指向性を向上させることができる．また，欠陥寸法と比較して波長が十分短いことも必要であり，これらの理由から材料の探傷に超音波帯域（一般的には10～20 MHz）の弾性波が用いられる．入射面に対する投影面積が広いほうが感度がよくなることもあり，接合部などに現れる面状の欠陥の検出を中心に，セラミックス部品の検査に広く利用されている．

　超音波を入射し検出する素子を探触子といい，探触子から発生した超音波は，材料内部において弾性特性が変化しなければ底面で反射してくる波（底面エコー）が，ふたたび探触子でとらえられる．欠陥が存在すると，欠陥部では弾性特性が変化するために反射があり，この反射波（反射エコー）を検出することで欠陥を同定することができる．もっとも一般的な超音波試験は，図1に示すような時間軸に対して反射エコー高さを表示するAスコープである．反射エコーの到達時間から欠陥の位置（深さ）を，またエコー高さから欠陥の大きさを推定することができる．一方，探触子をx-y方向に走査して欠陥（材料内部）からの反射エコーの高さを濃淡表示すると，二次元的な欠陥分布を表示することができる（Cスコープ）．

　検出できる欠陥の寸法 D は，超音波の波長 λ，結晶粒径 d としたときに，

$$D > \lambda > 3d$$

の関係があるとされ，一般に用いられる周波数帯域（10～20 MHz）では波長 λ は100 μm 程度であるから，100 μm 以下の欠陥の検出は困難である．より高分解能の検査方法として開発された超音波顕微鏡では，100 MHz～2 GHz の短波長の超音波が用いられ，凹状の球面を介して照射・検出することにより，分解能が1 μm のレベルに達する（図2）．しかし，材料内部での減衰が大きいため，表面近傍の反射および散乱を検出し解析しており，表面直下の欠陥のみ検出可能である． 　　**（千田哲也）**

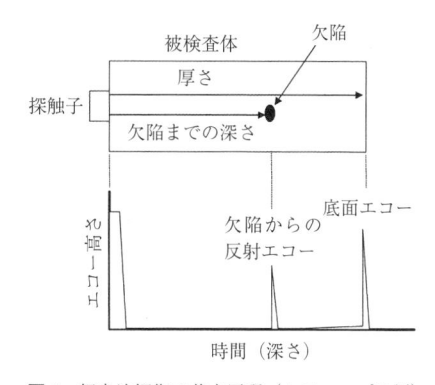

図1 超音波探傷の基本原理（Aスコープの例）

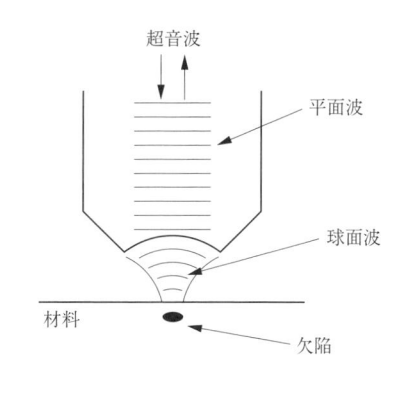

図2 超音波顕微鏡における分解能向上の原理

2）評　価　技　術

8.44 蛍光探傷

fluorescent penetrant testing

蛍光浸透探傷試験では，蛍光浸液を製品の表面傷の中に浸透させて乾燥後，紫外光などを照射して，傷中の蛍光体から発生する蛍光によって表面傷を検出する．製造最終段階において，表面に開口した微細傷を検査することは必須であり，蛍光探傷はその検出手法の手段の一つである．

具体的な方法は次のとおりである．まず，小型セラミックス部品では，製品を蛍光浸透液中に一定時間浸漬する．このとき，減圧中で行うと表面傷の内部にまで蛍光浸液を浸漬させることができる．蛍光体にはフルオレセインやローダミンなどが，溶媒にはアルコール系や有機溶媒系が用いられる．大型部品では，蛍光液を部品に塗布して表面傷中に浸透させる．つぎに，表面の余剰浸透液を洗浄し，十分に熱風乾燥させる．最後に，表面傷を蛍光探傷装置において評価する．傷の判定は暗室において紫外光を照射することによって目視で簡単に行うことができる（図1）．この方法は非破壊で行うが，破壊試験と併用し，破壊表面における蛍光探傷評価によって，表面傷の深さを知ることも可能である．

また，微小な傷を評価する場合には，レーザー光を用いてミクロンオーダーの高精度の表面傷の評価も行うことができる．これは，共焦点レーザー蛍光顕微鏡を用いる手法で，高解像度の像が得られる．光学系に共焦点光学系を採用すると，焦点以外の情報をカット可能なため，非常に鮮明な画像が得られる．観察対象試料の調製は上述例と同じである．

〔田中　諭〕

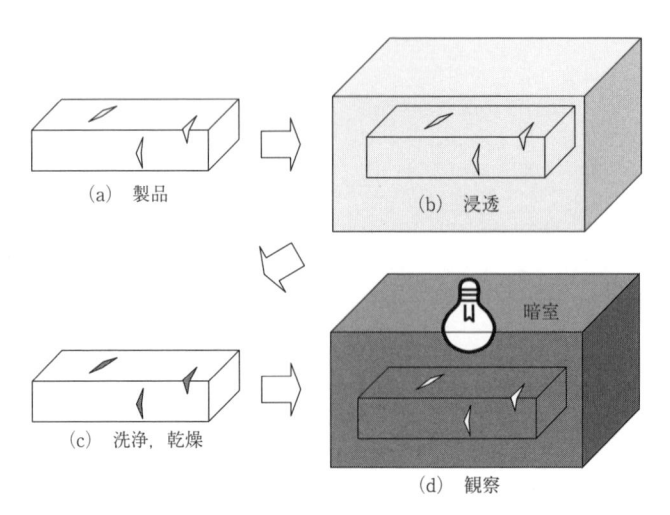

図1　蛍光探傷概略図

8.45 X線探傷

X-ray inspection

セラミックスの多くは電磁気的な手法が適用できない絶縁材料であるため，X線探傷は非破壊検査として一般的である．X線による検査は，高エネルギーの電磁波であるX線を被検査物に照射した場合に，内部での散乱や吸収特性により透過損失の差が生じることから欠陥を認識しようとするものである．ボイドのような，アスペクト比の小さい（等方的な）欠陥に有効であり，き裂やはく離のような欠陥では，方向により検出能に大きな差があり，単独では確実な検出は困難な場合もある．

X線発生器（管球）から被検査体に照射されたX線の透過像をX線フィルムなどで撮影し，その像のコントラストから欠陥の有無や位置，大きさ，形状などを検出する（図1(a)）．内部欠陥の写真上のコントラスト（写真濃度差）は，吸収係数，フィルムコントラストおよび欠陥の透過方向の寸法に比例する．セラミックスでは吸収係数がやや大きい軟X線（波長30～0.8 nm）を用いることで，欠陥によるコントラストを高くすることができる．

セラミックスでは，数十 μm 程度以上の大きさの欠陥が強度に影響を与えるとされる．検出限界はX線ビームを細く絞ることで達成されるが，X線自身を光学的に収束させることは困難である．しかし，照射する電子ビームを絞ることでX線発生点を小さく限定し，数 μm の焦点を有するマイクロフォーカスX線を発生させることができる（図1(b)）．この方式では，10 μm 程度の欠陥検出が可能である．

X線の透過による写真撮影では，一方向からの平面透過像であるため，厚さ方向の情報が得られない．被検査物を回転させ，イメージインテンシファイアで検出した多方向の情報から，計算により三次元像を構成するCT（computed tomography）の手法を用いると，内部構造を含む立体的な情報を得ることができる．光源にマイクロフォーカスX線を用いることで高分解能も得られるようになり，今後，部品検査への活用が期待される技術である．

〔千田哲也〕

(a) 一般のX線管球　　(b) マイクロフォーカスX線管球

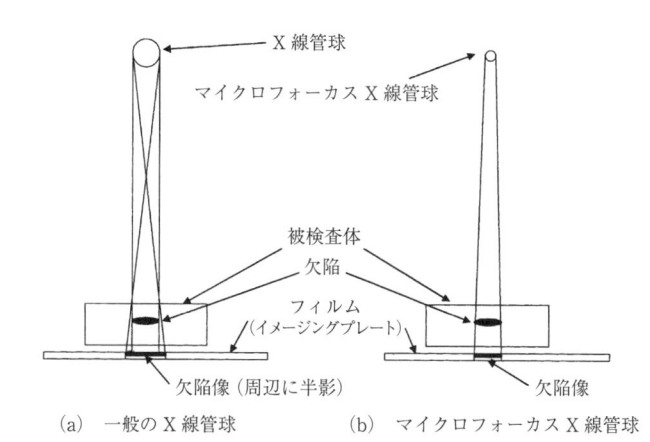

図1　X線透過試験による探傷の原理

2) 評価技術

8.46

浸液透光法

immersion liquid microscopy

セラミックス成形体を適切な浸液により透明化し,その内部を光学顕微鏡で調べる評価法である.大きな特長は,第一に観察対象が破面や表面ではなく内部全体であるため,セラミックスの破壊源の形成に関係する粗大傷など,成形体中に極微量しか存在しないとくに悪質な構造が検出可能な点である.第二に,一般に成形体の SEM 観察では,破面や表面の構造が試料調製時に著しく損なわれてしまい,正確な評価が困難なことが大きな問題点であるが,本方法は内部の構造観察のためこれも問題とはならない.

成形体透明化の原理は,浸液が粉体表面での光の屈折と反射を抑制して,成形体中での光の散乱を防ぐためである.すなわち,界面での光の屈折と反射はそれらの相対屈折率が 1 だと生じない.つまり,成形体は粉体とほぼ同じ屈折率の液体を浸透すると透明化する.

試料の内部観察には,目的や制約に応じて種々の光学機器が使用可能である.詳細な構造評価には試料をできる限り薄片とするのが有利である.気孔,き裂,添加物の分布,異物などの観察には,一般的な通常の透過型顕微鏡を用いる.本評価法の最大の特長である粗大構造の検出・評価には,観察を 200 倍以下の低倍率で行うのが望ましい.厚みのある試料や,試料の屈折率が高すぎて適切な浸液が得られないときには,透過型の赤外線顕微鏡を用いる.偏光顕微鏡を用いると,粒子の配向構造や粗大粒子の検出などが可能である.さらには浸液中に蛍光体を混ぜ,その分布を共焦点レーザー走査型蛍光顕微鏡で観察すると,気孔,添加物分布,き裂,粗大粒子などに関する非常に詳細な断層画像が得られる.

(植松敬三)

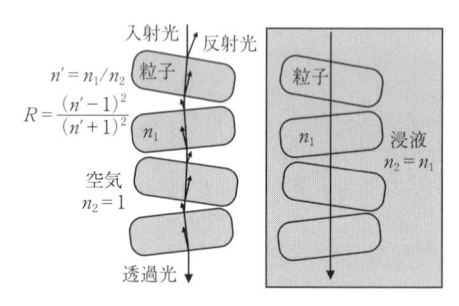

$n' = n_1/n_2$
$R = \dfrac{(n'-1)^2}{(n'+1)^2}$

空気 $n_2 = 1$

浸液 $n_2 = n_1$

図 1 浸液透光法の原理

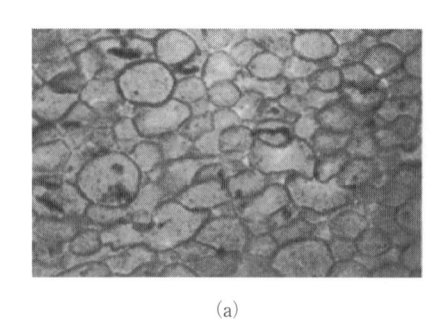

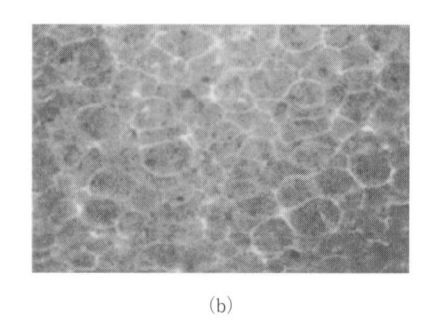

(a) (b)

図 2 脱バインダー前後のアルミナ成形体の内部構造.脱バインダー前 (a) の黒線は成形用顆粒に起因するバインダーの偏析層,後 (b) の白い線は低密度の部分.

8.47 マシナブルセラミックス

machinable ceramics

　マシナブルセラミックスとは，切削加工性を有するセラミックスである．一般のセラミックス焼結体とは異なり，焼結体の切削加工が容易である．短期間で精密加工が可能なため，少量生産品の部品や製造ラインでのジグなどに使用される．

　具体的には，半導体，液晶製造用部品および検査ジグなどに広く利用される．また，半導体分野での設計から試作までの時間短縮にも有効である．古くから六方晶窒化ホウ素は，結晶層間での滑りにより加工性の良いことが知られていたが，強度が低く普及していなかった．1970年にコーニング社がシリカ系マシナブルセラミックス（商品名マコール）を開発し，その応用範囲が広がった．この材料の曲げ強度は約100 MPaである．現在のマシナブルセラミックスでは，径 50 μm の孔を，孔，ピッチともに公差 5 μm であけることが可能である．

　マシナブルセラミックスの多くはシリカ系マシナブルセラミックスであり，ガラス質の母相中に雲母（マイカ）の微結晶を析出させた構造を有する（図1）．雲母の微結晶に加えてジルコニア微結晶などを分散した系もある．精製された原料を溶融してから型に流し込み成形する．これを熱処理して，ガラス母相中にフッ素雲母の微結晶を析出させる．体積で約 5% 程度に成長するまで熱処理を行う．すると，切削加工において切削工具が部材中を進むとフッ素雲母結晶の多くが微破壊され，全体が破壊されるのを防ぐ．また，低熱膨張性を有するチタン酸アルミニウム系のマシナブルセラミックスもあり，これらは脆弱な結合が緻密に網目状に存在する構造になっている．これは切削加工の際に，微粉末の切り粉ができるように破壊が進み，全体が破壊しない微構造をもつ． 〔田中　諭〕

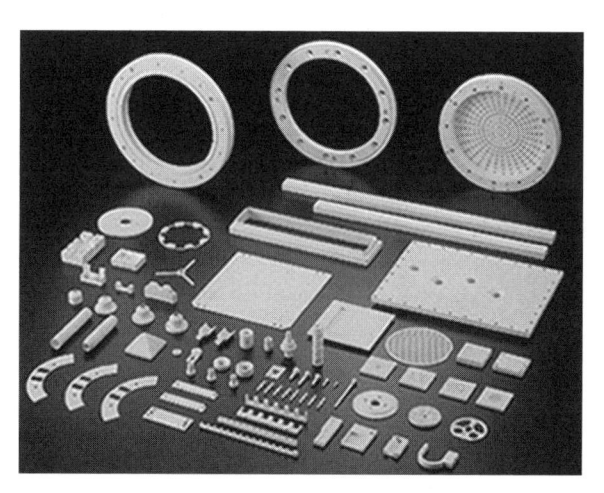

図1 マシナブルセラミックス（住金セラミックスアンドクオーツ（株）ホームページより）

2）評価技術

IX

結晶構造

9.1 岩塩型構造

rock salt structure

MgO, CaO, MnO, FeO, NiO などがこの構造をとる．この型の結晶の多くがイオン結合性であり，陰イオンが面心立方配置（立方最密充てん）し，立方最密充てん構造中のすべての6配位の隙間位置に陽イオンが入っている．ポーリングの第1法則から，陰イオン半径に対する陽イオン半径の比 r^+/r^- は，原則的に 0.41～0.73 の間である．

単位胞中には NaCl として4分子分が含まれる．表1に各原子の座標を示す．R は陽イオン，X は陰イオンを示す．表2にこの構造をもつ各種酸化物の格子定数と陽イオン-陰イオンの最短イオン間距離を示す．FeO は，実際には Fe_xO で表されるような陽イオン欠陥型として存在し，その格子定数は欠陥量に依存して変化することが知られている．

図1に単位胞の見取り図を示す．ここでは，MgO の各イオン半径を基準にして描いてある．陽イオンと陰イオンとが接していて，陰イオンどうしはわずかに離れている様子がわかる．

図2は各イオンサイズを小さく描き内部まで見えるように描いた図で，下部の黒丸が重なるように視線を寄せてみると立体的に見える．

岩塩型結晶構造は面心立方構造であり，X線回折パターンには消滅則により現れないピークがある．図3に MgO のX線回折パターンに消滅則により現れない回折位置を併せて描いた．×印の回折は実際には現れないピーク位置である．　　**（掛川一幸）**

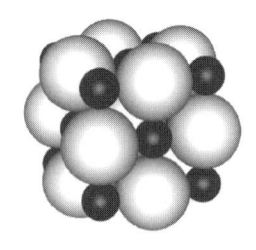

図1 岩塩型構造（白球：陰イオン，黒球：陽イオン）

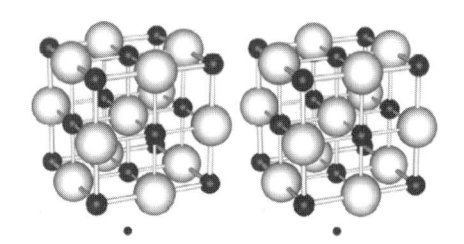

図2 岩塩型構造の立体視図

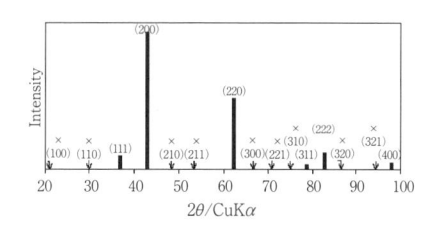

図3 MgO のX線回折パターン

表1 岩塩型結晶中の原子座標

	u	v	w
$R(1)$	0	0	0
$R(2)$	1/2	1/2	0
$R(3)$	1/2	0	1/2
$R(4)$	0	1/2	1/2
$X(1)$	1/2	1/2	1/2
$X(2)$	1/2	0	0
$X(3)$	0	1/2	0
$X(4)$	0	0	1/2

表2 岩塩型結晶の格子定数とイオン間距離

結晶	a_0 (nm)	R-X (nm)
BaO	0.5523	0.2762
CaO	0.4811	0.2406
CoO	0.4267	0.2134
MgO	0.4211	0.2106
MnO	0.4445	0.2223
NbO	0.4210	0.2105
NiO	0.4168	0.2084
SrO	0.5160	0.2580

9.2 閃亜鉛鉱型構造

zinc-blende structure

GaP, GaAs, InP など，多くの結晶が閃亜鉛鉱 ZnS と同じ結晶構造をもつ．閃亜鉛鉱の結晶系は立方晶であり，表1に示すような格子定数をもつ．表には，陽イオン R と陰イオン X の最短距離も同時に示した．

閃亜鉛鉱型結晶の空間群は $T_d^2(F\bar{4}3m)$ であり，単位胞当たり4分子分の原子を含む．R は $4a$ 位置，X は $4c$ 位置をしめる．具体的な原子座標を表2に示す．この構造では，図1に示すように，陰イオンが面心立方配置（立方最密充てん）し，立方最密充てん構造中の4配位の隙間位置に陽イオンが入る．立方最密充てんの単位胞には陰イオンが4個存在するのに対し，4配位の隙間位置は8個存在する．この結晶の陽イオンと陰イオンの比は1：1であるので，陽イオンは隙間位置の半数を占有する．陰イオンが面心立方配置しているのと同様，陽イオン配置も面心立方配置となっている．

ポーリングの第1法則から，陰イオン半径に対する陽イオン半径の比 r^+/r^- は，原則的に 0.225〜0.414 の間となるが，完全なイオン結合性でない結晶も多く，この関係を満足しない結晶も多く存在する．

陰イオンを原点にとり，各イオンを小さく示した立体視図を図2に示す．陽イオンには4個の陰イオンが配位し，陰イオンにも4個の陽イオンが配位している．

(掛川一幸)

表1 閃亜鉛鉱型結晶の格子定数とイオン間距離

結晶	a_0 (nm)	R-X (nm)
GaP	0.54505	0.2360
GaAs	0.56537	0.2448
InP	0.58687	0.2541
BN	0.3615	0.1565
BP	0.4538	0.1965
ZnS	0.54093	0.2342
SiC	0.4348	0.1883
AlP	0.5451	0.2360
GaSb	0.6118	0.2649
InAs	0.6036	0.2614
AgI	0.6473	0.2803
AlSb	0.61347	0.2656
ZnSe	0.56676	0.2454

表2 閃亜鉛鉱型結晶中の原子座標

	u	v	w
$R(1)$	0	0	0
$R(2)$	0	1/2	1/2
$R(3)$	1/2	0	1/2
$R(4)$	1/2	1/2	0
$X(1)$	1/4	1/4	1/4
$X(2)$	1/4	3/4	3/4
$X(3)$	3/4	1/4	3/4
$X(4)$	3/4	3/4	1/4

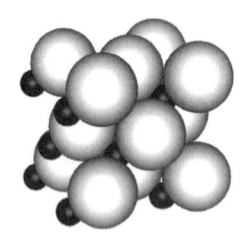

図1 閃亜鉛鉱型構造　（白球：X，黒球：R）

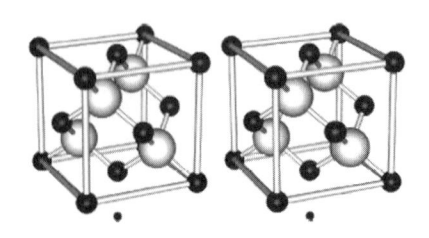

図2 閃亜鉛鉱型構造の立体視図

9.3 ウルツ鉱型構造

wartzite structure

AgI, BeO, CdS, ZnO などの結晶は，ウルツ鉱 ZnS と同じ結晶構造をもつ．この構造は，陰イオンの六方最密充てん構造を基本としていて，4配位隙間位置に陽イオンが入る．六方最密充てん構造の単位胞中には2個の陰イオンが存在し，4配位隙間位置は4個存在する．この結晶の陽イオン数と陰イオン数の比が1:1であることから，隙間位置の半数に陽イオンが入る．このとき，陽イオンどうしの反発がもっとも小さくなるような配置となる．ポーリングの第1法則から，陰イオン半径に対する陽イオン半径の比 r^+/r^- は，原則的に 0.225～0.414 の間となる．閃亜鉛鉱型構造*をとった場合とのエネルギー差は小さく，どちらの結晶構造もとり得る化合物も多い．

ウルツ鉱型結晶 RX の空間群は C_{6v}^4 であり，R, X ともに $2b$ 位置を占有する．この位置における R, X の u は，それぞれ 0 および約 0.375 である．R を原点にシフトしたときの各原子の座標を表1に示す．また，a_1-a_2 面への投影図を図1に，見取り図を図2に，立体視図を図3に示す．

ウルツ鉱の結晶系は六方晶であり，表2に示すような格子定数をもつ．六方最密充てん構造を基礎としているところから，c/a は理想的には 1.63 であり，実際にもそれに近い値になっている．ウルツ鉱型結晶

表2 ウルツ鉱型結晶の格子定数

結晶	a_0 (nm)	c_0 (nm)	特記事項
AgI	0.458	0.7494	
AlN	0.3111	0.4978	$u=0.385$
BeO	0.2698	0.438	$u=0.378$
CdS	0.41348	0.6749	
GaN	0.318	0.5166	
InN	0.3533	0.5693	
NbN	0.3017	0.558	
SiC	0.3076	0.5048	
TaN	0.305	0.494	
ZnO	0.32495	0.52069	$u=0.345$
ZnS	0.3811	0.6234	
ZnSe	0.398	0.653	
ZnTe	0.427	0.699	

表3 ウルツ鉱型結晶の格子定数（理想的な場合：$c/a=1.63$）

結晶	c/a	$R(1)$-$X(1)$ (nm)
AgI	1.64	0.2810
AlN	1.60	0.1917
BeO	1.62	0.1656
CdS	1.63	0.2531
GaN	1.62	0.1937
InN	1.61	0.2135
NbN	1.85	0.2093
SiC	1.64	0.1893
TaN	1.62	0.1853
ZnO	1.60	0.1796
ZnS	1.64	0.2338
ZnSe	1.64	0.2449
ZnTe	1.64	0.2621

表1 ウルツ鉱型結晶中の原子座標（理想的な場合：$u=0.375$）

	u	v	w
$R(1)$	0	0	0
$R(2)$	1/3	2/3	1/2
$X(1)$	0	0	u
$X(2)$	1/3	2/3	$u+1/2$

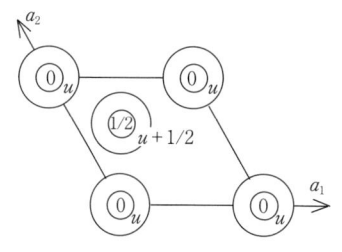

図1 ウルツ鉱型結晶の a_1-a_2 面への投影図

構造をもつ種々の結晶についての c/a 値とイオン間距離を表3に示す．(掛川一幸)

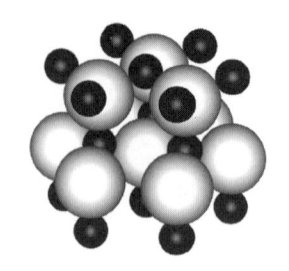

図2 ウルツ鉱型結晶の見取り図

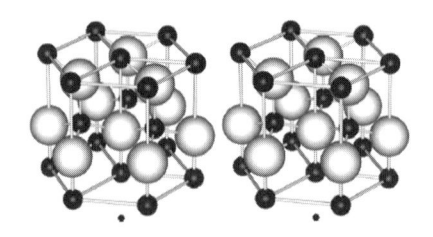

図3 ウルツ鉱型結晶の立体視図

9.4 コランダム型構造

corundum structure

　Al$_2$O$_3$ コランダムでは，陽イオンと陰イオンの半径比は0.36で，ポーリングの第1法則より，陽イオンには4個の陰イオンが配位することになる．コランダムは酸化物イオンの六方最密充てん構造の4配位位置に陽イオンが配置する構造をもつ．六方最密充てん構造の単位胞中には2個の陰イオンが存在し，4配位隙間位置は4個存在する．この結晶の陰イオン数と陽イオン数の比が3:2であることから，隙間位置の1/3の位置に陽イオンが入る．このとき，陽イオンどうしの反発がもっとも小さくなるような配置をとる．そのような条件を満たす原子配置は，1つの六方最密充てん構造内では完結せず，図1に示すような原子

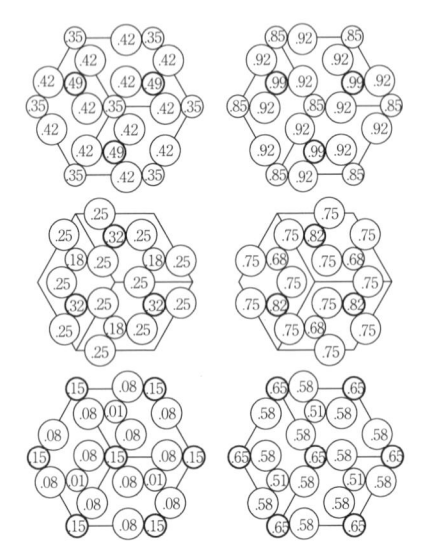

図1 六方晶の格子で示したコランダムの a$_1$-a$_2$ 面への投影図（大円:陰イオン，小円:陽イオン）

配置となる．円中に書かれた数値は，紙面に垂直な c 軸の座標 w である．酸化物イオンの w 値ごとに描き，その上下に存在する陽イオンを同じ図に示した．

図1の構造は，菱面体格子を六方晶格子で表したものであって，基本格子は菱面体である．表1にコランダム型構造の原子座標を，表2に同構造をもつ結晶の格子定数と座標パラメーターを示す．図2には，実際のイオン半径を反映させて描いたコランダムの見取り図，図3には各イオンを小さく描いた立体視図を示す．さらに，図4には格子を六方晶にとったコランダム構造の結晶模型を示す．

(掛川一幸)

表1 コランダム型構造の原子座標

	u	v	w
Cr(1)	u	u	u
Cr(2)	$-u$	$-u$	$-u$
Cr(3)	$u+1/2$	$u+1/2$	$u+1/2$
Cr(4)	$1/2-u$	$1/2-u$	$1/2-u$
O(1)	u	$1/2-u$	0.25
O(2)	$-u$	$u-1/2$	0.75
O(3)	$1/2-u$	0.25	u
O(4)	$u-1/2$	0.75	$-u$
O(5)	0.25	u	$1/2-u$
O(6)	0.75	$-u$	$u-1/2$

表2 コランダム型結晶の格子定数と座標パラメーター（菱面体）

	a_0	α	$u(R)$	$u(O)$
Al_2O_3	0.5128	55°20′	0.352	0.556
Cr_2O_3	0.535	55°9′	0.3475	0.556
$\alpha\text{-}Fe_2O_3$	0.54135	55°17′	0.355	0.550
V_2O_3	0.5647	53°45′	0.3463	0.565

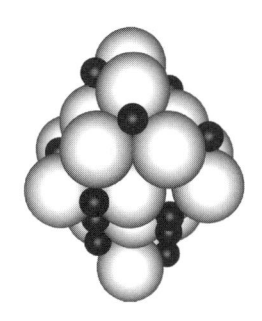

図2 コランダム結晶構造の見取り図

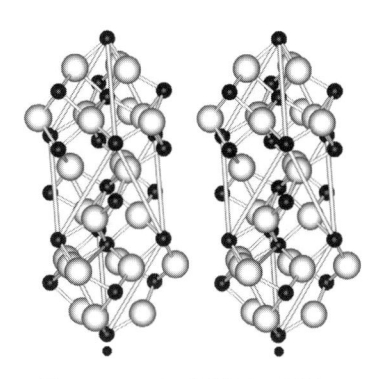

図3 コランダム結晶構造の立体視図

図4 コランダムの結晶模型
透明球：陰イオン，黒球：陽イオン

9.5 ルチル型構造

rutile structure

Ti^{4+} と O^{2-} のイオン半径比は 0.49 であり，ポーリングの第1法則より，Ti^{4+} は6個の O^{2-} に配位される．ポーリングの第2法則を考慮すると，酸化物イオンにはチタンイオンが3個配位することになる．酸化チタン*の多形の一つであるルチルは，このような条件を満たしている．

ルチル型構造の空間群は D_{4h}^{14} ($P4/mnm$) であり，陽イオン R は $2a$ 位置を，陰イオン X は $4f$ 位置をしめる．原子座標を表1に示す．u の値はほぼ 0.30 である．ルチル型結晶は，扁平な正方晶結晶である．表2にルチル型構造をもつ種々の結晶の格子定数を示す．また，一部結晶については u の値も示してある．

図1にルチル型結晶の a-b 面への投影図を，図2に見取り図を，図3に立体視図を示す．図2においては，実際のイオン半径を反映させて描かれている．陽イオンが6個の陰イオンに配位されている様子（中央付近の黒球に注目），陰イオンが3個の陽イオンに配位されている様子（左方手前の白球に注目）がわかる．　　**(掛川一幸)**

表2 ルチル型結晶の格子定数

結晶	a_0 (nm)	c_0 (nm)	特記事項
$\beta\text{-}MnO_2$	0.4396	0.2871	$u=0.302$
CoF_2	0.46951	0.31796	$u=0.306$
CrO_2	0.441	0.291	
FeF_2	0.46966	0.33091	$u=0.300$
GeO_2	0.4395	0.2859	$u=0.307$
IrO_2	0.449	0.314	
MgF_2	0.4623	0.3052	$u=0.303$
MnF_2	0.48734	0.33099	$u=0.3053$
MoO_2	0.486	0.279	
NbO_2	0.477	0.296	
NiF_2	0.46506	0.30836	$u=0.302$
OsO_2	0.451	0.319	
PbF_2	0.4931	0.3367	
PbO_2	0.4946	0.3379	
RuO_2	0.451	0.311	
SnO_2	0.473727	0.3186383	$u=0.307$
TaO_2	0.4709	0.3065	
TeO_2	0.479	0.377	$u=0.3053$
TiO_2	0.459373	0.295812	
WO_2	0.486	0.277	$u=0.303$
ZnF_2	0.47034	0.31335	

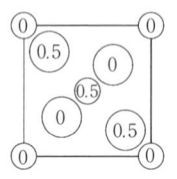

図1 ルチル型構造の $a\text{-}b$ 面への投影図（小円：R，大円：X）

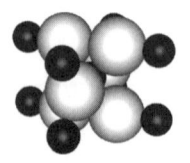

図2 ルチル型構造（黒球：R，白球：X）

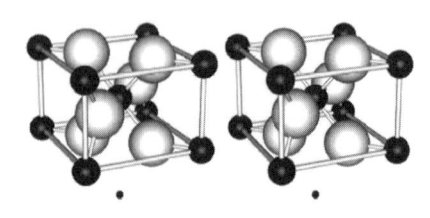

図3 ルチル型結晶の立体視図

表1 ルチル型構造の原子座標

	u	v	w
$R(1)$	0	0	0
$R(2)$	1/2	1/2	1/2
$X(1)$	u	u	0
$X(2)$	$-u$	$-u$	0
$X(3)$	$u+1/2$	$1/2-u$	1/2
$X(4)$	$1/2-u$	$u+1/2$	1/2

9.6 蛍石型構造

fluorite structure

MX$_2$型化合物で，Mのイオン半径が大きい場合，蛍石型結晶構造をもつ．ポーリング第1法則によると，陽イオンの陰イオンに対する比が0.73以上では，陽イオンは8配位の隙間位置に入る．蛍石型構造では，8個の陰イオンの単純立方配置の8配位隙間位置の半数に陽イオンが占有する．このとき，陽イオンは面心立方配置になる．

蛍石の空間群はO_h^5であり，陽イオンは$4a$位置を占有し，陰イオンは$8c$位置を占有する．具体的な原子座標を表1に示す．また，蛍石型構造をもつ結晶の格子定数を表2に示す（左欄）．

図1には，蛍石型構造の各イオン半径を反映させた形で描いた見取り図を，図2には各イオンを小さめにし，接している部分を結合棒で示した立体視図を示す．たとえば，上部面心位置の陽イオンに注目すると，その下の4個の陰イオンと，描かれていない一つ上の単位胞内の4個の陰イオンに接していることがうかがえる．ポーリングの第2法則から，陰イオンには4個の陽イオンが配位することが予測され，そのようになっていることもみることができる．

蛍石型構造では，陽イオンと陰イオンの半径が近いため，陽イオンと陰イオンとが置き換わった形の結晶も多数存在する．このような結晶はR$_2$Xの化学式をもち，逆蛍石型構造とよばれる．逆蛍石型構造をもつ結晶の格子定数を表2の右欄に示す．

（掛川一幸）

表2 蛍石型構造をもつ結晶の格子定数

蛍石型	a_0 (nm)	逆蛍石型	a_0 (nm)
AmO$_2$	0.5376	Ir$_2$P	0.5535
CaF$_2$	0.546295	K$_2$O	0.6436
CeO$_2$	0.54110	K$_2$S	0.6436
CmO$_2$	0.5372	K$_2$Se	0.7676
HfO$_2$	0.5115	K$_2$Te	0.8152
NpO$_2$	0.54341	Li$_2$O	0.4619
PaO$_2$	0.5505	Li$_2$S	0.5708
PrO$_2$	0.54694	Li$_2$Se	0.6005
PuO$_2$	0.53960	Li$_2$Te	0.6504
TbO$_2$	0.5220	Na$_2$O	0.555
ThO$_2$	0.55997	Na$_2$S	0.6526
UO$_2$	0.54682	Na$_2$Se	0.6809
ZrO$_2$	0.507	Na$_2$Te	0.7314
α-PoO$_2$	0.5687	Rb$_2$O	0.674

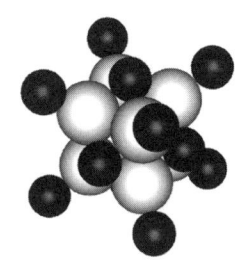

図1 蛍石型構造の見取り図（白球：陰イオン，黒球：陽イオン）

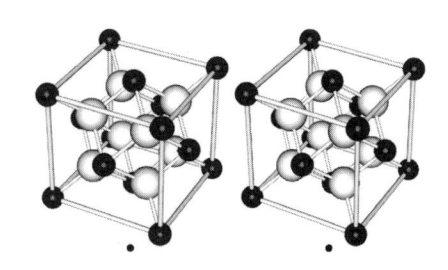

図2 蛍石型構造の立体視図

表1 蛍石型構造の原子座標

	u	v	w		u	v	w
$R(1)$	0	0	0	$X(3)$	3/4	1/4	1/4
$R(2)$	1/2	1/2	0	$X(4)$	3/4	3/4	1/4
$R(3)$	1/2	0	1/2	$X(5)$	1/4	1/4	3/4
$R(4)$	0	1/2	1/2	$X(6)$	1/4	3/4	3/4
$X(1)$	1/4	1/4	1/4	$X(7)$	3/4	1/4	3/4
$X(2)$	1/4	3/4	1/4	$X(8)$	3/4	3/4	3/4

タングステンブロンズ

9.7

tungsten bronze

カリウムタングステンブロンズ，ルビジウムタングステンブロンズ，セシウムタングステンブロンズ，R_xWO_3（$x \fallingdotseq 0.3$, R = K, Rb, Cs）は六方晶で，それらの格子定数は，$a_0 \fallingdotseq 0.740$ nm, $c_0 \fallingdotseq 0.755$ nm とほとんど同じ値をもっている．空間群は D_{6h}^3（$C6/mcm$）で，表1に示す位置に各原子が存在する．単位格子中には3分子分の原子が入る．アルカリ原子Rは，単位格子当たり2個以下の割合で2b位置にランダムに存在する．

図1に R_xWO_3（$x \fallingdotseq 0.3$）の立体視図を示す．左下奥の灰色の球(R)が原点であり，左手前が a_1 軸，右方が a_2 軸，上方が c 軸である．

$Na_{0.75}WO_3$ は立方晶の単位胞をもっている．$a_0 = 0.772$ nm である．その空間群は O_h^9（$Im3m$）で，表2に示す位置を原子がしめている．酸素は 48k および 48m 位置の 1/4 をしめている．これは，ペロブスカイト型構造の派生としてとらえることができる．図2にこの結晶の 1/8 モデルを示す．ナトリウムはペロブスカイト型化合物 ABO_3 のA位置の 3/4 をしめていて灰色立方体部分が欠けている．タングステンはB位置に存在する．A位置が欠損していることにより，酸素の 50％は透明球で示した部分に存在するようになる．

（掛川一幸）

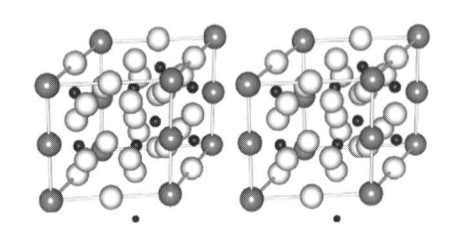

表1 タングステンブロンズ R_xWO_3（$x \fallingdotseq 0.3$）の原子座標

	位置	u	v	w	備考
W(1)	6g	u	0	1/4	$u = 0.48$
W(2)		$-u$	0	3/4	
W(3)		0	u	1/4	
W(4)		0	$-u$	3/4	
W(5)		$-u$	$-u$	1/4	
W(6)		u	u	3/4	
O(1)	6f	1/2	0	0	
O(2)		0	1/2	0	
O(3)		1/2	1/2	0	
O(4)		1/2	0	1/2	
O(5)		0	1/2	1/2	
O(6)		1/2	1/2	1/2	
O(7)	12j	u	v	1/4	$v \fallingdotseq 0.42$ $u \fallingdotseq 0.22$
O(8)		$-u$	$-v$	3/4	
O(9)		$-v$	$u-v$	1/4	
O(10)		v	$v-u$	3/4	
O(11)		$v-u$	$-u$	1/4	
O(12)		$u-v$	u	3/4	
O(13)		v	u	1/4	
O(14)		$-v$	$-u$	3/4	
O(15)		$-u$	$v-u$	1/4	
O(16)		u	$u-v$	3/4	
O(17)		$u-v$	$-v$	1/4	
O(18)		$v-u$	v	3/4	
R(1)	2b	0	0	0	ランダムに占有
R(2)		0	0	1/2	

図1 タングステンブロンズ R_xWO_3（$x \fallingdotseq 0.3$）の立体視図（黒小球：W，白大球：O，灰大球：R）

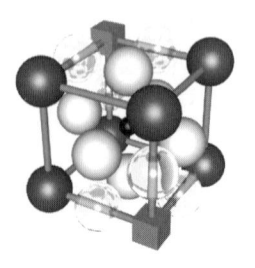

図2 タングステンブロンズ $Na_{0.75}WO_3$ の結晶構造（単位格子の 1/8）
灰大球：ナトリウム，灰立方体：ナトリウムの入っていない位置，黒小球：タングステン，白小球，透明球：酸素

表2 タングステンブロンズ Na$_{0.75}$WO$_3$ の原子座標

位置		u	v	w					備考
W(1)		0.25	0.25	0.25					
W(2)		0.75	0.75	0.25					
W(3)		0.75	0.25	0.75					
W(4)	8c	0.25	0.75	0.75					
W(5)		0.75	0.75	0.75					
W(6)		0.25	0.25	0.75					
W(7)		0.25	0.75	0.25					
W(8)		0.75	0.25	0.25					
O(1)		x	x	z					
O(2)		x	$-x$	$-z$	A	$x=0.235, z=0.01$			
O(3)		$-x$	x	$-z$					
O(4)		$-x$	$-x$	z					
O(5)		x	z	x		Aのu, v, wをv, w, u			
略		略			B	の順に入れ替えた座	D		
O(8)		$-x$	z	$-x$		標		E	このうち
O(9)	48k	z	x	x		Aのu, v, wをw, u, v			12位置を
略		略			C	の順に入れ替えた座			占有
O(12)		z	$-x$	$-x$		標			
O(13)		$-x$	$-x$	$-x$		Dのu, v, wのすべて			
略		略			E	にマイナスを付けた			
O(24)		$-z$	x	x		座標			
O(25)		$x+1/2$	$x+1/2$	$z+1/2$		Eのu, v, wにそれぞ			
略		略			F	れ1/2, 1/2, 1/2を加			
O(48)		$-z+1/2$	$x+1/2$	$x+1/2$		えた座標			
O(49)		0	y	z					
O(50)		0	$-y$	$-z$	G	$y=0.267, z=0.01$			
O(51)		0	y	$-z$					
O(52)		0	$-y$	z					
O(53)		y	z	0		Gのu, v, wをv, w, u			
略		略			H	の順に入れ替えた座	J		
O(56)		$-y$	z	0		標		L	このうち
O(57)	48j	z	0	y		Gのu, v, wをw, u, v			12位置を
略		略			I	の順に入れ替えた座			占有
O(60)		z	0	$-y$		標			
O(61)		0	$-y$	$-z$		Jのu, v, wのすべて			
略		略			K	にマイナスを付けた			
O(72)		$-z$	0	y		座標			
O(73)		1/2	$y+1/2$	$z+1/2$		Lのu, v, wにそれぞ			
略		略			M	れ1/2, 1/2, 1/2を加			
O(96)		$-z+1/2$	1/2	$y+1/2$		えた座標			
Na(1)		0	0.5	0.5					
Na(2)		0.5	0	0.5					
Na(3)	6b	0.5	0.5	0					ほぼ全位
Na(4)		0.5	0	0					置を占有
Na(5)		0	0.5	0					
Na(6)		0	0	0.5					

ReO₃ 型構造

9.8

ReO₃ type structure

ReO₃ 単位格子中の原子の座標を表 1 に示す．Re^{6+} の O^{2-} に対するイオン半径比は 0.49 であり，ポーリングの第 1 法則から，Re^{6+} は 6 配位の隙間位置をしめる．6+ は 6 個の配位に等分に割り当てられ，その結合強度は 6/6 = 1 となる．また，O^{2-} に配位する Re^{6+} の数を x とすると，その結合強度は $2/x$ である．陽イオンからの結合強度と陰イオンからの結合強度は等しくなければならない（ポーリングの第 2 法則）ので，$x = 2$ となり，O^{2-} には 2 個の Re^{6+} イオンが配位することとなる．

図 1 に ReO₃ の立体視図を示す（原点を O^{2-} にとった）．この図から，Re^{6+} には O^{2-} が 6 個配位し，O^{2-} には Re^{6+} が 2 個配位している様子がわかる．この構造においては，酸化物イオンの立方最密充てん構造を基本にしていて，その 6 配位位置に Re^{6+} が入っている．単位格子中に Re^{6+} 1 個に対して，O^{2-} は 3 個存在することになる．立方最密充てん構造において，単位格子当たり 6 配位位置は 1 に対して，酸化物イオンは 4 個存在しなければならない．そのため，立方最密充てん構造中，1/4 の酸化物イオンは欠損している．すなわち，1 つの面心位置に酸化物イオンが存在しない．図 2 に実際のイオン半径を反映して描いた ReO₃ の見取り図を示す．

ReO₃ 結晶は立方晶である．表 2 に ReO₃ と同じ構造をもつ結晶の格子定数を示す．また，同時に陽イオン－陰イオン間距離も示した．

(掛川一幸)

図 1 ReO₃ の立体視図（黒球：Re^{6+}，白球：O^{2-}）

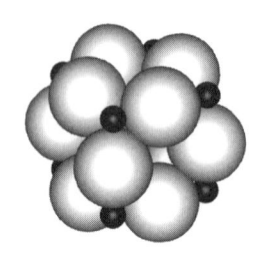

図 2 ReO₃ 単位胞の見取り図（黒球：Re^{6+}，白球：O^{2-}）

表 2 ReO₃ 構造をもつ結晶の格子定数と陽イオン－陰イオン間距離

結晶	a_0 (nm)	$r(R-X)$ (nm)
MoF₃	0.38985	0.194925
NbF₃	0.3903	0.19515
ReO₃	0.3734	0.1867
TaF₃	0.39012	0.19506
UO₃	0.4156	0.2078

表 1 ReO₃ 内の原子の座標

	u	v	w
Re	0	0	0
O(1)	1/2	0	0
O(2)	0	1/2	0
O(3)	0	0	1/2

希土類酸化物

9.9

rare earth oxide

a. A-希土構造

A-希土構造は，La_2O_3，Pu_2O_3 など，イオン半径が大きい希土類元素の酸化物がとる．その構造は CdI_2 の I を希土類元素に置き換え，Cd を O に置き換え，さらに 2つの O 原子を追加した形となっている．図1に A-希土構造の立体視図を示す．格子内部にある2つの O 原子が，CdI_2 構造に対して余分に存在する原子である．

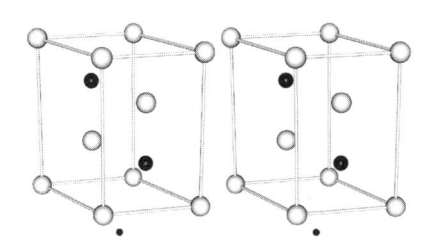

図1 A-希土構造の立体視図

表1 A-希土構造の原子座標

	位置	u	v	w
M	2d	1/3	2/3	$u(M)$
M		2/3	1/3	$-u(M)$
X(1)	1a	0	0	0
X(2)	2d	1/3	2/3	$u(M)$
X(2)		2/3	1/3	$-u(M)$

表2 A-希土構造をもつ結晶の格子定数と位置パラメータ

結晶	結晶系	a_0(nm)	c_0(nm)	$u(M)$	$u(X)$
La_2O_3	六方晶	0.39373	0.61299	0.245	0.645
Ce_2O_2S	六方晶	0.4004	0.6872	0.29	0.64
La_2O_2S	六方晶	0.40509	0.6943	0.29	0.64
Pu_2O_2S	六方晶	0.3927	0.6768	0.29	0.64
Pu_2O_3	六方晶	0.3840	0.5957	0.235	0.63

A-希土構造は，D_{3d}^3 ($C\bar{3}m$) の空間群をもつ．原子座標を表1に，この構造をもついくつかの結晶の格子定数と位置パラメーターを表2に示す．

b. B-希土構造

B-希土構造は，A-希土構造がゆがんだ形で，単斜晶系をとる．空間群は C_{2h}^3 ($C2/m$)

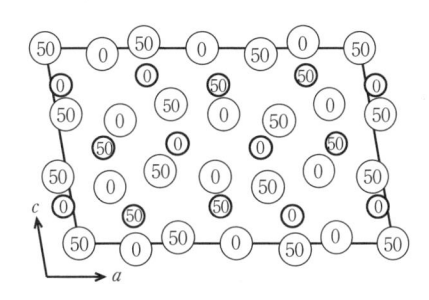

図2 B-希土構造の c-a 面への投影図（大円：O，小円：希土類元素）

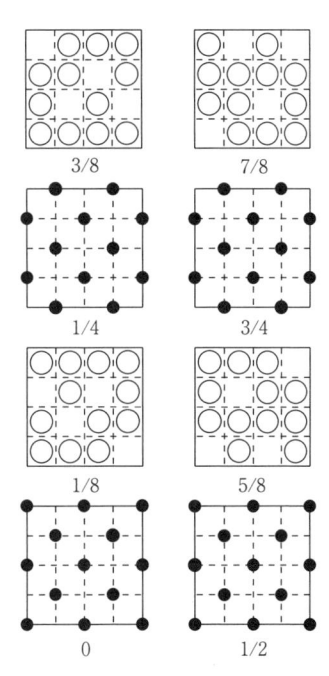

図3 C-希土構造の a-b 面への投影図

表3 B-希土構造の原子座標

	位置	u	v	w	備考
$Sm_1(1)$	$4i$	u	0	v	$u=0.6349, v=0.4905$
$Sm_1(2)$		$u+1/2$	$1/2$	v	
$Sm_1(3)$		$-u$	0	$-v$	
$Sm_1(4)$		$-u+1/2$	$1/2$	$-v$	
$Sm_2(1)\sim Sm_2(4)$	$4i$	上の$4i$と同じ			$u=0.6897, v=0.1380$
$Sm_3(1)\sim Sm_3(4)$	$4i$	上の$4i$と同じ			$u=0.9663, v=1881$
$O_0(1)$	$2b$	$1/2$	0	0	
$O_0(2)$		0	$1/2$	0	
$O_1(1)\sim O_1(4)$	$4i$	上の$4i$と同じ			$u=0.128, v=0.286$
$O_2(1)\sim O_2(4)$	$4i$	上の$4i$と同じ			$u=0.824, v=0.027$
$O_3(1)\sim O_3(4)$	$4i$	上の$4i$と同じ			$u=0.799, v=0.374$
$O_4(1)\sim O_4(4)$	$4i$	上の$4i$と同じ			$u=0.469, v=0.344$

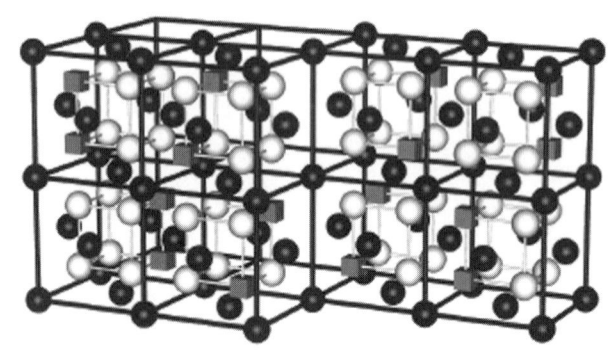

図4 C-希土構造の見取り図(黒球:希土類元素,白球:酸化物イオン,灰色立方体:酸化物イオンが欠損した位置)

に属する.B-希土構造をもつSm_2O_3の原子座標を表3に示す.B-希土構造のc-a面への投影図を図2に示す.

c. C-希土構造

小さな希土類元素の酸化物はC-希土構造をもつ.C-希土構造は,パイロクロア*と同様,酸素欠損型の蛍石構造としてとらえることができる.図3にC-希土構造のa-b面への投影図を,図4に見取り図を示す.単位格子当たり8個のサブユニットに分けることができるが,後方の4サブユニットを描くと見にくくなるので,そこには表示せず,右側の単位格子部分に示した.それぞれのサブユニットは,灰色の立方体で示した位置の酸化物イオンが欠損した蛍石型構造*をもっている. (掛川一幸)

9.10 ダイヤモンド型構造

diamond structure

ダイヤモンド*は，炭素のsp^3混成軌道によるすべての共有結合が過不足なく空間を埋めた構造をもっている．そのため，ダイヤモンドは非常に硬い．

表1にダイヤモンド内の炭素の座標を示す．単位胞中には炭素原子が8個含まれる．面心立方配置内には4個の原子に囲まれる位置が8個存在する．それは，単位格子を図1に示したように8個に分割した各立方体の体心の位置にある．これらの位置の一つおきに原子が入るとき，原点と面心の位置にある原子もほかの原子4個に囲まれる．すなわち，この位置に炭素が入るとき，すべての炭素のsp^3混成軌道による結合が過不足なく使われることとなる．これがダイヤモンドの単位格子である．

図2にダイヤモンド単位格子のa-b面への投影図を示す．また，図3にダイヤモンドの立体視図を示す．それぞれの4本の結合の手が，過不足なく使われ結合している様子がわかる．

炭素と同様に，sp^3混成軌道による結合のできる元素はダイヤモンド型の結晶構造をとる．表2にそのような結晶の格子定数を示す．また，同時に原子間距離も示した．

（掛川一幸）

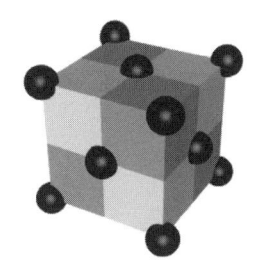

図1 ダイヤモンド型の結晶の単位格子内部で炭素の存在する位置

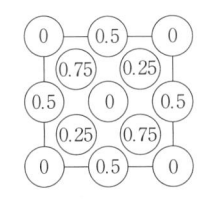

図2 ダイヤモンド中の原子のa-b面への投影図

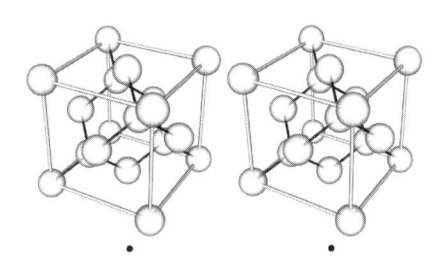

図3 ダイヤモンド単位胞の立体視図

表1 ダイヤモンド内の炭素の座標

	u	v	w
C(1)	0	0	0
C(2)	0	1/2	1/2
C(3)	1/2	0	1/2
C(4)	1/2	1/2	0
C(5)	1/4	1/4	1/4
C(6)	1/4	3/4	3/4
C(7)	3/4	1/4	3/4
C(8)	3/4	3/4	1/4

表2 ダイヤモンド型の結晶構造をもつ結晶の格子定数と原子間距離

結晶	a_0 (nm)	原子間距離 (nm)
C	0.356679	0.1544
Si	0.543070	0.2352
Ge	0.565735	0.2450
α-Sn	0.64912	0.2811

9.11 グラファイト

graphite

炭素どうしが sp^2 混成軌道で結合するとき，3本すべての結合を過不足なく用いて平面分子を形成する．このような平面どうしがファンデルワールス力で積み重なって，グラファイト結晶ができる．

一般によく知られているグラファイトの空間群は C_{6v}^4 で，炭素は $2a$ および $2b$ 位置をしめる．表1にグラファイト内の炭素の座標を示す．このグラファイトの結晶系は六方晶で，表2にその格子定数を示す．炭素の平面層の上に，もっともエネルギーが低くなるよう平面方向に変位した形でつぎの層が重なる．そのつぎの層は，平面方向の変位が最初の層と同じとなる．すなわち，A-B-A-B…の重なりとなる．グラファイトの a_1-a_2 面への投影図を図1に示す．また，その立体視図を図2に示す．

グラファイトの各層の積み重なり方がA-B-A-B…ではなく，A-B-C-A-B-C…の繰り返しとなる構造も知られている．この構造は積み重なり方が異なるだけであるが，菱面体として単位格子をとることができる．六方晶格子としてとった場合，a_0' = 0.2456 nm, c_0' = 1.0044 nm となる．菱面体格子の格子定数は a_0 = 0.3635 nm, α = 39°30′ で，原子のおおよその座標は，1/6 1/6 1/6 ; -1/6 -1/6 -1/6 である．

(掛川一幸)

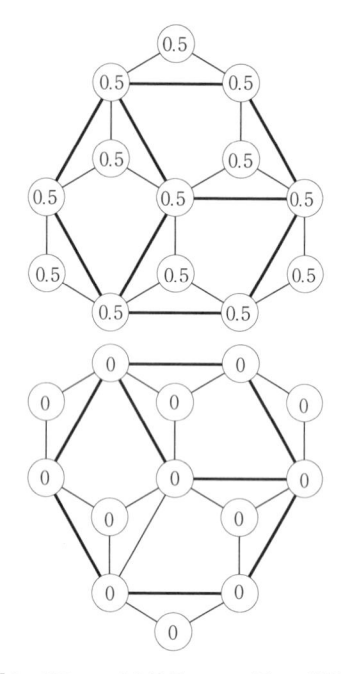

図1 グラファイト結晶の a_1-a_2 面への投影図

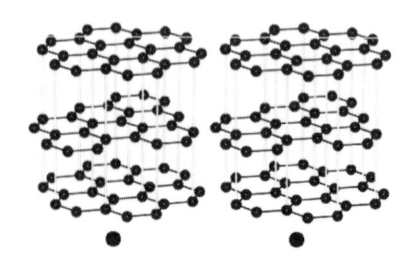

図2 グラファイトの立体視図

表1 グラファイト内の炭素の座標

位置		u	v	w	備考
C(1)	$2a$	0	0	u	$u \approx 0$
C(2)		0	0	$u+1/2$	
C(3)	$2b$	1/3	2/3	v	$v \approx 0$
C(4)		2/3	1/3	$v+1/2$	

表2 グラファイトの格子定数

結晶	結晶系	a_0 (nm)	c_0 (nm)
グラファイト	六方晶	0.2456	0.6696

9.12 ブラウンミラライト型構造

brownmillerite-type structure

ブラウンミラライト Ca_2AlFeO_5 を代表とする $Ca_2(Al_xFe_{1-x})_2O_5$ 固溶体 $(0.30 > x)$ は $V_h^{28}(Imma)$ の空間群に属し,斜方晶系で, $a_0 = 0.5428$ nm, $b_0 = 1.4760$ nm, $c_0 = 0.5596$ nm の格子定数をもつ.ブラウンミラライトの原子座標を表1に示す.

ブラウンミラライトの一般式は,$ABO_{2.5}$ とも表されるように一部の酸素が欠損したペロブスカイト構造としてみることもできる.図1にブラウンミラライトの c-a 面への投影図をそれぞれ,$v=0$, $v=0.25$, $v=0.5$, $v=0.75$ にある B イオンを中心としてその上下のイオンを示した.$0.37 \leq v \leq 0.63$ および $0.87 \leq v \leq 1$ では,破線で示した部分がペロブスカイト構造になっていることがわかる.このユニットは,紙面の水平方向に繰り返されている.

上述の層の間である $0.11 \leq v \leq 0.39$, $0.61 \leq v \leq 0.89$ の部分でも,破線で示した部分がペロブスカイト構造に類似している.ここで,+で示した部分は,ペロブスカイト構造においては酸化物イオンが存在すべき位置であるが,ブラウンミラライトでは,酸化物イオンが欠如している.図2に $0.11 \leq v \leq 0.39$ の範囲のブラウンミラライトの立体視図を示す.酸素が欠如したペロブスカイト構造をみることができる.

(掛川一幸)

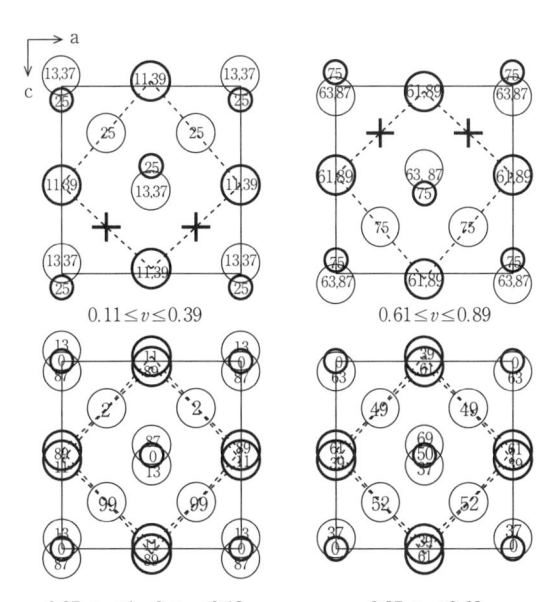

図1 ブラウンミラライト構造の c-a 面への投影図(小円:Fe^{3+}, Al^{3+}, 太い大円:Ca^{2+}, 細い大円:O^{2-})

表1 ブラウンミラライトの原子座標

	位置	u	v	w
Fe(1)		0	0	0
Fe(2)	$4a$	0	0.5	0
Fe(3)		0.5	0	0.5
Fe(4)		0.5	0.5	0.5
Fe,Al(1)		0	0.25	0.928
Fe,Al(2)	$4e$	0.5	0.75	0.428
Fe,Al(3)		0	0.75	0.072
Fe,Al(4)		0.5	0.25	0.572
Ca(1)		0	0.612	0.528
Ca(2)		0	0.112	0.472
Ca(3)		0	0.388	0.472
Ca(4)	$8h$	0	0.888	0.528
Ca(5)		0.5	0.112	0.028
Ca(6)		0.5	0.612	0.972
Ca(7)		0.5	0.888	0.972
Ca(8)		0.5	0.388	0.028
O(1)		0.25	0.985	0.25
O(2)		0.75	0.985	0.25
O(3)		0.75	0.015	0.75
O(4)	$8g$	0.25	0.015	0.75
O(5)		0.75	0.485	0.75
O(6)		0.25	0.485	0.75
O(7)		0.25	0.515	0.25
O(8)		0.75	0.515	0.25
O(9)		0	0.133	0.055
O(10)		0	0.633	0.945
O(11)		0	0.867	0.945
O(12)	$8h$	0	0.367	0.055
O(13)		0.5	0.633	0.555
O(14)		0.5	0.133	0.445
O(15)		0.5	0.367	0.445
O(16)		0.5	0.867	0.555
O(17)		0.25	0.25	0.75
O(18)	$4d$	0.75	0.25	0.75
O(19)		0.75	0.75	0.25
O(20)		0.25	0.75	0.25

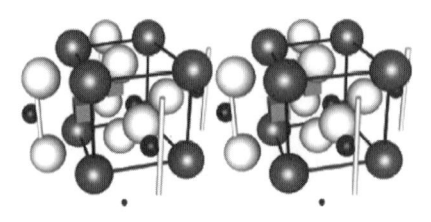

図2 $0.11 \leq v \leq 0.39$ の部分の立体視図（黒小球：Fe^{3+}, Al^{3+}, 灰大球：Ca^{2+}, 白球：O^{2-}, 小さい立方体：O^{2-} が欠如した部分）

9.13 ペロブスカイト型結晶

perovskite

鉱物，ペロブスカイト $CaTiO_3$ は，大きな陽イオン Ca^{2+}，小さな陽イオン Ti^{4+}，および酸化物イオンからなっている．同様に，大きな陽イオンと小さな陽イオンおよび大きな陰イオンからなる結晶は同じ構造をもち，ペロブスカイト型結晶とよばれる．一般式は ABO_3 で表される．ペロブスカイト型結晶においては，A イオンと陰イオンとで面心立方配置をとる．A イオンは原点に，陰イオンは面心の位置をしめ，B イオンは面心の6個の陰イオンに配位される位置に入る．

$CaTiO_3$ は立方晶系であり，表1に示す位置に各イオンが入る．各種立方晶ペロブスカイト結晶の格子定数とイオン間距離を表2に示す．実際のイオン半径を反映させて描いたペロブスカイト構造を図1に示す．B イオンが見えるように，手前面心位置の陰イオンを半透明で示した．各イオンを小さく描いて，内部まで見えるように示した立体視図を図2に示す．

多くのペロブスカイト型結晶は立方晶からゆがんでいて，反転可能な自発分極をもった強誘電性を示す．チタン酸鉛，チタン酸バリウムは室温で正方晶であって，[001] 方向に自発分極をもっている．これらの結晶内のイオン配置をそれぞれ表3，

表1 立方晶ペロブスカイトの原子の座標

	u	v	w
A	0	0	0
B	1/2	1/2	1/2
O(1)	1/2	1/2	0
O(2)	1/2	0	1/2
O(3)	0	1/2	1/2

表4に示す．また，これらの格子定数を表5に示す．

このほか，ペロブスカイト結晶は［110］方向にゆがんだ斜方晶系や，［111］方向にゆがんだ菱面体などがある．いずれもその

表2 立方晶ペロブスカイト結晶の格子定数とイオン間距離

結晶	a_0 (nm)	r(A-O) (nm)	r(B-O) (nm)
BaTiO$_3$ (201℃)	0.40118	0.284	0.201
BaZrO$_3$	0.41929	0.296	0.210
CaSnO$_3$	0.392	0.277	0.196
CaTiO$_3$	0.384	0.272	0.192
PbTiO$_3$ (535℃)	0.396	0.280	0.198
SrTiO$_3$	0.39051	0.276	0.195
Ba(Ni$_{1/3}$Nb$_{2/3}$)O$_3$	0.4065	0.287	0.203
Ba(Ce$_{1/2}$Nb$_{1/2}$)O$_3$	0.4923	0.348	0.246
Ba(Nd$_{1/2}$Nb$_{1/2}$)O$_3$	0.4277	0.302	0.214
Ba(Sc$_{1/2}$Nb$_{1/2}$)O$_3$	0.4129	0.292	0.206
Ba(Sc$_{1/2}$Ta$_{1/2}$)O$_3$	0.412	0.291	0.206
Ba(Sm$_{1/2}$Nb$_{1/2}$)O$_3$	0.4248	0.300	0.212
Ba(Y$_{1/2}$Nb$_{1/2}$)O$_3$	0.418	0.296	0.209
Ba(Yb$_{1/2}$Nb$_{1/2}$)O$_3$	0.4192	0.296	0.210
Ba(Yb$_{1/2}$Ta$_{1/2}$)O$_3$	0.417	0.295	0.209
Ba(Zn$_{1/3}$Nb$_{2/3}$)O$_3$	0.407	0.288	0.204
Pb(Mg$_{1/3}$Nb$_{2/3}$)O$_3$	0.4041	0.286	0.202
Pb(Ni$_{1/3}$Nb$_{2/3}$)O$_3$	0.4025	0.285	0.201
Pb(Fe$_{2/3}$W$_{1/3}$)O$_3$	0.398	0.281	0.199
Pb(Fe$_{1/2}$Nb$_{1/2}$)O$_3$	0.401	0.284	0.201
Pb(Fe$_{1/2}$Ta$_{1/2}$)O$_3$	0.401	0.284	0.201
Pb(Sc$_{1/2}$Nb$_{1/2}$)O$_3$	0.408	0.288	0.204
Pb(Sc$_{1/2}$Ta$_{1/2}$)O$_3$	0.408	0.288	0.204
Pb(Yb$_{1/2}$Nb$_{1/2}$)O$_3$	0.416	0.294	0.208
Pb(Yb$_{1/2}$Ta$_{1/2}$)O$_3$	0.414	0.293	0.207

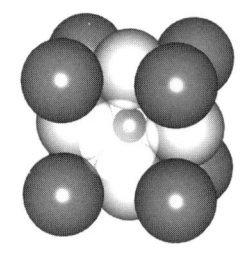

図1 ペロブスカイト結晶の充てんの様子
（灰色球：Aイオン，黒小球：Bイオン，白球，半透明球：陰イオン）

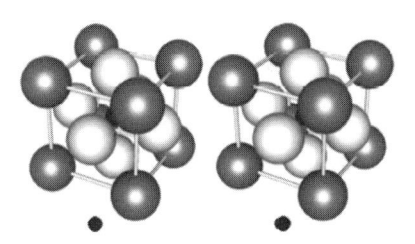

図2 ペロブスカイト結晶の立体視図

表3 正方晶チタン酸鉛（室温）の原子の座標

	u	v	w
Pb	0	0	0
Ti	1/2	1/2	0.541
O(1)	1/2	1/2	0.112
O(2)	1/2	0	0.612
O(3)	0	1/2	0.612

表4 正方晶チタン酸バリウム（室温）の原子の座標

	u	v	w
Ba	0	0	0
Ti	1/2	1/2	0.512
O(1)	1/2	1/2	0.023
O(2)	1/2	0	0.486
O(3)	0	1/2	0.486

表5 正方晶ペロブスカイトの格子定数と軸比 c/a

結晶	a_0 (nm)	c_0 (nm)	c/a
BaTiO$_3$	0.39947	0.40336	1.010
PbTiO$_3$	0.3904	0.4150	1.063

方向に自発分極を有する．チタン酸バリウムはおよそ190〜278Kまでの間で斜方晶系を，それより低い温度で菱面体となる．チタン酸鉛とジルコン酸鉛の固溶体*も，ジルコン酸鉛の多い組成で菱面体となる．

（掛川一幸）

9.14 スピネル型構造

spinel structure

スピネル $MgAl_2O_4$ と同じ構造をもつ結晶は多く存在し，$A^{2+}B^{3+}{}_2O^{2-}{}_4$ の一般式で表される．結晶系は立方晶で，空間群は $O_h^7(Fd3m)$ に属する．表1に原子座標を示す．理想的な u の値は，0.375 である．

スピネルは酸化物イオンが面心立方配置されていて，その4配位格子間位置に A^{2+} が入り，6配位格子間位置に B^{3+} が入る．そして，図1に示すような岩塩構造と閃亜鉛鉱構造に類似した2種類のサブユニットが，図2に示すような位置に配置している．

多くのスピネル型結晶では，A^{2+} と B^{3+} の半数が6配位格子間位置に入り，残りの B^{3+} が4配位位置に入り，$B(AB)O_4$ と表され，逆スピネルとよばれる．磁性材料として有用なフェライトは逆スピネルである．表2に正スピネルと逆スピネルの代表的な結晶の格子定数を示す．　　　　（掛川一幸）

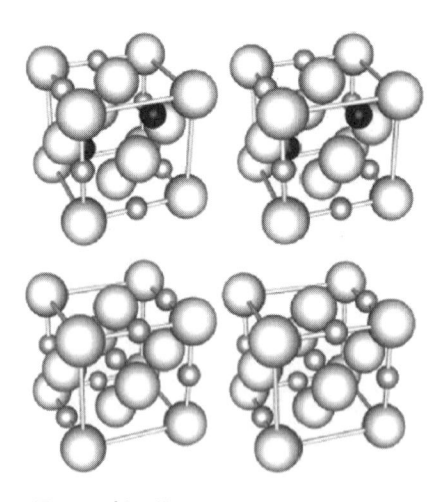

図1 スピネル構造のサブユニットの立体視図

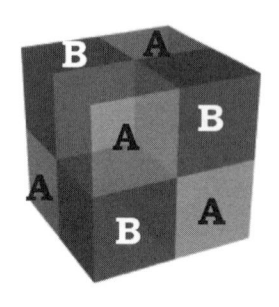

図2 スピネル単位格子におけるサブユニットの配置

表2 スピネル構造を有する結晶の格子定数

結晶	a_0 (nm)	備考
$MgAl_2O_4$	0.80800	$u=0.387$
$ZnFe_2O_4$	0.84430	$u=0.389$
$CdFe_2O_4$	0.8705	
$FeAl_2O_4$	0.8119	$u=0.390$
$CoAl_2O_4$	0.81068	$u=0.390$
$NiAl_2O_4$	0.8048	$u=0.390$
$MnAl_2O_4$	0.8258	$u=0.390$
$ZnAl_2O_4$	0.80883	$u=0.390$
$Fe(MgFe)O_4$	0.8389	逆スピネル $u=0.382$
$Fe(TiFe)O_4$	0.85	逆スピネル $u=0.390$
Fe_3O_4	0.83963	逆スピネル $u=0.379$
$Zn(SnZn)O_4$	0.870	逆スピネル $u=0.390$
$Fe(NiFe)O_4$	0.83532	逆スピネル $u=0.381$
$GeFe_2O_4$	0.8411	
$SnMg_2O_4$	0.8639	$u=0.375$
$Mg(MgTi)O_4$	0.844	$u=0.390$
VMg_2O_4	0.8386	
WNa_2O_4	0.91297	$u=0.375$

表1 スピネルの原子座標

位置		u	v	w		
A(1)	8a	0	0	0		
A(2)		0.25	0.25	0.25		
A(3)		0.5	0.5	0		
A(4)		0.75	0.75	0.25		
A(5)		0.5	0	0.5		
A(6)		0.75	0.25	0.75		
A(7)		0	0.5	0.5		
A(8)		0.25	0.75	0.75		
B(1)	16d	0.625	0.625	0.625	A	
B(2)		0.625	0.875	0.875		
B(3)		0.875	0.625	0.875		
B(4)		0.875	0.875	0.625		
B(5)		0.125	0.125	0.625	B	A の u, v, w に 1/2, 1/2, 0 を加えた座標
略		略				
B(8)		0.375	0.375	0.625		
B(9)		0.125	0.625	0.125	C	A の u, v, w に 1/2, 0, 1/2 を加えた座標
略		略				
B(12)		0.375	0.875	0.125		
B(13)		0.625	0.125	0.125	D	A の u, v, w に 0, 1/2, 1/2 を加えた座標
略		略				
B(16)		0.875	0.375	0.125		
O(1)	32e	u	u	u	E	
O(2)		u	$-u$	$-u$		
O(3)		$-u+1/4$	$-u+1/4$	$-u+1/4$		
O(4)		$-u+1/4$	$u+1/4$	$u+1/4$		
O(5)		$-u$	$-u$	u		
O(6)		$-u$	u	$-u$		
O(7)		$u+1/4$	$-u+1/4$	$u+1/4$		
O(8)		$u+1/4$	$u+1/4$	$-u+1/4$		
O(9)		$u+1/2$	$u+1/2$	u	F	E の u, v, w に 1/2, 1/2, 0 を加えた座標
略		略				
O(16)		$u+3/4$	$u+3/4$	$-u+1/4$		
O(17)		$u+1/2$	u	$u+1/2$	G	E の u, v, w に 1/2, 0, 1/2 を加えた座標
略		$u+1/2$	u	$u+1/2$		
O(24)		$u+3/4$	$u+1/4$	$-u+3/4$		
O(25)		u	$u+1/2$	$u+1/2$	H	E の u, v, w に 0, 1/2, 1/2 を加えた座標
略		略				
O(32)		$u+1/4$	$u+3/4$	$-u+3/4$		

9.15 イルメナイト型構造

ilmenite type structure

鉱物, イルメナイト, $FeTiO_3$ はペロブスカイトと同じ化学式をしているが, Fe^{2+} が小さいためペロブスカイト構造はとらず, コランダム Al_2O_3 と同様の構造をとる. イルメナイトにおいては, Fe^{2+} と Ti^{4+} がコランダム構造中の Al^{3+} 位置を規則的に分布した構造となっている. 結晶系もコランダム同様, 菱面体結晶である. 図1に, 六方晶格子で表したイルメナイト構造の a_1-a_2 面への投影図, 図2に菱面体格子の立体視図を示す. コランダムと非常によく似た構造になっていることがわかる.

イルメナイトは $C_{3i}^2(R\overline{3})$ の空間群をも

表1 イルメナイト構造内の原子座標（菱面体格子）

	位置	u	v	w
A (1)	2c	$u(A)$	$u(A)$	$u(A)$
A (2)		$-u(A)$	$-u(A)$	$-u(A)$
B (1)	2c	$u(B)$	$u(B)$	$u(B)$
B (2)		$-u(B)$	$-u(B)$	$-u(B)$
O (1)	6f	x	y	z
O (2)		z	x	y
O (3)		y	z	x
O (4)		$-x$	$-y$	$-z$
O (5)		$-z$	$-x$	$-y$
O (6)		$-y$	$-z$	$-x$

表2 種々のイルメナイト構造をもつ結晶の格子定数と座標パラメーター（菱面体格子）

結晶	a_0(nm)	α	$u(A)$	$u(B)$	x	y	z
$FeTiO_3$	0.5538	54°41′	0.358	0.142	0.555	−0.040	0.235
$NiMnO_3$	0.5343	54°39′	0.352	0.148	0.56	−0.06	0.25
$CoMnO_3$	0.5385	54°31′	0.354	0.146	0.57	−0.07	0.25
$MnTiO_3$	0.5610	54°30′	0.357	0.143	0.560	−0.050	0.220
$NiTiO_3$	0.5437	55°7′	0.353	0.147	0.555	−0.045	0.235

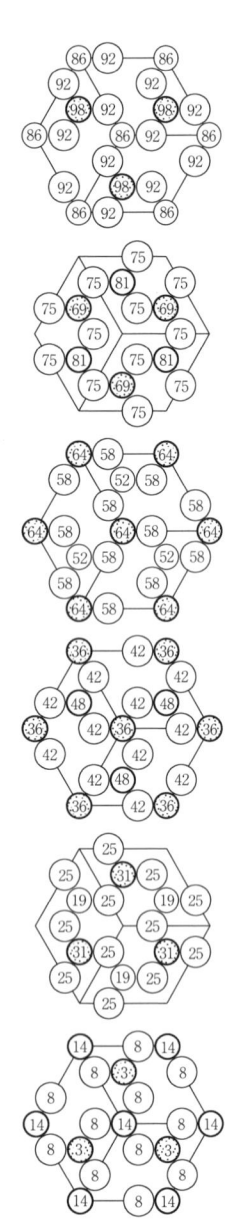

図1 イルメナイト構造の a_1-a_2 面への投影図（六方晶格子）
網掛け小円: Fe^{2+}, 白小円: Ti^{4+}, 大円: O^{2-}

表3 イルメナイト構造内の原子座標（六方晶格子）

	位置	u	v	w
A(1)	6c	0	0	$u(A)$
A(2)		0	0	$-u(A)$
A(3)		1/3	2/3	$2/3+u(A)$
A(4)		1/3	2/3	$2/3-u(A)$
A(5)		2/3	1/3	$1/3+u(A)$
A(6)		2/3	1/3	$1/3-u(A)$
B(1)	6c	0	0	$u(B)$
B(2)		0	0	$-u(B)$
B(3)		1/3	2/3	$2/3+u(B)$
B(4)		1/3	2/3	$2/3-u(B)$
B(5)		2/3	1/3	$1/3+u(B)$
B(6)		2/3	1/3	$1/3-u(B)$
O(1)	18f	x	y	z
O(2)		$-x$	$-y$	$-z$
O(3)		$-y$	$x-y$	z
O(4)		y	$y-x$	$-z$
O(5)		$y-x$	$-x$	z
O(6)		$x-y$	x	$-z$
O(7)		$1/3+x$	$2/3+y$	$2/3+z$
O(8)		$1/3-x$	$2/3-y$	$2/3-z$
O(9)		$1/3-y$	$2/3+x-y$	$2/3+z$
O(10)		$1/3+y$	$2/3+y-x$	$2/3-z$
O(11)		$1/3+y-x$	$2/3-x$	$2/3+z$
O(12)		$1/3+x-y$	$2/3+x$	$2/3-z$
O(13)		$2/3+x$	$1/3+y$	$1/3+z$
O(14)		$2/3-x$	$1/3-y$	$1/3-z$
O(15)		$2/3-y$	$1/3+x-y$	$1/3+z$
O(16)		$2/3+y$	$1/3+y-x$	$1/3-z$
O(17)		$2/3+y-x$	$1/3-x$	$1/3+z$
O(18)		$2/3+x-y$	$1/3+x$	$1/3-z$

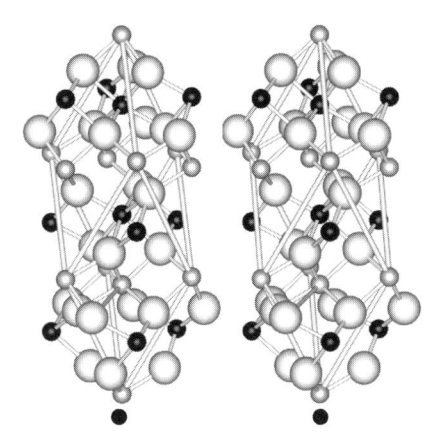

図2 イルメナイト構造の立体視図
黒小球：Fe^{2+}，灰小球：Ti^{4+}，白大球：O^{2-}

つ．その原子座標を表1に示す．また，イルメナイト構造をもついくつかの結晶の格子定数と位置パラメーター（$u(A)$, $u(B)$, x, y, z）を表2に示す．

表3に六方格子でのイルメナイト構造内の原子座標を，表4にイルメナイト構造の六方格子での格子定数を示す．

（掛川一幸）

表4 種々のイルメナイト構造をもつ結晶の格子定数と座標パラメーター（六方晶格子）

結晶	a_0^1(nm)	c_0^1(nm)	$u(A)$	$u(B)$	x	y	z
$FeTiO_3$	0.5082	1.4026	0.358	0.142	0.305	0.015	0.250
$NiMnO_3$	0.4905	1.359	0.352	0.148	0.31	0.00	0.25
$CoMnO_3$	0.4933	1.391	0.354	0.146	0.32	0.00	0.25
$MnTiO_3$	0.5137	1.4283	0.357	0.143	0.317	0.023	0.243
$NiTiO_3$	0.5044	1.3819	0.353	0.147	0.307	0.013	0.248

オリビングループ

9.16

olivine group

鉱物オリビンは $(Mg_{0.9}Fe_{0.1})_2SiO_4$ で表される固溶体*である．オリビン型結晶の化学式は A_2SiO_4 で表される．オリビンは $V_h^{16}(Pnma)$ の空間群をもち，表1に示す座標を原子がしめている．

各種オリビン型結晶の格子定数と座標パラメーターを表2に示す．オリビン型結晶の立体視図を図1に示す．オリビンのケイ素イオンに対する酸化物イオン数の比は4となるので，ケイ素は SiO_4 のオルトケイ酸イオンとして，結晶内で独立して存在する．図1から，SiO_4 正四面体の間にAイオンが分布している様子がわかる．

(掛川一幸)

表1 オリビン型結晶 A_2SiO_4 の原子座標

	位置	u	v	w
A(1)	4a	0	0	0
A(1)		0	1/2	0
A(1)		1/2	0	1/2
A(1)		1/2	1/2	1/2
A(2)	4c	$u(A)$	1/4	$v(A)$
A(2)		$-u(A)$	3/4	$-v(A)$
A(2)		$u(A)+1/2$	1/4	$-v(A)+1/2$
A(2)		$-u(A)+1/2$	3/4	$v(A)+1/2$
Si	4c	$u(Si)$	1/4	$v(Si)$
Si		$-u(Si)$	3/4	$-v(Si)$
Si		$u(Si)+1/2$	1/4	$-v(Si)+1/2$
Si		$-u(Si)+1/2$	3/4	$v(Si)+1/2$
O(1)	4c	$u(O_1)$	1/4	$v(O_1)$
O(1)		$-u(O_1)$	3/4	$-v(O_1)$
O(1)		$u(O_1)+1/2$	1/4	$-v(O_1)+1/2$
O(1)		$-u(O_1)+1/2$	3/4	$v(O_1)+1/2$
O(2)	4c	$u(O_2)$	1/4	$v(O_2)$
O(2)		$-u(O_2)$	3/4	$-v(O_2)$
O(2)		$u(O_2)+1/2$	1/4	$-v(O_2)+1/2$
O(2)		$-u(O_2)+1/2$	3/4	$v(O_2)+1/2$
O(3)	8d	x	y	z
O(3)		$-x$	$-y$	$-z$
O(3)		$x+1/2$	$-y+1/2$	$-z+1/2$
O(3)		$-x+1/2$	$y+1/2$	$z+1/2$
O(3)		x	$-y+1/2$	z
O(3)		$-x$	$y+1/2$	$-z$
O(3)		$x+1/2$	y	$-z+1/2$
O(3)		$-x+1/2$	$-y$	$z+1/2$

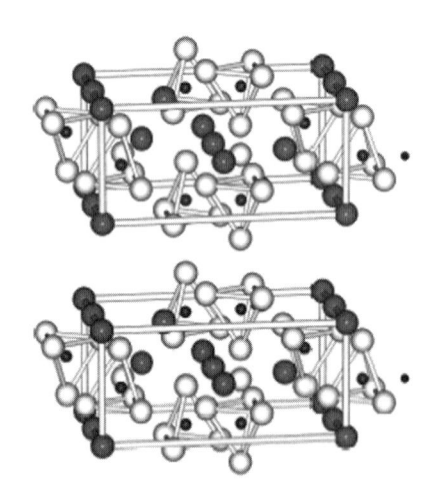

図1 オリビンの立体視図（灰色球：A，白球：O，小黒球：Si）

表2 各種オリビン型結晶の格子定数と座標パラメーター

結晶	パラメーター						
(Mg$_{0.9}$Fe$_{0.1}$)$_2$SiO$_4$(Olivine)	a_0(nm)	b_0(nm)	c_0(nm)	u(A)	v(A)	u(Si)	v(Si)
	1.026	0.600	0.477	0.2775	−0.010	0.0945	0.426
	u(O$_1$)	v(O$_1$)	u(O$_2$)	v(O$_2$)	x	y	z
	0.092	0.767	0.449	0.219	0.163	0.0365	0.277
Fe$_2$SiO$_4$(Fayalite)	a_0(nm)	b_0(nm)	c_0(nm)	u(A)	v(A)	u(Si)	v(Si)
	1.049	0.610	0.483	0.280	−0.013	0.098	0.433
	u(O$_1$)	v(O$_1$)	u(O$_2$)	v(O$_2$)	x	y	z
	0.092	0.769	0.455	0.209	0.1645	0.038	0.287
CaMgSiO$_4$(Monticellite)	a_0(nm)	b_0(nm)	c_0(nm)	u(A)	v(A)	u(Si)	v(Si)
	1.108	0.637	0.4815	0.2768	−0.0233	0.0812	0.4101
	u(O$_1$)	v(O$_1$)	u(O$_2$)	v(O$_2$)	x	y	z
	0.0775	0.7448	0.4496	0.2464	0.1465	0.0476	0.2734
γ-Ca$_2$SiO$_4$	a_0(nm)	b_0(nm)	c_0(nm)	u(A)	v(A)	u(Si)	v(Si)
	1.1371	0.6782	0.5091	0.2804	−0.0116	0.0985	0.4272
	u(O$_1$)	v(O$_1$)	u(O$_2$)	v(O$_2$)	x	y	z
	0.0867	0.7377	0.4579	0.1980	0.1633	0.0599	0.2925
Mn$_2$SiS$_4$	a_0(nm)	b_0(nm)	c_0(nm)	u(A)	v(A)	u(Si)	v(Si)
	1.265	0.7424	0.5928	0.226	0.491	0.410	0.476
	u(O$_1$)	v(O$_1$)	u(O$_2$)	v(O$_2$)	x	y	z
	0.404	0.780	0.545	0.242	0.327	0.039	0.280
Mn$_2$GeS$_4$	a_0(nm)	b_0(nm)	c_0(nm)	u(A)	v(A)	u(Si)	v(Si)
	1.2796	0.7454	0.6034	0.226	0.496	0.409	0.421
	u(O$_1$)	v(O$_1$)	u(O$_2$)	v(O$_2$)	x	y	z
	0.405	0.809	0.558	0.262	0.335	0.026	0.240

(注) CaMgSiO$_4$に関しては，Caが表1のA(1)の位置，MgがA(2)の位置をしめる．Mn$_2$SiS$_4$およびMn$_2$GeS$_4$でのu(O$_1$)，v(O$_1$)，u(O$_2$)，v(O$_2$)は硫黄についてのパラメーターである．GeはほかのSiに相当する．

ガーネット

9.17

garnet

ガーネットは，一般式 $M_2^{3+}R_3^{2+}(SiO_4)_3$ で表されるケイ酸塩である．O_h^{10} ($Ia3d$) の空間群に属し，表1に示す位置に各原子が配置されている．表2にガーネット型結晶構造をもつ結晶の格子定数と位置パラメーターを示す．GGG，YAG*などは，磁性材料として重要な結晶である．GGG は gallium gadolinium garnet の略で，Ga の一部が Si に相当する位置に入る．YAG は yttrium aluminium garnet の略で，Al の一部が Si に相当する位置に入る．

図1にガーネットの結晶構造中の多面体配置を示す．白大球が O^{2-}，白小球が Si^{4+} で SiO_4 正四面体に灰色小球の R^{2+} を囲む 12面体配位と，黒小球の M^{3+} を囲む8面体配位が連なっている．図2にガーネットの結晶模型の写真を示す． **(掛川一幸)**

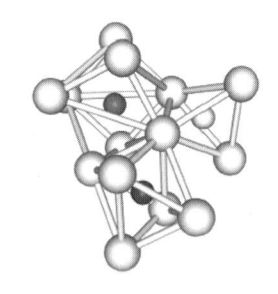

図1 ガーネットの結晶構造中の多面体配置（白大球：O^{2-}，白小球：Si^{4+}，灰色小球：R^{2+}，黒小球：M^{3+}）

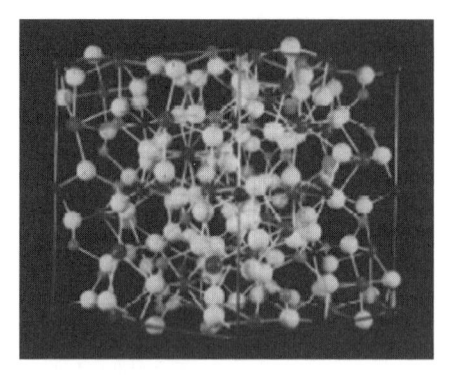

図2 ガーネットの結晶模型

表2 ガーネット型結晶構造をもつ結晶の格子定数と位置パラメーター

結晶	a_0(nm)	x	y	z
$Al_2Ca_3(SiO_4)_3$	1.1855	−0.0382	0.0457	0.1512
$Al_2Mg_3(SiO_4)_3$	1.1459	−0.03284	0.05014	0.05330
GGG[$Ga_2Gd_3(GaO_4)_3$]	1.2376	−0.03	0.06	0.15
YAG[$Al_2Y_3(AlO_4)_3$]	1.201	−0.029	0.053	0.151

表1 ガーネットの原子座標

位置		u	v	w	備考			
$R^{2+}(1)$		0.125	0	0.25				
$R^{2+}(2)$		0.625	0	0.25				
$R^{2+}(3)$		0	0.25	0.125	A			
$R^{2+}(4)$		0	0.25	0.625				
$R^{2+}(5)$		0.25	0.125	0		C		
$R^{2+}(6)$	24c	0.25	0.625	0				
$R^{2+}(7)$		0.875	0	0.75				
略		略	略	略	B	u, v, w がそれぞれAの$-v$, $-w, -u$		
$R^{2+}(12)$		0	0	0				
$R^{2+}(13)$		0.625	0.5	0.75			Cの座標に1/2, 1/2, 1/2を加えた座標	
略		略	略	略		D		
$R^{2+}(24)$		-0.5	0.5	0.5				
$R^{3+}(1)$		0	0	0				
$R^{3+}(2)$		0.25	0.25	0.25				
$R^{3+}(3)$		0.5	0.5	0				
$R^{3+}(4)$		0.75	0.75	0.25	E			
$R^{3+}(5)$		0.5	0	0.5				
$R^{3+}(6)$	16a	0.75	0.25	0.75				
$R^{3+}(7)$		0	0.5	0.5				
$R^{3+}(8)$		0.25	0.75	0.75				
$R^{3+}(9)$		0.5	0.5	0.5			Eの座標に1/2, 1/2, 1/2を加えた座標	
略		略	略	略	F			
$R^{3+}(16)$		0.75	0.25	0.25				
Si(1)		0.375	0.	0.25				
Si(2)		0.875	0	0.25	G			
Si(3)		0.625	0	0.75				
Si(4)		0.125	0	0.75				
Si(5)		0	0.25	0.375				
Si(6)		0	0.25	0.875	H	u, v, w がそれぞれGのv, w, u	J	
Si(7)		0	0.75	0.625				
Si(8)	24d	0	0.75	0.125				
Si(9)		0.25	0.375	0				
Si(10)		0.25	0.875	0	I	u, v, w がそれぞれGのw, v, u		
Si(11)		0.75	0.625	0				
Si(12)		0.75	0.125	0				
Si(13)		0.875	0.5	0.75			Jの座標に1/2, 1/2, 1/2を加えた座標	
略		略	略	略		K		
Si(24)		0.25	0.625	0.5				
O(1)		x	y	z				
O(2)		$x+1/2$	$-y+1/2$	$-z$				
O(3)		$-x$	$y+1/2$	$-z+1/2$				
O(4)		$-x+1/2$	$-y$	$z+1/2$				
O(5)		$y+1/4$	$x+1/4$	$z+1/4$				
O(6)		$y+3/4$	$-x+1/4$	$-z+3/4$				
O(7)		$-y+3/4$	$x+3/4$	$-z+1/4$				
O(8)		$-y+1/4$	$-x+3/4$	$z+3/4$	L			
O(9)		$-x$	$-y$	$-z$				
O(10)		$-x+1/2$	$y+1/2$	z				
O(11)		x	$-y+1/2$	$z+1/2$				
O(12)	96h	$x+1/2$	y	$-z+1/2$			P	
O(13)		$-y+3/4$	$-x+3/4$	$-z+3/4$				
O(14)		$-y+1/4$	$x+3/4$	$z+1/4$				
O(15)		$y+1/4$	$-x+1/4$	$z+3/4$				
O(16)		$y+3/4$	$x+1/4$	$-z+1/4$				
O(17)		y	z	x				
略		略	略	略	M	u, v, w がそれぞれLのv, w, u		
O(32)		$x+1/4$	$-z+1/4$	$y+3/4$				
O(33)		z	x	y				
略		略	略	略	N	u, v, w がそれぞれLのw, v, u		
O(48)		$-z+1/4$	$y+3/4$	$x+1/4$				
O(49)		$x+1/2$	$y+1/2$	$z+1/2$			Pの座標に1/2, 1/2, 1/2を加えた座標	
略		略	略	略		Q		
O(96)		$-z+3/4$	$y+1/4$	$x+1/2$				

9.18 パイロクロア

pyrochlore

鉱物パイロクロア，$(Na, Ca)_2(Nb, Ti)_2(O, F)_7$ と同じ結晶構造をもつ多くの化合物が存在し，一般式 $A_2B_2X_7$ で表される．パイロクロアは立方晶で $O_h^7(Fd3m)$ の空間群に属し，表1に示す位置に原子が存在する．パイロクロア型結晶構造をもつ結晶の格子定数を表2に示す．

パイロクロアは，陰イオンが不足している蛍石型構造*であるとみなすことができる．図1にパイロクロア構造の a-b 面への投影図を示す．陽イオン（A, B）が面心立方格子を形成していて，O が陽イオン4個に配位される位置に入っている蛍石型構造と同様であるが，図に示すように一部の酸素が欠如している．

図2にパイロクロア型結晶の単位格子の見取り図を示す．見やすくするため一部のみ描かれている．この単位格子には，左下手前と右上奥に示すような2種類のサブ格子があり，単位格子中に交互に配置されている．2種類のサブ格子を図3に示す．

（掛川一幸）

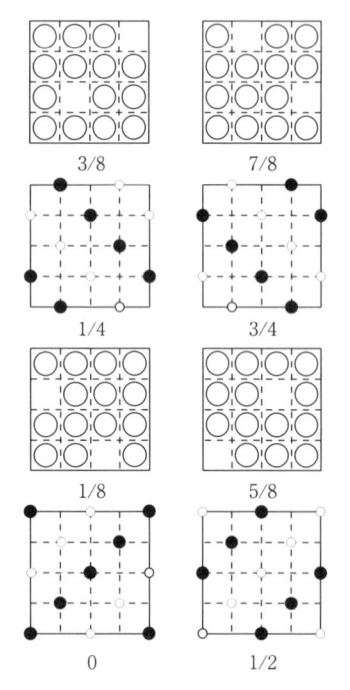

図1 パイロクロア型結晶の a-b 面への投影図（白大円：O，黒小円：A，灰色小円：B）

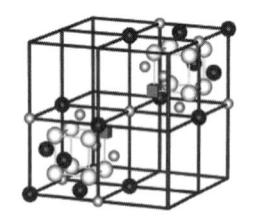

図2 パイロクロア型結晶の見取り図（一部省略）（黒球：A，灰色小球：B，白球：O，灰色立方体：O の欠如している位置）

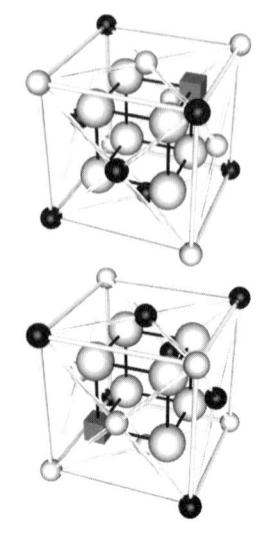

図3 パイロクロアの2種類のサブ格子

表1 パイロクロア結晶内の原子座標

	位置	u	v	w		備 考
R		0.125	0.125	0.125		
R		0.125	0.375	0.375		
R		0.375	0.125	0.375	A	
R		0.375	0.375	0.125		
R		0.625	0.625	0.125		Aのu, v, w
R		0.625	0.875	0.375		に 1/2, 1/2,
R		0.875	0.625	0.375	B	0 を加えた
R	16c	0.875	0.875	0.125		座標
R		0.625	0.125	0.625		Aの$u, v,$
R		0.625	0.375	0.875		wに 1/2, 0,
R		0.875	0.125	0.875	C	1/2 を加え
R		0.875	0.375	0.625		た座標
R		0.125	0.625	0.625		Aの$u, v,$
R		0.125	0.875	0.875		wに 0, 1/2,
R		0.375	0.625	0.875	D	1/2 を加え
R		0.375	0.875	0.625		た座標
M		0.625	0.625	0.625		
M		0.625	0.875	0.875		
M		0.875	0.625	0.875	E	
M		0.875	0.875	0.625		
M		0.125	0.125	0.625		Eのu, v, w
M		0.125	0.375	0.875		に 1/2, 1/2,
M		0.375	0.125	0.875	F	0 を加えた
M	16d	0.375	0.375	0.625		座標
M		0.125	0.625	0.125		Eのu, v, w
M		0.125	0.875	0.375		に 1/2, 0,
M		0.375	0.625	0.375	G	1/2 を加え
M		0.375	0.875	0.125		た座標
M		0.625	0.125	0.125		Eのu, v, w
M		0.625	0.375	0.375		に 0, 1/2,
M		0.875	0.125	0.375	H	1/2 を加え
M		0.875	0.375	0.125		た座標
$X_1(1)$		0.5	0.5	0.5		
$X_1(2)$		0.75	0.75	0.75		
$X_1(3)$		0	0	0.5		
$X_1(4)$	8b	0.25	0.25	0.75		
$X_1(5)$		0	0.5	0		
$X_1(6)$		0.25	0.75	0.25		
$X_1(7)$		0.5	0	0		
$X_1(8)$		0.75	0.25	0.25		
$X_2(1)$		u	0	0		
$X_2(2)$		$-u+1/4$	0.25	0.25		
$X_2(3)$		$-u$	0	0	I	
$X_2(4)$		$-u+1/4$	0.25	0.25		
$X_2(5)$		0	0	u		u, v, w が
$X_2(6)$		0.25	0.25	$u+1/4$	J	それぞれ I	L
$X_2(7)$		0	0	$-u$		のv, w, u
$X_2(8)$		0.25	0.25	$-u+1/4$		
$X_2(9)$		0	u	0		u, v, w が
$X_2(10)$		0.25	$u+1/4$	0.25	K	それぞれ I
$X_2(11)$		0	$-u$	0		のw, u, v
$X_2(12)$	48f	0.25	$-u+1/4$	0.25		
$X_2(13)$		$u+1/2$	0.5	0		Lのu, v, w
略		略	略	略	M	に 1/2, 1/2, 0
$X_2(24)$		0.75	$-u+3/4$	0.25		を加えた座標
$X_2(25)$		$u+1/2$	0.5	0		Lのu, v, w
略		略	略	略	N	に 1/2, 0, 1/2
$X_2(36)$		0.75	$-u+1/4$	0.75		を加えた座標
$X_2(37)$		u	0.5	0.5		Lのu, v, w
略		略	略	略	M	に 0, 1/2, 1/2
$X_2(48)$		0.25	$-u+3/4$	0.75		を加えた座標

(注) $u \approx 0.19$

表2 パイロクロア型構造をもつ各種結晶の格子定数

結晶	a_0(nm)
Pyrochlore (Na, Ca)$_2$(Nb, Ti)$_2$(O, F)$_7$	1.0397
Mauzeliite (Ca, Na)$_2$(Sb, Ti)$_2$(O, F)$_7$	1.233
Pb$_2$Sb$_2$O$_7$	1.070
Cd$_2$Nb$_2$O$_7$	1.0372
Cd$_2$Ta$_2$O$_7$	1.0376
Dy$_2$Sn$_2$O$_7$	1.0389
Er$_2$Sn$_2$O$_7$	1.0350
Gd$_2$Sn$_2$O$_7$	1.0460
La$_2$Sn$_2$O$_7$	1.0702
Nd$_2$Ru$_2$O$_7$	1.0331
Ta$_2$Sn$_2$O$_7$	1.048
Y$_2$Sn$_2$O$_7$	1.0371
Yb$_2$Sn$_2$O$_7$	1.0304
Atopite (Ca, Mn, Na)$_2$Sb$_2$(O, OH, F)$_7$	1.029
Microlite (Ca, Na)$_2$(Ta, Nb)$_2$(O, F)$_7$	1.0402
Ca$_2$Sb$_2$O$_7$	1.032
Cd$_2$Sb$_2$O$_7$	1.018
Dy$_2$Ru$_2$O$_7$	1.0175
Er$_2$Ru$_2$O$_7$	1.0120
Gd$_2$Ru$_2$O$_7$	1.0230
La$_2$Hf$_2$O$_7$	1.0770
Nd$_2$Hf$_2$O$_7$	1.0648
Nd$_2$Sn$_2$O$_7$	1.0573
Y$_2$Ru$_2$O$_7$	1.0144
Y$_2$Ti$_2$O$_7$	1.0095
Zr$_2$Ce$_2$O$_7$	1.0699

9.19 Si$_3$N$_4$

silicon nitride

窒化ケイ素は，ケイ素の4本の結合の手と，窒素の3本の結合の手が過不足なく共有結合により結び付いて結晶を形成している．そのため，窒化ケイ素は硬い．窒化ケイ素には低温安定型のα窒化ケイ素と，高温安定型のβ窒化ケイ素が存在する．

α窒化ケイ素は六方晶であり，C_{3v}^4($P31c$)の空間群に属する．その原子座標を表1に示す．窒化ゲルマニウムも同じ構造をとる．これらの格子定数を表2に示す．図1にα

表1 α窒化ケイ素の原子座標

	位置	u	v	w
N(1)	2a	0.000	0.000	0.000
N(2)		0.000	0.000	0.500
N(3)	2b	0.333	0.667	0.750
N(4)		0.667	0.333	0.250
N(5)	6c	0.333	0.000	0.000
N(6)		0.000	0.333	0.000
N(7)		0.667	0.667	0.000
N(8)		0.000	0.333	0.500
N(9)		0.333	0.000	0.500
N(10)		0.667	0.667	0.500
N(11)	6c	0.333	0.333	0.250
N(12)		0.667	0.000	0.250
N(13)		0.000	0.667	0.250
N(14)		0.333	0.333	0.750
N(15)		0.000	0.667	0.750
N(16)		0.667	0.000	0.750
Si(1)	6c	0.500	0.083	0.250
Si(2)		0.917	0.417	0.250
Si(3)		0.583	0.500	0.250
Si(4)		0.083	0.500	0.750
Si(5)		0.417	0.917	0.750
Si(6)		0.500	0.583	0.750
Si(7)	6c	0.167	0.250	0.000
Si(8)		0.750	0.917	0.000
Si(9)		0.083	0.833	0.000
Si(10)		0.250	0.167	0.500
Si(11)		0.917	0.750	0.500
Si(12)		0.833	0.083	0.500

表2 α窒化ケイ素型結晶の格子定数

結晶	結晶系	a_0(nm)	c_0(nm)
Si$_3$N$_4$	六方晶	0.7753	0.5618
Ge$_3$N$_4$	六方晶	0.8202	0.5941

表3 β窒化ケイ素の原子座標

	位置	u	v	w
N(1)	2c	0.333	0.667	0.250
N(2)		0.667	0.333	0.750
N(3)	6h	0.321	0.025	0.250
N(4)		0.975	0.296	0.250
N(5)		0.704	0.679	0.250
N(6)		0.679	0.975	0.750
N(7)		0.025	0.704	0.750
N(8)		0.296	0.321	0.750
Si(1)	6h	0.174	0.766	0.250
Si(2)		1.234	0.408	0.250
Si(3)		0.592	0.826	0.250
Si(4)		0.826	0.234	0.750
Si(5)		0.766	0.592	0.750
Si(6)		0.408	0.174	0.750

窒化ケイ素の立体視図を示す．ケイ素の4本の結合の手と，窒素の3本の結合の手が過不足なく使われて結晶を構成している様子がわかる．

β窒化ケイ素は，$C_{6h}^2(P6_3/m)$ の空間群に属するとすることができ，原子座標は表3に示した位置になる．β窒化ケイ素とβ窒化ゲルマニウムの格子定数を表4に示す．

β窒化ケイ素の立体視図を図2に示す．この構造においてもケイ素の4本の結合の手と，窒素の4本の結合の手が過不足なく使われて結晶を形成していることがわかる．

(掛川一幸)

表4 β窒化ケイ素型結晶の格子定数

結晶	結晶系	a_0(nm)	c_0(nm)
β-Si$_3$N$_4$	六方晶	0.7606	0.2909
β-Ge$_3$N$_4$	六方晶	0.8038	0.3074

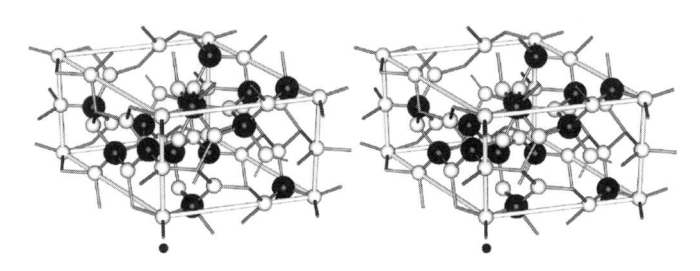

図1 α窒化ケイ素の立体視図

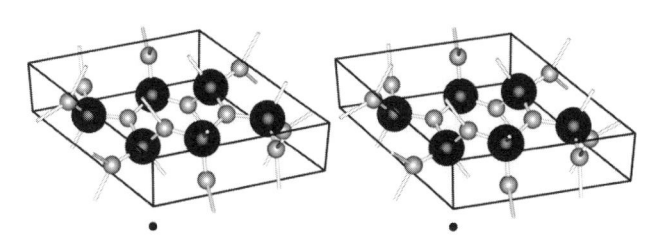

図2 β窒化ケイ素の立体視図

ゼオライト

zeolite

9.20

ゼオライトは $X_m Y_n O_{2n} \cdot s H_2 O$（X：Na, Ca, K など，Y：Si+Al（Si/A>1））の一般式で表される含水アルミノケイ酸塩であり，Si-O-Al-O-Si の骨格が結晶内に大きな空間を形成する．図1に，ゼオライトの骨格が形成する空間部分を半分に割って眺めた立体視図を示す．

ゼオライトには，天然のもののほかに合成ゼオライトや石炭灰などから合成される人工ゼオライトなど，多くのものが知られている．図2に phillipsite 型ゼオライトのケイ素骨格構造を，図3にはテトラポリアンモニウム（TPA）を取り込んだ TPA ZSM-5 ゼオライトのケイ素骨格構造を示す．また，図4には，その結晶模型（TPAは省略）の写真を示す．　　　（掛川一幸）

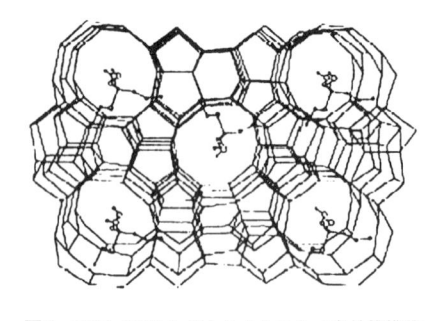

図3　TPA ZSM-5 ゼオライトのケイ素骨格構造
（出典）　K. J. Chao, et al.：Zeolites, **6**, p. 35（1986）

図4　ZSM ゼオライトの結晶模型

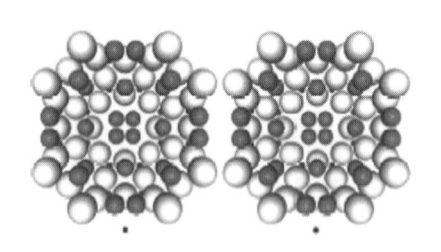

図1　ゼオライトのフレームワークの立体視図（小球：Y，白大球：O，灰色球：X）

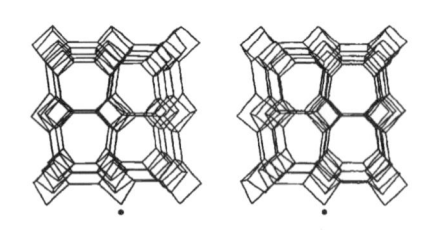

図2　phillipsite 型ゼオライトのケイ素骨格構造（立体視図）
（出典）　R. Rinaldi, et al.：Acta Cryst, **B30**, p. 2426（1974）

索引

*太字のページ数は項目見出しとして掲載されているページを示す．

欧　字

Ⅰ型　206
Ⅱ型　206
Ⅱ-Ⅳ族半導体　**188**
Ⅲ型　206
Ⅲ-Ⅴ族(化合物)半導体　**187**

AD　**261**
ADC　163
AE法　424
AgI　435
Al_2O_3　**181**, 436
ARG(AR)ガラス　323
A-希土構造　443

$B_{24}N_{24}$クラスター　360
$B_2 a$帯　201, 222
B_2帯　201
$B_2 \beta$帯　201, 222
$BaTiO_3$　121
BBO　169
BeO　435
BET式　36
BET法　10
BN　328
BPS理論　155
B-希土構造　443

$(C_3N_4)_n$クラスター　360
Ca_2AlFeO_5　447
CaO　433
Cat-CVD法　255, 309
$CaTiO_3$　448
cBN　110
cBN薄膜コーティング　306
C/Cコンポジット　**335**
C/C複合材　337
CdS　435
CFRP　333
CIP　65
CLBO　169
CLN　183
CLT　183
CMC　328, **334**, 337
$Cr^{3+}:Al_2O_3$　167
CSD法　**253**

CVD(法)　150, 235, **255**, 259, 301, 308, 321, 335
CVI法　328, 334
CZ法　137, 181, 182
C-希土構造　444

DLC　**304**
DLVO理論　55
DPF　352
drug delivery system　356

ECRガラス　323
ECRプラズマ　258
EDM　382
EFG法　**141**, 181
ELID研削　387
ELID研磨法　380
EPD　160, **262**
Eガラス　323
E'センター　200, 222

FeO　433
FeRAM　**282**
$FeTiO_3$　452
FRAM　**282**
FRP　327, **333**, 337
FSM-16　365, 367
FW成形法　327

GaAs　434
GaP　434
garnet　182
GF法　146
GGG　456
Giorgio Spezia　148

HB法　146
HGF法　146
HIP　77, 99, 105
HTPS　228

IBD　248
ICB　247, 301
ICP　258
InP　434
ITO　241, 277

Kelvin式　354, 362, 369

La_2O_3　443
Lanxide法　131
LBO　169
LE-VB法　147
LN　169, 183
Loewenstein則　368
LOフォノン　270
LPE　**254**
LPPS　250
LPS　250
LT　169, 183

MBE　**252**, **301**
MCM-41　365
MCVD法　194
$(Mg_{0.9}Fe_{0.1})_2SiO_4$　454
$MgAl_2O_4$　450
MgO　433
Mieの散乱理論　14
miscibility gap　252
MI法　334
MMC　**131**, 327, **336**
MnO　433
MOCVD(法)　255, **259**
MOD法　253
mPトンネル空間　358
MSC　87

NBOHC　200
Nd:YAG　167
NiO　433
NITE法　334
n型半導体　40

OH基　202
OHのモル吸光係数　220
OVD法　194

PAN系炭素繊維　**318**
PAN繊維　314
pintsch法　151
PIP法　328
PLD法　249
PM　352
PTCサーミスター　**121**

Pu₂O₃　443
PVD法　235, 301, 305
p-偏光　269

QPM法　184
quartz　179

ReO₃　442
ReO₃型構造　442
RHEED　252, 301
Rumpfの式　8
R曲線挙動　329, 331

SAW素子　**280**
Si　**177**
Si₃N₄　**460**
SiAlON　123
SiC　319
SiCl基　202
SiC焼結繊維　315
SiO₂　**179**
SiO₄正四面体構造　198
SIS　301
SK材　378
SLN　183
SLT　183
SMC法　327
SPM　3
SQUID　279
Sylramic繊維　319
Sガラス　323
s-偏光　269

Ti³⁺:Al₂O₃　167
TiC-TiN基サーメット　401
TOフォノン　270
TSFZ法　143
two-flow-MOCVD　300

VAD法　194, **195**
van der Pauw法　296
VB法　146
VGF法　146
VPS　250

Y₃Al₅O₁₂　182
YAG　**182**, 456
Youngの式　89
YSZ　127

ZMI　319
ZnO　435
ZnOバリスター　120

あ行

悪臭成分　355
アークプラズマ　192
アークプラズマジェット　306
アークプラズマ蒸着法　277
アーク放電　302
アーク放電加熱炉　96
アチソン法　25
アチソン炉　25
圧縮強さ　**403**
圧縮比　9
圧縮密度　9
圧電逆効果　130
圧電効果　130, 172
圧電材料　**130**, 172
圧電正効果　130
圧電体　172
圧電体膜　**281**
圧電薄膜　280
圧粉体　**9**
厚膜基板　72
圧力ノズル加圧噴霧方式　33
圧力媒体　65
アトライター　**57**
アナターゼ　50, 355
アナターゼ型　305
アノード　240
アパタイト　**128**
アーバックの裾　210, 219
アブレッシブ摩耗　408
アームチェア型　372
アモルファス粒界　115
アルカリ共沈法　29
アルキメデス法　409
アルコール　303
アルゴンイオン　239
アルテックス　322
a-SiAlON　123
(a)水晶　179
α-β相転移　123
アルマックス　322
アルミナ　**43**, 100, **126**
アルミナ鋳込み成形　91
アルミナ系繊維　**322**
アルミナ繊維　313
アルミナ単結晶連続繊維　315
アルミノリン酸塩　368
アレキサンドライト　176
アロフェン　354
安息角　**7**
安定化ジルコニア　**44**
安定き裂成長　417

安定き裂伝ぱ　416

イオンアシスト蒸着法　248, 306
イオン鋳型材料　357
イオン化　244
イオン化蒸着(法)　**248**
イオン記憶効果　357
イオン交換　**41**, 347
イオン交換層状結晶　359
イオン交換体　347
イオン衝撃　246
イオン注入　246
イオン伝導　85
イオン伝導性　358
イオンプレーティング(法)　235, 236, **244**, 306
イオンプロセス　**246**
鋳ぐるみ法　**399**
鋳込み成形　63, 92
鋳込み成形型　**70**
鋳込み成形法　62, **69**
異常粒成長　88
一軸加圧成形法　61
一軸金型プレス　64
一軸磁気異方性　283
一次再結晶法　151
一次粒子　**3**
一方向凝固　144, 146
一方向脈理フリー　215
一致溶融　154
移動速度　137
異物　428
イミド熱分解法　**23**
イルメナイト型構造　**452**
陰イオン交換　41
陰極スパッタリング　236
インクジェット　74
インクルージョン　160
インターカレーション　**367**

ウイスカ　313
ウルツ鉱型構造　**435**
ウルトラミクロ細孔　341
ウルフの定理　159
運動エネルギー　246
雲母　429

エアロゾル　261
エアロゾルデポジション(法)　**261**, 297
泳動電着　**262**
エキシトン　210, 219
液晶　317

液晶基板　228
液相エピタキシー　**254**
液相エピタキシャル成長　142
液相焼結　**84**, 98
液体金属　140
液体ジェットミル　59
液体封止垂直ブリッジマン法　147
液体封止引き上げ法　187
液膜架橋　6
X 線回折法　273
X 線探傷　**427**
エピタキシー　254
エピタキシャル　305
エピタキシャル成長　308, 309
エピタキシャル薄膜　301
エマルジョンテンプレート法　363
エメラルド　176
エリプソメトリー　269
エレベーター型　94
塩基性ガス　355
塩析　5
円相当径　402
円柱試験片　403
円筒研削　379
エンブリオ　4

オイラーの定理　373
応力拡大係数　416
応力誘起磁気異方性　287
大型マスク基板　228
押し込み法　268
押出し成形(法)　62, 63, **67**, 92, 351
押し棒式膨張計　207
オートクレーブ　327
オプティカルフラット　226
オーム接触　296
オリビン　**454**
音響インピーダンス　350
音響共振　418
温度境界層　157
温度傾斜凝固法　146
温度計測　**97**
温度差法　149
温度分布制御　**164**
温度変動　156

か　行

加圧焼結(法)　77, 99
加圧成形　63
開管化学輸送　**150**

開気孔　410
会合コロイド　5
回転円盤遠心噴霧方式　33
回転ディスク式　60
界面　332
界面エネルギー　89
界面活性剤　12
界面磁気異方性　284, 287
界面力学特性　332
回路基板　**72**
火炎溶融石英ガラス　192
火炎溶融点法　145
火炎溶融法　**145**
化学液相析出法　**253**
化学エッチング　384
化学気相析出法　235, 313
化学吸着　36
化学的接合　**395**
化学輸送法　150
化学量論　238, 243
化学量論比結晶　169
架橋　370
架橋多孔体　**361**
核形成　246
拡散　21, **85**
拡散機構　85
拡散距離　86
拡散係数　85
拡散電気二重層　11
核生成　**4**
核発生　153
撹拌造粒　8
カー効果　170
加工傷　415
化合物沈殿法　29
化合物薄膜　238, 243
かご型構造　**360**
かさ密度　409
ガス圧焼結　99、104
ガス吸着法　410
ガスセンサー　364
ガス賦活法　371
化成プロセス　235
仮想温度　205
画像解析　112
可塑剤　93
可塑性　67
カソード　240
形彫り放電加工　388
塊状原子集団　247
片持ちベンディング法　206
活性化　248
活性化反応性蒸着法　306

活性炭　353, 356, **371**
活性炭素繊維　316
κ 値　63
荷電子帯　40
金型プレス成形　**64**
ガーネット　182, 456
カネマイト　365
カプセルフリー法　105
カプセル法　105
過飽和　**153**
過飽和度　153
カーボン　**45**
カーボンナノコイル　**374**
カーボンナノチューブ　**372**
カーボン発熱体　96
カーボンマイクロコイル　**374**
窯道具　95
ガラス状炭素　47
ガラス繊維　**323**, 333
ガラス短繊維　314
ガラス長繊維　314
ガラス転移温度　205
カリウムタングステンブロンズ　440
顆粒体　60
カルビン　45
過冷却状態　247
岩塩型構造　**433**
還元性雰囲気　103
還元窒化法　51
乾式成形　61
乾式めっき　244
干渉計の基準板　226
干渉法　273
含水酸化物　41
乾燥　**92**
乾燥摩擦　407
貫通孔　366
管内法　350
含有物　**160**
顔料　50

機械加工性　133
機械的接合　**394**
機械轆轤　66
幾何学的膜厚　266
気孔　377, 428
気孔径　342
気孔率　**410**
気孔量　342
擬似位相整合　169
擬似位相整合法　184
キセロゲル　31

気相軸付け法　195
気相成長炭素繊維　316
気相反応法　236
気相法　185
気体吸着法　342
気体ジェットミル　59
気体腐食　421
希土類酸化物　**443**
基板　51
基板材料　126
基板バイアス　306
基板表面　237
逆粉砕　58
逆問題　138
キャピラリー法　**141**
吸音率　350
休止角　7
吸湿固結　6
吸収係数　427
急速発熱　108
吸着　**36**, 343, 353
吸着現象　**343**
吸着剤　**353**
吸着等圧線　36
吸着等温式　343
吸着等温線　36, 343, 344
吸着熱　37
キュリー点　121
境界層　157
凝結粒子　6
凝集エネルギー　268
凝集粒子　3, **6**
凝縮係数　237
共振特性変化　297
強制付着法　363
凝析　5
凝着摩耗　408
共沈法　**29**
強度　330
強度分布　419
強誘電性結晶　130
強誘電体　130, 170, 172
　──の分極　200
強誘電体メモリー　**282**
巨視的特性　330
キラル(らせん)型　372
切り欠き敏感性　326
き裂　428
き裂材　416
記録磁化　289
均一核生成　4
近赤外　211
近赤外レーザー　182
金属　326

金属アルキシド法　31
金属基複合材料　131, 336
金属シリコン　177
金属導体　73
金属内包フラーレン　360
金属不純物　224

空気逆洗　352
空隙率　9
口金　67
屈折率　212, 269
クヌーセン拡散　**345**
クラウジウス-クラペイロンの式　37
クラスター　247
クラスターイオンビーム　301
クラスターイオンビーム蒸着　**247**
クラッド　230
グラファイト　45, 304, 359, 367, **446**
グラファイト層間架橋多孔体　361
クリストバライト　209
クリーニング効果　246
クリープ損傷　417
グリーンシート　73
グリーン密度　9

蛍光浸透探傷試験　426
蛍光浸透探傷法　423
蛍光探傷　**426**
ケイ酸ナトリウム　369
傾斜機能材料　256
傾斜法　7, 254
形状異方性　287
形状磁気異方性　283
ケイ藻土　354
形態　402
欠陥　42
　──の検出　425
欠陥構造　200, 222
結合剤　377
結合剤凝集　6
結晶育成　137
結晶型　308
結晶磁気異方性　283, 287
結晶成長炉　138
結晶配向性　274
結晶粒界　279
ゲル化　369
ゲルキャスティング　**76**
ケルビンの式　344

減圧 CVD(法)　259, 308
減圧雰囲気中プラズマ溶射　250
限外顕微鏡　5
研削砥石　**377**
研削砥石振動方式　386
研磨用粉末　124
コア　161, 230
高圧ガス　105
高圧含浸法　131
高圧合成　**152**
高圧法　185
高エネルギー粒子　244
高温加熱法　151
高温強度　**417**
高温クリープ　85
高温高圧水腐食　421
高温静水圧成形　**105**
高温多結晶シリコン　228
高温弾性率　418
光学定数　269
光学的厚み　269
光学膜厚　266
鉱化剤　30
交換磁気異方性　284
高輝度放電ランプ　226
工具　110
工具鋼　378
工作物振動方式　386
高次機能化　133
硬磁性　285
硬質炭素膜　304
格子不整合　254
高周波　306
高周波イオンプレーティング　245
高周波加熱　144
高周波グロー放電　258
高周波スパッタリング　**241**
高周波放電　258
高周波誘導加熱　237
高靱化機構　**329**
高靱性セラミックス　127
合成シリカガラス　191
合成石　175
合成ダイヤモンド　185
高精度電圧標準　279
構造形　159
構造ユニット　114
高速度鋼　378
硬度　**271**, **404**
高熱伝率薄膜　298
こう鉢　95

高分子分解法　335
高分子分散剤　12, 56
高密度実装　72
光誘起超親水化特性　50
高融点金属　240
高融点金属発熱体　96
恒率乾燥　92
固液界面　137
固液界面形状　**157**
固化速度　140
黒鉛質繊維　318
コグルエント LN　183
固形鋳込み　69
誤差関数　86
固相加圧接合法　**397**
固相焼結　98
固相反応　**21, 85**
固相法　**151**
固体電解質　127
固体摩擦　407
固体レーザー　167
骨伝導能　119
骨誘導能　119
鏝　66
コーディエライト　351
固定砥粒加工　379
コーティング　305, 332, 420
コネクター　**231**
コファイア基板　72
コファイヤ　**73**
固溶体　**28**
コランダム(型)構造　181, **436**
コールドウォール型　256
コロイド　5
コロイド粒子　**5**
混合　**18**
混合助剤　18
混晶　28
コンパウンド　68

さ 行

サイアロン　122, **123**
サイクリック CIP 法　65
サイクロイド運動　242
再結晶法　151
細孔　**341**
最弱リンク説　419
最大高さ粗さ　411
細胞破砕　57
作業点　204
サファイア　126, 145, 176, 181
サーメット　401
サーメット工具　**401**

酸・アルカリ水溶液腐食　421
酸化/CVD 工程　227
酸化亜鉛光学素子　**307**
酸化インジウム　241
酸化シリコン　177
酸化チタン　**50**
酸化チタンナノチューブ　370
酸化物　238, 243, 245
酸化物超伝導体　256
酸化物超伝導薄膜　262
酸化膜　247
残響室法　350
三次元光回路ガラス　129
三重点　34
算術平均粗さ　411
酸性ガス　355
酸素欠乏欠陥　201
酸素センサー　127
3 方向脈理フリー　215
残留磁化　289

ジェットミル　**59**
磁界　242
紫外吸収　223
紫外線　257
磁化困難方向　283
磁化容易方向　283
磁気異方性　283
磁気異方性エネルギー　283
磁気記録媒体　**289**
磁気光学結晶　**171**
磁気光学効果　171
磁気シールド材料　**292**
磁気的機能　133
磁区　285
ジグザグ型　372
自己強化組織　104
自己潤滑作用　391
自己制御　252
仕事関数　173, 296
実効分配係数　155
湿式成形　61
湿式太陽電池　50
失透　209
磁場　139, 140
磁場印加 CZ 法　**140**
自発分極　172
磁壁　285
射出成形　**68**
射出成形法　62
シャドウグラフ　215
シャトル型　94
集合粒子　6

シュウ酸-エタノール法　29
収縮　92
重水素ランプ　257
充てん率　9
しゅう動部材　420
終末沈降速度　16, 17
重量膜厚　266
自由励起子発光　307
縮退半導体　277
十点平均粗さ　411
潤滑　390
潤滑剤　93
潤滑性　304
常圧 CVD　259
常圧焼結　77, 99, **100**, 102
昇温プロファイル　87
小角粒界　114
衝撃固化現象　261
焼結　77, 85, 98, 110
焼結機構　**77**
焼結収縮曲線　87
焼結助剤　**90**, 115
焼結法　151
昇降型　94
昇降型焼成炉　94
常磁性欠陥　200
焼成部材　**95**
焼成炉　**94**
晶相　159
焦電効果　172
焦電性結晶　130
蒸発　301
蒸発凝縮　**82**
　——による焼結　82
蒸発源　237
蒸発法　149
晶癖　**159**
正面研削　379
除去加工　382
触針法　267
触媒　351
触媒化学気相成長法　255
触媒担体　**351**
徐放　356
ジョセフソン効果　279
ジョセフソン接合　279
ジョセフソン素子　**279**
ショット　325
徐冷点　204
シリカガラス　191, 227, 228
　——に溶存しているガス　**203**
　——の化学的耐久性　**225**
　——の仮想温度　**205**

索　引

――のガラス転位温度　**205**
――の屈折率　213
――の屈折率の均一性　**213**
――の欠陥構造　**200**, 201
――の結晶化　**209**
――の高温での性質　210
――の熱の三特性　208
――の粘度　**206**
――の複屈折　**217**
――の分類と名称　191
――スの用途　**226**
シリカガラス中の金属不純物
　　224
シリカゲル　197, 353, 356, **369**
シリカゾル　369
シリコン　177
ジルコニア　100, **127**
ジルコニア発熱体　96
浸液透光法　**42**, 424, **428**
真気孔率　410
真空紫外　211
真空紫外吸収スペクトル　210
真空紫外線　219
真空紫外透過スペクトル　219
真空蒸着　236, 301
真空蒸着法　235, **237**
人工水晶　148
人工宝石　**175**
浸食　225
人造石　175
振動子　385
――のカットアングル　179
振動プレス成形法　64
侵入型固溶体　28
振幅　385
真密度　409

水銀圧入法　342, 410
水酸アパタイト　128
水晶　176, 179
水晶振動子法　266
水晶膜　**309**
水素原子　303
垂直温度傾斜凝固法　146
垂直磁化膜　283, 286, **287**
垂直磁気異方性　283
垂直ブリッジマン法　146
水熱育成法　148
水熱合成(法)　**30**, 142, 149
水熱電気化学合成法　260
水熱法　148
水平温度傾斜凝固法　146
水平ブリッジマン法　146

水溶液法　**149**
スクラッチ法　405
スクリューインライン式　68
ステッパー　226
ステップ制御エピタキシャル
　　308
ステパノフ法　141
ステレオ投影図　274
ストークスの式　14, **16**, 17
スート法　194, 195
スート法合成シリカガラス　**194**
ストリエーション　156
スパイラルフロー長　68
スパッタ率　239
スパッタリング　301
スパッタリング現象　**239**
スパッタリング法　235, 305, 306
スーパーミクロ細孔　341
スピネル　145
スピネル型構造　**450**
スピネル型フェライト膜　260
スピンコート法　32
スプライス　231
スプレーアップ法　327
スプレードライ　8
スプレードライ法　33
スプレードライヤー　**60**
スラリー　60, 61, 71
寸法精度　101

正規凝固　155
成形助剤　67
正四面体構造　199
制振性　131
生体活性　128
生体親和性　**118**
生体適合性　118
生体内活性　119
生体内不活性　119
生体内崩壊性　119
生体用ガラスセラミックス　129
成長形　159
成長縞　156
成長速度　**153**
成長誘導磁気異方性　284
成長様式　**161**
ゼオライト　346, 354, 356, **368**,
　　462
石英　179
石英粉　192
赤外吸収　223
赤外吸収スペクトル　220
赤外線吸収係数 a　179

赤外線集中加熱　144
赤外線放射加熱炉　96
セシウムタングステンブロンズ
　　440
ゼータ電位　11
絶縁材料　126
絶縁性セラミックス　382
絶縁体　241
接合　**392**
接合界面　**400**
切削加工　378, 429
切削工具　**378**
接触角　**89**, 392
セッター　95
切片の平均長さ　112
セピオライト　354
セラミックグリーンシート　71
セラミックス　328
セラミックス工具　378
セラミックスフィルター　**352**
セラミック繊維　**325**
セラミック半導体　116, 121
セラミックファイバ　325
セル　226
閃亜鉛鉱型構造　**434**
繊維強化　336
繊維強化セラミック基複合材料
　　334
繊維強化複合則　**330**
繊維強化プラスチック　333
前駆体法　313, 314
洗浄　**91**
選択発熱　108
せん断法　406
線膨張　413
線膨張率　207, 413
全率固溶　28

層間化合物　346
総合伝熱解析法　137
層状塩化ルテニウム　359
層状構造　41, 359, 370
層状ポリケイ酸架橋多孔体　361
相図　154
相転移点　207
相の存在割合　402
相変化　44
相変態　127
造粒　**8**, 61
測温抵抗体　97
息角　7
束縛励起子発光　307
組成　243

469

組成的過冷却　157, **158**
組成変動　156
その場固化成形法　76
ゾル・ゲル法　**31**, 197, 253, **264**, 305
ゾル・ゲル膜　**264**
ソルダー法　395, **396**
ソルボサーマル法　148
ゾーンシンタ法　111
ゾーンシンタリング　**111**
ゾーン・レベリング　143

た 行

耐炎化工程　314
耐炎繊維　318
対応粒界　114
耐環境性　**421**
台車炉　94
耐食性　**294**
対数正規分布　112
体積拡散焼結　**79**
体積発熱　108
耐熱性　226
耐熱・耐摩耗材料　124
台板　95
タイプ S　319, 320
体膨張率　207, 413
耐摩耗性　295, 420
ダイヤモンド　45, 110, 175, **185**
ダイヤモンドアンビルセル　152
ダイヤモンド型構造　**445**
ダイヤモンド状炭素膜　**304**
ダイヤモンド薄膜　302
太陽電池　241
ダイラタンシー　13
ターゲット　239
多孔質ガラス　**366**
多孔体　76, 124, 346
　　——の弾性率試験法　348
　　——の曲げ強さ試験方法　348
多重反射干渉法　267
多心一括コネクター　231
多層回路　72
多層セラミック配線基板　73
多層ナノチューブ　372
脱脂　**93**
タップ密度　9
縦割れ　403
棚板　95
種結晶成長　142
ダルシー則　**345**
たわみ法　273
炭化ケイ素　**49**, 100, 101, **124**, **180**, 313
炭化ケイ素繊維　**319**
炭化ケイ素膜　**308**
炭化工程　314
炭化物　238, 243, 245
炭化膜　247
短距離構造　198, **199**
タングステンフィラメント　302
タングステンブロンズ　**440**
段差型接合　279
探触子　425
弾性散乱　39
弾性表面波　280
弾性率　330, 418
炭素　45
単層ナノチューブ　372
炭素質繊維　318
炭素繊維　313, **316**
炭素繊維 FRP　333
炭素繊維/炭素複合材料　**335**
炭素膜　304
タンタル酸リチウム　**183**
断熱膨張　247
タンマン-ブリッジマン法　**146**
タンマン法　146

置換型固溶体　28
置換流　16
チクソトロピー　13, 63
チタン酸アルカリ　**370**
窒化アルミニウム　**51**, 100, **125**
窒化ガリウム青色発光ダイオード　300
窒化ケイ素　**48**, 100-102, 104, **122**, 460
窒化物　238, 243, 245
窒化ホウ素　**186**
窒化膜　247
チップポケット　387
中距離構造　198, **199**
中性ガス　355
中性酸素空孔　201
鋳造法　131
注入法　7
超音波　425
超音波アタッチメント　386
超音波加工　380, **385**
超音波研削　**386**
超音波研削盤　386
超音波顕微鏡　425
超音波探傷　425
超音波探傷法　**423**
超高圧　110

超高圧焼結　99, **110**
超硬工具　378
長尺セラミックス　111
超塑性　133
超低損失電力素子　308
超伝導体(S)/絶縁体(I)/超伝導体(S)　301
超伝導薄膜　252, **301**
超伝導量子干渉計　279
超微小反応場　373
超臨界流体　265
超臨界流体成膜法　**265**
直径自動制御システム　163
直径制御　**163**
直接遷移型　300
直接遷移型半導体　307
直接窒化法　**27**, 51
直接引張り法　406
直接法合成シリカガラス　**193**
チョクラルスキー法　**137**
直流イオンプレーティング　244
直流二極スパッタリング　**240**
直流放電　258
チラノ SA　319
チラノ繊維　319
チンダル現象　5

通信用光ファイバー　226

低温 CVD 法　257
低温焼成セラミックス　**73**
低温焼成法　76
抵抗加熱　237
泥しょう鋳込み成形　91
低真空プラズマ溶射　250
ティッピング法　142, 254
ディッピング法　142, 254
定比組成 LN　183
定比組成 LT　183
デバイ温度　38
テープ心線　230
テープテスト　406
転位　**160**
電位分布　140
転位粒界　114
電解インプロセスドレッシング研削法　387
電解液　387
電解研削　**387**
電界放射型陰極　173
添加剤　63
添加物　428
電荷分離　40

索　　　引

電気泳動　262
電気泳動法　11
電気機械結合　130
電気機械結合定数　172, 280
電気光学結晶　**170**
電気光学効果　170
電気的Q値　179
電気伝導性　140
電気マイクロ天秤法　273
電気溶融石英ガラス　192
電気容量法　273
電気炉　94
点欠陥　137
電子サイクロトロン共鳴プラズマ　258
電子ビーム　237
電子ビーム炉　96
伝送損失　223, 229
伝送媒体　229
電着　**260**
電着砥石　**381**
電鋳砥石　381
転動造粒　8
伝導体　40
伝導熱伝導率　208
電波シールド材料　**293**
電流　140

等温圧縮率　221
透過現象　**345**
透過損失　427
透過率　269
動径分布関数　198
凍結乾燥法　**34**
透光性セラミックス　103
同軸プローブ法　297
同時焼成　**73**
透析　5
同素変態法　151
等電点　11
導電膜　**276**
等方性ピッチ　317
透明電導体　277
透明電導膜　**277**
透明導電膜　270
特性温度　204
ドクターブレード法　62, **71**
ドープ　196
塗布膜　**263**
トポタキシー　22
ドライ洗浄法　91
トライボケミカル摩耗　408
トライボロジー　**390**

ドラッグデリバリーシステム　197
砥粒　377
砥粒加工　**379**
トンネル構造　41, **358**, 370
トンネル電流　279

な 行

内部応力　**273**, 299
内部発熱　108
内面研削　379
ナシコン（NASICON）　358
ナトリウムランプ　126
ナノコンポジット　**133**, 367
ナノ細孔　341, 362
ナノ複合材料　133
ナノポーラス物質　**362**
軟化点　204
軟磁性　285
軟集合粒子　6

ニアネットシェーピング　76
ニオブ酸リチウム　**183**
ニカロン　319
二次再結晶法　151
二次電子　241, 242
二重鋳込み　69
二重ショットキー障壁　116, 120, 121
二重らせん構造　374
2色温度計　97
二次粒子　3, 6
二水石こう　70
2マイクロホン法　350
二面角　**89**
入射エネルギー　248
ニューガラス　**129**
ニュートリング法　299

ヌープ硬さ　404

ネクステル　322
ねじり法　206
熱CVD（法）　255, **256**
熱エッチング　384
熱応力　273, 299, 392, 395-397
熱解離反応　103
熱拡散　208
熱拡散率　412
熱間等方圧プレス　77
熱間等方加圧焼結　99
熱機械分析法　413
ネック　77

熱交換法　147, 181
熱衝撃　331, 398, 399
熱線法　349
熱炭素還元法　**26**
熱的衝撃　392
熱的性質　133
熱電界放射型陰極　173
熱電子放射型陰極　173
熱電対　97
熱伝導　**38**, 208
熱伝導率　349, **412**
熱フィラメント法　302
熱分解　93
熱分解法　**22**, 236
熱暴走　108
熱膨張　**207**
熱膨張係数　273, **299**, 330
熱膨張率　392, 392, **413**
燃焼合成焼結　99, 109
燃焼合成法　**109**
燃焼式　94
燃焼波　109
粘性　13, 63
粘性焼結　195
粘性流　345
粘性流動　204
粘性流動焼結　**83**
粘弾性　13
粘度　13
粘土層間架橋多孔体　361

濃度境界層　157

は 行

バイアス電圧　244
バイオゲル　197
バイオセラミックス　118, 364
排ガス浄化　351
バイクリスタル接合　279
配向性　113
排出法　7
媒体撹拌型粉砕機　57
排泥鋳込み　69
坏土　67
ハイドロタルサイト　367
ハイニカロン　319
ハイブリッド型　133
バイヤー法　**24**, 43
パイロクロア　**458**
バインダー　**61**, 63, 93
パーオキシラジカル　200
破壊型読出し　282
破壊靱性　329, 330, **331**, 416

破壊靱性値　331, 416
破壊抵抗　329
薄片透光法　402
薄膜トランジスタ　226
はく離　332
はく離強度　**406**
ハーゲン・ポアズイユ流　345
箱型炉　94
刃状転位　160
パッシベーション　300
バッチ炉　94
発熱体　**96**
バッファー層　256, 300
パーティクル　227
ハードディスク用ガラス　129
ハニカム　351
ハニカムセラミックス　352
パーライト　363
バリスター　**120**
バリヤー層　**251**
パルス通電焼結　99, 107
パルスレーザー　301
半硬磁性　285
反磁性欠陥　201
反射エコー　425
反射型高エネルギー電子線回折　252, 301
反射スペクトル　220
反射率　269
半水石こう　70
半導体化　103
半導体層間架橋多孔体　361
バンドギャップ　219
ハンドレアップ法　327
反応焼結　77, 99, **101**, 122
反応焼結法　328
反応性イオンプレーティング　245
反応性蒸着　**238**
反応性スパッタリング　**243**
汎用炭素繊維　316

非加圧含浸法　131
ビーカース硬度　304
光CVD（法）　255, **257**
光アイソレーター　171
光回路　**174**
光干渉法　413
光吸収帯　218, 222
光交流ACカロリメーター法　298
光コネクター　231
光散乱　210, 211, **221**

光触媒　**40**, 50
光触媒反応　40, 305
光触媒膜　**305**
光造形　74
光増幅用ガラス　129
光通信ファイバー　**230**
光てこ法　299
光ファイバー　129, 229
光変調　170
光メモリー用ガラス　129
引き上げ法　**137**
引き倒し法　406
引きはがし法　268
比強度　326
微結晶　304
微結晶架橋　6
微構造　78, **112**
微細組織　133
非酸化物系セラミックス　103
非酸化物焼成炉　94
非晶質　304, 374
ひずみエネルギー解放率　331
ひずみ磁気異方性　283
ひずみ速度　117
ひずみ点　204
ひずみ焼鈍法　151
ひずみ量　217
非線形光学結晶　169
左手巻き　374
非弾性散乱　39
比弾性率　326
非直線指数　120
非直線抵抗　120
引っかき硬さ　**405**
引っかき法　405
ビッカース硬さ　404
ピッチ系炭素繊維　**317**
引張応力　299
引張り試験法　414
引張り強さ　**414**
比熱　208
比熱容量　412
非破壊　426
非破壊検査　**423**, 427
比表面積　10, 12
微粉砕　57
非平衡状態　258
比摩耗量　390, 420
ビームベンディング法　206
表面　91
表面粗さ　**411**
表面エネルギー　3, 10, 89
表面拡散　81

表面拡散による焼結　81
表面傷　426
表面磁気異方性　284
表面水酸基　369
表面性状パラメーター　**411**
表面電位　**11**
ビルドアップ　18, 19
ビルドアップ法　3
ファセット　**161**
ファセット面　161
ファラデー回転素子　171
ファラデー効果　171
不安定破壊　331
ファンデルワールス引力　55
フィジカルコンタクト　231
フィックの法則　85
封入用ゴム袋　65
フォトマスク　226
フォノン　38
賦活　353
不活性ガス　103
不均一核生成　4
複屈折　217
複合化組織　329
複合材料　**326**, 327, 337
複合則　330
ふく射熱伝導率　208
不純物　165
不純物制御　**165**
腐食摩耗　408
付着確率　252
付着強度　**268**
付着係数　237
付着力　239, 268, 405
プッシャー炉　94
プッシュアウト　332
プッシュイン　332
フッ素　306
物理気相析出法　235
物理吸着　36
部分固溶　28
浮遊帯域溶融法　**143**
浮遊粒子状物質　3
フライポンタイト　355
ブラウン運動　5
フラウンホーファー回折　39
フラウンホーファー回折理論　14
ブラウンミラライト型構造　**447**
プラスチックス　326
プラズマ　244, 246
プラズマCVD（法）　236, 255, **258**
プラズマエッチング　384

索　　引

プラズマ活性化焼結機　107
プラズマジェット　250
プラズマ焼結　99
プラズマ溶射　**250**
プラズマ法　196
プラズマ法合成シリカガラス　**196**
プラズマ炉　96
フラックス法　**142**
フラットディスプレイ用のガラス　129
フラーレン　45, **373**
プランジャー式　68
フリクションプレス法　64
ブリッジマン-ストックバーガー法　146
ブリッジマン法　146
ブリッジング　329
ブリッジング機構　332
プリフォーム　335
プリフォームワイヤー　336
プリプレグ　327, 335
ブリュラン散乱　221
ブリルアン散乱　39
プルアウト　332
ブルッカイト　50
プルーム　249
ブレイクダウン　18, 19
プレカーサー法　313, 314
ブレークダウン法　3
フロックキャスティング　**75**
フローティング・ゾーン法　**143**
雰囲気加圧焼結　102, **104**
雰囲気焼結　99, **103**
分解溶融　143, 154
分級　**17**, 19
分光学的性質　211
分光透過率　218
分光反射率　269
粉砕　**19**
分散　**12**, 59, 212
分散コロイド　5
分散剤　12, 71, 93
分散相　133
分子拡散　345
分子線エピタキシー　**252**
分子線エピタキシー法　235
分子ふるい　346
分子ふるい効果　368
分子流　345
粉体液滴付着法　363
粉体焼結　74
粉体表面　**10**

分配係数　**155**
粉末冶金的方法　133
噴霧乾燥装置　60
噴霧乾燥造粒　8
噴霧乾燥法　**33**, 61, 363
噴霧熱分解法　363
分離　346

閉管化学輸送　**150**
閉孔　410
平均径　402
平均線膨張率　413
平均発熱　108
平均粒径　112
平衡分配係数　155
平板熱流法　349
平板マグネトロン　242
平面環状構造　198
平面研削　379
平面ディスプレー　241
ベガードの法則　28
ペグマタイト　192
β-SiAlON　123
β アルミナ　126
(β)水晶　179
ヘテロエピタキシャル成長　308
ヘテロ・バイポーラトランジスター　308
ヘテロフラーレン　373
ヘリコン波励起プラズマ　258
"ヘリングボーン"構造　374
ベルデ定数　171
ベルヌーイ法　**145**, 181
ペロブスカイト　145
ペロブスカイト型結晶　**448**
偏析係数　140, **155**, 158

ポアソン比　299, **418**
ホウ化膜　247
放射温度計　97
放射線試験法　423
放射線照射　315
放射冷却法　298
膨潤性マイカ　359
宝石　175
ホウ素　321
放電加工　382, **388**
放電焼結法　107
放電表面改質法　382
放電プラズマシステム　107
放電プラズマ焼結　**107**
放電プラズマ焼結機　107
保護コロイド　5

補助電極法　382
ポスト反応焼結　**102**
母相　133
蛍石型構造　**439**
ポッケルス効果　170
ホット・ウォール型　256
ホットプレス(法)　77, **106**
ホットプレス焼結　99
ホトニック結晶ファイバー　230
ホモエピタキシャル成長　308
ポリアクリロニトリル　316, 318
ポリアセチレン　304
ポリカルボシラン　314, 320
ポリジメチルシラン　320
ポリタイプ　308
ポリタイポイド　123
ポリッシング加工　380
ポーリング　**166**
ボールオンディスク式試験　390
ホール効果　140, 296
ボールベアリング　391
ボールミル　58
ホローカソード　245
ボロン繊維(B/W)　315, **321**
ホーン　385

ま　行

マイカ　429
マイクロ波　302, 306
マイクロパイプ　180
マイクロ波加熱　96
マイクロ波焼結　108
マイクロ波焼成　**108**
マイクロフォーカス X 線　427
マイクロポアフィリング　**344**
マイクロリアクター　226
マグネトロン　242
マグネトロンスパッタリング　**242**
膜の密着性　405
マクロ孔　371
マクロ細孔　341, 344
マクロポア　364
曲げ強さ　**415**
摩擦　390
摩擦係数　390, 407
摩擦力　**407**
マシナビリティ　133
マシナブルセラミックス　**429**
マスク　228
マスター焼結曲線　**87**
マッチングボックス　241
窓材　**174**

マトリックス　326
摩耗　390, **408**
摩耗量　420

見かけ気孔率　410
見掛け比容積　9
見掛け密度　9, 409
右手巻き　374
ミクロ孔　371
ミクロ細孔　341, 344
ミクロ多孔体　362
ミー散乱　39
水潤滑　391
ミスフィット　254
密度　**409**
脈理　215

無加圧焼結法　99
無機イオン交換体　347
無定形炭素　302

メカニカルアロイング　57, 58
メカノケミカル効果　20, **35**
メカノケミカル反応　58
メソ孔　371
メソ細孔　341, 344
メソ多孔性シリカ　362
メソ多孔体　362
メソフェーズピッチ　317
メソポーラスシリカ　365
メタルコンタミ　227
メタルケイ酸塩　368
メチル基　303
メルトバック　142
面内磁化膜　283, 286
面内磁気異方性　283

毛管凝縮　**344**, 362
毛細管現象　92
模造石　175
モルフォロジー　**159**
モンモリロナイト　359

や　行

薬品賦活法　371
ヤング率　**271**, 299, **418**
ヤンダーの式　21

融液対流　**162**
融液法　154
有機イオン交換体　347
有機金属 CVD　259
有機金属化学蒸着法　**259**
有機金属分解法　253
有機酸塩沈殿法　31
有機樹脂結合剤　71
有効体積　415, 419
融剤法　**142**
遊星ボールミル　**58**
融解分散冷却法　363
誘電加熱炉　96
誘電体膜　**278**
誘導加熱炉　96
誘導結合型高周波放電　258
誘導結合プラズマ　306
遊動顕微鏡法　273
誘導場活性化燃焼合成法　109
遊離砥粒加工　379

陽イオン交換　41
溶射法　305
溶存オゾン　222
溶存酸素　222
溶存分子　203
溶媒移動 FZ 法　143
溶融塩腐食　421
溶融塩めっき　260
溶融シリコン　177
溶融シリコン含浸法　101
溶融石英ガラス　191, **192**
予き裂　416
4 探針法　296

ら　行

らせん転位　160
落球法　206
ラッピング加工　380
ラピッドプロトタイピング　**74**
ラフ面　161
ラマン散乱　39
ラングミュア型　36
ラングミュアの式　36
乱流モデル　139

力学機能　326
力学的性質　133
立方晶窒化ホウ素　110, 186
立方窒化ホウ素薄膜　**306**
リニエージ　145
粒界　**114**, 116
　──の移動度　88
粒界エネルギー　114
粒界拡散　**80**
粒界拡散焼結　80
粒界結合強度　117
粒界準位　116

粒界特性　120, 121
粒界ナノ構造制御　133
粒界破壊　117
粒界偏析　115
硫化物　238
粒径　17, 117
粒子径　14
粒子状物質　352
粒子分散強化　336
粒成長　**88**
流体潤滑　407
流体抵抗　16
流動層式ジェットミル　59
流動層造粒　8
粒度配合　18
粒度分布　112
粒度分布測定　**14**
粒内破壊　117
理論密度　409
臨界核　4
リング共振器法　297
リン酸ジルコニウム　359

ルチル　50, 145
ルチル型構造　**438**
ルビー　167, 176
ルビジウムタングステンブロンズ　440

冷陰極グロー放電　239
冷間静水圧成形法　61
冷間静水圧プレス（法）　**65**
励起子　210, 219
励起子結合エネルギー　307
レイヤー　215
レイリー散乱　39
レオロジー　**13**
レーザー　257
レーザー MBE 法　249, 307
レーザーアブレーション　**249**
レーザー加工　**389**
レーザー干渉法　299
レーザー熱膨張計　207
レーザー発振　307
レーザービーム炉　96
レーザフラッシュ法　349
レーザー溶接　**398**
レピドクロサイト型　370
レプリカ法　76
レーリー散乱　221, 223
連続炉　94

ろう材　395

索　　引

ろう付け法　395
轆轤　66
ろくろ［轆轤］成形　**66**
ロータリープレス法　64

六方晶窒化ホウ素　186, 429
ローラーハース炉　94
ローラーマシン　66

ワイブル係数　415, 419
ワイブルプロット　419
ワイブル分布　419
ワイヤーカット放電加工　388

監修者略歴

山村　博
1942年　石川県に生まれる
1971年　大阪大学大学院理学研究科
　　　　博士課程修了
現　在　神奈川大学工学部物質生命
　　　　化学科教授
　　　　理学博士

米屋　勝利
1938年　山口県に生まれる
1962年　横浜国立大学電気化学科卒業
現　在　横浜国立大学名誉教授
　　　　工学博士

セラミックスの事典　　　　　　　　定価は外函に表示

2009年5月30日　初版第1刷

監修者　山　村　　　博
　　　　米　屋　勝　利
発行者　朝　倉　邦　造
発行所　株式会社　朝　倉　書　店
　　　　東京都新宿区新小川町 6-29
　　　　郵便番号　162-8707
　　　　電　話　03(3260)0141
　　　　FAX　03(3260)0180
　　　　http://www.asakura.co.jp

〈検印省略〉

© 2009〈無断複写・転載を禁ず〉　　　中央印刷・渡辺製本

ISBN 978-4-254-25251-4　C 3558　　Printed in Japan

掛川一幸・山村 博・植松敬三・
守吉祐介・門間英毅・松田元秀著
応用化学シリーズ5
機能性セラミックス化学
25585-0 C3358　　　　A5判240頁 本体3800円

基礎から応用まで図を豊富に用いて，目で見てもわかりやすいよう解説した。〔内容〕セラミックス概要／セラミックスの構造／セラミックスの合成／プロセス技術／セラミックスにおけるプロセスの理論／セラミックスの理論と応用

服部豪夫・佐々木義典・小松 優・岩舘泰彦・
掛川一幸著
基本化学シリーズ9
基 礎 無 機 化 学
14579-3 C3343　　　　A5判216頁 本体3600円

従来のような元素・化合物の羅列したテキストとは異なり，化学結合や量子的な考えをとり入れ，無機化合物を応用面を含め解説。〔内容〕元素発見の歴史／原子の姿／元素の分類／元素各論／原子核，同位体，原子力発電／化学結合／固体

佐々木義典・山村 博・掛川一幸・
山口健太郎・五十嵐香著
基本化学シリーズ12
結 晶 化 学 入 門
14602-8 C3343　　　　A5判192頁 本体3500円

広範囲な学問領域にわたる結晶化学を図を多用し平易に解説。〔内容〕いろいろな結晶をながめる／結晶構造と対称性／X線を使って結晶を調べる／粉末X線回折の応用／結晶成長／格子欠陥／結晶に関する各種データとその利用法／付表

神奈川大 山村 博・工学院大 門間英毅・
神奈川大 高山俊夫著
基礎からの無機化学
14075-0 C3043　　　　B5判160頁 本体3200円

化学結合や構造をベースとして，無機化学を普遍的に理解することを方針に，大学1，2年生を対象とした教科書。身の回りの材料を取り上げ，親近感をもたせると共に，理解を深めるため，図面，例題，計算例，章末に演習問題を多く取り上げた。

出来成人・辰巳砂昌弘・水畑 穣編著 山中啊司・
幸塚広光・横尾俊信・中西和樹・高田十志和他著
役にたつ化学シリーズ3
無 機 化 学
25593-5 C3358　　　　B5判224頁 本体3600円

工業的な応用も含めて無機化学の全体像を知るとともに，実際の生活への応用を理解できるよう，ポイントを絞り，ていねいに，わかりやすく解説した。〔内容〕構造と周期表／結合と構造／元素と化合物／無機反応／配位化学／無機材料化学

前大阪市大 森 正保著
ベーシック化学シリーズ1
入門 無 機 化 学
14621-9 C3343　　　　A5判168頁 本体2900円

高校化学を大学の目で見直しながら，一見無関係で羅列的に見える無機化学のさまざまな現象の根底に横たわる法則を理解させる。やさしい例題と多数の演習問題，かこみ記事，各章の要約など，工夫をこらして初学者の理解を深める

内田 希・小松高行・幸塚広光・斎藤秀俊・
伊熊泰郎・紅野安彦著
ニューテック・化学シリーズ
無 機 化 学
14612-7 C3343　　　　B5判168頁 本体3000円

大学での化学の学習をスムーズに始められるよう物理化学に立脚してまとめられた理工系学部1，2年生向けの教科書。〔内容〕原子構造と周期表／化学結合と構造／酸化還元／酸・塩基／相平衡／典型元素の(非)金属の化学／遷移元素の化学

佐々木行美・高本 進・木村 幹・杉下龍一郎・
橋谷卓成著
新 教 養 無 機 化 学
14030-9 C3043　　　　A5判216頁 本体3800円

多種類の無機化合物の性質，用途を元素別に簡潔に記述。〔内容〕ハロゲン元素／硫黄類／窒素類／炭素類／アルカリ(土類)金属／アルミニウム類／ゲルマニウム類／銅類／亜鉛類／希土類／チタン類／クロム類／マンガン類／鉄類／白金属類

横国大 太田健一郎・山形大 仁科辰夫・北大 佐々木健・
岡山大 三宅通博・前千葉大 佐々木義典著
応用化学シリーズ1
無 機 工 業 化 学
25581-2 C3358　　　　A5判224頁 本体3500円

理工系の基礎科目を履修した学生のための教科書として，また一般技術者の手引書として，エネルギー，環境，資源問題に配慮し丁寧に解説。〔内容〕酸アルカリ工業／電気化学とその工業／金属工業化学／無機合成／窯業と伝統セラミックス

崇城大 佐多敏之著
ハイテクシリーズ
ファインセラミックス工学
20050-8 C3050　　　　A5判272頁 本体3900円

電子機器やエネルギー関連機材など広範囲に利用されているファインセラミックスについて解説した研究者・技術者の入門書。〔内容〕セラミックスの組成と構造，製造プロセス／ファインセラミックスの物性／ファインセラミックスとその利用

分子研 中村宏樹著 朝倉化学大系 5 **化学反応動力学** 14635-6 C3343　　　A5判 324頁 本体6000円	本格的教科書〔内容〕遷移状態理論／散乱理論の基礎／半古典力学の基礎／非断熱遷移の理論／多次元トンネルの理論／量子論・古典及び半古典論／機構の理解／反応速度定数の量子論／レーザーと化学反応／大自由度系における統計性と選択性
前兵庫県大 奥山 格・立大 山高 博著 朝倉化学大系 7 **有 機 反 応 論** 14637-0 C3343　　　A5判 308頁 本体5500円	上級向け教科書。〔内容〕有機反応機構とその研究／反応のエネルギーと反応速度／分子軌道法と分子間相互作用／溶媒効果／酸・塩基と求電子種・求核種／反応速度同位体効果／置換基効果／触媒反応／反応経路と反応機構／電子移動と極性反応
前九大 大川尚士著 朝倉化学大系 9 **磁 性 の 化 学** 14639-4 C3343　　　A5判 212頁 本体4300円	近年飛躍的に進展している磁気化学のシニア向け教科書〔内容〕磁性の起源と磁化率の式／自由イオン／結晶場の理論／球対称結晶場における金属イオンの磁性／軸対称性金属錯体の磁性／遷移金属錯体の磁性／多核金属錯体の磁性／分子性磁性体
前阪大 祖徠道夫著 朝倉化学大系 10 **相 転 移 の 分 子 熱 力 学** 14640-0 C3343　　　A5判 264頁 本体4800円	研究成果を"凝縮"。〔内容〕分子熱力学とは／熱容量とその測定法／相転移／分子結晶と配向相転移／液晶における相転移／分子磁性体と磁気相転移／スピンクロスオーバー現象と相転移／電荷移動による相転移／サーモクロミズム現象と相転移
前阪大 北川 勲・名大 磯部 稔著 朝倉化学大系 13 **天然物化学・生物有機化学 I** ―天然物化学― 14643-1 C3343　　　A5判 376頁 本体6500円	"北川版"の決定稿。〔内容〕天然化学物質の生合成（一次代謝と二次代謝／組織・細胞培養）／天然化学物質（天然薬物／天然作用物質／情報伝達物質／海洋天然物質／発がんと抗腫瘍／自然毒）／化学変換（アルカロイド／テルペノイド／配糖体）
前阪大 北川 勲・名大 磯部 稔著 朝倉化学大系 14 **天然物化学・生物有機化学 II** ―全合成・生物有機化学― 14644-8 C3343　　　A5判 292頁 本体5400円	深化した今世紀の学の姿。〔内容〕天然物質の全合成（バーノレピン／メイタンシン／オカダ酸／トートマイシン／フグ毒テトロドトキシン）／生物有機化学（視物質／生物発光／タンパク質脱リン酸酵素／昆虫休眠／特殊な機能をもつ化合物）
東北大 山下正廣・東工大 榎 敏明著 朝倉化学大系 15 **伝 導 性 金 属 錯 体 の 化 学** 14645-5 C3343　　　A5判 208頁 本体4300円	前半で伝導と磁性の基礎について紹介し、後半で伝導性金属錯体に絞って研究の歴史にそってホットなところまで述べた教科書。〔内容〕配位化合物結晶の電子・磁気物性の基礎／伝導性金属錯体（d-電子系錯体から、σ-d複合電子系錯体まで）
前早大 松本和子著 朝倉化学大系 18 **希 土 類 元 素 の 化 学** 14648-6 C3343　　　A5判 336頁 本体6200円	渾身の書下し。〔内容〕性質／存在度と資源／抽出と分離／分析法／配位化学／イオンの電子状態／イオンの電子スペクトル／化合物のルミネセンス／化合物の磁性／希土類錯体のNMR／センサー機能をもつ希土類錯体／生命科学と希土類元素
首都大 伊与田正彦・東工大 榎 敏明・東工大 玉浦 裕編 **炭 素 の 事 典** 14076-7 C3543　　　A5判 660頁 本体22000円	幅広く利用されている炭素について、いかに身近な存在かを明らかにすることに力点を置き、平易に解説。〔内容〕炭素の科学：基礎（原子の性質／同素体／グラファイト層間化合物／メタロフラーレン／他）無機化合物（一酸化炭素／二酸化炭素／炭酸塩／コークス）有機化合物（天然ガス／石油／コールタール／石炭）炭素の科学：応用（素材としての利用／ナノ材料としての利用／吸着特性／導電体，半導体／燃料電池／複合材料／他）環境エネルギー関連の科学（新燃料／地球環境／処理技術）

D.M.コンシディーヌ編
今井淑夫・中井 武・小川浩平・
小尾欣一・柿沼勝己・脇原将孝監訳

化学大百科

14045-3 C3543　　B5判 1072頁 本体58000円

化学およびその関連分野から基本的かつ重要な化学用語約1300を選び、アメリカ、イギリス、カナダなどの著名化学者により、化学物質の構造、物性、合成法や、歴史、用途など、解りやすく、詳細に解説した五十音配列の事典。Encyclopedia of Chemistry（第4版, Van Nostrand社）の翻訳。〔収録分野〕有機化学／無機化学／物理化学／分析化学／電気化学／触媒化学／材料化学／高分子化学／化学工学／医薬品化学／環境化学／鉱物学／バイオテクノロジー／他

玉井康勝監修　堀内和夫・桂木悠美子著

例解化学事典

14040-8 C3543　　A5判 320頁 本体8200円

化学の初歩的なことから高度なことまで、例題を解きながら自然に身につくように構成されたユニークなハンドブック。例題約150のほか図・表をふんだんにとり入れてあるので初学者の入門書として最適。〔内容〕化学の古典法則／物質量（モル）／化学式と化学反応式／原子の構造／化学結合／周期表／気体／溶液と溶解／固体／コロイド／酸, 塩基／酸化還元／反応熱と熱化学方程式／反応速度／化学平衡／遷移元素と錯体／無機化合物／有機化合物／天然高分子化合物／合成高分子

前東大 梅澤喜夫編

化学測定の事典
—確度・精度・感度—

14070-5 C3043　　A5判 352頁 本体9500円

化学測定の3要素といわれる"確度""精度""感度"の重要性を説明し、具体的な研究実例にてその詳細を提示する。〔実験例内容〕細胞機能（石井由晴・柳田敏雄）／プローブ分子（小澤岳昌）／DNAシーケンサー（神原秀記・釜堀政男）／蛍光プローブ（松本和子）／タンパク質（若林健之）／イオン化と質量分析（山下雅道）／隕石（海老原充）／星間分子（山本智）／火山ガス化学組成（野津憲治）／オゾンホール（廣田道夫）／ヒ素試料（中井泉）／ラマン分光（浜口宏夫）／STM（梅澤喜夫・西野智昭）

日本分析化学会編

分離分析化学事典

14054-5 C3543　　A5判 488頁 本体18000円

分離、分析に関する事象や現象、方法などについて、約500項目にまとめ、五十音順配列で解説した中項目の事典。〔主な項目〕界面／電解質／イオン半径／緩衝液／水和／溶液／平衡定数／化学平衡／溶解度／分配比／沈殿／透析／クロマトグラフィー／前処理／表面分析／分光分析／ダイオキシン／質量分析計／吸着／固定相／ゾル-ゲル法／水／検量線／蒸留／インジェクター／カラム／検出器／標準物質／昇華／残留農薬／データ処理／電気泳動／脱気／電極／分離度／他

日本分析化学会編

機器分析の事典

14069-9 C3543　　A5判 360頁 本体12000円

今日の科学の発展に伴い測定機器や計測技術は高度化し、測定の対象も拡大, 微細化している。こうした状況の中で、実験の目的や環境、試料に適した機器を選び利用するために測定機器に関する知識をもつことの重要性は非常に大きい。本書は理工学・医学・薬学・農学等の分野において実際の測定に用いる機器の構成、作動原理、得られる定性・定量情報、用途、応用例などを解説する。〔項目〕ICP-MS／イオンセンサー／走査電子顕微鏡／等速電気泳動装置／超臨界流体抽出装置／他

鈴木敏正・伊藤良一・神谷武志編

先端材料ハンドブック

20039-3 C3040　　　A5判 960頁 本体38000円

多様な観点から項目を選び解説した好指針。〔内容〕材料基礎(セラミック，アモルファス，他)／超LSIとその材料(化合物半導体LSI，超伝導デバイス，他)／メモリ材料(磁気メモリ，光メモリ，他)／光エレクトロニクス(光半導体，光集積回路，光ファイバ，他)／センサ材料(半導体センサ，セラミックセンサ，他)／バイオ材料(医用関連，他)／エネルギー関連材料(太陽エネルギー関連，熱エネルギー関連，他)／新機能材料(超伝導材料，形状記憶合金，複合材料)／他

前東大 堀江一之・信州大 谷口彬雄編

光・電子機能有機材料ハンドブック

25236-1 C3058　　　B5判 768頁 本体40000円

エレクトロニクス関連産業の発展と共に，有機材料は光ディスク，液晶，光ファイバー，写真，印刷，センサー，レジスト材料，発光材料その他に使われている。本書はこの分野の基礎理論，基礎技術，各種材料を系統的に整理して詳細に解説。〔内容〕基礎理論／基礎技術(物質調整，材料処理・加工技術，材料分析評価技術，光物性・電子物性の評価技術，他)／材料(光記録材料，表示材料，光学材料，感光性材料，光導電材料，導電性材料，誘電材料，センサー材料，他)／資料

産業環境管理協会 指宿堯嗣・農業環境技術研 上路雅子・製品評価技術基盤機構 御園生誠編

環 境 化 学 の 事 典

18024-4 C3540　　　A5判 468頁 本体9800円

化学の立場を通して環境問題をとらえ，これを理解し，解決する，との観点から発想し，約280のキーワードについて環境全般を概観しつつ理解できるよう解説。研究者・技術者・学生さらには一般読者にとって役立つ必携書。〔内容〕地球のシステムと環境問題／資源・エネルギーと環境／大気環境と化学／水・土壌環境と化学／生物環境と化学／生活環境と化学／化学物質の安全性・リスクと化学／環境保全への取組みと化学／グリーンケミストリー／廃棄物とリサイクル

大学評価・学位授与機構 小野嘉夫・製品評価技術基盤機構 御園生誠・常磐大 諸岡良彦編

触　媒　の　事　典

25242-2 C3558　　　A5判 644頁 本体24000円

触媒は，古代の酒や酢の醸造から今日まで，人類の生活と深く関わってきた。現在の化学製品の大部分は触媒によって生産されており，応用分野も幅広い。本書は触媒の基礎理論からさまざまな反応，触媒の実際まで，触媒のすべてを網羅し，700余の項目でわかりやすく解説した五十音順の事典〔項目例〕アクセプター／アクリロニトリルの合成／アルコールの脱水／アンサンブル効果／アンモニアの合成／イオン交換樹脂／形状選択性／固体酸触媒／自動車触媒／ゼオライト／反応速度／他

前東大 田村昌三編

化学プロセス安全ハンドブック

25029-9 C3058　　　B5判 432頁 本体20000円

化学プロセスの安全化を考える上で基本となる理論から説き起し，評価の基本的考え方から各評価法を紹介し，実際の評価を行った例を示すことにより，評価技術を総括的に詳説。〔内容〕化学反応／発火・熱爆発・暴走反応／化学反応と危険性／化学プロセスの安全性評価／熱化学計算による安全性評価／化学物質の安全性評価実施例／化学プロセスの安全性評価実施例／安全性総合評価／化学プロセスの危険度評価／化学プロセスの安全設計／付録：反応性物質のDSCデータ集

前京大 荻野文丸総編集

化学工学ハンドブック

25030-5 C3058　　　　B 5 判　608頁　本体25000円

21世紀の科学技術を表すキーワードであるエネルギー・環境・生命科学を含めた化学工学の集大成。技術者や研究者が常に手元に置いて活用できるよう、今後の展望をにらんだアドバンスな内容を盛りこんだ。〔内容〕熱力学状態量／熱力学的プロセスへの応用／流れの状態の表現／収支／伝導伝熱／蒸発装置／蒸留／吸収・放散／集塵／濾過／混合／晶析／微粒子生成／反応装置／律速過程／プロセス管理／プロセス設計／微生物培養工学／遺伝子工学／エネルギー需要／エネルギー変換／他

化学工学会編

CVDハンドブック

25234-7 C3058　　　　A 5 判　832頁　本体32000円

LSIをはじめ、薄膜、超微粒子、複合材料などの新素材製造に必須の技術であるCVD（化学的蒸着法）について、その定義、歴史から要素技術・周辺技術・装置設計に至るまで詳述した初の成書であり、材料技術者・デバイス技術者の指針。〔内容〕緒論／半導体（結晶Si, アモルファスSi, 化合物）／セラミックス（カーボン, SiC, SiN, Ti系, BN, AlN, 酸化物, 他）／CVD反応装置の設計（熱CVD装置の設計、プラズマCVD反応装置、微粒子生成反応装置）

山根正之・安井　至・和田正道・国分可紀・寺井良平・近藤　敬・小川晋永編

ガラス工学ハンドブック

25238-5 C3058　　　　B 5 判　728頁　本体35000円

ガラスびん、窓ガラスからエレクトロニクス、光ファイバまで広範に用いられているガラスを、理論面から応用面まで、さらには環境とのかかわりに至る全分野を、工学的見地から詳細に解説し1冊に凝縮。定評のある『ガラスハンドブック』の、新原稿による全面改訂版。〔内容〕ガラスの定義／主要な工業的ガラス／ガラスの構造と生成反応／ガラスの性質／ガラス融液の性質／ガラス溶融の原理／ガラスの製造／ガラスの加工／ガラスの各論／ガラスと環境

作花済夫・由水常雄・伊藤節郎・幸塚広光・肥塚隆保・田部勢津久・平尾一之・和田正道編

ガラスの百科事典

20124-6 C3550　　　　A 5 判　696頁　本体20000円

ガラスの全てを網羅し、学生・研究者・技術者・ガラスアーチストさらに一般読者にも興味深く読めるよう約200項目を読み切り形式で平易解説。〔内容〕古代文明とガラス／中世・近世のガラス／製造工業の成立／天然ガラス／現代のガラスアート／ガラスアートの技法／身の回りのガラス／住とガラス／映像機器／健康・医療／自動車・電車／光通信／先端技術ガラス／工業用ガラスの溶融／成形と加工／環境問題／エネルギーを創る／ガラスの定義・種類／振る舞いと構造／特性／他

宮入裕夫・池上皓三・加藤晴久・加部和幸・後藤卒土民・塩田一路・安田栄一編

複合材料の事典

20058-4 C3550　　　　A 5 判　672頁　本体23000円

スポーツから宇宙まで幅広く使われている複合材料について、基礎から素材・成形・加工・応用まで簡潔に解説した技術者の手引書。〔内容〕プラスチック系複合材料（FRPの理論、構成素材、成形・加工法、特性、応用、検査、エラストマー、タイヤコードの物性・特徴・改良とゴムの接着、成形・加工法、力学・機能特性）／金属系複合材料（素材、成形・加工法、特性、粒子分散合金、他）／セラミックス系複合材料（理論、素材、製造・加工法、物性、応用、C/C複合材料）／他

上記価格（税別）は2009年4月現在